Livros do autor

O futuro

O ataque à razão

Uma verdade inconveniente –
o que devemos saber (e fazer) sobre o aquecimento global

A Terra em balanço: ecologia e o espírito humano

Nossa escolha – um plano para solucionar a crise climática

O
FUTURO

AL GORE

O FUTURO

SEIS DESAFIOS PARA MUDAR O MUNDO

THE FUTURE

Tradução: Rosemarie Ziegelmaier

Preparação: Silvio Fudissaku

Índice: Paula Korosue

Revisão: Camila Campos e Ana Maria Barbosa

Adaptação do projeto original e paginação: Douglas Watanabe

1ª edição – 1ª impressão

ISBN 978-85-67389-00-4

Dados Internacionais de Catalogação na Publicação (CIP)
(Câmara Brasileira do Livro, SP, Brasil)

Gore, Al
O futuro / Al Gore ; [tradução Rosemarie Ziegelmaier]. –
São Paulo : HSM Editora, 2013.

Título original: The future.
Bibliografia

1. Desenvolvimento sustentável 2. Ecologia humana 3. Mudança social 4. Política 5. Proteção ambiental 6. Tecnologias da informação e comunicação I. Título.

13-09186 CDD-333.7

Índices para catálogo sistemático:
1. Desenvolvimento sustentável : Economia ambiental 333.7

HSM do Brasil
Alameda Mamoré, 989 – 13º andar – 06454-040 – Barueri – SP

Para minha mãe, em homenagem
ao centenário de seu nascimento:

Pauline LaFon Gore
6 de outubro de 1912 – 15 de dezembro de 2004

Ela me deu um futuro, uma curiosidade intensa
sobre o que ele nos reserva e a consciência
de nosso dever humano de ajudar a melhorá-lo.

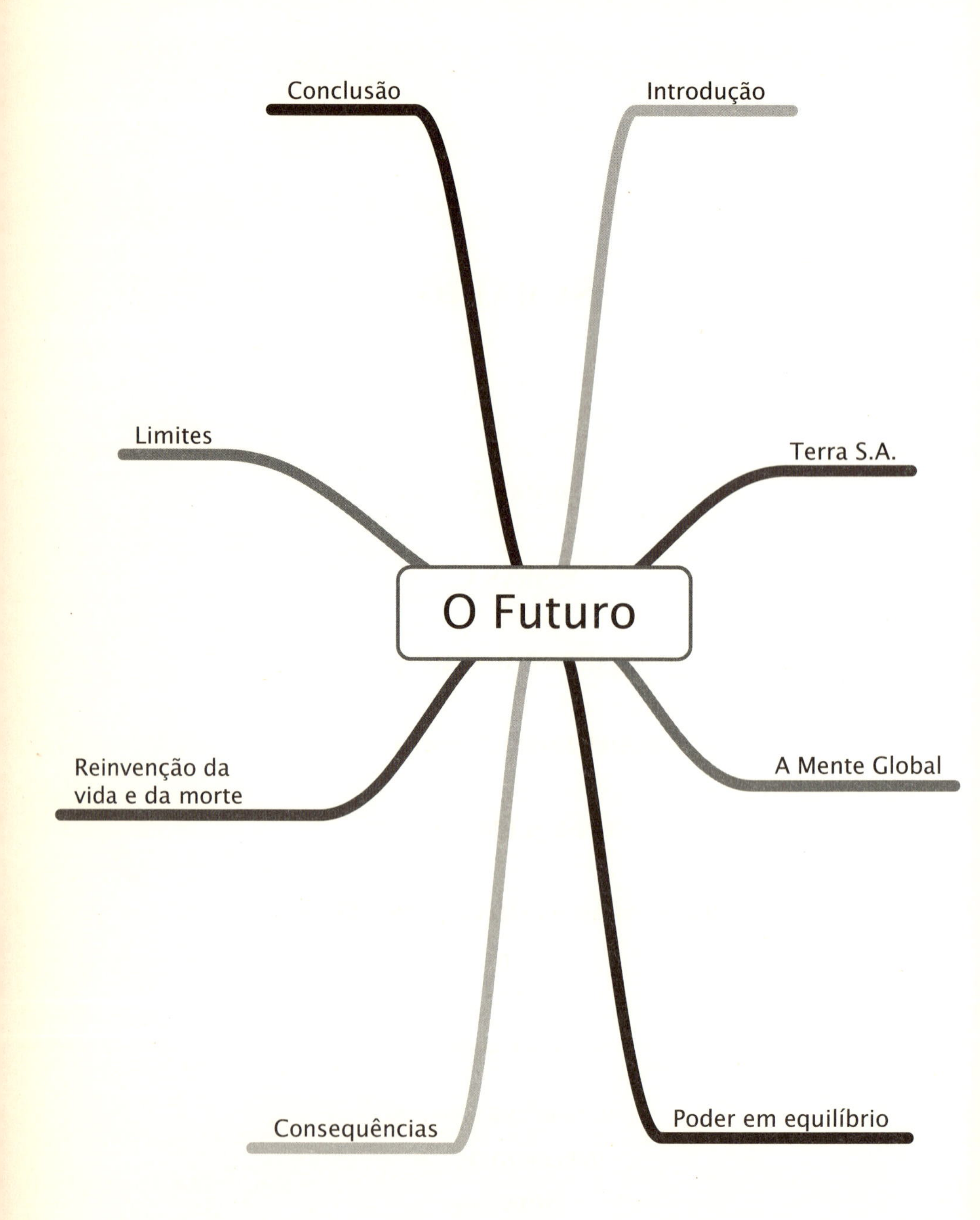
Conclusão
Introdução
Limites
Terra S.A.
O Futuro
Reinvenção da
vida e da morte
A Mente Global
Consequências
Poder em equilíbrio

SUMÁRIO

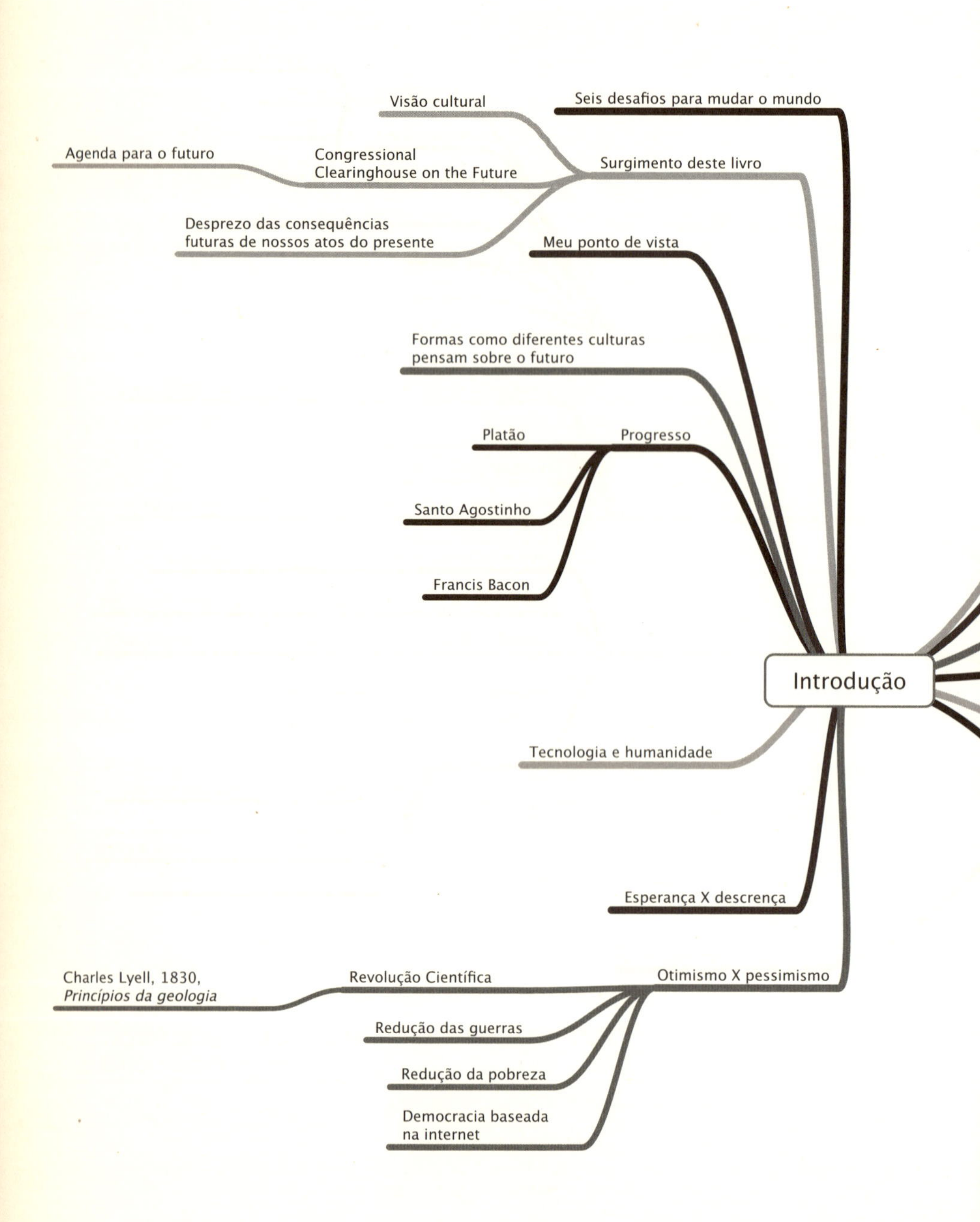
Introdução
Seis desafios para mudar o mundo
Surgimento deste livro
Visão cultural
Congressional
Clearinghouse on the Future
Agenda para o futuro
Desprezo das consequências
futuras de nossos atos do presente
Meu ponto de vista
Formas como diferentes culturas
pensam sobre o futuro
Progresso
Platão
Santo Agostinho
Francis Bacon
Tecnologia e humanidade
Esperança X descrença
Otimismo X pessimismo
Revolução Científica
Charles Lyell, 1830,
Princípios da geologia
Redução das guerras
Redução da pobreza
Democracia baseada
na internet

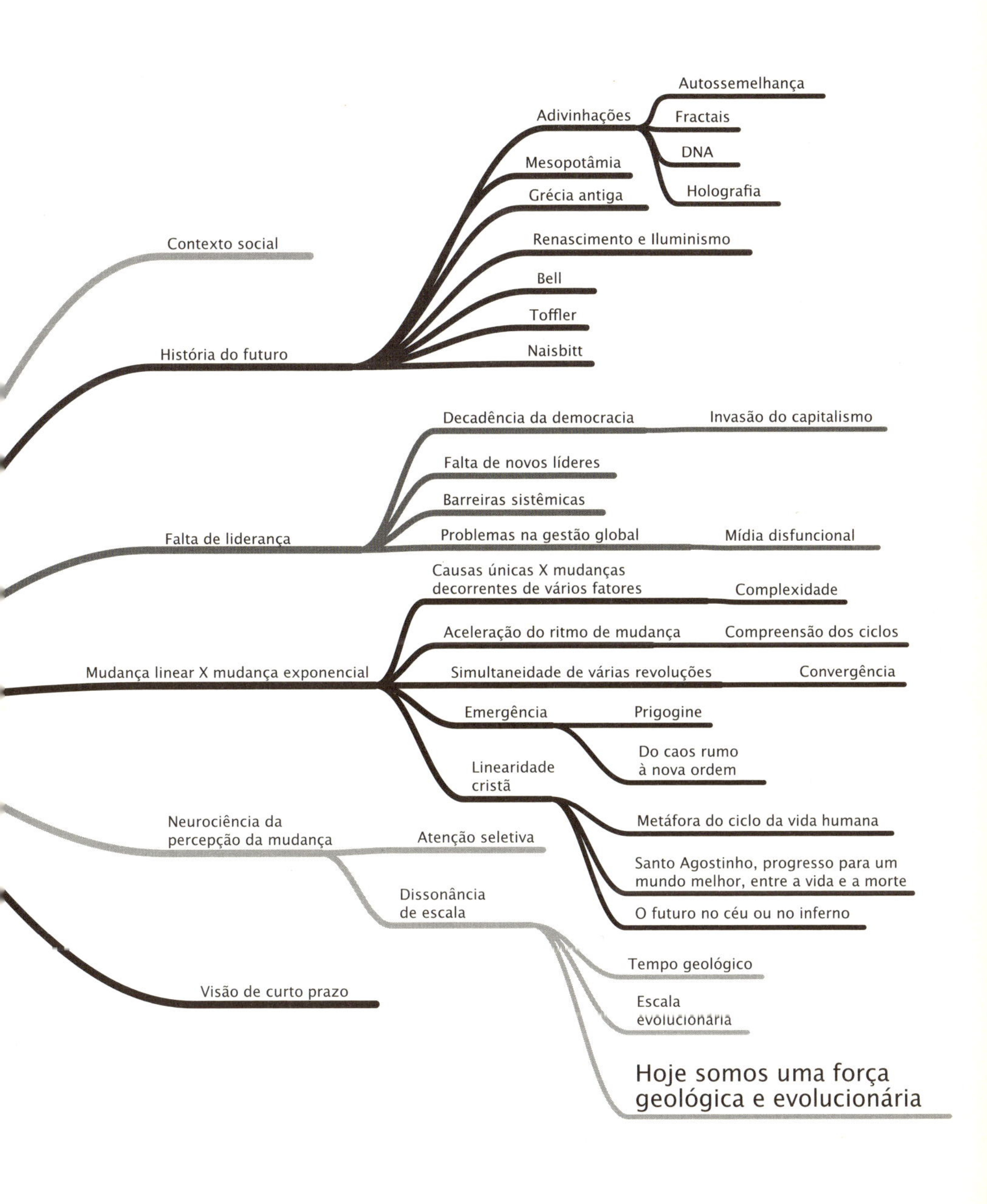
Contexto social
História do futuro
Adivinhações
Autossemelhança
Fractais
DNA
Holografia
Mesopotâmia
Grécia antiga
Renascimento e Iluminismo
Bell
Toffler
Naisbitt
Falta de liderança
Decadência da democracia
Invasão do capitalismo
Falta de novos líderes
Barreiras sistêmicas
Problemas na gestão global
Mídia disfuncional
Mudança linear X mudança exponencial
Causas únicas X mudanças decorrentes de vários fatores
Complexidade
Aceleração do ritmo de mudança
Compreensão dos ciclos
Simultaneidade de várias revoluções
Convergência
Emergência
Prigogine
Do caos rumo à nova ordem
Linearidade cristã
Metáfora do ciclo da vida humana
Santo Agostinho, progresso para um mundo melhor, entre a vida e a morte
O futuro no céu ou no inferno
Neurociência da percepção da mudança
Atenção seletiva
Dissonância de escala
Tempo geológico
Escala evolucionária
Hoje somos uma força geológica e evolucionária
Visão de curto prazo

INTRODUÇÃO

COMO MUITAS AVENTURAS QUE VALEM A PENA, ESTE LIVRO NÃO NASCEU de algumas respostas, mas sim de uma pergunta. Há oito anos, numa de minhas viagens, uma pessoa me perguntou quais eram os caminhos para a mudança do mundo. Relacionei alguns dos "suspeitos de sempre" e encerrei o assunto. Na manhã seguinte, porém, no longo voo de volta para casa, a pergunta retornou à minha mente, exigindo uma resposta mais precisa e adequada – não uma proposta baseada em dogmas preconcebidos –, que permitisse que os sinais da chegada de um novo mundo me conduzissem para onde é preciso ir. Percebi que a indagação tinha um futuro próprio. Comecei a fazer um esboço no computador e dediquei várias horas a relacionar títulos e subtítulos, mudando-os de ordem e de dimensão, passando-os de uma categoria para outra e acrescentando mais detalhes a cada nova leitura.

Como nos anos seguintes concentrei meu tempo na tentativa de compreender o fenômeno das mudanças climáticas e na consolidação de minha carreira nos negócios, voltei a rever, modificar e aperfeiçoar essa estrutura até que, dois anos depois, concluí que não teria sossego se não mergulhasse na tarefa de buscar respostas para aquela pergunta, então já transformada numa obsessão.

O resultado é este livro, que aborda os seis fatores mais importantes para a mudança global, os pontos de convergência e de interação entre eles, para onde eles nos levam e as formas como os seres humanos – e toda a civilização do planeta – seremos atingidos por esse movimento. Com o objetivo de controlar nosso destino e moldar o futuro, precisamos pensar de forma clara e honesta sobre as escolhas cruciais que teremos de fazer para lidar com:

- A emergência de uma economia global profundamente interconectada, que cada vez mais funciona como uma entidade holística bastante integrada, dona de uma forma totalmente nova e diferente de se relacionar com os fluxos de capital, com a produção, com os mercados consumidores e com os governos.
- A emergência de uma rede de comunicação eletrônica de alcance global, capaz de conectar os pensamentos e as emoções de bilhões de pessoas e de ligá-las a um crescente volume de dados, a uma teia em rápido crescimento composta de sensores espalhados por todo o planeta, e a aparelhos, robôs e máquinas pensantes cada vez mais inteligentes, os quais já conseguem desempenhar uma crescente lista de pequenas atividades mentais e que podem, em breve, nos superar na manifestação da inteligência – fator que sempre consideramos um atributo exclusivo de nossa espécie.
- A emergência de um equilíbrio de poderes político, econômico e militar totalmente novo, radicalmente diferente daquele balanço de forças que caracterizou a segunda metade do século 20, período em que os Estados Unidos alcançaram a liderança e a estabilidade globais – transferindo influência e iniciativas do Ocidente para o Oriente, de países ricos a emergentes centros de poder espalhados pelo mundo, de estados-nação para agentes isolados, e de sistemas políticos a mercados.
- A emergência de um rápido e insustentável crescimento – da população; das cidades; do consumo de recursos; do desgaste do solo, da água e das espécies vivas; da poluição e dos marcos econômicos, medidos e orientados por métricas absurdas e distorcidas mas universalmente aceitas –, que nos cegam para as consequências destrutivas das escolhas autoenganadoras que fazemos todos os dias.
- A emergência de um novo e revolucionário conjunto de tecnologias biológicas, bioquímicas, genéticas e da ciência dos materiais, que nos permitem reconstituir o design molecular de todas as matérias sólidas; recriar o tecido da vida; alterar forças, traços, características físicas e propriedades de plantas, animais e pessoas; exercer influ-

ência sobre a evolução, cruzando antigas linhas que dividiam as espécies para criar novas formas jamais imaginadas na natureza.

- A emergência de um relacionamento radicalmente novo entre o poder conjunto da civilização humana e os sistemas ecológicos da Terra, incluindo especialmente os mais vulneráveis – a atmosfera e o equilíbrio climático, dos quais depende a permanência da humanidade –, bem como o início de uma transformação global e maciça de nossas tecnologias energética, industrial, agrícola e de construção, a fim de restabelecer uma relação saudável e equilibrada entre a civilização humana e as perspectivas de futuro.

Este livro é baseado em dados e em um profundo esforço de pesquisa e de organização – não em especulações, alarmismo, otimismo ingênuo ou conjecturas de "céu azul". Representa os resultados de um trabalho (que durou vários anos) de investigação, interpretação e apresentação das melhores comprovações disponíveis e do que os especialistas mais respeitados do mundo dizem a respeito do futuro que estamos criando agora.

Há um consenso claro de que o futuro que começa a surgir será bem diferente de tudo o que vimos no passado. Não se trata de uma diferença de intensidade, mas de natureza. Até hoje, nunca houve um período de mudanças sequer parecido com o que a humanidade está prestes a viver. Já passamos por períodos revolucionários de transformações, mas nenhum tão poderoso e fértil de "fatores gêmeos" (no caso, risco e oportunidade) como o momento que começamos a vivenciar. Da mesma forma, jamais testemunhamos tantas mudanças revolucionárias ocorrendo ao mesmo tempo, e em um movimento de convergência, como no cenário atual.

Este livro não é dedicado à ameaça das mudanças climáticas, embora ela constitua um dos seis fatores emergentes que estão modificando rapidamente as feições do nosso mundo e sua interação com os outros cinco fatores tenha me revelado novas maneiras de compreender o processo. Também não se trata de uma obra sobre a decadência da democracia nos Estados Unidos e a disfuncionalidade da governança em todo o mundo – embora eu continue acreditando que essas crises de liderança precisam ser solucionadas para que a humanidade recupere o controle sobre o próprio destino. Na realidade, todas as seis mudanças revolucionárias emergentes se anunciam em um momento da história marcado por um perigoso vácuo na condução global.

Também não pretendo, aqui, fazer um manifesto para embasar alguma futura iniciativa de cunho político. Já tive experiência suficiente nesse campo no passado. Quando me perguntam se finalmente desisti de retomar tal caminho, costumo contar uma piada que descreve bem minha postura sobre o tema: estou em convalescência da política, sendo que as chances de recaída diminuíram bastante, a ponto de aumentar a confiança na minha capacidade de resistir a eventuais tentações. Na conclusão deste livro, no entanto, o leitor encontrará minha recomendação para uma agenda de ações, elaborada a partir de reflexões feitas ao longo da obra.

UMA NOVA LEI DA NATUREZA

Quando novato na Câmara dos Deputados norte-americana (fui eleito em 1976), ingressei em um comitê bipartidário formado por deputados e senadores conhecido como Congressional Clearinghouse on the Future*, fundado por Charlie Rose, da Carolina do Norte. Em meu segundo mandato, Rose me pediu para sucedê-lo na presidência do grupo. Organizamos discussões sobre os impactos das novas tecnologias e das descobertas científicas e conversamos com líderes dos setores da ciência e dos negócios. Entre nossas iniciativas, convencemos os duzentos subcomitês do Congresso dos Estados Unidos a organizar uma lista das questões mais importantes a serem abordadas nas três décadas seguintes, publicada sob o título de "Agenda para o futuro". Sobretudo, avaliamos as tendências que começavam a surgir e nos encontramos regularmente com pensadores como Daniel Bell, Margaret Mead, Buckminster Fuller, Carl Sagan, Alvin Toffler, John Naisbitt e Arno Penzias, entre centenas de outros.

Acredito que o estudioso que mais me impressionou foi um cientista calvo e de baixa estatura, nascido na Rússia alguns meses antes da revolução de 1917 e educado na Bélgica: Ilya Prigogine, vencedor do prêmio Nobel de Química pela descoberta de importantes implicações da segunda lei da termodinâmica.

Segundo essa lei, a entropia leva todos os sistemas físicos isolados a se desgastarem com o tempo e é responsável pela irreversibilidade na natureza. Para um exemplo simples do fenômeno, cito um anel de fumaça, que começa

*O Congressional Clearinghouse on the Future tinha uma diretora executiva bastante eficiente, Anne Cheatham.

com um formato arredondado e contornos bastante definidos. Conforme as moléculas se separam umas das outras e dissipam energia pelo ar, o círculo se desfaz e acaba desaparecendo. Todos os chamados sistemas fechados estão sujeitos ao mesmo processo básico de dissolução. Em alguns, a entropia ocorre com velocidade, enquanto em outros casos o processo pode levar mais tempo.

A descoberta de Prigogine foi que um sistema aberto (ou seja, um sistema que importa fluxos de energia externos, utiliza-os e o libera em seguida) não só entra em colapso como, conforme a energia flui, *se reorganiza* a um nível mais elevado de complexidade. Em certo sentido, o fenômeno descrito por Prigogine é o oposto da entropia. A *auto-organização*, como uma lei da natureza e um processo de mudança, é surpreendente, e formas novas e complexas podem surgir espontaneamente por meio desse processo.

Vejamos os crescentes fluxos de informação que circulam pelo mundo depois da disseminação da internet e da World Wide Web. Alguns elementos do antigo universo da informação começaram a se desfazer: muitos jornais faliram, outros viram o número de leitores cair drasticamente, inúmeras livrarias foram compradas ou fecharam as portas. Vários modelos de negócios se tornaram obsoletos. No entanto, a nova ordem emergente levou à auto-organização de milhares de modelos inéditos, e a quantidade de informação partilhada online revelou-se imensamente superior à disponível na era da comunicação impressa.

Vista como um todo, a Terra também constitui um sistema aberto. O planeta "importa" energia do Sol, que flui por meio de elaborados padrões de energia, essenciais para a existência de diversos sistemas e fenômenos, como os oceanos, a atmosfera e distintos processos geoquímicos, além da própria vida. A energia, então, flui da Terra de volta para o universo, na forma de radiação infravermelha.

A essência da crise decorrente do aquecimento global está no fato de que importamos quantidades imensas de energia da crosta terreste e devolvemos entropia (ou seja, uma desordem progressiva) a sistemas ecológicos até então estáveis, apesar de dinâmicos, e essenciais para a sobrevivência de nossa espécie. Esses novos fluxos de energia, originalmente importados do Sol há várias eras, foram estabilizados há milhões de anos na forma de inertes depósitos de carbono.

Quando começamos a mexer nesses depósitos e a lançar os resíduos de sua combustão na atmosfera, interrompemos o padrão climático estável que existe desde o final da última era glacial, há dez milênios. Isso não aconteceu muito antes do surgimento dos primeiros povoados e do início da revolução agrícola – marcos ocorridos nos vales dos rios Nilo, Tigre, Eufrates, Indo e Amarelo, cerca de 8 mil anos depois que os homens e as mulheres da Idade da Pedra começaram a coletar e cultivar de forma seletiva várias espécies vegetais que ainda sustentam a alimentação da humanidade. Nesse processo, forçamos o surgimento de um padrão climático bem diferente daquele que nossa civilização conhece e no qual conseguiu sobreviver.

Embora a descoberta da nova lei natural feita por Prigogine possa parecer misteriosa, para efeito de conjecturas sobre o futuro as consequências são profundas. O significado moderno da palavra "emergência" e todo o campo de conhecimento designado como teoria da complexidade decorrem dos estudos desse cientista. A motivação para sua pesquisa nasceu do desejo de compreender como o futuro se torna irreversivelmente diferente do passado. Prigogine escreveu que, "por causa de meu interesse pelo conceito de tempo, era totalmente natural que minha atenção se voltasse para (...) o estudo de fenômenos irreversíveis, que permitem identificar com tanta clareza a 'flecha do tempo'".

A HISTÓRIA DO FUTURO

Nossa forma de pensar o futuro tem um passado. Ao longo da trajetória da civilização humana, todas as culturas tiveram uma ideia específica do que é o porvir. Segundo a futuróloga australiana Ivana Milosevic, "embora os conceitos de tempo e de futuro sejam universais, são compreendidos de maneiras diferentes nas diversas sociedades". Algumas acreditavam no tempo circular, com passado, presente e futuro fazendo parte de um mesmo ciclo periódico, enquanto outras julgavam que o único futuro que importa ocorre depois da morte.

As esmagadoras decepções, que são tão recorrentemente parte da condição humana, geraram crises de confiança no futuro e substituíram a esperança pelo descrédito. Mas a maioria das sociedades tem aprendido com a experiência de vida e com os relatos contados pelos mais velhos que nossas ações no presente podem moldar o futuro objetivamente para melhor.

Os antropólogos sustentam que há quase 50 mil anos os seres humanos recorrem a oráculos ou médiuns para decifrar o futuro. Alguns tentaram ver o amanhã analisando pistas ocultas nas entranhas de animais sacrificados aos deuses, estudando o movimento dos peixes, interpretando marcas na Terra, ou de uma centena de outras formas. Muitas pessoas ainda consultam as cartas do tarô ou a quiromancia com o mesmo objetivo. A crença implícita nesse tipo de busca é que toda realidade constitui uma unidade que engloba o passado, o presente e o futuro, de acordo com um projeto cujo significado pode ser revelado a partir de fragmentos específicos do todo e aplicado a outras partes, permitindo antecipar o que está por vir.

Hoje, médicos e cientistas desvendam pistas do futuro das pessoas ao decifrar padrões de DNA presentes nas células. Matemáticos solucionam a natureza das equações de fractais (e as formas geométricas derivadas) por meio da observação da "autossemelhança" dos padrões identificados em todos os níveis de resolução. Todas as informações de uma holografia estão contidas integralmente em cada mólecula dos cilindros gasosos nos quais se projeta a imagem.

De acordo com os historiadores, os astrólogos da antiga Babilônia adotavam dois relógios: um para controlar a passagem do tempo nas atividades humanas e outro para acompanhar os movimentos celestes que, segundo acreditavam, teriam influência sobre os eventos terrenos. Ao tentar adivinhar nosso futuro, também precisamos prestar atenção a um "relógio duplo": um para contar as horas e os dias; outro para aferir os séculos e milênios em que continuaremos a promover a ruptura dos sistemas naturais da Terra.

Equipes de cientistas estão correndo contra o tempo, competindo com outras equipes em busca de descobertas genéticas capazes de curar doenças e estabelecer as bases de produtos multibilionários. Ainda assim, convém ficar de olho no segundo relógio, aquele que mede o andamento evolucionário, uma vez que a emergente capacidade prometida pelos avanços nas ciências da vida está prestes a nos tornar o principal agente da evolução.

Graças ao novo poder que 7 bilhões de pessoas exercem coletivamente por meio das novas tecnologias, do consumo voraz e de um exacerbado dinamismo econômico, algumas das mudanças ecológicas que estamos criando, segundo alertam os cientistas, tendem a gerar impacto no tempo geológico, medido por um relógio planetário que conta períodos cronológicos bem superiores aos limites da imaginação humana. Cerca de um quarto dos 90 milhões de toneladas da poluição de aquecimento global que produzimos a cada dia permanecerá na atmosfera (retendo calor) por mais de 10 mil anos.

Por isso, ao confrontar a diferença entre o que *é* e o que *deveria ser*, chegamos a um dilema existencial. Apesar de nossa dificuldade em pensar em termos de tempo geológico, temos o poder de interferir no equilíbrio geológico. E, embora não consigamos nem sequer imaginar a progressão evolucionária, ainda assim estamos ocupando o posto de principal força motriz da evolução.

Ao contrário do que muitos afirmaram, a ideia de que a história humana se caracteriza pelo avanço de uma era para outra não é uma criação do Iluminismo. A explosão da filosofia na Grécia antiga marcou o início do registro das especulações sobre o futuro da humanidade. No século 4 a.C., Platão definiu o progresso como "um processo contínuo, que melhora a condição humana a partir de seu estado natural original para níveis de cultura, organização econômica e estrutura política cada vez mais elevados, rumo a um estado ideal. O progresso flui a partir da crescente complexidade da sociedade e da necessidade de ampliar o conhecimento, por meio do desenvolvimento das ciências e da arte".

No século 4 d.C., Santo Agostinho, que costumava citar Platão, escreveu: "A educação da raça humana, representada como o povo de Deus, avançou, como um indivíduo, ao longo de determinadas épocas, ou eras, de forma que aos poucos pôde passar das coisas terrenas para as celestiais, do visível para o invisível".

Mas o progresso não é uma invenção exclusiva do Ocidente. Muitos interpretam o Tao da China antiga como um guia para quem deseja progredir ao mesmo tempo em que abre seu caminho no mundo – embora esse conceito de progresso seja bem diferente daquele que se disseminou pelo mundo ocidental. No século 11, o filósofo islâmico Mohamed al-Ghazali escreveu que, para a doutrina islâmica, "os esforços realizados de forma sincera rumo ao progresso e ao desenvolvimento constituem um ato de devoção religiosa e são reconhecidos como tal. O resultado final será um trabalho sério, rigoroso e perfeito, o progresso científico verdadeiro e a real conquista de um desenvolvimento equilibrado e amplo".

No início do Renascimento, o resgate da linha aristotélica da filosofia grega (preservada em idioma árabe na Alexandria e reintroduzida na Europa em Al-Andalus) contribuiu para a fascinação geral com o legado físico e filosófico tanto de Atenas como de Roma. As heranças desse passado redescoberto nutriram os sonhos que fomentariam o Iluminismo, época em que se consolidou o consenso de que o progresso secular representa o padrão dominante da história humana.

As descobertas de Copérnico, Galileu, Descartes, Newton e outros que protagonizaram a Revolução Científica ajudaram a fortalecer a crença de que, sejam quais forem o papel ou os planos de Deus, a disseminação do conhecimento tornou irreversível o progresso nas sociedades humanas. Francis Bacon, que mais do que ninguém enfatizou o termo "progresso" ao descrever nossa trajetória rumo ao futuro, também esteve entre os primeiros a escrever sobre o progresso humano com ênfase especial no controle e no domínio da natureza, como se fôssemos uma parte separada dela, da mesma forma como Descartes acreditava na mente apartada do corpo.

Séculos depois, esse erro filosófico ainda precisa ser corrigido. Ao assumir de forma tácita nossa posição isolada em relação ao sistema ecológico do planeta, com frequência nos surpreendemos com fenômenos que emergem das conexões indissolúveis que nos unem a esse sistema. E, conforme o poder de nossa civilização aumenta de forma exponencial, essas surpresas se revelam cada vez mais desagradáveis.

A herança cultural que ainda influencia o método científico tem caráter reducionista – ou seja, ao dividir e subdividir os objetos de pesquisa e análise, separamos fenômenos e processos interconectados a fim de criar um conhecimento específico. Porém, concentrar a atenção em fragmentos cada vez menores *do* todo, em geral, tem o custo de reduzir a atenção *para* o todo. Isso pode nos levar à perda da percepção dos fenômenos que inesperadamente emergem das interconexões e interações ocorridas nas diversas redes e processos. Essa é uma das razões para o fracasso tão frequente das projeções lineares sobre o futuro.

UMA NOVA VISÃO DO PASSADO E DO FUTURO

A invenção de ferramentas poderosas e o desenvolvimento de novas percepções – além da descoberta de ricos continentes – geraram maneiras inéditas e estimulantes de ver o mundo e criaram um otimismo crescente em relação ao futuro. No século 17, o pai da microbiologia, Antonie van Leeuwenhoek, aperfeiçoou as lentes para microscópio (inventado na Holanda menos de um século antes) e as utilizou para desvendar células e bactérias. Ao mesmo tempo, um amigo próximo do estudioso que vivia em Delft, Johannes Vermeer, revolucionou a técnica de pintura de retratos (segundo a maioria dos historiadores da arte) com o uso da câmara escura, viabilizada graças aos avanços no estudo do campo da óptica.

Com a aceleração da Revolução Científica e o início da Revolução Industrial, a ideia de progresso alterou os conceitos vigentes de futuro.

Poucos anos antes de morrer, Thomas Jefferson escreveu sobre o progresso que testemunhara em vida e ressaltou que "ninguém pode dizer onde essa evolução vai parar. No entanto, nesse período, a barbárie recuou diante de um ritmo de melhoria constante, e espero que, com o tempo, acabe desaparecendo da Terra".

Quatro anos depois da morte de Jefferson, em 1830, Charles Lyell publicou sua obra-prima, *Princípios da geologia*, que abalou seriamente o conceito predominante sobre a relação entre a humanidade e o tempo. Sobretudo no pensamento judaico-cristão, a maioria das pessoas acreditava que a Terra existia há apenas alguns milhares de anos e que os seres humanos tinham surgido logo após a criação do planeta. Lyell estimou que a idade da Terra era bem maior, talvez alguns milhões de anos (4,5 bilhões, como sabemos hoje). Ao dar nova forma ao passado, o estudioso também reformulou a ideia de futuro e proporcionou o contexto temporal propício para as descobertas de Charles Darwin acerca dos princípios da evolução. O jovem Darwin, de fato, tinha na bagagem um exemplar do livro de Lyell em sua histórica viagem a bordo do *Beagle*.

A longa trajetória do planeta, até então desconhecida, inspirou sonhos da mesma dimensão em relação ao futuro distante, no qual o progresso da humanidade poderia atingir níveis ilimitados. Na geração seguinte à de Lyell, Júlio Verne descreveu um futuro que incluía foguetes pousando na Lua, submarinos cruzando as profundezas do mar e expedições ao centro da Terra.

Para muitas pessoas, o otimismo exuberante do século 19 perdeu força com os excessos da Segunda Revolução Industrial, mas ganhou novo fôlego na primeira década do século 20, com o surgimento de um movimento político baseado na crença de que intervenções políticas do Estado e mudanças sociais poderiam amenizar os problemas resultantes da industrialização e consolidar os benefícios óbvios do progresso.

Conforme os avanços científicos e tecnológicos confirmavam algumas das previsões de Júlio Verne e seus sucessores, a confiança em relação ao futuro crescia outra vez.

No entanto, o balanço do século 20 registrou duas guerras mundiais e o assassinato de milhões de pessoas, vítimas de ditadores (tanto de governos de direita quando de esquerda) que impunham suas próprias concepções distorcidas de progresso. A ideia de futuro voltou a mudar. O pesadelo do Terceiro Reich, o holocausto e as atrocidades cometidas por Stálin e Mao Tsé-tung tornaram-se símbolo do potencial para o mal decorrente do uso de quaisquer meios, ainda que cruéis, no esforço de impor grandes planos para o futuro da humanidade, de acordo com as visões de homens embriagados pelo excesso de poder.

Depois da Segunda Guerra Mundial, o prolongado desencanto decorrente do uso das novas e admiráveis tecnologias de rádio e de imagem por governos totalitários (com o intuito de convencer milhões de pessoas a suspender sua capacidade crítica e moldar suas vidas de acordo com um projeto maligno), associado ao profundo impacto emocional e espiritual da espada atômica de Dâmocles instalada sobre a civilização com o início da corrida armamentista, recuperou-se a ideia de que as novas invenções podiam ser facas de dois gumes. Para muitas pessoas, a suspeita de que tecnologias poderosas (apesar de seus eventuais benefícios) também eram capazes de ampliar a vulnerablidade inata da humanidade diminuiu a confiança na teoria de que o progresso representa uma estrela-guia confiável.

As profecias de Júlio Verne foram substituídas pelos prognósticos de Aldous Huxley, George Orwell e H. G. Wells. Vários filmes de sucesso mostravam monstros destruidores vindos do passado (ressuscitados por causa de testes nucleares), criaturas originadas de malsucedidas experiências de engenharia genética ou robôs malvados originários de um futuro distante ou de outros planetas, todos decididos a ameaçar o futuro da humanidade.

E HOJE MUITOS se perguntam: quem somos nós? Aristóteles escreveu que o fim de algo define sua natureza essencial. Se formos forçados a contemplar a possibilidade de nos tornarmos os arquitetos da extinção de nossa própria civilização, então deve haver implicações obrigatórias para a forma como respondemos a uma pergunta: qual nossa natureza essencial enquanto espécie? Um cientista questionou de outra maneira: a combinação de um polegar opositor com um neocórtex nos viabiliza como forma sustentável de vida na Terra?

É difícil conciliar nossa preferência natural e saudável pelo otimismo em relação ao futuro com as corrosivas inquietações de que não está tudo bem – e que, sem intervenção, o futuro pode ocorrer de maneiras ameaçadoras para alguns dos valores mais caros aos seres humanos. Em outras palavras, o porvir projeta uma sombra sobre o nosso presente. Pode ser reconfortante (embora pouco útil) dizer "Sou um otimista!". O otimismo é um tipo de oração e, na minha opinião, a oração tem um poder espiritual verdadeiro. Mas também acredito em um antigo provérbio africano que aconselha: quando rezar, mova seus pés. Oração sem ação, assim como otimismo sem compromisso, é uma agressão passiva ao futuro.

Diante dos diferentes perigos que nos desafiam, mesmo quem está disposto a entrar em ação muitas vezes se sente tomado pela sensação de impotência. No que se refere às questões climáticas, por exemplo, essas pessoas alteram seu comportamento e seus hábitos, mas ainda sentem que exercem um impacto minúsculo, uma vez que o poderoso *momentum* da máquina global que construímos para alimentar o progresso parece independente do comando humano. Onde estão os botões de controle e os mecanismos de ajuste da intensidade dessa máquina? Será que nossas mãos têm força suficiente para reger tais controles?

Mais de uma década antes de escrever *Fausto*, Goethe criou o famoso poema "O aprendiz de feiticeiro", sobre um jovem que, ao ficar sozinho para fazer a faxina do local de trabalho, resolve recorrer aos feitiços de seu mestre para dar vida à vassoura. Uma vez animado, porém, o objeto fica fora de controle. Na tentativa desesperada de interromper o movimento frenético da vassoura, o aprendiz usa um machado para rachá-la ao meio – só que ela se recupera, e de cada metade surge uma vassoura nova, igualmente animada. O processo só é controlado com o retorno do mestre feiticeiro.

O CAPITALISMO DEMOCRÁTICO E SEUS DISSABORES

A ideia de tomar decisões coletivas realmente significativas e voltadas ao controle do maquinário global que colocamos em movimento é ingênua e até simplória, segundo aqueles que há muito tempo depositaram sua fé no futuro na mão invisível do mercado – e não em mãos humanas. Quanto mais o poder de tomar decisões sobre o amanhã se transferir dos sistemas políticos para o mercado – e quanto mais as tecnologias ampliarem a força dessa "mão invisível" –, mais os músculos de nossa autogovernança vão se atrofiar.

Na verdade, essa é uma consequência bem-vinda para pessoas e instituições que encontraram maneiras de acumular grandes fortunas por meio das ilimitadas operações no âmbito da máquina global. Dentre essas pessoas e instituições, muitas usaram seu poder econômico para reforçar a ideia de que a autogovernança é, na melhor das hipóteses, inútil – e que, quando funciona, conduz a uma intromissão perigosa tanto nos mercados como no determinismo tecnológico. O condomínio ideológico formado pela aliança do capitalismo com a democracia representativa – tão fértil na expansão do potencial para a liberdade, a paz e a prosperidade – foi despedaçado pela concentração da riqueza, que extrapolou a esfera do mercado para invadir a esfera da democracia.

Embora os mercados não tenham rivais no que se refere à coleta, ao processamento e à utilização de imensos fluxos de informação para alocar recursos e equilibrar a demanda e a oferta, neles a informação apresenta uma singularidade. Ela não tem opinião, caráter, personalidade, emoções, amor ou fé – trata-se apenas de números. Por outro lado, a democracia, quando funciona num padrão saudável, se vale das interações de pessoas com diferentes perspectivas, predisposições e experiências de vida para gerar sabedoria e criatividade, que ocupam um plano completamente distinto. A democracia transporta sonhos e esperanças para o futuro. Assim, ao tolerar o uso rotineiro da riqueza para distorcer, degradar ou corromper o processo democrático, estamos nos privando da oportunidade de aproveitar a "última esperança" para encontrar um caminho sustentável para a humanidade – e isso em meio às transformações mais caóticas e perturbadoras que nossa civilização já enfrentou.

Nos Estados Unidos, muitos comemoraram o enfraquecimento da autogovernança e aplaudiram a ideia de que não devemos mais tentar controlar nosso próprio destino por meio da tomada democrática de decisões. Alguns chegaram a recomendar, em tom de quase piada, que é preciso reduzir o governo a ponto de ser possível "afogá-lo numa banheira". Políticos foram convocados a apoiar esforços no sentido de paralisar iniciativas governamentais voltadas a qualquer interesse diferente dos ditados pela máquina global. Organizou-se uma quinta coluna para atuar dentro do quarto poder e uma legião de lobistas foi mobilizada para conter quaisquer decisões coletivas sobre o futuro que beneficiassem o interesse público. Algumas dessas pessoas pareciam até acreditar de fato – como muitos já escreveram várias vezes – que "interesse público" é algo que não existe.

Este novo padrão auto-organizado do Congresso dos Estados Unidos atende a interesses especiais, que garantem a maioria do dinheiro com o qual os políticos (de situação e de oposição) pagam suas campanhas eleitorais na televisão. Portanto, não corresponde mais às preocupações mais legítimas do povo norte-americano. Seus ocupantes ainda são chamados de "representantes", mas a maioria deles, hoje, representa apenas as pessoas e empresas que fazem doações de campanha, e não os eleitores.

Mais do que nunca, o mundo precisa de uma liderança vinda dos Estados Unidos que seja inteligente, clara e comprometida com valores – e a ausência de qualquer alternativa viável jamais esteve tão clara. Infelizmente, o declínio da democracia norte-americana afetou a capacidade do pensamento coletivo lúcido, resultou numa série de decisões ruins sobre questões de importância crucial e deixou a comunidade global sem rumo num momento em que tem de reagir de forma racional e rápida às consequências das seis mudanças emergentes abordadas neste livro. A restauração da democracia norte-americana, ou o surgimento de uma liderança em outra parte do mundo, é essencial para compreender essas transformações e dar respostas adequadas a elas, de maneira a moldar nosso futuro.

Um dos seis fatores de mudança descritos aqui – o surgimento de uma rede digital capaz de conectar os pensamentos e as emoções da maioria das pessoas de todos os países do mundo – constitui a maior fonte de esperança de que o funcionamento saudável da deliberação democrática e da decisão coletiva possa ser restaurado a tempo de recuperar a capacidade humana de raciocinar em conjunto, a fim de colocar a evolução do futuro em rota segura.

Se devidamente reformulado e transformado num mecanismo sustentável, o capitalismo pode favorecer o mundo mais do que qualquer outro sistema econômico, na tarefa de promover as mudanças árduas, porém necessárias, para restituir a harmonia entre a experiência humana e os sistemas ecológicos e biológicos da Terra. Juntos, o capitalismo sustentável e a tomada democrática de decisões podem nos dar as ferramentas necessárias para salvar o futuro. Por isso, precisamos pensar com clareza sobre como reparar e reformar esses dois elementos essenciais.

A estrutura desses sistemas de tomada de decisão e as medidas que adotamos (ou deixamos de adotar) para aferir o progresso rumo aos objetivos considerados importantes exercem uma influência profunda no futuro a ser moldado. Ao fazer escolhas econômicas que favorecem o "crescimento", é muito importante saber o que entendemos por "crescimento". Se o impacto da poluição for sistematicamente ignorado na avaliação do que chamamos de "progresso", não teremos por que nos surpreender ao constatar que boa parte de nossos avanços econômicos vem acompanhada de intensa degradação ambiental.

Se os sistemas que adotarmos para identificar e medir os lucros se basearem em uma definição restrita (como, por exemplo, resultados trimestrais dos lucros por ação, ou estatísticas de desemprego que não levam em conta as pessoas que desistiram de procurar trabalho, que aceitaram cortes na remuneração para evitar a demissão ou que se veem obrigadas a fritar hambúrguer embora tenham experiência, habilidades e instrução para tarefas mais desafiadoras), teremos uma representação parcial e imperfeita de uma realidade bem maior. Quando nos acostumamos a fazer escolhas importantes sobre o futuro com base em informações distorcidas ou incorretas, o resultado tem tudo para frustrar nossas expectativas.

Psicólogos e cientistas identificaram um fenômeno chamado atenção seletiva – a tendência por parte das pessoas de, por estarem determinadas a se concentrar intensamente em aspectos específicos, ficarem alheias a outras imagens que estão presentes em seu campo de visão.

Elegemos os aspectos aos quais prestamos atenção não apenas por curiosidade, preferências ou hábito, mas também por meio da escolha de nossos sistemas, tecnologias e ferramentas de observação preferidos. Esses instrumentos implicitamente ressaltam algumas coisas em detrimento de outras, que podem ser totalmente ignoradas. Em outras palavras, o meio que usamos para observar a realidade pode conter suas próprias distorções.

O sistema de aferição da riqueza dos países conhecido como Produto Interno Bruto (PIB), por exemplo, arbitrariamente inclui alguns valores e exclui outros. Por isso, quando usamos essa referência como lente para observar a atividade econômica, prestamos atenção ao que é considerado no índice e deixamos de lado os aspectos não contemplados por ele. O filósofo e matemático inglês Alfred North Whitehead definiu a obsessão por métricas como "falácia da concretude deslocada".

Uma metáfora ilustra essa questão: o espectro eletromagnético costuma ser representado como um retângulo horizontal baixo e alongado, dividido em diferentes segmentos de cores, que correspondem aos diversos comprimentos de onda de energia eletromagnética – que, em geral, varia de frequência baixíssima (como a usada no rádio) na extremidade esquerda, passando por micro-ondas, raios infravermelhos, raios X e outros similares, até a radiação gama de altíssima frequência, posicionada na extremidade direita do retângulo.

Em algum lugar próximo ao meio do retângulo fica uma divisão discreta que representa a luz visível – único elemento do espectro percebido pelo olho humano. Mas, como o olho costuma ser o único "instrumento" com o qual a maioria de nós tenta "ler" o mundo que nos cerca, naturalmente deixamos de captar todas as informações contidas em 99,9% do espectro, invisíveis para nós.

Ao complementar nossa capacidade natural de enxergar com instrumentos que ajudam a "ver" o restante do espectro, porém, conseguimos ampliar a compreensão do mundo que nos cerca, uma vez que captamos e interpretamos uma quantidade bem maior de informações. Durante os oito anos em que atuei na Casa Branca, seis vezes por semana eu começava o dia com a leitura de um extenso informe preparado pelos serviços de inteligência sobre todas as questões que afetavam a segurança nacional e os interesses vitais norte-americanos – como regra, o material incluía dados recolhidos de quase todas as partes do "espectro eletromagnético". Por isso, tratava-se de um retrato bem mais completo e preciso de uma realidade bastante complexa.

Uma das realidades do atual mundo dos negócios que mais me espanta é o quase consenso entre os mercados de manter um foco pouco salutar nos objetivos de curto prazo, em prejuízo das preocupações a longo termo. Quando os incentivos oferecidos pelos líderes empresariais (e políticos) se concentram em horizontes curtíssimos, ninguém vai se surpreender caso as decisões referentes à busca de ganhos também sejam pautadas pelo imediatismo – sacrificando qualquer consideração quanto ao futuro. As estruturas de premiação e de incentivo reforçam esse viés e penalizam CEOs e organizações que ajustam seu foco para estratégias mais sustentáveis e de longo prazo. A lógica imediatista há tempos se tornou uma tendência da moda nos círculos empresariais, e tanto nos negócios como na política predomina a tomada de decisões a curto prazo.

"Capitalismo de resultados trimestrais" é o termo usado por alguns para descrever a prática predominante de gerir as empresas pensando em períodos de três meses, ajustando os orçamentos e as estratégias ao esforço constante de garantir que os lucros de cada período não frustrem projeções e expectativas do mercado. Quando buscam um "crescimento" que exclui a saúde e o bem-estar das comunidades onde as empresas estão instaladas, as condições de trabalho dos funcionários e o impacto das operações sobre o meio ambiente, os investidores e CEOs tacitamente optam por ignorar fatos materiais relevantes que possam tornar o crescimento real insustentável.

Da mesma forma, a predominância do dinheiro no cenário político moderno (em especial nos Estados Unidos) criou o que poderíamos descrever como uma "democracia de resultados trimestrais". A cada noventa dias, políticos candidatos a reeleição e seus opositores se apressam em apresentar em público os valores que conseguiram angariar nos três meses anteriores. No final de cada trimestre, o que vemos é uma enxurrada de eventos de arrecadação de recursos, pedidos enviados por e-mail e telefonemas de solicitação com o objetivo de elevar o valor a ser alardeado – mais ou menos como faz um baiacu, que infla o corpo quando percebe a chegada de outro peixe nas proximidades de seu território.

Nossa herança evolucionária nos tornou vulneráveis a diversos estímulos capazes de deflagrar o pensamento a curto prazo. Claro que também temos a capacidade de pensar a longo prazo, mas isso nos exige mais esforço. Os neurocientistas acreditam que as distrações, o estresse e os medos tendem a interromper os processos que sustentam o pensamento em contextos mais amplos. Quando os políticos eleitos atuam sob um estresse sistêmico constante para se concentrar em horizontes curtos, o futuro ganha uma dimensão reduzida.

Essa dinâmica é especialmente perigosa em períodos de mudanças rápidas. Algumas das tendências observadas hoje são tão bem documentadas por observações do passado que é possível projetá-las no futuro com elevado grau de confiabilidade. O ritmo de aumento da capacidade dos chips de computador, para dar um exemplo bastante conhecido, permite embasar as previsões de que esses circuitos integrados continuarão a avançar com rapidez.

A rápida queda do custo do sequenciamento do DNA ocorreu por motivos que permitem afirmar que essa tendência permanecerá no futuro. O acúmulo de gases de efeito estufa observado no passado e a consequente elevação das temperaturas no planeta também foram compreendidos o bastante para apoiar as teorias sobre o que acontecerá se mantivermos o mesmo ritmo de emissão de gases – e quais as consequências de temperaturas globais tão mais elevadas.

Outras mudanças irrompem em um mundo que parecia consolidado: um padrão totalmente novo se instaura, representando uma mudança súbita em relação ao anterior, predominante desde os tempos que o ser humano consegue lembrar. Em nossas próprias vidas, estamos acostumados a transformações graduais e lineares. No entanto, algumas vezes o potencial de mudança se forma sem estar visivelmente claro, até que a pressão incipiente atinge uma massa crítica intensa o bastante para romper qualquer barreira sistêmica que tenha contido o processo até ali. Então, de repente, uma realidade totalmente nova se instala. Em geral, é difícil prever a chegada dessas mudanças sistêmicas, mas elas ocorrem com frequência tanto na natureza como nos complexos sistemas criados pelos seres humanos.

Muitas pessoas já estiveram fascinadas e entusiasmadas com as possibilidades do futuro, mas hoje concentram sua atenção apenas nas implicações que o amanhã pode exercer sobre suas estratégias comerciais, políticas e de segurança no presente. Com a aceleração da Revolução Científica ocorrida nas últimas décadas do século 20, os responsáveis pelo planejamento nas empresas e os estrategistas militares começaram a dedicar uma atenção consideravelmente maior ao estudo dos possíveis cenários futuros, preocupados com a possibilidade de que novas descobertas científicas e tecnológicas pudessem ameaçar os interesses estratégicos (ou até mesmo a sobrevivência) de modelos de negócios e o equilíbrio do poder entre os países.

Qual conceito sobre o futuro temos hoje? Como nossa imagem do amanhã afeta as escolhas que fazemos no presente? Ainda temos o poder de moldar nosso futuro coletivo na Terra e de escolher entre as alternativas aquela capaz de resguardar nossos valores mais caros, de modo a tornar a vida melhor do que ela é agora? Ou estaremos passando por uma crise de confiança em relação ao futuro da humanidade?

Se o espectro do tempo passado, presente e futuro fosse representado na forma retangular similar à usada para retratar a energia eletromagnética, o nascimento do planeta Terra, há 4,5 bilhões de anos, seria o marco da extremidade esquerda. Movimentando-nos para a direita, veríamos o surgimento da vida há 3,8 bilhões de anos, dos organismos multicelulares há 2,8 bilhões de anos, da primeira espécie vegetal há 475 milhões de anos, dos primeiros vertebrados há mais de 400 milhões de anos e dos primatas há 65 milhões de anos. Saltando para a extremidade direita do retângulo, o desaparecimento do Sol estaria posicionado a 7,5 bilhões de anos a partir de hoje.

A estreita faixa de tempo à esquerda do centro do espectro (que representa toda a história da espécie humana) constitui um intervalo ainda menor do que o ocupado pela luz visível ao olho humano no espectro eletromagnético. Os pensamentos que dedicamos a esses amplos períodos temporais no passado e no futuro são, na melhor das hipóteses, efêmeros.

Existem boas razões para sermos otimistas em relação ao amanhã. No momento atual, as guerras parecem estar diminuindo, assim como a pobreza mundial. Algumas doenças temidas estão sob controle e outras foram erradicadas. A expectativa de vida aumenta, e o padrão de vida e a renda média das pessoas (pelo menos em termos mundiais) apresentam elevação. Há mais pessoas alfabetizadas e o conhecimento encontra-se em disseminação. As ferramentas e tecnologias que desenvolvemos (entre elas, a comunicação pela internet) ganham poder e eficiência. Nossa compreensão geral do mundo e até do universo (ou multiverso!) cresceu exponencialmente. No passado, houve períodos nos quais limites ao nosso crescimento e sucesso como espécie surgiram para ameaçar o futuro, mas todos foram superados por novos avanços – como a Revolução Verde, ocorrida na segunda metade do século 20, por exemplo.

Assim, as tendências negativas e positivas parecem ocorrer de forma simultânea, mas o fato de que algumas são bem-vindas e outras não exerce um efeito sobre nossa percepção do fenômeno. As tendências indesejadas muitas vezes são ignoradas, em parte porque não gostamos de pensar nelas. Qualquer incerteza sobre elas que sirva para justificar a falta de ação costuma ser recebida com entusiasmo, ao mesmo tempo em que novas provas de sua concretude encontram uma forte resistência, acompanhada de um esforço de negação da realidade para além das evidências.

Da mesma forma que o otimismo ingênuo pode conduzir à decepção, a predisposição ao pessimismo nos impede de ver a esperança legítima em um caminho que nos permita superar os perigos que o futuro reserva. Na realidade, eu *sou* um otimista – embora meu otimismo se baseie na crença de que encontraremos maneiras de ver e pensar com clareza sobre as tendências óbvias que agora parecem ganhar seu *momentum*, que seremos capazes de pensar em conjunto e questionar as perigosas distorções das atuais métricas adotadas para avaliar e medir as poderosas mudanças em gestação, que faremos a opção de preservar valores humanos e protegê-los – inclusive das consequências mecanicistas e destrutivas de nossos instintos mais básicos, hoje ampliadas por tecnologias inimagináveis para as gerações anteriores, até mesmo para Júlio Verne. Fiz o melhor que pude para descrever minha crença, baseada em evidências, de que provavelmente ainda temos a oportunidade de fazer escolhas importantes – juntos e de forma consciente. Não faço isso por medo, mas porque acredito no futuro.

O FUTURO

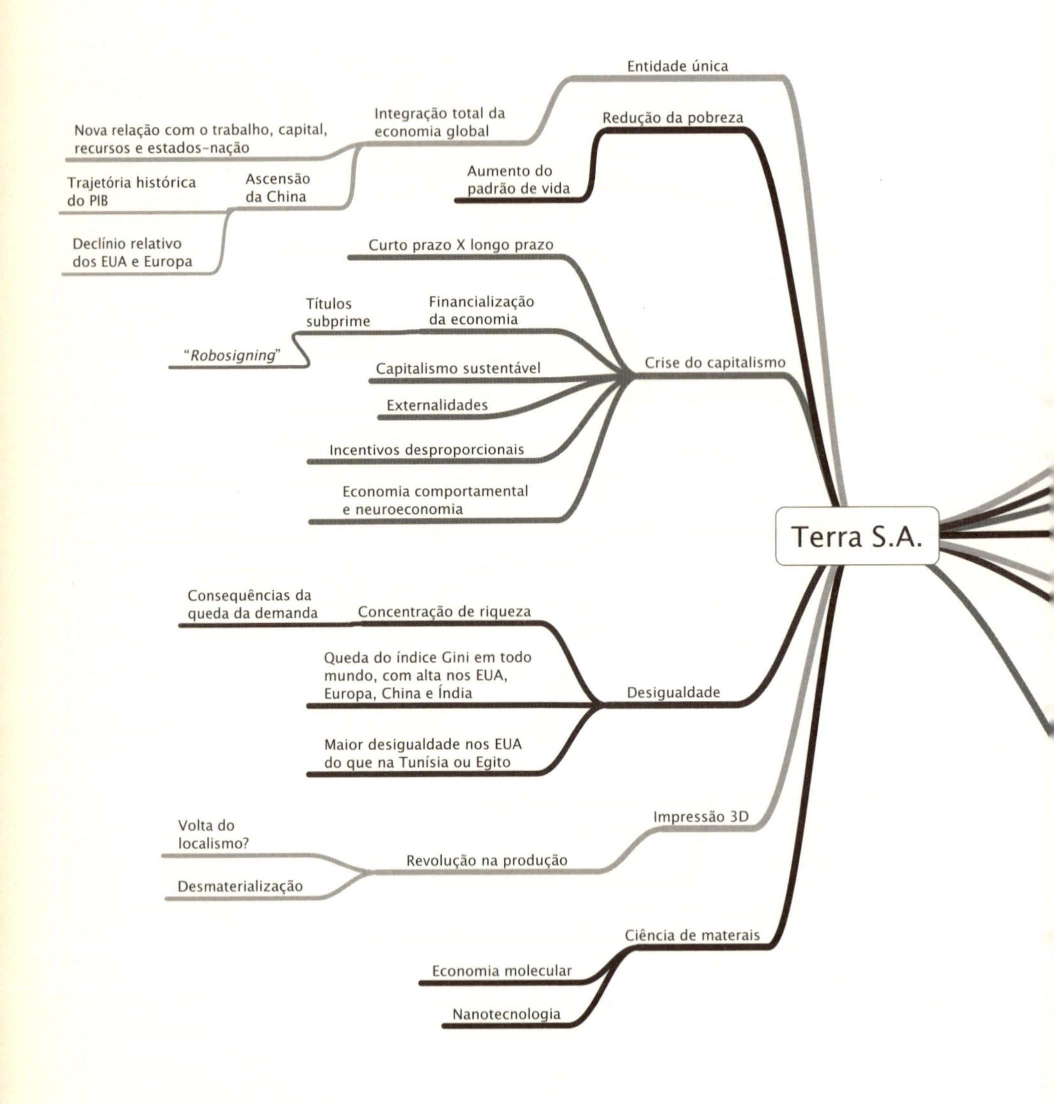

Terra S.A.
Entidade única
Integração total da economia global
Nova relação com o trabalho, capital, recursos e estados-nação
Ascensão da China
Trajetória histórica do PIB
Declínio relativo dos EUA e Europa
Redução da pobreza
Aumento do padrão de vida
Crise do capitalismo
Curto prazo X longo prazo
Financialização da economia
Títulos subprime
"Robosigning"
Capitalismo sustentável
Externalidades
Incentivos desproporcionais
Economia comportamental e neuroeconomia
Desigualdade
Concentração de riqueza
Consequências da queda da demanda
Queda do índice Gini em todo mundo, com alta nos EUA, Europa, China e Índia
Maior desigualdade nos EUA do que na Tunísia ou Egito
Impressão 3D
Revolução na produção
Volta do localismo?
Desmaterialização
Ciência de materais
Economia molecular
Nanotecnologia

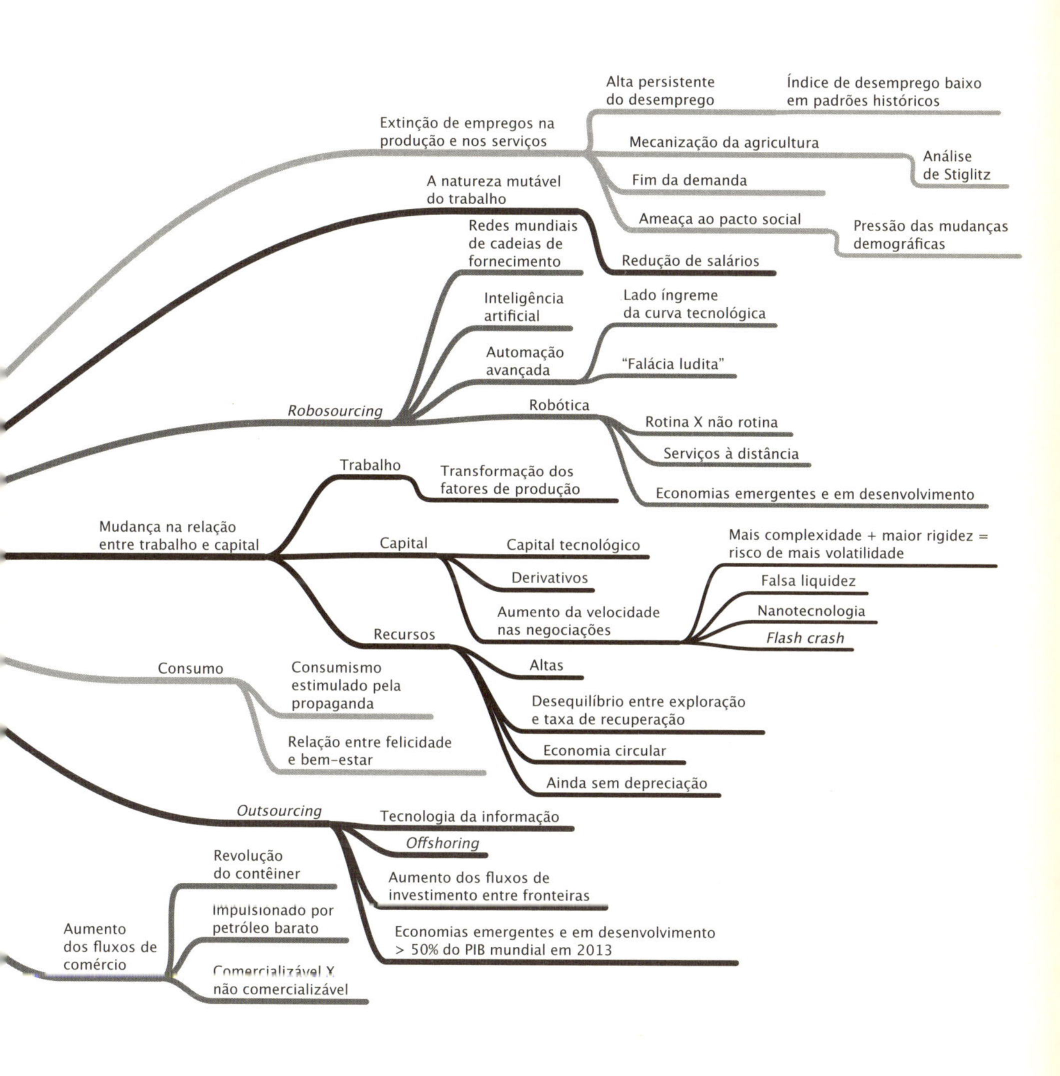

Alta persistente do desemprego
Índice de desemprego baixo em padrões históricos
Extinção de empregos na produção e nos serviços
Mecanização da agricultura
Análise de Stiglitz
Fim da demanda
A natureza mutável do trabalho
Ameaça ao pacto social
Pressão das mudanças demográficas
Redes mundiais de cadeias de fornecimento
Redução de salários
Inteligência artificial
Lado íngreme da curva tecnológica
Automação avançada
"Falácia ludita"
Robosourcing
Robótica
Rotina X não rotina
Serviços à distância
Trabalho
Transformação dos fatores de produção
Economias emergentes e em desenvolvimento
Mudança na relação entre trabalho e capital
Capital
Capital tecnológico
Mais complexidade + maior rigidez = risco de mais volatilidade
Derivativos
Falsa liquidez
Aumento da velocidade nas negociações
Nanotecnologia
Recursos
Flash crash
Altas
Consumo
Consumismo estimulado pela propaganda
Desequilíbrio entre exploração e taxa de recuperação
Relação entre felicidade e bem-estar
Economia circular
Ainda sem depreciação
Outsourcing
Tecnologia da informação
Offshoring
Revolução do contêiner
Aumento dos fluxos de investimento entre fronteiras
Impulsionado por petróleo barato
Economias emergentes e em desenvolvimento > 50% do PIB mundial em 2013
Aumento dos fluxos de comércio
Comercializável X não comercializável

1

TERRA S.A.

A ECONOMIA GLOBAL VEM SOFRENDO TRANSFORMAÇÕES EM ESCALA E VElocidade desconhecidas em outros períodos da história. Vivemos na Terra S.A.*: políticas nacionais, estratégias regionais e teorias econômicas aceitas há muito tempo hoje se mostram irrelevantes diante das novas realidades de uma economia hiperconectada, estreitamente integrada, altamente interativa e tecnologicamente transformada.

Muitas das empresas de maior sucesso no mundo atual produzem artigos em "fábricas virtuais globais", apoiadas em uma intrincada rede de cadeias de suprimentos ligadas a centenas de outras organizações, em dezenas de países. Cada vez mais, os mercados de produtos – e de um número crescente de serviços que dispensam interações corpo a corpo – se configuram globais por natureza. Porcentagens cada vez mais altas de assalariados competem não só com colegas de outros países, mas também com máquinas inteligentes interconectadas a outras máquinas e a redes de computadores.

* Termo cunhado originalmente por Buckminster Fuller com significado e em contexto bem diferentes, em 1973.

A digitalização do trabalho e a incrível e relativamente súbita metástase daquilo que costumávamos chamar de automação trazem duas mudanças importantes e simultâneas:

1. A transferência de empregos das economias industriais para países emergentes com grandes populações e padrão salarial mais baixo – ou *outsourcing*.

2. A transferência de tarefas executadas por seres humanos para processos mecanizados, programas de computador e robôs de todos os tamanhos e modelos, além de versões rudimentares de inteligência artificial que a cada ano aperfeiçoam sua eficiência, utilidade e capacidade – ou *robosourcing*.

A transformação da economia global pode ser mais bem compreendida como um fenômeno emergente – ou seja, um processo no qual o todo não só é maior do que a soma das partes, mas bem diferente dela em aspectos poderosos e impactantes. Esse fenômeno representa algo novo: não apenas uma coleção mais interconectada das economias nacional e regional que antes já se relacionavam entre si, mas uma entidade totalmente nova e com padrões, dinâmicas, *momentum* e força bruta diferentes daquilo que nos acostumamos a ver no passado. Claro que ainda existem limites para o fluxo humano entre fronteiras e que o trânsito comercial é mais intenso entre países geograficamente próximos uns dos outros, mas, como um todo, a economia globalizada tem se revelado unida por laços mais estreitos do que nunca.

Da mesma forma como as 13 colônias que formaram os Estados Unidos *emergiram* como um todo unificado no final do século 18 – bem como as antigas cidades-estados italianas, isoladas por muralhas, se transformaram em nação unificada na segunda metade do século 19 –, o mundo como um todo parece *emergir* agora como entidade econômica única, que caminha a passos largos para a integração completa. Pelo menos, essa é a realidade observada no universo dos negócios e da produção industrial, no campo das ciências e na rápida disseminação da maioria das novas tecnologias pelos centros de comércio de todo o planeta.

No mundo da política e da administração pública, os estados-nação seguem como os principais atores. Do ponto de vista psicológico e emocional (e das formas como moldamos nossa identidade), a maioria de nós ainda pensa e age como se ainda vivesse no cenário que conhecemos em nossa juventude. Porém, na verdade, no que se refere às realidades econômicas da vida, estamos perdendo o mundo de vista.

Este poderoso motor da mudança global (às vezes inadequada e livremente chamado de "globalização") não marca apenas o fim de uma era histórica e o início de outra, mas a emergência de uma nova realidade, com a qual teremos de aprender a lidar.

O *OUTSOURCING* E O *ROBOSOURCING* em geral eram considerados fenômenos isolados e distintos, estudados e discutidos por grupos diferentes de economistas, especialistas em tecnologia e autoridades em política. No entanto, os dois processos são profundamente ligados e representam aspectos de um mesmo megafenômeno.

Nos países de economia industrial, a mudança tectônica rumo ao *robosourcing* e ao *outsourcing* possibilitado pela tecnologia da informação amplia drasticamente a força do capital em relação ao trabalho, fragilizando os trabalhadores na hora de reivindicar uma melhor remuneração.

Na primeira metade do século 20, nas empresas que lidavam com operários organizados, as batalhas políticas por direitos trabalhistas tratavam essencialmente da distribuição relativa de renda entre a produção e o capital. Hoje, porém, as mudanças desencadeadas pela tecnologia desempenham um papel bem mais decisivo na definição do futuro do trabalho e no ganho que ele proporciona às pessoas. Os embates travados no antigo contexto de "perde-ganha" perderam relevância ou força em um momento no qual os empregadores têm sempre à mão duas opções: substituir empregados por robôs ou sistemas automatizados, ou fechar as portas de sua fábrica ou empresa e terceirizar a operação para um país onde a mão de obra custa menos.

Do ponto de vista dos operários norte-americanos ou europeus que perderam seus postos de trabalho, o impacto da automação e da terceirização é basicamente o mesmo. Da perspectiva do dono da fábrica, os índices de produtividade sobem em consequência tanto da transferência das atividades para outro país (também chamada de *offshoring*) quanto do *robosourcing*, não importando se a nova tecnologia é adotada no endereço atual ou em algum país estrangeiro.

Os responsáveis pela definição dessas políticas empresariais muitas vezes comemoram tais resultados, já que, em geral, o aumento da produtividade é considerado o Cálice Sagrado do progresso. Não raro, passa despercebido o impacto maior desse processo sobre a empregabilidade do país no qual essas empresas campeãs de produtividade mantêm seu endereço oficial. Ainda assim, essa tendência vem se acentuando a ponto de colocar em xeque o papel fundamental do trabalho na economia do futuro.

Uma amostra de como a crescente interconexão da economia mundial impulsiona (de forma simultânea) tanto o *outsourcing* como o *robosourcing* é que essa segunda prática se dissemina cada vez mais rapidamente nas economias emergentes e em desenvolvimento, as quais também começam a eliminar uma porcentagem crescente dos empregos há pouco tempo absorvidos dos países industrializados.

Há uma grande diferença entre investir dinheiro numa fábrica *offshore* (que abrigará os mesmos postos de trabalho até então situados nos Estados Unidos ou na Europa) e a alocação daquilo que os economistas chamam de "capital tecnológico": recursos que, além de aumentar a produtividade das empresas e indústrias, com o tempo extinguem um grande número de empregos tanto nos países que originalmente sediavam as unidades de produção quanto nos locais para onde tais operações foram transferidas.

Num primeiro momento, os operários dos países que oferecem salários mais baixos se beneficiam com as novas oportunidades de emprego – até que a elevação geral do padrão de vida (que eles mesmos ajudaram a gerar) crie a necessidade de uma remuneração maior. Quando isso acontece, eles também se tornam vulneráveis a ser substituídos por robôs ou soluções automáticas mais eficientes e econômicas, os quais os donos das fábricas poderão adquirir com os lucros gerados pela iniciativa de *outsourcing*. Em 2012, um fabricante chinês de produtos eletrônicos, a Foxconn, anunciou a incorporação de 1 milhão de robôs em suas unidades produtivas, num prazo de apenas dois anos.

Um ciclo positivo de retroalimentação emergiu entre a crescente integração da Terra S.A., de um lado, com a progressiva introdução de máquinas inteligentes interconectadas, de outro. Ou seja, a tendência de aumento do *robosourcing* reforça a interconectividade da economia global impulsionada por negócios e investimentos, e vice-versa.

Com frequência, o impacto do *robosourcing* sobre a empregabilidade é entendido de forma equivocada, como um processo no qual categorias inteiras de trabalho são eliminadas no momento em que a tecnologia, subitamente, permite substituir pessoas por máquinas inteligentes interconectadas. O mais comum, porém, é que as máquinas ligadas por sistemas inteligentes suprimam um número considerável de postos de trabalho, ao mesmo tempo em que elevam bastante a produtividade dos funcionários remanescentes, os quais são justamente aqueles capacitados para alavancar a eficiência dessas máquinas introduzidas no processo de produção.

Às vezes, esses postos de trabalho remanescentes demandam uma remuneração mais alta, em troca das habilidades necessárias para lidar com a tecnologia recém-adquirida. Isso só faz reforçar nossa tendência a entender de forma equivocada o impacto agregado dessa aceleração do *robosourcing*: seguindo o velho padrão costumeiro, simplificamos a leitura da realidade dizendo que as antigas vagas foram eliminadas para dar lugar a ocupações novas e melhores.

A diferença é que, agora, estamos começando a escalar a parte mais íngreme dessa curva tecnológica, e o impacto agregado desse processo (que ocorre ao mesmo tempo em diversas empresas e setores) resulta na ampla redução dos postos de trabalho. Além disso, muitos profissionais não contam com as habilidades essenciais para ocupar os novos empregos, como, por exemplo, o domínio da aritmética decimal necessária para operar vários robôs.

Surgiram novas empresas para conectar trabalhadores online a tarefas que podem ser terceirizadas por meio da internet, de forma eficiente e barata. Gary Swart, presidente executivo do oDesk, uma das mais bem-sucedidas plataformas online de agenciamento de trabalho para profissionais *freelancers*, declarou que vem testemunhando um aumento na demanda por profissionais como "advogados, contadores, profissionais da área financeira e até gestores". Além disso, o *robosourcing* começa a exercer impacto no jornalismo. A Narrative Science, empresa fundada por dois diretores do Laboratório de Informação Inteligente da Northwestern University, desenvolveu um programa que produz textos para jornais e revistas a partir de algoritmos, que analisam dados estatísticos de eventos esportivos, relatórios financeiros e estudos governamentais, por exemplo. Um dos fundadores, Kristian Hammond, que também leciona na Medill School of Journalism, revelou que a atividade vem se expandindo rapidamente, invadindo novos campos do jornalismo. O CEO da empresa, Stuart Frankel, afirmou que os poucos redatores humanos que trabalham para a empresa foram transformados em "metajornalistas" – responsáveis pela criação das *templates* e estruturas nas quais os algoritmos inserem os dados de forma automática. Dessa maneira, explica, "é possível redigir milhões de matérias, em vez de elaborar uma de cada vez".

O EFEITO CUMULATIVO da intensificação do uso da inteligência artificial e da transferência da atividade produtiva para países que pagam salários mais baixos também vem ampliando a desigualdade de renda e de patrimônio líquido – não só nos países desenvolvidos, mas também nas economias emergentes. As pessoas que perdem seus empregos passam a viver com uma renda menor, ao mesmo tempo em que aqueles que se beneficiam do aumento do valor relativo do capital tecnológico multiplicam seus ganhos.

O DESEQUILÍBRIO DA RIQUEZA GLOBAL

Conforme se acelera a mudança do valor relativo da tecnologia em detrimento da produção, o mesmo tende a acontecer com os níveis de desigualdade – um fenômeno que não se restringe ao campo teórico, mas já está acontecendo, e em grande escala. Na medida em que o capital tecnológico ganha cada vez mais importância na comparação com o valor do trabalho, uma parcela maior da renda resultante das atividades produtivas se acumula nas mãos de uma pequena elite, enquanto um número expressivo de pessoas sofre as consequências da perda de seu ganha-pão.

Existe uma crescente concentração de riqueza no topo da escala de renda em quase todos os países industrializados e em nações emergentes como a China e a Índia. A América Latina constitui uma rara exceção. Em termos globais, o processo de *offshoring* (pelo menos por um tempo) melhorou a igualdade de renda, graças à transferência maciça de postos de trabalho industriais (e também no setor de serviços) para países onde a remuneração é menor, como um todo. Ao avaliar cada país individualmente, porém, a desigualdade da distribuição de renda (e do patrimônio líquido) vem aumentando com mais velocidade na China e na Índia do que nos Estados Unidos ou na Europa. Em 2012, a desigualdade atingiu o pico em duas décadas em 32 países desenvolvidos pesquisados pela ONG internacional Save the Children.

No último quarto de século, o índice de Gini – que mede a desigualdade de renda de cada país por meio de uma escala de 0 a 100, na qual 0 equivale à plena igualdade e 100, à concentração de toda a riqueza em uma única pessoa – passou de 35 para 45 nos Estados Unidos, de 30 para pouco mais de 40 na China, de 20 e poucos para cerca de 40 na Rússia, e de 30 para 36 na Inglaterra. Esses números podem encobrir impactos ainda mais dramáticos no âmbito salarial. De acordo com a Organização para Cooperação e Desenvolvimento Econômico (Ocde), por exemplo, os 10% que recebem os melhores salários na Índia ganham 12 vezes mais do que os 10% mais mal remunerados (há duas décadas, a disparidade entre essas duas pontas era de seis vezes).

A crescente desigualdade de renda e de patrimônio líquido nos Estados Unidos também foi impulsionada por mudanças nas leis tributárias – como a quase eliminação da taxação das heranças e, sobretudo, da tributação da renda decorrente de investimentos com a menor das alíquotas, 15% –, sempre favorecendo quem ganha mais.

Quando a tributação sobre os rendimentos decorrentes de investimento de capital é menor do que taxação sobre rendimentos decorrentes do trabalho ou da venda dos recursos naturais usados nos processos produtivos, a proporção dos ganhos destinados a quem oferece o capital cresce naturalmente.

Nos Estados Unidos, 50% de todos os ganhos com a mais-valia ficam com 0,001% da população. A atual ideologia política que permite esse desequilíbrio chama os ricos investidores de "geradores de emprego". No entanto, com o *robosourcing* e o *outsourcing*, o impacto cumulativo do capital que eles investem, independentemente de seus efeitos benéficos, é negativo em termos de empregabilidade.

Vale a pena notar que nos Estados Unidos a desigualdade é maior do que no Egito ou na Tunísia. O movimento Occupy Wall Street ganhou força graças à conscientização geral acerca do aumento da concentração de renda entre o 1% mais abastado dos norte-americanos, elite que detém mais riqueza do que a soma dos 90% da população dos degraus inferiores da pirâmide social. Os 400 maiores bilionários norte-americanos têm mais dinheiro do que os 150 milhões de compatriotas que ocupam a metade inferior dessa pirâmide. Somada, a fortuna dos cinco filhos e uma nora de Sam e Bud Walton, fundadores do Walmart, é superior às posses de 30% dos norte-americanos mais pobres.

Em termos anuais, a parcela de 1% situada no topo da pirâmide embolsa quase 25% de toda a renda norte-americana, índice cerca de 12% maior do que há 25 anos. Enquanto a renda líquida (descontados os impostos) do norte-americano médio subiu apenas 21% no último quarto de século, os cerca de 0,1% mais abastados apuraram um aumento de 400% no mesmo período.

Num momento em que muitos postos de trabalho no setor de serviços, na indústria e na agricultura estão ameaçados de terceirização ou extinção por conta da inovação e das curvas de produtividade decorrentes da revolução tecnológica que estamos vivendo, a necessidade de reposição de renda torna-se uma questão urgente.

Em 2011, estimou-se que o investimento acumulado feito pelos países industriais no resto do mundo aumentou oito vezes nas últimas três décadas, num processo que resultou no aumento de 5% a 40% no PIB das nações mais desenvolvidas. Apesar das projeções de elevação do PIB mundial em quase 25% nos próximos cinco anos, o fluxo de capitais de um país para outro deve continuar a crescer três vezes mais rápido, no mesmo período.

O investimento acumulado feito pelo resto do mundo nas economias avançadas também cresce, mas não tanto. Em países industrializados como os Estados Unidos, os ganhos com o investimento estrangeiro direto subiram de 5% para 30% do PIB entre 1980 e 2011. Em parte como resultado disso, essas tendências globais não eliminaram empregos no país, mas, em vez disso, criaram muitos postos de trabalho. As empresas automobilísticas não americanas, por exemplo, hoje empregam quase meio milhão de pessoas dentro dos Estados Unidos, pagando salários cerca de 20% superiores à média nacional.

De maneira geral, as companhias estrangeiras atualmente dão emprego a mais de 5 milhões de cidadãos norte-americanos. Além disso, foram abertas muitas outras vagas em empresas fornecedoras e terceirizadas dessas organizações de capital estrangeiro. Embora a China domine a produção mundial de painéis solares, por exemplo, o saldo da balança comercial do setor de energia solar é positivo para os Estados Unidos, devido a suas vendas de polissilício processado e de avançados equipamentos de produção para as empresas chinesas.

No entanto, os impactos da revolução econômica mundial já deflagram uma reorganização profunda dos papéis dos Estados Unidos, da Europa, da China e de outras nações emergentes. A economia chinesa, que há dez anos tinha um terço do tamanho da economia norte-americana, deve se tornar a maior do mundo em menos de uma década. O gigante asiático já supera os Estados Unidos em produção industrial, novos investimentos fixos, exportações, consumo de aço e de energia, emissão de gases poluentes, registro de patentes, venda de automóveis e compra de telefones celulares. Também ostenta o dobro de usuários da internet. O salto da

China se transformou no símbolo mais poderoso do novo padrão da economia global, superando em ritmo veloz posições há tempos associadas à supremacia norte-americana.

As consequências dessa transformação na economia global começam a se manifestar nas taxas excepcional e persistentemente altas de desemprego e subemprego – e na redução da demanda por produtos e serviços nas economias voltadas para o consumo. Nos países industrializados, a perda de postos de trabalho de rendimento médio não pode mais ser atribuída sobretudo ao ciclo econômico (os períodos de recessão e de recuperação que se alternam como a maré, gerando ou extinguindo vagas). Fatores cíclicos ainda influenciam uma considerável fatia de criação e eliminação de empregos, mas quase todos os países industrializados parecem perplexos e impotentes em suas tentativas de instaurar uma empregabilidade com remuneração adequada, ao mesmo tempo em que procuram alternativas para aquecer a demanda dos consumidores por produtos e serviços, a fim de reanimar ou consolidar outra fase de recuperação no ciclo econômico.

Nos Estados Unidos, os últimos dez anos representam a única década, desde a Grande Depressão, na qual não houve acréscimo de empregos no cenário econômico. No mesmo período, a produtividade cresceu mais do que em qualquer outro período desde os anos 1960. Junto com a produtividade, os lucros das empresas retomaram taxas saudáveis de crescimento, mas mesmo assim o desemprego quase não diminuiu. Os gastos das companhias com equipamentos e softwares aumentaram em cerca de 30%, enquanto as despesas com empregos no setor privado só tiveram uma elevação de 2%. Não por acaso, os pedidos de compra de robôs industriais cresceram 41%.

De forma geral, a integração tecnológica da economia global vem intensificando a força econômica relativa dos países em desenvolvimento. Em 2013, pela primeira vez na era moderna, o PIB conjunto desse grupo de nações (medido pelo poder de compra) supera o das economias avançadas. Essa tendência pode ser comprometida pela potencial dificuldade dos países emergentes de manter a estabilidade política e social e de lidar com a corrupção e os desafios de gestão. No entanto, os propulsores tecnológicos dessa ascensão são poderosos e tendem a ser decisivos para consolidar uma mudança radical no equilíbrio do poder econômico mundial. Na sequência da recente Grande Recessão, foram as economias emergentes que se tornaram os principais motores do crescimento global e, como grupo, elas crescem muito mais rápido do que os países desenvolvidos. Alguns analistas duvidam da sustentabilidade desses índices de crescimento. Sejam eles quais forem, contudo, é apenas questão de tempo para que essas economias vivenciem a mesma hemorragia de empregos que aflige os Estados Unidos e a Europa desde a adoção em massa de máquinas inteligentes no sistema produtivo.

Nos países industrializados, a maioria das pessoas e dos líderes políticos ainda atribui o desaparecimento dos empregos de rendimento médio apenas ao processo de *offshoring*, sem atentar para os fatores subjacentes: a nova realidade da Terra S.A. e a profunda interconectividade entre *robosourcing* e *outsourcing*. Esse erro de diagnóstico deu origem a polêmicos debates envolvendo propostas como redução de salários, imposição de barreiras comerciais e alteração do pacto social entre jovens e velhos e entre pobres e ricos, além da redução da tributação aos grandes investidores, a fim de estimular a construção de novas fábricas nas economias desenvolvidas.

Essas discussões inconsistentes, e quase inúteis, sobre políticas trabalhistas redundaram em debates igualmente equivocados a respeito do impacto das políticas nacionais sobre os fluxos financeiros na Terra S.A. Em uma economia globalizada e cada vez mais interconectada, a natureza e o volume dos movimentos de capital estão sendo transformados pela ação de supercomputadores e de sofisticados algoritmos de programas, que lidam com a ampla maioria das transações financeiras com o destrutivo enfoque no ganho a curto prazo. Uma das consequências disso é um novo nível de volatilidade e de contágio na economia global como um todo. Daí a maior frequência de grandes rupturas nos mercados, com repercussão ampla em todo o mundo.

NECESSIDADE DE VELOCIDADE

O súbito colapso dos mercados de crédito iniciado em 2008 e a subsequente recessão mundial resultaram na extinção de 27 milhões de empregos em todo o mundo. Um ano depois, quando teve início um período de tímida recuperação, a produção global começou a subir novamente, mas o número de vagas jamais voltou aos patamares anteriores, sobretudo nos países industrializados. Muitos economistas atribuíram o problema a um interesse inédito dos empregadores em recorrer a novas tecnologias em vez de recontratar pessoas.

Alguns "produtos de fabricação financeira" geridos por computador, como os que levaram à eclosão da Grande Recessão, hoje representam fluxos de capital com um valor nocional 33 vezes maior do que o PIB mundial. Esses chamados derivativos são negociados a cada dia em volumes 40 vezes superiores ao de todas as transações diárias de todos os mercados de ações somados. Na verdade, mesmo quando se soma o maior mercado de títulos ao mercado de ações, o valor estimado dos derivativos é 13 vezes maior do que o valor combinado de cada ação e de cada título.

A imagem predominante dos pregões ainda é a de um lugar com pessoas gritando e acenando freneticamente. Contudo, as pessoas exercem apenas um papel coadjuvante nos fluxos de capital dos mercados globais, agora dominados por transações de altíssimas velocidade e frequência, comandadas por supercomputadores. Nos Estados Unidos, as negociações de alta velocidade e alta frequência representaram mais de 60% de todas as transações feitas em 2009. Em 2012, tanto na Europa como nos Estados Unidos, responderam por mais de 60% dos negócios em geral. De fato, as Bolsas de Valores hoje competem entre si no quesito rapidez, como exemplifica a iniciativa apresentada em Londres, que há pouco tempo anunciou sua capacidade de concluir uma transação em 124 milionésimos de segundo. Em breve, algoritmos mais avançados permitirão o fechamento de negócios em nanossegundos – o que, de acordo com alguns especialistas, eleva as chances de perturbações no mercado.

John Cartlidge, acadêmico da Universidade de Bristol especializado em transações automatizadas, disse recentemente que o resultado do aumento da velocidade das operações "é que agora vivemos em um mundo dominado por um mercado financeiro global do qual não temos quase nenhum conhecimento teórico sólido". Na primeira semana de outubro de 2012, um único "algoritmo misterioso" foi responsável pelo uso de 10% da largura da banda permitida para as negociações no mercado norte-americano de ações, e por 4% de todo o tráfego de cotações. Especialistas suspeitaram que alguém quis desacelerar a velocidade dos dados para os demais operadores, a fim de fechar negócios baseado em informações às quais seus concorrentes só teriam com atraso de frações de segundo.

Vantagens na velocidade do fluxo de informações desempenham um importante papel nos mercados há pelo menos dois séculos, desde que o Banco Rothschild utilizava pombos-correio para conseguir notícias frescas sobre a derrota de Napoleão em Waterloo, o que permitiu à instituição fazer uma fortuna ao repactuar os títulos franceses. Meio século depois, um investidor norte-americano se valeu dos barcos mais velozes da época para se informar antes dos outros sobre as principais batalhas da guerra civil – e, assim, lucrar com os títulos da Confederação. A ênfase na velocidade já atinge níveis tão absurdos que algumas financeiras instalam seus supercomputadores contíguos a seus escritórios – mesmo na velocidade da luz, o tempo que a informação demora para cruzar uma rua e ir de um endereço a outro, por exemplo, pode resultar em desvantagem competitiva.

Há alguns anos, um conhecido que atua no Vale do Silício comentou sobre uma oportunidade de investimento num projeto extraordinário: a construção de uma conexão via cabos de fibra óptica entre o centro de investimentos de Chicago e a central da Bolsa de Valores de Nova York em Mahwah, em Nova Jersey. Uma vez concluído, o projeto prometia reduzir em 3 milésimos de segundo o tempo de transmissão de informações ao longo de uma distância de 1.300 quilômetros – 16,3 para 13,3 milésimos de segundo. Os corretores na outra extremidade dos cabos ganhariam uma vantagem tão significativa com esses 3 milésimos de segundo que o acesso ao novo meio de transmissão vem sendo vendido a preços elevadíssimos. Cobrindo o mesmo trajeto, está em construção um sistema de micro-ondas que acena com velocidades de dados ainda mais altas (apesar de mais vulnerável a condições meteorológicas ruins).

O derretimento da calota de gelo no polo Norte deu início a um novo projeto para ligar os mercados de Tóquio e de Nova York por meio de fluxos de informação mais rápidos, via um cabo de fibra óptica cortando o Ártico. Três outros projetos já começaram a conectar o Japão e a Europa pelo mesmo oceano, e um novo cabo transatlântico, instalado ao custo de US$ 300 milhões, deve acelerar a velocidade de transmissão de dados entre Nova York e Londres em 5,2 milésimos de segundo.

O investimento de uma soma desse porte para ganhar frações mínimas de tempo no envio e recepção de informações é apenas um exemplo de como os recursos antes investidos em produção passaram a se direcionar para aquilo que muitos economistas chamam de "financialização" da economia. A fatia correspondente ao setor financeiro na economia norte-americana dobrou desde 1980, passando de 4% para mais de 8%.

Parte desse aumento surpreendente foi reflexo dos grandes investimentos que até abril de 2000 financiaram a explosão da tecnologia da informação, assim como o rápido crescimento das hipotecas até 2008. No entanto, mesmo após o estouro da bolha da internet no começo do século e da crise imobiliária, o setor de serviços financeiros continuou a faturar a maior fatia do PIB. A força que move essa mudança histórica é atribuída ao uso de supercomputadores e de algoritmos poderosos para gerar derivativos financeiros específicos, mas também à rendição do governo diante das pressões do setor financeiro, que reivindica o afrouxamento dos padrões de regulamentação que antes impediam a utilização desse tipo de recurso.

Estima-se que 82% dos derivativos sejam instrumentos exóticos baseados em taxas de juros. Quase 11% se baseiam em contratos de câmbio e cerca de 6% em derivativos de crédito. Menos de 1% está lastreado no valor de *commodities* reais – mas os fluxos são tão volumosos que o valor dos derivativos baseados no petróleo negociados em um dia típico, por exemplo, equivale a 14 vezes o valor de todos os barris reais de petróleo comercializados no mesmo dia.

Em teoria, esses fluxos comercializados em volume elevado por meio de transações informatizadas de alta frequência se prestariam a melhorar a liquidez e a eficiência dos mercados. Muitos economistas e banqueiros sustentam que os grandes fluxos de capital representados pelos derivativos trazem estabilidade aos mercados e não aumentam o risco sistêmico, em parte porque os bancos oferecem uma garantia correspondente a grande porcentagem do valor negociado.

Para outros, porém, essa argumentação falha ao se apoiar na premissa hoje ultrapassada de que quanto mais liquidez, melhor – uma hipótese que, por sua vez, se ampara em duas teorias sobre o mercado que fazem parte do já desacreditado "modelo-padrão". A primeira dessas teorias prega que o mercado sempre tende ao equilíbrio, o que não é verdade; a segunda diz que a "informação perfeita" se reflete de forma implícita no comportamento coletivo vigente no mercado, o que também não acontece. Para Joseph Stiglitz, ganhador do prêmio Nobel de Economia, a negociação em alta velocidade gera apenas uma "falsa liquidez".

O DESAFIO DA COMPLEXIDADE

Ao contrário das negociações nos mercados de ações e de títulos, quase nenhuma regulamentação norteia as operações com derivativos, o que eleva o risco de volatilidade, sobretudo quando o volume diário de transferências eletrônicas de capital excede o total somado de todas as reservas dos bancos centrais dos países desenvolvidos. Na prática, a progressiva redução da influência humana no processo de tomada de decisões e a explosão do uso de instrumentos financeiros artificiais, em volumes muito superiores aos das transações de valor real, contribuíram para acentuar a desarticulação do papel do capital como fator de produção confiável e eficiente. Em certos casos, é difícil distinguir alguns desses instrumentos financeiros artificiais dos jogos de azar.

Dois fatores, que atuam em conjunto, podem explicar por que a gestão dos fluxos de capital por supercomputadores em intervalos de microssegundos gera riscos sistêmicos nos mercados: a extrema complexidade e o forte acoplamento. Em primeiro lugar, a complexidade do sistema por vezes produz anomalias vultosas e problemáticas, resultado de uma espécie de "harmônico algorítmico" (basicamente, trata-se de reações dos programas de computador a alguma operação simultânea, e não à realidade do mercado). Essa complexidade significa que problemas introduzidos no funcionamento do sistema podem ser de difícil compreensão para qualquer ser humano, exigindo um volume considerável de tempo para se decifrar o que deu errado. E aí chegamos ao segundo fator: tempo para desvendar a causa do problema (e tentar solucioná-lo) é um luxo que ninguém terá, dado o estreito acoplamento entre os múltiplos supercomputadores.

Um exemplo: em 6 de maio de 2010, a Bolsa de Valores de Nova York (Nyse) caiu mil pontos e voltou a se recuperar num intervalo de 16 minutos, sem motivo aparente; não se soube de nenhuma notícia capaz de abalar o mercado, daquelas em geral associadas a quedas súbitas e violentas em um tempo tão curto. No dia seguinte, o *New York Times* anunciou: "Ações da Accenture caíram mais de 90% e as da P&G desabaram de US$ 60 para US$ 39,37 em poucos minutos". Segundo o jornal, um corretor teria dito que "foi quase como no seriado *Além da imaginação*".

Depois de cinco meses de investigações, especialistas identificaram a causa do chamado *flash crash* ("quebra-relâmpago") da Nyse. O fenômeno foi atribuído ao resultado de complexas interações entre os programas automáticos de negociação utilizados por um grande número de supercomputadores, o que resultou numa espécie de "câmara de eco", origem da derrubada repentina do preço das ações.

Um desses especialistas era Joseph Stiglitz, que sugeriu medidas para evitar a ocorrência de novos *flash crashes*, incluindo uma regra: as ofertas de compra e venda deveriam permanecer abertas por *um segundo*. Os capitães do setor de finanças, cujas empresas têm muitos interesses em jogo no atual padrão de negócios, reagiram com horror à ideia, alegando que a exigência de um segundo colocaria a economia mundial de joelhos. A proposta foi rejeitada.

A crise dos mercados ocorrida em 2008 ocorreu basicamente em decorrência de um tipo específico de derivativo: hipotecas do tipo subprime, transformadas em títulos e cobertas por uma modalidade peculiar de seguro, que se revelou ilusória. Os supercomputadores fatiaram e dividiram essas hipotecas em derivativos tão complexos que nenhum ser humano seria capaz de entendê-los. E, mais uma vez, o *robosourcing* dos instrumentos financeiros possibilitou a comercialização de tais produtos por todo o mundo.

Mais tarde, quando tiveram seu valor e qualidade reais devidamente examinados, essas hipotecas sofreram uma súbita reprecificação – o que deflagrou o estouro da bolha imobiliária nos Estados Unidos. O fato de que estavam ligadas a uma complexa rede de outras transações financeiras geridas por computador (obrigações com garantia real ou obrigações de garantia de dívidas; CDOs, na sigla em inglês) levou à crise do crédito, uma enorme quebra na disponibilidade de capital como fator básico de produção na economia mundial – essencialmente, uma corrida global aos bancos. A consequência foi a Grande Recessão, cujos efeitos ainda estamos tentando controlar.

Depois que o processo de fabricação de derivativos ganhou impulso e escala, praticamente a única atribuição que restou para os seres humanos se referia à exigência legal de uma assinatura em todas as hipotecas, da parte da pessoa responsável por conferir a integridade de cada documento já dividido, "titularizado" e carimbado com um conceito "AAA" atestado por agências de classificação de risco corrompidas e nada independentes, antes de ser comercializado por todo o planeta.

Como os processos judiciais mostraram mais tarde, a exigência de uma assinatura feita por mão humana não era compatível com a velocidade dos supercomputadores. A solução encontrada foi contratar (por baixo salário) funcionários para forjar as assinaturas dos profissionais responsáveis pelo empréstimo cem vezes por minuto, sem dedicar a menor atenção para o conteúdo e o significado dos documentos que estavam firmando. A prática acabou denominada "*robosigning*" – termo que ilustra o entrelaçamento de *robosourcing* e *outsourcing*, ainda que não houvesse robôs envolvidos nessa parte da fraude.

Entre 2000 e a crise de 2008, o volume de negociação de derivativos aumentou em média 65% por ano. Como os bancos norte-americanos faturavam cerca de US$ 35 bilhões anuais com tais operações, tudo leva a crer que o volume negociado voltará a crescer. Também é de se esperar que os bancos continuarão a exercer seu poder de pressão e a fazer doações às campanhas políticas no intuito de barrar quaisquer iniciativas de regulamentação na área.

INTEGRAÇÃO GLOBAL

As causas da aceleração sem precedentes na integração da economia mundial incluem diversos fatores simultâneos: o colapso do comunismo e a introdução de políticas voltadas para o mercado nos países da antiga Cortina de Ferro; a abertura e posterior modernização da China, sob o comando de Deng Xiaoping; mudanças revolucionárias nos sistemas de transporte e de comunicação e na tecnologia da informação.

Talvez de maneira mais relevante, as barreiras comerciais foram reduzidas no processo de liberalização iniciado com o Acordo Geral sobre Tarifas e Comércio (Gatt, do inglês General Agreement on Tariffs and Trade), no final da Segunda Guerra Mundial, e que desde então só se acentuou. Os fluxos de comércio internacional aumentaram em dez vezes ao longo das últimas três décadas (de US$ 3 trilhões para US$ 30 trilhões ao ano), e continuam crescendo a um ritmo que corresponde à metade da velocidade do aumento da produção mundial.

É claro que, em períodos anteriores, as ondulações do comércio mundial geraram alterações significativas no panorama da economia. As famosas, embora curtas, viagens ao leste da África realizadas nas três primeiras décadas do século 15 pelo almirante eunuco Zheng He, lendário explorador chinês, prenunciaram as expedições de Cristóvão Colombo ao Novo Mundo, de Vasco da Gama ao redor do Cabo da Boa Esperança, e de Cortés, Pizarro e demais conquistadores que fizeram a conexão da Europa com a América e a Ásia.

Antes do estabelecimento das rotas comerciais oceânicas entre os continentes, a formação do império mongol no século 13 e da *Pax mongolica*, que se consolidou a seguir, abriu caminhos por terra para fluxos comerciais inéditos entre a China, Índia, Ásia Central, Rússia e Leste Europeu. Em meados do século 14, depois da epidemia da Peste Negra e do declínio mongol, o fechamento das rotas terrestres entre a Europa e a Ásia resultou em novo "gargalo" no sentido do Oriente Médio, e os fluxos comerciais passaram a ser controlados em grande parte por Veneza e pelo Egito.

A intensa pressão econômica que existia na Europa Ocidental estimulou os esforços pela descoberta de uma nova rota para a China e as Índias. A chegada ao Velho Continente de grandes quantidades de ouro e de prata vindos do Novo Mundo e, mais tarde, os imensos ganhos de produtividade na cultura agrícola decorrentes da introdução do milho e de outras lavouras originárias da América e da África, revolucionaram o padrão econômico vigente na época.

Historiadores especializados em economia afirmam que, entre o ano 1 e meados do século 19, passando pela Segunda Revolução Industrial, a China e a Índia respondiam, no mínimo, por metade do PIB mundial. Em 1500, a economia chinesa era a maior do mundo, assim como no início do século 19, pouco antes da Primeira Guerra do Ópio, iniciada em 1839.

Olhando sob essa perspectiva, o domínio dos Estados Unidos e da Europa sobre a economia mundial nos últimos 150 anos corresponde a uma interrupção de um período bem maior de predomínio asiático na formação do PIB mundial. Nesse breve século e meio houve um salto por parte dos países que embarcaram primeiro na Revolução Industrial (Inglaterra, Estados Unidos e países do noroeste da Europa), enquanto quatro quintos da população mundial ficaram para trás. Na atualidade, aparentemente é a vez da China e de outras economias emergentes e em desenvolvimento darem seu salto. Até o século 19, a distribuição de riquezas no planeta era mais ou menos correlacionada com a população de cada país, mas a onda de aumento de produtividade que caracterizou a revolução industrial, científica e tecnológica acelerou o acúmulo de riquezas no Ocidente. Em seguida, quando o Oriente ganhou mais acesso às novas tecnologias, o padrão antigo voltou a predominar.

Alguns especialistas em economia atribuem o fortalecimento da China e o iminente deslocamento dos Estados Unidos para o posto de segunda economia do mundo ao peculiar sistema de "capitalismo controlado" adotado pelos chineses – que, sob alguns aspectos, talvez seja superior à versão "livre" em vigor entre os americanos. Ainda que tais estudiosos estejam corretos, os Estados Unidos podem argumentar que diagnósticos similares já foram feitos anteriormente e se revelaram infundados: isso aconteceu na década de 1950, quando a União Soviética representava uma ameaça não só econômica, mas também militar, e nos anos 1970-1980, período em que o "Japão S.A." se anunciava como nova força hegemônica.

No entanto, desta vez é diferente – pois, conforme eu acredito, a emergência da Terra S.A. é a principal responsável pela atual transformação na economia global. Em todo o mundo em desenvolvimento, países como a Índia, há tempos mergulhados na pobreza, agora começam a liberar seu imenso potencial na medida em que jovens empreendedores travam contato com seus pares em outros lugares do planeta, descobrindo e desenvolvendo inovações, grandes e pequenas.

No passado, centros de *expertise* em uma tecnologia ou setor em específico, em geral, surgiam no local em que um grupo de pessoas com habilidades e características semelhantes desenvolviam uma rede de conexões entre si, aprendiam umas com as outras e aperfeiçoavam inovações alheias com melhoras incrementais, muitas vezes chamadas de "ajustes". O jornalista anglo-canadense Malcolm Gladwell, colaborador da *New Yorker*, descreveu um bom exemplo desse fenômeno:

> Em 1779, Samuel Crompton, um talentoso criador que vivia no condado inglês de Lancashire, inventou uma máquina de fiar movida a água, o que possibilitou a mecanização do processamento do algodão. No entanto, a grande vantagem da Inglaterra foi contar com Henry Stones, de Horwich, que adicionou esferas metálicas ao invento, e com James Hargreaves, de Tottington, que desenvolveu um meio de suavizar os processos de aceleração e desaceleração da máquina, além de William Kelly, de Glasgow, responsável pelo sistema de gestão do fluxo de água. John Kennedy, de Manchester, adaptou o invento para permitir ajustes menores e, finalmente, Richard Roberts, também de Manchester, mestre da precisão mecânica e "pai" de todos os avanços, criou a máquina de fiação "automática": um aperfeiçoamento preciso, confiável e mais veloz da criação original de Crompton. Para os economistas, homens como estes garantem as "microinvenções necessárias para desenvolver grandes inovações, bem mais produtivas e com potecial de lucro".

No século 18, na Inglaterra, quando a Revolução Industrial se intensificou, era estreita a ligação entre inventores, ferreiros e engenheiros, o que favorecia o aperfeiçoamento de um grande número de tecnologias, mais tarde disseminadas pelo mundo. A revolução que eles inauguraram restringiu-se no início a um país, mas depois, aos poucos, espalhou-se por toda a região do Atlântico Norte.

A concentração de talentos e habilidades, porém, ainda faz diferença. O Vale do Silício, no norte da Califórnia, é um bom exemplo disso. O contato pessoal e próximo de especialistas de alto nível, concentrados no mesmo espectro de tecnologias, constitui uma das formas mais poderosas de promover a inovação. No entanto, a conectividade mundial vem acelerando a aplicação de novas tecnologias em campos cada vez mais vastos, ao mesmo tempo em que abre caminho para o surgimento de macro e microinvenções que substituem velozmente o trabalho humano por máquinas inteligentes conectadas. Além disso, avanços aparentemente modestos na automação e na eficiência muitas vezes geram consequências importantes para a produtividade geral de um setor específico.

PEQUENAS MUDANÇAS, GRANDES IMPACTOS

Para ilustrar esse ponto, recorro a dois exmplos: um associado aos estágios finais da mecanização da agricultura, na década de 1950, e outro (aparentemente banal, mas muito significativo) referente à revolução nos transportes, também nos anos de 1950, que marcou a intensificação da conectividade na economia global.

Quando eu era garoto e passava as férias de verão na fazenda de minha família, às vezes ajudava a recolher os ovos pela manhã, um por um, aproveitando o momento em que as galinhas deixavam os ninhos para se alimentar. Lembro-me que, cerca de duas décadas depois, fiquei espantado quando meu pai decidiu automatizar o processo e construiu dois galinheiros enormes, cada um com capacidade para 5 mil aves, seguindo um projeto então adotado em muitas granjas. Em cada galinheiro, as aves perambulavam sobre uma superfície metálica e se refugiavam no único espaço escuro e acolhedor disponível para botar os ovos – exatamente sobre uma esteira rolante. Todos os ovos recolhidos de forma automática seguiam para uma máquina simples, incumbida de separá-los por tamanho e, em seguida, enviá-los para as embaladeiras. Quando uma caixa era preenchida, a próxima era automaticamente posicionada para acomodar outro lote de ovos.

Em consideração às necessidades de contato social (ainda que básico) das aves, a fim de lhes garantir a satisfação necessária para botar ovos todos os dias, galos fortemente anabolizados circulavam a cada poucos metros dentro do galinheiro. Quando se recuperavam de seu estupor cada um mandava no pedaço que lhe cabia, assegurando a felicidade das fêmeas daquele pequeno lote. Alguém também descobriu que juntar todas as galinhas numa área restrita facilitava uma das tarefas atribuídas aos granjeiros: fazer "o Sol nascer" mais de uma vez por dia por meio da iluminação artificial, estimulando uma maior produção de ovos – medida que também considerei perturbadora na época. (Nota para as entidades protetoras de animais: não tenho mais nada a ver com essa atividade.)

O fato que mais me impressionou, porém, foi que bastava um funcionário para recolher a produção diária de 10 mil galinhas. Era incrível que uma só pessoa conseguisse reunir tantos ovos. Mas será que esse trabalhador de carne e osso era mesmo necessário? Bem, sempre podia acontecer de um ovo se quebrar e ter de ser removido da embalagem, ou de um problema mecânico interromper o processo e exigir a intervenção humana. Também era preciso contar com alguém para coordenar a transferência das caixas para o caminhão de transporte, ou para controlar o número total de caixas despachadas a cada dia, por exemplo.

No entanto, é fácil antever como a introdução de um nível rudimentar de inteligência na maquinaria – como a conexão via internet entre o galinheiro e seus diversos equipamentos a programas de controle de qualidade, a mecanismos de logística e a sistemas de plantão técnico a serem acionados nos raros casos de interrupção da produção – poderia dar cabo também desse último posto de trabalho remanescente.

É possível imaginar algum conjunto de políticas governamentais para proteger os empregos perdidos nesse processo? Vale lembrar os pioneiros esforços no sentido de conter a eliminação de vagas na agricultura: nos Estados Unidos do início da segunda metade do século 19, a extinção de empregos nas fazendas já era uma realidade, e poucas pessoas foram capazes de prever a transformação que ocorreria nas décadas seguintes. Em 30 de setembro 1859, antes de se tornar presidente, Abraham Lincoln discursou: "Os agricultores, sendo a classe mais numerosa, perseguem um interesse que é o maior dos interesses. É o mais digno dentre todos, e deve ser valorizado e cultivado – e, se houver um conflito inevitável entre este e quaisquer outros interesses, os outros devem ceder".

Quando Lincoln assumiu a presidência, o percentual de empregos oferecidos pela atividade agrícola tinha caído para menos de 60% do total de ocupações no país (sendo que em 1789 representava mais de 90%). Na primavera de 1862, o presidente criou o Departamento de Agricultura e, seis semanas depois, assinou a Morrill Land Grant College Act, disponibilizando terrenos públicos para que os estados montassem ali escolas de agricultura e de mecânica – o que de fato aconteceu.

Na maior parte do país, o êxodo rural, com as cidades superlotadas de lavradores em busca de vagas nas fábricas, levou a uma intensa transformação na natureza do trabalho. As reformas da Era Progressista (entre as décadas de 1890 e 1920) e, mais tarde, do New Deal, foram criadas para lidar com as consequências dessa mudança na vida das pessoas e, em parte, para compensar os fluxos de renda perdidos, por meio de sistemas de transferência de renda, como o seguro-desemprego, a previdência social e as pensões por invalidez.

Em 1993, quando me tornei vice-presidente dos Estados Unidos, existiam em média quatro organismos diferentes de representação do Departamento de Agricultura em cada um dos 3 mil condados norte-americanos, com uma porcentagem de empregos no setor agrícola beirando os 2%. Em outras palavras, ao longo de um século e meio, uma política nacional específica e onerosa voltada para a promoção da agricultura conseguiu muito pouco (ou quase nada) em termos de proteção dos postos de trabalho no campo. Essas políticas contribuíram para um aumento considerável na produtividade agrícola, mas a questão maior é que mudanças sistêmicas pautadas pela tecnologia são poderosas demais para ser contidas por qualquer conjunto de medidas.

Hoje, na realidade, o que chamamos de "agricultura industrializada" inclui a larga utilização de sistemas parcialmente automatizados para a criação de galinhas, bovinos, suínos e outros rebanhos, além da produção de ovos (nos últimos 40 anos, a produção mundial aumentou 350%; a China lidera, com 70 milhões de toneladas de ovos ao ano, o que corresponde a quatro vezes a produção norte-americana). No mesmo período, o comércio mundial de carne de aves aumentou mais de 3.200%.

Um segundo exemplo de avanço aparentemente irrelevante, mas que deflagrou uma revolução na eficiência de todo um setor, foi a inovação dos contêineres, que teve início no dia 4 de outubro de 1957, data em que a União Soviética lançou o *Sputnik*, seu primeiro satélite espacial. Ao longo de quase 20 anos, Malcom McLean, proprietário de uma empresa de caminhões na Carolina do Norte, se perguntou por que as mercadorias que chegavam aos portos norte-americanos vindas de outros países eram acomodadas em caixas e volumes de tamanhos, formatos e aspectos diferentes. Essa disparidade obrigava os estivadores a separar os volumes um a um e, em seguida, carregá-los individualmente no meio de transporte disponível para levar cada mercadoria a seu destino. McLean acreditava que seria mais eficiente padronizar um sistema de armazenamento, com todos os recipientes do mesmo tamanho e passíveis de serem içados diretamente dos navios para os trens ou caminhões incumbidos do restante do transporte.

Na primavera de 1956, McLean testou sua ideia revolucionária: num navio que partiria de Newark, Nova Jersey, para Houston, Texas, acomodou 58 baús de caminhão, que foram desconectados dos chassis de seus respectivos veículos e encaixados numa plataforma especial da embarcação. A experiência foi tão bem-sucedida que, um ano e meio depois, McLean ficou famoso ao carregar um navio inteiro com 226 contêineres, despachados em Newark e desembarcados uma semana depois em Houston diretamente sobre os chassis de 226 caminhões de carga. A "revolução do contêiner", iniciada naquele outono de 1957, exerceu impacto poderoso no comércio global – em 2013, circulam pelo mundo mais de 150 milhões de recipientes de tamanho adequado às dimensões de caminhões tipo carreta.

A introdução progressiva de sistemas inteligentes em rede acelera processos semelhantes em quase todas as áreas de produção. Os aparelhos de televisão de tela grande e imagem de alta qualidade, por exemplo, apresentam uma redução de preço de 5% a cada ano, e hoje existe um excesso de oferta – mais ou menos como aconteceu com os grãos há algumas décadas. O primeiro aparelho de TV em cores foi vendido em 1953 a um valor que equivaleria hoje a US$ 8 mil. O modelo mais barato à venda atualmente (com tamanho de tela igual ou maior, definição de imagem muito melhor e capacidade de sintonizar centenas de canais, em vez de apenas três) custa por volta de US$ 50, ou cerca de 0,5% do preço de seis décadas atrás – e com qualidade e capacidade de funcionamento infinitamente superiores.

Essas reduções drásticas de preço (paralelas a incrementos de qualidade) são algo comum hoje em dia, mas em termos cumulativos não se pode ignorar seu impacto para o mundo profissional. De fato, vários produtos de consumo que já foram descritos como *high-tech* hoje são considerados meras *commodities* pelos economistas. A intensa expansão do comércio mundial combina-se ao *outsourcing*, ao *robosourcing* e aos novos fluxos de informação e de investimento para conectar quase todos os cantos do mundo – num processo em que cada fenômeno reforça o outro, formando um ciclo de realimentação global.

ROBOSOURCING

A dinâmica de melhoria constante na eficiência e na utilização da inteligência das máquinas vem ocorrendo em milhares de setores. Seu impacto cumulativo impulsiona as mudanças globais na natureza e na finalidade do trabalho em todo o mundo. Tome-se como exemplo o setor carvoeiro norte-americano. Nos últimos 25 anos, a produção aumentou 133%, enquanto os empregos caíram 33%.

Outro exemplo: nos Estados Unidos, as vagas no setor de extração de cobre diminuíram vertiginosamente nas últimas cinco décadas, apesar do aumento significativo da atividade no mesmo período. Como ocorre com frequência quando novas tecnologias substituem o trabalho humano, não aconteceu um declínio regular e constante, mas uma queda brusca de patamar logo após o surgimento e a implementação de cada inovação. Num período de seis anos (entre 1980 e 1986), o número de horas necessárias para produzir uma tonelada de cobre diminuiu 50%. Na mesma década, uma das maiores empresas do setor, a Kennecott, elevou em 400% a produtividade de uma de suas maiores minas.

Quando se observa esse setor com mais atenção, como amostra de uma tendência generalizada, descobre-se que as tecnologias exterminadoras de empregos incluíram caminhões e pás bem maiores, computadores dedicados à microgestão da logística de transporte e de operação das usinas, trituradores eficientes ligados a esteiras rolantes modernas – além da introdução de novos processos químicos e eletroquímicos que permitem separar automaticamente o cobre puro do minério.

O setor de extração de cobre nos Estados Unidos também exemplifica as mudanças provocadas por processos de *robosourcing* e de *outsourcing*, os quais tiveram impacto sobre o terceiro fator clássico da produção: os recursos. Conforme a tecnologia elevou a cada ano a produtividade e os volumes de produção, o setor acabou chegando a um ponto de inflexão quando a oferta disponível de minério de cobre economicamente viável começou a diminuir. Foram exploradas, então, novas reservas do mineral em outros países, sobretudo no Chile. A elevação intensa da eficiência da produção, associada ao crescente aumento do consumo em decorrência do crescimento populacional e do aumento da riqueza, vem resultando no esgotamento das reservas naturais de matéria-prima para a produção.

Assim como vêm reduzindo cada vez mais os postos de trabalho no mundo das indústrias, o *robosourcing* e o *outsorcing* decorrentes dos avanços na tecnologia da informação começam a exercer influência importante sobre o setor que mais emprega pessoas: os serviços. Basta conferir, nos escritórios de advocacia, o impacto dos programas inteligentes relacionados a pesquisas jurídicas e de documentos. Segundo alguns estudos, tais programas permitem que um funcionário recém-contratado responda (com mais precisão) por um volume de trabalho que antes ocupava 500 colegas de nível similar.

Na realidade, várias previsões anunciam que o *robosourcing* será mais impactante no setor de serviços do que na produção. Muito se escreveu sobre o sucesso do Google no desenvolvimento de automóveis autoconduzidos, que já percorreram mais de 480 mil quilômetros em todas as condições possíveis sem um único acidente. Se essa tecnologia for aperfeiçoada, como muitos acreditam, somente nos Estados Unidos as consequências afetarão cerca de 373 mil pessoas empregadas como taxistas e motoristas. Algumas empresas de mineração australianas já substituíram motoristas de caminhão profissionais por veículos não tripulados.

No caso dos serviços, há ainda uma terceira tendência, que poderia ser chamada de "*self-sourcing*": consumidores individuais de serviços (munidos de notebooks, smartphones, tablets e outros aparelhos que aceleram a produtividade) que interagem com programas inteligentes na realização de tarefas antes desempenhadas por um trabalhador assalariado. Dessa maneira, muitos passageiros de empresas aéreas fazem a reserva, escolhem o assento e imprimem o cartão de embarque. Alguns supermercados e lojas possibilitam que o próprio cliente faça o trabalho do caixa, passando as compras pelo leitor óptico de preços e efetuando o pagamento sem qualquer contato com um funcionário de carne e osso. Há tempos os bancos disponibilizam atendimento automático, complementado por uma ampla possibilidade de operações online. Várias empresas utilizam sistemas telefônicos automatizados em seus centros de atendimento ao consumidor. Em diversos países, entre eles os Estados Unidos, os serviços postais vêm sendo paulatinamente substituídos por recursos como e-mails ou mídias sociais.

A tendência do *self-sourcing*, ainda em seus estágios iniciais, deve se acelerar de forma dramática com os avanços da inteligência artificial. Mas há problemas óbvios: o consumidor, na prática, absorve parte do trabalho que deveria ser feito pelas empresas mas não recebe compensação alguma, da mesma forma que começa a cair em desuso a praxe da indenização paga pelo empregador ao funcionário demitido. É fato que a possibilidade de maior conveniência trazida pelo sistema de self-service melhora a eficiência e economiza tempo, mas, de uma forma ampla, a queda nos rendimentos dos assalariados médios começa a ter um peso significativo sobre a demanda agregada, particularmente nas sociedades voltadas para o consumo.

Em termos mundiais, juntos, os processos de *offshoring* e *robosourcing* conduzem a economia rumo a um enfraquecimento da demanda simultâneo ao excesso de produção. O uso de políticas de estímulo keynesianas (ou seja, empréstimos governamentais para financiar aumentos temporários na demanda agregada) pode se tornar menos eficaz ao longo do tempo, conforme a mudança sistêmica e secular rumo a uma economia com baixa oferta de empregos em relação à produção se configurar num forte declínio da renda, derrubando por conseguinte o consumo e a demanda. Além disso, como explicarei detalhadamente mais adiante, mudanças demográficas inéditas nos países industrializados geram maior proporção de idosos e aposentados, cujos rendimentos provêm de pensões pagas por programas como a previdência social.

A menos que se encontre uma forma de recompor a renda perdida das pessoas desempregadas pela indústria ou em situação de subemprego, a demanda mundial pelos produtos que saem de nossas fábricas altamente automatizadas vai continuar em queda. Afinal, as economias industrializadas continuam responsáveis pela maior fatia da demanda e do consumo no planeta. Em parte por questões culturais, é bem mais provável que os salários mais altos pagos aos trabalhadores dos países em desenvolvimento ou emergentes sejam alocados na poupança, e não no consumo. Apesar da globalização da produção e do capital, a maior parte do consumo na economia mundial ainda ocorre nos ricos países industrializados, fenômeno que provoca um descompasso entre a distribuição de renda e o papel essencial da demanda como motor do crescimento econômico mundial.

NOVA APLICAÇÃO DOS RECURSOS

Esse cenário, portanto, exigirá a reinvenção do hoje crucial papel do consumo na nossa economia e, simultaneamente, a substituição dos fluxos de renda para trabalhadores que de fato movimentem a demanda. Em todo caso, a atual imposição de crescimento de consumo para garantir a saúde da economia mundial revela-se claramente instável.

A aceleração da revolução tecnológica não só transforma as funções do trabalho e do capital enquanto fatores de produção na economia global, como também modifica o papel dos recursos. As novas tecnologias de manipulação molecular geraram avanços revolucionários nas ciências dos materiais, dando origem a inéditos materiais híbridos, que combinam atributos físicos bem superiores a qualquer similar desenvolvido pelas tecnologias de metalurgia ou de cerâmica, mais antigas. Como previu Pierre Teilhard de Chardin há mais de seis décadas, "ao se tornar planetária, a humanidade adquire novas forças físicas que permitirão superorganizar a matéria".

O domínio avançado da ciência dos materiais envolve o estudo, a manipulação e a fabricação, quase átomo por átomo, de produtos sólidos por meio de ferramentas altamente sofisticadas. Para isso, é preciso recorrer ao conhecimento interdisciplinar, envolvendo a engenharia, a física, a química e a biologia. Essas novas descobertas – desenvolvidas para permitir que as moléculas controlem e direcionem as funções básicas da biologia, da química e das interações dos processos atômicos e subatômicos que constituem a matéria sólida – aceleram a emergência daquilo que os especialistas chamam de economia molecular.

Curiosamente, as matérias e moléculas novas não precisam passar pelo crivo do tradicional e trabalhoso processo científico de tentativa e erro. Avançados supercomputadores são capazes de simular a forma como essas novas criações interagem com outras moléculas e materiais, permitindo a seleção exclusiva dos elementos mais promissores para as experiências no mundo real. Na verdade, a nova disciplina chamada de ciência da computação é reconhecida como a terceira forma básica de criação de conhecimento, ao lado dos raciocínios indutivo e dedutivo – e combina elementos de ambos ao simular uma realidade artificial, que funciona como uma construção de hipóteses muito mais concreta, além de permitir a experimentação detalhada das propriedades de novos materiais e a análise de suas formas de interação com moléculas e materiais diversos.

As propriedades da matéria em escala nanométrica (entre 1 e 100 nanômetros) muitas vezes diferem bastante das propriedades dos mesmos átomos e moléculas avaliados em grupo. Essas diferenças permitiram que os estudiosos usassem nanomateriais nas superfícies de produtos comuns, com o objetivo de, por exemplo, eliminar a ferrugem, aumentar a resistência a arranhões ou marcas e, no caso das peças de vestuário, melhorar a resistência a nódoas, rugas e fogo. Até agora, a aplicação mais comum é o uso da prata em nanoescala para eliminar micróbios, recurso particularmente importante para que médicos e hospitais realizem um trabalho preventivo contra infecções.

Nosso desenvolvimento tecnológico sempre teve suas etapas associadas à emergência de um grupo determinado de materiais básicos com propriedades superiores, daí o modo como os estudiosos dividiram a história da humanidade: Idade da Pedra, Idade do Bronze, Idade do Ferro. O primeiro desses períodos foi o mais duradouro – e isso vale também para a história do desenvolvimento econômico, cujo ponto de partida ocorreu na Idade da Pedra e permaneceu por longuíssimo período restrito às atividades de caça e coleta.

Não há consenso entre os arqueólogos sobre quando e onde as ferramentas de pedra foram substituídas pelas primeiras tecnologias metalúrgicas. Acredita-se que as experiências pioneiras com a fundição de cobre aconteceram no leste da atual Sérvia há cerca de 7 mil anos, mas outros objetos confeccionados na mesma época e com a mesma técnica também foram encontrados em diferentes sítios arqueológicos.

Peças mais sofisticadas feitas com bronze (menos quebradiço do que o cobre e bem mais útil para vários outros objetivos) envolvem um processo que inclui o acréscimo de estanho ao metal fundido, técnica que combina altas temperaturas com pressurização. O bronze foi criado há 5 mil anos na Grécia e na China e levou mil anos para chegar à Inglaterra.

Embora os primeiros artefatos de ferro remontem a 4.500 anos, no norte da Turquia, considera-se que a Idade do Ferro tenha começado entre 3 mil e 3.200 anos atrás, com o desenvolvimento de fornos que chegavam a temperaturas mais elevadas, a ponto de levar o minério de ferro a um estado maleável e permitir a confecção de armas e ferramentas. O material, claro, é muito mais resistente e forte do que o bronze. O aço, uma liga feita de ferro (e de quantidades menores de outros elementos, dependendo das propriedades desejadas), só passou a ser produzido a partir da metade do século 19.

A nova era dos materiais criados em nível molecular inaugura uma transformação histórica nos processos de produção. Assim como a Revolução Industrial foi impulsionada há cerca de dois séculos pela combinação da energia do carvão com máquinas inventadas para fazer o trabalho no lugar do ser humano, a nanotecnologia promete lançar o que muitos chamam de "Terceira Revolução Industrial", baseada em máquinas moleculares capazes de remontar estruturas feitas a partir de elementos básicos a fim de criar uma categoria inteiramente nova de produtos, tais como:

- nanotubos de carbono para armazenamento de energia, além de outras propriedades até agora inimagináveis;
- fibras de carbono superfortes, que substituem o aço em algumas aplicações específicas;
- e nanocompósitos de matriz cerâmica, que prometem uma ampla utilização na produção.

A emergente revolução da nanotecnologia, paralela às diversas transformações nas ciências da vida, vem exercendo impacto em uma grande variedade de desafios humanos. Já existem mais de mil produtos nanotecnológicos, a maioria deles classificados como aperfeiçoamento incremental de processos conhecidos (muitos estão relacionados ao universo da saúde e da boa forma). O uso de nanoestruturas tem potencial para melhorar a capacidade de processamento dos computadores e o armazenamento de memória e pode ser útil para a identificação de substâncias tóxicas no meio ambiente, para a filtragem e dessalinização da água e para outras finalidades ainda em desenvolvimento.

A reatividade dos nanomateriais e de suas propriedades térmicas, elétricas e ópticas pode gerar um impacto comercial significativo. O desenvolvimento do grafeno – forma de grafite com apenas um átomo de espessura –, por exemplo, gerou entusiasmo por causa de sua peculiar interação com os elétrons, o que propicia uma ampla variedade de aplicações úteis.

Uma considerável quantidade de pesquisas estuda os potenciais riscos das nanopartículas. Em sua maioria, os especialistas minimizam a possibilidade de "nanobôs autorreplicantes", fonte de grandes preocupações e muitas discussões nos primeiros anos do século 21, mas alguns outros perigos – como o acúmulo de nanopartículas em seres humanos e a possibilidade de consequentes danos celulares – são avaliados com mais seriedade. "Sabemos muito pouco a respeito das consequências [dos nanomateriais] sobre a saúde e o meio ambiente, e quase nada sobre seus impactos sinérgicos", afirma David Rejeski, diretor do Programa de Ciência e Tecnologia em Inovação do Woodrow Wilson International Center for Scholars.

Em certo sentido, a nanociência existe pelo menos desde as pesquisas de Louis Pasteur, e certamente desde a descoberta do modelo da dupla hélice, em 1953. O trabalho de Richard Smalley com os fulerenos (inicialmente chamados de "buckminsterfulerenos"), em 1985, renovou o interesse pela aplicação da nanotecnologia no desenvolvimento de novos materiais. Seis anos depois, os nanotubos de carbono trouxeram a promessa de uma condutividade elétrica superior à observada no cobre, além da possibilidade de criação de fibras cem vezes mais resistentes do que o aço, mas com peso bem menor.

A linha divisória entre a nanotecnologia e as novas ciências de materiais é, em parte, arbitrária. Em comum, ambas contam com o recente desenvolvimento de microscópios ultrapotentes, novas ferramentas para orientar a manipulação da matéria em nanoescala e programas de supercomputadores mais poderosos para o estudo de materiais em nível atômico, além do fluxo contínuo de avanços nas pesquisas sobre as propriedades específicas (inclusive quânticas) das criações moleculares em nanoescala.

A ASCENSÃO DA IMPRESSÃO 3D

A recém-adquirida capacidade humana de manipular átomos e moléculas também nos encaminha para a revolução na atividade produtiva conhecida como impressão tridimensional. Também chamada de fabricação aditiva, esse processo "imprime" objetos em três dimensões a partir de um arquivo digital, por meio da justaposição sucessiva de camadas ultrafinas de matéria líquida ou pulverizada. Vários materiais podem ser usados para moldar tais objetos. Embora essa nova tecnologia ainda esteja engatinhando e seja difícil estimar as vantagens trazidas para a produção, seus primeiros resultados são no mínimo impressionantes.

Desde 1908, quando Henry Ford aplicou pela primeira vez a ideia de organizar partes intercambiáveis idênticas em uma linha de montagem para fabricar o Ford T, a produção em massa passou a reinar nos processos industriais. A eficiência, a velocidade e a economia de custos desse sistema revolucionaram a indústria e o comércio. Hoje, muitos especialistas avaliam que a rápida evolução da impressão 3D deve impactar a produção com tanta intensidade quanto o sistema de linha de montagem implantado há mais de um século.

Na verdade, a essência dessa nova tecnologia vem sendo utilizada há várias décadas por meio da técnica conhecida como prototipagem rápida, a que permite ao fabricante desenvolver um protótipo de produto, para ser testado e aprimorado antes de se converter em item de produção em massa, pelos processos tradicionais. Os projetos de novos aviões, por exemplo, muitas vezes dão origem a modelos tridimensionais utilizados somente em testes em túneis de vento. A atividade especializada da prototipagem, claro, vem sentindo o impacto da chegada das impressoras modernas. A LGM, empresa com sede no Colorado e especializada na criação de protótipos para a área de arquitetura, já promoveu mudanças radicais. Seu fundador, Charles Overy, declarou ao *New York Times* que, antes da impressão 3D, eram necessários dois meses para construir peças que custavam cerca de US$ 100 mil. Hoje, a LGM faz protótipos de um dia para o outro por US$ 2 mil.

O potencial da impressão 3D abre perspectivas de solução para antigos gargalos da produção em massa: a estocagem de partes e componentes, o alto volume de capital de giro necessário para manter os estoques, a absurda criação de resíduos de materiais e, claro, o custo do emprego de um grande número de pessoas. Os defensores da novidade sustentam que a impressão 3D em geral requer apenas 10% da matéria-prima usada na produção em série, sem falar no consumo bem menor de energia. O processo dá continuidade (e acelera) um movimento de longo prazo rumo à "desmaterialização" dos bens manufaturados – tendência que, ao longo do último meio século, manteve constante o total de tonelagem das mercadorias globais, apesar da triplicação dos preços.

Inerente ao sistema de produção em série, a necessidade de padronização de dimensões e formas dos produtos privilegiou ao longo do tempo uma abordagem "tamanho único", com tendência a ignorar algumas demandas especializadas. A produção em massa sempre exigiu também a centralização das instalações de manufatura, gerando em consequência custos de transporte para levar matéria-prima até a fábrica e para distribuir o produto final em mercados distantes. Com a impressão tridimensional, o modelo de cada produto é transmitido diretamente como arquivo digital para ser materializado, de acordo com a demanda, por impressoras 3D instaladas nos diversos mercados consumidores que o fabricante deseja atingir.

Neil Hopkinson, professor ligado ao grupo de pesquisa da fabricação aditiva da Loughborough University, declarou: "A tecnologia pode tornar a produção *offshore* em outros cantos do mundo bem menos rentável quando os usuários puderem adquirir o objeto que desejam ver materializado na loja de impressão 3D do bairro. Em vez de estocar peças de reposição e componentes em diversos locais do planeta, os fabricantes podem guardar seus projetos em armazéns virtuais computadorizados, esperando para serem impressos somente no local de uso e quando necessário".

No atual estágio de desenvolvimento, a impressão 3D concentra-se em produtos relativamente pequenos – mas, com o aperfeiçoamento da técnica, em breve deverão existir impressoras 3D de peças e produtos maiores. Uma empresa com sede em Los Angeles, a Contour Crafting, montou uma máquina gigantesca (que tem de ser transportada por caminhões) capaz de materializar uma casa em apenas 20 horas – portas e janelas não incluídas. Com relação aos volumes de produção, os equipamentos atuais, em alguns casos, chegam a produzir até mil itens, mas os especialistas preveem que nos próximos anos a capacidade deve chegar a centenas de milhares de peças.

Ainda há muitas perguntas sem resposta sobre as questões relacionadas aos direitos autorais na era da impressão 3D. No novo contexto, o valor está concentrado no projeto tridimensional, mas as leis de patentes e direitos autorais foram feitas antes do advento dessa tecnologia e terão de sofrer modificações para se adequar à realidade emergente. Em geral, objetos físicos considerados "úteis" não contam com proteção contra replicação sob as leis de *copyright.*

Apesar das dúvidas dos mais céticos quanto à velocidade de desenvolvimento dessa tecnologia, engenheiros e estudiosos norte-americanos, chineses e europeus não poupam esforços para explorar seu potencial. A aplicação inicial na impressão de próteses e em outros aparelhos de finalidade médica vem se disseminando rapidamente. Impressoras 3D mais baratas, com preço em torno de US$ 1 mil, já seduzem o usuário doméstico. "Para algumas pessoas, é um nicho de mercado sem possibilidade de comercialização em ampla escala. Mas trata-se de uma tendência, e não de um modismo. Algo grande está acontecendo", disse, em 2012, Carl Bass, presidente executivo da Autodesk, empresa que aposta na nova tecnologia. Alguns defensores da posse de armas vêm promovendo a impressão 3D de armamentos e munições como meio de contornar o regulamento sobre as vendas desse mercado. Seus oponentes, por sua vez, expressam a preocupação com o fato de que as armas fabricadas por esse processo podem ser derretidas com facilidade, eliminando provas úteis para as autoridades policiais descobrirem a autoria de crimes.

Em breve, a onda de automação resultante dos processos de *robosourcing* e *outsourcing*, com a atual transferência de empregos dos países desenvolvidos para as nações emergentes e em desenvolvimento, também eliminará boa parte dos postos de trabalho recém-criados nos mercados onde os salários são mais baixos. A impressão 3D acelera essa tendência e talvez favoreça o retorno dos processos produtivos para os países industrializados. Várias organizações norte-americanas já declararam que formas variadas de automação permitiram repatriar pelo menos parte dos empregos que haviam sido terceirizados para nações com mão de obra de baixo custo.

A CRISE DO CAPITALISMO

A emergência da Terra S.A. e o esfacelamento dos três pilares da produção – trabalho, capital e recursos naturais – contribuíram para o que muitos chamam de crise do capitalismo. Uma pesquisa global da Bloomberg realizada em 2012 com líderes empresariais revelou que 70% dos entrevistados acreditam que o capitalismo enfrenta uma crise. Quase um terço declarou que o sistema precisa de "reformulação radical das regras e regulamentos", mas os executivos norte-americanos se mostraram menos dispostos do que os demais a endossar qualquer conclusão.

As vantagens inerentes do capitalismo sobre qualquer outro sistema de organização econômica são bastante conhecidas: é muito mais eficiente na alocação dos recursos e na adequação da oferta à demanda, muito mais eficaz na criação de riquezas e muito mais congruente com níveis elevados de liberdade. Fundamentalmente, o capitalismo libera uma fração maior do potencial humano graças à onipresente oferta de incentivos orgânicos que premiam o esforço e a inovação. As tentativas com outros sistemas – incluindo as experiências desastrosas com o comunismo e o fascismo no século 20 – ajudaram a consolidar, no início do século 21, a opinião predominante de que o capitalismo democrático é a ideologia a ser adotada em todo o mundo.

Ainda assim, nas últimas duas décadas, em várias partes do planeta as pessoas foram atingidas por uma série de significativas desarticulações do mercado, que culminaram na Grande Recessão de 2008 e no duro período subsequente. Além disso, o crescimento da desigualdade na maioria das grandes economias mundiais e o aumento da concentração de riquezas no topo da pirâmide social geraram uma crise de confiança no capitalismo de mercado – pelo menos, da forma como ele funciona hoje. Os altos índices de desemprego e de subemprego nos países industrializados, ao lado de um endividamento público e privado excepcionalmente elevado, também reduziram a esperança de que os atuais instrumentos da política econômica produzam uma recuperação forte o bastante para restaurar a vitalidade perdida.

O vencedor do prêmio Nobel de Economia Joseph Stiglitz declarou em 2012:

> Não é por acaso que os períodos em que setores mais amplos da sociedade norte-americana declararam maior renda líquida – quando a desigualdade caiu, em parte como consequência da tributação progressiva – coincidem com os momentos de crescimento mais rápido na economia do país. Da mesma forma, não é coincidência que a recessão atual, assim como a Grande Depressão, foi precedida de um aumento intenso na desigualdade. Quando um volume muito grande de dinheiro se concentra no topo da sociedade, o gasto do norte-americano médio necessariamente cai, ou pelo menos tende a fazer isso, se não houver alguma intervenção artificial. Transferir o dinheiro da base para o topo reduz o consumo porque, em termos percentuais, os indivíduos de maior renda consomem menos do que aqueles que têm renda mais baixa.

Enquanto as economias emergentes e em desenvolvimento vivem tempos de crescimento na produtividade, nos postos de trabalho, na renda e na produção, a desigualdade também se amplia. Muitas dessas nações ainda abrigam um número significativo de habitantes em condições de privação e pobreza: em todo o planeta, mais de 1 bilhão de pessoas vivem com menos de US$ 2 por dia, e nesse mesmo universo, quase 900 milhões situam-se na faixa da "pobreza extrema", definida como a sobrevivência com menos de US$ 1,25 por dia.

Entre as falhas no atual funcionamento do mercado global, a mais comprometedora está na recusa em reconhecer externalidades importantes, como o custo e as consequências da liberação na atmosfera do planeta, a cada 24 horas, de 90 milhões de toneladas de poluentes geradores de aquecimento. A dificuldade da teoria de mercado em lidar com externalidades é bem conhecida, mas o problema nunca foi tão sério como hoje. Externalidades positivas também são ignoradas com frequência, o que resulta na crônica falta de investimentos em educação, saúde e em outras melhorias coletivas.

Em vários países, entre eles os Estados Unidos, a crescente concentração de renda nas mãos do 1% mais rico da população também gerou distorções no sistema político, as quais restringem a capacidade dos governos de propor mudanças políticas para beneficiar (pelo menos a curto prazo) um grupo maior de pessoas em detrimento de alguns poucos. Os governos foram engessados e impedidos de tomar as medidas necessárias. O processo também prejudicou a confiança das pessoas no atual *modus operandi* do capitalismo de mercado.

Com os fluxos de capital pela economia global rigidamente acoplados e cada vez mais vultosos, todos os governos se sentem reféns das percepções do mercado de capitais. Há vários exemplos de países – Grécia, Irlanda, Itália, Portugal e Espanha, só para citar alguns – às voltas com escolhas políticas que parecem ditadas pela opinião dos mercados, e não pela vontade democrática de seus cidadãos. Para muitas pessoas, a conclusão é de que as únicas políticas eficazes na recuperação da influência humana sobre a delimitação de nosso futuro econômico serão aquelas que abordarem a nova realidade econômica em termos globais.

CAPITALISMO SUSTENTÁVEL

Ao lado de meu parceiro e cofundador da Generation Investment Management, David Blood, venho defendendo um conjunto de medidas estruturais capazes de promover o que chamamos de capitalismo sustentável. Um dos problemas mais conhecidos é a predominância do imediatismo e da obsessão pelo lucro rápido, muitas vezes em detrimento da construção de valor a longo prazo. Quatro décadas atrás, o período médio de detenção de ações nos Estados Unidos era de quase sete anos. Isso fazia sentido porque cerca de três quartos do valor real das ações eram construídos ao longo de um ciclo e meio de negócios, o que correspondia aproximadamente a sete anos. Hoje, esse prazo médio caiu para menos de sete meses.

Há muitas razões para a predominância do pensamento a curto prazo entre os investidores. Tais pressões são acentuadas pelas grandes tendências de uma economia global em transformação, agora fortemente interconectada. Como um analista observou em 2012, "nossos bancos, fundos de *hedge* e investidores de risco querem apostar em instrumentos financeiros e em empresas de software. Nesses casos, até investimentos modestos podem proporcionar um retorno incrivelmente rápido e generoso. Aplicar dinheiro em fábricas de verdade, por outro lado, é caro, trabalhoso e oferece um potencial bem menor de retorno rápido".

A perspectiva de curto prazo por parte dos investidores pressiona os líderes das empresas a adotar uma abordagem similar. Há alguns anos, o BNA, respeitado instituto norte-americano de pesquisas, realizou uma sondagem entre presidentes executivos e diretores financeiros de companhias dos Estados Unidos, formulando, entre outras, a seguinte questão: "Você faria um investimento para tornar sua empresa mais rentável e sustentável, mas que resultasse numa redução (ainda que pequena) nos lucros do próximo trimestre?". Cerca de 80% dos entrevistados disseram não.

Outro problema bastante conhecido na atual forma de operação do capitalismo é o desalinhamento de incentivos. Em geral, a remuneração dos gerentes de investimento, profissionais responsáveis pela maioria das decisões cotidianas sobre os destinos de capital, é calculada em bases trimestrais – ou, no máximo, considerando um panorama anual. Da mesma forma, muitos executivos no comando das empresas também são avaliados de acordo com os resultados a curto prazo. Acreditamos que a recompensa aos executivos deveria ser condizente com o período no qual o valor máximo das empresas pode ser ampliado, além de estar alinhada com as diretrizes fundamentais de valor a longo prazo.

Da mesma forma, as empresas deveriam ser estimuladas a abandonar os parâmetros trimestrais de ganhos. Essas métricas de curto alcance consomem tanta atenção que acabam penalizando quem tenta construir um valor sustentável, sem levar em conta a relevância dos investimentos que se pagam de forma generosa ao longo de um período de tempo mais extenso.

A NATUREZA MUTÁVEL DO TRABALHO

Uma coisa é certa: a transformação da economia global e a consolidação da Terra S.A. vão exigir abordagens políticas totalmente novas, a fim de resgatar o papel do ser humano na formação de nosso futuro. O que enfrentamos agora tem pouca relação com os problemas inerentes ao ciclo de negócios ou com as desestabilizações temporárias do mercado, fenômenos já incorporados pela maneira atual de fazer negócios. As mudanças trazidas pela emergência da Terra S.A. são verdadeiramente globais e históricas, e ainda estão em aceleração.

Embora as transformações em curso apresentem alcance e velocidade inéditos, é claro que ao longo da trajetória humana o padrão da atividade produtiva já passou por várias mudanças importantes. De uma forma mais destacada, as revoluções agrícola e industrial promoveram alterações imensas no modo como a maioria das pessoas do planeta vivia seu dia a dia.

As primeiras ferramentas construídas pelo homem, como pontas de lanças e machados, estavam associadas a um sistema de caça e de coleta que, segundo os antropólogos, durou quase 200 milênios. Esse padrão dominante acabou substituído por outro baseado na agricultura – e iniciado não muito tempo depois do final da última glaciação –, que imperou por cerca de oito milênios. Por sua vez, a Revolução Industrial demorou menos de 150 anos para reduzir a porcentagem de ocupação no setor agrícola de 90% para 2% do total da força de trabalho norte-americana. Mesmo quando sociedades ainda baseadas na agricultura de subsistência entram no cálculo total, o campo concentra hoje menos da metade de todos os empregos do mundo.

O arado e a máquina a vapor – além do complexo universo de ferramentas e tecnologias que acompanhou as revoluções agrícola e industrial, respectivamente – minaram o valor dos conhecimentos e competências que, por um longo tempo, tinham sido essenciais para conectar o significado da vida das pessoas com o esforço de prover a subsistência ou os ganhos materiais de si mesmas, suas famílias e suas comunidades. No entanto, em ambos os casos, a extinção de velhos padrões foi acompanhada do surgimento de novos critérios que, em equilíbrio, tornavam a vida mais fácil e preservavam a relação entre a atividade produtiva e a satisfação das necessidades reais.

A transformação nas oportunidades de trabalho exigiu grandes mudanças nos padrões sociais, entre elas a intensa migração das áreas rurais rumo às cidades e a separação geográfica entre a casa e o local de trabalho, para citar somente duas transformações impactantes. Mas o resultado ainda era consistente com a expectativa de progresso, e foi acompanhado por um crescimento econômico que elevou os rendimentos líquidos e reduziu drasticamente o volume de trabalho despendido para atender às necessidades humanas básicas: alimentação, vestuário e proteção, entre outras. Em ambos os casos, atividades anteriormente comuns tornaram-se obsoletas, enquanto surgiram outros ofícios que demandavam competências inéditas e uma reformulação do significado de "ser produtivo".

Essas transformações aconteceram durante um longo período de tempo, que abrangeu várias gerações. Nas duas revoluções, as novas tecnologias abriram espaço para outras oportunidades de reorganização da atividade humana em um novo padrão dominante – para muitos, uma ruptura desorientadora –, que produziu aumento concreto na produtividade, ampliou a oferta de trabalho, elevou o rendimento médio, reduziu a pobreza e trouxe melhorias históricas para a qualidade de vida da maioria das pessoas.

Vale a pena rever a duração dessas etapas: a primeira se prolongou por 200 milênios, a segunda por 8 mil anos e a Revolução Industrial, ao longo de um século e meio. Cada um desses estágios históricos na natureza da experiência humana foi muito mais significativo e transcorreu muito mais rápido do que o perído anterior. E todos estiveram associados às inovações tecnológicas.

Observados em conjunto, esses movimentos delineiam a gestação, a infância e o lento desenvolvimento de uma revolução tecnológica que cresceu e finalmente ocupou papel central no avanço da civilização humana – e, nos últimos quatro séculos, de forma gradual e consistente, conquistou dinâmica e velocidade, adquiriu um ritmo mais forte e começou a se acelerar com intensidade ainda maior, dando a impressão de ter vida própria. Agora, essa revolução parece nos transportar a uma velocidade além da imaginação, rumo a novas realidades que, moldadas pela tecnologia, às vezes se apresentam "indistinguíveis da magia", segundo as palavras do escritor de ficção científica Arthur C. Clarke.

Como se trata de uma transformação não apenas de intensidade, mas também de natureza, estamos em grande parte despreparados para o que está acontecendo. A estrutura de nossos cérebros não difere muito da de nossos ancestrais que viveram há 200 mil anos. Porém, por causa das mudanças radicais provocadas pela tecnologia em nossas vidas, somos forçados a considerar a possibilidade de fazer adaptações em nosso projeto de civilização com mais urgência do que parece possível, ou mesmo razoável.

É difícil até perceber e pensar com clareza sobre o ritmo das mudanças que enfrentamos hoje. A maioria de nós se debate com o significado prático de uma transformação exponencial – ou seja, uma transformação que não só se intensifica, mas o faz a um ritmo cada vez mais acelerado. Pensando na forma básica das curvas exponenciais, o padrão de mudança medido por elas costuma ser lento no início e aumentar em um ritmo gradual e crescente, conforme o ângulo da ascensão se acentua. A fase íngreme representa alterações a uma taxa muito mais rápida do que na parte plana da curva – e é esse momento que gera consequências não apenas de intensidade, mas de natureza. Conforme explica a Lei de Moore, hoje um iPad de quarta geração tem capacidade de processamento superior à do supercomputador mais poderoso existente há 30 anos, o Cray-2.

As implicações desse novo período de hipermudanças não são apenas de ordem matemática ou teórica. Elas estão transformando a relação fundamental entre o modo como desempenhamos um papel produtivo na vida e a forma como satisfazemos nossas necessidades. Ou seja, tudo o que as pessoas fazem – trabalho, carreira, oportunidades de trocar uma tarefa produtiva por dinheiro para suprir as necessidades humanas essenciais e desfrutar da sensação de bem-estar, segurança, honra, dignidade e pertencimento a uma comunidade. Essa troca básica no centro de nossas vidas está se transformando em escala global e a uma velocidade sem precedentes na história da humanidade.

Nas sociedades modernas, há tempos usamos dinheiro e outros símbolos tangíveis de crédito e débito como principal meio para medir e controlar esse conjunto constante de operações de troca. Mesmo em estruturas sociais mais primitivas, nas quais o dinheiro não constituía o meio de troca, o trabalho produtivo também sempre esteve associado à capacidade de atender às necessidades do indivíduo, com o reconhecimento tácito da comunidade em relação àqueles que contribuíam para suprir as demandas do grupo como um todo. É essa conexão básica na essência das sociedades humanas que começa a sofrer uma transformação radical.

Muitos economistas se confortam com a ideia de que, mais uma vez, se trata apenas de uma história antiga e recorrente, que eles conhecem e entendem bem – uma experiência que gerou confusão desnecessária desde que um tecelão chamado Ned Ludd comandou a destruição dos teares desenvolvidos no final do século 18, os quais, para ele, causariam o desemprego dos colegas de ofício. A "falácia ludita" – expressão cunhada para descrever a crença equivocada de que novas tecnologias resultam necessariamente em redução dos postos de trabalho ocupados por profissionais de carne e osso – perdeu credibilidade em grande escala quando a automação da agricultura eliminou empregos no setor rural ao mesmo tempo em que as fábricas abriam vagas que não só absorviam essa mão de obra, mas também lhe proporcionavam uma renda mais alta. Isso sem contar a elevação da produtividade no campo, com a consequente queda no preço dos alimentos. Até pouco tempo, a automação industrial em larga escala parecia repetir o padrão: tarefas rotineiras, repetitivas e muitas vezes cansativas foram extintas nas empresas, mas colocações melhores, e com salários mais altos, logo compensaram essa eliminação.

No entanto, o que nós acreditamos ter aprendido durante os estágios iniciais dessa revolução tecnológica talvez não tenha valia diante de uma mudança tão acelerada como a atual. A introdução de máquinas inteligentes interligadas – e, agora, da inteligência artificial – pode, em breve, colocar em risco uma porcentagem bem mais alta de oportunidades de emprego nos maiores setores da economia global. Para nos adaptar a essa nova realidade, talvez sejamos obrigados, em um futuro breve, a recriar as formas como trocamos nosso potencial produtivo por uma renda suficiente para atender a nossas necessidades.

Muitos estudiosos especializados nas interações da tecnologia com os padrões de funcionamento da sociedade, entre eles Marshall McLuhan, definiram as tecnologias novas e relevantes como "extensões" de capacidades humanas básicas. De acordo com essa metáfora, o automóvel seria uma extensão de nossa capacidade de locomoção; o telégrafo, o rádio e a televisão equivaleriam a um prolongamento da nossa capacidade de nos comunicar à distância, e a pá e a escavadeira corresponderiam ao prolongamento de nossas mãos e da capacidade de segurar objetos. Tecnologias como essas tornaram obsoletas algumas tarefas, mas acabaram criando outras – muitas vezes, a operação dessas novidades tecnológicas dependia de pessoas com clareza de raciocínio suficiente para serem treinadas, a fim de lidar com os equipamentos de forma eficaz e segura.

Nesse contexto, a emergência de poderosas formas de inteligência artificial não representa apenas a extensão de mais uma capacidade básica, mas sim do atributo principal e até agora exclusivo do ser humano: a habilidade de pensar. Embora a ciência declare que não somos os únicos seres vivos dotados de consciência, ainda é bastante óbvio que nós, como espécie, nos tornamos dominantes na Terra graças à nossa capacidade de criar e manipular modelos mentais do mundo que nos cerca por meio do pensamento, a fim de descobrir como transformar o meio em que vivemos. A extensão tecnológica da capacidade de pensar, portanto, difere essencialmente de qualquer outra.

Conforme a inteligência artificial amadurece e se associa a outras extensões tecnológicas da capacidade humana – por exemplo, segurar e transportar objetos físicos ou reorganizá-los, para criar novas formas;

comunicar-se com os outros utilizando fluxos de informação mais volumosos e rápidos do que a capacidade humana consegue controlar; criar representações únicas e abstratas da realidade, às vezes extraindo disso aprendizados que superam o potencial cognitivo humano –, aumenta a expectativa de que está por vir a maior de todas as revoluções tecnológicas.

Um de seus impactos será o de acelerar ainda mais a dissociação entre o aumento de produtividade e a elevação no padrão de vida da classe média. No passado, as melhorias na eficiência econômica normalmente geravam salários mais altos para a maioria das pessoas. No entanto, quando a substituição do trabalho pelo capital tecnológico resulta na eliminação de um grande número de empregos, uma parte bem maior dos ganhos fica com os donos do capital. A relação fundamental entre a tecnologia e o emprego atravessa uma grande transformação.

Essa tendência está se aproximando de um limite, além do qual tantos empregos serão perdidos que o nível de demanda do consumidor deve cair para baixo do patamar necessário à sustentação um crescimento econômico saudável. Em um estudo sobre a Grande Depressão, Joseph Stiglitz argumenta que a perda em massa de empregos no campo, fenômeno que se seguiu à mecanização da agricultura, gerou uma contração de demanda desse tipo, o que constituiu um fator muito mais determinante para provocar a Grande Depressão do que se acreditava anteriormente. Com a atual extinção contínua dos postos de trabalho associados à produção, podemos estar mais uma vez à beira de outra transição dolorosa.

É possível e necessário gerar postos de trabalho, e o setor público representa um campo óbvio para a criação de empregos no intuito de recompor a renda perdida por quem teve sua ocupação suprimida por processos de *outsoursing* ou de *robosoursing*. As elites que até agora se beneficiaram com a emergência da Terra S.A., no entanto, usam sua riqueza acumulada e a influência política para conter qualquer mudança no setor público. A boa notícia é que, embora tenha facilitado os processos de *outsoursing* e *robosoursing*, a internet também pode oferecer os meios para construir outras formas de influência política, fora do controle das elites – e este é o tema abordado no próximo capítulo.

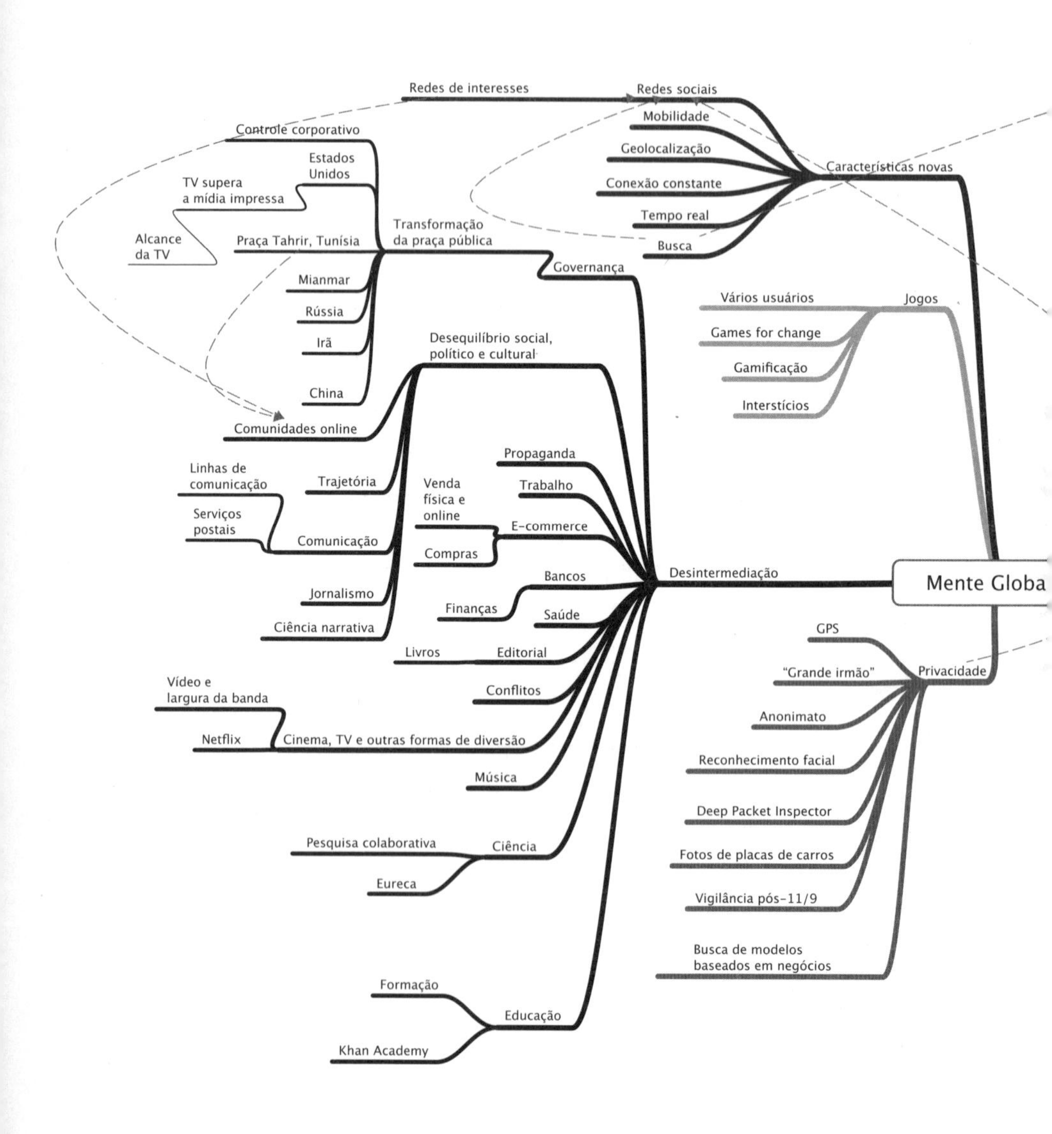

Redes de interesses
Redes sociais
Mobilidade
Geolocalização
Conexão constante
Tempo real
Busca
Características novas
Controle corporativo
Estados Unidos
TV supera a mídia impressa
Alcance da TV
Praça Tahrir, Tunísia
Transformação da praça pública
Governança
Mianmar
Rússia
Irã
China
Desequilíbrio social, político e cultural
Comunidades online
Vários usuários
Jogos
Games for change
Gamificação
Interstícios
Linhas de comunicação
Trajetória
Serviços postais
Comunicação
Propaganda
Trabalho
Venda física e online
E-commerce
Compras
Jornalismo
Ciência narrativa
Bancos
Finanças
Saúde
Desintermediação
Mente Globa
GPS
"Grande irmão"
Privacidade
Livros
Editorial
Conflitos
Vídeo e largura da banda
Netflix
Cinema, TV e outras formas de diversão
Anonimato
Reconhecimento facial
Música
Deep Packet Inspector
Pesquisa colaborativa
Ciência
Fotos de placas de carros
Eureca
Vigilância pós-11/9
Busca de modelos baseados em negócios
Formação
Educação
Khan Academy

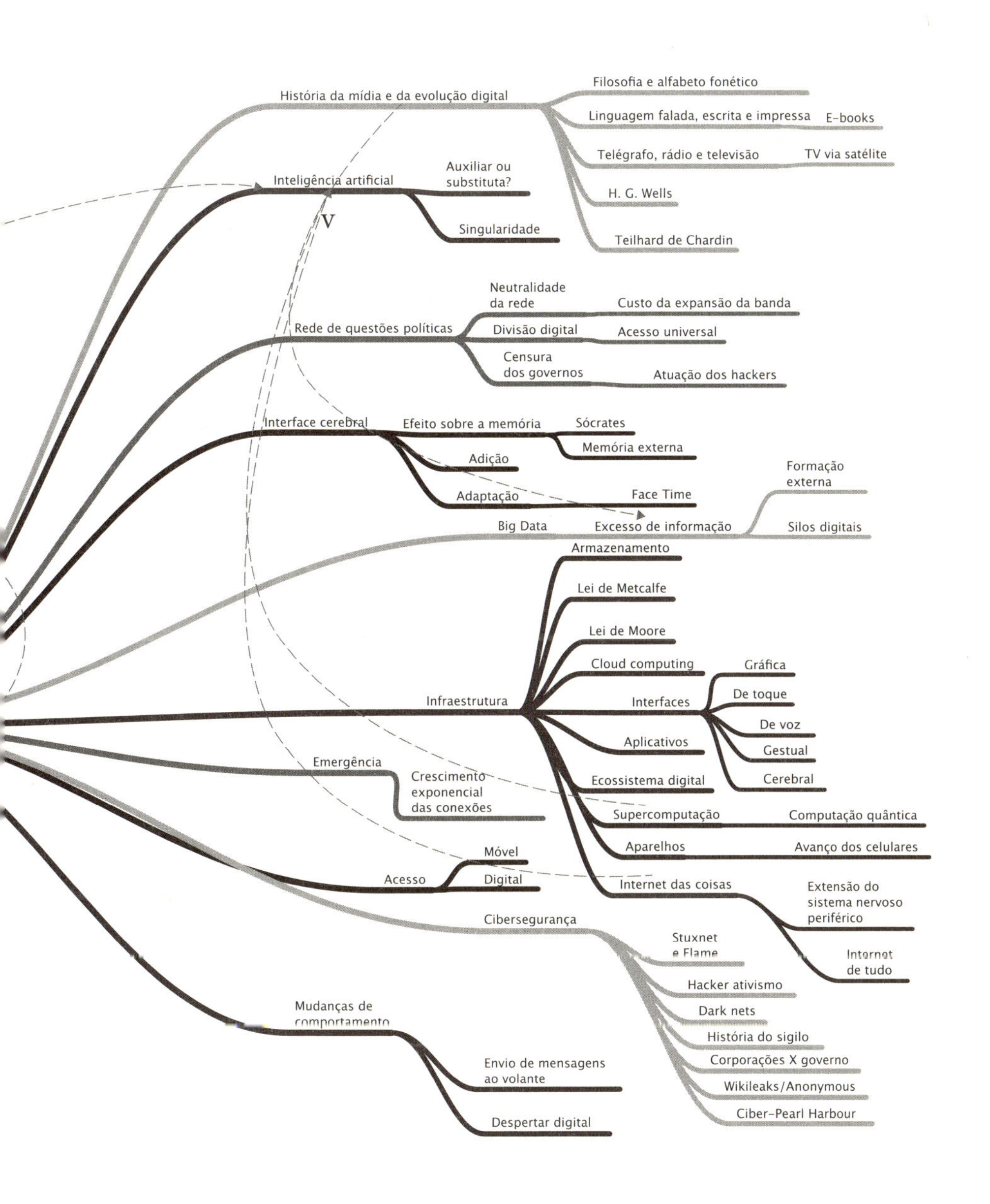

História da mídia e da evolução digital
Filosofia e alfabeto fonético
Linguagem falada, escrita e impressa
E-books
Telégrafo, rádio e televisão
TV via satélite
H. G. Wells
Teilhard de Chardin
Inteligência artificial
Auxiliar ou substituta?
Singularidade
V
Rede de questões políticas
Neutralidade da rede
Custo da expansão da banda
Divisão digital
Acesso universal
Censura dos governos
Atuação dos hackers
Interface cerebral
Efeito sobre a memória
Sócrates
Memória externa
Adição
Adaptação
Face Time
Big Data
Excesso de informação
Formação externa
Silos digitais
Infraestrutura
Armazenamento
Lei de Metcalfe
Lei de Moore
Cloud computing
Interfaces
Gráfica
De toque
De voz
Gestual
Cerebral
Aplicativos
Ecossistema digital
Supercomputação
Computação quântica
Aparelhos
Avanço dos celulares
Internet das coisas
Extensão do sistema nervoso periférico
Internet de tudo
Emergência
Crescimento exponencial das conexões
Acesso
Móvel
Digital
Cibersegurança
Stuxnet e Flame
Hacker ativismo
Dark nets
História do sigilo
Corporações X governo
Wikileaks/Anonymous
Ciber-Pearl Harbour
Mudanças de comportamento
Envio de mensagens ao volante
Despertar digital

2

A MENTE GLOBAL

Da mesma forma como os processos simultâneos de *outsourcing* e *robosourcing* da atividade produtiva criaram as condições para a emergência da Terra S.A., a disseminação simultânea da internet e dos recursos onipresentes da computação proporcionou uma extensão planetária do sistema nervoso humano, agora capaz de transmitir informações, pensamentos e sentimentos entre bilhões de pessoas – e tudo isso à velocidade da luz.

Estamos conectados a grandes redes de dados de alcance mundial e às demais pessoas por meio de e-mails, mensagens de texto, redes sociais, jogos que permitem o acesso de vários usuários e outras formas de comunicação digital, a um ritmo sem precedentes. Essa mudança revolucionária e ainda em aceleração vem provocando um tsunami de transformações, exigindo modificações significativas (e criativas) em atividades variadas – das artes às ciências, da tomada coletiva de decisões políticas à construção de novas realidades corporativas.

Alguns tipos de negócio lutam para sobreviver: jornais, agências de turismo, livrarias, lojas de discos e de fotografias e videolocadoras estão entre os muitos exemplos de iniciativas confrontadas com mudanças tecnológicas que ameaçam sua existência. Grandes instituições também estão sofrendo: o setor de serviços postais já sentiu a evasão de usuários decorrente da democratização da comunicação digital, a qual rapidamente toma o lugar da carta escrita, deixando para as veneráveis agências de correio o serviço de distribuir propaganda e correspondência indesejada.

Ao mesmo tempo, testemunhamos uma multiplicação de novos modelos de negócios, organizações sociais e padrões de comportamento impensáveis antes da era da internet e da informática. Do Facebook ao Twitter, da Amazon ao iTunes e eBay, do Google ao Baidu, Yandex.ru e Globo.com – e incluindo uma dezena de outros empreendimentos inovadores provavelmente abertos desde que você começou a ler este parágrafo –, todos são fenômenos impulsionados pela conexão de 2 bilhões de pessoas (até agora) por meio da rede mundial de computadores. Além de pessoas, o número de dispositivos digitais ligados a outros aparelhos e máquinas (e que funcionam sem a presença de um ser humano) já é superior à população do planeta. Segundo algumas projeções, por volta de 2020 mais de 50 bilhões de aparelhos estarão ligados à internet, trocando informações o tempo todo. Se o cálculo incluir dispositivos menos sofisticados, como etiquetas (ou tags) de identificação por radiofrequência (RFID) capazes de transmitir informações wireless ou de transferir dados a aparelhos leitores, o número de "coisas conectadas" cresce bastante. (A propósito, algumas escolas já implantam sistemas de identificação equipados com tags RFID para controlar a presença dos alunos, o que tem gerado protesto de alguns estudantes.)

A TECNOLOGIA E O "CÉREBRO MUNDIAL"

Desde a invenção do telégrafo, os escritores têm se referido ao sistema nervoso do corpo humano para descrever o funcionamento da comunicação eletrônica. Em 1851, seis anos depois que Samuel Morse enviou a mensagem "Que obra fez Deus?", Nathaniel Hawthorne escreveu: "Por meio de eletricidade, o mundo da matéria tornou-se um grande nervo, vibrando por milhares de quilômetros em um momento esbaforido do tempo. O globo redondo é um grande cérebro, o instinto provido de inteligência". Menos de um século depois, H. G. Wells deu novo sentido à metáfora de Hawthorne ao oferecer uma proposta para o desenvolvimento de um "cérebro mundial", imaginado por ele como uma comunidade com toda a informação disponível no mundo, acessível a todas as pessoas – "uma espécie de câmara de compensação mental; um tipo de depósito no qual o conhecimento e as ideias são recebidos, classificados, resumidos, compreendidos, esclarecidos e comparados". No sentido dado por Wells à expressão "cérebro mundial", o que começou como metáfora tornou-se realidade. Para comprovar, basta pesquisar na Wikipedia ou fazer uma busca na internet por meio do Google, a fim de vasculhar aproximadamente 1 trilhão de páginas.

O sistema nervoso conecta o cérebro humano, e este dá origem à mente. Partindo desse princípio, um dos maiores teólogos do século 20, Teilhard de Chardin, fez também sua própria versão da analogia de Hawthorne. Na década de 1950, Chardin previu o "planetização" da consciência dentro de uma rede criada pela tecnologia. Capaz de reunir os pensamentos humanos, essa rede foi por ele designada como "mente mundial". E, embora a realidade atual ainda não corresponda ao sentido amplo e provocante da imagem sugerida por Chardin, alguns especialistas em tecnologia acreditam que de fato podemos estar no limiar de uma era totalmente nova. Parafraseando o filósofo René Descartes, "Se pensa, logo existe".*

Os supercomputadores e programas atuais foram desenvolvidos por seres humanos, mas, como disse Marshall McLuhan, "o homem cria a ferramenta e, em seguida, a ferramenta recria o homem". Uma vez que a internet e os bilhões de dispositivos inteligentes e máquinas ligadas a ela (a Mente Global) representam o que é, de longe, a mais poderosa ferramenta já criada, não deveria ser surpresa que essa invenção recriasse nossa forma de pensar tanto em aspectos banais como em questões mais profundas, e de maneira arrebatadora e onipresente.

Assim como as empresas multinacionais ganharam muito mais eficiência e produtividade ao terceirizar postos de trabalho para outros países e transferir tarefas para máquinas inteligentes e interconectadas, nós, na condição de indivíduos, também nos tornamos mais eficientes e produtivos ao conectar de forma imediata nossos pensamentos aos computado-

* Há um amplo debate sobre quando (e se) a inteligência artificial atingirá um estágio de desenvolvimento no qual sua capacidade de "raciocinar" se compare à do cérebro humano. A análise feita neste capítulo se baseia na premissa de que tal condição ainda é teórica e que, provavelmente, demorará pelo menos algumas décadas para se concretizar. A dúvida sobre sua viabilidade permanece porque há um nível de compreensão da natureza da consciência ainda fora do alcance dos cientistas. Os supercomputadores demonstraram alguns recursos muito superiores aos dos seres humanos e já tomam decisões importantes para nós, como a gestão das negociações movidas por algoritmos em operações financeiras, por exemplo, além de decifrar relações complexas (e até então despercebidas) em meio a uma quantidade muito grande de dados.

res, servidores e bancos de dados espalhados pelo planeta. Assim como as mudanças radicais na economia global foram impulsionadas por um circuito de realimentação positivo envolvendo o *outsourcing* e o *robosourcing*, a disseminação do poder da computação e a crescente adesão de pessoas à internet constituem tendências que se reforçam mutuamente. E assim como a Terra S.A. está modificando o papel dos seres humanos no processo de produção, a Mente Global altera o modo como nos relacionamos com o universo da informação.

A adoção generalizada da internet como principal meio de troca de informações traz uma mudança ao mesmo tempo promissora e preocupante. Segundo o futurólogo Kevin Kelly, nosso novo mundo tecnológico (e dotado de inteligência) cada vez mais se parece com "um organismo muito complexo, que muitas vezes segue impulsos próprios". No caso, o tal sistema amplo e complexo não inclui apenas a internet e os computadores, mas também os seres humanos.

Vejamos o impacto sobre as conversas. Muitos de nós já recorremos aos smartphones a fim de buscar respostas para dúvidas que surgem em uma mesa de jantar, usando a ponta dos dedos para consultar a internet. Algumas pessoas passam tanto tempo entretidas com celulares ou outros dispositivos móveis ligados à rede que a conversa "cara a cara" quase não acontece. Sherry Turkle, professora especializada nos impactos da internet, escreveu que, cada vez mais, dedicamos nosso tempo a "ficar sozinhos junto de outras pessoas igualmente sozinhas".

A natureza envolvente e imersiva das tecnologias online já levantou várias suspeitas sobre o potencial risco viciante para algumas pessoas. A próxima atualização do *Manual diagnóstico e estatístico de transtornos mentais*, em 2013, inclui pela primeira vez um transtorno identificado como "dependência de uso da internet", apontado como categoria a ser estudada com mais profundidade. Estima-se que 500 milhões de pessoas no mundo dedicam pelo menos uma hora de seu dia aos games online. Nos Estados Unidos, em média, jovens de até 21 anos, entre o sexto e o décimo-segundo ano da escola, gastam quase tanto tempo jogando online quanto assistindo às aulas. Mas não se trata de uma questão com limitação etária: os *gamers* típicos são mulheres de 40 e poucos anos. Estima-se que 55% dos jogadores online norte-americanos (e 60% no caso da Inglaterra) sejam do sexo feminino. Em todo o mundo, elas são responsáveis por publicar 60% dos comentários e posts, além de 70% das imagens, no Facebook.

MEMÓRIAS, ESTÍMULOS E O LEGADO DE GUTENBERG

Essas mudanças de comportamento podem até parecer inofensivas, mas a tendência aponta para o contrário. A relação entre as pessoas e a internet mobiliza estudiosos em torno de questões interessantes, e uma das principais aborda a forma como estamos adaptando a organização interna de nosso cérebro (e a natureza da consciência humana) ao volume de tempo gasto na rede mundial de computadores.

A memória humana sempre sofreu influências dos novos avanços na tecnologia das comunicações. Estudos na área de psicologia incumbiram um grupo de memorizar uma lista de itens: as pessoas que foram notificadas de que a lista também estava disponível na internet apresentaram um grau de retenção de informação inferior ao daquelas que não sabiam da disponibilidade online. Pesquisas semelhantes comprovaram que usuários constantes de aparelhos de GPS aos poucos começam a perder o senso inato de direção.

A consequência é que muitos de nós usamos a internet (e os aparelhos, programas e bases de dados ligados a ela) como uma extensão de nossos cérebros. E desta vez não se trata de metáfora – alguns estudos sugerem que está em curso, literalmente, uma redistribuição de energia mental. Em certo sentido, existe lógica em preservar nossa capacidade cerebral memorizando apenas alguns poucos dados e procurando as demais informações num dispositivo de armazenamento externo – pelo menos era o que Albert Einstein pensava, uma vez que recomendou “não memorizar o que pode ser consultado nos livros”.

Há mais de meio século os neurocientistas sabiam que combinações neurais específicas se ampliavam e proliferavam por meio do uso, enquanto um conjunto de neurônios em desuso se reduzia e, aos poucos, perdia sua capacidade. Porém, antes dessas descobertas, McLuhan descreveu o processo de forma metafórica, afirmando que, quando nos adaptamos a uma nova ferramenta que amplia uma função até então realizada apenas pela mente, aos poucos perdemos o contato com nossa antiga capacidade. Isso acontece porque um “sistema entorpecente natural” sutilmente nos “anestesia”, a fim de acomodar uma diretriz mental que liga perfeitamente nossos cérebros ao aumento da capacidade inerente na nova ferramenta.

Nos *Diálogos* de Platão, quando o deus Thot diz a Tamuz, um dos reis do Egito, que a novidade nas comunicações da época (no caso, a escrita) permitiria que as pessoas se lembrassem de mais coisas, o soberano discordou: "Isso vai implantar o esquecimento em suas almas. Elas vão parar de exercitar a memória para depender do que está escrito, trazendo as coisas à lembrança não mais a partir de dentro delas, mas de estímulos externos".*

Mas não se trata de um fenômeno recente. A novidade, no caso da combinação do acesso à internet com os aparelhos móveis de uso pessoal, é que a conexão instantânea entre o cérebro das pessoas e o universo digital ocorre hoje com tamanha facilidade que pode disseminar um senso de confiança plena em uma espécie de "memória externa" ao nosso corpo. E, quanto mais consensual tal confiança, maior nossa dependência dessa "exomemória", posto que vamos acessar cada vez menos os registros armazenados em nossos cérebros. O que ganha mais importância, porém, são os estímulos externos citados por Tamuz há 2.400 anos. De fato, uma das novas medidas de inteligência prática vigente no século 21 é a habilidade de localizar rapidamente informações com o uso da internet.

A consciência humana sempre foi moldada por criações externas. O que torna os seres humanos únicos (e dominantes) em meio às demais formas de vida na Terra é a capacidade de pensar de forma complexa e abstrata. Considerando que o neocórtex surgiu com sua forma moderna há cerca de 200 mil anos, a trajetória da hegemonia humana no planeta foi definida muito mais pela forma como criamos e usamos ferramentas para ampliar nossa influência sobre o meio do que pelo ritmo de nossa evolução física.

Os cientistas ainda discutem se o uso de uma linguagem complexa ocorreu de forma súbita, com uma mutação genética, ou se o desenvolvimento aconteceu de maneira gradual. Seja qual for sua origem, a habilidade de elaborar um discurso complexo mudou radicalmente a capacidade humana de usar as informações para dominar as circunstâncias, uma vez que permitiu, pela primeira vez, transmitir pensamentos mais elaborados de

* O banco de memória da internet está se deteriorando por meio de um processo que Vint Cerf – amigo próximo e muitas vezes chamado de "um dos fundadores da internet", ao lado de Robert Kahn, com quem desenvolveu o protocolo TCP/IP, conjunto de padrões e especificações técnicas que permitem a troca de informações entre computadores – chama de "bit rot": a informação desaparece porque um programa novo não consegue ler formatos anteriores ou porque a URL (localizador) à qual está ligada não é mais válida. Cerf propõe criar um "pergaminho digital", um meio confiável e perene de preservar a memória da internet.

uma pessoa para outra. Também constitui o exemplo inicial de armazenamento de informações para além do cérebro humano. Durante a maior parte da história humana, a palavra falada era a principal "tecnologia da informação" disponível nas sociedades.

O extenso período dedicado à caça e à coleta está associado à comunicação oral, enquanto o uso inicial da linguagem escrita se relaciona às primeiras fases da Revolução Agrícola. O desenvolvimento progressivo e o uso de meios mais sofisticados para a comunicação escrita (das lâminas de pedra aos papiros e pergaminhos; dos pictogramas aos hieróglifos e alfabetos fonéticos) costumam ser relacionados ao surgimento de civilizações na Mesopotâmia, Egito, China, Índia, região do Mediterrâneo e América Central.

O modo como os gregos antigos aperfeiçoaram o alfabeto concebido pelos fenícios abriu caminho para uma nova dinâmica de pensamento, o que explica a súbita explosão, nos século 4 e 5 a.C., da filosofia, do teatro e de conceitos sofisticados, como a democracia, em Atenas. Na comparação com hieróglifos, pictogramas e escrita cuneiforme, as formas abstratas do alfabeto grego (assim como os caracteres de todos os alfabetos ocidentais modernos) têm tanto significado quanto os algarismos 0 e 1 do sistema binário. Mas, quando dispostos e organizados em diferentes combinações, resultam em um significado geral específico. A organização cerebral necessária para se adaptar a essa nova ferramenta de comunicação tem sido apontada pelos historiadores como a grande diferença entre a Grécia antiga e todas as civilizações antecedentes.

A adoção da comunicação escrita ampliou a capacidade de armazenamento do conhecimento coletivo de gerações passadas: um conhecimento armazenado de forma externa ao cérebro, mas ainda assim acessível. Avanços posteriores – em especial o surgimento da imprensa, no século 14, na Ásia, e no século seguinte na Europa – também foram associados ao aumento da quantidade de dados armazenados externamente e ao maior acesso da população a tais conhecimentos. Com a introdução de impressão, a curva exponencial que mede a complexidade da civilização humana de repente aponta para cima, formando um brusco traço ascendente. O invento mudou nossas sociedades, nossa cultura e nossa estrutura política.

Até o surgimento do que McLuhan descreveu como "galáxia de Gutenberg", a grande maioria dos europeus era analfabeta e relativamente enclausurada dentro dos limites da própria ignorância. A maioria das bibliotecas reunia algumas poucas dezenas de livros, às vezes acorrentados às mesas e copiados à mão em uma linguagem compreensível apenas para os monges. O acesso ao conhecimento contido nesses acervos ficou restrito às elites do sistema feudal, que, muitas vezes pela força das armas, partilhavam o poder com a Igreja medieval. A imprensa trouxe a inédita possibilidade de compilar, reproduzir e distribuir a sabedoria das gerações anteriores, desencadeando uma infinidade de avanços na partilha da informação, prenúncio do mundo moderno.

Menos de duas gerações após a invenção de Gutenberg, tiveram início as viagens dos grandes descobrimentos. Quando Cristóvão Colombo voltou da América Central, 11 edições impressas de seu relato impressionaram a Europa. Em menos de 25 anos, os navios europeus haviam dado a volta ao mundo, trazendo saberes e riquezas das Américas, da Ásia e de regiões desconhecidas da África.

No mesmo quarto de século, a disseminação da Bíblia cristã no idioma alemão, e depois em outras línguas, abriu caminho para a Reforma (também alimentada pela indignação de Martinho Lutero com o "mercado" de indulgências então vigente, que incluía um produto interessante: o perdão para pecados ainda não cometidos). As *95 Teses* de Lutero, pregadas na porta de uma igreja de Wittenberg em 1517, foram escritas em latim, mas milhares de reproduções em alemão acabaram impressas e distribuídas à população germânica. Em menos de uma década, circularam mais de 6 milhões de cópias de vários panfletos sobre a Reforma – um quarto deles redigido pelo próprio Lutero.

A proliferação de textos em idiomas falados por pessoas comuns exigiu uma série de adaptações ao novo fluxo de informação, inaugurando uma onda de alfabetização que teve início no norte da Europa e espalhou-se para o sul. Na França, onde a tendência se acentuou, a imprensa foi acusada de "obra do diabo". Conforme cresceu o interesse geral pela informação aparentemente ilimitada que podia ser transmitida por meio da palavra impressa, a antiga sabedoria dos gregos e romanos tornou-se acessível. A explosão decorrente do pensamento e da comunicação estimulou o surgimento de uma nova forma de pensar sobre as heranças do passado e as possibilidades do futuro.

A distribuição maciça do conhecimento sobre o que acontecia no mundo naquele momento começou a abalar os alicerces da estrutura feudal. O mundo moderno surgiu das ruínas de uma civilização que, pode-se dizer, foi destruída de forma criativa pelo advento da imprensa. A revolução científica começou menos de um século depois da Bíblia de Gutenberg, com a publicação de *Revolução das esferas*, de Nicolau Copérnico (que recebeu um exemplar recém-impresso da obra em seu leito de morte). Menos de cem anos depois, Galileu Galileu confirmou o heliocentrismo e, mais tarde, René Descartes comparou o universo a um relógio. Era dada a largada de uma corrida sem fim.

Os desafios à supremacia da Igreja medieval e dos senhores feudais também abalaram o domínio absoluto dos regentes. Comerciantes e agricultores começaram a questionar o direito a alguma forma de autodeterminação, com base no conhecimento disponível então. Instaurou-se uma espécie de ambiente de praça pública, que permitia a troca de ideias. A ágora da antiga Atenas e o fórum da República romana eram locais físicos que propiciavam o intercâmbio de informações. A invenção da imprensa resgatou a função dessas instituições do mundo antigo, mas com potencial bem mais amplo para os debates.

Melhorias no processo de impressão permitiram a redução dos custos e a proliferação de casas impressoras, que precisavam de conteúdos para publicar. Não existiam muitas dificuldades, tanto para utilizar a produção de autoria alheia como para imprimir criações próprias. Em pouco tempo, a demanda por conhecimento levou à publicação de obras modernas – de Cervantes e Shakespeare a revistas e, em seguida, jornais. Ideias que repercutiam entre um grande número de pessoas logo atraíam ainda mais público, mais ou menos como funciona hoje o sistema de buscas do Google.

Em seguida veio o Iluminismo, período em que o conhecimento e a razão tornaram-se fonte de um poder político que rivalizava com a riqueza e a força militar. A possibilidade de autogestão no âmbito de uma democracia representativa era uma consequência dessa nova "praça pública" criada dentro do ecossistema de informações difundidas pela imprensa. Indivíduos com liberdade para ler e se comunicar com outros podiam tomar decisões coletivas e moldar seu próprio destino.

Em janeiro de 1776, Thomas Paine – que migrara da Inglaterra para a Filadélfia sem dinheiro, familiares ou conhecidos importantes, e contava apenas com a capacidade de se expressar com clareza por meio da escrita – publicou o panfleto *Senso comum*, um dos estopins da guerra de independência que teria início em julho daquele ano. A teoria sobre um capitalismo de mercado livre e moderno, defendida por Adam Smith no mesmo ano, se apoiava nos mesmos princípios subjacentes. Pessoas com acesso à informação sobre os mercados podem escolher se querem comprar ou vender, e o conjunto de todas as decisões constituiria a chamada "mão invisível", responsável por alocar recursos, equilibrar a oferta e a demanda e definir preços em um nível ideal para maximizar a eficiência econômica. O primeiro volume de *História do declínio e queda do Império Romano*, de Edward Gibbon, também foi publicado naquele ano, e a popularidade da obra ofereceu um contraponto para o otimismo vigente em relação ao futuro. A velha ordem desaparecera e as novas gerações estavam ocupadas em recriar o mundo, com outras maneiras de pensar e instituições inéditas, moldadas pela revolução da palavra impressa.

Assim, não deveríamos nos surpreender com o fato de que a revolução digital – que impacta o mundo com intensidade e velocidade muito maiores do que o advento da imprensa causou em sua época – esteja inaugurando uma nova onda de padrões sociais, culturais, políticos e comerciais, os quais também estão renovando nosso universo. Por mais dramáticas que tenham sido as mudanças criadas pela revolução da imprensa (assim como haviam sido drásticas as transformações decorrentes do desenvolvimento da capacidade de expressão complexa, da escrita e dos alfabetos fonéticos), nada se compara ao que começamos a viver hoje, em consequência da combinação entre a informatização onipresente e o acesso à internet. No último meio século, a capacidade de processamento (por dólar gasto) dos computadores dobrou a cada período de um ano e meio a dois anos. Este ritmo incrível (definido como Lei de Moore) permanece, apesar das frequentes previsões de que em breve não fará mais sentido. Embora alguns especialistas acreditem que a Lei de Moore possa deixar de vigorar na próxima década, outros sustentam que novos avanços, como a computação quântica, proporcionarão incrementos constantes na capacidade dos computadores.

Nossas sociedades, cultura e sistemas educacional, comercial e político, além das formas como nos relacionamos (e pensamos), passam por uma reordenação profunda em consequência da emergência da Mente Global e da expansão exponencial da informação digital. Em um ano, a produção e o armazenamento de dados digitais por empresas e pessoas é 60 mil vezes maior do que o total de informações guardadas na Biblioteca do Congresso dos Estados Unidos. Até 2011, a quantidade de informação criada e replicada multiplicou-se por nove em apenas cinco anos. (A capacidade total de armazenamento digital só ultrapassou a de armazenamento analógico em 2002; apenas meia década depois, 94% de toda a informação armazenada era digital.) Dois anos antes, o volume de dados transmitidos a partir de dispositivos móveis já tinha ultrapassado o volume total de todos os dados de voz. Não por acaso, entre 2003 e 2010 a duração da chamada telefônica média caiu quase pela metade, passando de 3 minutos para 1 minuto e 47 segundos.

Em todo o mundo, entre 2005 e 2010, dobrou o número de pessoas conectadas à internet, e em 2012 a cifra chegou a 2,4 bilhões de usuários. Até 2015, haverá um aparelho móvel para cada habitante do planeta. O número de pessoas que acessam a internet a partir de aparelhos móveis deverá aumentar 56 vezes nos próximos cinco anos, período em que o fluxo de informações agregadas por meio de smartphones tende a crescer 47 vezes. Esses aparelhos já correspondem a mais da metade do mercado de telefonia celular nos Estados Unidos e em outros países desenvolvidos.

Mas não se trata de um fenômeno exclusivo das nações ricas. Embora computadores e tablets estejam mais difundidos nos países industrializados, a queda no custo da capacidade de processamento e a proliferação de aparelhos móveis de porte menor vêm ampliando o acesso das pessoas à Mente Global. Dos 7 bilhões de habitantes do planeta, mais de 5 bilhões têm acesso à telefonia celular. Em 2012, o mundo tinha 1,1 bilhão de usuários de smartphones, o que equivale a menos de um quinto do mercado mundial. Embora o preço dos smartphones com conexão à internet ainda esteja fora do alcance da maioria dos habitantes de países em desenvolvimento, as mesmas reduções drásticas de custos que marcaram a era digital desde sua criação agora atingem também versões mais acessíveis do aparelho, que em breve se tornarão onipresentes.

A possibilidade de conexão à internet tornou-se valorizada a ponto de ser reconhecida como "direito humano" em um relatório da ONU. Nicholas Negroponte comandou uma das propostas para o fornecimento de computadores a baixo custo (de US$ 100 a US$ 140) ou tablets para cada criança no mundo, em um esforço para solucionar o "déficit de informação". A ideia vem a reboque de um movimento deflagrado nos países ricos: nos Estados Unidos, na década de 1990, a preocupação com a desigualdade de informação levou à aprovação de uma lei para subsidiar a conexão à internet por todas as escolas e bibliotecas.

Nas nações desenvolvidas, as mudanças de comportamento decorrentes da revolução digital embasam algumas previsões sobre as transformações mundiais no futuro imediato. Segundo uma pesquisa realizada pela Ericsson, 40% dos usuários de smartphones se conectam à internet assim que acordam, antes mesmo de sair da cama, hábito que dá início a um padrão de comportamento que se estende durante a vigília. Pela manhã, quando se deslocam ao trabalho, por exemplo, tais pessoas passam a representar uma ameaça para a segurança e a saúde pública: o foco de sua atenção, que deveria estar na condução do veículo, é recorrentemente desviado para os aparelhos de comunicação móvel e suas múltiplas possibilidades, como envio de e-mails e mensagens de texto, games ou telefone. Em um exemplo extremo desse fenômeno, um avião comercial voou 90 minutos além de seu destino porque tanto o piloto como o copiloto estavam entretidos com seus notebooks, apesar dos alertas enviados por vários controladores de voo de três cidades diferentes (o Comando Aéreo Estratégico chegou a acionar jatos para interceptar a aeronave).

A popularidade do iPhone e o volume de tempo gasto no FaceTime, recurso de videoconferência do aparelho, levaram algumas pessoas a mudar de aparência para se adaptar à nova tecnologia. O cirurgião-plástico Robert K. Sigal relatou que "os pacientes chegam ao consultório e mostram como eles aparecem no FaceTime. O ângulo em que o telefone é mantido, com a câmera focalizando o usuário de baixo para cima, favorece o registro de imperfeições, sinais e flacidez no rosto e no pescoço. As pessoas dizem: 'Eu nunca me imaginei assim. Preciso fazer alguma coisa!'. Comecei a chamar o processo de 'efeito lifting de rosto FaceTime', e desenvolvemos procedimentos para resolver o problema".

A CHEGADA DO "BIG DATA"

Da mesma forma como ampliamos nossa consciência para adaptá-la à chamada Mente Global, estamos ajustando nosso sistema nervoso *periférico* à "internet das coisas", que funciona basicamente sob o nível de nossa consciência e controla funções importantes para a manutenção da eficiência da Terra S.A. É a parte da internet global que se dissemina com mais velocidade, gerando uma quantidade de dados bem maior do que a produzida pelas pessoas rumo a algo que já foi definido como a "internet de tudo".

O campo emergente do "Big Data" – conjunto de soluções tecnológicas capaz de lidar com dados digitais em volume, variedade e velocidade inéditos – constitui uma das emocionantes fronteiras atuais da ciência da informação. Sua base está no desenvolvimento de novos algoritmos para supercomputadores, criados para "peneirar" quantidades imensas de dados até agora tidos como não passíveis de controle. Mais de 90% das informações coletadas pelos satélites *Landsat* foram encaminhadas diretamente para armazenamento eletrônico: não passaram por um único neurônio humano nem por computadores que pudessem identificar algum padrão ou significado em todo o material. Como esse, há outros montantes enormes de dados, mantidos intocados até agora e que, finalmente, podem ser analisados graças à tecnologia atual.

Da mesma maneira, a maioria dos dados recolhidos durante a execução de processos industriais por sistemas integrados, sensores e minúsculos dispositivos (como os *actuators*) tem sido descartada logo após a coleta. Graças à queda nos custos de armazenamento e à crescente sofisticação do Big Data, algumas dessas informações podem ser preservadas e analisadas, o que já rende descobertas que favorecem a promoção da eficiência na indústria e nos negócios. Alguns veículos comerciais, por exemplo, levam uma pequena câmera de vídeo no para-brisa. O equipamento coleta dados o tempo todo, mas salva apenas 20 segundos de cada vez – no caso de um acidente, as informações coletadas nos instantes que precederam e se seguiram ao evento são salvas para análise. O mesmo vale para as caixas-pretas dos aviões e para as câmeras de segurança dos edifícios: em ambas, os dados recolhidos são sucessivamente apagados para dar espaço a novas informações. Em breve, porém, a maioria das informações será mantida, armazenada e processada por algoritmos do Big Data, proporcionando análises mais acuradas.

Em todo o mundo, há projetos para a coleta (e análise) de quantidades cada vez maiores de informação. A IBM trabalha em parceria com a Astron (Instituto Holandês de Radioastronomia) para desenvolver uma nova geração de tecnologia computadorizada para armazenar e processar os dados captados pelo Square Kilometre Array (SKA), radiotelescópio capaz de coletar diariamente o dobro de informações do total gerado atualmente em toda a World Wide Web.

Quase todas as iniciativas humanas que resultam em grandes quantidades de dados serão afetadas pelo uso das técnicas do Big Data. Em outras palavras, assim como psicólogos e filósofos procuram significados mais profundos no subconsciente humano, os supercomputadores de vanguarda conseguem identificar padrões significativos nos enormes volumes de dados coletados em uma base contínua, não só sobre a "internet das coisas" mas também por meio da análise de padrões no fluxo de informações trocadas entre as pessoas – incluindo bilhões de mensagens postadas todos os dias em redes sociais, como o Twitter e o Facebook.

Nos Estados Unidos, o Geological Survey desenvolveu o Twitter Earthquake Detector, sistema que se baseia nas mensagens postadas no Twitter para reunir e filtrar quase em tempo real as informações sobre os impactos e a localização de abalos sísmicos, em especial em regiões povoadas mas que contam com poucos instrumentos específicos. Em 2009, Ban Ki-moon, secretário-geral da ONU, lançou o programa Global Pulse, desenvolvido para analisar as comunicações digitais e, assim, detectar e interpretar os choques econômicos e sociais com mais rapidez. O ritmo com que as pessoas alocam dinheiro em suas contas de telefonia móvel, por exemplo, costuma ser um sinal de queda no nível de emprego, ao mesmo tempo em que a pesquisa online de preços dos alimentos pode ajudar a prever altas ou períodos de escassez. A busca recorrente na internet por termos como "gripe" e "cólera", por sua vez, talvez aponte para eventuais epidemias locais.

Profissionais do setor de inteligência vêm usando técnicas das análises do Big Data para detectar padrões em imensos fluxos de comunicação, a fim de identificar sinais de tensão social em países ou regiões com potencial de conflito. Algumas empresas utilizam técnicas semelhantes para analisar milhões de mensagens e tuítes, com o objetivo de prever as possibilidades de sucesso de um novo lançamento cinematográfico de Hollywood ou de Bollywood.

A DEMOCRACIA NA BALANÇA

Como sempre acontece, os aspectos relacionados aos negócios e à segurança dos países logo se adaptam ao surgimento de novas tecnologias. Mas o que acontece com a democracia? A expansão rápida e implacável da comunicação pela internet é um sinal de esperança para renovação da saúde da autogestão, em grande parte porque as características estruturais da web se assemelham também às que marcaram a revolução da chegada da imprensa: os indivíduos podem ter acesso com facilidade cada vez maior. Como aconteceu na era pós-Gutenberg, a qualidade de ideias transmitidas pela rede pode, pelo menos em parte, ser avaliada pelo número de pessoas envolvidas na repercussão. E quanto mais usuários encontrarem ressonância em expressões específicas, maior a atenção voltada para aqueles que tiverem a popularidade em alta.

A busca de conteúdo na internet também está ligada a uma significativa alta na leitura, um elo bem mais tênue com a explosão na alfabetização que se seguiu à criação da "galáxia de Gutenberg". Na realidade, a leitura sofreu um período de baixa depois da chegada da televisão, mas nos últimos 30 anos o índice triplicou – e isso porque o conteúdo predominante na internet está impresso em palavras.

Como a democracia vem enfrentando tempos difíceis – em muitas nações, a riqueza e o poder das corporações superam o interesse público, sem mencionar os países em que as decisões estão concentradas nas mãos dos ditadores –, um bom número de defensores da autodeterminação dos povos deposita suas esperanças na retomada de um discurso democrático consistente na era da internet.

Algumas mobilizações políticas recentes – como as manifestações na praça Tahrir, no Cairo, as iniciativas de Los Indignados, na Espanha, os protestos do Ocupy Wall Street, e as maciças demonstrações de descontentamento diante dos resultados eleitorais em Moscou – foram predominantemente viabilizadas pela internet. O Facebook e o Twitter tiveram papel importante em vários desses movimentos, além da troca de e-mails, mensagens de texto e mensagens instantâneas. No Bahrein, por exemplo, o Google Earth vem sendo utilizado para denunciar os excessos das elites, e a mesma ferramenta tecnológica serviu para os rebeldes de Misrata direcionarem seus morteiros durante a revolta na Líbia. O Google Earth também desencadeou uma disputa de fronteira e breve tensão armada entre dois países quando, por engano, incluiu uma pequena parte da Costa Rica no território da Nicarágua.

Até agora, porém, os movimentos reformistas e revolucionários que nasceram pela internet em geral exibiram o mesmo roteiro: entusiasmo e mobilização seguidos de decepção e resultados tímidos. Ainda não se sabe se essas iniciativas inspiradas na rede terão novo fôlego para, após um período de dormência, ressurgir e atingir seus objetivos.

Um dos primeiros movimentos revolucionários que tiveram a internet como estopim foi a chamada Revolução Açafrão, ocorrida em Mianmar, em 2007. Os ativistas correram riscos pessoais imensos para espalhar suas reivindicações por reformas democráticas: com nomes falsos, acessavam a web a partir de lan houses e "contrabandeavam" informações em pen drives despachados em segredo pela fronteira por colaboradores que viviam na Tailândia. O autoritário regime que comanda a antiga Birmânia conseguiu sufocar a revolta, mas só depois de tirar a internet de funcionamento em todo o país.

No entanto, a chama revolucionária acesa antes da derrubada da internet local continuou a arder no país e em outras partes do mundo, despertando consciências por conta dos abusos e injustiças do regime de Mianmar. Da mesma forma, muitos imigrantes, vários deles ricos e educados em nações ocidentais, encontraram na rede de computadores uma forma de promover e apoiar os movimentos de reforma em seu país natal. Alguns anos depois, o governo de Mianmar foi pressionado a abrandar a repressão política e libertar a líder do movimento reformista, Aung San Suu Kyi, até então em longa prisão domiciliar. Em março de 2012, Suu Kyi foi triunfalmente eleita para o Parlamento birmanês, um dos sinais de que o movimento popular que começara na internet havia renascido como força transformadora, com potencial para chegar ao poder.

Em muitos outros países sob governos autoritários, porém, a resistência férrea à reforma foi mais eficaz em conter os movimentos de protesto gerados pela World Wide Web. Em 2009, no Irã, a Revolução Verde surgiu de um protesto popular contra os resultados de uma eleição presidencial fraudulenta. Embora os simpatizantes do mundo ocidental tenham ficado com a impressão de que o Twitter exerceu papel essencial na eclosão e manutenção do movimento, na realidade as mídias sociais tiveram importância relativa dentro das fonteiras do país, uma vez que o governo iraniano, em grande parte, conseguiu controlar o uso da internet pelos manifestantes. Vídeos postados no YouTube de fato denunciaram os excessos do governo (em especial a trágica morte de Neda Agha-Soltan), mas os sites de mídia social mais úteis para o fortalecimento do protesto foram quase totalmente desativados. Durante a campanha eleitoral, quando o principal candidato da oposição, Mir-Hossein Moussavi, começou a ganhar força graças à mobilização ocorrida no Facebook, o governo simplesmente tirou o site do ar.

Para piorar, as forças de segurança do Irã mostraram ao mundo o que um governo autoritário mal-intencionado, com o conhecimento extraído das conexões na internet, pode infligir a seus cidadãos: o regime vasculhou a comunicação privada, identificou e rastreou opositores e sufocou qualquer resistência efetiva à autoridade ditatorial. O episódio serviu de alerta sobre como a falta de privacidade na rede pode, mais do que favorecer eventuais iniciativas de reforma, ampliar o poder do governo sobre a população.

A China tem colocado em prática as medidas mais sofisticadas de controle de conteúdos e do potencial de promoção de qualquer iniciativa reformista ou revolucionária: a "grande *firewall* da China" é o maior esforço de censura na internet do mundo atual, embora o Irã e a ditadura neoestalinista da Bielorrússia também se mostrem competidores à altura. A conexão da China à web é monopolizada pelas operadoras estatais, as quais seguem à risca um sistema de protocolos que efetivamente transforma a rede mundial em uma intranet nacional. Em 2010, até uma entrevista com o então primeiro-ministro Wen Jiabao, na qual ele defendia algumas reformas, foi censurada e mantida fora do acesso da população.

Em 2006, o projeto chinês de controlar o conteúdo da internet bateu de frente com os princípios do maior mecanismo de busca do mundo, o Google. Na condição de participante das deliberações da empresa na época, pude verificar como as opções eram restritas. Depois de procurar formas de conciliar o compromisso com a plena abertura de informações com a determinação do governo da China em bloquear todo e qualquer conteúdo considerado censurável, o Google decidiu se retirar e movimentar seu site a partir de Hong Kong, onde o nível de liberdade é maior, apesar das restrições impostas por Pequim. O Facebook nunca pôde operar na China. Em 2012, Sergey Brin, cofundador do Google, revelou que o país foi bem mais eficiente do que se imaginava em seu empenho pelo controle da internet. "Pensei que não havia maneira de colocar o gênio de volta na garrafa, mas agora ficou claro que, em alguns países, ele já foi preso lá dentro", declarou.

O famoso artista chinês Ai Weiwei apresenta um ponto de vista diferente: "Não é possível viver com as consequências disso... Não há esperanças de conseguir controlar a internet". A China reúne o maior número de usuários em todo o mundo – mais de 500 milhões de pessoas, ou 40% da população. A maioria dos estudiosos acredita que é apenas questão de tempo para que um debate mais amplo (mesmo sobre questões consideradas críticas pelo Partido Comunista) se torne incontornável dentro da China. Vários líderes reconheceram a importância de usar a internet para responder às controvérsias públicas. Na Rússia, o ex-presidente Dmitri Medvedev também sentiu a pressão para se envolver pessoalmente no assunto da rede mundial de computadores.

Conforme o papel desempenhado pela internet (e pelos aparelhos ligados a ela) se torna mais intenso e generalizado, os governos autoritários tendem a encontrar mais dificuldades para manter o controle. O início da Primavera Árabe, na Tunísia, ocorreu em parte porque quatro em cada dez tunisianos tinham acesso à rede, e quase 20% estavam no Facebook (80% dos usuários do site de relacionamento social no país tinham menos de 30 anos).

Assim, embora a Tunísia tenha sido citada pela organização Repórteres sem Fronteiras como um país onde vigora a censura à web, a revolução (em grande parte não violenta) ganhou impulso com velocidade surpreendente, e o acesso generalizado à internet dentro do território tunisiano dificultou a iniciativa do governo de controlar a expansão digital da insatisfação popular. O manifestante que incendiou a própria roupa, Mohamed Bouazizi, não fez nada inédito, mas foi o primeiro a *ser filmado* fazendo esse tipo de protesto. Os downloads das chocantes imagens deram início à Primavera Árabe.

Na Arábia Saudita, o Twitter tem facilitado as críticas ao governo e até à família real. Como em 2012 o número de tuítes aumentou mais nesse país do que em qualquer outro, Faisal Abdullah, um advogado de 31 anos, declarou ao *New York Times*: "Para nós, o Twitter é como um parlamento, mas não o tipo de parlamento que existe por aqui. É um parlamento de verdade, no qual pessoas de todas as opiniões políticas se encontram e podem debater com liberdade".

No entanto, especialistas ressaltam que é preciso olhar com cuidado para a interação da internet com outros elementos da Primavera Árabe, entre eles alguns fatores que exerceram tanta importância quanto a rede mundial de computadores para a explosão desse movimento sociopolítico. A combinação de dados como crescimento demográfico, aumento da população jovem, estagnação econômica e elevação nos preços dos alimentos criou as condições para o levante. Quando os governos da região acenaram com reformas políticas e econômicas para, em seguida, recuar nas promessas, a frustração chegou ao ponto de ebulição.

Para muitos estudiosos, o fato crucial para a gestação da Primavera Árabe ocorreu em 1996, com a introdução do relativamente independente canal de televisão por satélite Al Jazira. Em seguida, vieram cerca de 700 outros canais, facilmente captados com antenas de baixo custo – mesmo em países onde a transmissão era considerada ilegal. Vários governos tentaram controlar a proliferação das parabólicas, mas o resultado foi uma discussão política intensa, inclusive sobre temas até então nunca debatidos abertamente. Quando a Primavera Árabe eclodiu na praça Tahrir, no Cairo, tanto *o acesso à televisão* fechada quanto a *conexão à internet* haviam se espalhado por todo o Egito e região. Sociólogos e cientistas políticos não conseguiram aferir com precisão a influência dessas duas novas mídias eletrônicas na eclosão e fomento da Primavera Árabe, mas a maioria concorda que a Al Jazira e seus pares exerceram papel decisivo. Em 2004, quando o então presidente egípcio Hosni Mubarak fez uma visita à sede da Al Jazira, no Catar, disse: "Tantos problemas saindo desta caixinha de fósforos?" Talvez tanto a televisão quanto a internet tenham sido essenciais, mas não o bastante para, sozinhas, deflagrarem tamanha mobilização.

Assim como a Tunísia, o Egito enfrentou dificuldades para interromper o acesso à internet, do modo como fizeram os governos do Irã e de Mianmar. Em 2011, a disseminação era tamanha que, quando o governo bloqueou o acesso à rede, a reação popular acirrou ainda mais a revolta. A persistência dos manifestantes finalmente levou Mubarak a deixar o comando do país, mas a coesão perdeu força ao longo da disputa política que se desenvolveu em seguida.

Para alguns analistas, entre eles Malcolm Gladwell, as articulações feitas online são essencialmente fracas e muitas vezes temporárias, porque não garantem o envolvimento mais efetivo que se forma quando os movimentos de massa dependem de encontros presenciais. No Egito, por exemplo, as multidões da praça Tahrir na verdade representavam uma pequena parte da enorme população do país – e muitos moradores de outros locais, embora apoiassem os protestos ao regime, não entraram em acordo com os manifestantes na hora de formar um novo consenso político sobre o tipo de governo que deveria suceder Mubarak. Os militares egípcios não demoraram para assumir o comando e, nas eleições seguintes, forças islâmicas deram as cartas no estabelecimento de um novo regime, com base em princípios bem diferentes daqueles defendidos pela maioria dos manifestantes que, mobilizados pela internet, haviam tomado a famosa praça.

Não só no Egito, mas também na Líbia, Síria, Bahrein, Iêmen e em outros países, entre eles o Irã, ocorreu fenômeno similar: um movimento reformista emergente, alimentado por uma nova consciência política coletiva nascida na internet, propulsionou a mudança mas não conseguiu consolidar a vitória. As forças contrarrevolucionárias apertaram o cerco sobre os meios de comunicação e recuperaram a hegemonia.

A trajetória peculiar da tecnologia das comunicações no Oriente Médio e no norte da África constitui uma das explicações para o fracasso na consolidação dos avanços reivindicados pelos reformistas. A conscientização política que se seguiu à revolução iniciada com a disseminação da imprensa na Europa e, mais tarde, na América do Norte, não atingiu o Oriente Médio e o norte da África, pois o Império Otomano proibiu a circulação de veículos impressos entre os povos de língua árabe. A medida contribuiu para o isolamento dos territórios otomanos, que ficaram à margem dos rápidos progressos, inclusive científicos, desencadeados na Europa pela disseminação da imprensa. Dois séculos depois, quando os muçulmanos árabes fizeram a histórica pergunta "O que deu errado?", parte da resposta estava no fato de que haviam se privado dos frutos decorrentes da revolução impressa.

Em consequência, as instituições que surgiram no Ocidente para dar forma à democracia representativa nunca se concretizaram no Oriente Médio. Por isso, séculos mais tarde a nova consciência política nascida na internet não pôde ser *incorporada* com facilidade às estruturas formais para governar de acordo com os princípios articulados pelos reformadores. Por outro lado, as forças do autoritarismo tiveram facilidade para encarnar o desejo de controlar a sociedade e a economia por meio das instituições já existentes – entre elas os militares, a polícia nacional e a burocracia herdada do regime despótico.

Outros analistas associaram o fracasso subsequente às manifestações na praça Tahrir ao chamado "tecno-otimismo", fenômeno no qual o entusiasmo por uma nova tecnologia vem carregado de esperanças irreais, desconsiderando o fato de que todos os avanços tecnológicos podem ser direcionados para o bem e para o mal, dependendo de quem se apropria deles e do uso que lhes é atribuído. A internet está à disposição dos reformistas, mas também daqueles que se opõem às mudanças. Ainda assim, a excitante promessa de reformas – na criação de bens públicos e, o que é mais importante, na revitalização da economia – embutida na internet continua a inspirar os defensores da liberdade, justamente porque viabiliza e estimula o surgimento de uma nova consciência coletiva, de um ambiente em que as pessoas possam ter contato com novas ideias, expressar opiniões e participar de um diálogo político em rápida evolução.

Esse otimismo também é reforçado pelo fato de que alguns serviços oferecidos pelos governos aos cidadãos resultam em melhorias dramáticas na capacidade de transferir informações importantes sobre a internet e promover uma comunicação realmente produtiva (e de mão dupla) com os cidadãos. Alguns países, com destaque para a Estônia, chegaram a apostar na votação pela internet em eleições e referendos. Na Letônia, já foram aprovadas duas leis sugeridas pelos cidadãos por meio de um site governamental aberto à participação popular. Qualquer proposta que conte com o apoio de mais de 10 mil pessoas segue diretamente para apreciação do legislativo. Além disso, muitas cidades se valem das estatísticas feitas por computadores para direcionar com mais precisão os investimentos públicos e alcançar níveis mais altos de qualidade nos serviços. Ativistas defensores de práticas democráticas apoiadas na internet, como o professor da Universidade de Nova York, Clay Shirky, propuseram formas criativas de usar softwares livres (*open source*) para mobilizar os cidadãos em torno de diálogos e discussões produtivas sobre leis e planos de governo.

Nos países ocidentais, no entanto, o potencial para movimentos reformistas com base na internet é bastante reduzido. Mesmo nos Estados Unidos, apesar das esperanças de que a web contribuísse para revigorar a democracia, até agora isso não aconteceu. Para entender os motivos, temos de avaliar o impacto da internet sobre a consciência política no contexto mais amplo da relação histórica entre os meios de comunicação e o poder – com destaque para processo de deslocamento de influência da mídia impressa para a televisão, poderoso meio de comunicação de massa.

Na política de muitos países, entre eles os Estados Unidos, nos vemos temporariamente estacionados em uma transição bastante lenta entre a era da televisão e a era da internet. A televisão ainda é, de longe, o meio de comunicação dominante no mundo moderno. Ainda há muito mais espectadores assistindo a vídeos da web na TV do que nos monitores de computador. As limitações de largura de banda que impedem uma boa qualidade de vídeo, no entanto, vão se abrandar e, segundo o romancista William Gibson, a televisão "terá de se adequar ao reino digital". Mas até isso acontecer, a televisão (aberta, a cabo e por satélite) continuará ocupando o espaço de principal "praça pública". Em consequência, por algum tempo tanto os candidatos da política tradicional quanto os líderes de movimentos reformistas ainda terão de recorrer a essa mídia para se comunicar com as massas.

Bem antes da revolução deflagrada pela internet e pelo computador, a introdução de meios eletrônicos já tinha começado a transformar um mundo até então moldado pela mídia impressa. No período de uma única geração, a televisão ultrapassou a imprensa e se tornou a mais influente mídia de comunicação de massa. Mesmo hoje, com a internet ainda nos primeiros passos, os norte-americanos gastam mais horas vendo televisão do que em qualquer outra atividade, com exceção do tempo dedicado ao sono e ao trabalho. Em média, assistem a cinco horas de transmissão por dia – o que explica por que um candidato a deputado ou senador investe 80% de seu fundo de campanha em propagandas com 30 segundos de duração na TV.

Para compreender as consequências do predomínio da TV em um regime democrático, é preciso levar em conta as diferenças significativas entre os ecossistemas de informações da imprensa escrita e da televisão. Em primeiro lugar, o acesso à "praça pública" virtual criada após a disseminação da imprensa era extremamente barato: Thomas Paine podia sair caminhando da porta de sua casa pelas ruas da Filadélfia e encontrar várias oficinas gráficas de baixo custo aptas a imprimir seus escritos.

O acesso à "praça pública" criada pela televisão, no entanto, custou bem mais caro. O pequeno grupo de corporações que controla aquilo que será exibido para as massas está mais consolidado do que antes, e ainda cobra preços exorbitantes pelo acesso. Se Thomas Paine se dirigisse hoje à estação de TV mais próxima e tentasse transmitir uma versão televisiva de sua obra *Senso comum*, seria alvo de chacota – a não ser, claro, que se dispusesse a pagar uma pequena fortuna. Por outro lado, várias horas da programação semanal televisiva são ocupadas por profissionais de mídia pagos para difundir opiniões e comentários que só fazem refletir e disseminar a filosofia política das corporações controladoras da maioria das redes de TV.

Enquanto a televisão comercial dominar o debate político, os candidatos vão julgar imprescindível arrecadar somas de dinheiro cada vez mais vultosas entre indivíduos, empresas e financiadores com interesses específicos, a fim de comprar acesso à "praça pública" mais importante de uma sociedade, em que os eleitores passam a maior parte de seu tempo de olho na tela. Graças a esse mecanismo, no que se refere à tomada de decisões na democracia norte-americana, consolidou-se a obscena dominação de um mesmo grupo de contribuintes abastados, em especial os lobbies das grandes empresas. Algumas decisões recentes tomadas pela Suprema Corte dos Estados Unidos, com destaque para o caso Citizens United, derrubaram antigas restrições ao uso de recursos de organizações para apoiar candidatos – o que aponta para uma tendência destrutiva, com mais chances de piorar o sistema político do que melhorá-lo. Em certo sentido, trata-se de um golpe de estado corporativo em *slow-motion*, que ameaça destruir a integridade e o funcionamento da democracia norte-americana.

Embora os sistemas políticos e regimes legais dos países variem muito, os papéis relativos exercidos pela televisão e pela internet são surpreendentemente parecidos. É claro que tanto na China como na Rússia a televisão encontra-se bem mais controlada do que a internet. Na "democracia Potemkin" construída na Rússia de Vladimir Putin, o governo optou por tolerar uma liberdade de expressão mais robusta na internet do que na televisão. Mikhail Kasyanov, um dos primeiros-ministros da gestão de Putin (e que teve sua candidatura à presidência impugnada quando concorria com Dmitri Medvedev, sucessor escolhido a dedo por Putin), revelou que, no período em que atuou como premiê, recebeu instruções claras para dar pouca importância à rede mundial de computadores, desde que o conteúdo veiculado pela televisão russa permanecesse sob rígido controle.

Quatro anos depois, na primavera de 2012, o movimento impulsionado pela internet de denúncia do processo obviamente fraudulento que marcou o primeiro turno das eleições (vencidas por Putin, como esperado), um analista russo comentou: "Chegam os idosos, um atrás do outro, e votam em um só candidato: Putin. Por que votam em Putin? Assista à TV. Há apenas um rosto: Putin". De fato, um dos diversos motivos para o domínio da televisão no cenário político médio de quase todos os países é que, em geral, os mais velhos fazem questão de votar, e esse grupo da população assiste a mais horas de programação televisiva do que qualquer outra faixa etária. Nos Estados Unidos, maiores de 65 anos passam, em média, sete horas por dia diante da TV.

Em muitas nações, instituições essenciais para o surgimento e a sobrevivência da democracia, como a imprensa, também foram muito afetadas pela transformação histórica na tecnologia da comunicação. Os jornais enfrentaram dificuldades imensas, pois estavam acostumados a somar as receitas vinda das assinaturas, da venda de anúncios e dos classificados para pagar não só a impressão e a distribuição dos periódicos, mas também os salários dos repórteres, editores e demais profissionais envolvidos. Com a introdução da televisão e, particularmente, o lançamento dos noticiários de veiculação diária, os jornais impressos vespertinos – que, nas grandes cidades, as pessoas compravam ao voltar do trabalho para casa – foram os primeiros a sair de circulação. A perda cada vez maior de anunciantes para a televisão e o rádio também atingiu os jornais matutinos. Quando os classificados migraram em massa para a internet e a ampla oferta de notícias online levou muitos leitores a abandonar suas assinaturas, os matutinos também começaram a ir à falência.

Por fim, o jornalismo baseado na internet deve começar a prosperar. Nos Estados Unidos, as notícias digitais já atingem mais pessoas do que jornais ou rádios. Porém, ao menos até agora, uma alta porcentagem do material jornalístico de qualidade disponível na internet ainda deriva do reaproveitamento de artigos produzidos originalmente para publicações impressas. Existem ainda poucos modelos de negócios de jornalismo surgidos na internet capazes de gerar uma receita suficiente para bancar os salários de profissionais do jornalismo investigativo, essencial para fazer cobranças e garantir a prestação de contas em uma democracia.

Assim como o jornalismo, que foi essencial para sua consolidação, a democracia se encontra estagnada nessa era de transição estranha e perigosa, que se situa entre o declínio da imprensa escrita e a maturação ainda incipiente de um discurso democrático efetivo na internet. Reformadores e defensores do interesse público se conectam cada vez mais pela rede, buscando maneiras efetivas de quebrar o transe quase hipnótico que mantém as pessoas ligadas dia e noite na permanente, sedutora, cara e ricamente produzida programação da TV.

Quase toda essa programação dissemina mensagens perfeitas e atraentes, projetadas para vender produtos e pautadas por questões corporativas transformadas em publicidade a fim de reforçar uma agenda política. Sobretudo nos Estados Unidos, nos anos eleitorais os telespectadores também recebem uma avalanche de propagandas de candidatos que, mais uma vez em decorrência do custo de aparecer na televisão, permanecem sob pressão constante de doadores ricos e poderosos, que querem fazer prevalecer seus próprios interesses – como se pode esperar, muito bem alinhados com a agenda da publicidade corporativa.

Questões de interesse público – como a educação, a saúde, a proteção ao meio ambiente, a segurança pública e a autogovernança – ainda não se beneficiaram dos avanços da era digital da mesma forma que as questões de interesse privado. O poder movido pelos lucros tem sido mais eficaz na exploração das oportunidades do universo digital. Em contraste, a capacidade das pessoas de insistir na adoção de modelos digitais novos e eficientes para a geração de bens públicos tem sido bastante prejudicada pela esclerose dos sistemas democráticos ao longo desse período de transição, no qual a democracia digital busca se consolidar.

EDUCAÇÃO E SAÚDE EM UM NOVO MUNDO

A crise na educação pública é um caso específico. Nossa civilização mal começou o indispensável processo de adaptação das escolas para a imensa mudança na nossa relação com o mundo do conhecimento. A educação ainda se baseia sobretudo na memorização de fatos importantes.

Porém, em um mundo onde todos os fatos estão ao alcance de nossos dedos, podemos nos dar ao luxo de dedicar mais tempo ao ensino das habilidades necessárias não só para aprender fatos, mas também para fazer as conexões entre eles, avaliar a qualidade da informação, identificar tendências e nos concentrar na busca de significados mais profundos. Os alunos, acostumados com a rica e envolvente experiência da televisão, dos videogames e das mídias sociais, com frequência veem a rotina de sentar-se diante de uma lousa com anotações feitas a giz como a parte menos interessante de seu dia.

Há um grande potencial para o desenvolvimento de um novo currículo escolar, com o uso de e-books lidos em tablets e de pesquisas baseadas em cursos online colaborativos, imersivos e vivenciais. O novo livro digital de E. O. Wilson, *Life on Earth*, constitui um ótimo exemplo do que o futuro pode nos trazer. No ensino superior, surgiu uma nova geração de empreendimentos educacionais – Coursera, Udacity, Minerva e EDX, entre outros – que já começam a revolucionar e globalizar a instrução universitária de alto nível. Em sua maioria, os cursos são abertos a todos e gratuitos.

A hemorragia das receitas dos governos em níveis municipais, estaduais e nacional – em parte decorrente das perdas salariais e do constante subemprego associados aos processos de *outsourcing* e *robosourcing* que atingem a Terra S.A., além da queda do valor dos imóveis na sequência da crise econômica mundial (consequência, entre outros fatores, dos títulos subprime administrados por computadores) – tem resultado no corte drástico nos orçamentos da educação pública, justamente no momento em que as reformas se fazem mais necessárias. Além disso, o envelhecimento da população dos países avançados e o declínio do percentual de pais de crianças em idade escolar têm fragilizado o poder político de quem defende os investimentos em educação.

Mesmo com a diminuição dos recursos públicos para a educação, vários professores e diretores criativos encontraram formas de adaptar seus recursos e rotinas à era digital. A Khan Academy, por exemplo, representa um avanço empolgante e inovador que vem beneficiando muitos alunos. No entanto, no caso de disciplinas como o jornalismo ainda não surgiu uma proposta consistente e com apelo suficiente para substituir o modelo antigo, que já não atende aos padrões necessários. Algumas lucrativas iniciativas online, como a University of Phoenix e a Argosy University Online, parecem ter se aproveitado da alta demanda de instrução universitária pela internet, mas sem cumprir suas responsabilidades para com os alunos que pagam as mensalidades. Uma outra instituição online, a Trinity Southern University, conferiu um diploma de administração de empresas para um gato chamado Colby Nolan, que por acaso pertencia a um advogado. Processada, a escola fechou as portas.

Assim como ocorre com a educação, a área da saúde tem dificuldades de se adaptar às novas oportunidades oferecidas pelo universo digital. O setor continua dominado por problemas como intervenções médicas tardias, pagamento de procedimentos e as ridiculamente caras mensalidades cobradas por seguradoras e planos de saúde. Ainda não descobrimos o potencial de smartphones e monitores de saúde digitais específicos para rastrear os pacientes e permitir intervenções em momentos oportunos do ponto de vista médico e econômico, evitando o desenvolvimento de doenças crônicas, responsáveis pela maior parte dos tratamentos.

Estratégias mais sofisticadas, baseadas em dados genômicos e proteômicos de cada indivíduo, poderiam melhorar os resultados da saúde de forma dramática, e a um custo muito menor. Estratégias epidemiológicas – como o monitoramento das buscas na internet pelos sintomas da gripe, por exemplo – começam a melhorar a alocação e o uso dos recursos da saúde pública. Apesar das experiências interessantes nessas e em outras áreas, até hoje não houve pressão pública específica ou iniciativa política consistente para implementar uma nova e abrangente estratégia de saúde capaz de aproveitar as possíveis contribuições da internet. Algumas companhias de seguros começaram a usar técnicas de *data mining* para vasculhar mídias sociais e bases de dados de empresas de marketing, com o objetivo de melhorar a avaliação dos riscos de vender um seguro de vida para pessoas de determinados perfis. Pelo menos duas seguradoras norte-americanas consideram esse levantamento confiável a ponto de dispensar dos exames médicos os clientes cujos dados apontam um perfil de baixo risco.

O ENIGMA DA SEGURANÇA

Com tamanho potencial da internet para melhorar a vida das pessoas, por que até agora os resultados têm sido tão confusos? Talvez por causa da natureza humana, é comum enfatizarmos os impactos positivos de qualquer nova tecnologia importante quando ela entra em uso pela primeira vez. Também é comum, infelizmente, dar pouca atenção aos riscos de novas tecnologias e subestimar os efeitos colaterais inesperados.

A história nos ensina, porém, que *qualquer* invento – e isso inclui a poderosa rede mundial de computadores – pode e tende a ser usada tanto para o bem quanto para o mal. Embora esteja mudando nossa forma de organizar o pensamento, e alterando a maneira como organizamos nossas relações uns com os outros, a internet não tem poder para modificar a natureza humana essencial. Por isso, a antiga luta entre a ordem e o caos (e até entre o bem e o mal) continua sendo travada sob outras características.

Há mais de quatro séculos, quando a enxurrada de informações iniciada pelo surgimento da imprensa estava apenas no começo, surgiu a lenda do doutor Fausto. Alguns historiadores acreditam que o personagem tenha sido inspirado no investidor e parceiro de negócios de Gutenberg, Johann Fust, acusado de bruxaria na França por usar um processo aparentemente mágico para reproduzir com perfeição milhares de cópias de um único original.

Na lenda de Fausto, que circulou sob diferentes formas ao longo dos séculos, o protagonista faz um pacto com o diabo e troca sua alma por "conhecimento ilimitado e prazeres terrenos". Desde então, com a aceleração da revolução científica e tecnológica, muitas novas descobertas, como a energia nuclear e o uso das células-tronco, entre outras, têm sido chamadas de "barganhas faustianas". Trata-se de um eufemismo para o preço do poder, em geral impossível de ser totalmente avaliado quando a negociação começa.

Nos dias atuais, quando tentamos adaptar nossos processos de pensamento ao uso da internet (e aos aparelhos e bases de dados ligados a ela), como uma extensão de nossas mentes, entramos em uma espécie de "ciberbarganha faustiana" – na qual obtemos "conhecimento ilimitado e prazeres terrenos" ofertados pela novidade. No entanto, se não conseguirmos aperfeiçoar os mecanismos de proteção da privacidade e da segurança, colocaremos em risco valores bem mais preciosos do que a riqueza mundial.

Para as pessoas, os benefícios desse acordo – o poder de acessar e processar informações em qualquer lugar e a qualquer momento, além de um grande aumento na capacidade de se comunicar e colaborar com os outros – são bastante sedutores. Porém, o preço pago em troca desses "ganhos" incalculáveis é a significativa perda do controle sobre a segurança e a privacidade dos pensamentos e das informações que transmitimos por meio desse imenso sistema nervoso. Dois conceitos que foram incorporados ao nosso vocabulário – o "fim das distâncias" e a "extinção da privacidade"

– são bastante relacionados entre si. Em sua maioria, os usuários da internet são rastreados por sites que, em seguida, vendem suas informações pessoais. Os governos podem ler e-mails particulares sem pedido de autorização, mandado oficial ou notificação. Como se fosse pouco, a prática do hacking tornou-se fácil e generalizada.

Governos e empresas fazem a mesma ciberbarganha faustiana. Como acontece com as pessoas, essas instituições apenas começam a reconhecer a magnitude da cibersegurança, que, aparentemente, precisa de monitoramento ininterrupto. Para ser claro, praticamente ninguém discute o quanto se ganha em termos de eficiência, capacidade, produtividade e conveniência com a revolucionária mudança na arquitetura da economia da informação. O que ainda não está claro é como o mundo pode resolver, ou pelo menos administrar, as grandes ameaças à segurança e à privacidade que acompanham essa transformação.

Empresas de internet e de softwares também participam da mesma ciberbarganha, por meio da histórica transferência maciça de programas, bases de dados e serviços dos computadores para a "nuvem", o que equivale a utilizar a internet (além de servidores remotos e bancos de dados conectados a ela) como uma extensão da memória, dos softwares e da capacidade de processamento até então contidos fisicamente dentro dos computadores. A crescente dependência da nuvem vem criando potenciais "pontos de engarrafamento" que podem afetar a segurança dos dados e a confiabilidade dos serviços. No final de 2012, várias empresas norte-americanas que atuam na internet e dependem dos serviços na nuvem foram abaladas quando a central de dados da Amazon, na Virgínia, enfrentou problemas técnicos.

A histórica transformação do mundo ante os desafios da internet nos confronta com uma série de dilemas decorrentes da criação de um sistema nervoso de alcance planetário, que liga todos os indivíduos a um "cérebro global". Alguns desses desafios surgiram porque hoje reconhecemos e valorizamos a informação digital como o recurso mais importante do século 21.

Ao contrário do que acontece quando o objeto de valorização é a terra, o minério de ferro, o petróleo ou o dinheiro, a informação é um recurso que uma pessoa pode vender ou dar de presente sem se desfazer dela. Seu valor muitas vezes cresce de acordo com o número de pessoas que a compartilham, mas também pode despencar quando o proprietário inicial perde a exclusividade. A ideia central dos processos de patentes e das leis de proteção aos direitos autorais é resolver essa tensão e promover o maior bem para o maior número de pessoas, de acordo com os princípios de justiça e igualdade. O inventor de um novo algoritmo ou o descobridor de um novo princípio de eletromagnetismo deve ser recompensado (em parte, para incentivar outros pesquisadores a perseguir avanços semelhantes), mas a sociedade como um todo também merece se beneficiar com a ampla aplicação dessas novas descobertas.

Esta tensão inerente agravou-se com o advento da internet. Stewart Brand, escritor norte-americano que se dedicou a pensar sobre a tecnologia, teria declarado logo no início da era digital que "as informações querem ser livres". Mas o que ele afirmou de fato foi: "Por um lado, a informação quer ser cara, porque é muito valiosa; por outro, quer ser livre, porque o custo para obtê-la se reduz cada vez mais, o tempo todo. O resultado é um conflito de forças".

Como a informação digital tornou-se estratégica para as operações da Terra S.A., testemunhamos um combate global envolvendo o futuro da internet, com frentes de batalha que atingem os mundos da política e da energia, do comércio e da indústria, da arte e da cultura, da ciência e da tecnologia. O conflito se estabelece:

- entre pessoas que querem a informação livre e os que desejam controlá-la ou trocá-la por riqueza ou poder;
- entre quem quer que as pessoas sejam livres e os que desejam controlar suas vidas;
- entre indivíduos que partilham informações privadas gratuitamente nas redes sociais e outros que usam esses dados para fins escusos e às vezes prejudiciais;
- entre empresas que atuam na internet coletando quantidades imensas de informações sobre seus clientes e consumidores que querem manter sua privacidade preservada;
- entre os centros de poder que ocupavam posições privilegiadas na antiga ordem (e agora perdem força) e os novos núcleos que procuram um lugar na realidade que começa a despontar;
- entre ativistas (e "hacktivistas") que reivindicam transparência e governos e empresas que insistem na confidencialidade;
- entre empresas com modelos de negócios dependentes da capacidade de proteger a propriedade intelectual armazenada nos computadores ligados à internet e seus concorrentes, que tentam se apossar desses dados usando outros computadores também conectados à rede;

- entre tentativas criminosas de explorar novos alvos nos ricos fluxos de informação na internet e os órgãos de aplicação das lei, cuja estratégia para combater o cibercrime às vezes ameaça destruir as fronteiras históricas (e conquistadas a duras penas) que protegem indivíduos de eventuais invasões de governos sobre o domínio privado.

A complexa transição do mundo para a era da internet se torna ainda mais preocupante porque todos esses conflitos acontecem ao mesmo tempo e na mesma rede de computadores usada por todas as pessoas. Por conta disso, as soluções propostas para uma parte dos problemas com frequência não são viáveis, uma vez que afetam os esforços feitos para resolver outras questões.

Reivindicar medidas que eliminem o anonimato na internet em nome da segurança cibernética e do combate aos crimes na rede constitui uma ameaça grave para os dissidentes de regimes autoritários, que precisam agir protegidos à sombra da privacidade ao propor reformas e ao se conectar com outras pessoas interessadas em mudar seus governos. Da mesma forma, o sonho revolucionário de que a internet global inevitavelmente resultará em mais liberdade para os indivíduos (não importa onde vivam) fortalece o medo nos corações de governantes despóticos.

Mesmo nos países livres, ativistas que divulgam informações até então mantidas em sigilo pelos governos muitas vezes fornecem a justificativa para a adoção de medidas intrusivas, criadas para ampliar o acesso a informações particulares dos cidadãos. Quando o Wikileaks (organização comandada por um australiano radicado na Suécia e com servidores baseados em territórios suecos, islandeses e muito possivelmente em outros locais) divulgou informações roubadas do governo norte-americano, a repressão subsequente provocou a ira de outros hacktivistas, que invadiram sites de empresas e de governos em várias partes do mundo.

Como a internet ultrapassa as fronteiras dos países, fica mais difícil para os estados-nação administrar tais conflitos, uma vez que suas leis e seus regulamentos refletem valores nacionais (ou, pelo menos, os valores do governo no poder). Grupos independentes de "hacktivistas" conseguiram invadir os sites do FBI, da CIA, do Senado norte-americano, do Pentágono, do Fundo Monetário Internacional, do Vaticano, da Interpol, do governo do Reino Unido, do Ministério da Justiça britânico e até da Nasa (inclusive o software da estação espacial que estava em órbita foi "hackeado"). Quando o FBI e a Scotland Yard organizaram uma teleconferência para discutir a reação aos ataques, os hackers gravaram a transmissão e a disponibilizaram na rede.

A imensa dificuldade em garantir a segurança cibernética ficou explícita quando a EMC – empresa de tecnologia de segurança que tem como clientes a National Security Agency (NSA), a CIA, o Pentágono, a Casa Branca e o Departamento de Segurança Interna norte-americano, entre outros – foi ela mesma vítima de um ataque cibernético, a princípio vindo da China. O sistema da EMC era considerado avançadíssimo na proteção de computadores ligados à internet, o que explica seu prestígio como fornecedora de serviços para instituições tão preocupadas em proteger dados digitais. Ninguém sabe quantas informações confidenciais foram roubadas no episódio, mas o ataque sem dúvida representou um sério alerta.

Em 2010, o secretário da Defesa dos Estados Unidos, Robert Gates, definiu o ciberespaço como o "quinto domínio" para um potencial conflito militar, ao lado da terra, do mar, do ar e do espaço. Em 2012, o contra-almirante Samuel Cox, diretor de inteligência do Cibercomando dos Estados Unidos (criado em 2009), declarou que hoje assistimos a uma "corrida armamentista cibernética global". Outros especialistas notaram que, na atual fase do desenvolvimento da tecnologia cibernética, quem ataca está em posição mais vantajosa do que quem se defende.

A proteção do sigilo de comunicações consideradas importantes sempre envolveu esforços. A primeira menção ao tema foi feita por Heródoto, o "pai da história", na descrição de uma "escrita secreta" que o estudioso definiu como essencial para a vitória grega na batalha das Termópilas, evento que impediu a conquista da Grécia pelos persas. Um grego que vivia na Pérsia, Demarato, testemunhou os preparativos daquilo que o líder persa Xerxes acreditava que seria uma invasão surpresa e enviou um alerta elaboradamente escondido para Esparta. Mais tarde, na mesma guerra, um comandante grego escreveu uma mensagem na cabeça raspada de um mensageiro e esperou que seus cabelos crescessem antes de despachá-lo para o destinatário. Desde o uso de "tinta invisível" na Idade Média até o emprego da máquina Enigma na Alemanha nazista durante Segunda Guerra Mundial, a criptografia em suas diversas formas foi várias vezes considerada crucial para a sobrevivência das nações.

A própria velocidade de disseminação da internet impôs dificuldades para que seus criadores reparassem a falta de uma criptografia realmente segura, fato que eles mesmos reconheceram como um problema estrutural logo nos primeiros dias de existência da rede. Segundo Vint Cerf*, "o sistema como que se perdeu".

Teoricamente, é possível desenvolver proteções novas e mais eficientes para a segurança dos fluxos de dados na rede, e muitos engenheiros e cientistas da informação se dedicam à solução do problema. No entanto, a rapidez com a qual a Terra S.A. se adaptou e encontrou usos na internet tornou o comércio e a indústria tão dependentes da atual configuração que qualquer esforço para mudar essa estrutura certamente esbarraria em grandes dificuldades. O fato de bilhões de pessoas terem adaptado suas vidas cotidianas ao uso constante da rede também criaria dificuldades para qualquer tentativa de alteração na arquitetura que conhecemos hoje.

A McKinsey, firma internacional de consultoria empresarial, realizou um estudo no qual apontou quatro tendências que convergem para fazer da segurança cibernética uma questão preocupante:

- O valor continua a migrar para a realidade online e os dados digitais se tornaram ainda mais onipresentes.
- Espera-se que as empresas sejam mais "abertas" do que antes.
- As redes de fornecimento estão cada vez mais interconectadas.
- Os grupos de hackers ganham cada vez mais sofisticação.

* Em 1969, o mundo conheceu um ancestral da internet: no dia 29 de outubro, ocorreu a primeira comunicação a longa distância entre computadores – no caso, entre a Universidade da Califórnia e o Stanford Research Institute, em Menlo Park. Em seguida, o Departamento de Defesa dos Estados Unidos desenvolveu a Arpanet, a fim de garantir a comunicação constante entre unidades militares e o contato com as centrais de mísseis intercontinentais, no período em que a humanidade temia um confronto nuclear entre norte-americanos e a União Soviética. Porém a primeira descrição de uma "internet" baseada no protocolo TCP/IP surgiu em um estudo de maio de 1974, feito por Vint Cerf e Bob Kahn, e a primeira demonstração envolvendo três redes ocorreu em 22 de novembro de 1977. O lançamento oficial da internet aconteceu em 1º de janeiro de 1983. O financiamento público de uma rede de demonstração ligando os supercomputadores (a National Research and Education Network) repetiu o padrão observado na década de 1840, quando uma apresentação pública do invento de Samuel Morse, o telégrafo, permitiu a transmissão de uma mensagem entre Washington e Baltimore: "Que obra fez Deus?". Na verdade, Morse havia recebido a primeira mensagem sete anos antes, em uma distância de quase 5 quilômetros, em Nova Jersey, com um conteúdo bem menos memorável: "Quem espera com paciência nunca perde". Surgia a era da comunicação "instantânea" e eletrônica. Cinco dias depois, a primeira demonstração pública do telégrafo operou a mesma linha de 3,2 quilômetros diante de uma plateia reduzida e apresentou uma mensagem que revelou o valor da invenção para o mundo dos negócios: "O trem acabou de chegar, 345 passageiros". No dia 24 de maio de 1876, menos de 32 anos após a primeira demonstração pública do telégrafo, Alexander Graham Bell comprovou a possibilidade da comunicação sonora por meio de cabos ao transmitir sua mensagem telefônica, que dizia: "Senhor Watson, venha aqui. Preciso falar com o senhor".

Em consequência, essa transformação drástica da economia mundial criou o que a maioria dos especialistas chama de ameaça maciça à cibersegurança de quase todas as organizações que usam a rede como parte essencial de sua estratégia de negócios. Há uma atenção especial dedicada ao que parece ser um esforço persistente e altamente organizado empreendido por empresas chinesas, com o objetivo de roubar informações essenciais de outras empresas, órgãos governamentais e instituições ligadas a esses organismos.

Há tempos, as agências norte-americanas de inteligência assumiram a responsabilidade de zelar pela segurança dos governos, usando para isso inclusive ciberferramentas para extrair dados de computadores caso julguem que a segurança dos Estados Unidos está sob ameaça. A diferença da suposta iniciativa chinesa é que ela parece motivada não apenas por questões militares ou de inteligência nacional, mas pela lógica mercantilista de obter vantagens para as empresas do país. Segundo Richard Clarke, ex-chefe da segurança antiterrorismo, trata-se de uma imensa diferença: "Nós não invadimos os computadores de uma empresa chinesa, como a Huawei, para passar dados confidenciais da tecnologia deles a sua concorrente norte-americana Cisco. Não fazemos isso".

Não há dúvida de que as empresas norte-americanas sofrem ataques regulares e persistentes. Uma pesquisa publicada pelo Aspen Institute indica que a economia do país perde mais de 373 mil postos de trabalho por ano (além de receitas de US$ 16 bilhões) por conta do roubo de propriedade intelectual. Shawn Henry, que já foi o principal responsável pela unidade de crimes cibernéticos do FBI, conta que uma companhia norte-americana perdeu simplesmente uma década de trabalho de pesquisa e desenvolvimento (o equivalente a US$ 1 bilhão) em uma única noite, pelo mesmo motivo.

Mike McConnell, ex-diretor do serviço de inteligência, declarou que "ao avaliar os sistemas de computadores – do governo, do Congresso, do Departamento de Defesa, das instituições aeroespaciais e de empresas com sigilos valiosos –, não encontramos um sequer que não tivesse sido infectado por uma ameaça persistente e ousada". Em 2010, o serviço secreto norte-americano reconheceu que a soma dos dados roubados do país equivale a "quase quatro vezes o total de informações armazenadas nos arquivos da Biblioteca do Congresso". O diretor do FBI afirmou que a segurança cibernética deve superar o terrorismo em termos de riscos e se tornar "a ameaça número um ao país".

Outra empresa de segurança digital, a McAfee, informou que um conjunto de ataques ocorrido em 2010 (chamado "Operation Shady RAT") resultou na invasão de sistemas de computadores de alta segurança não apenas em território norte-americano, mas também em Taiwan, na Coreia do Norte, Vietnã, Canadá, Japão, Suíça, Inglaterra, Indonésia, Dinamarca, Cingapura, Hong Kong, Alemanha, Índia, Comitê Olímpico Internacional, 13 fornecedores da Defesa dos Estados Unidos e um imenso número de empresas – nenhuma delas na China.

Os Estados Unidos, país no qual o comércio migrou com mais intensidade para a realidade online, correm o maior risco. O FBI informou à Câmara de Comércio norte-americana que alguns dos especialistas em política asiática que visitam a China com frequência haviam sido hackeados. Porém, antes mesmo que a Câmara pudesse reforçar a segurança de sua rede, os invasores roubaram o correspondente a seis semanas de e-mails trocados entre a instituição e as maiores empresas dos Estados Unidos. Tempos depois, a Câmara de Comércio descobriu que alguns de seus equipamentos ainda enviavam informações para a China pela rede.

Hoje, bilhões de aparelhos estão ligados à "internet das coisas" – itens que variam de geladeiras, lâmpadas, fornos e aparelhos de ar-condicionado a carros, caminhões, aviões, trens e barcos, passando por pequenos sistemas de maquinário industrial que fazem a embalagem individual de cada produto. Alguns produtores de laticínios na Suíça, por exemplo, chegaram a ligar os órgãos genitais das vacas à internet, por meio de um aparelho que monitora os ciclos de fertilidade e avisa quando o animal encontra-se pronto para o acasalamento.

A ONIPRESENÇA E A IMPORTÂNCIA da "internet das coisas" levantou a possibilidade de que os ciberataques não só representem riscos para a segurança da informações relevantes e com valor comercial, estratégico e militar, mas que também causem impactos cinéticos. Com tantos sistemas computadorizados ligados à internet no controle de sistemas de fornecimento de água e de energia elétrica, de usinas de produção de energia, refinarias, redes de transporte e outros itens estratégicos, não fica difícil imaginar cenários nos quais um ataque coordenado à infraestrutura vital de um país resulte num caos físico de grandes proporções.

De acordo com John O. Brennan, especialista em inteligência antiterrorismo que assessorou a Casa Branca, somente em 2011 "aconteceram cerca de 200 tentativas ou ataques bem-sucedidos aos sistemas de controle dessas instalações, um aumento de quase cinco vezes em relação a 2010". Na primavera de 2012, o Irã anunciou que tinha sido forçado a interromper a conexão com a internet dos principais terminais e plataformas de petróleo no Golfo Pérsico, além dos escritórios do Ministério do Petróleo em Teerã, por causa de repetidos ataques cibernéticos vindos de fonte desconhecida. Mais tarde, no mesmo ano, a Aramco, empresa estatal de extração de petróleo da Arábia Saudita, foi vítima de ciberataques que os órgãos de segurança norte-americanos atribuíram ao Irã. No ano seguinte, o Irã reconheceu o estabelecimento de medidas de segurança digital depois que uma de suas instalações de enriquecimento de urânio, situada em Natanz, foi atacada por um vírus. O ataque à Aramco, que substituiu todos os dados de 75% dos computadores por uma imagem da bandeira norte-americana em chamas, demonstrou que "não é preciso sofisticação para fazer um belo estrago", como declarou o especialista Richard Clarke.

O *worm* (vírus de computador mais sofisticado) Stuxnet, a princípio criado em parceria pelos Estados Unidos e por Israel, cumpriu sua missão e invadiu um sistema de controle industrial da Siemens conectado aos motores das centrífugas iranianas responsáveis pelo enriquecimento de urânio, como parte do programa nuclear daquele país. Quando o Stuxnet confirmou que havia encontrado o alvo, transformou-se e começou a alterar a velocidade dos motores das centrífugas, dessincronizando-os a ponto de interromper a atividade. Em 2010, um *worm* ainda mais sofisticado chamado Flame – que, segundo os especialistas, supera o Stuxnet em diversos aspectos devido à quantidade de códigos que abriga – supostamente começou a infectar computadores no Irã e em vários outros países do Oriente Médio e norte da África.

Embora o resultado da invasão do Stuxnet, que freou o esforço iraniano para desenvolver material para armamento nuclear, tenha sido aplaudido em grande parte do mundo, muitos estudiosos se mostraram preocupados com o fato de que o sofisticado código (boa parte dele, hoje, pode ser baixada pela rede) poderia ser empregado também contra máquinas e sistemas ligados à internet situados nos países industrializados – na verdade, alguns deles de fato já estavam contaminados com o Stuxnet. Após uma onda de ataques cibernéticos (atribuídos pelas autoridades de segurança ao Irã) a instituições financeiras norte-americanas no final de 2012, o secretário de Defesa, Leon Panetta, declarou que um eventual "ciber-Pearl Harbor" causaria sérios danos à infraestrutura norte-americana.

Como os vírus de computador, *worms* e outras ameaças podem ser enviados de servidores distantes, situados em praticamente qualquer país do mundo, muitas vezes é quase impossível identificar a fonte original do ataque. Mesmo quando provas circunstanciais apontam de forma esmagadora para um único país (como a China, por exemplo), é difícil identificar a organização ou os indivíduos responsáveis pela iniciativa, e menos ainda se o governo chinês ou alguma empresa em específico estão envolvidos. Segundo Scott Aken, ex-agente de contraespionagem e especialista em crimes cibernéticos, "na maioria dos casos, as empresas só percebem que foram hackeadas anos depois, quando um concorrente estrangeiro lança um produto idêntico no mercado, mas produzido com custo 30% menor".

Embora as empresas chinesas aparentemente sejam as principais infratoras nesse campo da cibercriminalidade, várias organizações ocidentais têm se dedicado a práticas semelhantes. Uma divisão da News Corporation dedicada à publicidade em supermercados invadiu e-mails particulares do principal concorrente para roubar propriedade intelectual e, em seguida, alguns dos clientes mais valiosos. Outro braço do mesmo conglomerado admitiu ter violado e-mails de algumas pessoas em busca de informações para reportagens. Funcionários de outro setor confessaram ter grampeado mensagens de voz de milhares de cidadãos no Reino Unido.

A confiança em dispositivos digitais conectados à internet criou uma falsa sensação de conforto, que levou à extrema vulnerabilidade de quase todas as formas de comunicações no âmbito da rede. Para a maioria dos especialistas, o elo mais fraco em qualquer sistema de segurança é o comportamento humano. Alguns hackers independentes já demonstraram como é fácil invadir videoconferências supostamente seguras, promovidas por empresas de capital de risco, escritórios de advocacia e organizações farmacêuticas ou petrolíferas (nem o conselho do Goldman Sachs escapou), uma vez que as pessoas encarregadas dos sistemas de segurança não sabem ou se esquecem de usar os complicados mecanismos de proteção de privacidade. Vários alvos comerciais de cibercrimes relutam em divulgar o roubo de informações importantes, já que por vezes é financeiramente melhor manter o fato em segredo, e até mesmo empresas antecipadamente alertadas dos ataques não tomam medidas adequadas de proteção.

PRIVACIDADE

O tempo todo, diversas empresas se apropriam de informações pessoais de seus clientes e usuários, muitas vezes sem autorização. Os sites de mídia social, como o Facebook, e de busca, como o Google, estão entre as muitas empresas da internet com modelos de negócios baseados nos lucros da publicidade. Para ampliar ao máximo a eficácia dos anúncios, personalizando e adaptando as mensagens para coincidir com os interesses de cada pessoa, investem pesado na coleta de informações.

Para vários sites da internet, de fato, os usuários são produtos. A receita decorrente dos imensos volumes de informações captadas sobre cada um deles é valiosa demais para ser ignorada. No Facebook, um clique no botão "curtir" automaticamente abre a possibilidade de rastreamento online dos interesses das pessoas, sem que elas saibam ou concordem com isso. Em certo sentido, esta é mais uma manifestação da ciberbarganha faustiana. Os lucros obtidos com a propaganda "sob medida" viabilizada por esses cookies (pequenos programas instalados, em geral sem aviso, no computador do usuário durante a interação com um site) sustentam a distribuição "gratuita" de quantidades imensas de conteúdo na internet. A maioria das pessoas parece considerar a troca aceitável, uma vez que as propagandas enviadas são mais condizentes com seu universo de interesse específico. Segundo um estudioso, as tecnologias de rastreamento são "apenas ferramentas para aumentar a força do aperto da mão invisível".

Quando se fala em sites de mídia social como o Facebook e o Twitter, a tolerância a esse tipo de "troca" varia conforme a faixa etária. Muitas pessoas de minha geração, por exemplo, se surpreendem com a quantidade de informações particulares partilhadas no Facebook pelos usuários mais jovens. Alguns frequentadores das mídias sociais que saíram das escolas para ingressar no mercado de trabalho foram surpreendidos ao saber que potenciais empregadores investigaram suas mensagens na rede, em busca de informações não necessariamente abonadoras. Mais recentemente, alguns empregadores começaram a pedir aos candidatos a uma vaga as senhas de acesso a suas contas no Facebook, a fim de consultar também sites privados. (O Facebook, vale dizer, enfatizou ser contra esse expediente e orientou os usuários a não revelarem suas senhas. Porém, em um mercado de trabalho competitivo, exibir a vida online para potenciais patrões é mais aceitável para umas pessoas do que para outras.) Também vale ressaltar que muitos candidatos, depois de contratados, continuam a ser "ciberobservados" por seus chefes.

A extrema comodidade oferecida pela internet leva muita gente a achar que a eventual perda de privacidade constitui um preço baixo. A simples possibilidade de encontrar de tudo sem sair de Nashville, no Tennessee, onde eu moro, e ter acesso a praticamente todas as demais oportunidades nos Estados Unidos (e em quase todos os outros países) é quase mágica. Trata-se de uma ilustração tangível do que os economistas chamam de "efeito de rede" – que significa que o valor de qualquer rede, em especial a internet, aumenta exponencialmente à medida que mais pessoas se conectam. Na verdade, de acordo com a Lei de Metcalfe, proposta por um dos pioneiros da web, Robert Metcalfe, o valor de um sistema de comunicação cresce na razão do quadrado do número de usuários.

Da mesma forma, a extrema conveniência oferecida por programas de localização online, como o Google Street View, abranda as eventuais restrições das pessoas ao fato de terem a imagem e a localização de suas casas devassadas na internet. A coleta de grandes quantidades de informação de redes Wi-Fi sem criptografia nas casas e empresas fotografadas (o que ocorre sem aviso prévio) deu origem a intensas discussões em vários países.

Muitos se consolam ao saber que os mesmos riscos atingem centenas de milhões de pessoas no planeta. Será que é tão ruim assim? Em sua maioria, as pessoas simplesmente desconhecem a natureza e o alcance dos dados recolhidos sobre elas. E mesmo quem sabe e se preocupa com isso rapidamente descobre que não há maneira alguma de impedir que seus movimentos na internet sejam rastreados. As políticas de privacidade propostas pelos sites em geral são extensas, vagas e complicadas demais, e as opções para alterar as configurações básicas oferecidas em alguns casos costumam ser complexas e difíceis.

Não faltam provas de que as expectativas gerais de privacidade estão em desacordo com a nova realidade de rastreamento das pessoas na internet, e que ainda não surgiram proteções jurídicas adequadas. Em alguns países, incluindo os Estados Unidos, os internautas podem optar por não receber propagandas baseadas em seus movimentos na rede, mas isso não significa que esses usuários escapem do rastreamento online. As proteções que supostamente fornecem a opção "não rastrear" são inúteis, por conta da pressão persistente da publicidade. Mesmo contra a vontade das pessoas, o rastreamento continua por uma razão simples: a coleta de dados sobre o que elas fazem na internet representa um volume enorme de dinheiro. Cada clique vale apenas uma fração de centavo, mas, dada a quantidade de cliques, o total deles equivale a bilhões de dólares.

O *Wall Street Journal* publicou uma série de artigos a respeito de como os cookies enviam informações sobre as atividades dos usuários. Cada vez que uma pessoa clica no Dictionary.com, automaticamente 234 cookies se instalam no seu computador ou smartphone – 223 deles coletam dados sobre as atividades online do usuário, os quais são enviados para anunciantes ou para quem quiser comprar essas informações.

O impacto cumulativo do rastreamento desmedido ainda pode gerar uma reação, já que a palavra mais utilizada pelos usuários da internet para descrever a onipresença da vigilância online é "assustadora". Embora as empresas que rastreiam as pessoas na web afirmem que o nome do usuário não está anexado ao arquivo criado e em constante atualização, alguns especialistas afirmam que não há dificuldades para fazer a associação entre os números dos computadores individuais com nome, endereço e telefone de cada internauta.

Como o processamento dos computadores se ampliou muito rapidamente, ao mesmo tempo em que a capacidade cresceu e os preços caíram, algumas empresas e governos começaram a usar uma tecnologia ainda mais invasiva, conhecida como Deep Packet Inspection (DPI), que recolhe conjuntos de dados enviados para roteadores isolados e, depois, os reorganiza para reconstituir as mensagens originais, a fim de escolher palavras e frases específicas e submetê-las a um exame mais detalhado. Tim Berners-Lee, inventor da World Wide Web, declarou-se contrário ao uso do DPI, que definiu como uma grave ameaça à privacidade dos usuários da internet.

Em um dos exemplos mais conhecidos sobre os riscos da exposição da privacidade por meio de recursos digitais, um aluno da Rutgers University foi condenado por ter divulgado na rede imagens íntimas de seu colega de quarto, gay e também aluno da instituição, que se suicidou depois de ter sua intimidade devassada.

Alguns sites, entre eles o Facebook, usam programas de reconhecimento facial para marcar automaticante cada usuário que aparece nas imagens. Outros sites recorrem ao sistema de reconhecimento de voz para identificar quem fala. Depois, os arquivos de som servem para aumentar a capacidade do software de reconhecer o sotaque e a dicção de cada usuário, aperfeiçoando a precisão de interpretação do sistema. Para proteger a privacidade do internauta, algumas empresas deletam os arquivos de som após algumas semanas, mas há quem os conserve para sempre. Da mesma forma, muitos programas e aplicativos usam sistemas de rastreamento de localização para aumentar a conveniência das ofertas – estima-se que 25 mil cidadãos norte-americanos se tornam vítimas da "perseguição por GPS" a cada ano.

Depois de combinadas, todas essas informações (sites visitados, artigos pesquisados, localização geográfica atualizada em tempo real, registro das consultas feitas nos sites de buscas, imagens dos usuários expostas na rede, compras e gastos com o cartão de crédito, mensagens postadas nas mídias sociais e arquivamento de dados em robustos bancos de dados dos governos) podem construir a narrativa completa da vida de uma pessoa, incluindo detalhes que a maioria não gostaria de compartilhar publicamente. Max Schrems, um estudante de direito austríaco de 25 anos, recorreu à lei de proteção de dados da União Europeia para solicitar todos os dados coletados sobre ele no Facebook. Recebeu então um CD com mais de 1.200 páginas de informação, das quais a maioria ele imaginava deletada. O caso ainda não foi concluído.

Mesmo quando os usuários da internet não estão conectados a uma rede social e não aceitaram os cookies de sites comerciais, podem sofrer invasões de privacidade de hackers e cibercriminosos, que usam técnicas como o *phishing* – envio de graciosas mensagens por e-mail (muitas vezes exibindo nomes e endereços recolhidos da lista de contatos do usuário) para induzir as pessoas a clicar em um anexo que contém programas projetados para roubar informações do computador ou dispositivo móvel. O novo crime (chamado de roubo de identidade) é, em parte, consequência de toda a informação sobre os indivíduos hoje disponível na internet.

Por meio do uso dessas e de outras técnicas, os ciberladrões conseguiram atacar empresas como Sony, Citigroup, American Express, Discover Financial, Global Payments, Stratfor, AT&T e Fidelity Investments, que se declararam seriamente atingidas pelos cibercrimes (a Sony, sozinha, alega ter perdido US$ 171 milhões). Em 2011, o Ponemon Institute estimou que a violação dos dados digitais custava às empresas, em média, mais de US$ 7,2 milhões, cifra com tendência de alta a cada ano. Outra empresa de segurança em informática, a Norton, calculou que o custo anual do cibercrime em todo o planeta chega a US$ 388 bilhões, "valor superior ao movimentado pelo mercado mundial de maconha, cocaína e heroína". Inúmeras outras empresas online também foram invadidas, entre elas o LinkedIn, eHarmony e Gmail, do Google. No outono de 2012, um ataque cibernético simultâneo atingiu o Bank of America, o JP Morgan Chase, o Citigroup, o U.S. Bank, a Wells Fargo e o PNC, impedindo os clientes dessas instituições de acessar contas ou fazer pagamentos.

A necessidade óbvia e urgente de obter uma proteção mais eficaz contra o cibercrime e, sobretudo, de proteger as empresas norte-americanas de graves ameaças à segurança vindas da China, Rússia, Irã e outros lugares – associada aos temores de outro ataque terrorista depois da destruição do World Trade Center – resultaram em maior receptividade a novas propostas que muitos consideram perigosas para a preservação dos direitos individuais dos cidadãos americanos (e de habitantes de outros países que valorizam a liberdade), uma vez que envolvem iniciativas de buscas, apreensões e vigilância a cargo do próprio governo.

É fundamentada a preocupação de que, a longo prazo, o problema com a cibernética seja a utilização de uma quantidade imensa de dados e de tecnologias de vigilância online para mudar a relação entre o governo e os cidadãos, aproximando-a de algo que lembre o cenário do "grande irmão", imaginado pelo escritor George Orwell há mais de 60 anos. O Reino Unido, onde Orwell publicou o romance *1984*, propôs uma lei que permite ao governo arquivar as comunicações por internet e por telefone de todas as pessoas do país – cujo território já conta com mais de 60 mil câmeras de segurança instaladas.

Muitas pessoas ignoram o risco de o estado norte-americano evoluir para um regime de vigilância, investido de poderes para ameaçar a liberdade dos cidadãos. Há mais de seis décadas, o juiz da Suprema Corte Felix Frankfurter escreveu: "O crescimento de um poder perigoso não acontece em um dia. Ele ocorre aos poucos, lentamente, a partir da força geradora de um irreprimível desrespeito às restrições que a cercam até a mais desinteressada afirmação de autoridade".

Um dos precursores da análise baseada em dados como premissa para uma conclusão consistente, Francis Bacon é apontado como autor de uma expressão sucinta de um ensinamento quase bíblico: "Saber é poder". Impedir a concentração excessiva de poder nas mãos de poucos – por meio da divisão dos poderes em centros separados e autônomos, incluindo um sistema judiciário independente –, constitui um dos princípios essenciais para o estabelecimento de um governo baseado na liberdade. Se o conhecimento de fato constitui uma fonte valiosa de poder (e se os centros executivo e administrativo do poder político contam com quantidades imensas de informações sobre a forma de pensar, os movimentos e as atividades dos cidadãos), a sobrevivência da liberdade pode estar em risco.

Na condição de primeira nação fundada sobre os princípios da proteção da dignidade dos cidadãos, os Estados Unidos sempre se mostraram mais preocupados sob diversos aspectos em garantir a privacidade e a liberdade dos indivíduos contra iniciativas abusivas vindas dos governos. Os cidadãos sempre tiveram o conforto de saber que, ao longo de sua história, o país viveu um padrão recorrente: períodos de crise, nos quais o governo ultrapassava os limites e violava liberdades individuais, seguidos de etapas marcadas pelo arrependimento e pela reparação, nas quais os excessos eram corrigidos e a sociedade restaurava o equilíbrio.

No entanto, não faltam motivos para suspeitar que o atual período de abusos e violações, inaugurado como compreensível reação aos ataques terroristas de 11 de setembro de 2001, possa alterar esse movimento pendular da história. Em primeiro lugar, segundo um ex-funcionário da NSA, a agência de segurança nacional dos Estados Unidos, após os atentados "quase todas as regras foram jogadas no lixo e qualquer desculpa serve para justificar a invasão da privacidade dos cidadãos", incluindo práticas como escutas telefônicas. Segundo Thomas Drake, que trabalhou na mesma instituição governamental, a política posterior a 11 de setembro "começou a transformar os Estados Unidos no equivalente a um país estrangeiro sujeito à vigilância eletrônica constante".

Outro ex-funcionário estimou que, desde os atentados, a NSA interceptou "entre 15 e 20 trilhões" de mensagens. A "guerra ao terror" não parece caminhar para o fim, e o maior acesso de pessoas e de organizações não estatais às armas de destruição em massa transformaram o medo de um ataque fatal no eixo da vida política norte-americana. O estado de emergência adotado na sequência dos históricos ataques às torres gêmeas voltou à cena em 2012. A American Civil Liberties Union (ACLU) informou em estudo sobre a liberdade de informação, realizado no mesmo ano, que no biênio anterior houve um aumento acentuado no número de norte-americanos submetidos à vigilância eletrônica sem mandado expedido pelo Departamento de Justiça (no período, ocorreu até mesmo queda no número de pedidos formais de mandados). Chris Soghoian, principal responsável pelo estudo "Speech, privacy and technology", da ACLU, declarou: "Acho que existe algo de terrivelmente assustador no fato de o governo acompanhar suas comunicações e você nem sequer saber que isso acontece".

A concentração de força no Poder Executivo (em detrimento do Legislativo) ganhou intensidade com a corrida armamentista posterior à Segunda Guerra Mundial. Hoje, o medo generalizado de novos ataques terroristas serve como justificativa aparentemente indiscutível para a criação de uma vigilância governamental cujo alcance, há alguns anos, teria chocado a maioria da população.

A história ensina que poderes exacerbados, uma vez concedidos, podem ser usados de maneira abusiva quando acabam nas mãos de líderes pouco escrupulosos. Quando os presidentes norte-americanos Woodrow Wilson e Richard Nixon se envolveram em violações aos direitos civis que indignaram a nação, em seguida foram aprovados leis e mecanismos para proteger a sociedade de futuros abusos do gênero. Mas atualmente, ao que parece, talvez por causa do medo, aumentou a tolerância das pessoas diante daquilo que em outros tempos seria chocante e inadmissível. Em 2012, a Suprema Corte norte-americana decidiu, por exemplo, que a polícia tem o direito de revistar todos os indivíduos (inclusive seus orifícios corporais) considerados suspeitos de crimes como não pagar a tarifa de estacionamento ou andar de bicicleta com a buzina quebrada. George Orwell certamente se negaria a usar esses exemplos na hora de descrever um estado policial: soariam inverossímeis demais para os leitores. É importante notar, porém, que o mesmo tribunal julgou inconstitucional que a polícia, sem o amparo de mandado judicial, instalasse secretamente aparelhos de rastreamento por GPS nos veículos dos cidadãos.

Outro exemplo aterrador de prática governamental recente e disseminada (e que causaria revolta há pouco tempo) envolve os funcionários da alfândega, hoje autorizados a obter e copiar informações armazenadas no computador ou outro aparelho digital de qualquer cidadão americano que regresse ao país de viagens internacionais. E-mails, históricos de buscas, imagens particulares, informações sobre trabalho ou finanças pessoais e tudo o mais pode ser expropriado, mesmo na ausência de qualquer suspeita fundamentada. Esse tipo de ação pode ser compreendida se o governo tiver motivos para acreditar que o viajante está envolvido em pedofilia, por exemplo, ou se tem contato com grupos terroristas de outros países. No entanto, esse tipo de busca entrou na categoria de procedimento rotineiro e dispensa a existência de motivo ou suspeita em específico. Em uma ocasião recente, um cineasta documentarista envolvido com questões sobre as políticas governamentais dos Estados Unidos figurou entre aqueles que tiveram suas informações digitais vasculhadas e apreendidas, sem motivo razoável.

As atuais tecnologias de vigilância, entre elas o monitoramento de quase todas as informações digitais, se disseminaram a ponto de caracterizar o aparelhamento de um estado policial em pleno vigor. Uma investigação da American Civil Liberties Union denunciou que as polícias de várias cidades dos Estados Unidos obtêm dados de rastreamento de milhares de pessoas sem mandado judicial. Segundo o *New York Times*, "a prática tornou-se um ótimo negócio para as empresas de telefones celulares, pois um grupo seleto de operadoras oferece uma variedade de 'taxas de vigilância' para os organismos policiais". O governo também forneceu recursos às polícias locais para a instalação de câmeras de monitoramento em carros de patrulha, que aproveitam as rondas rotineiras para fotografar as placas dos carros que passam. As imagens são acrescidas de informações como data, hora e localização por GPS, e arquivadas em uma base de dados. Uma pesquisa do *Wall Street Journal* descobriu que 37% das forças policiais das grandes cidades adotam esse sistema de coleta, que compila e armazena um volume imenso de dados sobre a circulação de quem se desloca de carro. Pelo menos duas companhias privadas também organizam bases de dados similares por meio do registro fotográfico das placas de carro, vendendo as informações para empresas de recuperação de bens. Uma delas se orgulha de ter mais de 700 milhões de dados reunidos até agora, e o presidente executivo da outra declara ter planos de vender registros para detetives particulares, seguradoras e outras instituições interessadas em acompanhar a rotina e o paradeiro de pessoas.

Sobretudo depois de 11 de setembro de 2001, a demanda por hardwares e softwares de vigilância não para de crescer. Na última década, o mercado chegou a movimentar cerca de US$ 5 bilhões por ano. Como acontece com a internet, essas tecnologias cruzam as fronteiras internacionais com facilidade: empresas norte-americanas são as principais fabricantes e fornecedoras de equipamentos e programas de vigilância e controle utilizados em países de regimes autoritários, como Irã, Síria e China.

Tecnologias de vigilância inicialmente desenvolvidas por empresas norte-americanas para aplicação em zonas de guerra em territórios distantes muitas vezes encontram aplicação nos Estados Unidos. Os veículos aéreos não tripulados (chamados de *drones*) usados no Iraque, Afeganistão e Paquistão já foram adotados por algumas forças policiais, e há previsão de que novas gerações de *microdrones* equipados com câmeras de vídeo se tornem um recurso habitual para os organismos de aplicação e controle da lei. A Electronic Frontier Foundation relatou que, em 2012, já existiam 63 locais com utilização dessa tecnologia em 20 estados norte-americanos.

Graças aos avanços na microeletrônica, câmeras e microfones minúsculos e fáceis de usar se proliferaram. Algumas versões sofisticadas de spyware vêm sendo usadas remotamente para acionar microfones e câmeras de smartphones ou computadores, a fim de gravar conversas, tirar fotografias e gravar vídeos sem a permissão do usuário – e até mesmo com o aparelho desligado. Da mesma forma, microfones instalados nos sistemas OnStar de vários automóveis também têm sido empregados para monitorar conversas entre motorista e passageiros. Outros programas podem ser instalados secretamente para acompanhar o movimento das pessoas ao teclado do computador ou outro dispositivo eletrônico, o que permite descobrir senhas e demais informações confidenciais quando elas são digitadas.

Como se pode imaginar, as ciberameaças enfrentadas pelas empresas norte-americanas servem como nova justificativa para a construção dos mais eficientes e invasivos sistemas de coleta de dados já desenvolvidos. Em janeiro de 2011, na gigantesca sede de US$ 2 bilhões da NSA, em Utah, Chris Inglis, principal nome da agência de segurança nacional, anunciou que o objetivo daquelas "instalações de ponta" é "vigiar e proteger a segurança cibernética do país". A estrutura, cuja operação estava prevista para o final de 2013, tem capacidade para monitorar as chamadas telefônicas, e-mails, mensagens de texto, pesquisas no Google ou outro tipo de comunicação eletrônica (criptografada ou não) processada por qualquer cidadão norte-americano. Todos os dados ficarão armazenados eternamente, para uso em *data mining*.

Curiosamente, o sistema tem grandes semelhanças com uma proposta apresentada na gestão de George Bush e Dick Cheney, dois anos após os ataques de 2011, denominada Total Information Awareness (TIA). À época, a ideia causou indignação pública e acabou vetada no

Congresso. Nos anos posteriores, porém, políticos democratas e republicanos se mostrariam mais temerosos em desafiar qualquer proposta de coleta de inteligência definida como mecanismo de proteção à segurança nacional.

Num período mais recente, os cidadãos norte-americanos conseguiram convencer o Congresso a barrar alguns abusos do governo à privacidade individual. Em 2011, dois projetos de lei – Stop Online Piracy Act e Protect Ip Act, que atendiam ao lobby do setor de entretenimento e de outras empresas produtoras de conteúdos de informação, no sentido de salvaguardar a propriedade intelectual – apresentaram uma nova determinação oficial, que permitia tirar do ar sites que contivessem qualquer material protegido por direitos autorais. A indignação dos usuários e uma ampla campanha online contrária às novas leis resultaram no veto de ambas. A revolta diante do risco de perder acesso a sites de diversão foi bem maior do que qualquer reação diante da possibilidade de vigilância governamental sobre toda a correspondência particular, exercida sem a necessidade de mandado.

A Cyber Intelligence Sharing and Protection Act (Cispa) é um exemplo de lei norte-americana criada para conferir ao governo poderes de vasculhar qualquer comunicação online, mediante suspeitas de crime cibernético. Embora seja fácil compreender os motivos que geraram a proposta, o volume de mensagens que poderiam ser consideradas suspeitas (a partir dos critérios bastante amplos da lei) representa uma abertura para que órgãos governamentais fiquem isentos da sanção de várias outras leis destinadas à proteção da privacidade dos usuários da internet.

Trata-se de mais um exemplo de como a ciberbarganha faustiana que hoje fazemos com a internet dificulta a conciliação dos princípios históricos que serviram de base para a fundação dos Estados Unidos com a nova realidade da Mente Global. Segundo um escritor especializado em tecnologia, "para que a atual experiência de democracia e liberdade econômica existente na América possa se manter, temos de reconsiderar as formas de cultivar os hábitos necessários ao coração e resistir ao fascínio da ideologia tecnológica". A China e outros países que vivem sob regime autoritário também enfrentam uma ruptura histórica, igualmente em decorrência da realidade da Mente Global.

Todos os países estão conectados à internet e cada um tem ideias próprias sobre o futuro da rede mundial de computadores. A sobreposição de conflitos variados, acompanhada do direcionamento da história mundial rumo à realidade da rede, são questões carentes de solução. Por isso, reivindica-se alguma forma de governança mundial no que se refere ao uso da internet – trata-se de ideias que, desde seu surgimento, têm sido geridas de forma positiva pelo governo norte-americano (e por um grupo quase independente criado por ele), sem perder de vista regras e valores que refletem nossa tradição de liberdade de expressão e de livre-comércio.

O fato de países como China, Rússia e Irã – donos de valores e normas que muitas vezes colidem com as orientações norte-americanas – figurarem entre os protagonistas do processo de transferência da autoridade sobre a internet mundial para um organismo internacional constitui motivo suficiente para temer essa proposta e observar com cuidado seus desdobramentos. E é lamentável que países como Brasil, Índia e África do Sul estejam apoiando a iniciativa chinesa e russa.

Algumas empresas e organismos governamentais vêm desenvolvendo *dark nets* (redes fechadas e sem conexão com a internet) como um recurso para proteger informações confidenciais e valiosas. Algumas empresas digitais, com destaque para o Facebook, que conta com 1 bihão de usuários e proíbe o anonimato, adotaram uma abordagem de "jardim murado", que separa alguns dados do resto da internet.

Além disso, organizações que vendem acesso à web e comercializam ao mesmo tempo um conteúdo de alto valor por meio da mesma rede têm tentado reter ou tornar mais caras as ofertas similares vindas de concorrentes. Embora aponte para questões legítimas sobre os custos de expansão da largura de banda, esse potencial conflito de interesses também tem importância quando se trata do futuro da internet. Por isso, muitas pessoas falam em leis de neutralidade da rede, capazes de garantir a liberdade de expressão e a livre concorrência.

Os esforços de certas empresas para controlar a informação levaram algumas pessoas a temer pela fragmentação da web em várias redes separadas. Mas é pouco provável que isso aconteça, pois o valor total da internet está associado ao fato de que, de uma forma ou de outra, ela congrega a grande maioria das pessoas, empresas e organizações de todo o mundo. Pela mesma razão, os esforços feitos por países como China e Irã para isolar seus cidadãos das "forças destrutivas" que circulam pela web em escala global provavelmente estão condenados ao fracasso.

A dinâmica mundial como um todo está abandonando um padrão duradouro, em vigor desde o surgimento do sistema baseado nos estados-

-nação. Ninguém duvida que as nações manterão seu papel de principais unidades no que se refere à governança, mas o sistema de informação hoje vigente no mundo todo – a Mente Global – pressupõe um comando unificador, da mesma forma como a imprensa ajudou a consolidar as nações na época em que elas nasceram. As decisões que o planeta precisa tomar daqui para a frente não podem ficar sob o arbítrio de um único país ou grupo reduzido de países. Durante várias décadas, o mundo seguiu o exemplo dos Estados Unidos. Agora, porém, com a informação digital, o poder de moldar o futuro do mundo encontra-se fragmentado. Como resultado, não está nada simples dar vida à Mente Global.

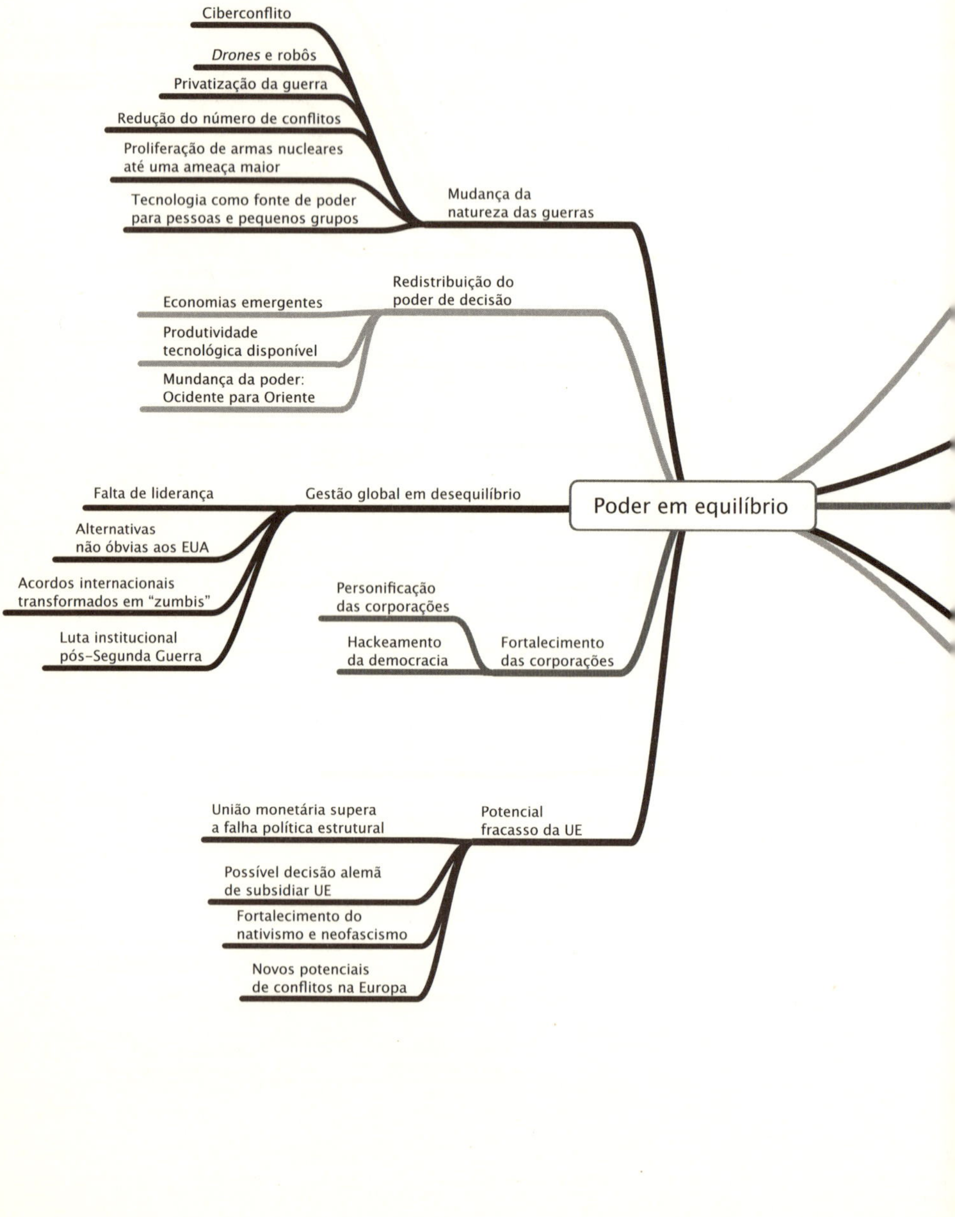

- Poder em equilíbrio
  - Mudança da natureza das guerras
    - Ciberconflito
    - *Drones* e robôs
    - Privatização da guerra
    - Redução do número de conflitos
    - Proliferação de armas nucleares até uma ameaça maior
    - Tecnologia como fonte de poder para pessoas e pequenos grupos
  - Redistribuição do poder de decisão
    - Economias emergentes
    - Produtividade tecnológica disponível
    - Mundança da poder: Ocidente para Oriente
  - Gestão global em desequilíbrio
    - Falta de liderança
    - Alternativas não óbvias aos EUA
    - Acordos internacionais transformados em "zumbis"
    - Luta institucional pós-Segunda Guerra
  - Fortalecimento das corporações
    - Personificação das corporações
    - Hackeamento da democracia
  - Potencial fracasso da UE
    - União monetária supera a falha política estrutural
    - Possível decisão alemã de subsidiar UE
    - Fortalecimento do nativismo e neofascismo
    - Novos potenciais de conflitos na Europa

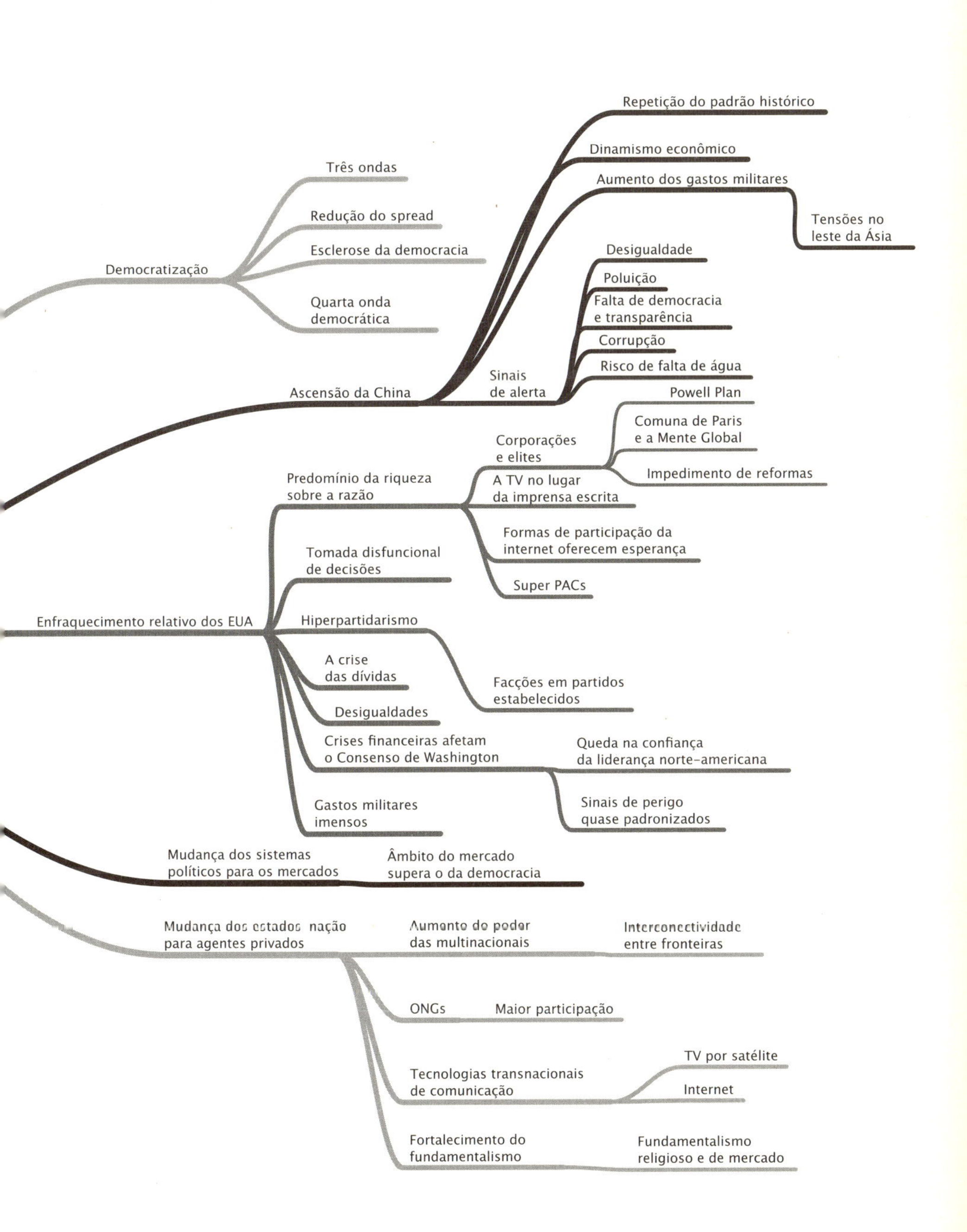
Repetição do padrão histórico
Dinamismo econômico
Três ondas
Aumento dos gastos militares
Redução do spread
Tensões no
leste da Ásia
Desigualdade
Esclerose da democracia
Democratização
Poluição
Falta de democracia
e transparência
Quarta onda
democrática
Corrupção
Risco de falta de água
Sinais
de alerta
Ascensão da China
Powell Plan
Comuna de Paris
e a Mente Global
Corporações
e elites
Impedimento de reformas
Predomínio da riqueza
sobre a razão
A TV no lugar
da imprensa escrita
Formas de participação da
internet oferecem esperança
Tomada disfuncional
de decisões
Super PACs
Enfraquecimento relativo dos EUA
Hiperpartidarismo
A crise
das dívidas
Facções em partidos
estabelecidos
Desigualdades
Crises financeiras afetam
o Consenso de Washington
Queda na confiança
da liderança norte-americana
Sinais de perigo
quase padronizados
Gastos militares
imensos
Mudança dos sistemas
políticos para os mercados
Âmbito do mercado
supera o da democracia
Mudança dos estados nação
para agentes privados
Aumento do poder
das multinacionais
Interconectividade
entre fronteiras
ONGs
Maior participação
TV por satélite
Tecnologias transnacionais
de comunicação
Internet
Fortalecimento do
fundamentalismo
Fundamentalismo
religioso e de mercado

3

PODER EM EQUILÍBRIO

COM A ECONOMIA MUNDIAL CADA VEZ MAIS INTEGRADA E UMA REDE digital planetária, estamos testemunhando o nascimento da primeira civilização verdadeiramente global. O conhecimento e o poder econômico se expandiram com velocidade e abrangência muito superiores às das épocas da Revolução Industrial e da invenção da imprensa. Por conta disso, o equilíbrio político do mundo se transforma numa escala nunca vista desde a abertura das rotas marítimas da Europa para a América e a Ásia, há cinco séculos.

Em consequência, o equilíbrio de poder entre as nações se altera de forma dramática. Assim como a Revolução Industrial levou a Europa Ocidental e os Estados Unidos ao domínio da economia mundial, o surgimento da Terra S.A. hoje desloca tal supremacia do Ocidente para as economias em crescimento do Oriente. A China, em particular, já começa a suplantar os Estados Unidos como centro de gravidade da economia mundial.

E o que é mais importante: logo depois da criação da imprensa, os estados nacionais emergiram como forma de organização política dominante, realidade que começa a mudar com o advento da Mente Global e o questionamento das teorias sociopolíticas que fundamentaram esse sistema até agora. Algumas instâncias do poder que, por tradição, cabiam principalmente aos estados-nação já não estão mais sob seu controle exclusivo. Embora nossa identidade política individual permaneça essencialmente nacional (e isso deve se manter por longo tempo), a globalização simultânea das informações e dos mercados vem transferindo poderes até agora exercidos por governos para agentes particulares. Entre eles, companhias multinacionais, empresários organizados em rede e bilhões de indivíduos integrantes da classe média.

Nenhuma nação pode ignorar essas poderosas ondas de mudanças e impor seu ponto de vista de forma unilateral. As decisões de maior importância para o nosso futuro, agora, são aquelas que envolvem o mundo como um todo. Mas, como os estados-nação ainda retêm o poder exclusivo de negociar políticas e implementá-las globalmente, o único modo prático de recuperar o controle de nosso destino consiste em buscar consensos no âmbito da comunidade dos países, a fim de garantir a adoção de políticas que protejam os valores humanos. Do final da Segunda Guerra Mundial até pouco tempo atrás, pelo menos, a maior parte do mundo sempre esperou dos Estados Unidos a liderança para atender à necessidade do consenso.

No entanto, muitos temem a relativa diminuição da capacidade norte-americana de exercer essa liderança mundial. Em 2010, a China passou a liderar a produção mundial, ocupando a posição que coube aos Estados Unidos por 110 anos. Robert Allen, historiador do Nuffield College, de Oxford, definiu esse marco como "o fim de um ciclo de 500 anos na história da economia". Quando o poder econômico global da China superar o dos Estados Unidos (o que deve ocorrer ainda nesta década), o mundo terá uma nova liderança pela primeira vez desde 1890.

Mais grave do que isso é que nunca, desde a década de 1890, a tomada de decisão do governo dos Estados Unidos se mostrou tão frágil, disfuncional e servil aos interesses corporativos ou de outra natureza como nos dias atuais. Ainda não se conhece totalmente a gravidade do perigo representado por essa humilhação da democracia norte-americana. A submissão à influência do poder econômico nas tomadas de decisão pelos Estados Unidos levou a escolhas políticas catastroficamente ruins e a um significativo enfraquecimento da influência norte-americana em todo o mundo.

A queda de importância do posicionamento norte-americano tem consequências significativas no sistema mundial. O país continua como "a nação indispensável" para reduzir o potencial de conflitos evitáveis, ao zelar pela manutenção das rotas marítimas, monitorar grupos terroristas e atuar como mediador em regiões tensas, como o Oriente Médio e a Ásia Oriental – sem contar outras áreas, inclusive na Europa, que poderiam enfrentar novas disputas não fosse a liderança norte-americana. Entre seus muitos outros papéis, os Estados Unidos também se responsabilizam pela manutenção da estabilidade relativa do sistema monetário internacional e oferecem possibilidades de solução para crises periódicas nos mercados.

Atualmente, porém, a degradação do sistema político norte-americano causa um perigoso déficit de governança no cenário mundial, além de abrir um fosso entre os problemas que exigem solução e a perspicácia e a cooperação necessárias para resolvê-los. Esse é o ponto focal para o equilíbrio do poder em escala planetária – e precisa ser corrigido. Na ausência de uma liderança forte exercida pelos Estados Unidos, a comunidade das nações aparentemente não consegue se entender quanto à coordenação dos interesses internacionais e ao estabelecimento de mecanismos de governança cooperativa necessários para a solução dos grandes problemas de nosso tempo.

As reuniões do G20 (que atualmente recebe mais atenção do que o G8) tornaram-se pouco mais do que uma série de oportunidades anuais para os líderes participantes fazerem declarações conjuntas à imprensa. O costume de eles exibirem trajes com cores associadas ao país-sede de cada encontro remete ao conto infantil do rei que desfilou com uma roupa inexistente – com a diferença de que, hoje, a roupa é que não tem imperador.

Em grande parte por causa de decisões do governo norte-americano alinhadas com as diretrizes dos interesses corporativos internos, negociações multilaterais que chegaram a representar uma esperança – como o debate comercial da rodada de Doha (iniciado em 2001) e o Protocolo de Kyoto (que começou em 1997) – cada vez mais são tratadas como "zumbis": meio vivas, meio mortas, apenas cambaleam aqui e ali, assustando as pessoas por ainda não estarem definitivamente enterradas. Em situação similar se encontra a lei do direito do mar, que permanece travada.

As instituições fundadas sob a liderança norte-americana depois da Segunda Guerra Mundial – como a Organização das Nações Unidas, o Banco Mundial, o Fundo Monetário Internacional e a Organização Mundial do Comércio (antes Acordo Geral sobre Tarifas e Comércio) – mostram-se ineficazes diante da mudança global que vem abalando os pressupostos geopolíticos dos quais elas emergiram. Mesmo porque a principal premissa atingida foi a de que a liderança mundial cabia aos Estados Unidos da América.

Essas organizações funcionaram bem enquanto os Estados Unidos lhes ofereciam um rumo definido e a maioria do mundo confiava que a liderança norte-americana nos conduziria numa direção boa para todos. Quando as metas de um país poderoso são vistas por outras nações como motivadas pela defesa do interesse de todos, cresce o poder político desse país na regência do processo. Por outro lado, se o país faz do exercício da liderança um meio de atender apenas aos próprios interesses – como as perspectivas de negócios de suas empresas, por exemplo –, sua capacidade de liderança naturalmente se reduz.

Dois terços de século depois de sua criação, essas instituições multilaterais enfrentam a desconfiança dos países em desenvolvimento, dos ambientalistas e dos defensores da justiça social, por conta daquilo que muitos consideram um "déficit democrático". Tanto o Banco Mundial quanto o Fundo Monetário Internacional precisam do apoio de 85% dos direitos a voto dos países-membros. Como detêm sozinhos mais de 15% do total em ambas as organizações, os Estados Unidos acabam na prática exercendo um poder de veto sobre as decisões. Da mesma forma, algumas nações questionam por que a França e o Reino Unido estão entre os cinco integrantes do núcleo permanente do Conselho de Segurança da ONU, enquanto o Brasil (com PIB equivalente ao desses dois países europeus), e a Índia (que em breve será o país mais populoso do mundo) não figuram no grupo.

A significativa perda de confiança na liderança norte-americana, sobretudo depois da crise econômica de 2007 e 2008, acelerou a mudança no equilíbrio do poder mundial. Alguns especialistas preveem o surgimento de uma nova dinâmica, com os Estados Unidos e a China dividindo o centro do poder. E já deram a essa possível formação a denominação de "G2".

DECLÍNIO ABSOLUTO OU RELATIVO?

Outros especialistas projetam um cenário instável (e mais perigoso), caracterizado por um mundo multipolarizado. Parece mais provável que a crescente integração dos mercados e dos fluxos de informações resulte em um longo período de incertezas antes que os poderes globais se organizem em um novo e mais complexo equilíbrio, que já não será mais entendido em termos de polos de poder. A antiga divisão do mundo entre nações ricas e pobres está mudando, à medida que muitos países antes considerados "de Terceiro Mundo" exibem crescimento econômico mais veloz do que os desenvolvidos. Com a redução da diferença entre países em rápido crescimento e economias emergentes, de um lado, e economias afluentes e maduras de outro, o poder econômico e político não só está se transferindo do Ocidente para o Oriente como também se dispersa pelo mundo, instalando-se em lugares como São Paulo, Mumbai, Jacarta, Seul, Taipei, Istambul, Johannesburgo, Lagos, Cidade do México, Cingapura e Pequim.

Seja qual for o novo equilíbrio de poder que vier a surgir, sua configuração será determinada pela resposta às várias incertezas sobre o futuro dos Estados Unidos, da China e dos estados-nação em geral. Em primeiro lugar, os Estados Unidos realmente atravessam um período de declínio? Se sim, essa tendência pode ser revertida? Em caso negativo, trata-se de um movimento relativo, na comparação com outras nações, ou existe risco de declínio absoluto? Em segundo lugar, a China tende a manter a taxa atual de crescimento ou existem deficiências nos fundamentos econômicos que sustentam a prosperidade do país? Finalmente, os estados-nação estão perdendo poder relativo nesta era de Terra S.A. e Mente Global?

Há acirradas divergências entre os estudiosos quanto à realidade do declínio atribuído aos Estados Unidos. A perda de poder geopolítico do país tem sido um tema debatido há muito mais tempo do que a maioria dos americanos imagina. Antes mesmo de a nação se tornar dominante no mundo, houve sinais episódicos de que seu poderio estava diminuindo. Alguns argumentam que a preocupação com a possibilidade de a China ultrapassar os Estados Unidos em outras esferas de poder além da econômica representa apenas mais um exemplo do que aconteceu quando da inquietação geral com a ascensão do Japão S.A. nas décadas de 1970 e 1980 – ou mesmo antes, quando a antiga União Soviética era vista como uma ameaça ao domínio dos norte-americanos, nos anos 1950 e 1960.

Depois da Segunda Guerra Mundial, por mais de uma década muitos estrategistas afirmaram que os Estados Unidos corriam o risco de, em pouco tempo, desabar do topo do poder mundial. Quando a União Soviética desenvolveu armamento nuclear e reforçou o controle sobre a Europa Oriental e Central, o temor cresceu. Com o lançamento do *Sputnik*, em 1957, a URSS tornou-se a primeira nação a chegar ao espaço – o que fez os alarmes proferidos por fontes mais pessimistas soarem com intensidade dobrada.

Muitos dos alarmes que soam atualmente acerca do declínio do poder norte-americano baseiam-se na comparação entre as dificuldades atuais e uma visão pouco clara de como os Estados Unidos dominaram a tomada de decisões na segunda metade do século 20. Uma abordagem mais realista e consistente leva em conta o fato de que nunca existiu uma época áurea, na qual os projetos norte-americanos tenham sido implementados com êxito absoluto, sem conhecer resistências ou falhas.

Também vale a pena lembrar que a participação econômica norte-americana no planeta passou de 50% no final da década de 1940 para cerca de 25% no início dos anos 1970, mas se manteve nesse mesmo patamar pelos últimos 40 anos. O aumento da presença chinesa no PIB mundial, bem como de outras nações emergentes e em desenvolvimento, ocorre em grande parte em detrimento da Europa, e não dos Estados Unidos.

A ascensão dos Estados Unidos como potência dominante começou no início do século 20, quando o país se transformou na maior economia do mundo. Ao mesmo tempo, o presidente Theodore Roosevelt investiu na supremacia diplomática e militar do país, ação que mais tarde se revelaria crucial para a definição dos resultados da Primeira Guerra Mundial, já na gestão de Woodrow Wilson. Sem dúvida, depois de garantir o apoio econômico e militar decisivo para derrotar os países do Eixo na Segunda Guerra Mundial, os Estados Unidos emergiram do conflito como o grande vencedor, tanto na Europa como na região do Pacífico, ganhando o reconhecimento de principal potência mundial. As economias europeias estavam arruinadas, consumidas pela guerra, ao passo que a Alemanha e o Japão precisavam ser totalmente reconstruídos. A União Soviética, com um número de mortos cem vezes maior do que o dos Estados Unidos, saiu do conflito enfraquecida. Além disso, a autoridade moral nacional sonhada por Lênin – independentemente do quão contraditória pudesse ser – já havia sido destruída muito tempo antes, em 1939, quando Stálin assinou um acordo com Hitler e condenou seu próprio povo a crueldades e brutalidades excepcionais.

Sem perder tempo, os Estados Unidos ofereceram a liderança essencial para recuperar as instituições do pós-guerra a fim de estabelecer uma nova ordem mundial e a governança global. Fizeram parte desses esforços os acordos de Bretton Woods, que formalizaram a determinação do dólar norte-americano como a moeda de reserva do mundo, além de uma série de alianças militares, das quais a mais importante foi a Organização do

Tratado do Atlântico Norte (Otan). Ao fornecer ajuda externa e vantajosos acordos comerciais que proporcionaram o acesso de outros países aos mercados norte-americanos, os Estados Unidos conquistaram um papel ainda mais dominante e promoveram o capitalismo democrático em todas as partes não comunistas do planeta.

O país também catalisou o movimento de integração econômica e política europeia, dando à luz a Comunidade Europeia do Carvão e do Aço (precursora do Mercado Comum Europeu e, depois, da União Europeia). O visionário e generoso Plano Marshall permitiu a recuperação das nações da Europa devastadas pela Segunda Guerra Mundial e estimulou um compromisso com a democracia e a integração regional. O secretário de Estado norte-americano Cordell Hull, considerado por Franklin Roosevelt "o pai da Organização das Nações Unidas", defendia mais liberdade no comércio entre os países europeus e o mundo, sob a alegação de que "quando as mercadorias cruzam fronteiras, os exércitos permanecem onde estão". Ao comandar a reconstrução, a democratização e a desmilitarização do Japão, os Estados Unidos também solidificaram seu *status* de potência dominante na Ásia.

Em 1949, quando a União Soviética ocupou o posto de segunda potência nuclear do planeta e a China adotou o comunismo após a vitória de Mao Tsé-tung, começou a Guerra Fria – que, nas quatro décadas seguintes, impôs uma dinâmica própria ao funcionamento do sistema mundial. O impasse nuclear entre os Estados Unidos e a União Soviética foi acompanhado por uma luta global entre duas ideologias com projetos opostos no que se refere à organização política econômica.

Ao longo desse período, a estrutura de equilíbrio do poder mundial foi definida pela constante tensão entre esses polos. De um lado, os Estados Unidos lideraram uma aliança de países que incluía as democracias em recuperação da Europa Ocidental e o Japão, então em reconstrução, todos alinhados com a ideologia do capitalismo democrático. De outro, a União das Repúblicas Socialistas Soviéticas comandava um grupo cativo de nações na Europa Central e Oriental, defendendo a bandeira comunista. Essa explicação simplista, é claro, não dá conta de traduzir uma dinâmica que foi bem mais complexa, mas pode-se dizer que quase todos os conflitos políticos e militares do período foram moldados por esse embate maior.

Quando a União Soviética revelou-se incapaz de competir com a força econômica dos Estados Unidos (e não conseguiu adaptar sua autoritária política econômica e cultural aos estágios iniciais da revolução da informação), o regime ruiu. Com a queda do Muro de Berlim, em 1989, e a posterior dissolução da União Soviética dois anos depois (quando a própria Rússia retirou-se da URSS), o comunismo deixou de existir como um sério concorrente ideológico do capitalismo norte-americano.

A HEGEMONIA DOS ESTADOS Unidos, assim, atingiu seu apogeu, e a ideologia do capitalismo democrático disseminou-se de tal forma que um cientista político chegou a decretar o "fim da história", no sentido de que dificilmente surgiria outro desafio à democracia ou ao capitalismo.

Esta vitória ideológica e política rendeu aos Estados Unidos o reconhecimento universal de seu *status* de potência dominante naquilo que parecia ser, pelo menos por um curto período, um mundo unipolar. Mas, mais uma vez, a rotulação superficial oculta as complexas mudanças que acompanharam os abalos no equilíbrio do poder.

Bem antes do início da Segunda Guerra Mundial, o comunismo soviético tinha enfrentado um conflito com uma verdade básica sobre o poder, lição claramente compreendida pelos fundadores dos Estados Unidos: a concentração de muito poder nas mãos de um indivíduo, ou mesmo de um pequeno grupo de pessoas, corrompe sua capacidade de julgamento e sua humanidade.

A democracia norte-americana, por outro lado, baseou-se numa sofisticada compreensão da natureza humana, na qualidade superior da tomada de decisão encontrada no que hoje alguns chamam de sabedoria das multidões, e nas lições aprendidas com a história da República romana sobre o perigo que o poder centralizado representa para a liberdade. A concentração insalubre de poder é reconhecidamente uma ameaça à sobrevivência da liberdade, daí sua divisão em domínios interdependentes, destinados a controlar e a moderar uns aos outros, na busca de um equilíbrio seguro que permita ao indivíduo a liberdade necessária para expressar ideias, reunir-se com os outros e praticar sua fé religiosa sem restrições.

A capacidade de uma nação de convencer as demais a seguir sua liderança muitas vezes é influenciada por sua autoridade moral. No caso dos Estados Unidos, há o consenso de que, desde a ratificação da Constituição e da Declaração de Direitos (*Bill of Rights*), em 1790-91, os princípios fundadores nacionais tiveram ressonância nos corações e mentes de pessoas em todo o mundo.

Desde o final do século 18, três ondas democráticas varreram o mundo. A primeira, na sequência da Revolução Americana, resultou na formação de 29 democracias. Quando o "Libertador da América" Simón Bolívar comandou revoltas democráticas na América do Sul, nas duas décadas seguintes à criação dos Estados Unidos, levava no bolso da camisa um retrato de George Washington.

Em seguida, teve início um período de declínio, que reduziu o número de democracias a 12 até o início da Segunda Guerra Mundial. Depois de 1945, a segunda onda do movimento deu origem a 36 nações democráticas, mas novo período de queda reduziu esse número para 30 no período entre 1962 e meados da década de 1970. O terceiro movimento começou em meados dos anos 1970 e acelerou-se com o fim do comunismo, em 1989.

Nos Estados Unidos, a luta por políticas de promoção dos mais elevados valores expressos na Constituição (como os direitos individuais, por exemplo) muitas vezes se perdeu diante dos interesses das corporações e da frieza pragmática da *realpolitik*. Com o processo de independência de suas antigas colônias, os países da Europa Ocidental começaram a perder a influência desfrutada na era do imperialismo – e os Estados Unidos preencheram parte dessas lacunas de poder por meio da oferta de socorro e do estabelecimento de relações econômicas, políticas e militares com várias das nações recém-nascidas. Quando caiu o domínio da França sobre o Vietnã, o temor de uma guinada local para o comunismo levou os Estados Unidos a uma interpretação equivocada da motivação nacionalista de Ho Chi Minh – contribuindo para o trágico erro de cálculo que resultou na Guerra do Vietnã.

No entanto, apesar do erro estratégico no Vietnã (precedido do longo e caro impasse que envolveu a Guerra da Coreia), de pesadas intervenções militares na América Latina e de outros desafios, os Estados Unidos consolidaram sua posição de liderança no planeta. A inédita explosão da prosperidade nas décadas posteriores à Segunda Guerra, somada a sua defesa contínua da liberdade, transformaram o país em um modelo. Dificilmente a proteção aos direitos humanos e à autodeterminação das nações teria progredido tanto em todo o mundo se os Estados Unidos não tivessem ocupado uma posição dominante no pós-guerra.

Mais recentemente, a expansão da democracia arrefeceu. Desde a crise econômica de 2007 e 2008, registra-se um declínio no número de nações democráticas no mundo, sem falar da decadência na qualidade e na extensão da democracia em vários outros países, incluindo os Estados Unidos. Apesar dessa "recessão democrática", muitos acreditam que a Primavera Árabe e outros movimentos nascidos e fomentados na internet (independentemente de seus resultados, no mínimo ambíguos) podem representar a formação de uma quarta onda democrática.

Seja como for, ainda é cedo para anunciar o declínio absoluto do poder norte-americano. Entre os animadores sinais de que há como conter o aparente movimento de queda está o fato de o país contar com um sistema universitário considerado, de longe, o melhor do mundo. A cultura de investimento de risco, por sua vez, ainda lhe garante o título de maior fonte de inovação e de criatividade. Embora em termos de percentual do PIB o orçamento do exército seja inferior ao registro predominante no período pós-guerra, em números absolutos atingiu o nível mais alto desde 1945. As forças armadas norte-americanas continuam as mais poderosas, mais bem treinadas (pelo melhor corpo de oficiais) e mais bem equipadas do planeta. Seu orçamento anual equivale à soma dos orçamentos dos 50 maiores exércitos do mundo, e corresponde aos gastos militares combinados de todo o resto do planeta.

NA CONDIÇÃO DE POLÍTICO muitas vezes definido como democrata durante os anos em que atuei no Congresso e na Casa Branca, pude ver a importância para os Estados Unidos (e para a defesa da liberdade) da manutenção de uma superioridade militar inquestionável. Porém, depois de mais de uma década de batalhas em duas guerras aparentemente intermináveis, mantendo ao mesmo tempo grandes movimentações na Europa e na Ásia, os recursos militares norte-americanos encontram-se em ponto de ruptura. E o relativo declínio do poder econômico e da riqueza começa a forçar uma reavaliação desses imensos orçamentos militares. As mesmas tendências planetárias que têm espalhado a atividade produtiva por toda a Terra S.A. e conectado as pessoas por meio da Mente Global também contribuem para a disseminação de tecnologias de guerra, até há pouco tempo monopolizadas pelos estados-nação. A capacidade de lançar ciberataques, por exemplo, hoje está difundida na internet.

Alguns dos mecanismos para travar conflitos violentos vêm sendo automatizados ou terceirizados. O uso de *drones* e de outras armas robóticas semiautônomas proliferou-se de forma dramática nas guerras no Iraque e no Afeganistão. A força aérea dos Estados Unidos treina hoje mais pilotos para voos telecomandados do que para jatos tripulados. (Curiosamente, os pilotos de aviões não tripulados apresentam um nível de estresse pós-traumático igual ao dos pilotos de caça, apesar de atacarem alvos situados a milhares de quilômetros de distância, vistos numa tela de televisão).

Em mais de uma ocasião, os *drones* foram hackeados por seus supostos alvos. Em 2010, analistas dos serviços de inteligência descobriram que militantes islâmicos iraquianos usavam um software simples (vendido a US$ 26) para interceptar os sinais de vídeo não criptografados vindos de *drones* norte-americanos: com isso, assistiam em tempo real às imagens que naquele momento eram enviadas aos Estados Unidos. No Afeganistão, as forças rebeldes repetiram o feito e, no final de 2011, o Irã invadiu o sistema de um *stealth drone* e o fez pousar em uma pista situada em Kashmar.

Hoje, vem sendo rapidamente aperfeiçoada uma nova geração de armas robóticas para uso em ar, terra e mar. Mais de 50 países fazem testes com robôs militares semiautônomos, de tecnologia própria. Uma nova doutrina de "direito robótico" tem sido desenvolvida por advogados norte-americanos especializados em justiça militar a fim de estender a robôs e *drones* o direito de abrir fogo quando ameaçados, assim como os pilotos de caça, que têm amparo legal para atacar um potencial alvo adversário quando notificados de que sua presença foi detectada por radares inimigos.

Ao mesmo tempo, algumas missões de combate perigosas estão sendo terceirizadas. Durante a guerra no Iraque, os Estados Unidos transferiram operações importantes em zonas de confito para operadores privados*. Depois da impopular Guerra do Vietnã, o país passou a contar com um exército profissional voluntário, opção que, segundo alguns, isola emocionalmente o povo norte-americano de alguns impactos que os conflitos causam na população.

A QUESTÃO DA CHINA

Enquanto isso, o orçamento militar da China aumenta (apesar de ainda representar uma pequena fração dos gastos norte-americanos com defesa). Pairam dúvidas, contudo, quanto à sustentabilidade da atual explosão econômica do país. Muitos consideram prematuro prever um futuro

* Forças mercenárias sempre participaram de guerras, mas tiveram mais destaque em alguns conflitos de longa duração, como o que matou cerca de 400 mil pessoas na República Democrática do Congo.

com a China no papel de principal potência global, ou mesmo compartilhando o protagonismo com os Estados Unidos, pois desconfiam da consistência das bases do desenvolvimento social, político e econômico do país. Apesar da atual pujança, suspeita-se que as recentes taxas de crescimento não se sustentem, segundo os especialistas, por conta de fatores como a falta de liberdade de expressão, a concentração do poder autocrático em Pequim e os elevados níveis de corrupção no sistema político e econômico do país.

No fim de 2010, por exemplo, havia cerca de 64 milhões de moradias vazias no país. A bolha imobiliária foi atribuída a uma série de motivos, mas há anos circulam alertas sobre o grande número de imóveis subsidiados erguidos rapidamente e desocupados por longos períodos de tempo. Segundo um estudo do Morgan Stanley, quase 30% das turbinas eólicas construídas na China não estão ligadas à rede de eletricidade (muitas foram instaladas em locais remotos, com ventos fortes mas sem possibilidade de integração à rede). O sucesso na construção de sistemas de energia renovável a baixo custo tem beneficiado o país, e também o mercado global, mas, assim como acontece com as moradias desocupadas, os geradores ociosos sinalizam que talvez haja algo de errado com algumas tendências do milagre econômico chinês. O sistema bancário sofre com as distorções decorrentes da manipulação do governo, e alguns bancos estatais chegam a direcionar o crédito para empréstimos no mercado negro, em troca de taxas de juros elevadas e insustentáveis.

Também há arestas a aparar no que se refere à coesão social e política da China durante essa até agora complexa transição econômica. O país testemunha o maior movimento de migração interna de sua história, bem como os mais preocupantes níveis de poluição. Apesar da falta de estatísticas precisas, Sun Liping, professor da Tsinghua University, estima que em 2010 ocorreram "180 mil protestos, tumultos e outros incidentes de massa", número quatro vezes superior ao apresentado em 2000. Vários outros relatórios apontam a agitação social como provável consequência da desigualdade econômica, das condições ambientais intoleráveis, da insatisfação com as violações à propriedade e de outros abusos cometidos por autoridades locais e regionais. Em parte como resultado do descontentamento e das manifestações (sobretudo das massas de migrantes), nos últimos dois anos os salários cresceram de forma significativa.

Vigora no Ocidente uma forte tendência de apontar riscos de instabilidade em países com governos sem legitimidade democrática, de acordo com alguns estudiosos. Na China, porém, segundo esses especialistas, a legitimidade pode vir de fontes distintas da natureza participativa do sistema ocidental. Já nos tempos de Confúcio, os chineses reconheciam a legitimidade dos governos quando as políticas implementadas eram bem-sucedidas e quando se sentia que a meritocracia e a sabedoria justificavam a escolha das pessoas que ascendiam ao poder.

SÃO EXATAMENTE ESSAS fontes de legitimidade que agora enfrentam questionamento nos Estados Unidos. O acentuado declínio da confiança pública no governo em todos os níveis – e também na maioria das grandes instituições – baseia-se em grande medida na percepção de fracasso na geração de políticas e de resultados consistentes. A antiga predominância da razão na tomada de decisões no sistema democrático norte-americano era sua grande fonte de força. A capacidade de os Estados Unidos, com apenas 5% da população mundial, liderarem o mundo durante tanto tempo deve-se em grande medida à criatividade, à ousadia e à eficácia que no passado norteavam suas decisões.

Por ironia, o crescimento econômico da China desde as reformas implementadas por Deng Xiaoping, a partir de 1978, não ocorreu apenas pela adesão a uma versão chinesa do capitalismo, mas também por conta de uma vitória intelectual dentro do Comitê Central do Partido Comunista: a fim de justificar o abandono do velho dogma econômico do comunismo, Deng usou de sua habilidade política ao retratar a drástica mudança de rumo como uma reafirmação da doutrina maoísta. Em um discurso na Conferência dos Exércitos, proferido no ano em que as reformas começaram, Deng declarou: "Não é verdade que a busca da verdade dos fatos, seguindo a realidade e integrando teoria com prática, forma o princípio fundamental do pensamento de Mao Tsé-tung?".

Um dos fatores para a ascensão dos Estados Unidos a uma posição de liderança entre os países foi que a democracia americana demonstrava talento para "buscar a verdade dos fatos". Com o tempo, esse talento se traduziu em decisões e políticas de promoção de interesse geral melhores do que as tomadas por quaisquer outras nações. O vigoroso debate que ocorre quando as instituições democráticas estão saudáveis e em pleno funcionamento resulta em iniciativas mais criativas e visionárias do que qualquer outro sistema de governo jamais conseguiu produzir.

Infelizmente, porém, os Estados Unidos não contam mais com um governo em bom funcionamento. Para usar uma expressão comum no setor de informática, a democracia norte-americana foi "hackeada". Seu Congresso – no mundo moderno, um avatar de legislaturas democraticamente eleitas – hoje não consegue aprovar leis sem a anuência dos lobbies e de outros setores interessados, usuais financiadores das campanhas eleitorais.

O LONGO BRAÇO DAS CORPORAÇÕES

Vários advogados, representando os lobbies das empresas, participam das sessões de trabalho legislativo, colocando em linguagem adequada as normas concebidas para remover obstáculos aos planos de negócio de seus clientes. Com isso, em geral enfraquecem determinações e regulamentações estabelecidas para proteger o interesse público contra excessos e abusos. Muitos congressistas norte-americanos limitam-se a pôr sua assinatura em leis totalmente redigidas pelos lobbies corporativos.

Na condição de quem atuou como representante eleito no governo federal nos últimos 25 anos do século 20, e depois de conhecer bem como eram as coisas antes e como elas funcionam hoje, fiquei chocado e consternado com a velocidade com que a integridade e a eficiência da democracia norte-americana quase entraram em colapso. Em outros momentos de nossa história, a riqueza e o poder corporativo também dominaram as operações do governo, mas há razões para suspeitar de que agora se trata de mais do que um mero fenômeno cíclico, sobretudo tendo em mente recentes decisões jurídicas que institucionalizam o domínio e o controle da riqueza e do poder corporativos.

Esse defeito na democracia acontece em um momento de mudanças intensas e velozes no sistema mundial, quando nunca foi tão necessária a defesa norte-americana dos princípios democráticos e dos valores humanos. As decisões cruciais que o mundo precisa tomar dificilmente se concretizarão de forma consistente sem uma liderança ousada e criativa dos Estados Unidos. Por isso, a recuperação da integridade da democracia norte-americana tem particular importância – mas, para isso, é vital diagnosticar com precisão os processos que levaram a essa perda de rumo. A transferência do poder da democracia para o mercado e as empresas começou há muito tempo.

Em geral, a liberdade política anda de mãos dadas com a liberdade econômica. O paradigma nascido na época de disseminação da imprensa baseava-se no princípio de que as pessoas tinham dignidade e que, quando armadas com um fluxo livre de informações, poderiam traçar seus próprios destinos tanto no campo político quanto no econômico, agregando sua sabedoria coletiva por meio das eleições regulares de seus representantes e da "mão invisível" da oferta e da procura.

Ao longo da história, o capitalismo, mais do que qualquer outra forma de organização econômica, proporcionou elevados níveis de liberdade política e religiosa. As tensões internas da ideologia do capitalismo democrático, contudo, sempre existiram e muitas vezes foram de difícil solução. Assim como os fundadores dos Estados Unidos temiam a concentração excessiva do poder político, muitos também se preocupavam com os possíveis riscos do acúmulo de poder econômico – sobretudo por parte das corporações.

A mais longeva das corporações foi criada na Suécia em 1347, embora essa forma jurídica não tenha sido comum até o século 17, quando a Holanda e a Inglaterra permitiram a proliferação de organizações corporativas, sobretudo para a exploração do comércio com as novas colônias ultramarinas. Depois de uma espetacular série de fraudes e outros abusos, incluindo o escândalo da South Sea Company (que deu origem ao conceito de "bolha"), a Inglaterra baniu as corporações em 1720 – decisão só revogada em 1825, quando a Revolução Industrial demandou a formação de companhias ferroviárias e de outras naturezas, a fim de explorar as tecnologias emergentes.

Os revolucionários norte-americanos, sabedores desses antecedentes, no início aprovavam a criação de empreendimentos voltados principalmente para fins civis e de caridade, mas apenas por períodos limitados de tempo. As corporações empresariais vieram mais tarde, em resposta à necessidade de levantar capital para a industrialização.

Referindo-se à experiência inglesa, em 1816 Thomas Jefferson escreveu uma carta ao senador da Pensilvânia, George Logan, em que afirmou: "Espero que nós saibamos aproveitar esse exemplo e esmagar no nascedouro a aristocracia das corporações endinheiradas, que já ousam desafiar as forças do nosso governo e as leis do nosso país".

No período entre 1781 e 1790, o número de corporações quase decuplicou, passando de 33 para 328. Em 1811, o estado de Nova York promulgou a primeira de muitas leis que permitiram a proliferação corporativa livre das rígidas limitações impostas pelo governo.

Enquanto a grande maioria dos norte-americanos morava e trabalhava em fazendas, as corporações permaneceram pouco importantes, exercendo impacto relativamente limitado sobre as condições do trabalho e a qualidade de vida. Durante a Guerra Civil, porém, o poder corporativo cresceu consideravelmente, em consequência da mobilização industrial do norte do país, dos volumosos contratos do governo e da construção de ferrovias. Nos anos posteriores ao conflito, o papel corporativo na vida norte-americana ampliou-se rapidamente, assim como os esforços das grandes empresas para assumir o controle das decisões tomadas no Congresso e nas assembleias legislativas estaduais.

Segundo os historiadores, a vergonhosa eleição de 1876 (que incluiu um impasse decorrente da disputa pelos votos do estado da Flórida) envolveu negociações secretas nas quais o dinheiro e o poder das empresas tiveram papel decisivo, preparando o palco para um período de corrupção que levou o novo presidente, Rutherford B. Hayes, a declarar que "este não é mais um governo do povo, pelo povo e para o povo. É um governo das corporações, pelas corporações e para as corporações".

Conforme a Revolução Industrial começou a remodelar a América, os acidentes nas instalações industriais tornaram-se comuns. No período entre 1888 e 1908, 700 mil trabalhadores norte-americanos morreram em serviço, em uma média de aproximadamente cem vítimas por dia. Além de não oferecer condições de trabalho minimamente seguras, os empregadores mantinham os salários no nível mais baixo possível. A mobilização dos trabalhadores contra esses abusos, por meio da organização de greves e da reivindicação de leis de proteção à mão de obra, provocou uma reação drástica por parte dos proprietários das corporações. Forças policiais reprimiam quem tentasse organizar sindicatos ou associações, enquanto advogados e lobistas tomavam conta do Capitólio e das sedes das assembleias estaduais.

Quando as organizações empresariais começaram a contratar lobistas para influenciar na redação das leis, houve uma reprovação inicial da opinião pública. Em 1853, a Suprema Corte dos Estados Unidos anulou e declarou inválido um contrato de contingência que envolvia *lobby*, em parte porque seus financiadores agiam em segredo. Os juízes concluíram que esse tipo de pressão era prejudicial à ordem pública, pois "tende a corromper ou contaminar, por meio de influências impróprias, a integridade de nossas instituições políticas", além de "comprometer a pureza ou afetar os julgamentos dos responsáveis pela legislação do país", a partir de "influências indevidas" que exercem "todos os efeitos prejudiciais de uma fraude pública".

Vinte anos depois, a Suprema Corte voltou a abordar a questão, cancelando contratos de contingência para lobistas mediante a seguinte afirmação: "Se alguma das grandes corporações do país quiser contratar aventureiros que se proponham à tarefa de comprar a aprovação de uma lei favorecendo interesses particulares, o sentido moral de cada homem sensato deve identificar no empregador e no empregado um ato de corrupção, e considerar o procedimento como infame. Se os exemplos do fenômeno forem numerosos, explícitos e tolerados, devem ser considerados uma medida da decadência da moral pública e da degeneração dos tempos". A então nova Constituição do estado da Geórgia proibia explicitamente a atividade de *lobby* parlamentar.

No entanto, o "favorecimento de interesses particulares" na legislação continuou a se disseminar conforme surgiam fortunas cada vez maiores no apogeu da Revolução Industrial e aumentava o impacto das leis sobre as oportunidades corporativas. Segundo o estudioso Matthew Josephson, entre 1880 e 1890 (período conhecido como a era dos *robber barons*, ou barões ladrões), "as salas das assembleias foram transformadas em mercados, nos quais se negociava o preço dos votos, e as leis, feitas sob encomenda, eram compradas e vendidas".

Durante essa era de corrupção, a Suprema Corte decretou pela primeira vez que as empresas, assim como os indivíduos, tinham direito a algumas das proteções previstas na 14ª emenda à Constituição dos Estados Unidos. A decisão ocorreu em 1886, em um processo que envolvia o condado de Santa Clara e a Southern Pacific Railroad Company. O veredicto em si, que dava ganho de causa à empresa, não chegou a abordar a questão da "pessoalidade das empresas", mas o tema, segundo alguns historiadores elaborado pelo juiz Stephen Fields, foi acrescido às notas do caso pelo relator do tribunal, um ex-dirigente de companhia ferroviária. Antes de apreciar a argumentação, o presidente da corte advertiu que "o tribunal não quer ouvir debates sobre se a 14ª emenda se aplica a essas empresas ou não, porque todos nós julgamos que se aplica". No final do século 20, esse precedente ambíguo para a doutrina da "pessoalidade jurídica" foi invocado pela Suprema Corte para defender a extensão dos "direitos individuais" às empresas, o que também aconteceu em 2010, por ocasião da decisão envolvendo a organização não governamental Citizens United.

Esse caso emblemático se relaciona de forma interessante com os primeiros terminais nervosos das redes mundias de comunicação, que mais tarde dariam origem à Mente Global. Em 1858, um dos irmãos do juiz

Stephen Field, Cyrus Field, instalou o primeiro cabo de comunicação telegráfica transoceânica. Outro irmão da família Field, David (cujas generosas contribuições para a campanha de Abraham Lincoln valeram a indicação de Stephen para a Suprema Corte), estava em Paris com a família durante a Comuna em 1871, e usou o telégrafo para enviar aos Estados Unidos, em tempo real, notícias sobre os tumultos, desordens e posterior massacre. Pela primeira vez na história, um evento importante ocorrido no exterior foi acompanhado no país com atualizações diárias.

Embora tivesse causas complexas – incluindo o sentimento de humilhação com a derrota francesa na Guerra Franco-Prussiana e a disputa de republicanos com monarquistas –, a Comuna de Paris tornou-se o primeiro embate simbólico entre comunismo e capitalismo*. Karl Marx, que publicara *O capital* apenas quatro anos antes, escreveu *A guerra civil na França* durante os dois meses da Comuna, definindo-a como um evento que seria "celebrado para sempre como o glorioso anúncio de uma nova sociedade". Meio século depois, nos funerais de Lênin, o corpo do líder foi envolvido em uma bandeira vermelha e branca gasta e esfarrapada, que tinha sido erguida pelos parisienses na época do levante.

Assim como inspirou os comunistas, a Comuna de Paris aterrorizou as elites norte-americanas, inclusive o juiz Fields, que seguia com obsessão os relatos diários feitos por seu irmão e por jornalistas instalados na capital francesa. A cobertura dos distúrbios pela imprensa (que adotou um tom invariavelmente condenatório em relação aos trabalhadores rebelados) foi maior do que a dedicada a qualquer denúncia de corrupção envolvendo o governo norte-americano naquele ano. Nos Estados Unidos, o temor provocado pelo primeiro governo operário da história tornou-se ainda maior diante dos problemas trabalhistas enfrentados pelo país. Desde a década de 1830, muitos imigrantes dos países mais pobres da Europa haviam cruzado o oceano em busca de uma vida melhor, mas acabaram vítimas da exploração em trabalhos mal remunerados e sem nenhuma regulamentação. Dois anos depois da Comuna de Paris, os Estados Unidos mergulharam na recessão posterior à falência de Jay Cooke, investidor e empresário do setor de ferrovias. Os salários caíram ainda mais e o desemprego disparou. O *New York Times* então advertiu: "Existe em Nova York uma 'classe pe-

* No *Manifesto comunista*, Marx escreveu que a revolta francesa de 1848 teria sido a primeira "luta de classes".

rigosa', similar à de Paris, apenas à espera de oportunidade ou incentivo para espalhar a anarquia e a ruína vistas na Comuna francesa".

De acordo com os historiadores, o juiz Stephen Fields apavorou-se tanto com o levante de Paris e suas implicações para a luta de classes nos Estados Unidos que assumiu como missão pessoal o fortalecimento das corporações. Sua estratégia consistia em usar a 14ª emenda, elaborada para estender os direitos constitucionais individuais aos escravos libertos, como caminho para atribuir as mesmas garantias às corporações.

Na última década do século 19, a concentração do poder corporativo tinha atingido um grau de controle tão explícito sobre a democracia norte-americana que provocou uma reação popular. Quando a Revolução Industrial deflagrou o êxodo rural em massa, cresceu a indignação pública diante de excessos como o trabalho infantil, as longas jornadas de trabalho, as condições insalubres, a baixa remuneração e a qualidade duvidosa de alimentos e medicamentos – o que levou alguns reformistas a atuarem dentro da esfera democrática para exigir novas políticas e proteções ao trabalhador.

O movimento progressista ocorrido na virada do século 20 conseguiu implementar leis para conter o poder corporativo, incluindo a primeira ampla lei antitruste (a Sherman Act, de 1898), embora a Suprema Corte limitasse sua constitucionalidade com veemência, da mesma forma como restringia a aplicação e a execução de praticamente qualquer legislação progressista. Em 1901, quando o presidente William McKinley (favorável às corporações) foi assassinado após seis meses de mandato, Theodore Roosevelt tornou-se inesperadamente o líder do país e, já no ano seguinte, deflagrou um intenso ataque aos monopólios e aos abusos do poder corporativo.

Roosevelt criou o Departamento de Comércio e Trabalho e, dentro dele, o Bureau of Corporations. Deu início, então, a uma ação antitruste com o intuito de dissolver a Northern Securities Corporation, pertencente ao J. P. Morgan e que no início do século 20 reunia 112 empresas, com valor combinado estimado em US$ 571 bilhões (em valores de 2012). O conglomerado "valia o dobro da soma de todas as propriedades de 13 estados do sul dos Estados Unidos". Em seguida, foram lançadas mais de 40 iniciativas antitruste. Dono de energia aparentemente inesgotável, o presidente Roosevelt também aprovou a Pure Food and Drug Act e garantiu proteção para mais de 230 milhões de hectares de terra, em regiões que incluem o Grand Canyon, a Muir Woods e a reserva da floresta Tongass – ao mesmo tempo em que construía o Canal do Panamá e ganhava o prêmio Nobel da paz pela intermediação da Guerra Russo-Japonesa.

No início de sua presidência, Roosevelt tomou a decisão fatal de não concorrer à reeleição em 1908, observando aquilo que George Washington definira como a "sábia medida" de exercer apenas dois mandatos (no caso, um de três anos e meio, como substituto de McKinley; outro, após vitória no pleito de 1904, completo). O sucessor escolhido a dedo, William Howard Taft, no entanto, abandonou muitas das reformas iniciadas por ele, e a marcha do poder corporativo se reanimou. Em resposta, Roosevelt começou a organizar uma campanha (criou um partido chamado Bull Moose Party) para substituir Taft na eleição presidencial de 1912.

Em outubro de 1910, Roosevelt declarou que "da mesma forma como os interesses especiais dos produtores de algodão e dos donos de escravos ameaçavam a integridade política antes da Guerra Civil, os grandes interesses empresariais muitas vezes controlam e corrompem os homens e os mecanismos de governo em benefício próprio". Um ano e meio depois, no meio da campanha eleitoral, declarou que seu partido estava envolvido em uma luta pela alma:

> O Partido Republicano enfrenta hoje uma séria crise. Precisa decidir se quer ser, como foi na era de Lincoln, um partido que representa as pessoas, o progresso e a justiça social e industrial; ou se prefere ser o partido dos privilégios e dos interesses especiais, herdeiro daqueles aos quais Lincoln se opunha com fervor, representante dos grandes interesses de Wall Street, que desejam, por meio do controle dos servidores do povo, manter-se imunes às consequências quando fazem algo errado e garantir privilégios que não merecem.

Depois de perder a eleição para Woodrow Wilson (William Taft ficou em terceiro lugar), Roosevelt continuou a defender com vigor as reformas progresistas e a contenção do poder corporativo. Afirmou que o teste mais importante para a nação ainda era "a luta dos homens livres para assegurar o direito de autodeterminação contra todos os interesses especiais, que distorcem as práticas de um governo isento para prejudicar o desejo do povo". Chegou a propor que os Estados Unidos proibissem o uso de recursos corporativos direta ou indiretamente para fins políticos e, e em vários discursos, argumentou que a Constituição "não garante direito de voto a empresa alguma". Em parte graças à defesa veemente de Roosevelt, o movimento progressista ganhou força e fez aprovar uma emenda constitucional para reverter o veto da Suprema Corte à cobrança de imposto de renda. Também foram instituídas a tributação sobre a herança e outras regulamentações para conter os abusos praticados pelas corporações.

Várias reformas progressistas tiveram continuidade durante a gestão de Woodrow Wilson, mas o pêndulo voltou a favorecer a influência corporativa sobre a democracia durante a administração de Warren Harding, marcada por casos de corrupção – como o escândalo conhecido como Teapot Dome, no qual executivos das companhias petrolíferas subornavam funcionários do governo para explorar petróleo em propriedades públicas.

Depois de três gestões republicanas subservientes às corporações, o presidente Franklin Roosevelt lançou uma segunda onda de reformas ao assumir a presidência dos Estados Unidos em 1933, em meio ao sofrimento causado pela Grande Depressão posterior à quebra da Bolsa de Valores, em 1929. O New Deal ampliou o poder do governo, que ganhou alcance e escala incríveis. Mais uma vez, a conservadora Suprema Corte obstruiu várias iniciativas progressistas, julgando-as inconstitucionais. Theodore Roosevelt havia declarado que os juízes eram "uma ameaça ao bem-estar nacional". Franklin Roosevelt concordava com isso, e propôs o aumento no quadro de integrantes do tribunal máximo do país, numa tentativa de diluir a força da maioria dos juízes, claramente defensores do poder corporativo.

Não existe consenso entre os historiadores, mas muitos acreditam que a ação de Roosevelt tenha sido decisiva para a súbita mudança de postura da Suprema Corte, que meses depois passou a aprovar a maioria das propostas do New Deal. Até hoje, alguns juristas de direita consideram essa troca de posição do tribunal como uma "traição". E, em pleno século 21, ativistas jurídicos conservadores querem reinstaurar a filosofia pré-New Deal nas decisões da justiça norte-americana.

Apesar das iniciativas de Franklin Roosevelt, os Estados Unidos enfrentaram dificuldades em alguns períodos. Em 1938, o país entrou em nova depressão econômica. Quando a nação se mobilizou para reagir às ameaças totalitárias da Alemanha nazista e do Japão imperial, o processo de recessão finalmente acabou. E assim que se posicionou como o grande vencedor do conflito mundial, o país experimentou uma notável expansão econômica, que duraria mais de três décadas. Na época, o consenso em torno de um papel governamental forte para enfrentar os problemas nacionais contava com o apoio da maioria dos eleitores e de representantes de todo o espectro político.

Na turbulenta década de 1960, porém, foram lançadas as sementes de um movimento contrário às reformas capitaneado pelas corporações. Depois do assassinato do presidente John Kennedy, em 1963, diversos movimentos sociais varreram o país, impulsionados em parte pela energia e pelo idealismo da geração nascida no pós-guerra, os *baby boomers*, então ingressando na idade adulta. O movimento em defesa dos direitos civis, o feminismo, as primeiras reivindicações pelos direitos dos homossexuais e dos consumidores, a luta de Lyndon Johnson contra a pobreza e os crescentes protestos contra a doentia obsessão anticomunista no conflito do Sudeste Asiático amedrontaram os interesses corporativos e os ideólogos conservadores, que reagiram.

Assim como a Comuna de Paris levara à radicalização do juiz Stephen Fields um século antes, no começo dos anos 1960 os movimentos sociais e seu potencial desestabilizador fizeram emergir uma geração de fundamentalistas de direita – e incutiram um senso missionário em Lewis Powell, advogado de Richmond que mais tarde viria a se tornar juiz da Suprema Corte. Powell ganhou fama por defender a indústria do tabaco depois que um médico comprovou, em 1964, a relação entre o tabagismo e o desenvolvimento de câncer de pulmão. Em 1971, ele criou o longo e histórico memorando Powell, destinado à Câmara de Comércio: o documento, confidencial, detalhava o plano de um amplo (e bem financiado) esforço de longo prazo para alterar a natureza do Congresso norte-americano, das assembleias estaduais e do sistema judiciário, com vistas a pender a balança da justiça para o lado das corporações. Apenas dois meses depois, Powell foi nomeado para a Suprema Corte pelo presidente Nixon – o memorando para a Câmara de Comércio, claro, só viria a público muito tempo depois. Ex-presidente do American College of Trial Lawyers, Powell era respeitado até por seus opontentes ideológicos, mas a agressiva tentativa de ampliar os direitos das corporações acabou por se tornar a marca de toda sua atuação no mais elevado tribunal norte-americano.

O juiz redigiu veredictos que criaram o conceito inédito do "discurso corporativo", segundo ele um aspecto a ser protegido pela primeira emenda à Constituição. Mais tarde, o tribunal usou essa doutrina para vetar várias leis que buscavam restringir o poder corporativo sempre que ele colidisse com o interesse público. Em 1978, por exemplo, Powell deu o veredicto de uma decisão tomada por cinco votos a quatro, a qual, pela primeira vez, derrubou leis estaduais que proibiam o uso de recursos corporativos em eleições (medida aprovada por referendo popular apresentado em Massachusetts), sob o argumento de que violavam a liberdade de expressão das "pessoas jurídicas". Trinta e dois anos depois, a Suprema Corte norte-americana citou a decisão de Powell para permitir que doadores aplicassem quantias ilimitadas de dinheiro em campanhas políticas sem a necessidade de prestar contas, e mais tarde recorreu à jurisprudência do caso da Southern Pacific, de 1886, para invocar a "pessoalidade" das empresas.

Embora todos concordem que as empresas são constituídas por pessoas, o absurdo da teoria de que elas "sejam" pessoas (no conceito estabelecido pela Constituição norte-americana) se evidencia quando comparamos a natureza e as motivações essenciais de uma corporação com as de um ser humano. Em sua maioria, as grandes empresas ganham do estado a permissão para atuar, mas se concentram quase que totalmente em atender às expectativas financeiras de seus acionistas. Em teoria, elas são imortais e, frequentemente, têm acesso a vastos recursos. Estima-se que 25 multinacionais norte-americanas tenham receita superior aos PIBs de muitos países. Mais da metade (53) das cem maiores economias da Terra são corporações. A Exxon-Mobil, uma das mais poderosas, considerando-se a receita e os lucros, exerce um impacto econômico sobre o mundo maior do que a Noruega.

Os indivíduos, por sua vez, tomam decisões que consideram outros fatores além de seus interesses financeiros imediatos, uma vez que se preocupam com o futuro dos filhos e netos, e não apenas com os valores a serem deixados no testamento. Os fundadores dos Estados Unidos, por exemplo, pensaram como indivíduos quando prometeram dedicar "a vida, as fortunas e a sagrada honra" a uma causa considerada bem maior do que o dinheiro. Já as "pessoas jurídicas" com frequência parecem pouco interessadas nas possibilidades de contribuir para o país no qual atuam: sua preocupação se concentra em como o país pode ajudá-los a obter lucros cada vez maiores.

Em um evento com companhias do setor petrolífero realizado em Washington, um executivo de uma concorrente pediu ao presidente da Exxon, Lee Raymond, que considerasse a possibilidade de construir mais refinarias nos Estados Unidos, como medida "de segurança" para o caso de desabastecimento no país. Segundo pessoas que testemunharam o diálogo, Raymond respondeu: "Não sou uma companhia dos Estados Unidos e não tomo decisões baseado no que é bom para os Estados Unidos". As palavras do CEO fazem lembrar do alerta dado por Thomas Jefferson em 1809, pouco mais de um mês após deixar a Casa Branca, quando escreveu a John Jay e discorreu sobre o "egoísta espírito do comércio, que não conhece nenhum território, nenhuma emoção e nenhum princípio a não ser o lucro".

Com o surgimento da Terra S.A., as empresas multinacionais desenvolveram a capacidade de jogar os estados-nação uns contra os outros, transferindo suas operações para locais onde possam pagar salários mais baixos e desfrutar de mais liberdade para fazer o que quiserem. William Niskanen, ex-presidente do Cato Institute, declarou que "as corporações se fortaleceram a ponto de representar uma ameaça para os governos", e ressaltou que "isso vale sobretudo no que se refere às multinacionais, que vão depender cada vez menos da aprovação dos governos". Em 2001, o primeiro-ministro da Índia, Manmohan Singh, solicitou a intervenção do presidente George Bush junto à Exxon-Mobil, a fim de liberar a estatal indiana de petróleo para participar de uma *joint venture* com o governo da Rússia. "Ninguém diz para esses caras o que eles têm de fazer", replicou Bush.

Os defensores do fortalecimento do mercado em detrimento da democracia acreditam que os governos, de fato, não podem ter muito espaço para "dizer como as corporações devem se comportar". Nas últimas quatro décadas, em consonância com o plano descrito no memorando Powell, as corporações e seus partidários têm tentado influenciar a indicação de juízes simpáticos a sua causa para a Suprema Corte, bem como as decisões daquele tribunal máximo, empenhando-se também em induzir a redação de leis e a aprovação de políticas que favoreçam ou ampliem o poder da iniciativa privada. Para isso, investem pesado em publicidade a fim de moldar a opinião pública, incrementam de forma significativa o número de lobistas contratados para defender seus interesses em Washington e nas assembleias regionais, e aumentam as contribuições de campanha para candidatos comprometidos com sua agenda.

Em apenas uma década, o número de comitês de ação política corporativa explodiu, passando de menos de 90 para 1.500, enquanto o total de empresas com lobistas registrados aumentou de 175 para 2.500. Os números continuaram a subir dramaticamente e, em 2010, o total gasto com a remuneração de lobistas passou de US$ 100 milhões para US$ 3,5 bilhões por ano. A Câmara de Comércio norte-americana continua na liderança das despesas com *lobby*, com um desembolso anual de mais de US$ 100 milhões – soma superior a todos os valores alocados para a atividade na época em que o chamado Powell Plan foi concebido. Outro dado ajuda a formar uma ideia da velocidade na mudança de postura em relação a esse tipo de atividade em Washington: na década de 1970, apenas 3% dos congressistas que se aposentavam empregavam-se como lobistas. Hoje, mais de 50% dos senadores e de 40% dos deputados que deixam suas respectivas casas legislativas passam a trabalhar na defesa dos interesses de corporações ou setores empresariais específicos.

Os cofres corporativos não deveriam ser a única fonte de financiamento para os esforços preconizados pelo memorando Powell, uma vez que diversas pessoas e organizações conservadoras e afluentes também assumiram posições radicais na década de 1960, período que Powell definiu como "uma guerra ideológica contra as empresas e os valores da sociedade ocidental". Quando o juiz convocou um resposta organizada e bem financiada ao "ataque maciço contra as bases da economia, a filosofia do país, o direito de administrar seus próprios interesses e até sua integridade", muitos líderes empresariais conservadores não demoraram em aderir à iniciativa.

Tome-se John Olin como exemplo. Empresário formado pela Cornell University, instituição que considerava sua *alma mater*, ele reagiu prontamente à invasão de estudantes negros a um prédio do campus universitário: orientou recursos de sua própria fundação para apoiar a ideologia da direita e para iniciativas conservadoras que pudessem deter a inclinação do governo para o lado progressista. Olin não se limitou a criar um projeto para repassar os lucros de seus negócios para sua fundação na forma de doações, mas o fez de modo a causar o máximo impacto possível. Várias outras fundações de direita financiaram esforços coerentes com o Powell Plan, entre elas a Lynde and Harry Bradley Foundation e a Adolph Coors Foundation.

Talvez a parte mais eficiente dessa tão generosamente financiada estratégia conservadora tenha sido o foco em colocar nos tribunais federais, em especial a Suprema Corte, seus aliados ideológicos. O Powell Plan apontava de forma específica que "em nosso sistema constitucional, sobretudo com uma Suprema Corte com orientação alinhada, o poder judiciário pode representar o instrumento mais importante para as mudanças sociais, econômicas e políticas... Trata-se de uma oportunidade imensa para a Câmara de Comércio, desde que, de sua parte, as empresas estejam dispostas a fornecer os recursos para isso".

Na sequência, os interesses corporativos ganharam força e persistência particulares na forma de *lobbies* para rechear os tribunais de juízes sensíveis a propostas jurídicas que resultassem na redução dos direitos individuais, na contração da democracia e na ampliação da liberdade de ação para as corporações. Outra medida foi a criação de faculdades de direito com orientação conservadora, destinadas a formar toda uma geração de advogados avessos a qualquer reforma, além de uma rede de fundamentos legais para influenciar os rumos da jurisprudência norte-americana. Dois juízes da Suprema Corte chegaram a tirar férias bancadas por empresas em resorts nos quais participaram de seminários de instrução legal organizados por corporações.

Enquanto isso, o bem estruturado movimento contrário às reformas criava e sustentava grupos de reflexão encarregados de produzir pesquisas e projetos políticos em consonância com a promoção dos interesses corporativos, além de financiar a mobilização política em níveis local, estadual e nacional. Nos anos 1980 e 1990, tais iniciativas converteram-se numa árdua luta para colocar adversários das políticas governamentais nas assembleias estaduais, no Congresso e até na Casa Branca. A derrota de Jimmy Carter para Ronald Reagan foi a primeira conquista de peso, e o controle do Congresso em meados da década de 1990 consolidou a capacidade desses movimentos de congelar as reformas mais progressistas.

Em parte, as políticas de Franklin Roosevelt (que durante várias décadas contaram com o apoio de presidentes e congressistas republicanos e democratas) tornaram-se vítimas do próprio sucesso. Com a ascensão de dezenas de milhões de pessoas à classe média, muitas perderam o entusiasmo por intervenções governamentais consistentes – e um dos motivos foi a resistência à tributação necessária para financiar uma intervenção mais atuante do governo na economia. Os sindicatos, uma das poucas forças organizadas que apoiavam a reforma continuada, perderam membros com a transferência de empregos da indústria para o setor de serviços e conforme os processos de *outsourcing* e *robosourcing* atingiram a classe média. Nas últimas três décadas, a natureza e as fontes da força econômica norte-americana mudaram à medida que a produção industrial declinou. O ramo norte-americano da Terra S.A. não pode ser conduzido apenas pelos salários (os investimentos também são críticos), mas esse fator é importante e muito pouco notado.

No início em baixa velocidade, mas depois com um impulso crescente, a ideologia predominante nos Estados Unidos (o capitalismo democrático) mudou totalmente seu eixo. Durante as décadas de embate com o comunismo, a coesão interna entre as esferas democráticas e conservadoras era especialmente forte. Com o desaparecimento do rival ideológico e a consolidação do capitalismo democrático na posição de doutrina predominante na maior parte do mundo, as tensões internas entre as duas tendências voltaram a surgir. Com a aceleração da globalização econômica, as restrições à atuação das empresas foram ferozmente combatidas pelas multinacionais. Com fervor triunfalista e os enormes recursos disponibilizados a partir da implementação do Powell Plan, forças corporativas e de direita começaram a reduzir o papel do governo na sociedade norte-americana, ao mesmo tempo em que fortaleciam o alcance do interesse privado.

Os fundamentalistas corporativos passaram a defender a redistribuição do poder de decisão, transferindo-o dos processos democráticos para os mecanismos de mercado. Não faltaram projetos para a privatização (e "corporatização") de escolas, prisões, hospitais, estradas, pontes, aeroportos, empresas de fornecimento de água e de energia elétrica, forças policiais, corpos de bombeiros, atendimentos de emergência, algumas operações militares e outras funções básicas até então sob a incumbência de governos democraticamente eleitos.

Por outro lado, praticamente qualquer proposta fundamentada na autoridade governamental (mesmo quando apresentada, discutida, projetada e decidida por meio de um processo democrático) logo recebia o rótulo de perigoso e desprezível passo rumo ao totalitarismo. Defensores de políticas concebidas em uma gestão democrática e implementadas por meio de instrumentos de autodeterminação, não raro, passaram a ser acusados de agentes da desacreditada ideologia triunfalmente derrotada pelo capitalismo. Até a iniciativa de invocar um bem chamado "interesse público" era ridicularizada e tratada como conceito perigoso e antiquado.

Até então, a injeção de grandes somas de dinheiro no processo político tinha convencido muitos democratas e quase todos os republicanos a adotar a nova ideologia, que defendia a ampliação do espaço para os ditames do mercado, em detrimento da prática democrática. Durante esse período de transição, a televisão ocupou o lugar da imprensa escrita como principal fonte de informação para a maioria dos eleitores e a importância do dinheiro na campanhas políticas elevou-se, o que conferiu às empresas e a outros grandes doadores um grau ainda mais insalubre de poder sobre as deliberações do Congresso e das assembleias regionais.

Quando as decisões do país deixam de resultar do debate democrático para ser determinadas por motivações dos poderosos, as consequências podem se revelar devastadoras para os interesses do povo americano. Políticas sociais deficitárias e mal implementadas deram origem a um declínio relativo nas condições de vida. Na comparação com as outras 19 democracias industriais que fazem parte da Organização para a Cooperação e Desenvolvimento Econômico (Ocde), os Estados Unidos detêm a maior desigualdade de renda e a taxa de pobreza mais elevada, além do pior índice de "bem-estar material das crianças", de acordo com a ONU. Apresentam, ainda, as maiores taxas de pobreza infantil e de mortalidade na infância; a maior população carcerária e a maior taxa de homicídios; os maiores gastos com a saúde e a maior porcentagem de cidadãos incapazes de bancar os serviços de atendimento médico-hospitalar.

Ao mesmo tempo, o sucesso dos interesses corporativos em reduzir as regulamentações criou novos riscos para a economia norte-americana. Para dar um exemplo, a desregulamentação do setor de serviços financeiros, que acompanhou o aumento maciço dos fluxos de comércio e de investimento em todo o mundo, resultou na crise do crédito de 2007 até se desdobrar na Grande Recessão (chamada por alguns economistas de "Segunda Grande Contração" ou "Depressão Menor").

As consequências internacionais do espetacular fracasso do mercado abalaram a confiança mundial na liderança dos Estados Unidos e em sua política econômica, marcando o fim de um extraordinário período de supremacia incontestável. Os países haviam aderido ao chamado Consenso de Washington, aceito como a melhor fórmula para transformar suas economias em um território seguro e construir um crescimento sustentável. Embora a maioria das recomendações políticas contidas no consenso tenha sido vista como reflexo do bom-senso econômico, elas tendiam a ampliar a ingerência do mercado nas economias nacionais, por meio da remoção das barreiras ao comércio global e aos fluxos de investimento.

Dois outros fatores se somaram à crise econômica de 2007-08 para minar a liderança dos Estados Unidos. Em primeiro lugar, a ascensão da economia da China, que ignorou as prescrições do Consenso de Washington e teve todo seu sucesso creditado à adoção de uma forma peculiar de capitalismo. O segundo fator foi a catastrófica invasão do Iraque pelos Estados Unidos, por razões que mais tarde se revelariam falsas e desonestas.

Dentro dos Estados Unidos, uma medida de quão distorcida anda a "conversa sobre a democracia" foi a mais significativa reação "populista" do sistema político logo após a catástrofe econômica. Em vez do clamor por regulamentações progressivas capazes de impedir a repetição do desastre, o que se viu foi uma reivindicação de embasamento duvidoso e inspiração direitista comandada pelo Tea Party, que defendia *menos* intervenção governamental. Esse movimento foi financiado e incorporado por lobistas de direita, que aproveitaram o sentimento de indignação popular e investiram na defesa de uma agenda favorável aos interesses corporativos, diminuindo ainda mais a capacidade do governo de conter abusos. Em 2011, integrantes extremistas do Tea Party instalados no Congresso quase impuseram um padrão de administração do país, e ameaçaram repetir a dose no final de 2012.

Parte do súbito fortalecimento do Tea Party se deve à atuação do canal a cabo Fox News, que, sob o comando de Rupert Murdoch e a liderança do ex-estrategista de mídia de Richard Nixon, Roger Ailes, superou os sonhos mais ousados do Powell Plan no que se refere a mudanças na televisão norte-americana. Powell sugeria que "as redes nacionais de TV devem ser controladas da mesma forma que os livros têm de ser mantidos sob vigilância constante", e clamava por "uma oportunidade para os defensores do sistema americano" dentro da mídia televisiva.

A falta de habilidade dos Estados Unidos para tomar decisões difíceis agora começa a ameaçar o futuro econômico do país – e também as chances de que a comunidade mundial encontre o rumo de um porvir sustentável. A acirrada divisão político-partidária vigente nos Estados Unidos polariza o país, mas a evolução da trajetória de democratas e de republicanos vem acentuando ainda mais as diferenças. À primeira vista, os republicanos se deslocaram para a direita, afastando os moderados e eliminando seus adeptos mais liberais, que compunham uma minoria significativa dentro do partido. Ainda em uma análise superficial, os democratas aparentemente se deslocaram para a esquerda, em grande parte isolando seus pares moderados e conservadores, que também desempenhavam papel importante no partido.

Olhando além da superfície, porém, as mudanças são bem mais complexas. Os dois partidos tornaram-se extremamente dependentes da indústria do *lobby* e do dinheiro necessário para comprar horários na televisão e garantir as reeleições. Com isso, os setores mais ativos na compra de influência (financeiro, farmacêutico, indústrias poluidoras, entre outros) podem sempre contar com a maioria em ambos os partidos para legislar em favor de seus interesses específicos. O capitalismo democrático, ideologia predominante nos Estados Unidos, sofreu assim uma histórica mudança em suas bases, com a esfera do capital sobrepujando a da democracia, o que resulta em grande apoio, entre republicanos e democratas, a medidas limitadoras do papel do governo.

Essa guinada à direita se mostra tão acentuada que, não raro, hoje se vê democratas apresentarem propostas (originalmente concebidas por republicanos há poucos anos) que logo são repelidas e rotuladas como "medidas socialistas". O impasse resultante ameaça o futuro de programas sociais de grande apreço popular, como o Medicare e o Social Security (a Previdência Social dos Estados Unidos), e acentua as divisões partidárias sobre questões consideradas básicas e inegociáveis em ambos os lados. As tensões têm crescido com mais intensidade do que em qualquer outro momento da história norte-americana desde as décadas anteriores à Guerra Civil.

Aos olhos mais críticos, o "fundamentalismo de mercado" ganhou uma adesão quase religiosa, similar à adotada por muitos marxistas antes do fracasso do comunismo, embora aqueles a quem o rótulo se aplica acreditem que os liberais e progressistas é que são devotos fanáticos do "estatismo". A autogovernança dos Estados Unidos encontra-se quase totalmente disfuncional, incapaz de tomar as decisões importantes e necessárias para recuperar o controle de seu destino.

James Madison, um dos mais articulados fundadores dos Estados Unidos, alertou em um do artigos do *Federalist* para a "propensão da humanidade para cair em animosidades mútuas" e se fragmentar formando grupos, partidos ou facções opostas:

> As causas latentes de divisão são semeadas na natureza do homem e podemos vê-las em todos os lugares, aplicadas em diferentes graus de atividade, de acordo com as diferentes circunstâncias da sociedade. O fervor diante de opiniões divergentes sobre religião, governo e muitos outros pontos, tanto nas especulações como nas práticas; o apoio a diferentes líderes que disputam a preeminência e o poder, ou a pessoas cujas fortunas têm sido interessantes para as paixões humanas, têm, por sua vez, dividido a humanidade em partidos, inflamados por uma animosidade mútua que os deixou muito mais propensos a maltratar e a oprimir uns aos outros do que a cooperar para o bem comum.

Madison observou que essa tendência na natureza humana é tão forte que até "as diferenças mais frívolas e fantasiosas bastaram para acender suas paixões hostis e animar os conflitos mais violentos". O autor destacou ainda "a fonte de divisão mais comum e durável de todas", que, segundo ele, era "a distribuição desigual e diferente da propriedade".

Desde 1929, a desigualdade na distribuição das riquezas, das propriedades e da renda nunca foi tão grande nos Estados Unidos. A eclosão do movimento Occupy ganhou força com a conscientização da maioria dos americanos de que o funcionamento do capitalismo democrático em sua forma atual está produzindo resultados injustos e intoleráveis. Mas o enfraquecimento do estado no que se refere a decisões democráticas e o crescente avanço do capital e do poder corporativo paralisaram a capacidade de tomar decisões racionais em favor de políticas capazes de solucionar o problema.

Infelizmente, essas duas tendências se reforçam. Quanto maior o controle que detiverem sobre as decisões, mais os ricos e poderosos conseguirão assegurar que os novos mecanismos legais favoreçam suas fortunas e seu poder. Esse clássico círculo vicioso não só aumenta a desigualdade como também dificulta a busca de soluções democráticas para reduzi-la.

A questão da desigualdade tornou-se uma linha divisória nos âmbitos político, ideológico e psicológico. Os neurocientistas e psicólogos aprofundaram a compreensão dos cientistas políticos sobre a verdadeira natureza da divisão entre "esquerda e direita" ou entre "liberais e conservadores" nas políticas de cada país. Algumas pesquisas apontam que essas diferenças também são "semeadas na natureza do homem", e que em todas as sociedades existe uma divisão básica entre os relativamente mais tolerantes e os relativamente menos tolerantes diante da desigualdade.

A mesma divisão separa as pessoas relativamente mais ou menos inclinadas a cuidar dos mais fracos ou mais necessitados, a reconhecer o respeito às autoridades (em especial ante à ameaça de desordem), a reforçar a lealdade a um grupo ou país, a demonstrar patriotismo e a honrar a superioridade de símbolos e objetos que representam os valores comuns. Os dois grupos valorizam a liberdade e a justiça, mas compreendem esses conceitos de forma diferente. Pesquisas recentes indicam que tais diferenças de temperamento podem ter uma base genética, mas talvez (o que é mais importante) sejam reforçadas pelos estímulos sociais.

A questão da desigualdade também se encontra na linha divisória ideológica entre a democracia e o capitalismo. Para os defensores do capitalismo, a desigualdade é considerada uma condição necessária e óbvia para incentivar a atividade produtiva. Se alguns recebem recompensas imensas do mercado, não se trata de um resultado benéfico apenas para os contemplados pelo prêmio, mas sim para o sistema como um todo, pois sinaliza aos outros o que pode acontecer se eles também forem mais produtivos.

Para aqueles que priorizam a democracia, a desigualdade persistente é intolerável e tende a despertar o desejo por mudanças nas políticas subjacentes que resultam numa sociedade desigual. A tributação das heranças, por exemplo, é um ponto nevrálgico na política norte-americana. Quando uma pessoa de posses morre e deixa uma grande fortuna, os liberais não veem motivo para não tributar essa soma e redistribuir os recursos resultantes para diminuir a desigualdade, mas, para os conservadores, proteger a integridade da herança para os descendentes constitui mais um incentivo individual para o acúmulo de riqueza durante a vida. Além disso, consideram a imposição do que chamam de "imposto sobre a morte" (expressão cunhada por um estrategista conservador após cuidadosa pesquisa para identificar os termos que mais despertam o sentimento de indignação) como uma violação da liberdade. Em meu ponto de vista, é um absurdo eliminar os impostos sobre as heranças – na verdade, eles deveriam ser aumentados. A extrema concentração de riqueza é destrutiva para a vitalidade econômica e para a saúde da democracia.

Qualquer esforço legislativo para corrigir a desigualdade com medidas financiadas por impostos basta para aprofundar a cisão entre as duas facções adversárias mais proeminentes nos Estados Unidos. Um movimento empresarial contrário às reformas, iniciado na década de 1970, fundamentava-se em uma cínica estratégia conhecida como *starve the beast* ("mate a fera de fome"), alegando defender a importância de "equilibrar o orçamento" e "reduzir os déficits". Com isso, conseguiu emplacar cortes fiscais substanciais, passo inicial de um plano para usar a resultante escassez de recursos como desculpa para forçar a redução do papel do governo – tudo como parte de um esforço maior com vistas a reforçar o poder do mercado em detrimento do processo democrático.

Para os defensores da democracia norte-americana, o mais preocupante é que a influência claramente decisiva do dinheiro na política conferiu aos representantes do capital e do poder corporativo vigor suficiente para implementar sua agenda, apesar da oposição de uma parcela considerável dos norte-americanos. Assim, os que pregam a expansão do papel do mercado e reivindicam a restrição do espaço democrático – única instância que permite instaurar políticas de contenção dos abusos e dos riscos de ruptura muitas vezes associados à atividade desenfreada do mercado – representam hoje uma ameaça real para a lógica do estado-nação.

Entre outros fatores, a classe média norte-americana tem sido afetada pela emergência da Terra S.A., pelo aumento do número de aposentados e pelo avanço na disponibilidade de caras tecnologias de saúde. O resultado é uma crise financeira em rápida evolução, que ameaça a capacidade de liderança mundial dos Estados Unidos. O endividamento do governo em relação ao PIB corre risco de sair do controle e, segundo estudo realizado pelo Congressional Budget Office, em 2013 a dívida pública chegará a 70% do PIB – ou poderá ultrapassá-lo, caso o cálculo considere o dinheiro que o governo deve para ele mesmo.

Apesar de o tão comentado rebaixamento na classificação dos títulos norte-americanos pela Standard & Poors, em 2011, não ter gerado efeito perceptível na demanda dos papéis, os especialistas não descartam a possibilidade de uma súbita perda de confiança no dólar e na viabilidade financeira norte-americana na próxima década. Em parte por causa da fragilidade do euro e da falta de confiança na moeda chinesa, o yuan (ou renminbi, RMB), o dólar americano continua como moeda de referência do mundo. Por essas e outras razões, os Estados Unidos ainda conseguem empréstimos em outros países a juros bem baixos – no período em que este livro foi escrito, a taxa era de menos de 2% para títulos de dez anos.

No entanto, os iminentes problemas financeiros parecem ser grandes o suficiente para provocar uma súbita perda de confiança no futuro do dólar, e seria preciso recorrer a uma elevação repentina nas taxas de juros do governo para pagar os credores. A correção em apenas um ponto percentual sobre os aumentos projetados nas taxas de juros sobre a dívida acrescentaria cerca de US$ 1 trilhão nos pagamentos a serem feitos na próxima década.

Sob vários aspectos, a força da economia de qualquer país é fundamental para o exercício do poder, uma vez que sustenta a capacidade de financiar exércitos e armamentos, de fornecer ajuda externa e de costurar acordos comerciais para formar as alianças necessárias. Permite, ainda, a construção de uma infraestrutura de ponta e a disponibilização de bens públicos, como educação, capacitação profissional, segurança pública, pagamento de pensões, sistema jurídico, atendimento à saúde e proteção ambiental. Também viabiliza a oferta de estímulo à atividade de pesquisa e desenvolvimento, hoje fundamental para obter acesso aos frutos da crescente revolução tecnológica e científica.

De uma forma mais ampla, para que possa exercer de maneira consistente o poder (seja ele militar, econômico, político ou moral), uma nação depende de uma série de fatores, tais como:

- A habilidade de criar políticas inteligentes e implementá-las de forma eficaz e oportuna, o que requer um processo de tomada de decisão racional e transparente, além de um consenso nacional para apoiar essas medidas – sobretudo quando elas exigem investimento de longo prazo. O Plano Marshall, por exemplo, não seria aprovado sem o apoio dos dois partidos no Congresso e a disposição da sociedade norte-americana em alocar recursos significativos para um projeto visionário, implantado ao longo de décadas.
- A coesão de sua sociedade, o que em geral decorre da percepção de igualdade na distribuição de renda e do patrimônio líquido, e um contrato social que atenda satisfatoriamente às reais necessidades e no qual o poder governamental se baseie no reconhecimento legítimo por parte dos cidadãos. A manutenção da coesão também requer o cuidado e o respeito às experiências e às perspectivas das minorias, além de uma compreensão ampla dos benefícios da agregação de imigrantes.
- A proteção aos direitos de propriedade, o cumprimento dos contratos e as oportunidades de investimento sem riscos irracionais de perda de dinheiro.
- O desenvolvimento e o reforço de políticas monetárias e fiscais sustentáveis e de regulamentações bancárias capazes de reduzir o risco de problemas no mercado, sem acentuar as oscilações nos ciclos econômicos. O sucesso na economia também requer investimentos em infraestrutura, pesquisa e desenvolvimento, além de um adequado esforço antitruste.
- O desenvolvimento do capital humano, com investimentos pertinentes em educação e capacitação profissional, em saúde física e mental, e nos cuidados e na alimentação das crianças. A Revolução da Informação tem acentuado a importância de investir no capital humano e de atualizar regularmente as estratégias de ação nesse campo.
- A proteção, conservação e manejo do capital natural, por meio da proteção ambiental e da eficiência energética. A crise climática

mundial demanda um planejamento amplo para nos adaptarmos às grandes mudanças do futuro, além de atenção à necessidade de reduzir sem demora as emissões de gases geradores do aquecimento global.

Os Estados Unidos estão deixando de atender a muitos desses fatores, mas não se trata do único estado-nação cuja capacidade de tomar grandes decisões sobre o futuro foi colocada em risco. A mudança mais significativa na balança das forças mundiais envolve o relativo declínio no poder efetivo dos estados-nação em geral. Segundo Joseph Nye, professor de Harvard, "a difusão do poder desassociado do governo é uma das grandes mudanças políticas deste século".

ESTADOS-NAÇÃO EM TRANSIÇÃO

Uma das principais razões para o declínio constante da influência dos estados-nação tem sido o aumento do poderio das corporações multinacionais. A redistribuição do poder econômico e a iniciativa das multinacionais de operar ao mesmo tempo em várias jurisdições nacionais (mesmo exercendo cada vez mais influência na política interna de seus países de origem) vêm esvaziando de maneira significativa o papel dos estados-nação.

Com a capacidade de terceirizar e automatizar sua produção, muitas empresas já não demonstram interesse em apoiar melhorias nos sistemas nacionais de educação e outras medidas para aumentar a produtividade em seus países-sede. E, com o surpreendente crescimento dos fluxos de comércio e de investimento, os conglomerados multinacionais desempenham um papel mais relevante do que nunca. Alguns cientistas políticos afirmam que a influência das corporações na gestão moderna pode ser comparada à força da Igreja medieval durante o feudalismo.

A integração da economia global transferiu boa parte do poder para os mercados. Os imensos fluxos de capital que circulam em redes digitais pela Terra S.A. tornaram algumas economias nacionais bastante vulneráveis à circulação do que ficou conhecido como "*hot money*", sempre que os mercados globais manifestam uma percepção negativa sobre a viabilidade das políticas monetária e fiscal dessas nações. Bancos internacionais e agências de classificação de títulos ganharam mais importância nos debates nacionais sobre tributação e gastos. A Grécia é apenas o exemplo mais conhecido de como muitos países perderam o controle sobre suas próprias decisões; em primeiro lugar, tem de se submeter à União Europeia, que na prática sustenta o país, e também aos bancos internacionais, que gerenciam sua dívida.

A histórica redução do poder, da influência e das perspectivas dos integrantes da zona do euro (nações europeias que se reuniram em torno de uma política monetária comum) resulta, em grande medida, de uma amplamente reconhecida falha na tomada de decisão desses países, que apostaram em postergar a maior integração de suas políticas fiscais (em última análise, uma medida essencial para viabilizar a moeda única) até que o impulso político rumo à unidade concretizasse esse passo.

Alguns documentos lançados há pouco tempo confirmam que, na época da fundação da zona do euro, havia a consciência generalizada, sobretudo na Alemanha, de que os países do sul da Europa não estavam nem perto das condições fiscais necessárias para reduzir o risco de integração monetária. O chanceler Helmut Kohl e outros líderes europeus, contudo, decidiram que os benefícios da unidade continental valiam a aposta de que a coesão poderia ser mantida até que se construísse o apoio necessário para uma integração fiscal mais rígida. Quando a crise financeira de 2007 e 2008 expôs esse equívoco, os mercados de crédito cobraram a aposta da União Europeia.

De modo geral, a Europa enfrenta hoje duas opções. Uma delas consiste em reconhecer o fracasso da experiência da zona do euro e simplesmente diminuir o número de nações que permanecerão no acordo ao lado da Alemanha e da França, núcleo da economia europeia. Essa opção enfrenta rejeição por várias razões: não existem procedimentos legais para a retirada de um país desse bloco econômico; a transição do euro de volta para uma moeda nacional (num país como a Grécia, por exemplo) tende a ser extremamente dolorosa e cara; e a Alemanha se veria novamente ameaçada por desvalorizações competitivas – em países como a Itália, por exemplo – sempre que a força de sua economia incomodasse excessivamente os países vizinhos.

A segunda opção seria encaminhar de forma rápida e corajosa a unificação fiscal da zona do euro, apesar das disparidades entre a economia alemã e as dos países do sul do continente, em termos de força e produtividade. No entanto, a única maneira de manter algo semelhante a uma paridade relativa nos padrões de vida de uma Europa unificada seria se a Alemanha se incumbisse de bancar subsídios aos orçamentos dos países europeus mais pobres durante, no mínimo, uma geração. A longo prazo, esse talvez fosse um bom negócio para os germânicos, mas convém lembrar que os contribuintes relativamente mais prósperos do país (habitantes da antiga Alemanha Ocidental) já subsidiaram seus compatriotas menos abastados durante duas décadas desde a reunificação com a Alemanha Oriental, o que custou cerca de US$ 2,17 trilhões. A disposição geral para assumir uma nova fatura, portanto, é bem pequena.

A incapacidade dos líderes europeus em promover a integração fiscal e em movimentar-se com mais velocidade rumo a uma Europa unificada gerou uma grave crise política e econômica, que ameaça desfazer um dos mais importantes êxitos geopolíticos obtidos pelos Estados Unidos no rescaldo da Segunda Guerra Mundial. O enfraquecimento da coesão política e do vigor econômico na Europa Ocidental (sem contar as duradouras paralisia política e desaceleração econômica do Japão) também cria dificuldades inéditas para os Estados Unidos em seu papel de líder mundial.

Assim como acontece com a ideologia associada ao capitalismo democrático, o conceito político de estado-nação também é formado por duas ideias sobrepostas. O conceito de nação baseia-se na identidade comum entre as pessoas que vivem em um território nacional – ainda que não falem o mesmo idioma (embora esse seja o caso da maioria), geralmente partilham a sensação de pertencer a uma comunidade nacional. O estado, por outro lado, constitui uma entidade administrativa, legal e política que fornece a infraestrutura, a segurança e a estrutura jurídica que regem a vida das pessoas. Quando os dois conceitos se sobrepõem, o resultado é o tipo de nação que costumamos identificar como a principal forma de organização da civilização global.

Existe um animado debate histórico sobre as origens do estado-nação. Os primeiros grandes "estados" surgiram há cerca de 5.400 anos, quando a Revolução Agrícola produziu pela primeira vez grandes excedentes de alimentos em áreas com diversidade vegetal e especialmente adequadas para o cultivo: os vales do rio Nilo, no Egito; do rio Amarelo, na China; do rio Indo, na Índia; dos rios Tigre e Eufrates, na Crescente Fértil e nas proximidades de Creta. Esses estados também surgiram em várias outras partes do mundo, entre elas o México, os Andes e o Havaí.

O casamento entre o "estado" e a "nação" aconteceu bem mais tarde. Na prática, os estados-nação modernos foram criados como consequência da revolução decorrente da invenção da imprensa. Durante a maior parte da história humana, essa não foi a forma de organização dominante e, por vários milênios, cidades-estado, confederações e tribos coexistiram em amplas áreas do planeta. Embora existam alguns poucos exemplos anteriores ao advento da imprensa, a emergência do estado-nação moderno como forma dominante de organização política ocorreu somente quando a propagação de livros e folhetos impressos em idiomas compartilhados estimulou o estabelecimento de identidades nacionais comuns.

Antes da disseminação da imprensa, línguas como o francês, o espanhol, o inglês e o alemão, entre outras, comportavam uma multiplicidade de variações tão díspares que os falantes de dialetos diferentes muitas vezes tinham dificuldade para se comunicar. Depois da revolução da impressão, porém, os imperativos econômicos da reprodução mecânica e maciça de textos propiciaram grande impulso no sentido da uniformização de cada idioma, adotado como principal dentro de cada território nacional. O surgimento de uma identidade de grupo nos locais em que a maioria das pessoas falava, lia ou escrevia na mesma língua criou as condições que levaram ao surgimento do estado-nação moderno. A Reforma e a Contrarreforma desencadearam paixões que se somaram a essas novas identidades nacionais e resultaram em uma longa série de guerras sangrentas que culminaram, em 1648, no Tratado da Westfália, o qual formalizou a construção de uma nova ordem na Europa, com base na primazia dos estados-nação e no princípio da não interferência em assuntos externos.

Logo em seguida, a disseminação das notícias, impressas nas línguas de cada país e apresentadas dentro de um código de referência nacional, reforçou as identidades nacionais. Ao longo do tempo, a ampliação do conhecimento cívico também propiciou o surgimento da democracia representativa e dos representantes eleitos. Quando os povos conquistaram autoridade política para a criação de leis e políticas próprias, os atributos de estado se fundiram aos de nação.

Durante a Revolução Industrial, a construção de redes de transporte, como ferrovias e estradas, estendeu ainda mais o papel político dos estados-nação e fortaleceu a consolidação das identidades nacionais. Ao mesmo tempo, a natureza e a escala das tecnologias industriais ampliaram potenciais pontos de conflito entre as operações de mercado e as prerrogativas políticas do estado.

A coesão interna do estado-nação moderno também ganhou reforço com a introdução de currículos nacionais nas escolas, os quais, além de defenderem a adoção de um dialeto nacional comum, também espalharam o entendimento partilhado das histórias e culturas nacionais, geralmente de forma a enfatizar os mitos e episódios mais positivos em cada nação, muitas vezes excluindo narrativas que pusessem em questão os sentimentos de nacionalismo. Os livros didáticos japoneses, por exemplo, por minimizar episódios como a invasão e ocupação da China e da Coreia, tornaram-se objeto de polêmica.

Tecnologias globais transnacionais, como a internet e a televisão por satélite, hoje exercem influência em âmbitos antes mantidos sob o controle dos estados-nação. Muitas televisões regionais por satélite dispensam o quadro de referência nacional ao apresentar seus noticiários. E a internet, em particular, vem complicando várias estratégias anteriormente invocadas pelos estados-nação para construir e preservar a coesão nacional. Da mesma forma como a imprensa operou padronizações linguísticas e consolidou identidades nacionais, a internet hoje viabiliza a transferência de conhecimento de um povo a outro. O Google Translate, maior sistema automático de tradução de idiomas, trabalha com mais de 64 línguas e permite traduzir em apenas um dia mais documentos, artigos e livros do que todos os tradutores do mundo seriam capazes de fazer ao longo de um ano.

O número de textos traduzidos por computador vem aumentando exponencialmente. Estima-se que 75% do total das web pages sejam traduzidas para outras línguas a partir do inglês, daí o entendimento disseminado de que esse idioma seja a língua da internet. Na verdade, existem mais internautas falantes do chinês, mas a maioria do conteúdo disperso pelo mundo é redigido em inglês.

As versões oficiais das histórias das nações, apresentadas nos currículos dos sistemas de ensino público obrigatório, enfrentam agora a concorrência de relatos amplamente disponíveis na internet. Muitas vezes, essas abordagens "alternativas" se aproximam bem mais da verdade – é o caso das minorias que vivem dentro dos estados-nação e cujo histórico de sofrimento já não pode mais ser escondido ou minimizado com tanta facilidade.

Por essas e outras razões, o fator de unidade entre alguns países, apesar das diferenças quanto à origem étnica, linguística e religiosa, tribal e histórica, parece estar perdendo parte de sua força. A Bélgica, por exemplo, tem direcionado o poder antes atribuído ao governo nacional para as administrações regionais. As regiões de Flandres e da Valônia não são estados-nação do ponto de vista técnico, mas poderiam ser.

Em várias partes do mundo, os movimentos subnacionais de afirmação identitária mostram-se cada vez mais impacientes (e, em alguns casos, mais agressivos) na reivindicação de sua independência. Os estados-nação já foram definidos como "comunidades imaginadas", já que é impossível para seus cidadãos interagirem com todos os outros integrantes da comunidade nacional. Assim, o que forma a base para essa vinculação é a identidade partilhada. Se tais vínculos não estão tão fortes como se imagina, os laços identitários podem se transferir para outros fatores – com frequência, anteriores à formação do estado-nação.

Em muitas regiões, o fortalecimento do fundamentalismo também está relacionado com a fragilização dos laços psicológicos de identidade de um estado-nação. Seja islâmico, hinduísta, cristão, judaico ou até budista, o fundamentalismo constitui uma fonte de conflito no mundo contemporâneo, fato que não surpreende os historiadores. Afinal, foi a necessidade desesperada de controlar as guerras religiosas e a violência entre diferentes grupos que culminou na codificação oficial dos estados-nação como forma básica de administração.

Em plena Guerra Civil Inglesa, Thomas Hobbes propôs um dos primeiros e mais decisivos argumentos para um "contrato social" com o objetivo de evitar a "guerra de todos contra todos", atribuindo o monopólio da violência para o estado-nação e garantindo ao soberano de cada estado (não importa se fosse um rei ou uma "assembleia de homens") a total autoridade para "fazer a guerra e manter a paz... e comandar os exércitos".

O nacionalismo revelou-se um poderoso causador de conflitos bélicos no decorrer dos três séculos que separaram o Tratado da Wesfália e o término na Segunda Guerra Mundial. Com a industrialização do setor de armamentos, que passou a contar com metralhadoras, gases letais, tanques, aviões e mísseis, o poder destrutivo cresceu e provocou um imenso número de mortes nas guerras ocorridas no século 20. A necessidade dos estados-nação de impor a ordem dentro de suas próprias fronteiras gerou, com frequência, tensões internas – a fim de diluí-las e reforçar a coesão nacional, tornou-se comum o estratagema de desviar o foco e projetar a violência contra um estado-vizinho. Tragicamente, algumas vezes o monopólio da violência concedido ao estado também foi utilizado contra setores minoritários de sua própria população.

Com o fim da Primeira Guerra Mundial, vários estados-nação foram criados por iniciativa dos Estados Unidos, Inglaterra e outros países europeus, na tentativa de impor a estabilidade em regiões como o Oriente Médio e a África, nas quais as diferenças tribais, étnicas e grupais ameaçavam perpetuar a violência. Um dos principais exemplos de comunidade imaginada era a Iugoslávia: enquanto a ideologia unificadora do comunismo foi imposta a esse amálgama de povos distintos, o país funcionou razoavelmente bem por três gerações.

Porém, quando o regime comunista ruiu, a "cola" dessa nação imaginada não teve força para preservar a unidade. O grande poeta russo Yevgeny Yevtushenko descreveu o que aconteceu por meio da metáfora de um mamute pré-histórico encontrado congelado da Sibéria. Quando o gelo derreteu, a carne descongelou e os vermes acomodados nas entranhas do animal entraram em ação, decompondo-o. Da mesma forma, as antigas animosidades entre cristãos ortodoxos sérvios, católicos croatas e muçulmanos bósnios desfizeram a união do que hoje conhecemos como "ex-Iugoslávia".

Não por acaso, 15 séculos atrás, a fronteira entre Sérvia e Croácia servira de divisa entre as partes ocidental e oriental do Império Romano – e, há 750 anos, o limite geográfico entre sérvios e bósnios marcava a linha divisória entre o islamismo e o cristianismo. Depois da dissolução da Iugoslávia, o novo líder da Sérvia independente foi até o disputado território de Kosovo para lembrar o 600º aniversário de uma importante batalha travada ali, na qual o Império Otomano venceu os sérvios. Com um discurso demagógico e belicista, ele reavivou antigos ódios envoltos na memória dessa derrota tão distante a fim de alimentar a violência genocida contra bósnios e croatas.

A herança dos impérios continuou a prejudicar o arranjo geopolítico mundial mesmo depois que os estados-nação tornaram-se a forma de organização política dominante. Nas últimas três décadas do século 19, os países europeus colonizaram cerca de 2 milhões de quilômetros quadrados na África e na Ásia, o que corresponde a 20% de todo o território do planeta, dominando cerca de 150 milhões de pessoas (na verdade, vários estados-nação modernos continuaram a controlar impérios coloniais até a segunda metade do século 20). Em um dos muitos exemplos, a fragmentação do Império Otomano ocorrida após o final da Primeira Guerra Mundial levou as potências ocidentais a decidirem pela criação de novos estados-nação no Oriente Médio, alguns reunindo povos, tribos e culturas que nunca haviam partilhado de uma mesma comunidade "nacional" – como o Iraque e a Síria. Não é coincidência que nesses dois países, hoje, essa unidade artificial tenha vindo à tona.

Com o enfraquecimento da coesão nos estados-nação, uma nova inquietação emerge em todo local onde os povos sentem uma identidade forte e coerente distinta daquela propalada pelo estado-nação no qual vivem. Do Curdistão à Catalunha e à Escócia, da Síria à Chechênia e ao Sudão do Sul, das comunidades nativas dos países andinos às tribos da África subsaariana, muitas pessoas se afastam da identidade política básica dos estados-nação no qual viveram por várias gerações. Embora as causas sejam variadas e complexas, algumas nações, como a Somália, transformaram-se em "entidades pós-nacionais".

Em diversas partes do mundo, grupos terroristas sem ligação com o governo e organizações criminosas, como as dos narcotraficantes, desafiam o poder dos estados-nação de forma agressiva. Há elementos comuns entre essas organizações, uma vez que 19 dos 43 grupos terroristas conhecidos no mundo estão ligados ao tráfico de drogas. O atual mercado de substâncias ilegais é maior do que as economias de 163 das 184 nações do mundo.

É significativo que a maior ameaça para os Estados Unidos nas três últimas décadas tenha vindo de um agente independente de governos, no caso a Al-Qaeda, de Osama bin Laden. Uma forma maligna do fundamentalismo islâmico foi a principal motivação para os ataques realizados pela organização em 11 de setembro. Segundo vários relatos, Osama bin Laden teria se revoltado com a presença de destacamentos militares norte-americanos na Arábia Saudita, país que abriga alguns dos locais mais sagrados do Islã.

Os danos causados pelo ataque propriamente dito (3 mil vidas) foram terríveis, mas a reação que os atentados provocaram – no caso, a errônea invasão do Iraque, que, como todos hoje reconhecem, nada teve a ver com a agressão sofrida – acabou desferindo um golpe ainda maior no poder, no prestígio e na reputação dos Estados Unidos. Centenas de milhares de pessoas morreram, US$ 3 trilhões foram desperdiçados e os motivos alegados num primeiro momento para declarar a guerra logo se revelaram cínicos e enganosos.

A decisão do governo norte-americano de abandonar valores históricos – como a condenação às práticas de tortura de prisioneiros e prisão de suspeitos sem acusação legal – tem sido interpretada pelo mundo como redução da autoridade moral dos Estados Unidos. Em um planeta dividido em diferentes civilizações, com tradições religiosas e formações étnicas diversas, a autoridade moral é, sem dúvida, uma enorme fonte de poder. Embora as ideologias dos países variem muito, os valores da justiça, equidade, igualdade e sustentabilidade são observados como importantes pelas pessoas de todas as nações, ainda que esses conceitos com frequência sejam interpretados de maneiras distintas.

A aparente ascensão do fundamentalismo em suas diversas variantes pode decorrer, em parte, do ritmo das mudanças globais, que naturalmente leva muitas pessoas a recorrerem com mais intensidade à ortodoxia da fé como fonte de estabilidade espiritual e cultural. A globalização da cultura – não só por meio da internet, mas também da televisão por satélite, dos CDs e de outras mídias – também tem sido uma fonte de conflito entre as sociedades ocidentais e as comunidades fundamentalistas conservadoras. Quando os bens culturais do Ocidente retratam os papéis dos gêneros e dos valores sexuais de maneiras divergentes do que se prega nas culturas fundamentalistas, os líderes religiosos condenam o que consideram um impacto desestabilizador para a sociedade.

Mas o impacto da cultura globalizada vai muito além de questões sobre equidade de gênero e sexualidade. Bens culturais funcionam como poderosas propagandas do estilo de vida retratado e promovem os valores do país onde foram produzidos. Em certo sentido, transportam o DNA de seu lugar de origem. Conforme são expostas imagens de casas, automóveis, eletrodomésticos e outros elementos comuns dentro do padrão de vida dos países industrializados, a classe média global tende a aumentar a pressão por mudanças políticas e econômicas em seus respectivos países.

O impacto a longo prazo pode chegar a eliminar diferenças. Um estudo recente feito no Cairo revelou uma estreita relação entre o tempo que as pessoas assistem à televisão e a queda no apoio ao fundamentalismo. Os filmes e programas de TV produzidos pela Turquia respondem por parte da grande influência que o país exerce em todo o Oriente Médio, assim como a onipresença da música norte-americana fortaleceu a imagem dos Estados Unidos como sociedade dinâmica e criativa. A capacidade de influenciar o pensamento dos povos pela difusão de bens culturais, como filmes, programas de televisão, música, livros, esportes e jogos, vem crescendo em um mundo interconectado, no qual o consumo das mídias aumenta a cada ano.

GUERRA E PAZ

A segunda metade do século 20 testemunhou o declínio na quantidade de mortes em guerras, além da redução do número de conflitos de todas as categorias, internacionais e civis, embora milhões tenham perdido a vida por causa de decisões de ditadores patológicos. O declínio continuou no século 21, o que levou muitas pessoas a apontar para um amadurecimento da humanidade, com a disseminação de valores humanistas e a menor ênfase ao poder militar em um mundo interconectado. É uma medida dessa mudança que o povo norte-americano sente como perda palpável do poder nacional, mesmo num momento em que o orçamento militar do país supera os de outras 50 nações, somados. No entanto, os autointitulados "realistas" da política externa (que acreditam que os estados-nação sempre competem em um ambiente internacional inerentemente anárquico) alertam que diagnósticos otimistas já ocorreram no passado, e estavam errados.

A história fornece muitos exemplos de otimismo injustificado no que se refere à redução de conflitos em outras eras, nas quais uma nova concepção dos benefícios da paz parecia ganhar força. O *best-seller* de Norman Angell, *A grande ilusão*, lançado em 1910, sustentava que o aumento da integração econômica decorrente da segunda Revolução Industrial tornara as guerras obsoletas. Menos de quatro anos depois, às vésperas da Primeira Guerra Mundial, Andrew Carnegie, o Bill Gates da época, enviou uma mensagem esperançosa aos amigos: "Escrevemos estes votos de feliz Ano Novo em 1º de janeiro de 1914, firmes na crença de que a Paz Internacional prevalecerá, com as grandes potências solucionando suas divergências pela arbitragem do direito internacional, e a caneta se revelando mais poderosa do que a espada".

A natureza humana não mudou e a história de quase todas as nações lembra que o uso do poder militar muitas vezes foi decisivo para alterar o curso do destino. Em vários países, entre eles os Estados Unidos e a China, políticos nacionalistas tentam explorar os temores em relação ao futuro (e o medo que um país tem do outro) para defender o fortalecimento do poderio militar. Hoje, estrategistas militares chineses alegam que um ataque cibernético bem planejado permitiria à China colocar-se "em pé de igualdade" com os Estados Unidos, apesar da superioridade do armamento convencional e nuclear norte-americano. Como também é recorrente na história, medo gera medo – e quanto mais um lado se amedronta e se mobiliza para a guerra, mais o lado oposto teme ser atacado e se prepara para reagir.

O temor a ataques-surpresa por si só influenciou a distorção da prioridade dada aos gastos militares no passado – trata-se de um sentimento naturalmente difícil de ser mantido na perspectiva adequada por cidadãos e líderes de qualquer país. Por essa razão, entre outras, a segurança nacional depende mais do que nunca da atuação da inteligência e da análise, a fim de proteger um país contra agressões imprevistas e de manter a vigilância para oportunidades estratégicas.

Além disso, avanços tecnológicos muitas vezes mudaram a natureza da guerra de maneiras surpreendentes para as nações estagnadas em tecnologias dominantes nos conflitos anteriores. A Linha Maginot, cuidadosamente construída pela França após a Primeira Guerra Mundial, revelou-se inútil diante dos então modernos tanques com alta mobilidade comandados pela Alemanha nazista. Mais do que nunca, o poder militar agora depende do eficiente domínio da pesquisa e do desenvolvimento para obter vantagem na revolução tecnológica e científica – ainda em aceleração, mas que exerce um enorme impacto na evolução armamentista.

Embora a utilidade do poderio militar possa, de fato, estar em queda em um mundo no qual as pessoas e as empresas estão mais conectadas do que nunca, o recente declínio nos episódios bélicos de todos os tipos no planeta (em especial, entre estados-nação) não pode ser atribuído a um surto repentino de bom-senso na humanidade. Seu motivo talvez esteja mais associado ao papel desempenhado pelos Estados Unidos e aliados no pós-Segunda Guerra Mundial no que se refere à mediação de conflitos, à construção de alianças e, às vezes, à intervenção combinada de força militar e sanções econômicas – como ocorreu, por exemplo, na ex-Iugoslávia, com o objetivo de evitar a disseminação da violência entre Sérvia, Croácia e Bósnia.

Algumas organizações supranacionais também desempenham um papel cada vez mais ativo, às vezes intervindo em países incapazes de deter conflitos violentos ou de mediar a resolução de crises. Os esforços globais patrocinados pela Organização das Nações Unidas não são os únicos, pois existem iniciativas de atuação regional como a União Africana, a Liga Árabe, a União Europeia e a Otan, entre outras. Organizações não governamentais, grupos de caridade de origem religiosa e fundações filantrópicas têm um peso cada vez mais significativo na promoção de bens públicos essenciais em áreas nas quais o estado-nação não faz a sua parte. Quando as operações militares sustentadas são necessárias e as entidades supranacionais não conseguem chegar a um consenso, formam-se as "coalizões de boa vontade".

No entanto, em muitas dessas intervenções, em especial as que envolvem a Otan e as "coalizões de boa vontade", os Estados Unidos desempenham tarefas cruciais em organização e coordenação, fornecendo não só informações e análises críticas, mas também apoio militar decisivo. Se o equilíbrio do poder mundial continuar a mudar de forma e a enfraquecer a posição até agora dominante dos Estados Unidos, podemos vislumbrar o fim do período definido por alguns historiadores como *Pax americana*.

A recente diminuição do número de guerras pode estar relacionada também a dois eventos ocorridos durante a Guerra Fria, envolvendo os Estados Unidos e a União Soviética. Em primeiro lugar, quando as duas superpotências acumulavam vastos arsenais nucleares, reunindo mísseis balísticos intercontinentais, submarinos e bombardeiros, a consciência dos prováveis resultados de um embate fez ambas as partes optarem por se afastar do precipício. A escalada nos custos de manutenção e modernização desses arsenais também tornou-se um fardo para as duas superpotências. (Segundo cálculos da Brookings Institution, desde 1940 os Estados Unidos gastaram US$ 5,5 trilhões com armamento nuclear, o que supera qualquer outro programa de estado, com exceção do Social Security.) Embora o risco de uma guerra tenha sido bastante reduzido com a assinatura de acordos de controle de armas, com a parcial desativação de ambos os arsenais e com a melhora das negociações e das garantias (como o recente acordo bilateral sobre cibersegurança nuclear), a ameaça de uma retomada das tensões ainda exige cuidados constantes.

Em segundo lugar, durante o último terço do século 20, tanto os Estados Unidos como a União Soviética empreenderam vários esforços malsucedidos no uso de sua esmagadora força militar convencional contra os exércitos de guerrilha por meio de táticas irregulares, misturando-se em meio às populações locais e promovendo guerras de atrito. Só que as mesmas lições foram aprendidas pelos guerrilheiros, e uma das consequências – a disseminação contínua das táticas de guerra irregulares – hoje ameaça seriamente o monopólio do estado-nação na atribuição de usar a guerra como instrumento político.

Os grandes estoques de armas convencionais e automáticas fabricados durante as guerras anteriores estão cada vez mais disponíveis não só para guerrilhas como também para indivíduos, grupos terroristas e organizações criminosas. Quando surge uma nova geração de armamento, a anterior não é destruída – em vez disso, cai em outras mãos, muitas vezes acentuando o derramamento de sangue em conflitos regionais ou guerras civis. Infelizmente, a influência política e o *lobby* dos fabricantes de munições e da indústria de armas contribuem para aumentar o poder de fogo em todo o mundo. Em 2009, o presidente norte-americano Barack Obama condenou tal situação e passou a defender um tratado para limitar esse comércio destrutivo, mas o progresso ocorre a passos lentos, em parte por conta da oposição de vários países e das dificuldades do processo mundial de tomada de decisão.

Os Estados Unidos continuam a dominar o comércio internacional de armas de todos os tipos, incluindo modelos de precisão de longo alcance e mísseis terra-ar, armamentos que acabam sendo comercializados no mercado negro. Em seu último discurso como presidente, Dwight Eisenhower já advertira os Estados Unidos sobre o "complexo industrial militar" (e, na condição de líder vitorioso da Segunda Guerra Mundial, Eisenhower não pode ser acusado de negligência quanto à segurança nacional). Embora o país desfrute de inegáveis benefícios decorrentes da condição de produtor de armas, como a maior capacidade de formar e manter alianças, é preocupante que mais da metade dos armamentos militares (52,7% em 2010) vendidos no mundo seja de origem norte-americana.

É ainda mais perturbador saber que a disseminação do conhecimento científico e tecnológico pela Terra S.A. e pela Mente Global também abalou o monopólio dos estados-nação sobre os mecanismos de geração da violência em massa. Agentes químicos e biológicos capazes de causar mortes em grandes grupos populacionais também estão na lista de armas teoricamente acessíveis a grupos que agem de forma independente de estados e governos.

O conhecimento necessário para construir armas de destruição em massa, incluindo as nucleares, já foi perigosamente transferido para outras nações. Em vez das duas potências que se enfrentavam no início da Guerra Fria, hoje existem de 35 a 40 países com potencial para construir bombas nucleares. A Coreia do Norte, que já desenvolveu outras armas nucleares, e o Irã, que segundo a maioria vem tentando fazer o mesmo, estão investindo em programas de mísseis de longo alcance que, com o tempo, podem resultar em uma ameaça intercontinental. Especialistas dizem temer que a disseminação de armas nucleares para alguns desses países aumente significativamente o risco de que grupos terroristas comprem ou roubem os componentes necessários para fabricar suas próprias bombas. O ex-líder do programa nuclear paquistanês, A. Q. Khan, criou fortes laços com organizações militantes islâmicas. A Coreia do Norte, sempre precisando de dinheiro, já vendeu tecnologia para a fabricação de mísseis, e há quem acredite que pode comercializar também os componentes de armas nucleares.

Especialistas em segurança nacional igualmente se preocupam com a proliferação nuclear em regiões como o Golfo Pérsico e o nordeste da Ásia. Em outras palavras, o desenvolvimento de um arsenal nuclear por parte do Irã pode pressionar a Arábia Saudita e outros países da região a fazer o mesmo, a fim de conter a ameaça. Se a Coreia do Norte alcançar o poderio para um eventual ataque nuclear ao Japão, a pressão para que esse país desenvolva seu próprio arsenal seria intensa, apesar da experiência histórica japonesa e da oposição às armas de destruição em massa.

Como a comunidade das nações precisa de liderança, existe uma necessidade urgente de restaurar a integridade na tomada democrática de decisões nos Estados Unidos. E existem esperanças, a começar pelo surgimento de um ativismo reformista promovido pela internet. Em todo o mundo, a rede mundial de computadores vem capacitando uma classe média global em rápido crescimento para exigir de seus governos transparência e reformas (historicamente, esse papel sempre coube mais às camadas médias do que às populações desfavorecidas). Francis Fukuyama, professor de ciência política de Stanford, observa que isso é "amplamente mais aceito em países que atingiram um nível de prosperidade material suficiente para permitir que a maioria de seus cidadãos se considere integrante da classe média, o que explica a correlação entre os altos níveis de desenvolvimento e a democracia estável".

As tendências relacionadas ao surgimento da Terra S.A. (em especial o *robosourcing*, a transferência de trabalho dos seres humanos para máquinas inteligentes) ameaça retardar a ascensão da classe média global devido à redução dos salários agregados. Um estudo recente do European Strategy and Policy Analysis System (Espas) calcula que a classe média mundial vai dobrar nos próximos 12 anos, passando a reunir 4 bilhões de pessoas. Até 2030, serão quase 5 bilhões de integrantes.

O documento acrescenta: "Até 2030, as demandas e preocupações dos povos em diversos países tendem a convergir, com um grande impacto sobre a política nacional e as relações internacionais. Este será o principal resultado de uma maior consciência entre os cidadãos do mundo de que suas aspirações e temores são partilhados. Essa consciência já está presente na agenda de cidadãos globais, com ênfase para as liberdades fundamentais, os direitos sociais e econômicos e, cada vez mais, para as questões ambientais".

A consciência em relação à existência de padrões de vida e níveis mais altos de liberdade e de direitos humanos, além de condições ambientais melhores e dos benefícios decorrentes de governos mais atuantes, vai continuar a crescer na Mente Global. Essa nova consciência sobre as muitas maneiras pelas quais é possível melhorar a vida de bilhões de pessoas exerce grande influência no comportamento de líderes políticos de todo o planeta.

Hoje, a disseminação de movimentos de independência comprometidos com o capitalismo democrático em países da antiga União Soviética e a explosiva propagação da Primavera Árabe por nações de todo o Oriente Médio e norte da África também servem como exemplos da possibilidade real de que tais mudanças ocorram ainda com mais velocidade, em um mundo ampliado pelas conexões da Mente Global.

Com a emergência da primeira civilização realmente global, o futuro vai depender do resultado da luta que começa a ser travada entre os imperativos básico da Terra S.A. e o potencial inerente da Mente Global, que permite que pessoas conscientes exijam o combate a todos os excessos, por meio da imposição e da execução de normas e princípios condizentes com os valores humanos.

Para que não pareça algo impraticável ou irremediavelmente idealista, vale lembrar que há muitos exemplos de normas globais estabelecidas por esse mecanismo no passado, muito antes da internet e de seu avançado potencial para a promoção de um novo regramento mundial. A campanha abolicionista, o movimento anti-apartheid; a reivindicação dos direitos das mulheres e a condenação do trabalho infantil; a defesa da baleias; as disposições das convenções de Genebra contra a tortura; a rápida propagação do anticolonialismo na década de 1960; a proibição de testes nucleares e as sucessivas ondas democráticas ganharam impulso a partir do compartilhamento de ideias e ideais por grupos de indivíduos em vários países, que pressionaram seus governos a cooperar com projetos de leis e tratados para produzir uma ampla mudança em grande parte do mundo.

Não importa o país em que vivemos, nós, como seres humanos, temos de fazer uma escolha: deixar-nos levar pelas fortes correntezas da mudança tecnológica e do determinismo econômico rumo a um futuro que pode ameaçar nossos valores mais profundos, ou construir uma capacidade de decisão coletiva e em escala global, que nos permita moldar o futuro de modo a proteger a dignidade humana e a refletir as aspirações das nações e dos povos.

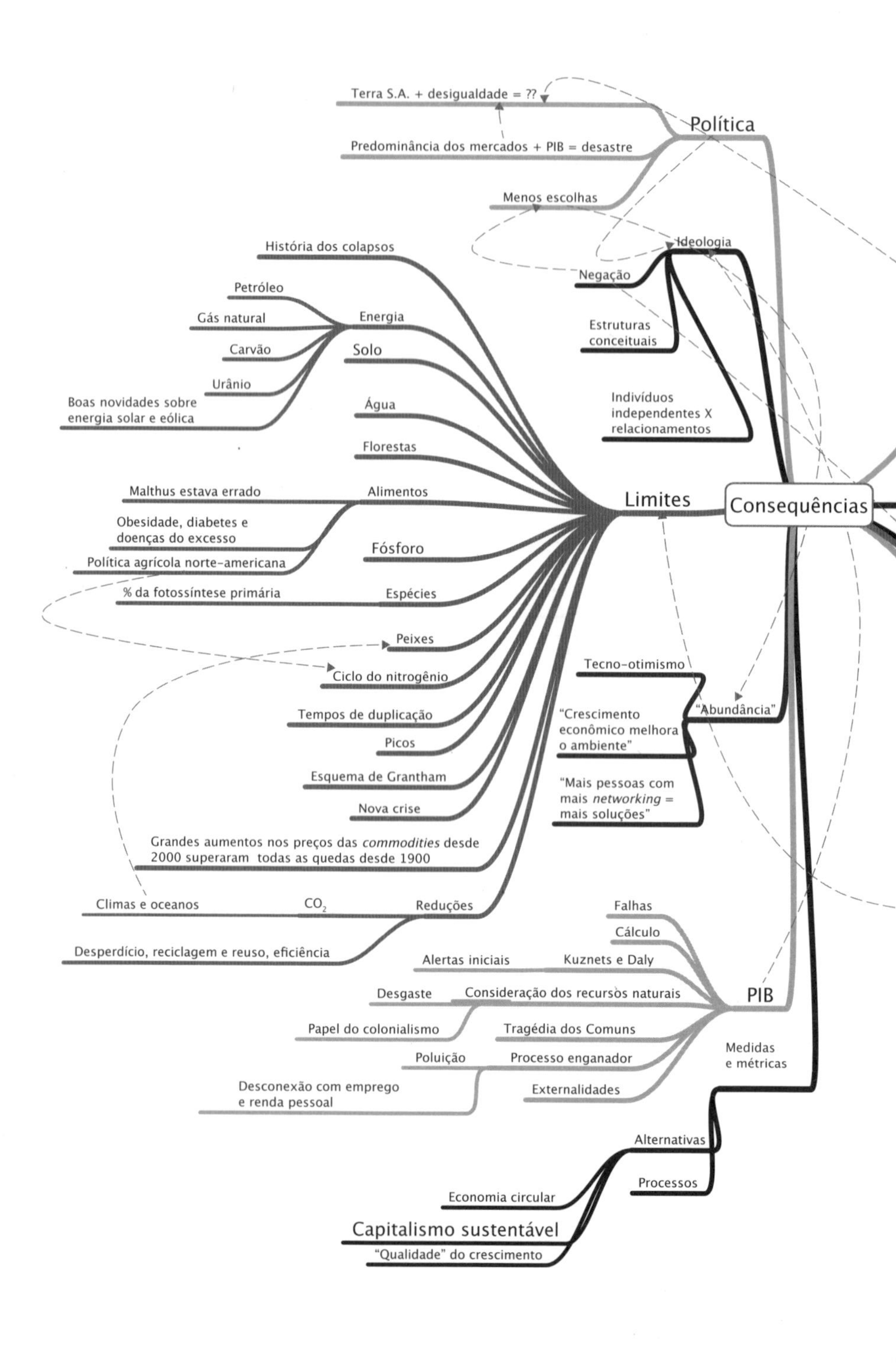

Terra S.A. + desigualdade = ??
Política
Predominância dos mercados + PIB = desastre
Menos escolhas
Ideologia
Negação
Estruturas conceituais
Indivíduos independentes X relacionamentos
História dos colapsos
Petróleo
Energia
Gás natural
Carvão
Solo
Urânio
Boas novidades sobre energia solar e eólica
Água
Florestas
Malthus estava errado
Alimentos
Limites
Consequências
Obesidade, diabetes e doenças do excesso
Fósforo
Política agrícola norte-americana
% da fotossíntese primária
Espécies
Peixes
Ciclo do nitrogênio
Tecno-otimismo
Tempos de duplicação
"Crescimento econômico melhora o ambiente"
"Abundância"
Picos
Esquema de Grantham
"Mais pessoas com mais *networking* = mais soluções"
Nova crise
Grandes aumentos nos preços das *commodities* desde 2000 superaram todas as quedas desde 1900
Climas e oceanos
CO_2
Reduções
Falhas
Cálculo
Desperdício, reciclagem e reuso, eficiência
Alertas iniciais
Kuznets e Daly
Desgaste
Consideração dos recursos naturais
PIB
Papel do colonialismo
Tragédia dos Comuns
Medidas e métricas
Poluição
Processo enganador
Desconexão com emprego e renda pessoal
Externalidades
Alternativas
Processos
Economia circular
Capitalismo sustentável
"Qualidade" do crescimento

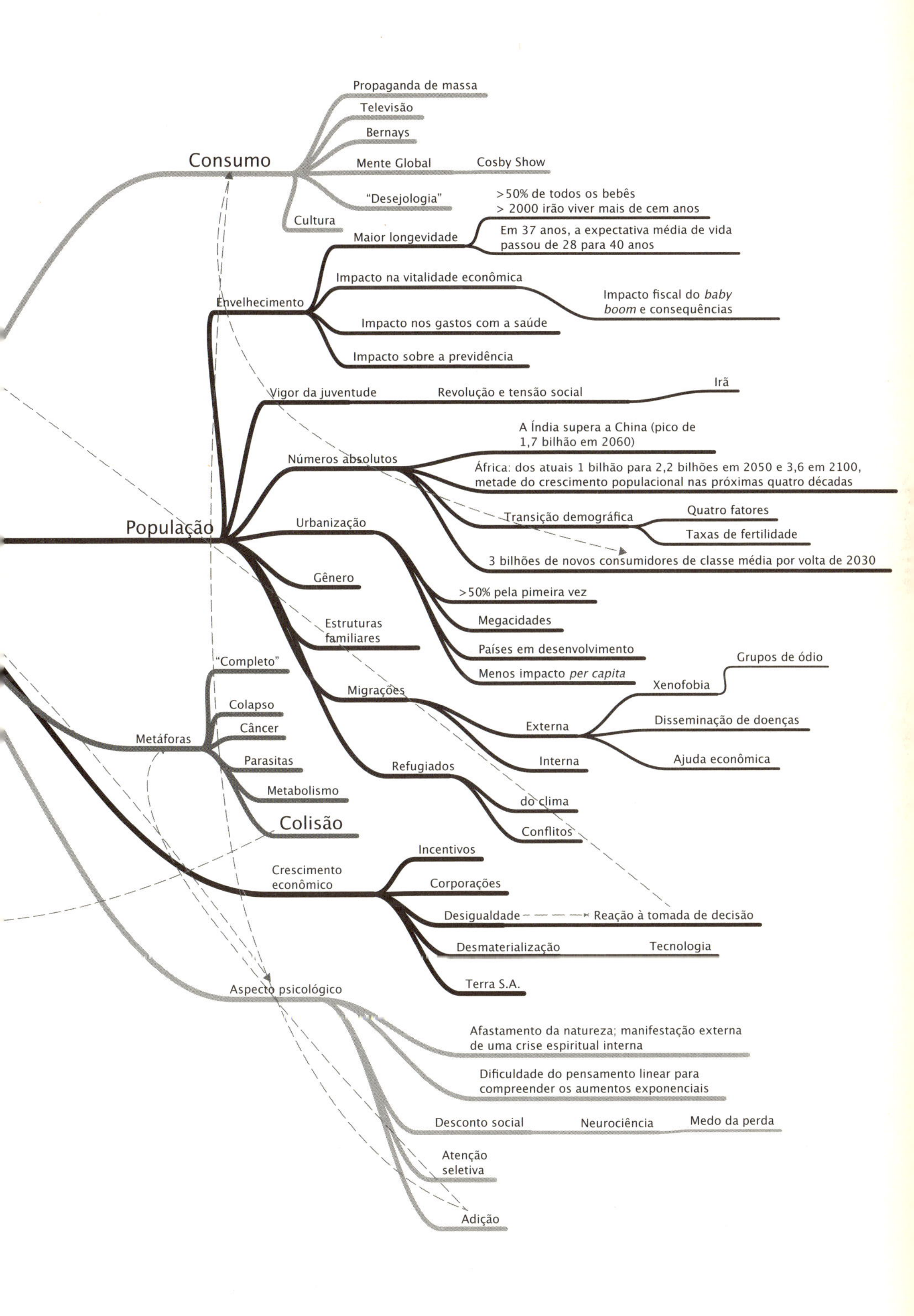
Propaganda de massa
Televisão
Bernays
Consumo
Mente Global
Cosby Show
"Desejologia"
Cultura
>50% de todos os bebês
> 2000 irão viver mais de cem anos
Maior longevidade
Em 37 anos, a expectativa média de vida
passou de 28 para 40 anos
Impacto na vitalidade econômica
Impacto fiscal do *baby*
boom e consequências
Envelhecimento
Impacto nos gastos com a saúde
Impacto sobre a previdência
Vigor da juventude
Revolução e tensão social
Irã
A Índia supera a China (pico de
1,7 bilhão em 2060)
Números absolutos
África: dos atuais 1 bilhão para 2,2 bilhões em 2050 e 3,6 em 2100,
metade do crescimento populacional nas próximas quatro décadas
Transição demográfica
Quatro fatores
Taxas de fertilidade
População
Urbanização
3 bilhões de novos consumidores de classe média por volta de 2030
Gênero
>50% pela pimeira vez
Megacidades
Estruturas
familiares
Países em desenvolvimento
Menos impacto *per capita*
"Completo"
Grupos de ódio
Xenofobia
Migrações
Colapso
Disseminação de doenças
Câncer
Externa
Metáforas
Parasitas
Interna
Ajuda econômica
Refugiados
Metabolismo
do clima
Colisão
Conflitos
Incentivos
Crescimento
econômico
Corporações
Desigualdade
Reação à tomada de decisão
Desmaterialização
Tecnologia
Terra S.A.
Aspecto psicológico
Afastamento da natureza; manifestação externa
de uma crise espiritual interna
Dificuldade do pensamento linear para
compreender os aumentos exponenciais
Desconto social
Neurociência
Medo da perda
Atenção
seletiva
Adição

4

CONSEQUÊNCIAS

O RÁPIDO CRESCIMENTO DA CIVILIZAÇÃO HUMANA – EM NÚMERO DE pessoas, capacidade tecnológica e extensão da economia global – está em colisão com os limites da disponibilidade dos principais recursos naturais dos quais dependem bilhões de vidas, entre eles o solo utilizado pela agricultura e a água potável. Também afeta de forma grave a integridade de sistemas ecológicos essenciais para a vida no planeta. No entanto, o termo "crescimento", apesar da definição peculiar e autodestrutiva que atribuímos a ele, ainda constitui o objetivo mais importante e valorizado em quase todas as políticas econômicas nacionais e globais e nos planos de negócios de quase todas as empresas.

A forma mais imediata de medir o crescimento econômico (o PIB, ou Produto Interno Bruto) baseia-se em cálculos absurdos, que excluem qualquer consideração acerca da distribuição de renda, do esgotamento acelerado dos recursos essenciais e do imprudente lançamento de volumes crescentes de resíduos nocivos em oceanos, rios, solos, atmosfera e biosfera.

O crescimento do PIB costumava ser associado basicamente ao aumento da oferta de empregos e da renda média das pessoas. Nos anos posteriores à Segunda Guerra Mundial, quando o modelo norte-americano de capitalismo democrático encontrava-se em expansão, muitos estudiosos defendiam o PIB como a forma de aferição mais simples e precisa do rumo de uma política econômica. Mesmo assim, o economista que criou o indicador em 1937, Simon Kuznets, alertava que o PIB era uma simplificação potencialmente perigosa, que poderia ser distorcida e gerar "ilusões e consequentes equívocos", uma vez que a métrica não leva em conta "a distribuição individual da renda" ou "uma variedade de custos que precisam ser considerados".

No século 21, em especial depois do surgimento da Terra S.A., as políticas criadas para ampliar o PIB conduziram o mundo à acentuada concentração de riqueza e de poder, a uma maior desigualdade de renda, ao crescimento do desemprego, à elevação das dívidas públicas e privadas, a mais instabilidade social e geopolítica, ao aumento da volatilidade no mercado, a mais poluição e àquilo que os biólogos vêm chamando de "sexta grande extinção". Algumas dessas consequências negativas são, na verdade, consideradas resultados *positivos* segundo a funcionalmente insana noção de crescimento usada para nortear nosso trajeto – e que nos conduz diretamente para a beira do precipício.

O grave fracasso da humanidade em reconhecer os riscos que pairam sobre nossa civilização – e a relutância em corrigir a rota – reflete a ausência de uma liderança global consistente e o desequilíbrio do poder, uma vez que as normas constantes da Terra S.A. dominam as decisões e minam a democracia participativa. Embora não signifique mais prosperidade ou bem-estar para o cidadão médio, o crescimento do PIB *ainda* está correlacionado com os ganhos das elites.

A combinação da Terra S.A. com a Mente Global hoje proporciona às elites uma ampliada capacidade de fabricar consensos para decisões políticas condizentes com interesses privados – e não com o interesse comum –, proporcionando às corporações uma igualmente ampliada capacidade de fabricar desejos, a fim de aumentar o consumo de matérias-primas e de produtos manufaturados. O resultado é o veloz crescimento do consumo *per capita*, cujo impacto se aprofunda com o aumento constante da população do planeta.

A classe média mundial deve chegar a incríveis 3 bilhões de pessoas até 2030. A globalização da cultura na televisão e na internet vem padronizando a aspiração a estilos de vida que não refletem mais o dos vizinhos mais prósperos da rua, mas, sim, os padrões vigentes nos países ricos. Esse é um dos motivos pelos quais o crescimento no consumo *per capita* de alimentos, água, carne, matérias-primas e produtos manufaturados supera o ritmo de crescimento da população do planeta.

A Terra S.A. (e seu impacto sobre os sistemas ecológicos e a oferta de recursos naturais) vem sendo movida por essa combinação de um número maior de pessoas *e* índices bem mais altos de consumo *per capita*. A ideologia movida pela propaganda predominante na Mente Global afirma que consumir mais é sinônimo de mais felicidade. Trata-se de uma falsa promessa, claro, assim como a ilusão equivocada de que o aumento do PIB gera mais prosperidade.

A tendência a confundir o consumo de bens materiais com felicidade já foi abordada em uma carta que Thomas Jefferson enviou a George Washington no início de 1784: "O mundo todo está virando um comércio. Se fosse possível manter o nosso recém-criado império à parte desse mundo, poderíamos nos dedicar a especular se o comércio contribui para a felicidade da humanidade. Mas não podemos nos apartar da realidade. Nossos cidadãos já saborearam demais os confortos oferecidos pelas artes e ofícios para ser impedidos de usufruir deles".

Jefferson talvez não ficasse surpreso com a recente e abrangente pesquisa que mostra que, no último meio século, os Estados Unidos triplicaram os resultados econômicos sem acrescentar absolutamente nada à sensação de felicidade ou de bem-estar das pessoas. Em outros países caracterizados pelo alto consumo, os resultados foram parecidos. Depois de satisfeitas as necessidades básicas, uma renda maior resulta em mais felicidade só até certo ponto, além do qual qualquer elevação do consumo deixa de ter efeito para ampliar o sentimento de bem-estar.

O impacto cumulativo do aumento do consumo *per capita*, do rápido crescimento populacional, da dominação humana sobre os sistemas ecológicos e da imposição de mudanças biológicas generalizadas por todo o planeta criou a possibilidade bastante real – segundo estudo publicado em 2012 na revista *Nature* por 22 biólogos e ecologistas – de em breve chegarmos a um "'ponto de virada' em escala planetária". De acordo com um dos autores da pesquisa, James H. Brown, "criamos essa imensa bolha demográfica e econômica. Se você reunir os dados e fizer as contas, é simplesmente insustentável. Ou esvaziamos essa bolha com cuidado ou vai haver uma explosão".

Assim como na fábula do menino que gritava "olha o lobo!", alguns alarmes que se revelaram infundados ampliaram a descrença geral, a ponto de ignorarmos os avisos de perigo realmente concretos. Alertas feitos no passado de que a humanidade estava prestes a encontrar limites para um crescimento tão acentuado muitas vezes foram percebidos como falsos – das advertências de Thomas Maltus no final do século 18, sobre os riscos da explosão demográfica, até a obra *Limites do crescimento*, escrita pela cientista ambiental Donella Meadows em 1972, entre outros.

Nós resistimos à ideia de que pode haver um limite para a taxa de crescimento à qual estamos acostumados – em parte, porque as novas tecnologias nos permitiram ganhar eficiência na produção de mais quantidade com menos esforço, além de substituir um recurso em escassez por outro novo, mais abundante. Alguns dos recursos dos quais mais dependemos, como o solo (e alguns elementos essenciais, como o fósforo para a fabricação de fertilizantes), no entanto, não têm substitutos e encontram-se sob ameaça de esgotamento.

PRESSÃO CRESCENTE, LIMITES MAIS CLAROS

Em todos os continentes, a população e a economia estão criando demandas por mais alimento, água potável, energia, matérias-primas de todos os tipos e produtos manufaturados. E, o que é mais preocupante, na última década vários indicadores têm sinalizado que já atingimos os limites físicos reais.

Os preços mundiais dos alimentos bateram recordes históricos em 2008 e 2011. Nas duas ocasiões, houve protestos e manifestações políticas em vários países. Importantes aquíferos subterrâneos vêm sendo devastados em ritmo insustentável, em especial no norte da China, na Índia e no oeste dos Estados Unidos. Nos países onde vive metade da população do planeta, os lençóis freáticos desaparecem. A erosão irrefreável e a perda da fertilidade do solo comprometem a agricultura em importantes regiões produtoras de alimentos.

Desde 2002, os preços de quase todas as *commodities* da economia global aumentaram de forma simultânea. Depois de caírem em média 70% ao longo do século 20 – considerando os altos e baixos naturalmente associados à Grande Depressão, à recessão que se seguiu à Primeira Guerra Mundial, aos dois conflitos mundiais e aos choques no preço do petróleo ocorridos em 1973 e 1979 –, os preços voltaram aos antigos patamares de forma súbita entre 2002 e 2012, por conta de aumentos mais agudos do que os registrados, por exemplo, nos períodos das guerras mundiais.

Entre os itens que sobem de preço mais rapidamente estão o minério de ferro, cobre, carvão, milho, prata, sorgo, paládio, borracha, linhaça, óleo de palma, soja, óleo de coco e níquel. O influente investidor britânico

Jeremy Grantham adverte que o crescimento da demanda por *commodities* cria o risco de em breve chegarmos ao "pico de tudo".

O motivo para essa escalada constante é o surgimento de uma demanda que reflete o aumento da população e, o que é mais significativo, o grande salto nos níveis de consumo *per capita*. Ambas as circunstâncias são especialmente verdadeiras na China e em outras economias emergentes que, desde meados da década de 1990, exibem taxas de crescimento pelo menos três vezes mais altas do que as verificadas no mundo industrializado. De toda a produção global, a China, sozinha, consome hoje mais cimento do que a soma de todos os outros países, quase metade do minério de ferro, do carvão, do aço e do chumbo, e cerca de 40% do alumínio e do cobre

Quase 25% dos automóveis produzidos anualmente no mundo saem de fábricas chinesas. A maior montadora automobilística dos Estados Unidos, a General Motors, vende mais veículos na China do que no país de origem. Nas últimas quatro décadas, a frota mundial de carros e caminhões quadruplicou, passando de 250 milhões para cerca de 1 bilhão em 2013. Segundo algumas estimativas, esse número deve dobrar nos próximos 30 anos, elevando o consumo de combustível. A produção e a venda de automóveis nos países emergentes e em desenvolvimento serão maiores do que nas nações desenvolvidas por volta de 2020, segundo a Agência Internacional de Energia (IEA), que também identificou que "todo o crescimento líquido [de acordo com o cenário da IEA, que acredita que as novas políticas propostas para reduzir a emissão de gases poluentes serão de fato implementadas] deriva do setor de transporte das economias emergentes".

Nos últimos dois anos, verificaram-se sinais de que o consumo nos Estados Unidos (ainda o maior consumidor mundial) e em outros países desenvolvidos pode estar em queda ou, em alguns casos, ter atingido o pico. Alguns otimistas, por consequência, já minimizam as preocupações manifestadas por quem aponta os efeitos nocivos do crescimento econômico desenfreado. No entanto, ainda que o consumo de 1 bilhão de pessoas nos países desenvolvidos diminua, isso certamente não acontecerá com os outros 6 bilhões de habitantes do planeta. Se o mundo todo comprasse carros e caminhões nos mesmos índices *per capita* dos norte-americanos, a frota mundial teria 5,5 bilhões de veículos. A emissão de poluentes e o consumo de combustível aumentariam muito acima dos já alarmantes níveis atuais, e a pressão sobre os recursos naturais continuaria, mesmo com a adoção do *robosourcing* e do *outsourcing*, representando uma redução macroeconômica nos países desenvolvidos.

Mais ou menos na época da publicação de *Limites do crescimento*, os Estados Unidos viviam o apogeu da produção petrolífera. Alguns anos antes, um importante geólogo chamado M. King Hubbert reuniu uma quantidade imensa de dados sobre a produção nacional norte-americana e estimou que irreversivelmente ocorreria um pico no início dos anos 1970. Apesar do descrédito atribuído à previsão de Hubbert, tudo aconteceu exatamente como ele calculou. Desde então, os métodos de exploração e perfuração e as tecnologias de recuperação avançaram muito. A produção dos Estados Unidos em breve pode superar ligeiramente o pico da década de 1970, mas as novas fontes de fornecimento são bem mais caras.

O equilíbrio do poder geopolítico mudou um pouco depois que a estimativa de Hubbert se confirmou. Menos de um ano após o recorde de produção nos Estados Unidos, a Organização dos Países Exportadores de Petróleo (Opep) começou a se organizar e, dois anos mais tarde, no outono de 1973, seus países-membros anunciaram o primeiro embargo do petróleo. Desde esse tumultuado período, o consumo de energia em todo o mundo dobrou, sendo que as taxas de crescimento na China e em outros mercados emergentes anunciam aumentos ainda mais significativos.

Embora o uso do carvão esteja em declínio nos Estados Unidos e em muitos países desenvolvidos – que vêm desativando fábricas movidas por essa fonte energética –, as importações dessa *commodity* pela China cresceram 60 vezes ao longo da última década, com expectativas de dobrar mais uma vez até 2015. A queima de carvão também continuou a aumentar consideravelmente em grande parte das nações emergentes e em desenvolvimento. De acordo com a Agência Internacional de Energia, esses mercados serão responsáveis por todo o aumento global líquido no consumo de carvão nas próximas duas décadas.

A previsão do pico *mundial* do petróleo é muito controversa, em grande parte por causa das incertezas em relação ao tamanho das reservas a serem descobertas no solo oceânico, em regiões de difícil acesso e em fontes não convencionais – como o alcatrão bruto encontrado nas chamadas areias negras do Canadá, o petróleo rico em carbono da Venezuela e os escassos poços descobertos em formações continentais ricas em xisto. Alguns especialistas preveem, ainda, que as novas e maiores reservas de petróleo dos Estados Unidos em breve serão exploradas com as mesmas técnicas hidráulicas (conhecidas como *fracking*) combinadas à perfuração horizontal, usada para explorar depósitos de gás de xisto descobertos mais recentemente. No entanto, mesmo que os suprimentos aumentem significativamente, a demanda mundial cresce com mais velocidade ainda – e, de qualquer forma, nenhuma civilização consciente julgaria seguro liberar tanto gás carbônico adicional na já tão saturada atmosfera terrestre.

Com os atuais níveis de crescimento, espera-se que em menos de 25 anos a economia global provoque um aumento de 23,5% no consumo de petróleo – mesmo que o custo marginal do aumento de fornecimento atinja recordes inéditos na história, e mesmo que a instabilidade política na maior região produtora de petróleo do mundo deflagre guerras, revoluções e interrupção nas rotas de abastecimento.

Na verdade, a exploração convencional de petróleo em terra parece ter atingido seu pico produtivo há mais de 30 anos. A partir de 1982, o crescimento da produção petrolífera se deveu a fontes convencionais terrestres mais onerosas e, especialmente, a algumas situadas em alto-mar, onde o trabalho de exploração se mostra cada vez mais arriscado – um exemplo recente é a explosão, em abril de 2010, da plataforma semissubmersível Deepwater Horizon, situada no Golfo do México e arrendada pela BP. Agora, a mesma tecnologia propensa a acidentes durante a perfuração em águas profundas vem sendo utilizada de maneira imprudente na implacável e ambientalmente frágil região do oceano Ártico. Além disso, as empresas do setor aumentam a pressão política para que se libere a produção de petróleo a partir das (excepcionalmente ricas em carbono) areias de alcatrão – medida que intensificaria bastante o problema do aquecimento global.

As reservas estimadas dessas fontes sujas de energia, bem como aquelas das profundezas dos oceanos, devem resultar em um petróleo muito mais caro do que aquele pelo qual o mundo está acostumado a pagar. Ainda que o pico mundial não seja atingido em um futuro próximo, os preços do recurso tendem a ser permanentemente mais altos do que os vigentes durante o século e meio no qual a humanidade explorou as reservas mais baratas e de recuperação mais fácil.

Esses preços já exerceram grande impacto no custo dos alimentos, uma vez que a moderna agroindústria consome volumes imensos de óleo diesel (para transporte) e de gás metano, que correspondem a 90% dos custos dos fertilizantes. Segundo Michael Pollan, escritor e professor da Berkeley University, "é preciso mais do que uma caloria de energia de combustível fóssil para produzir uma caloria de alimento". Não é de se admirar que a demanda tanto de petróleo como de alimentos continue a subir com velocidade, em especial nas economias emergentes em rápido crescimento. O impacto da alta do preço dos alimentos é bem maior nos países em desenvolvimento, nos quais as despesas com comida consomem de 50% a 70% da renda das famílias mais pobres.

Apesar do impressionante aumento na produção de alimentos ocorrido no último meio século – e dos visionários alertas de séculos anteriores, de que um dia a humanidade atingiria o limite de sua capacidade de prover mais comida para mais gente –, os especialistas são quase unânimes ao apontar os fatores que ameaçam a agroindústria mundial:

- Erosão do solo fértil em proporções insustentáveis (cada polegada de solo erodido diminui em 6% a produtividade de grãos).
- Redução da fertilidade do solo; a diminuição de 50% de matéria orgânica da terra reduz em 25% a produtividade de vários tipos de cultivo.
- Aumento da desertificação das áreas de pasto.
- Aumento da disputa pela água – o recurso que deveria se destinar à agricultura acaba consumido nas cidades e nas indústrias, sendo que as projeções apontam para uma demanda adicional de 45% de água para o cultivo em 2030.
- Queda no aumento da produtividade agrícola desde a Revolução Verde ocorrida na segunda metade do século 20 – de 3,5% ao ano há três décadas para pouco mais de 1%.
- Aumento da resistência de pragas, ervas daninhas e doenças de plantas aos pesticidas, herbicidas e demais defensivos químicos agrícolas.
- Diminuição significativa da diversidade genética vegetal do planeta (estima-se que três quartos da diversidade já se perderam).
- Maior risco de restrição à exportação no caso de grandes produtores que enfrentam altas nos preços domésticos – de acordo com o Conselho de Relações Exteriores, dados do Programa Mundial de Alimentos da ONU revelam que "em 2008, mais de 40 países impuseram alguma forma de proibição nas exportações, em um esforço para aumentar a segurança alimentar nacional".
- Oscilações e imprevisibilidade do comportamento das chuvas, em consequência do aquecimento global – o que resulta em precipitações menos frequentes, porém mais intensas, entrecortando períodos mais longos e severos de estiagem.

- Iminente impacto do estresse térmico catastrófico sobre importantes culturas de alimentos, incapazes de sobreviver ao aumento previsto da temperatura global em 6 °C (segundo os cientistas, cada grau acrescido na temperatura deve reduzir em 10% a produtividade das plantações).
- Ampliação no consumo de alimentos em decorrência do crescimento demográfico, do aumento do consumo *per capita* e da disseminação da preferência pelo consumo de carne, cuja produção é altamente demandante de recursos naturais.
- Utilização de mais área cultivável por culturas voltadas para a produção de biocombustível.
- Conversão de áreas rurais em periferias de grandes centros urbanos.

Já sabemos que a escassez extrema de alimentos, de terra fértil e de água potável em países com população crescente pode levar a uma completa ruptura da ordem social e a um aumento agudo da violência. Estudos demonstraram que essa combinação fatal teve grande influência nos anos que culminaram nos cem dias de genocídio ocorrido em Ruanda, em 1994; na época, o país apresentava um dos cinco maiores crescimentos demográficos do mundo, com 67% da população com idade inferior a 24 anos.

Jared Diamond, autor do livro *Colapso – como as sociedades escolhem o fracasso ou o sucesso*, escreveu que "o que aconteceu em Ruanda ilustra o pior cenário caso Malthus estiver certo... Problemas sérios de superpopulação, impacto ambiental e mudanças climáticas não podem se prolongar de forma indefinida: mais cedo ou mais tarde, eles se equacionam de algum modo, seja ao estilo do que aconteceu em Ruanda ou de alguma outra maneira igualmente inconcebível, se não formos capazes de buscar soluções por meio de nossas próprias ações".

Vários especialistas temem que grandes produtores de alimentos, entre eles China e Índia, cheguem a seus limites. Se isso ocorrer, a resultante escassez de comida e alta nos preços poderia ser catastrófica. Em Gujarat, na Índia, o chefe da estação de águas subterrâneas do International Water Management Institute, Tushaar Shah, falou sobre a crise iminente em sua região: "Quando o problema explodir, uma anarquia sem precedentes tomará conta da Índia rural".

Mas a Índia não seria um caso isolado. O rápido crescimento populacional e a abusiva exploração do solo, da água e de outros recursos, por exemplo, vêm resultando em desordem e numa onda de radicalismo no Iêmen.

O abastecimento de água na capital do país, Sana, só acontece em um a cada quatro dias. Em parte por causa da falta de água e da erosão do solo, nas últimas quatro décadas as colheitas de grãos diminuíram mais de 30%. Segundo Lester Brown, presidente do Earth Policy Institute, o Iêmen está se tornando "um caso perdido" no que se refere a recursos hídricos.

CRESCIMENTO DAS CIDADES

Mesmo a partir de tendências fáceis de mensurar, constata-se nosso fracasso coletivo em identificar as consequências prováveis das realidades em evolução. Isso reflete a conhecida vulnerabilidade humana no que tange a pensar no futuro. Os neurocientistas e especialistas em comportamento acreditam que o cérebro experimenta uma espécie de "falha" quando trata de fazer no presente algumas escolhas que exigem uma avaliação do futuro. No jargão *nerd*, o termo para essa disfunção do pensamento é "desconto social" – o que significa que tendemos a subestimar demais as consequências futuras das escolhas feitas hoje.

Essa vulnerabilidade torna-se um problema ainda maior quando as mudanças específicas a serem avaliadas fazem parte de um padrão de transformação exponencial – o que é comum em tempos de Terra S.A. e Mente Global –, uma vez que estamos mais acostumados a pensar na mudança como um processo lento e linear. Há uma mudança exponencial em curso ao longo das últimas gerações, mas particularmente nesse caso demoramos a reconhecer suas implicações: a transformação na população do planeta.

Somente no século passado, a população mundial duplicou. A humanidade levou 200 mil anos para atingir a marca de 1 bilhão de habitantes – e precisou de apenas 13 anos deste século 21 para crescer na mesma grandeza. Nos próximos 13 anos, cresceremos mais 1 bilhão, e mais outro bilhão ao longo dos 14 anos seguintes, chegando a um total de 9 bilhões de almas: em 27 anos, a população vai aumentar em um número equivalente ao total de habitantes no planeta no início da Segunda Guerra Mundial, em 1939. Mais de 95% dos futuros nascimentos ocorrerão em países em desenvolvimento.

Além disso, a totalidade desse imenso aumento líquido da população mundial deve acontecer nas cidades, com crescimento mais intenso justamente nos maiores centros urbanos. As cidades terão então mais habitantes do que toda a população planetária verificada no início da década de 1990. Nos últimos 40 anos, o número de residentes das megacidades já aumentou dez vezes. No período de hiperurbanização que se avizinha, centros com menos de 1 milhão de pessoas se tornarão cada vez mais raros. Essa nova tendência tem surpreendido os especialistas em demografia, que alertam: estamos diante de um movimento oposto aos padrões de urbanização conhecidos até agora.

Esta transformação histórica na civilização humana, que abandona uma predominância rural para um padrão essencialmente urbano, tem implicações importantes para a organização da sociedade e da economia. A tendência é tão intensa que, mesmo com os imensos aumentos registrados na população mundial, a população rural se manteve estagnada, e a expectativa é de que comece a diminuir de forma significativa, a começar na próxima década.

Novos dados em perspectiva: em quase todos os dez milênios passados desde a construção das primeiras cidades, o total da população que vivia em centros urbanos não ultrapassava os 10% ou 12%. No século 19, a Revolução Industrial estimulou a migração para a cidade, mas no início do século 20 seus habitantes ainda totalizavam 13% do total. Por volta de 1950, cerca de um terço da população mundial já ocupava as cidades, e em 2011, pela primeira vez, os centros urbanos passaram a concentrar mais da metade dos moradores do planeta. Nos países industrializados, a população urbana corresponde a 78%, e por volta de 2050 estima-se que esse índice cresça para 86% – no caso dos países menos desenvolvidos, essa parcela deve ser de 64%.

Há quatro décadas, apenas duas metrópoles (Nova York e Tóquio) tinham mais de 10 milhões de moradores. Em 2013, essa é a realidade de mais de 23 cidades. Por volta de 2025, prevê-se que o planeta comporte 37 megacidades. A grande proporção desses centros e sua rápida expansão rumo a áreas rurais, até então destinadas ao uso agrícola, também constituem um desafio para muitos países. A expansão urbana ocorre com mais velocidade do que o aumento demográfico, com projeção de crescimento de 175% entre 2000 e 2030.

A megacidade que mais cresce hoje é Lagos, na Nigéria, que deve passar dos atuais 11 milhões de habitantes para quase 19 milhões em 2025. As cinco cidades com crescimento mais veloz estão situadas em países em desenvolvimento. Depois de Lagos vêm Dhaka, em Bangladesh; Shenzhen, na China; Karachi, no Paquistão, e Délhi, na Índia – que deve abrigar quase 33 milhões de pessoas em 2025. Atualmente a maior megacidade continua sendo Tóquio, com mais de 37 milhões de habitantes e perspectiva de chegar a 38,7 milhões em 2025. Por volta de 2050, quase 70% da população mundial estará fixada nas cidades.

Um dos desafios colocados pela hiperurbanização é a capacidade das gestões municipais de proporcionar condições adequadas de moradia, saneamento e abastecimento de água, entre outras necessidades básicas. Mais de um 1 bilhão de pessoas no planeta (em geral, um em cada três habitantes das cidades) vivem em favelas. Se não houver mudanças significativas na política e na gestão, o número de moradores de favelas deve chegar a 2 bilhões nos próximos 17 anos. A população pobre das cidades – definida pela renda de até US$ 1,25 por dia – cresce em proporção maior do que a taxa de expansão urbana geral.

Em especial nos países em desenvolvimento, o êxodo rural geralmente é movido pela esperança das pessoas de obter maiores rendimentos. Embora as desigualdades de renda tenham aumentado na maioria das nações, em termos mundiais ocorre também um movimento simultâneo – e histórico – de ascensão social de pessoas da situação de pobreza para a classe média, em especial na Ásia. E a grande maioria desses crescentes setores médios vive em cidades.

Nos centros urbanos concentram-se mais de 80% da produção global. A emissão *per capita* de carbono de seus habitantes é inferior à dos moradores de subúrbios, mas, apesar da comprovada eficiência no uso de recursos, nas cidades as taxas gerais de consumo *per capita* – sobretudo porque a renda é mais elevada – revelam-se nitidamente mais altas do que nas regiões rurais.

Apenas nos últimos 30 anos, o consumo *per capita* de carne nos países desenvolvidos dobrou, enquanto o de ovos foi multiplicado por cinco. Esse imenso aumento da demanda por carne provoca impactos importantes sobre o desgaste do solo, o desmatamento e o uso de água, sem contar a produção de gases que provocam o aquecimento global e a disseminação de doenças cardiovasculares. Tudo se torna ainda mais grave diante de outro fator: para se produzir 1 quilo de proteína de carne, gastam-se 9 quilos de proteína vegetal.

FOME E OBESIDADE

Em todo o mundo, a mudança dos hábitos alimentares resultou em uma epidemia mundial de obesidade (e, por consequência, na proliferação do diabetes), ao mesmo tempo em que mais de 900 milhões de pessoas ainda vivem o flagelo da fome. Nos Estados Unidos, fonte de várias tendências mundiais, o peso do cidadão médio aumentou cerca de 9 quilos nos últimos 40 anos. Um estudo recente estima que metade da população adulta do país será obesa em 2030, sendo um quarto desse grupo acometido por obesidade mórbida.

Num momento em que a fome e a desnutrição mantêm-se em proporções ainda inaceitáveis nas regiões mais pobres do planeta (e em alguns bolsões geográficos dentro de países ricos), não deixa de ser tristemente irônico que a obesidade atinja níveis recordes no mundo industrializado e esteja em franco crescimento nas nações emergentes.

Mas como esse paradoxo é possível? Antes de tudo, é encorajador notar que a comunidade mundial conseguiu reduzir, de forma lenta porém constante, o número de pessoas em situação de fome crônica.

No entanto, a obesidade mais do que dobrou nos últimos 30 anos. Segundo a Organização Mundial da Saúde (OMS), quase 1,5 bilhão de adultos com mais de 20 anos estão acima do peso – mais de um terço deles já são considerados obesos. Hoje, dois terços da população mundial vivem em países nos quais se morre mais por consequências da obesidade e do sobrepeso do que por efeito da inanição.

A obesidade constitui o principal fator de risco para as causas de morte mais comuns (doenças cardiovasculares, em especial infarto e acidente vascular cerebral – AVC) e o maior causador de diabetes, que hoje ocupa o posto de principal pandemia mundial entre as doenças não transmissíveis*. Adultos diabéticos têm de duas a quatro vezes mais chances de sofrer um ataque cardíaco ou um AVC, e cerca de dois terços dos que sofrem de diabetes morrem por conta de um desses problemas**.

O trágico aumento na obesidade infantil é especialmente alarmante. Quase 17% das crianças americanas são obesas (em termos mundiais, o índice chega a 7%). Um estudo aponta que 77% das crianças que sofrem

* Não se trata de uma doença transmissível em termos patogênicos, mas algumas pesquisas alertam que o diabetes pode se tornar um padrão em famílias, comunidades e países nos quais se têm contato constante com pessoas acima do peso ou obesas.

** A obesidade é um importante fator de risco para artrite e problemas musculares e ósseos, alguns tipos de câncer (em especial de cólon, mama e endométrio) e insuficiência renal. Especialistas estimam que o custo do tratamento das doenças decorrentes da obesidade consomem entre 10% e 20% das despesas anuais dos Estados Unidos com saúde. Em termos globais, cerca de 6,4% da população adulta têm diabetes e, segundo a Organização Mundial da Saúde, esse índice pode chegar a 7,8% até 2030, atingindo um total de 438 milhões de pessoas (mais de 70% delas residentes em países com renda baixa a média).

a disfunção levam o problema para a vida adulta. Se existe um aspecto positivo nessas estatísticas é que, nos Estados Unidos, os índices relativos ao problema parecem ter se estabilizado, embora o aumento na obesidade infantil aponte para a continuação da epidemia no futuro, tanto em territórios norte-americanos como no resto do planeta.

As causas para essa explosão são ao mesmo tempo simples – as pessoas comem demais e se exercitam de menos – e complexas, uma vez que as formas de produção e comercialização dos produtos alimentícios sofisticaram-se de forma dramática. David Kessler, ex-chefe da Food and Drug Administration (FDA, agência norte-americana de controle das indústrias alimentícia e farmacêutica), documentou como os fabricantes de comida e as redes de restaurantes e de fast-food combinam as gorduras, o açúcar e o sal na proporção indicada para atingir o chamado "ponto da felicidade" – ou seja, para ativar no sistema cerebral o desejo de comer mais, para muito além da saciedade.

Em termos mundiais, a Organização Mundial da Saúde identificou um padrão de aumento no consumo de "alimentos altamente energéticos e com elevados teores de gordura, sal e açúcar, mas baixa presença de vitaminas, minerais e outros nutrientes".

A hiperurbanização afastou as pessoas das fontes mais confiáveis de abastecimento de frutas e legumes frescos. Com isso, as calorias de qualidade presentes em frutas e legumes, hoje, custam dez vezes mais do que a quantidade de calorias por grama encontrada em doces e alimentos ricos em amido. Em um relatório para a Johns Hopkins Bloomberg School of Public Health, Arielle Traub registrou um aumento de 40% nos preços de frutas e legumes entre 1985 e 2000, enquanto o preço das gorduras caiu 15% e o dos refrigerantes apresentou redução de 25%. O preço relativo, a dificuldade de acesso aos alimentos saudáveis, o crescente sedentarismo e os efeitos cumulativos da propaganda de comida industrializada contribuem para a epidemia de obesidade.

Vários estudos indicam que regiões com baixa renda – ao contrário de bairros ricos ou de classe média – têm menos acesso a supermercados com boa oferta de frutas e legumes frescos, além de mais probabilidade de contar com restaurantes de fast-food e lojas de conveniência com as prateleiras cheias de alimentos industrializados. Além da baixa renda relativa, a falta de tempo e conhecimento necessários para preparar refeições em casa também faz diferença. Depois de instaurados, os hábitos alimentares são difíceis de ser modificados. Em 2012, quando o governo norte-americano introduziu itens mais saudáveis na merenda escolar, os alunos de várias escolas invadiram as redes sociais para protestar e rejeitaram o novo cardápio.

Em diversos países existe uma relação quase direta entre a instalação das lojas de fast-food norte-americanas e a escalada dos índices de obesidade. O surgimento da fast-food, a proliferação dos alimentos industrializados e o aumento das porções servidas aos clientes estão relacionados a uma mudança histórica ocorrida na política agrícola dos Estados Unidos na década de 1970, quando os casos de obesidade começaram a aumentar. Em vez de estimular os produtores a limitar a área de cultivo, como acontecia desde o New Deal proposto por Franklin Roosevelt, o governo ofereceu subsídios para maximizar a produção. Essa diretriz política coincidiu com novos avanços na tecnologia agrícola, entre elas a disponibilização de sementes híbridas decorrentes da Revolução Verde. Em consequência, os preços dos alimentos caíram significativamente. Carson Chow, doutor em matemática que trabalha no National Institute of Diabetes and Digestive and Kidney Disease, montou um detalhado modelo matemático que sugere como as mudanças na política agrícola norte-americana estão estreitamente relacionadas com o aumento do peso médio da população e a multiplicação de casos de obesidade.

A indústria da publicidade também teve papel decisivo. Uma rede de fast-food, por exemplo, destacou-se por incluir em seus anúncios veiculados na televisão uma garota sensual em trajes sumários, lavando um carro de maneira sugestiva. O orçamento dedicado à propaganda dos alimentos industrializados e cadeias de fast-food já corresponde a dois terços das despesas do setor automobilístico com publicidade. Essas tendências inter-relacionadas, mais uma vez, podem ter começado nos Estados Unidos, mas se disseminaram por todo o mundo. O impacto da obesidade sobre os recursos mundiais corresponde ao acréscimo de mais 1 bilhão de pessoas à população do planeta.

AS ORIGENS DO MARKETING DE MASSA

O aumento do consumo em todo o mundo é um fenômeno relativamente novo, com menos de um século de existência, e também uma tendência originada nos Estados Unidos. Embora a propaganda de massa norte-americana tenha começado a se disseminar no final do século 19 e início do 20, a maioria dos historiadores identifica como marco inicial da cultura do consumo a década de 1920, época de surgimento do primeiro meio de comunicação de massa, o rádio, das primeiras publicações de circulação nacional e dos primeiros filmes mudos. O crédito para consumo também se tornou mais acessível durante aquela década, permitindo a compra financiada de produtos novos e relativamente caros, como rádios e automóveis.

A eletricidade, disponível em menos de 1% dos lares norte-americanos no início do século 20, chegou a quase 70% das residências no final da década de 1920. A tecnologia de produção em massa com partes intercambiáveis e algumas formas primitivas de automação (fatores que anunciaram a atual Terra S.A.) começaram a dissociar a produtividade do aumento de emprego e a fabricar uma infinidade de bens de consumo, que despertaram um vivo interesse, entre produtores e vendedores, pela então emergente ciência do marketing de massa. O setor de publicidade passou a desempenhar um papel novo e completamente diferente no mercado.

Exatamente nesse momento, as ideias de Sigmund Freud ganharam popularidade nos Estados Unidos. A primeira viagem do fundador da psicanálise ao país acontecera em 1909, com o objetivo de ministrar cinco palestras na Clark University, de Worcester, Massachusetts, para um público que incluía William James (cujo protetor, Walter Lippmann, teve grande influência de Freud) e vários dos intelectuais norte-americanos de maior prestígio. Dois anos depois dessa histórica visita, surgia a American Psychoanalytic Society. Na década seguinte, os conceitos inovadores formulados pelo médico vienense – como, por exemplo, o papel do subconsciente na compreensão das motivações humanas, a transferência psicológica e outras descobertas da psicanálise – se disseminaram, em especial na Costa Leste, até hoje sede da indústria da propaganda.

Em 1917, quando os Estados Unidos entraram na Primeira Guerra Mundial, tais conceitos psicológicos já tinham sido incorporados pelo governo a suas técnicas de convencimento de massas. O presidente Woodrow Wilson criou o Committee on Public Information, órgão no qual atuou um sobrinho de Freud, Edward Bernays, ao lado de Walter Lippman. Apesar de apenas dois anos mais velho, Lippman exerceu sobre Bernays uma influência quase tão decisiva quanto o famoso tio. Depois do fim da guerra, Bernays, impressionado com a eficácia da propaganda de massa, dedicou-se a estudar suas técnicas para criar o marketing de massa.

Celebrizado como "pai das relações públicas", Bernays na verdade criou esse eufemismo como alternativa à palavra "propaganda", que adquirira uma conotação negativa nos Estados Unidos como sinônimo da estratégia de comunicação de massa adotada pelos alemães durante a Primeira Guerra Mundial. Bernays revolucionou o campo da pesquisa de marketing ao abandonar a prática de sondar consumidores para saber os aspectos aprovados e reprovados em vários produtos. Em vez disso, o pesquisador investiu muito tempo em minuciosas entrevistas com psicanalistas, a fim de identificar as associações subconscientes feitas pelas pessoas que podiam ser importantes para o marketing dos produtos e das marcas. Paul Mazur, sócio de Bernays, declarou que "é preciso transformar a cultura de necessidade em cultura de desejo... As pessoas precisam ser treinadas para desejar novidades, querer coisas novas mesmo antes de consumir o que já possuem. Precisamos criar uma nova mentalidade. Os desejos das pessoas devem se sobrepor às suas necessidades".

Como Bernays escreveria mais tarde, em 1928,

> a manipulação consciente e inteligente dos hábitos e opiniões das massas constitui um elemento importante na sociedade democrática. Aqueles que manipulam esse mecanismo oculto da sociedade constituem um governo invisível, que é o verdadeiro poder dominante deste país. Em grande parte, nós somos comandados e temos nossas mentes moldadas, nossos gostos formados e nossas ideias sugeridas por homens dos quais nunca ouvimos falar. Este é um resultado lógico do modo de organização de nossa sociedade democrática... Em quase todos os atos de nossa vida cotidiana, tanto na esfera política como na dos negócios, em nossa conduta social ou em nosso pensamento ético, somos dominados por um número relativamente reduzido de pessoas... que compreendem os processos mentais e os padrões sociais das massas. São eles que puxam as cordas que movimentam a mente das pessoas.

Em uma de suas primeiras façanhas, Bernays abordou um problema enfrentado por seu cliente, a American Tobacco Company: romper o tabu que envolvia o hábito de fumar entre as mulheres. Bernays simplesmente contratou um grupo de mulheres, vestiu-as como *suffragettes* e organizou um desfile pela Quinta Avenida de Nova York, no domingo de Páscoa de 1929. Quando chegaram perto dos assentos reservados para a imprensa (convidada em peso para assistir à manifestação), as supostas ativistas acenderam seus cigarros, exibidos como "tochas da liberdade". Décadas mais tarde, uma famosa campanha tabagista direcionada às mulheres (com o slogan *você percorreu um longo caminho, garota*) ainda usava a inovadora – e sinistra – associação entre fumo e direitos femininos bolada por Bernays.

Em 1927, um destacado consultor de negócios norte-americano chamado Edward Cowdrick escreveu que o estímulo ao consumo havia ganho mais importância do que a produção: "O trabalhador ganhou mais importância por sua condição de consumidor do que por ser um produtor... O principal problema de um negócio não é produzir, extrair ou gerar bens suficientes, mas sim encontrar pessoas suficientes para comprar o que se produz". Cowdrick definiu esse novo saber macroeconômico como "o novo evangelho econômico do consumo".

O uso do termo "evangelho" não foi tão fortuito como pode parecer. A luta entre o capitalismo e o comunismo havia adquirido nova dimensão depois da revolução comandada por Lênin dez anos antes e da subsequente formação da União das Repúblicas Socialistas Soviéticas. No século 20, ao longo da disputa entre os dois regimes, o *crescimento* ilimitado era a única premissa defendida por ambas as ideologias sem qualquer questionamento.

Em 1926, em um discurso direcionado a anunciantes, o presidente Calvin Coolidge investiu no mesmo território sagrado que Cowdrick descrevera como o novo evangelho econômico: "A propaganda lida com o lado espiritual das negociações. É um grande poder que foi delegado à sua guarda, que a reveste com a alta responsabilidade de inspirar e enobrecer o mundo dos negócios. Tudo isso faz parte da maior obra de regeneração e de redenção da humanidade".

Três anos depois – e dois meses antes da queda da Bolsa de Valores de Nova York , o sucessor de Coolidge na presidência dos Estados Unidos, Herbert Hoover, divulgou o relatório elaborado pelo Committee on Recent Economic Changes, que reconhecia o recém-comprovado efeito da psicologia sobre o marketing de massa: "A pesquisa demonstrou de forma conclusiva o que há tempos considerava-se como uma verdade teórica, de que os desejos são quase insaciáveis; de que um desejo satisfeito abre espaço para um novo desejo. A conclusão é que, sob o ponto de vista econômico, temos um campo ilimitado à nossa frente; que existem desejos novos que darão origem a novos anseios assim que forem satisfeitos... por meio da propaganda e de outros sistemas de promoção, dos estudos de dados científicos, do consumo cuidadosamente criado... podemos continuar em uma atividade sempre crescente".

Na década de 1930, outro psicanalista freudiano de Viena, Ernest Dichter, migrou para os Estados Unidos e começou a trabalhar com marketing de massa. Sabedor da popularidade dos conceitos freudianos no mundo da propaganda, enfatizava a possíveis clientes da Madison Avenue e de Wall Street que não era apenas um "psicólogo de Viena", mas que havia morado na mesma rua de Sigmund Freud. Prometia ajuda para "vender mais e se comunicar melhor". E, assim como o presidente Coolidge, identificou a importância de estimular um maior consumo de massa como forma de fortalecer a economia norte-americana na luta pelo triunfo do capitalismo. "Em certa medida, as necessidades e desejos das pessoas precisam ser provocados o tempo todo", declarou Dichter.

O novo poder do marketing eletrônico de massa baseado na psicologia exerceu um impacto enorme na esfera democrática e também no âmbito comercial. Bernays e Lippmann haviam previsto isso. Mas, na Europa, no perigoso e desesperado período entreguerras, esses inovadores instrumentos foram colocados a serviço do totalitarismo. Em 1922, Josef Stálin assumiu o comando do Partido Comunista na União Soviética e, na Itália, Benito Mussolini tornou-se o primeiro-ministro fascista de um governo de coalizão. Seis meses antes, Adolf Hitler chegara à liderança do Partido Nacional Socialista da Alemanha.

Quinze anos depois, após os julgamentos de Nurenberg e a revelação dos primeiros campos de concentração, Edward Bernays ficou chocado ao ouvir de uma pessoa vinda de Berlim que seu livro *Propaganda* havia sido amplamente utilizado por Josef Goebbels para organizar o genocídio promovido por Hitler.

Também em 1922, nos Estados Unidos, Walter Lippmann, amigo de Bernays e antigo colega dos tempos da propaganda de guerra, escreveu:

> A fabricação do consenso... deveria ter desaparecido com o surgimento da democracia, mas não desapareceu. Na verdade, essa técnica foi bastante aperfeiçoada. Como resultado da pesquisa psicológica, associada a meios modernos de comunicação, a prática da democracia deu uma guinada. Está havendo uma revolução, infinitamente mais importante do que qualquer mudança de poder econômico... O co-

nhecimento de como criar o consenso vai alterar todo cálculo político e modificar toda premissa política... Não será mais possível, por exemplo, acreditar no dogma original da democracia.

Como apresentado no capítulo anteior, a combinação de contribuições de campanha secretas e ilimitadas com o marketing eletrônico de massa baseado na piscologia (caríssimo, porém terrivelmente eficiente) constitui uma ameaça mortal à permanência e à boa saúde da democracia participativa. Se o atual golpe à integridade democrática não for contido, a sinistra profecia de Lippmann pode se tornar realidade. Se as elites puderem usar o dinheiro, o poder e a persuassão de massa para controlar a política norte-americana, as pessoas podem chegar ao ponto em que, segundo as palavras de Lippmann, "não será mais possível" acreditar que os Estados Unidos são uma democracia.

No âmbito do mercado, o total de dinheiro gasto na "fabricação de desejos" e no estímulo ao consumo vem aumentando ano a ano. O apelo ao marketing de massa baseado nas ideias de Freud começou a perder força em momentos posteriores do século 20, mas, mais recentemente, a invenção de técnicas sofisticadas, como o escaneamento cerebral, revigorou o uso da análise subconsciente no campo do neuromarketing. O uso do marketing de massa na promoção de um consumo mais voraz está tão disseminanado que hoje o julgamos como parte normal de nosso cotidiano. Há 34 anos, o morador médio de uma cidade assistia a cerca de 2 mil mensagens publicitárias por dia. Segundo o *New York Times*, hoje esse número chega a 5 mil.

DESPERDÍCIO E POLUIÇÃO

O aumento do consumo *per capita* em uma população que não para de crescer vem pressionando a disponibilidade de alguns recursos. Com a expansão simultânea da população humana e da economia mundial, não só consumimos mais recursos naturais para fabricar produtos, mas também geramos quantidades cada vez maiores de resíduos. De acordo com recente relatório do Banco Mundial, cada morador das grandes cidades produz diariamente 1,2 quilo de lixo, volume que deve aumentar 70% até 2025.

O custo da gestão do lixo tende a dobrar no mesmo período, aproximando-se de US$ 375 bilhões por ano, com elevação mais acentuada entre os países em desenvolvimento. Segundo a Organização para a Cooperação e Desenvolvimento Econômico, cada ponto percentual de incremento na renda nacional corresponde a um aumento de 0,69% na produção de resíduos sólidos em municípios de países desenvolvidos.

Não se trata apenas de lixo. Quando o desperdício relacionado à produção de energia, de produtos químicos e de artigos eletrônicos e aos resíduos agrícolas e da fabricação do papel é calculado em base *per capita* entre os 7 bilhões de consumidores dos produtos de todos esses processos, o resultado espanta: o total de detritos gerados a cada dia pesa mais do que a soma dos corpos dos 7 bilhões de habitantes da Terra.

Existe um pujante mercado negro para a deposição ilegal de detritos – em especial no que se refere a envios de carga indesejada dos países desenvolvidos para as nações pobres. Na última década, a exportação de resíduos plásticos europeus (quase 90% com destino à China) aumentou mais de 250%. A imprensa denunciou a imensa "descarga" (em sua maioria, composta de objetos plásticos) feita no meio do oceano Pacífico, mas há um volume bem maior espalhado em terra, em milhões de lixões.

Apesar dos esforços dignos de reconhecimento feitos por várias empresas e cidades para ampliar a reciclagem de materiais, os volumes atuais superam de longe a capacidade de processamento de resíduos. O lixo orgânico, por exemplo, pode ser usado na produção do valorizado gás metano, mas, por causa da inércia e da falta de liderança, boa parte dele acaba lançada em aterros precários, onde se decompõe e a cada ano contribui para produzir 4% dos gases geradores do aquecimento global.

O aumento do lixo eletrônico vem ganhando cada vez mais atenção por conta do descarte de materiais altamente tóxicos. Novamente, apesar dos programas de reciclagem que vêm sendo implantados, o problema cresce a uma velocidade maior do que a proposta de soluções.

Os detritos químicos e biológicos constituem um desafio específico. Nas décadas de 1980 e 1990, eu presidi e participei de numerosos debates parlamentares acerca dos perigos do lixo químico tóxico. As severas leis aprovadas em consequência dessas e de outras discussões foram significativamente abrandadas por causa do *lobby* das indústrias químicas no Congresso e nas esferas executivas dos Estados Unidos. Estudo recente feito no país pelos centros de prevenção e controle de doenças identificou que o organismo do norte-americano médio é contaminado por 212 resíduos químicos, entre eles pesticidas, arsênico, cádmio e retardadores de fogo.

Retardadores de fogo? A presença desse item nos corpos dos cidadãos está relacionada com um curioso relato de bastidores, que exemplifica o desequilíbrio na capacidade norte-americana de tomar decisões e a predominância de interesses corporativos em detrimento dos anseios das pessoas. Em 2012, uma análise minuciosa do *Chicago Tribune* revelou em detalhes como políticos importantes, subornados pela indústria do tabaco, criaram leis para obrigar os fabricantes de móveis a acrescentar retardadores de fogo tóxicos na espuma interna de sofás e poltronas, sob a alegação de poupar vidas que se perdiam por causa dos milhares de incêndios provocados por fumantes que adormeciam sem apagar o cigarro.

Uma decisão bem mais lógica e menos perigosa – e proposta desde o início do século 20 – seria exigir que a indústria do fumo abolisse o uso de produtos químicos tradicionalmente acrescidos ao cigarro para manter a chama acesa o tempo todo. Mas o setor tabagista não queria ser associado aos incêndios, temendo que a má fama derrubasse suas vendas. Por isso, optou-se pela estratégia envolvendo corrupção e compra de influência para forçar a indústria moveleira ao acréscimo de substâncias de risco à maioria de seus produtos.

Quando os fabricantes de móveis antichamas perceberam como poderiam se beneficiar dessa obrigatoriedade, juntaram-se ao clube e também passaram a contribuir financeiramente com o *lobby* do cigarro. Os mesmos lobistas representavam tanto o corpo de bombeiros como os fabricantes de substâncias químicas, participando simultaneamente (de forma discreta, claro) da folha de pagamentos do setor tabagista. Enquanto isso, a poeira liberada pelo envelhecimento dos retardadores de chama foi respirada por gerações – tal exposição é relacionada pelos cientistas ao aumento de casos de câncer, problemas reprodutivos e danos aos fetos. Como se não bastasse, há pouco tempo a Comissão de Segurança dos Produtos de Consumo reconheceu que os retardadores de fogo incluídos na espuma dos móveis não são capazes de impedir incêndios domésticos.

Algumas substâncias especialmente perigosas, como o bisfenol A (BPA) e os ftalatos (quimicamente semelhantes aos retardadores de fogo), têm recebido maior atenção por parte dos especialistas em saúde, mas a Toxic Substances Control Act, lei promulgada em 1976 para regulamentar seu uso, nunca foi totalmente implementada. Estima-se que 83 mil produtos químicos façam parte da lista de substâncias que deveriam ser submetidas a testes, porém a Agência de Proteção Ambiental exige avaliação de apenas cerca de 200 deles (mas restringiu o uso de somente cinco). A indústria química tem autorização para manter em sigilo a maior parte dos dados clinicamente relevantes sobre tais substâncias, sob a alegação de que está protegendo segredos comerciais.

Depois da Segunda Guerra Mundial, o impulso para o desenvolvimento de produtos químicos de uso agrícola e industrial decorreu em grande parte dos altos estoques não utilizados de gás e munições. (Vale lembrar que o inventor do gás venenoso empregado na Primeira Guerra Mundial também criou o fertilizante nitrogenado sintético.) Esses novos compostos químicos trouxeram com eles numerosas e inéditas formas de poluir as águas – até então, conhecia-se apenas a contaminação fecal, que provocava febre tifoide e cólera. Embora tais problemas tenham sido solucionados na maior parte dos países desenvolvidos, as doenças transmitidas pela água ainda figuram entre as principais causas de morte em nações em desenvolvimento, sobretudo no sul da Ásia, na África e em partes do Oriente Médio.

De fato, a poluição de rios, córregos e aquíferos subterrâneos constitui um problema sério, que resulta em escassez hídrica em várias partes do mundo. Em 1999, a Comissão Mundial do Uso da Água no Século 21, com participação de várias agências da ONU, afirmou que "mais da metade dos principais rios do planeta encontram-se seriamente poluídos ou ameaçados". Um dos motivos dessa tragédia global está no fato de que a poluição (ou risco de poluição) das águas não entra na conta que determina o principal índice de produtividade e renda, o PIB, adotado pelos países. Como alertou o economista Hermann Daly, "não consideramos o custo da poluição como um mal, e ainda contabilizamos a limpeza da poluição existente como algo positivo. Trata-se de uma contabilidade assimétrica". Em consequência, as iniciativas de despoluição ambiental são constante e equivocadamente citadas como adversárias da prosperidade. Em Guangzhou, na China, por exemplo, quando o vice-diretor do órgão municipal de planejamento se viu forçado a restringir a circulação local de veículos, como forma de reduzir os alarmantes índices de poluição, desculpou-se da seguinte forma: "É claro que, do ponto de vista do governo, estamos abrindo mão do crescimento. Mas, para proteger a saúde dos cidadãos, vale a pena".

Há pouco tempo, uma investigação do *New York Times* reuniu centenas de milhares de registros regionais e nacionais sobre poluição das águas, com base na Freedom of Information Act, que mostravam que o consumo da água potável expunha um em cada dez norte-americanos a resíduos químicos e outras ameaças à saúde.

Desde 1972, os Estados Unidos inovaram no sistema de proteção da água, e a maior parte do mundo desenvolvido seguiu o exemplo. No entanto, o progresso entre esses países ficou abaixo dos Objetivos de Desenvolvimento do Milênio – o compromisso de desenvolvimento global firmado por todos os 193 países-membros da ONU e 23 organizações internacionais. Segundo a Organização Mundial da Saúde, "mais de 2 bilhões de pessoas ganharam acesso a melhores fontes de água (definidas como 'prováveis fonte de água segura') e 1,8 bilhão de pessoas passaram a contar com condições de saneamento entre 1990 e 2010... [no entanto], mais de 780 milhões ainda vivem sem acesso à água potável e 2,5 bilhões não têm estrutura de esgoto e água encanada".

Se as tendências atuais permanecerem, esses números seguirão inaceitavelmente altos em 2015: segundo a OMS, "605 milhões de pessoas não terão fontes confiáveis de água potável e 2,4 bilhões viverão sem acesso a instalações sanitárias básicas". Na China, onde 90% dos lençóis freáticos estão poluídos (com presença inclusive de resíduos químicos e industriais), 190 milhões de pessoas adoecem todo ano por causa da água ingerida, e dezenas de milhares morrem.

As fontes de água potável não são distribuídas de forma igualitária, e mais da metade do volume delas situa-se em apenas seis países. Em vários países e regiões, a redução da disponibilidade e a piora da qualidade da água têm a mesma relevância que a deterioração do solo como uma das limitações mais graves para a ampliação da produção de alimentos. O consumo excessivo e o desperdício perdulário de água doce – a nova competição pela água das cidades e as crescentes demandas da Terra S.A. – ameaçam deflagrar crises de alimento em várias partes do mundo.

Assim como a expansão urbana exerceu impacto sobre a oferta de terra para a agricultura, a "expansão energética" também causou um efeito imenso na disponibilidade de água nas lavouras. A equivocada decisão de estimular um crescimento veloz da primeira geração de combustíveis, como o etanol e o biodiesel derivado do óleo de palma, drenou tanto a água quanto os recursos até então direcionados para o plantio de alimentos. E a crescente exploração de gás de xisto extraído das profundezas, que exige quase 19 milhões de litros de água por poço, causou séria pressão sobre a oferta do recurso em áreas nas quais já havia escassez. Muitas cidades e regiões do Texas, por exemplo, foram obrigadas a escolher entre destinar água para a agricultura ou para a extração hidráulica (*fracking*) de gás e de petróleo. Em termos mundiais, o uso de água para fins energéticos deve aumentar com o dobro de velocidade da demanda de energia.

A expansão do *fracking* para extração de petróleo e gás se combina com a infiltração de resíduos líquidos tóxicos em áreas de subsolo que, até há pouco tempo, eram consideradas depósitos seguros. Nos Estados Unidos, estima-se que 113 trilhões de litros de líquido tóxico tenham atingido cerca de 680 mil poços de armazenamento subterrâneo ao longo das últimas décadas – o uso de técnicas como o *fracking* altera a geologia subterrânea, abrindo fissuras e modificando os padrões subterrâneos de fluxo. Infelizmente, alguns desses depósitos profundos vazaram, permitindo a infiltração dessas substâncias em aquíferos de água potável.

Os lençóis freáticos representam aproximadamente 30% de todos os recursos de água doce do planeta (na superfície, está apenas 1% do volume total). No último meio século, os aquíferos subterrâneos diminuíram pela metade. O ritmo de retirada dessas águas acelerou-se progressivamente ao longo do último meio século, até chegar ao dobro do que era em 1960. No entanto, nos últimos 15 anos (com a aceleração das taxas de crescimento da China e de outras economias emergentes), o consumo vem crescendo a um ritmo bem mais rápido.

A introdução de novas tecnologias de perfuração e de bombeamento também exerceu forte impacto. A Índia, por exemplo, investiu US$ 12 bilhões na construção de novos poços e bombas, e mais de 21 milhões de poços foram abertos pelos cerca de 100 milhões de agricultores do país. Um dos resultados foi que, em muitas comunidades, os aquíferos acabaram totalmente drenados, e agora é preciso recorrer à água potável trazida de outros locais. Ao mesmo tempo, os agricultores estão cada vez mais dependentes do errático regime de chuvas da região.

Por causa do crescimento demográfico e do aumento do consumo, a água de muitos rios importantes do planeta tornou-se tão disputada que vários deles já não chegam ao mar – caso dos rios Colorado e Grande (Estados Unidos), Indo (Paquistão e Índia), Nilo (Egito), Murray-Darling (Austrália), Yangtze e Amarelo (China) e Elba (Alemanha).

PRESSÃO DEMOGRÁFICA

Apesar da redução das taxas de crescimento demográfico na maior parte do mundo nas últimas décadas, a população tornou-se tão grande que mesmo um ritmo lento de crescimento implica o acréscimo de bilhões de pessoas. O número total deve se estabilizar perto do final deste século – é difícil prever, mas estima-se que fique entre 10 bilhões e 15 bilhões de habitantes. Há também uma projeção mais modesta, de 6,1 bilhões de pessoas, bem como outra que cita alarmantes 27 bilhões, cenário possível se não houver novas reduções na taxa de fertilidade. No entanto, a grande maioria dos especialistas acredita que o número mais provável é pouco acima de 10 bilhões de habitantes.

Até 2025, a Índia deve superar a China no posto de nação mais populosa da Terra. Nas próximas *duas* décadas, a África abrigará mais gente do que a China ou a Índia, e até o final do século estima-se que o continente africano terá mais moradores do que a soma de chineses e indianos. Nas quatro décadas que virão, metade do crescimento da população global ocorrerá na África, que deve triplicar sua população atual e chegar ao surpreendente número de 3,6 bilhões de habitantes no final deste século. Considerando os níveis de fertilidade do solo perigosamente baixos em grande parte da África subsaariana, a escassez de água potável, a má governança em vários países e os possíveis impactos do aquecimento global, os limites para o crescimento africano talvez estejam no foco da atenção mundial no fim do século 21.

O motivo para tamanha dificuldade em prever o pico da população mundial e para tanta disparidade entre as estimativas (a variação é de 5 bilhões de pessoas, o que equivale à população do planeta no final da década de 1980) está na dificuldade em projetar a quantidade média de vidas que as mulheres vão gerar nas próximas décadas. Um aumento nessa variável em até "meio" filho (os estudiosos há tempos têm de lidar com a esquisitice dessa expressão estatística) pode significar a diferença de bilhões de habitantes na população daqui até o fim do século. A multiplicidade de fatores que influenciam as opções das mulheres, por sua vez, também complica as projeções para um período tão longo.

As novas estimativas de alta para o pico da população global na última parte do século 21 refletem um declínio mais lento do que o esperado na taxa média de fertilidade em dezenas de países menos desenvolvidos, a maioria deles na África. A principal razão para o aumento das estimativas demográficas no continente africano e no mundo é o fracasso da comunidade internacional em facilitar o acesso ao conhecimento sobre a fertilidade e às técnicas de controle da natalidade para as mulheres que queiram usá-las.

Especialistas em demografia e em desenvolvimento aprenderam muito ao longo das últimas décadas sobre os fatores que realmente impactam a dinâmica do crescimento populacional. Pesquisas detalhadas mostraram que quatro elementos demográficos geram confusão e atuam em conjunto para alterar o padrão do crescimento da população de qualquer país – de um ponto de equilíbrio (caracterizado por altas taxas de mortalidade e de natalidade e pela presença de famílias numerosas) rumo a um segundo estado de equilíbrio (marcado por baixas taxas de mortalidade e de natalidade e pela presença de famílias pequenas).

A boa notícia é que o esforço global para reduzir o crescimento demográfico tem sido bem-sucedido, apesar de se desenrolar em câmera lenta. Ainda que por algumas décadas persista uma alta expressiva nos números absolutos, quase todas as nações estão se movimentando do alto para o baixo estado de equilíbrio. Alguns países o fizeram rapidamente, mas outros estão ficando para trás. Nos Estados Unidos, o crescimento demográfico caiu para os níveis mais baixos desde a Grande Depressão.

No século 20, durante várias décadas a visão predominante foi a de que o aumento do PIB (em especial, dos fatores associados ao desenvolvimento industrial) abria caminho para a redução da taxa de crescimento populacional. Era mais um exemplo precoce da conveniência sedutora e da simplicidade ilusória do uso do PIB como medida do progresso geral – e de como o índice pode monopolizar a atenção dos responsáveis pelas políticas, mesmo quando está relacionado apenas de forma vaga com os objetivos reais que a sociedade tenta alcançar.

Embora o PIB *não seja* um dos quatro fatores, em muitos países o crescimento econômico está vagamente relacionado à criação de condições sociais capazes de exercer impacto sobre a população. De forma inversa, a pobreza extrema associa-se a maiores taxas de crescimento demográfico, especialmente em países com instituições instáveis e escassez de água potável e de solo fértil. Hoje, todas as 14 nações com essas três características apresentam taxas de crescimento populacional extremamente elevadas, e só uma delas não fica na África subsaariana.

Os quatro fatores decisivos – todos necessários, mas nenhum suficiente por si só – para impactar o crescimento demográfico são:

- A educação das meninas – fator isolado mais importante de todos. A educação dos garotos também é importante, mas estatísticas sobre população mostram claramente que a alfabetização feminina e o acesso a boas escolas são essenciais.
- O aumento do poder feminino na sociedade, de forma que as opiniões das mulheres sejam ouvidas e respeitadas e que elas possam participar da tomada de decisões com os maridos ou parceiros no que se refere ao número de filhos e a outras questões importantes para o grupo familiar.
- A disponibilização de informações e técnicas sobre fertilidade e controle da natalidade, de forma que as mulheres possam de fato decidir quantos filhos desejam ter e qual o intervalo entre as gestações.
- A redução das taxas de mortalidade infantil. O líder africano Julius K. Nyerere declarou em meados do século 20 que "o anticoncepcional mais eficiente é a confiança dos pais de que seus filhos sobreviverão".

A luta para divulgar métodos de contracepção e informações sobre o controle da natalidade não tem apresentado os resultados esperados pelos cientistas sociais e especialistas em demografia. Os compromissos assumidos pelos países ricos de financiar o acesso dos países pobres à gestão da fertilidade não foram totalmente cumpridos. Em alguns países desenvolvidos onde a democracia vem perdendo força, como os Estados Unidos, os ataques a programas de apoio às mulheres cresceram nos últimos anos. Surpreendentemente, a oposição política à contracepção, por exemplo, voltou a aparecer no país nos últimos dois anos, ainda que a esmagadora maioria das mulheres americanas (incluindo 98% das católicas sexualmente ativas) aprove e adote voluntariamente métodos para evitar a gravidez – posição que parecia consolidada desde a década de 1960.

A condenação à contracepção por uma minoria – com base em preceitos religiosos e movida em parte pela associação hipócrita entre métodos contraceptivos e aborto – teve forte impacto negativo sobre as contribuições dos Estados Unidos aos esforços mundiais de esclarecimento acerca do controle da natalidade em países em desenvolvimento e com populações crescentes. Como a ajuda externa é sempre vulnerável a cortes orçamentários, o total efetivamente alocado pelo governo norte-americano ficou muito aquém do prometido. Mais uma vez, o desequilíbrio de poder e a paralisia política dos Estados Unidos privaram o mundo de uma liderança essencial, o que, por sua vez, prejudicou seriamente a capacidade dos países de entrar em ação.

Um dos resultados foi que as reduções esperadas nas taxas de fertilidade não aconteceram – sobretudo na África, onde 39 dos 55 países que formam o continente apresentam altos índices de natalidade. Há nove nações com elevado crescimento demográfico na Ásia, seis nas ilhas do Pacífico e quatro entre os países de baixa renda da América Latina. No mundo todo, a população deve triplicar ainda neste século em 34 dos 58 países com altas taxas de natalidade.

De acordo com a média mundial, cada mulher gera 2,5 filhos ao longo da fase fértil de sua vida. Na África, porém, o índice médio é de 4,5 crianças (em quatro nações do continente, o número chega a mais de seis filhos por mulher), o que representa um crescimento demográfico insustentável. No Malawi, por exemplo, país que hoje conta com 15 milhões de habitantes, estima-se que a população praticamente decuplique, chegando a 129 milhões no final do século. Segundo as projeções, na Nigéria, dona da maior população na África, o número de habitantes hoje estimado em 160 milhões deve superar os 730 milhões em 2100, cifra comparável ao total de chineses que havia no mundo em meados da década de 1960.

Antes de obtermos uma compreensão mais clara da dinâmica demográfica, muitos acreditavam que taxas de mortalidade mais elevadas significavam diminuição da população geral, mas esse pressuposto caiu por terra: é preciso relacionar esses índices com as taxas de natalidade. Hoje se defende que a última vez em que a população de fato diminuiu foi no século 14, quando a Peste Negra dizimou boa parte dos europeus. No mundo contemporâneo, porém, mesmo as doenças mais temidas não exerceram grande impacto. A epidemia do vírus HIV influiu nos índices demográficos de alguns países africanos, mas, em termos gerais, a população do planeta cresceu mais nos cinco primeiros meses de 2011 do que o total de mortes em decorrência da Aids desde o início da disseminação da doença, há três décadas.

Em países com alta mortalidade infantil, a tendência natural das pessoas é gerar mais filhos, a fim de garantir que pelo menos alguns sobrevivam para cuidar dos pais na velhice e dar prosseguimento ao nome e às tradições da família. Na prática, quando a mortalidade infantil cai drasticamente, as taxas de natalidade só se reduzem meia geração depois, considerando que os outros três fatores continuem presentes. Depois da Segunda Guerra Mundial, avanços revolucionários ocorridos na saúde (melhores condições de saneamento e de nutrição, descoberta de antibióticos, vacinas e outras conquistas da medicina moderna) resultaram na redução significativa da mortalidade infantil em várias partes do mundo. A partir do início do século 19, essa mesma combinação de avanços na saúde e na alimentação duplicou a expectativa de vida nos países industrializados, que passou de 35 para 77 anos.

UMA AGENDA FEMININA

A educação das meninas tornou-se comum em todo o mundo, inclusive na maioria dos países em que esse era um direito exclusivo masculino. Embora ainda haja oposição à ideia entre grupos como o Talibã, do Afeganistão, a maioria das nações percebeu as vantagens competitivas, sobretudo na era da informação, de educar todas as crianças. A Arábia Saudita costumava limitar o acesso ao sistema de ensino para os homens, mas, de acordo com estatísticas mais recentes, quase 60% dos alunos matriculados em universidade do país são mulheres. Eram 8% em 1970.

No Catar, esse índice é de 64%; na Tunísia e Emirados Árabes Unidos, 60%; no Irã, 51%. Na média dos países árabes, o número chega a 48%. Na verdade, há mais mulheres do que homens (a média mundial é de 51% para elas) recebendo títulos universitários em 67 dos 120 países em que se fizeram estudos estatísticos sobre o tema. Nos Estados Unidos, as mulheres respondem hoje por 62% dos diplomas dos cursos regulares; 58% no bacharelado, 61% no mestrado e 51% no doutorado.

Por outro lado, o empoderamento feminino continua a ser um desafio em muitas sociedades tradicionalistas. Na Arábia Saudita, por exemplo, nenhuma dessas mulheres formadas em faculdades pode votar ou dirigir automóveis, embora o relativamente progressista rei saudita tenha anunciado planos para instituir o voto feminino no início de 2015. Embora o abismo entre gêneros no que se refere à educação formal tenha diminuído 93% em termos globais, as mulheres ainda têm muito a avançar em outros campos: foram fechados menos de 60% do abismo na participação econômica e apenas 18% do abismo na participação política.

A Mente Global acelerou as demandas pela participação feminina em todo o mundo: as mulheres são maioria entre os usuários das redes sociais e constituem quase a metade do público que navega pela internet. Quando expostas a condições favoráveis de igualdade entre os sexos, a demanda por mudanças cresce naturalmente.

Em quase todos os países, as mulheres entram no mercado de trabalho em maior número do que os homens, reflexo de uma histórica mudança na atitude mundial no que se refere ao trabalho feminino fora de casa. Nas últimas quatro décadas, apenas um em cada três profissionais que ingressaram no mercado de trabalho era do sexo masculino. As mulheres fizeram uma diferença especial na competitividade das economias crescentes do leste asiático, nas quais a força de trabalho conta com 83 mulheres para cada cem homens. As trabalhadoras exerceram maior impacto em vários setores orientados para a exportação, como o têxtil e de vestuário, em que ocupam entre 60% a 80% das vagas.

O jornal *The Economist* estimou que, em termos mundiais, "o aumento do emprego feminino nas economias desenvolvidas contribuiu muito mais para o crescimento global que a China". Nos países desenvolvidos, as mulheres são responsáveis pela produção de quase 40% do PIB. No entanto, outra falha no sistema de medição do PIB (apontada pelo próprio criador do índice, Kuznets, em 1937) está em não atribuir valor econômico ao trabalho doméstico executado pelas mulheres e por alguns homens: educação dos filhos, preparo das refeições, cuidado com a casa, entre outros. Se esse tipo de trabalho fosse valorado nos países desenvolvidos – com base na remuneração de babás, cozinheiras e empregadas domésticas, entre outras funções –, a contribuição total das mulheres para o PIB superaria em muito os 50%.

A transição feminina para o trabalho fora de casa teve impactos sociais surpreendentes. Nos Estados Unidos, entre 1960 e 1990, o percentual de mulheres com emprego externo, casadas e mães de crianças menores de seis anos de idade passou de 12% para 55%. Nas mesmas três décadas, o total de mães (com filhos de quaisquer idades) que optaram por trabalhar fora subiu de 20% para 60%.

Essas mudanças sociológicas também estão entre os muitos fatores que contribuem para a epidemia de obesidade. Como muito mais mães agora passam o dia no emprego, longe do lar – e uma porcentagem muito maior de crianças vive em famílias nas quais os dois pais saem para trabalhar –, aumentou o consumo de fast-food, a frequência de idas a restaurantes e a ingestão de refeições e produtos alimentícios industrializados que requerem uma preparação mínima, como alguns minutos no micro-ondas. O tamanho das porções também cresceu, assim como o índice de massa corporal. Tudo isso se soma ao que Kessler chama de "hiperalimentação condicionada".

Estudos demonstram que crianças moradoras de regiões de baixa renda, em geral, são autorizadas (ou até incentivadas) por pais e cuidadores a assistir mais televisão do que a média, por causa da preocupação com a falta de segurança para brincar ao ar livre, uma vez que essas localidades costumam apresentar índices elevados de violência. Na verdade, essa é uma tendência mundial para pessoas de todas as idades, que passam cada vez mais tempo diante de telas eletrônicas ligadas à Mente Global e tendem a se dedicar a atividades fisicamente bem menos demandantes do que no passado. Outro fator é a preferência pelo automóvel, mesmo em trajetos que poderiam ser feitos a pé.

A FAMÍLIA EM TRANSFORMAÇÃO

A maior participação feminina na força de trabalho, a dramática evolução na educação das mulheres e a transformação dos valores da sociedade também resultaram em mudanças estruturais na instituição familiar. Em quase todo o mundo, o índice de divórcios aumentou substancialmente, em parte devido a alterações nas leis de cada país, e, de acordo com especialistas, também por conta da forte presença feminina no mercado de trabalho. Alguns estudiosos também apontam para o papel dos relacionamentos online: segundo várias análises, entre 20% e 30% dos divórcios registrados nos Estados Unidos envolvem, de alguma maneira, o Facebook.

A média etária das mulheres que se casam subiu de forma significativa, e a porcentagem de pessoas que decidem não se casar nunca foi tão alta. Há meio século, dois terços dos norte-americanos acima de 20 anos eram casados – hoje, o grupo se retringe a um quarto desse mesmo recorte populacional. Muitos casais optam por viver juntos (e ter filhos), sem se unir oficialmente pelo matrimônio. Nos Estados Unidos, 41% das crianças nascem de mulheres solteiras (há meio século, esse índice era de 5%). Dentro desse grupo, incluem-se 50% de gestantes com menos de 30 anos e 73% de mães afro-americanas de todas as idades.

No *ranking* geral dos países, quando se trata de igualdade de gênero, os quatro primeiros colocados são Islândia, Noruega, Finlândia e Suécia, enquanto o pior desempenho cabe ao Iêmen. No entanto, a participação política das mulheres tem ficado muito atrás da maioria dos outros indicadores de igualdade. Em termos mundiais, elas representam menos de 20% dos parlamentares eleitos, com a maior participação (42%) nos países nórdicos e a menor (11,4 %) no mundo árabe. Os Estados Unidos ficam pouco acima da média mundial. Apenas duas nações têm maioria feminina no Parlamento: Andorra, que está entre os menores países do planeta, e Ruanda, um dos mais pobres. Depois da tragédia ocorrida em 1994, o país africano aprovou a exigência constitucional de que pelo menos 30% das cadeiras parlamentares sejam ocupadas por mulheres. A conquista de espaço feminino na gestão corporativa é menor ainda: apenas 7% dos conselhos das grandes empresas são formados por mulheres.

Os quatro fatores cruciais para a redução nas taxas de crescimento demográfico estão relacionados com a ampliação da democracia participativa e o direito das mulheres ao voto. Nos países em que a presença feminina nas urnas é alta, como se pode esperar, existe mais apoio a programas voltados à redução da mortalidade infantil, à educação das meninas, à maior a autonomia das mulheres e ao acesso a mecanismos para controle da natalidade.

Na maioria dos países industrializados, as taxas de natalidade caíram com tanta velocidade que alguns já enfrentam o declínio demográfico. Rússia, Alemanha, Itália, Áustria, Polônia e várias outras nações do sul e do leste da Europa hoje apresentam natalidade inferior aos níveis de reposição populacional, fenômeno que também ocorre no Japão, Coreia do Sul, China e em vários países do Sudeste Asiático. Nos Estados Unidos, em 2011, a taxa de natalidade atingiu seu patamar mais baixo.

Em alguns desses países, o índice caiu tanto que já se configura o risco de entrada naquilo que os estudiosos chamam de armadilha demográfica. Ou seja: com cada vez menos mulheres em idade fértil, menos nascimentos acontecerão, o que leva a uma nova e súbita queda da população. No caso do Japão, as estimativas indicam que a população atual de 127 milhões despencará para 64 milhões por volta de 2100.

Há alguns anos, Suécia e França adotaram políticas para estimular a natalidade e evitar a armadilha demográfica. Os dois países destinam cerca de 4% da renda nacional a programas de apoio a famílias e a estímulos para facilitar a vida dos pais que trabalham fora, como prolongadas licenças-maternidade e paternidade, ensino pré-escolar gratuito de alta qualidade, excelente atendimento médico para o bebê e a mãe, garantias para a mulher retomar a carreira profissional depois de ter filhos, além de outros benefícios. Atualmente, suecos e franceses estão quase recuperando seus níveis de reposição populacional.

Por outro lado, o Japão e a Itália, que não conseguiram implementar esse tipo de política, não estão revertendo as quedas de natalidade. Uma das consequências é que, em breve, ambos enfrentarão sérias dificuldades para financiar seus sistemas previdenciários, devido à desproporção entre a população economicamente ativa e o total de aposentados e pensionistas. Em sistemas nos quais os impostos cobrados sobre o trabalho sustentam a Previdência Social, fica bem mais oneroso para os contribuintes quando a população trabalhadora é menor do que o contingente de beneficiários.

LONGEVIDADE

Em maior ou menor grau, essa nova realidade demográfica é hoje uma das principais causas das crises fiscais dos países mais desenvolvidos do mundo. Da mesma forma, como o atendimento médico-hospitalar é mais utilizado por pessoas mais velhas, as mesmas alterações demográficas têm contribuído para os déficits orçamentários dos programas de saúde – sobretudo nos Estados Unidos, país onde o gasto *per capita* é superior ao de qualquer outra nação.

A dimensão relativa da população aposentada está aumentando também devido à significativa elevação da expectativa média de vida. Por incrível que pareça, segundo as projeções, mais da metade dos bebês nascidos nos países desenvolvidos depois de 2000 deve ultrapassar os cem anos de idade. Nos Estados Unidos, mais da metade dos nascidos em 2007 provavelmente viverá mais de 104 anos.

Essa revolução na longevidade humana provoca sérias consequências em todo o mundo. Apesar da dificuldade em comprovar as estatísticas, os antropólogos acreditam que nos últimos 200 mil anos a expectativa média de vida do ser humano foi inferior a 30 anos (alguns estimam que tenha sido bem menos do que isso). Depois da Revolução Agrícola e da construção das cidades, a expectativa de vida começou a subir lentamente, mas só chegaria à casa dos 40 anos em meados do século 19. No último século e meio, esse número subiu para 69 anos e, na maioria dos países industrializados, supera em muito a barreira dos 70 anos.

Melhorias no sistema de saneamento, na alimentação e nos cuidados com a saúde, em especial com a descoberta de antibióticos, vacinas e outros medicamentos modernos, foram decisivos para ampliar a expectativa de vida, mas os melhores níveis de educação e alfabetização, assim como de informação sobre prevenção de doenças, também tiveram grande impacto. O acesso ao conhecimento online sobre saúde e bem-estar começa a desempenhar papel cada vez mais relevante. Em alguns países, a globalização e a urbanização têm ampliado a influência desses fatores, gerando um aumento ainda mais veloz da longevidade. Nos próximos 25 anos, a China deve duplicar o percentual da população com mais de 65 anos.

Em algumas nações, a maior proporção de idosos representa apenas um exemplo de como as mudanças nas sociedades podem decorrer não somente do tamanho absoluto de sua população, mas também de mudanças na distribuição de seus diversos grupos etários. Quando uma geração de *baby boomers* chega ao mercado de trabalho, sociedades com grande oferta de empregos podem obter enormes ganhos de produtividade. Porém, alguns anos mais tarde, ao envelhecer, a mesma geração às vezes revela dificuldade para se adaptar às novas tecnologias e demandas do mercado, como acontece agora na era da Terra S.A. Se um subsequente declínio da fecundidade humana resultar na geração seguinte em menos gente para ingressar no mercado de trabalho e substituir o contingente anterior, o mesmo grupo que na juventude clamava por mudanças revolucionárias passa, na velhice, a reivindicar aposentadorias mais generosas e melhor atendimento à saúde.

Nas últimas três décadas, a China desfrutou de um *boom* econômico alimentado por uma jovem força de trabalho. No entanto, nos próximos dois anos, a população em idade economicamente ativa deve começar a cair e, em 2050, cerca de um terço dos chineses será, no mínimo, sexagenário. Da mesma forma, na Índia, a porcentagem de pessoas com mais de 65 anos tende a dobrar nesse período, mas seu universo de idosos ainda será menor (cerca de metade) que o da China.

Quando sua força de trabalho era predominantemente jovem, o Japão teve um crescimento econômico notável. Porém a desaceleração ocorrida ao longo das duas últimas décadas coincidiu com o envelhecimento da população. Em 2012, os japoneses compraram mais fraldas para adultos do que para bebês. Em meados deste século, a idade média da população (43 anos, a mais alta do mundo em 2012) será de 56 anos. Em termos mundiais, a projeção da média etária deve passar dos atuais 28 para 40 anos até 2050.

Sempre que há uma geração de jovens claramente numerosa em relação ao resto da sociedade, o vigor juvenil pode contribuir para pressões por mudanças, ou mesmo por revoluções, se houver falta de oportunidades de emprego, em especial para homens com idade entre 18 e 25 anos. Historiadores especializados em demografia acreditam que a proporção relativamente grande de jovens na França de dois séculos atrás contribuiu para o movimento que resultou na Revolução Francesa. O mesmo pode ter acontecido durante as guerras civis inglesas, no século 17, e na maioria das revoluções nos países em desenvolvimento, no século 20. Levantes de natureza política ou cultural ocorridos na década de 1960 nos Estados Unidos coincidiram com a presença de uma geração de jovens gerados após o final da Segunda Guerra Mundial, os chamados *baby boomers*.

Segundo a Population Action International, na década de 1990, as nações com mais de 40% dos adultos na faixa etária de 15 a 29 anos registraram duas vezes mais conflitos civis do que as demais, e cerca de dois terços dos embates ocorridos a partir da década de 1970 se desenrolaram em países com alta presença de jovens. Entre os muitos fatores que causaram a Primavera Árabe em 2011, um está relacionado à desproporcional prevalência jovem na maioria dos países da região. Vale lembrar, porém, que foi um vendedor de comida na Tunísia que desencadeou o movimento, em um período de alta no preço dos alimentos em todo o mundo.

Uma das maiores concentrações de força juvenil hoje está no Irã, e embora as manifestações de rua e a Revolução Verde tenham sido brutalmente reprimidas, as pressões para a mudança social parecem em construção. Embora também mantenha a dissidência e as manifestações sob controle, a Arábia Saudita enfrenta pressões semelhantes por mudança; nesse país, o percentual da população composto por jovens entre 15 e 29 anos é muito elevado, com um número excepcionalmente baixo de postos de trabalho disponíveis.

De acordo com a maioria desses indicadores demográficos, os Estados Unidos têm perspectivas mais favoráveis do que muitos países desenvolvidos. A idade média da população vem subindo, mas deve chegar aos 40 anos apenas em meados deste século. E o número de nascimentos está acima dos níveis de reposição populacional, em parte devido à população imigrante e sua alta taxa de fecundidade.

MIGRAÇÕES

Em 2010, a Organização das Nações Unidas relatou que a população mundial de migrantes reunia 214 milhões de pessoas. Segundo a mesma fonte, esses indivíduos somam 10% do total de habitantes dos países desenvolvidos, um aumento de 7,2% em duas décadas. No último ano do qual se tem estatísticas disponíveis, 2009, 740 milhões de pessoas migraram de uma região para outra dentro de um mesmo país. As cidades são o principal destino – tanto dos que chegam de nações estrangeiras como dos migrantes internos, que se transferem quase sempre de áreas rurais para centros urbanos.

Uma nova tendência mostra que as pessoas que cruzam as fronteiras de um país em desenvolvimento para outro formam um contingente praticamente igual ao dos migrantes que se deslocam de um país em desenvolvimento para as regiões mais industrializadas do mundo. De acordo com o secretário-geral das Nações Unidas, "em outras palavras, aqueles que se movem no sentido sul-sul são quase tão numerosos como os que fazem o trajeto sul-norte".

Embora a migração tenha, é claro, várias consequências positivas – entre elas o enriquecimento do núcleo de talentos das regiões receptoras dos fluxos de pessoas –, o número de migrantes internacionais também tem deflagrado perigosas tendências em vários países. A xenofobia, em geral acompanhada da discriminação e da violência contra os estrangeiros, em especial contra os que pertencem a etnias, nacionalidades, culturas e religiões muito diferentes, se revela de forma mais intensa em locais atingidos por altas taxas de desemprego ou em países nos quais os imigrantes são vistos como ameaça à cultura, às tradições e à prosperidade futura da população nativa.

Em Atenas, jovens neonazistas patrulham as ruas e atacam um crescente número de imigrantes muçulmanos de vários países, como Afeganistão, Paquistão e Argélia. Em Moscou e outras cidades russas, neonazistas, *skinheads* e outros grupos extremistas de direita também agridem migrantes, muitos deles naturais de áreas como a Chechênia, no Cáucaso, onde há significativa população muçulmana.

Hoje, os migrantes representam 20% ou mais da população de 41 países do mundo – três quartos deles têm menos de 1 milhão de habitantes. Existem 38 países maiores nos quais os migrantes respondem por pelo menos 10% da população.

Em breve, a Índia deve concluir a construção de um muro de 3.300 quilômetros de extensão e 2,5 metros de altura na fronteira com Bangladesh. Na condição de país mais atingido pelos primeiros impactos das mudanças climáticas, Bangladesh tem registrado uma onda de migração interna a partir de áreas costeiras de baixa altitude e ilhas da baía de Bengala, onde hoje vivem cerca de 4 milhões de pessoas. A população total do país tende a passar dos atuais 150 milhões para 242 milhões nas próximas décadas.

Desde a invasão norte-americana, Bangladesh também se transformou no destino de um grande número de imigrantes vindos do Afeganistão. A presença, dentro desse fluxo migratório, de defensores da *jihad* e de militantes do Talibã suscitou preocupações no governo da Índia quanto ao aumento do extremismo islâmico do outro lado da fronteira. Mas a pressão econômica em Bangladesh continua sendo a principal motivação para a corrente migratória rumo à Índia e, de lá, para outros destinos.

Mesmo nos Estados Unidos, onde a imigração é considerada um histórico caso de sucesso, a onda de imigrantes sem documentos no começo do século 21 tem criado tensão social. Cerca de 20% de todos os migrantes internacionais vivem hoje no país, que abriga apenas 5% da população mundial. Entre julho de 2010 e julho de 2011, o número de bebês "não brancos" superou o de recém-nascidos caucasianos pela primeira vez na história do país. Especialistas em terrorismo apontam a preocupação com a imigração ilegal vinda do México e de outros países como o principal fator de fortalecimento dos grupos xenófobos.

UM ESTUDO RECENTE da Brookings Institution revelou que "as minorias foram responsáveis por 92% do crescimento da população do país na década que terminou em 2010". O número de crianças brancas nos Estados Unidos diminuiu 4,3 milhões, enquanto o de latino-americanas e asiáticas aumentou em 5,5 milhões. Em mais da metade das cidades norte-americanas, as minorias étnicas formam maioria numérica; os dois maiores grupos são os hispânicos (26%) e os afro-americanos (22%). Hoje, os hispânicos constituem o maior grupo minoritário dentro dos Estados Unidos.

Os grupos terroristas norte-americanos atingiram o pico na década de 1990, pouco antes do atentado às instalações federais de Oklahoma City. Seu número diminuiu drasticamente por mais de 12 anos até a era de Barack Obama, quando pareceu se desencadear uma nova onda entre 2009 e 2012, em níveis mais elevados do que antes. O Southern Poverty Law

Center associa esse aumento às transformações na composição demográfica norte-americana: "Essa mudança muito real e significativa é representada pela pessoa de Barack Obama. É certo que testemunhamos o crescimento mais notável da direita radical desde 2008, coincidindo exatamente com os três primeiros anos da presidência de Obama".

Ironicamente, em 2012 a migração líquida do México para os Estados Unidos chegou a zero, embora o fluxo originário de vários outros países tenha se mantido. Em 2009, aportaram no território norte-americano mais imigrantes asiáticos do que hispânicos. De acordo com o estudo da Brookings, "ainda que a imigração parasse amanhã, até 2050 (ou 2023, se os níveis atuais se mantiverem) a maior parte da população infantil [dos Estados Unidos] será formada por crianças pertencentes às minorias".

A taxa de natalidade relativamente alta nos territórios palestinos, na comparação com o mesmo indicador em Israel, vem causando mudanças nas análises políticas tanto de um lado como de outro, no que diz respeito às opções possíveis para solucionar (ou, pelo menos, conter) as tensões na região. A mesma diferença nas taxas de nascimento fez com que a população árabe instalada dentro das fronteiras de Israel se multiplicasse por sete desde 1948, o que levou alguns israelenses a especular se, um dia, essas tendências demográficas não vão levar a uma escolha entre a natureza judaica do estado de Israel ou o princípio democrático de gestão da maioria.

Existem também consequências muitas vezes negativas em regiões das quais partem grandes grupos de emigrantes. O principal problema é a evasão de cérebros, que ocorre quando profissionais treinados, como médicos e enfermeiros, deixam seus locais de origem, em parte porque sua formação lhes permite buscar um emprego mais rentável e um padrão de vida mais alto nos países desenvolvidos. Quando famílias de classe média emigram de uma nação, em geral os investimentos em bens públicos, como educação e atendimento à saúde, perdem força. Ao mesmo tempo, nos países receptores, o aumento da porcentagem de migrantes e de comunidades pertencentes às chamadas minorias, às vezes, parece enfraquecer o contrato social de apoio à prestação de bens públicos. Nos Estados Unidos, isso aconteceu, em especial, na educação, com os brancos nativos se transferindo para o ensino particular, o que fragilizou a reivindicação por melhores orçamentos para as escolas públicas.

No entanto, muitos países que recebem os fluxos de pessoas têm adotado políticas voltadas para atrair imigrantes mais qualificados. A necessidade de trabalhadores com baixa remuneração em muitos países desenvolvidos também resultou na expansão significativa de programas de emprego temporário, em especial nos Estados Unidos, Austrália e Inglaterra. As faculdades e universidades também vêm incorporando cada vez mais alunos oriundos de países estrangeiros.

Muitos dos países e regiões exportadores de mão de obra obtêm benefícios com o processo, em especial no que se refere ao dinheiro remetido por emigrantes. Em 2011, as remessas enviadas do exterior para as famílias desses trabalhadores somaram US$ 351 bilhões, e as projeções para 2014 são de US$ 441 bilhões.

Acredita-se que o total do dinheiro enviado por migrantes internos para suas comunidades de origem seja muito maior. Os chineses que trocaram o campo pela cidade remetem uma média de US$ 545 por ano para suas famílias. Em Bangladesh, a Coalition for the Urban Poor estima que quem deixa o trabalho rural para se instalar na capital do país, Dhaka, envia para sua região de origem cerca de 60% de seus rendimentos. Na Índia, a maior parte da movimentação econômica das regiões pobres de Uttar Pradesh, Bihar e Bengala Ocidental é atribuída ao dinheiro enviado por migrantes hoje residentes em Mumbai.

REFUGIADOS

Em paralelo aos crescentes fluxos migratórios domésticos e internacionais, há também o aumento mundial da população refugiada. De acordo com o tratado internacional sobre o assunto, refugiado é aquele que, ao contrário do migrante, encontra-se fora de seu país de origem por causa do temor fundamentado de violência ou perseguição. Em todo o mundo, conflitos ou perseguições de toda ordem forçaram 44 milhões de pessoas a abandonar suas nações – desse total, 15,4 milhões são considerados refugiados –, e outros 27,5 milhões foram expulsos de seus lares e tiveram de se instalar em novas comunidades dentro do mesmo país.

O alto comissário da ONU para refugiados, António Guterres, alerta que 70% dessas pessoas estão nessa condição há mais de cinco anos e, por isso, "fica cada vez mais difícil encontrar soluções para elas". Doze milhões são apátridas, ou seja, não têm um lar para o qual possam voltar. Nos últimos cinco anos, pela primeira vez, houve mais refugiados instalando-se em cidades do que nos campos oficiais montados para acolhimento desse público. Ao mesmo tempo em que um número constante de migrantes se desloca para os países desenvolvidos e em desenvolvimento, 80% dos refugiados vivem em regiões pobres do planeta.

Todos os grandes países de origem dessas pessoas encontram-se atolados em conflitos violentos, como a Somália, República Democrática do Congo, Mianmar, Colômbia e Sudão. Entre todos eles, os dois principais são o Afeganistão e o Iraque. A descabida decisão norte-americana de invadir o Iraque em 2002 – prolongando o conflito no Afeganistão, ao retirar prematuramente as tropas que tinham cercado Osama bin Laden – causou um efeito em cascata em toda a região e inundou de refugiados os países vizinhos.

Os 3 milhões de afegãos deslocados pela guerra fugiram sobretudo para o Paquistão (1,9 milhão) e para o Irã (1 milhão). Os 1,7 milhão de refugiados iraquianos também partiram rumo às nações da região. Na verdade, de acordo com o Relatório de Desenvolvimento Mundial, mais de três quartos dos refugiados em todo o mundo estão abrigados em países próximos ao local de origem. O maior número agora vive na Ásia e na região do Pacífico (2 milhões, a maioria no sul asiático), na África subsaariana (2,2 milhões, sendo 403 mil apenas no Quênia), Oriente Médio e norte da África (1,9 milhão).

No entanto, mais de 1,6 milhão de refugiados, em sua maioria muçulmanos, seguiram para a Europa, agravando ainda mais as tensões xenófobas e os crescentes temores de radicalização entre as mal assimiladas populações jovens islâmicas residentes na Europa (os muçulmanos já compõem 5% da população europeia). A onda de migrantes vindos do norte da África e do sul da Ásia para a Europa reforçou a xenofobia até em nações conhecidas pelo compromisso com a tolerância. Em vários países do continente, a combinação de recessão econômica com o crescente fluxo de imigrantes, em especial islâmicos, perturba o equilíbrio político, uma vez que a extrema direita e grupos nativistas se valem do tema para explorar os temores da sociedade.

A NOVA CATEGORIA dos refugiados climáticos, no entanto, é a que cresce hoje com mais velocidade. Apesar de não serem reconhecidas oficialmente (a definição do Protocolo de Refugiados exige que a motivação do deslocamento seja o medo da violência ou da perseguição), essas pessoas de fato são levadas a migrar de forma quase compulsória, a fim de sobreviver. Na publicação *State of the world's refugees*, da ONU, divulgada em junho de 2012, o secretário-geral da instituição, Ban Ki-moon, observou que os tradicionais motivos para o deslocamento forçado – "conflitos e violações dos direitos humanos" – agora estão "cada vez mais ligados e agravados por outros fatores", muitos deles relacionados "ao avanço inexorável das mudanças climáticas".

Em maio de 2012, Israel anunciou um grande projeto nacional sobre o clima, que incluía a recomendação para a construção de "cercas marinhas" perto das fronteiras marítimas no mar Vermelho e no Mediterrâneo, conectadas a intransponíveis barreiras terrestres, a fim de proteger o país de uma invasão de refugiados. "A mudança climática já está acontecendo e exige amplas medidas de precaução", afirmou Gilad Erdan, ministro israelense de Proteção Ambiental. "Ainda que ocorram fora das previsões, a falta de água, o aquecimento e a elevação do nível do mar causarão movimentos migratórios de todas as regiões pobres rumo a lugares onde é possível escapar", alertou o estudo.

Um dos dois líderes da equipe que elaborou o relatório, o professor Arnon Soffer, do departamento de geografia da Universidade de Haifa, acrescentou que "a onda de migração não é um problema futuro. Ele está acontecendo agora, e só tende a se agravar a cada dia". Ao observar como as Marinhas europeias agem para evitar a chegada de barcos carregados de migrantes, Soffer alertou que essas pessoas são forçadas a procurar outro destino, mas "na Índia são recebidas a tiro, assim como no Nepal e no Japão". A equipe de estudiosos observou que tais refugiados devem partir da África, onde cerca de 800 lagos secaram completamente na última década (entre eles aquele que era considerado o maior do continente, o lago Chade), fenômeno que expulsou muita gente para a região de Darfur.

Na Somália, as secas persistentes e a desertificação também contribuíram para a eclosão de conflitos violentos. Espera-se que outros refugiados climáticos em fuga para Israel deixem seus lares na Jordânia, territórios palestinos, Síria e delta do Nilo, no Egito. Além disso, também são esperadas ondas humanas fugindo de Negev, de onde muitos beduínos já partiram rumo a cidades no centro de Israel. Soffer acrescentou que "se quisermos manter Israel como um estado judeu, temos de nos defender do que chamo de 'refugiados do clima', exatamente como a Europa está fazendo agora".

Nos Estados Unidos, o secretário-adjunto de Estado Kurt Campbell escreveu que o impacto das mudanças climáticas na África e no sul da Ásia, incluindo o "esperado declínio na produção de alimentos e de água potável, combinado com a intensificação dos conflitos em decorrência da escassez de recursos", tende a produzir "um aumento no número de imigrantes muçulmanos na União Europeia", dobrando a população islâmica do continente nos próximos 12 anos. E acrescentou que o problema "será muito maior se, como esperamos, as consequências das mudanças climáticas provocarem mais migrações na África e no sul da Ásia".

Há alguns anos visitei as Ilhas Canárias, que pertencem à Espanha e ficam na extremidade sul da União Europeia, ao largo da costa da África Ocidental. Ouvi muitas conversas marcadas pela preocupação dos moradores em relação às ondas de refugiados que deixam a África e tentam chegar ao mais próximo ponto de entrada para a Europa. Em poucos anos, mais de 20 mil africanos arriscaram a vida na perigosa viagem pela região das Canárias.

No próximo século, as projeções apontam para a existência de milhões de refugiados do clima. Quase 150 milhões de pessoas vivem em áreas de baixa altitude, a cerca de 1 metro acima do nível do mar. Para cada metro que o oceano avançar, cerca de 100 milhões de pessoas serão forçadas a abandonar os lugares que hoje chamam de lar. Naturalmente, esse número não inclui os banidos das áreas atingidas pela desertificação. As consequências da crise climática são descritas no capítulo 6 deste livro, ao lado de algumas possíveis soluções, duras porém necessárias e com boa relação custo-benefício. Fica claro agora que, ainda que o aquecimento global esteja em estágios iniciais, o crescimento da civilização humana já impõe limitações que comprometem a capacidade de suprimento dos elementos essenciais para a sobrevivência de bilhões de habitantes no planeta.

AMEAÇA AO SOLO E ÀS ÁGUAS SUBTERRÂNEAS

No que se refere à camada superior do solo e às águas dos lençóis subterrâneos, por exemplo, existe um descompasso entre, de um lado, o ritmo frenético de exploração e, de outro, a progressão extremamente lenta para a recuperação desses recursos. Os aquíferos renováveis se regeneram a uma taxa inferior a 0,5% ao ano. O solo se recupera naturalmente, mas no desesperador ritmo de 2,5 centímetros a cada meio milênio.

Só nas últimas quatro décadas, a exploração excessiva do solo causou uma significativa perda de produtividade em quase um terço das regiões aráveis do planeta. Sem uma ação urgente, a maior parte do solo pode ser severamente prejudicada ou perdida antes do final deste século. Na China, seu comprometimento ocorre 57 vezes mais rápido do que o processo natural de regeneração (na Europa, a proporção é de 17 vezes). De acordo com a National Academy of Sciences, nos Estados Unidos a degradação acontece com velocidade dez vezes maior do que o ritmo natural de recuperação. A Etiópia perde quase 2 bilhões de toneladas de solo ao ano por causa da chuva e da erosão que atingem as encostas íngremes em seu território.

No caso das águas subterrâneas, o esgotamento quase total de aquíferos importantes e a drástica redução de outros chamaram a atenção de especialistas de vários países. A duplicação da taxa de utilização dessas águas em todo o mundo no último meio século (e a projeção de que o processo continue a aumentar em ritmo ainda mais acelerado) tem intensificado a preocupação dos estudiosos. Em diversas áreas, a exploração dos lençóis subterrâneos excede várias vezes a taxa de recuperação, e muitos deles hoje têm seu volume reduzido em vários metros cúbicos por ano.

A HUMANIDADE PARECE insistir em ignorar a realidade subjacente ao impacto que exercemos sobre os limitados recursos da Terra. Mas essa cegueira voluntária encontra reforço no principal método adotado para contabilizar os recursos naturais, que considera o seu uso como receita, ao invés de retirada de capital. Nas palavras do economista Herman Daly, trata-se de "um erro contábil imenso... Pelo menos, deveríamos colocar os custos e os benefícios em contas separadas, para comparação".

Saber distinguir lucro operacional e retirada de capital é básico para a contabilidade tanto de empresas como de países. Segundo uma orientação clássica, se essa distinção for incorreta ou inadequada pode haver "uma confusão prática entre renda e capital". Outra premissa afirma que "a renda líquida de uma empresa em qualquer período é o montante máximo que pode ser distribuído aos proprietários durante o período, permitindo ainda que a entidade preserve, no final do período, o mesmo valor líquido existente no início... Em outras palavras, o capital deve ser mantido antes que a entidade extraia o lucro". Esse mesmo princípio vale para os países e para o mundo como um todo e, em reconhecimento, a Comissão de Estatística da ONU aprovou em 2012 um "sistema de contabilidade econômico-ambiental", um passo rumo à integração de externalidades ambientais. Em 2007, a União Europeia lançou a ideia do "pós-PIB", e em 2014 deve apresentar à apreciação de todos os seus estados-membros o conceito de "capital natural".

Em 1937, quando alertou que o uso incorreto do PIB deixaria a humanidade vulnerável a esse tipo de imprecisão contábil e poderia gerar uma espécie de cegueira voluntária, Simon Kuznets notou que os conflitos em relação aos recursos poderiam superar o risco do erro reconhecidamente inerente a esse complicado sistema de mensuração:

> A valiosa capacidade da mente humana de simplificar uma complexa situação em uma caracterização compacta torna-se perigosa quando não há controle em termos de critérios claramente definidos. Em especial nas medidas quantitativas, a precisão dos resultados sugere, muitas vezes de forma equivocada, a clareza e a simplicidade nos contornos do objeto mensurado. As medições da renda nacional estão sujeitas a esse tipo de ilusão... especialmente porque lidam com questões situadas no centro do conflito de grupos sociais opostos, para os quais a eficácia de um argumento muitas vezes depende da simplificação excessiva.

Em um exemplo do problema antecipado por Kuznets, hoje, em todo o planeta, os cálculos sobre o impacto da exploração das águas subterrâneas não raro estão "no centro do conflito de grupos sociais opostos". Com frequência, as autoridades de áreas nas quais o abastecimento de água é partilhado com outras regiões ou países (e que sofreriam prejuízos em sua atividade agrícola ou industrial se o fornecimento fosse alterado) têm todos os motivos para minimizar a gravidade da situação, adiando um problema que preferem não enfrentar a curto prazo. Trata-se de um desafio familiar para qualquer pessoa envolvida com a questão do aquecimento global.

Para citar apenas um entre os muitos exemplos desse tipo particular de negação, há alguns anos, quando Luo Yiqi, especialista da Universidade de Oklahoma, visitou a região da Mongólia, no norte da China, para estudar a desertificação, surpreendeu-se ao ver as plantações de arroz mantidas graças aos grandes volumes de água extraídos de lençóis subterrâneos profundos – com assentimento das autoridades. "Aparentemente, os agricultores não receberam a orientação científica correta", observou o pesquisador.

A lamentável decisão de ignorar a depreciação dos recursos naturais, enquanto se contabiliza detalhadamente a redução dos bens de capital, pode ter sido sutilmente influenciada pelo estado das coisas no mundo na década de 1930, quando a fórmula do PIB foi criada. O planeta ainda vivia os últimos estágios do período colonial, quando as limitações na oferta de recursos naturais pareciam irrelevantes: os países industrializados podiam simplesmente obter mais recursos em suas colônias, nas quais, para todos os fins e propósitos, as fontes pareciam infinitas. Desde a adoção das aferições nacionais a população global triplicou, e a perigosa ilusão apontada por Kuznets hoje está no centro do fracasso do mundo em reconhecer os perigos combinados do esgotamento insustentável do solo e das reservas subterrâneas de água doce.

Desde o início da Revolução Agrícola, esses dois recursos estratégicos têm sido essenciais para a produção de alimentos. Os sistemas de irrigação surgiram há aproximadamente 7 mil anos, e a Revolução Verde ocorrida no século 20 ampliou a dependência da agricultura em relação a eles, em especial na China e na Índia, onde, respectivamente, 80% e 60% das lavouras necessitam desse artifício – os Estados Unidos são bem menos dependentes.

As grandes barragens para armazenamento de água tornaram-se mais comuns no final do século 19 e início do século 20. Hoje existem 45 mil represas de grande porte em todo o mundo, incluindo todos os 21 maiores rios. Na década de 1930, o programa de estímulo econômico de Roosevelt resultou na construção de barragens pelo Tennessee Valley Authority na minha região de origem, enquanto a Bonneville Power Administration atuou na região do noroeste do Pacífico – sem falar, é claro, na imponente represa de Hoover, no rio Colorado, a mais profunda do país quando foi erguida, há 70 anos.

Antes da Revolução Industrial e da explosão das populações urbanas, mais de 90% da água doce mundial era destinada às lavouras. Nas últimas décadas, a disputa pelo recurso entre a agricultura, a indústria e o consumo voraz de cidades cada vez maiores gerou debates acalorados – dos quais a agricultura muitas vezes sai derrotada. Hoje, mais de 70% da água doce do mundo é usada para cultivar alimentos, ainda que 780 milhões de pessoas não tenham acesso à água potável. Como observado anteriormente, o mundo tem feito progressos significativos na ampliação do acesso aos recursos hídricos (apesar dos poucos avanços para conter a poluição das fontes de água doce, tanto superficiais quanto subterrâneas, por detritos humanos e animais e outros poluentes).

Alguns aquíferos profundos estão na mira da exploração humana. Patapsco, um depósito subterrâneo situado no nordeste dos Estados Unidos, no estado de Maryland, abriga uma reserva de água com idade estimada em 1 milhão de anos. Da mesma forma, o Aquífero Núbio (sob o deserto do Saara), a Grande Bacia Artesiana (no nordeste da Austrália) e a Bacia de Alberta (no oeste do Canadá) também têm mais de 1 milhão de anos. Como esses depósitos "fósseis" não são renováveis, a maioria dos cientistas acredita nas limitações na oferta de água – em sua maior parte, os aquíferos são reabastecidos em ritmo lento, pela gradual infiltração de água da chuva.

Até pouco tempo, a quantidade de informações sobre o ritmo de esgotamento das águas subterrâneas era, no melhor dos casos, escassa. De acordo com um especialista, a ameaça a esses recursos constitui um exemplo clássico de "o que os olhos não veem o coração não sente". Na verdade, o volume de água retirada dos depósitos subterrâneos é tamanho que alguns especialistas atribuem ao fenômento 20% do aumento do nível do mar nas últimas décadas (embora os cientistas acreditem que o degelo acelerado na Groenlândia e na Antártida possa intensificar dramaticamente esse quadro ainda no século 21).

Os maiores índices de utilização das águas subterrâneas ocorrem no noroeste da Índia e nordeste do Paquistão, no Vale Central da Califórnia e no nordeste da China. Um especialista chinês descobriu que um aquífero no norte do país, com água de 30 mil anos de idade, estava sendo usado de forma insustentável para irrigar lavouras em regiões secas. A China inaugurou o maior projeto hídrico conhecido até hoje, o Projeto de Transferência de Água Sul-Norte, em construção há décadas e desenvolvido para resolver a escassez no norte do país. A Ásia, dona de 29% da água doce do planeta, responde por mais da metade do consumo mundial do recurso. De acordo com a ONU, "em 2000, cerca de 57% da extração de água doce do mundo e 70% de seu consumo ocorreram na Ásia, onde ficam as maiores áreas irrigadas".

A África tem apenas 9% da reserva mundial de água doce e responde por 13% do consumo, mas especialistas da ONU acreditam que esse indicador deve subir nas próximas décadas. A Europa consome apenas um pouco mais do que possui, e a América detém mais reservas do que utiliza, mas grandes regiões (em especial, o México e o sudoeste dos Estados Unidos) já enfrentam carências sérias. Em 2011, mais de 1 milhão de cabeças de gado foram levadas do Texas para pastagens mais baixas e úmidas, ao norte. Poucos acreditam que esses rebanhos voltarão para seu local de origem.

De acordo com um estudo realizado pelo Scripps Institute, "existe 50% de chance" de que o lago Mead, o maior lago artificial do hemisfério ocidental, formado a partir da represa de Hoover, seque totalmente até o final desta década. Além disso, segundo o Departamento de Agricultura norte-americano, as reservas subterrâneas dos estados do Kansas, Texas e Oklahoma – os três maiores produtores de grãos do país – reduziram-se em mais de 30 metros, forçando os agricultores a abandonar a irrigação. Reservatórios no estado da Geórgia também caíram a níveis perigosamente baixos nos últimos anos.

Em algumas áreas, melhorar a eficiência no uso da água é uma opção de baixo custo para amenizar a escassez. Muitos sistemas de distribuição antigos têm vazamentos pelos quais escoa um extraordinário desperdício. Nos Estados Unidos, por exemplo, uma importante via de abastecimento urbano explode em média a cada dois minutos, 24 horas por dia. Algumas partes dos sistemas foram construídas há mais de 160 anos e, desde então, como acontece com o uso de outros recursos subterrâneos, o problema tem sido mantido longe do olhar das pessoas. Custa caro consertar a rede de tubulação, mas algumas cidades estão reconhecendo (com atraso) a necessidade de empreender essa tarefa.

De acordo com o ecologista Peter Gleick, deveríamos considerar a eficiência hídrica como um manancial gigante, capaz de fornecer novas e vastas quantidades da água doce de que precisamos. Infelizmente, essa fonte, como muitos dos aquíferos hoje consumidos de forma imprudente, também parece estar longe das vistas e do coração.

Em sua maioria, as práticas de irrigação agrícola ainda geram muito desperdício. A mudança para técnicas mais avançadas, com precisão científica no uso da água, é rentável na maioria das lavouras, mas muitos agricultores vêm demorando para adotar o sistema. Outra vantagem dos métodos mais eficientes e precisos é a diminuição da salinidade do solo: áreas constante e abundantemente irrigadas tendem a acumular pequenas quantidades de sal contidas na água.

A reutilização da água ganha cada vez mais adeptos. Algumas comunidades já exigem o aproveitamento da água residual (chamada de "água cinza" e inadequada para beber, mas apropriada para regar plantas, por exemplo). As propostas mais controversas de reciclagem defendem o reaproveitamento da água de esgoto, pela remoção de todas as substâncias contaminantes, purificação e reintrodução nos sistemas de água potável. A resistência dos consumidores a tais planos é grande, mas já existem exemplos de locais que obtiveram sucesso com a implementação dessa ideia.

Em regiões onde a chuva cada vez mais se concentra em grandes precipitações (intercaladas por períodos mais longos de estiagem), muitos especialistas sugerem a ampliação do uso de cisternas para aumentar o volume de coleta de água, armazenada para fins de consumo. Essa prática, comum no passado, caiu em desuso com a popularização da água encanada. Ainda me lembro que na fazenda da minha família, quando eu era pequeno, havia várias cisternas: foram desativadas na época em que chegou ali a "água da cidade".

A PRESERVAÇÃO DO SOLO está ameaçada em todo o planeta pela mesma exploração cega que já provocou a escassez de água doce. Segundo a contabilidade predominante no mundo atual, nem o solo nem a água têm valor. Assim, práticas destrutivas ou que promovem o desperdício e reduzem a oferta dos dois recursos não são levadas em conta nos cálculos econômicos. Só que o solo, ao lado da água, constitui a base para praticamente toda a vida humana na Terra. Mais de 99,7% dos alimentos consumidos pelos seres humanos se originam de terras cultiváveis, ou, mais especificamente, dos 15 a 20 centímetros de solo que cobrem cerca de 10% da superfície do planeta.

Em termos globais, estamos minando esse recurso essencial em um ritmo insustentável, expondo os solos à erosão, esgotando a capacidade das planícies, transportando a terra arável para edifícios e estradas a fim de acomodar a expansão urbana e suburbana, tolerando o desmatamento irresponsável e desprezando as técnicas de manejo que comprovadamente podem repor o carbono e o nitrogênio do solo.

Atualmente, para se produzir 1 quilo de milho no Meio-Oeste dos Estados Unidos perde-se 1 quilo de solo. Em alguns estados, como o Iowa, a proporção é maior: 1,5 quilo de solo para cada quilo de grãos. Essas taxas não são sustentáveis, pois empobrecem o carbono da terra cultivável, comprometendo a produtividade a longo prazo e acelerando a emissão de dióxido de carbono na atmosfera. Hoje já se sabe como conter e reverter a erosão, mas seria preciso contar com uma liderança mundial para mobilizar as nações da mesma maneira como Franklin Roosevelt mobilizou os Estados Unidos na década de 1930. Uma agricultura orgânica com práticas de baixa exploração ou até de plantio direto pode reduzir drasticamente o desgaste do solo e aumentar a fertilidade. A rotatividade das culturas, técnica difundida antes da era da agricultura industrial, permite a reposição de carbono e nitrogênio do solo.

Outra técnica comum no passado, e também abandonada nas grandes propriedades, é o aproveitamento dos dejetos animais como fertilizante. A pecuária intensiva – com confinamento de milhares de cabeças de gado em estrebarias lotadas e alimentação exclusiva de milho – transformou o que antes era um rico adubo natural em produto ácido altamente tóxico, prejudicial para as plantações. Ou seja, o que deveria ser um ativo valorizado tornou-se um pesado ônus.

Um importante estudo realizado em 2012 por pesquisadores da Universidade de Minnesota, da Universidade do Estado de Iowa e do setor de pesquisa agrícola do Departamento de Agricultura dos Estados Unidos demonstrou que o uso de esterco não tóxico como adubo e a rotação de culturas em intervalos de três anos, de forma a recuperar a fertilidade do solo, reduzem a dependência de herbicidas e fertilizantes de nitrogênio em quase 90%, sem afetar os lucros. Um dos pesquisadores, o professor Matt Liebman, da Universidade do Estado de Iowa, disse que uma das razões pelas quais os agricultores não adotam a abordagem recomendada pelo estudo é "a inexistência de atribuição de custo às externalidades ambientais".

No século passado, a agricultura moderna baseou-se na utilização intensa de fertilizantes sintéticos à base de nitrogênio – que tem 90% de seu custo atribuído ao gás natural, fonte de extração de quase todo o nitrogênio. No entanto, apesar do aumento da quantidade de fertilizante aplicado por quilômetro de terra arável, o crescimento da produtividade no campo diminuiu. Além disso, o uso intensivo de nitrogênio na agricultura provocou sérios problemas de poluição das águas em todo o mundo, uma vez que resíduos do produto são levados pela chuva e alimentam uma reprodução maciça incontrolável de algas em várias regiões oceânicas, entre elas o Golfo do México, conectado ao rio Mississippi. Na China, o uso de fertilizantes sintéticos à base de nitrogênio aumentou 40% nas duas últimas décadas, enquanto a produção de grãos permaneceu relativamente estável. Há pouco tempo, a contaminação por nitrogênio provocou uma superpopulação de algas em regiões costeiras, rios e lagos chineses.

Emissões adicionais de nitrogênio – derivadas da queima de combustíveis fósseis em fábricas, fazendas, carros e caminhões – têm agravado a questão da poluição, em especial nos Estados Unidos, China, sudeste da Ásia e partes da América Latina. Para conter tal situação, faz-se necessária uma aplicação orientada e mais eficiente de fertilizantes nitrogenados, bem como restrições rígidas para as emissões provocadas pela atividade industrial e pela circulação de veículos.

Embora as fontes de nitrogênio não sejam restritas, existe uma séria limitação ao acesso de outro importante componente dos fertilizantes – o fósforo, considerado relativamente escasso no planeta. As fontes convencionais desse elemento químico vêm minguando, ao mesmo tempo em que as modernas técnicas agrícolas triplicam seu esgotamento nas terras cultiváveis.

CARTEL DO FÓSFORO?

O primeiro alerta sobre a escassez de fósforo aconteceu em 1938, em carta enviada pelo presidente Roosevelt ao Congresso dos Estados Unidos. A iniciativa estimulou uma bem-sucedida procura por reservas adicionais em todo o mundo, incluindo a descoberta de depósitos perto de Tampa, na Flórida, hoje responsável por 65% da produção do país. Porém, ao mesmo tempo em que os Estados Unidos cultivam 40% do milho e da soja do mundo, produzem apenas 19% do fósforo, essencial para a continuidade da agricultura a longo prazo. Por isso, já teve início um processo de busca por novas reservas.

Cerca de 40% da oferta mundial de fosfato (do qual se extrai essa valiosa *commodity* agrícola) estão no Marrocos, país chamado de "Arábia Saudita do fósforo". As demais reservas importantes encontram-se na China, que impôs uma tarifa de 135% sobre as exportações do recurso durante a crise do preço dos alimentos ocorrida em 2008. Muitos especialistas temem que uma valorização semelhante pode acontecer se os preços dos alimentos continuarem a subir, embora estudiosos mais otimistas acreditem na possibilidade de descoberta de novas fontes em locais menos convencionais, como o fundo do mar.

O fósforo é essencial para a vida, inclusive a humana. Constitui a espinha dorsal do DNA, e 1% do peso humano corresponde a esse elemento químico. Todos os dias, 7 bilhões de habitantes do planeta eliminam uma quantidade imensa de urina – e alguns países estão firmemente decididos a investir na reciclagem do dejeto, a fim de ampliar a oferta de fósforo para uso em fertilizantes.

O acréscimo de bactérias do gênero *Rhizobium* (que convertem o nitrogênio da atmosfera em amônia) e de fungos micorrízicos no solo, durante a semeadura, pode melhorar o rendimento das lavouras e acelerar a recuperação da fertilidade, além de aumentar a retenção de carbono. O plantio de arbóreas leguminosas a cada 9 metros aproximadamente (para formar faixas de proteção) e a instalação de cercas de contenção supostamente ajudam a repor o nitrogênio do solo e a proteger contra a erosão. Deixar sobre a terra a maioria dos resíduos vegetais, como palha de milho, durante e depois da colheita, também contribui para restaurar a fertilidade e conter o desgaste. O uso de biocarvão produzido a partir de fontes sustentáveis, quando feito de forma cuidadosa, também melhora a produtividade e a qualidade do solo. A redução do consumo de carne, como alternativa para uma dieta saudável, é outra medida capaz de aliviar a pressão sobre os recursos do solo. Ao mesmo tempo, a expansão de jardins orgânicos de pequena escala – sobretudo em países com excedente de terras aráveis – resultaria em relevantes quantidades adicionais de alimento fresco para o abastecimento mundial, a exemplo do que fizeram as nações ocidentais durante a Segunda Guerra Mundial com os seus "jardins da vitória".

A medida isolada mais eficaz para proteger a camada superficial do solo, no entanto, talvez seja a utilização de créditos de carbono para proporcionar uma fonte adicional de renda a agricultores que tomam providências para proteger e melhorar os teores de carbono e a fertilidade da terra que cultivam.

Enquanto o mundo ignorar as variáveis ambientais nos cálculos de crescimento e produtividade, as demandas atribuídas à agricultura por meio da combinação da escalada demográfica e do consumo *per capita* de alimentos vão continuar ameaçando a camada superficial do solo. Se os índices atuais de consumo forem mantidos (as projeções apontam para um aumento), precisaremos de mais 15 milhões de hectares por ano para garantir alimento para a população crescente. Em vez disso, a cada ano destruímos e perdemos cerca de 10 milhões de hectares (o que equivale a 100 mil quilômetros quadrados). Atualmente, boa parte das terras destinadas ao cultivo resulta do desmatamento, muitas vezes em regiões de florestas que possuem uma camada de solo fértil muito fina, portanto facilmente afetada pela ação da água e do vento depois que as árvores nativas são derrubadas. Além disso, quanto mais florestas forem transformadas em pastagens, maior a perda da biodiversidade.

Sob alguns aspectos, a crise mundial do solo é um reflexo do que aconteceu nos Estados Unidos no primeiro terço do século 20, quando os tratores (que puxavam arados mais eficientes, desenvolvidos 75 anos antes) devastaram as planícies do Meio-Oeste do país para dar lugar a plantações: nas três décadas seguintes, o solo, vulnerabilizado, sofreu o desgaste das águas e do vento, criando na década de 1930 a temida tempestade de areia conhecida como Dust Bowl. Um número bem menor de norte-americanos, porém, ouviu falar da tragédia ainda maior ocorrida no centro da Ásia na década de 1950, quando a União Soviética transformou uma imensa área de pradaria em terra de cultivo (em especial no Cazaquistão, em 1954), criando uma versão local do Dust Bowl.

Outra catástrofe épica derivada do uso da terra ocorreu nos anos 1960, na Ásia Central, quando os soviéticos implantaram um desastroso projeto para cultivar algodão em áreas de baixa umidade do Uzbequistão e do Turcomenistão. Para tanto, foi necessário desviar um volume tão grande da água de dois rios, o Amu Darya e Syr Darya, que o quarto maior lago de água salgada do mundo, o mar de Aral, quase desapareceu. Visitei a região há duas décadas e pude testemunhar a tragédia vivida pelas pessoas que dependiam daqueles recursos naturais para viver.

TEMPESTADES DE AREIA À VISTA

A crise da erosão do solo estimulou a geração de meu pai a adotar novas técnicas de manejo da terra. Uma das grandes realizações do New Deal de Franklin Roosevelt foi o programa para transformar terra erodida em pastagens, num esforço nacional para combater o desgaste do solo. Ainda me lembro de quando eu era um garoto e meu pai me ensinou a conter rachaduras erosivas antes que elas cortassem a terra profundamente. Aprendi também como reconhecer um solo rico – a cor mais escura indica a presença de carbono orgânico.

Hoje, as tempestades de areia estão mais frequentes e intensas, uma vez que as áreas secas ficaram mais expostas e submetidas a temperaturas mais elevadas e a ventos mais fortes. "As terras áridas estão na linha de frente das mudanças climáticas que desafiam o planeta", acredita Luc Gnacadja, líder da Convenção de Combate à Desertificação da ONU. O Programa Ambiental das Nações Unidas acredita que a degradação da terra nas zonas áridas ameaça o modo de vida de cerca de 1 bilhão de pessoas em cem países. A desertificação vem causando problemas e destruindo terras cultiváveis, em especial nas regiões do norte da África e sul do Saara, em todo o Oriente Médio, na Ásia Central e em grandes áreas da China, onde a pecuária intensiva, técnicas impróprias de cultivo e a expansão urbana contribuem para agravar o fenômeno.

Em julho de 2011, a cidade de Phoenix ficou coberta de poeira quando, segundo definição do National Weather Service, "uma tempestade de areia enorme e histórica deslocou-se sobre grandes áreas do Arizona". Embora esses acontecimentos (chamados de *haboobs*) não sejam novidade no sudoeste dos Estados Unidos, Phoenix foi vitimada por um número incomum deles nos últimos anos; só em 2011, ocorreram sete tempestades.

Em 2011, a U.S. Geological Survey (USGS, agência científica norte-americana voltada para a geologia) e a Universidade da Califórnia realizaram um estudo que apontou "aceleradas taxas de emissão de poeira em decorrência da erosão eólica" como resultado da mudança climática no sudoeste dos Estados Unidos. Joseph Romm, especialista em clima, sugeriu o uso do termo *dustbowlification* para definir o que deve acontecer em muitas regiões áridas que estão se transformando em desertos. Lester Brown, há tempos um dos principais especialistas em meio ambiente, acredita que as duas áreas com desertificação mais significativa – e agora palcos de tempestades de areia – são o centro-norte da China e as áreas centrais da África situadas no extremo sul do Saara. Segundo Brown, "duas enormes tempestades de areia estão em formação, uma no noroeste da China, oeste da Mongólia e centro da Ásia Central, e outra no centro da África".

De acordo com o geógrafo Andrew Goudie, de Oxford, no Saara as tempestades de areia aumentaram dez vezes nos últimos 50 anos. O presidente da União Africana, Jean Ping, afirma que "o fenômeno da desertificação afeta 43% das terras produtivas, ou 70% da atividade econômica e 40% da população do continente". Em grandes áreas da África subsaariana, o teor de carbono no solo está menor do que era no Meio-Oeste norte-americano pouco antes do Dust Bowl.

Na Nigéria, ao mesmo tempo em que a população quadruplicou nas últimas seis décadas, a atividade pecuária saltou de 6 milhões de cabeças de animais para mais de 100 milhões. Um dos resultados: a parte norte do país se desertifica, o que contribui para os crescentes conflitos envolvendo os muçulmanos que migram de lá rumo às regiões não islâmicas situadas ao sul. O aumento da população humana e dos rebanhos também intensifica a competição por terra em outras áreas áridas da África, e gera disputas mortais entre pastores e agricultores (que pertencem a etnias e religiões diferentes e já se enfrentaram no Sudão, no Mali e em outros lugares).

Na China, a mesma explosão na população de animais de corte prejudica as desgastadas pastagens que cercam o deserto de Gobi, onde as tempestades de poeira também aumentam de forma drástica. Enquanto os Estados Unidos e a China têm aproximadamente a mesma quantidade de pastagens e um número similar de cabeças de gado (entre 80 milhões e 100 milhões), a China cria cerca de 284 milhões de ovinos e caprinos, população que nos Estados Unidos não chega a 10 milhões. De acordo com as últimas estatísticas, a cada ano os chineses perdem quase 2,3 quilômetros quadrados de terra arável, que vêm se transformando em deserto.

A embaixada norte-americana na China usou fotos de satélite para ilustrar o preocupante processo de "fusões e aquisições" no centro-norte do país, onde dois desertos – situados na Mongólia e na província de Gansu – estão se juntando e se expandindo. Na província de Xinjiang, no noroeste chinês, ocorre o mesmo fenômeno, uma vez que os desertos de Taklamakan e Kumtag também crescem e tendem a se unir. Nas regiões norte e oeste, mais de 24 mil aldeias e suas circundantes áreas de cultivo tiveram de ser parcialmente abandonadas. Tragédias semelhantes também acontecem no Irã e no Afeganistão, países nos quais a desertificação decretou o abandono de muitos povoados.

Enquanto as intensas tempestades de areia ocorridas na China e na África despertam a atenção mundial, Lester Brown adverte que "uma terceira expansão maciça das terras de cultivo agora invade a Amazônia e o cerrado brasileiros". Nessas duas áreas, o solo é muito propenso à erosão, de modo que os resultados desse avanço agrícola são previsíveis: baixa produtividade seguida de solo erodido em escala maciça. As consequências incluem a expansão da pecuária na Amazônia, trazendo ainda mais o risco para a integridade desse ecossistema importante para todo o planeta. A Amazônia já sofreu duas estiagens "que só acontecem a cada século" nos últimos sete anos. Com a continuidade do desmatamento e das queimadas, muitos especialistas temem que, ao longo do tempo, a maior floresta tropical do mundo se transforme em um amplo território árido.

Com o rápido aumento populacional na África e no Oriente Médio e a iminente escassez de alimentos, é incrível que o mundo dedique tão pouca atenção aos perigos da desertificação. De acordo com Luc Gnacadja, a questão não se torna prioritária porque 90% das pessoas afetadas vivem em países em desenvolvimento. Trata-se de mais um exemplo do desequilíbrio de poder e da falta de liderança no mundo. Gnacadja acrescenta: "Os 20 centímetros superficiais do solo são tudo o que nos separa da extinção".

A perda de terra arável é especialmente séria no país mais populoso do norte da África. Segundo a ONU, o Egito perde a cada hora cerca de 15 metros quadrados da terra fértil próxima ao delta do rio Nilo, sobretudo por causa das novas construções e da expansão urbana demandada para acomodar uma população em crescimento veloz.

Além disso, o aumento do nível do Mediterrâneo já "empurra" aquíferos de água salgada para áreas próximas à costa, o que resulta na perda de áreas cultiváveis por causa da salinização. A mesma ameaça paira sobre o delta dos rios Ganges e Mekong, além de outros chamados "megadeltas". A elevação do nível do mar em 1 metro (menos do que o previsto para este século) inundaria uma significativa parte dos solos mais férteis do delta do Nilo, origem de 40% dos alimentos produzidos no Egito.

A pressão exercida pelo crescimento da agricultura dependente de irrigação, pelo aumento populacional e pela expansão econômica intensifica as tensões em torno da alocação das águas fluviais em várias regiões do mundo, nas quais a gestão de rios e barragens afeta bacias hidrográficas partilhadas por diferentes países. Há potencial de conflito na bacia do Nilo, onde o país com maior dependência do rio, o Egito, se beneficia da maior utilização da água. Mas a Etiópia, local de origem de 85% das cabeceiras do Nilo e que hoje consome pouca água, terá sua população dobrada até 2050. No mesmo período, o Sudão, que também depende do Nilo, deve registrar um aumento demográfico de 85%.

A leste do Egito, a decisão da Turquia de utilizar uma parcela maior das nascentes dos rios Tigre e Eufrates foi seguida de queixas veementes do Iraque e da Síria, que se consideram prejudicados. Enquanto procuram uma solução para o problema, esses dois países esgotam seus aquíferos subterrâneos. Da mesma forma, os esforços da China para utilizar um volume maior das águas dos rios que correm rumo ao sudeste da Ásia e à Índia vêm aumentando as tensões, que só tendem a piorar com o crescimento das populações dos países envolvidos. Nos Estados Unidos, os crescentes conflitos sobre a distribuição das águas do sistema do rio Colorado já chegaram aos tribunais. Mas a causa subjacente em todas essas quatro imensas bacias hidrográficas é a mesma: a demanda por água supera a oferta.

Historicamente, as disputas internacionais pelo acesso aos recursos hídricos resultaram em poucas guerras, apesar de os conflitos *dentro* das nações decorrentes do mesmo motivo terem produzido distúrbios sociais e, às vezes, confrontos violentos. Por outro lado, no passado, a luta por terras sempre foi uma causa comum para os confrontos bélicos.

Em nossa nova economia globalizada, algumas nações – em que a população cresce enquanto diminui o estoque de recursos naturais para a agricultura (como solo e água) – já apostam em grandes projetos de compra de vastas extensões cultiváveis em outros países, em especial na África, onde se estima que está um terço das terras aráveis do mundo. O grau de controle dos governos (e das elites que comandam muitos desses governos) sobre os direitos de propriedade é alto em várias partes do continente, onde os direitos de propriedade tribal anteriores à era colonial são ignorados sem muita cerimônia.

China, Índia, Coreia do Sul, Arábia Saudita e outros países – assim como algumas corporações multinacionais e até fundos de *hedge* que investem o dinheiro das universidades norte-americanas – vêm comprando grandes áreas na África a fim de plantar trigo e outras culturas, para consumo próprio e para comercialização. "Trata-se de um novo colonialismo, parecido com a corrida à África no século 19, quando os nossos recursos foram explorados para desenvolver o mundo ocidental", comparou Makambo Lotorobo, representante da ONG queniana Friends of Lake Turkana.

"Não há dúvidas de que o interesse não está apenas na terra, mas também na oferta de água", afirmou Philip Woodhouse, da Universidade de Manchester. Devlin Kuyek, pesquisador da Grain (ONG especializada em alimentos e questões agrícolas), disse que "os países ricos estão de olho na África não só pensando em um retorno garantido sobre o capital, mas também como uma apólice de seguro".

Essa procura gerou um *boom* imobiliário nas regiões agrícolas do continente. Cerca de um terço das terras da Libéria, por exemplo, foi vendido a investidores privados. Segundo análise feita pela Rights and Resources Initiative (coalizão internacional de ONGs com sede em Washington), a República Democrática do Congo já negociou cerca de 48,8% de suas terras aráveis com compradores estrangeiros, enquanto Moçambique assinou acordos com os produtores de outros países envolvendo 21,1% de seu território. De acordo com estudiosos noruegueses, investidores compraram quase 10% das terras do Sudão do Sul (e 25% das melhores áreas aráveis situadas perto da capital) depois que o país ganhou a independência, em 2011. A China chegou a um acordo com a República Democrática do Congo para produzir óleo de palma como biocombustível em 2,8 milhões de hectares de plantações. Há divergências entre os especialistas sobre quanto da terra envolvida nessas compras maciças está sendo usado para produzir biocombustíveis. O Banco Mundial calculou em 2009 que 21% destinavam-se para esse fim, mas a International Land Coalition estima que a porcentagem chegue a 44%.

A multinacional sul-coreana Daewoo tentou adquirir quase a metade da terra arável de Madagascar, mas manifestações forçaram o cancelamento do contrato. Segundo um levantamento do *The Guardian*, empresas sul-coreanas compraram 700 mil hectares no norte do Sudão para cultivar trigo – e os Emirados Árabes Unidos foram um pouco mais longe, arrematando cerca de 750 mil hectares.

Sobre a Etiópia, onde 8,2% das áreas agrícolas estão em mãos estrangeiras, Nyikaw Ochalla, originário da região de Gambella e hoje morador do Reino Unido, declarou ao *The Guardian*: "As empresas estrangeiras estão chegando em bando e privando as pessoas da terra que ocuparam por séculos. Ninguém pergunta o que os nativos acham, e as negociações ocorrem em segredo. A única coisa que a população local vê é a chegada dos tratores para invadir suas terras. Toda a área que cerca Illia, a aldeia da minha família, foi tomada e está sendo destruída. As pessoas agora têm de trabalhar para uma empresa indiana. Perderam suas propriedades e ninguém recebeu nada em troca. Ninguém consegue acreditar no que está acontecendo; milhares serão afetados e muitos vão passar fome".

O Banco Mundial analisou dados sobre os negócios envolvendo a propriedade agrícola internacional entre 2008 e 2009 e concluiu que, nesse período, nações e empresas estrangeiras compraram quase 80 milhões de hectares de terra (o que equivale a quase todo o território paquistanês). Dois terços das aquisições ocorreram na África. Além da escalada das compras de terras internacionais e dos contratos de uso de longo prazo na África, outras preocupações apontadas por ONGs africanas e internacionais incluem problemas como uso da água, manejo do solo e impacto sobre os agricultores locais, cujos direitos pré-coloniais de posse muitas vezes são ignorados. Em Uganda, onde 14,6% das áreas agrícolas foram entregues a produtores estrangeiros, 20 mil pessoas alegam ter sido injustamente expulsas de sua terra, em um processo que corre nos tribunais do país.

Depois de analisar mais de 30 estudos sobre o assunto, o International Institute for Environment and Development concluiu que muitos dos investimentos estrangeiros em larga escala já fracassaram, devido a erros de avaliação no que se refere às dificuldades para financiar projetos ou a planos de negócios fora da realidade. Parte do problema subjacente é um grave desequilíbrio no poder político, uma vez que as elites de governos não democráticos negociam com corporações multinacionais e países estrangeiros de olho no lucro a curto prazo, sem considerar a capacidade de produção de alimentos e, muitas vezes, às custas da expulsão dos pequenos agricultores nativos.

Várias nações que sofrem com perda de solo, redução brusca das colheitas e escassez de água têm sido forçadas a importar mais alimentos. A Arábia Saudita talvez colha sua última safra de trigo em 2013, e já anunciou que por volta de 2016 vai depender totalmente do grão importado. Na década de 1970, temendo que seu papel central na organização do embargo de petróleo promovido pela Opep a expusesse a retaliações nas importações do cereal (essencial para alimentar seu povo), a Arábia Saudita lançou um grande programa de subsídios (quase US$ 1 mil por tonelada) ao cultivo do trigo, irrigado com as reservas de um aquífero profundo não renovável situado embaixo da Península Árabe. Anos mais tarde, o governo constatou o rápido esgotamento do aquífero e anunciou o cancelamento da iniciativa. "A decisão de importar tem como objetivo a preservação da água", declarou o ministro saudita da agricultura, Abdullah al-Obaid. A atividade agrícola responde por 85% a 90% do consumo de água do país, e desse total cerca de 85% provêm dos aquíferos subterrâneos. Na mesma região do mundo, Israel proibiu a irrigação das lavouras de trigo em 2000.

OS OCEANOS

A necessidade de atender a uma crescente demanda por água doce e alimentos, em especial por fontes de proteína, tem levado muitos a olhar para os oceanos em busca de boas-novas. A Arábia Saudita figura entre as diversas nações que há tempos especulam se uma solução lógica para os problemas de abastecimento hídrico deve envolver a dessalinização da água do mar. Afinal, 97,5% da água da Terra é salgada, e a maioria dos projetos para enfrentar a escassez atual e futura envolve o uso dos outros 2,5% dos recursos hídricos do planeta – 70% deles, aliás, bloqueados na forma de gelo e neve na Antártida e na Groenlândia.

Infelizmente, mesmo com a melhor tecnologia disponível hoje, a quantidade de energia necessária para extrair o sal e outros minerais da água do mar é tão grande que até potências em termos energéticos – como a Arábia Saudita – não teriam como pagar a conta. Para esse país, vale mais a pena vender o petróleo que movimentaria as usinas de dessalinização e usar o dinheiro para comprar terras africanas abundantes em água. É claro que existem várias usinas de dessalinização no mundo, inclusive na Arábia Saudita, mas os volumes produzidos são ainda relativamente baixos, de modo que o custo torna essa opção financeiramente insustentável.

Há muitos cientistas e engenheiros envolvidos no desenvolvimento de tecnologias de dessalinização novas e mais viáveis. Alguns acreditam que tal desafio constitui outra razão para que o mundo se concentre em um esforço global de grande escala para reduzir os custos da energia solar. Tenho visto muitos planos de negócios para resolver esse problema, mas nenhum parece chegar perto da viabilidade financeira.

Como medida do desespero que a escassez de água pode causar, um príncipe saudita, Mohammed al-Faisal, garantiu recursos para que um engenheiro francês, Georges Mougin, desenvolvesse um projeto para laçar *icebergs* no Atlântico Norte e rebocá-los até áreas de estiagem severa. De acordo com os cálculos, um *iceberg* de 30 milhões de toneladas poderia fornecer água para 500 mil pessoas durante um ano.

O cultivo de alimentos depende da terra *e* da água. Alguns tecno-otimistas, no entanto, apontam para a alternativa do plantio sem solo, em instalações hidropônicas nas quais as plantas ficam suspensas em prateleiras e recebem grandes quantidades de água, nutrientes e luz solar. Infelizmente, a hidroponia na produção de alimentos equivale à dessalinização da água do mar: é um processo caríssimo, sobretudo porque consome altas quantidades de energia.

Mas existe uma fonte de proteína de alta qualidade que não depende da exploração do solo: os frutos do mar. Hoje, mais de 4,3 bilhões de pessoas dependem dos pescados para suprir cerca de 15% de seu consumo de proteína animal. A má notícia é que a demanda por peixes, moluscos, crustáceos e outras espécies marinhas supera em muito a oferta. O consumo aumentou significativamente por causa de duas tendências associadas: o crescimento da população e o aumento do consumo *per capita*. Durante o último meio século, o consumo médio passou de cerca de 10 quilos por pessoa ao ano para quase 17 quilos em

2012. Em consequência, a maioria dos cardumes tem sido superexplorada e, segundo a ONU, quase um terço dos pescados que vivem nos oceanos está ameaçado. Os cardumes de peixes de maior porte, como atum, peixe-espada, marlim, bacalhau, linguado e solha, por exemplo, já diminuíram 90% desde 1960.

Embora outros fatores também influenciem esse processo – como a destruição dos recifes de corais e a mudança na temperatura e na acidez dos oceanos em decorrência do aquecimento provocado pela poluição ambiental –, a exploração desenfreada dos cardumes ainda constitui o principal fator para essa redução drástica. O apogeu da oferta de pescado ocorreu há 20 anos. De acordo com o Secretariado da Convenção sobre Diversidade Biológica, "cerca de 80% dos cardumes marinhos sobre os quais existem informações disponíveis estão explorados ou superexplorados. O tamanho médio do pescado diminuiu 22% desde 1959, em todas as comunidades avaliadas. Há ainda uma tendência crescente de que a oferta entre em colapso com o tempo, o que já aconteceu com 14% dos cardumes analisados em 2007".

Mas há uma boa notícia: cardumes marinhos manejados de forma cuidadosa podem se recuperar. Os Estados Unidos vêm abrindo caminho no que se refere ao tema, e muitas reservas já estão mais vigorosas e abundantes. O ex-presidente George W. Bush promulgou um excelente sistema de proteção para uma grande área no oceano Pacífico, a noroeste do Havaí. No entanto, vários países de forte atividade pesqueira ainda não seguiram o exemplo das restrições norte-americanas à exploração desmedida, ao mesmo tempo em que os índices de consumo de pescados continuam em ascensão.

Boa parte dessa demanda crescente está sendo suprida pela ação de criadouros, mas a rápida expansão da aquicultura também gera preocupações: até 2020, 61% do crescimento dessa atividade deve ser atribuído à China. O pescado criado em cativeiro não tem as mesmas qualidades das espécies encontradas nos oceanos – e, muitas vezes, sobretudo quando importado da China ou de outras regiões sem controle de rígidas leis ambientais, pode estar contaminado com poluentes, antibióticos e antifúngicos. Além disso, em sua maioria, os pescados de cativeiro se alimentam de ração feita à base de grandes quantidades de peixes pequenos colhidos no mar. Para cada 250 gramas de salmão produzido em criadouro, por exemplo, é preciso processar 2 quilos de peixe capturado nos oceanos. O resultado é a pesca de volumes imensos de peixinhos, o que, por sua vez, desequilibra ainda mais a cadeia alimentar das águas marinhas.

Em 2012, durante uma expedição à Antártida, conversei com cientistas preocupados com a ameaça sobre a população de krill (crustáceo usado na produção de ração para peixes e animais de estimação) do oceano Antártico. O Departamento de Agricultura dos Estados Unidos observou que deve impor limites à superexploração das chamadas espécies industriais – destinadas à ração animal, e não diretamente para o consumo humano – já em 2013, restringindo a produção de óleo e farinha de peixe. Mais da metade do alimento usado em criadouros é composta de proteínas vegetais, e alguns fabricantes querem ampliar essa proporção, mas ainda é difícil formular uma ração que ofereça os nutrientes essenciais e seja economicamente viável sem usar carne de peixe.

Além disso, qualquer grande aumento do teor de proteína vegetal da ração usada na aquicultura representaria mais um desvio: outra vez, seriam usados alimentos para produzir alimentos, e não para o consumo direto das pessoas.

A exploração excessiva dos oceanos, assim como o esgotamento imprudente dos recursos mundiais de água doce e do solo, aumentou a atenção dedicada à engenharia genética de plantas e animais, para lhes conferir características que permitam seu desenvolvimento sob as novas condições ambientais que estamos criando no mundo todo. Apesar de mais de 10% de toda a área cultivada hoje acolher culturas geneticamente modificadas, as questões que envolvem esse processo são complexas, como veremos a seguir.

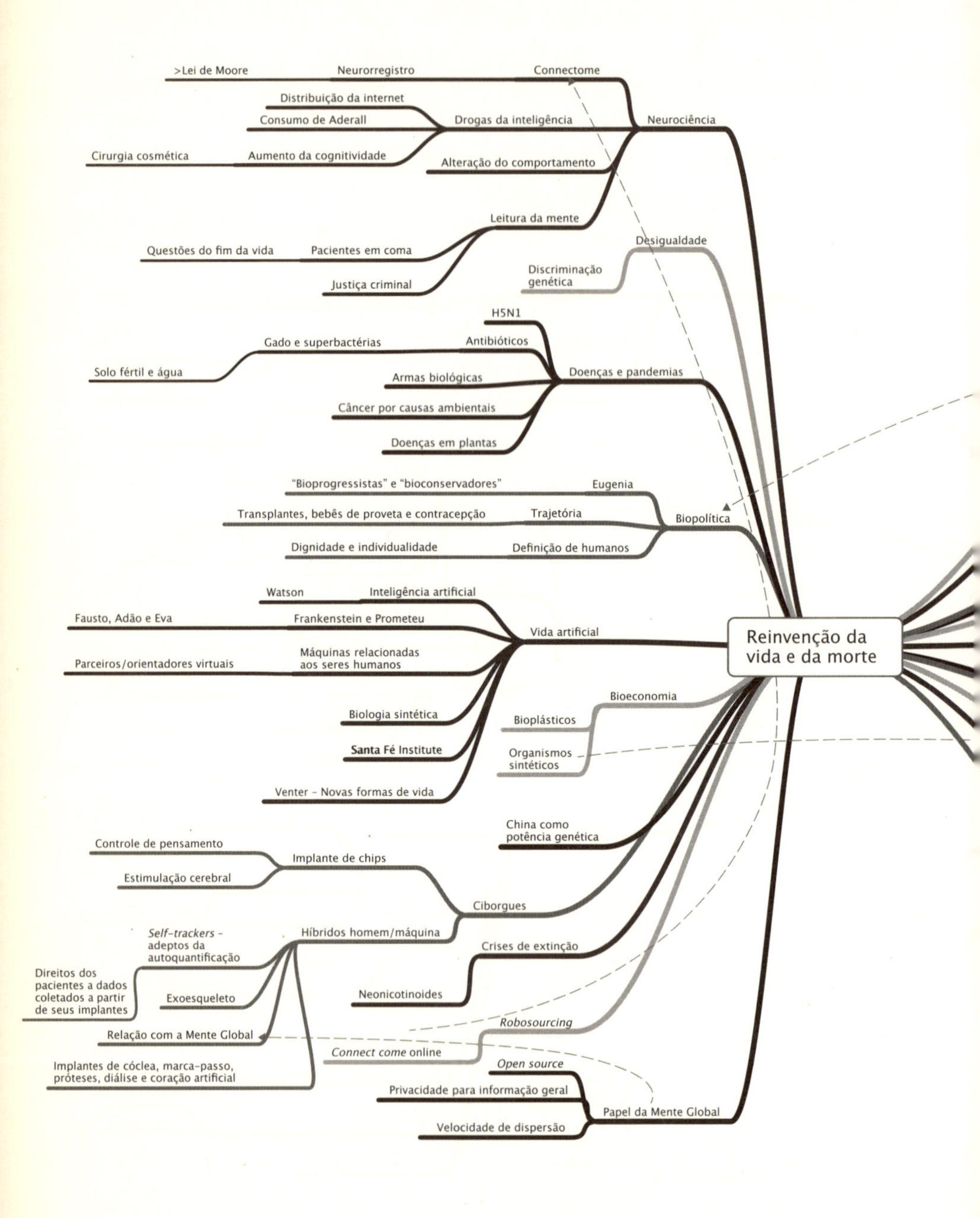

>Lei de Moore
Neurorregistro
Connectome
Distribuição da internet
Consumo de Aderall
Drogas da inteligência
Neurociência
Cirurgia cosmética
Aumento da cognitividade
Alteração do comportamento
Leitura da mente
Questões do fim da vida
Pacientes em coma
Justiça criminal
Desigualdade
Discriminação genética
H5N1
Gado e superbactérias
Antibióticos
Solo fértil e água
Armas biológicas
Doenças e pandemias
Câncer por causas ambientais
Doenças em plantas
"Bioprogressistas" e "bioconservadores"
Eugenia
Transplantes, bebês de proveta e contracepção
Trajetória
Biopolítica
Dignidade e individualidade
Definição de humanos
Watson
Inteligência artificial
Fausto, Adão e Eva
Frankenstein e Prometeu
Vida artificial
Reinvenção da vida e da morte
Máquinas relacionadas aos seres humanos
Parceiros/orientadores virtuais
Bioeconomia
Biologia sintética
Bioplásticos
Santa Fé Institute
Organismos sintéticos
Venter - Novas formas de vida
China como potência genética
Controle de pensamento
Implante de chips
Estimulação cerebral
Ciborgues
Self-trackers - adeptos da autoquantificação
Híbridos homem/máquina
Crises de extinção
Direitos dos pacientes a dados coletados a partir de seus implantes
Exoesqueleto
Neonicotinoides
Robosourcing
Relação com a Mente Global
Connect come online
Implantes de cóclea, marca-passo, próteses, diálise e coração artificial
Open source
Privacidade para informação geral
Papel da Mente Global
Velocidade de dispersão

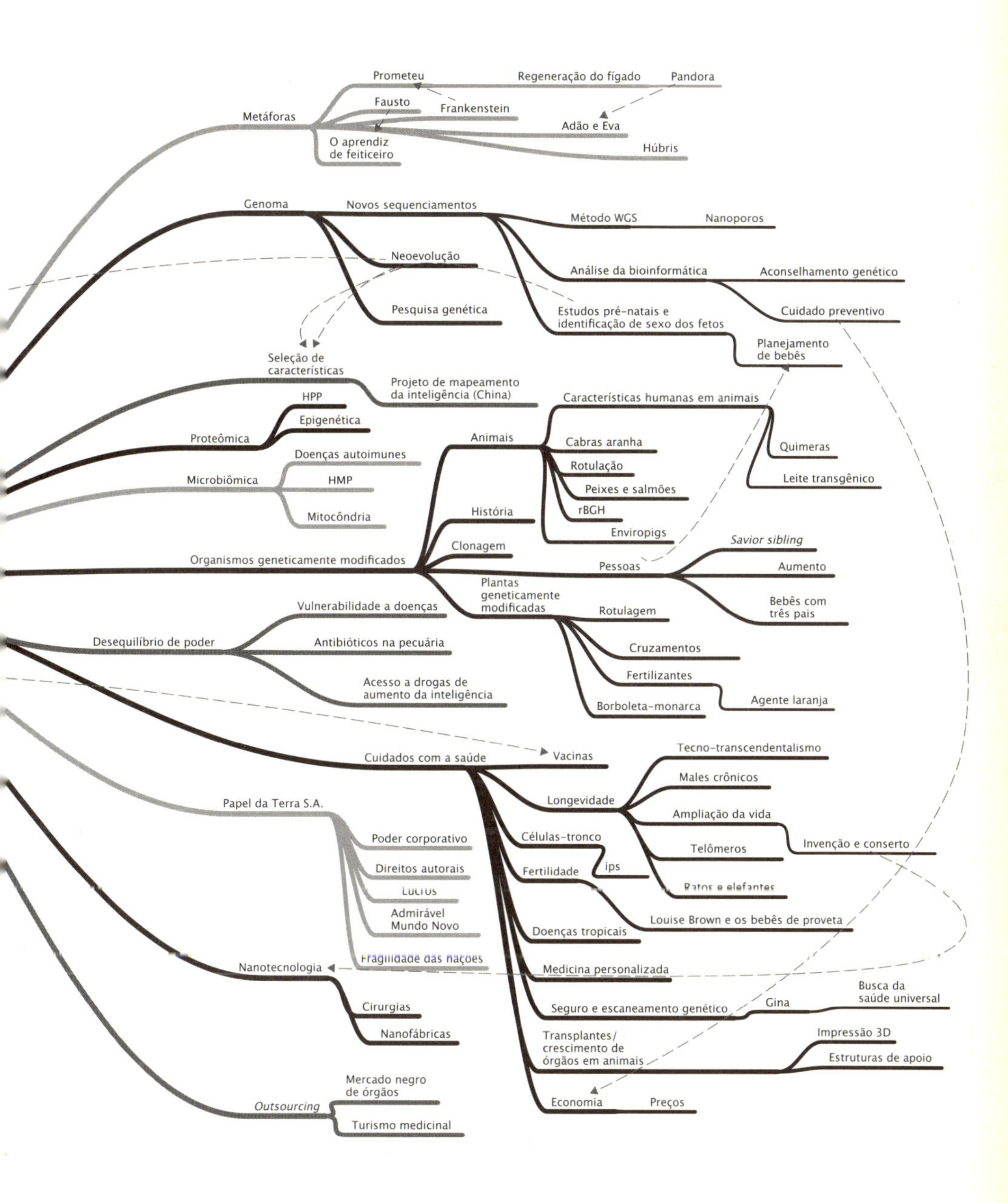

Metáforas
Prometeu
Regeneração do fígado
Pandora
Fausto
Frankenstein
Adão e Eva
O aprendiz de feiticeiro
Húbris
Genoma
Novos sequenciamentos
Método WGS
Nanoporos
Neoevolução
Análise da bioinformática
Aconselhamento genético
Pesquisa genética
Estudos pré-natais e identificação de sexo dos fetos
Cuidado preventivo
Planejamento de bebês
Seleção de características
Projeto de mapeamento da inteligência (China)
Características humanas em animais
HPP
Epigenética
Proteômica
Animais
Cabras aranha
Quimeras
Doenças autoimunes
Rotulação
Microbiômica
HMP
Peixes e salmões
Leite transgênico
Mitocôndria
História
rBGH
Enviropigs
Clonagem
Savior sibling
Organismos geneticamente modificados
Pessoas
Aumento
Plantas geneticamente modificadas
Bebês com três pais
Vulnerabilidade a doenças
Rotulagem
Desequilíbrio de poder
Antibióticos na pecuária
Cruzamentos
Fertilizantes
Acesso a drogas de aumento da inteligência
Agente laranja
Borboleta-monarca
Tecno-transcendentalismo
Cuidados com a saúde
Vacinas
Males crônicos
Longevidade
Papel da Terra S.A.
Ampliação da vida
Poder corporativo
Células-tronco
Invenção e conserto
Telômeros
Direitos autorais
Fertilidade
ips
Lucros
Ratos e elefantes
Admirável Mundo Novo
Louise Brown e os bebês de proveta
Doenças tropicais
Fragilidade das nações
Nanotecnologia
Medicina personalizada
Busca da saúde universal
Gina
Cirurgias
Seguro e escaneamento genético
Impressão 3D
Nanofábricas
Transplantes/ crescimento de órgãos em animais
Estruturas de apoio
Mercado negro de órgãos
Outsourcing
Economia
Preços
Turismo medicinal

5

REINVENÇÃO DA VIDA E DA MORTE

PELA PRIMEIRA VEZ NA HISTÓRIA, A DIGITALIZAÇÃO DE PESSOAS CRIA A capacidade de mudar *a essência* do ser humano. A convergência da revolução digital e da revolução das ciências da vida vem alterando não apenas o que sabemos, como nos comunicamos, o que fazemos e como o fazemos. Ela começa a transformar quem somos.

Da mesma forma, o *outsourcing* e o *robosourcing* da genética, da bioquímica e dos blocos estruturais da própria vida propiciam o surgimento de novas variantes de micróbios, plantas, animais e seres humanos. Estamos cruzando antigas fronteiras: aquelas que separam uma espécie da outra – as pessoas dos animais e as coisas vivas dos engenhos criados pelo homem.

Na mitologia, os poderes exclusivos dos deuses mantinham-se separados das atribuições humanas, o que era objeto de claras advertências. Quaisquer transgressões resultavam em punições severas. Porém Zeus não proibiu a introdução de genes humanos em outros animais, nem a criação de seres híbridos a partir da mistura de genes de aranhas e de cabras, nem a cirurgia para implante de chips de silício na massa cinzenta do cérebro humano e muito menos a seleção de um "cardápio genético" com características selecionáveis por pais interessados em "projetar" seus próprios filhos.

O uso da ciência e da tecnologia com o intuito de melhorar o ser humano começa a nos levar para além dos limites morais, éticos e religiosos herdados das gerações anteriores. Vivemos agora em um território desconhecido, no qual mapas antigos às vezes alertam para a presença de monstros. Mas, no passado, aqueles que tiveram coragem suficiente para navegar rumo ao desconhecido muitas vezes foram bem recompensados. Na atualidade, a comunidade científica, confiante, afirma que em setores como o atendimento à saúde, entre outros, grandes avanços nos esperam, ainda que seja preciso contar com muita sabedoria para decidir o que fazer.

Quando a humanidade se apropria de um poder novo e até então não imaginado, a sensação é a de mescla de alegria e temor. Nos ensinamentos das religiões abraâmicas, o primeiro homem e a primeira mulher foram condenados a trabalhar para seu próprio sustento por terem se apossado de um conhecimento proibido. Prometeu roubou o fogo dos deuses e foi sentenciado ao sofrimento eterno: todos os dias, uma águia rasgava sua carne e consumia seu fígado, mas à noite o órgão se regenerava para que o mesmo destino se repetisse na manhã seguinte.

Ironicamente, hoje, em seu laboratório de biorreatores, os cientistas da Wake Forest University estudam como criar geneticamente fígados humanos para transplantes – e ninguém duvida que esse trabalho inovador seja bom. As perspectivas de avanços em praticamente todas as modalidades de atendimento à saúde geram entusiasmo em muitos campos de pesquisa, embora seja óbvio que a cultura e a prática da medicina, ao lado das demais instituições e atividades relacionadas aos cuidados médicos, logo sofrerão uma transformação similar à que atingiu indústrias como as de máquinas de escrever ou de discos de vinil.

TRATAMENTO SOB MEDIDA

Tendo no horizonte a possibilidade de curas improváveis e quase milagrosas para doenças mortais e distúrbios debilitantes, muitos especialistas em saúde acreditam que, em breve, será inevitável uma transformação radical na prática da medicina. A "medicina personalizada" (ou, segundo alguns, "medicina de precisão") baseia-se nos padrões digitais e moleculares dos genes, proteínas, comunidades de micróbios e outras fontes de informação clinicamente relevantes de cada pessoa. A maioria dos estudiosos aposta que esse deve ser o modelo do atendimento médico no futuro. A capacidade de monitorar e atualizar constantemente a qualidade das funções vitais das pessoas, bem como suas tendências individuais, aumentará a eficiência dos cuidados preventivos.

A nova economia da saúde impulsionada por essa revolução pode, em pouco tempo, sepultar o modelo tradicional de cobertura, baseado em grandes grupos de risco, por conta do acesso a um grande volume de informações específicas sobre os clientes, agora possíveis de ser coletadas. O papel das empresas de seguros já se modifica, conforme elas passam a adotar modelos digitais de saúde e a explorar o Big Data.

O setor farmacêutico desenvolve hoje soluções para grandes grupos de pessoas que manifestam sintomas semelhantes, mas em breve se voltará para a pesquisa genética e molecular de pacientes individuais. Essa revolução já está acontecendo no tratamento do câncer e de doenças "órfãs" ou negligenciadas, que não despertam o interesse das empresas farmacêuticas (nos Estados Unidos, são as enfermidades que atingem menos de 200 mil pessoas, mas o número varia de país para país). A expectativa é que a tendência cresça conforme aumente nosso conhecimento sobre tais distúrbios.

O uso da inteligência artificial (como o sistema Watson, da IBM) em diagnósticos e na prescrição do tratamento promete reduzir erros médicos e aperfeiçoar as habilidades desses profissionais. Assim como já revoluciona o trabalho dos advogados, a inteligência artificial deve mudar profundamente a realidade da medicina. No livro *Creative destruction of medicine*, o médico Eric Topol avalia: "Trata-se de bem mais do que uma mudança; é a essência da destruição criativa definida pelo economista austríaco Joseph Schumpeter. Nenhum aspecto da saúde e da medicina será poupado ou passará sem mudanças. Médicos, hospitais, o setor das ciências da vida, governos e organismos de regulamentação – todos estão sujeitos a uma transformação radical".

As pessoas também devem desempenhar um papel diferente no que se refere aos cuidados com a própria saúde. Várias equipes médicas trabalham ao lado de engenheiros no desenvolvimento de sofisticados softwares de automonitoramento, criados para ajudar o paciente a mudar comportamentos pouco saudáveis e, assim, controlar a evolução de doenças crônicas. Alguns desses programas permitem a comunicação mais frequente com o médico, para avaliação do constante fluxo de dados recolhidos pelos monitores digitais instalados junto (e até dentro) do corpo do paciente. Isso é parte de uma tendência mais ampla, conhecida como movimento da "autoquantificação".

Outros programas e aplicativos criam redes sociais de pessoas às voltas com os mesmos desafios de saúde, em parte para aproveitar o que os cientistas chamam de efeito Hawthorne, ou a melhora do quadro clínico pelo simples fato de o paciente ser submetido à observação. Há quem, por exemplo (e eu não me incluo nesse grupo), adore uma nova balança que divulga o peso do usuário automaticamente pelo Twitter, para que todos os seguidores acompanhem seu progresso, ou a falta dele. Novas empresas estão sendo desenvolvidas com base na tradução de ensaios clínicos de referência (como o Diabetes Prevention Program – DPP), a partir do uso intensivo dos recursos de programas de mídia social e digital. Alguns especialistas acreditam que o acesso global a programas digitais de grande escala, focados na mudança de comportamentos destrutivos, pode, em curto prazo, reduzir de forma significativa a incidência de doenças crônicas, como diabetes e obesidade.

As NOVAS HABILIDADES desenvolvidas pela ciência para observar, estudar, mapear e alterar as células em organismos vivos também vêm sendo aplicadas ao cérebro humano. Tais técnicas já são testadas para permitir que amputados, com o uso do pensamento, possam comandar próteses de braços ou pernas, por meio da conexão do membro artificial a implantes neurais. Os cientistas também conseguiram que macacos paralíticos movessem braços e mãos por meio da implantação, cerebral, de um dispositivo ligado aos músculos afetados. Avanços como esses também oferecem a possibilidade de curar algumas doenças cerebrais.

Assim como o domínio do DNA permitiu mapear o genoma humano, a descoberta do modo como os neurônios cerebrais se conectam e se comunicam conduz ao mapeamento completo do que os neurocientistas chamam de *connectome**. Embora o processamento de dados exigido seja cerca de dez vezes maior do que no caso do mapeamento do genoma – além do fato de várias outras tecnologias essenciais ainda estarem em desenvolvimen to –, os estudiosos acreditam que será possível completar o primeiro "mapa em grande escala das conexões neurais" nos próximos anos.

A importância de um diagrama completo das conexões do cérebro humano é imensurável. Há mais de seis décadas, Teilhard de Chardin previu

* Termo criado por Olaf Sporns, professor de neurociência cognitiva computacional na Indiana University. Atualmente, o National Institutes of Health sedia o Human Connectome Project.

que "o pensamento pode aperfeiçoar artificialmente os próprios instrumentos do pensamento".

Implantes neurais vêm sendo testados por alguns médicos como marca-passos cerebrais para portadores do mal de Parkinson – ao fornecer estímulos cerebrais profundos, conseguem aliviar os sintomas da doença. Outros profissionais adotaram uma técnica semelhante a fim de alertar epilépticos para os primeiros sinais de uma crise (além de estimular o cérebro a minimizar os impactos). Há relatos de uso de implantes cocleares conectados a um microfone externo, para conduzir o som rumo ao cérebro e ao nervo auditivo. Curiosamente, todos esses dispositivos precisam ser ativados de forma gradual, para permitir que o cérebro se ajuste a eles. Em Boston, cientistas do Massachusetts Eye and Ear Infirmary conectaram uma lente ao nervo óptico de um cego, que passou a identificar as cores e ler textos em letras grandes.

Apesar do entusiasmo e da comoção que acompanham esses avanços milagrosos na área da saúde, muitas pessoas estão preocupadas, uma vez que o alcance, a magnitude e a velocidade das várias revoluções no campo da biotecnologia e das ciências da vida nos obrigarão, em breve, a julgar (quase como os deuses) o que pode ser benéfico ou prejudicial para o futuro da espécie humana, em especial quando se trata da modificação permanente do conjunto genético. Estamos prontos para tomar tais decisões? As atuais evidências sugerem que ainda não, mas teremos de fazer essas escolhas de qualquer maneira.

UMA COMPLEXA EQUAÇÃO ÉTICA

De forma intuitiva, estamos cientes de que precisamos desesperadamente de mais sabedoria do que temos hoje para exercer esses novos poderes de forma responsável. Muitas das escolhas são fáceis porque os benefícios óbvios das novas intervenções de origem genética, em sua maioria, são tão numerosos que seria imoral *não* aproveitar esses avanços. A perspectiva de eliminar o câncer, o diabetes, o mal de Alzheimer, a esclerose múltipla e outras doenças mortais e temíveis garante a continuidade desse desenvolvimento em ritmo cada vez mais acelerado.

Porém, outras decisões talvez não sejam tão simples. A possibilidade de "projetar bebês" – selecionando características como cor dos olhos e dos cabelos, estatura, resistência física e inteligência – parece sedutora para alguns pais. Afinal, basta ver o que a paternidade competitiva já fez pela indústria do *test preparation* [cursos educacionais voltados para melhorar o desempenho de estudantes em testes de admissão em faculdades nos Estados Unidos]. Se alguns pais se aventurarem a inserir traços genéticos no intuito de favorecer socialmente seus filhos, outros pais provavelmente se sentirão inclinados a fazer o mesmo.

No entanto, algumas dessas alterações genéticas serão repassadas para as futuras gerações, podendo desencadear efeitos colaterais impossíveis de ser estimados. Estamos preparados para exercer o controle sobre a hereditariedade e assumir a responsabilidade de direcionar o curso da evolução? Em 2011, o presidente do Institute of Medicine, Harvey Fineberg, afirmou que "vamos transformar a evolução ao estilo antigo em uma neoevolução". Estamos aptos para fazer *essas* escolhas? Mais uma vez a resposta parece ser negativa, mas teremos de optar mesmo assim.

Mas *quem* exatamente fará tais escolhas? Essas mudanças incrivelmente poderosas estão sobrecarregando a capacidade atual da humanidade de tomar decisões de forma coletiva. O desgaste da democracia norte-americana e a consequente falta de liderança para a comunidade global criaram um vácuo de poder no exato momento em que a civilização tem de moldar os limites dessa revolução a fim de proteger os valores humanos. Em vez de aproveitar a oportunidade para reduzir os custos e melhorar os resultados da saúde, os Estados Unidos diminuem o investimento em pesquisas biomédicas. O orçamento para o National Institutes of Health foi reduzido na última década, e o sistema educacional norte-americano vem restringindo o espaço para a ciência, a matemática e a engenharia.

Para o médico Jeffrey Steinberg, presidente do Los Angeles Fertility Institutes e um dos pioneiros na fertilização *in vitro*, a era da seleção ativa de traços genéticos já começou. "É hora de colocar a cabeça para fora", acredita o especialista. Um de seus colegas na instituição, Marcy Darnovsky, disse que a descoberta ocorrida em 2012 de um processo não invasivo para sequenciar o genoma fetal completo já coloca "algumas questões extremamente preocupantes". Uma das perguntas que pode surgir a partir da ampla utilização desses testes é: "Quem merece nascer?".

Richard Hayes, diretor executivo do Center for Genetics and Society, alerta para o fato de que o debate sobre as questões éticas relacionadas ao mapeamento fetal genômico e à seleção de características, até agora, envolveu apenas uma pequena comunidade de especialistas. Segundo ele, "as pessoas comuns se incomodam com a quantidade de detalhes técnicos e se sentem impotentes". Hayes também questiona se a prática generalizada de seleção de características pode levar "a uma 'coisificação' das crianças, tratadas como *commodities*. "Apoiamos o uso da PGD [sigla do inglês *preimplantation genetic diagnosis*, diagnóstico de pré-implantação genética] para garantir que casais em risco tenham filhos saudáveis. Mas, para fins cosméticos e não medicinais, acreditamos que a técnica pode prejudicar a condição humana e desencadear uma competição tecnoeugênica".

Alguns países entraram nessa disputa. O Beijing Genomic Institute (BGI), na China, instalou 167 dos aparelhos de sequenciamento genômico mais poderosos do mundo em suas unidades de Hong Kong e de Shenzhen – segundo os especialistas, em breve haverá ali mais capacidade de sequenciamento do que em todos os Estados Unidos. O objetivo inicial é identificar os genes associados a índices mais elevados de inteligência, além de combinar os estudantes com as profissões ou ocupações que aproveitam melhor os talentos de cada um.

De acordo com algumas estimativas, nos últimos três anos o governo chinês gastou mais de US$ 100 bilhões em estudos sobre as ciências da vida e convenceu 80 mil PhDs formados no Ocidente a voltar para a China. Uma equipe de especialistas em pesquisa sediada em Boston, o Monitor Group, relatou em 2010 que a China está "prestes a assumir a liderança mundial em descoberta e inovação das ciências da vida na próxima década". O Conselho de estado chinês declarou que o setor de pesquisa genética constitui um dos pilares das ambições comerciais do país no século 21. Alguns pesquisadores têm relatado discussões preliminares sobre planos para fazer o sequenciamento genômico de quase todas as crianças da China.

As multinacionais também desempenham papel crucial, ao explorar com velocidade muitos avanços feitos em laboratório e com aplicação comercial lucrativa. Depois de invadir a esfera da democracia, o mercado também se esforça para dominar a esfera da vida. Da mesma forma como a Terra S.A. nasceu da interligação de milhões de computadores e dispositivos inteligentes, capazes de se comunicar com facilidade uns com os outros ultrapassando fronteiras, começa a surgir a *Vida S.A.*, fruto da capacidade de cientistas e engenheiros de conectar o fluxo de informação genética entre células vivas de todas as espécies.

A fusão da Terra S.A. com a Vida S.A. já começou. Desde que a Suprema Corte norte-americana autorizou o primeiro registro da patente de um gene em 1980, mais de 40 mil documentos similares foram feitos, abrangendo 2 mil genes humanos. O mesmo acontece com os tecidos, incluindo alguns extraídos de pacientes e usados para fins comerciais sem permissão expressa dos "doadores". Em termos técnicos, para obter uma patente, o requerente precisa transformar, isolar ou purificar o gene ou tecido de alguma maneira. Na prática, porém, o gene ou o tecido propriamente ditos passam a ser controlados comercialmente pelo detentor da patente.

Existem vantagens óbvias na utilização da energia gerada pela motivação do lucro e na inclusão do setor privado na exploração da nova revolução nas ciências da vida. Em 2012, a Comissão Europeia aprovou o primero medicamento de terapia gênica (capaz de corrigir erros no código genético) do Ocidente – comercializado com o nome de Glybera, destina-se ao tratamento de uma rara doença que impede a metabolização da gordura presente no sangue. Em agosto de 2011, a Food and Drug Administration, órgão norte-americano que controla os alimentos e medicamentos, aprovou um fármaco chamado Crizotinib, desenvolvido para tratar um raro tipo de câncer de pulmão decorrente de mutação genética.

No entanto, o mesmo desequilíbrio de poder que resultou na desigualdade de renda também se manifesta no acesso desigual das pessoas a toda uma gama de inovações importantes decorrentes da revolução nas ciências da vida. Uma empresa de biotecnologia, a Monsanto, por exemplo, detém as patentes sobre a maioria das sementes plantadas em todo o mundo. Em 2010, Neil Harl, especialista norte-americano da Iowa State University, declarou que "hoje estimamos que a Monsanto controle cerca de 90% das sementes".

A corrida para patentear genes e tecidos está na contramão da atitude do descobridor da vacina contra a poliomielite, Jonas Salk*. Certa vez, [o jornalista norte-americano] Edward R. Murrow perguntou: "Esta vacina terá uma demanda imensa e todos vão querer. Tende a ser muito lucrativa. De quem é a patente?". Salk não hesitou: "Acho que pertence ao povo norte-americano. Você poderia patentear o Sol?".

A DIGITALIZAÇÃO DA VIDA

Na época desse diálogo, a ideia de patentear descobertas científicas feitas para o bem da humanidade parecia muito estranha. Algumas décadas mais

* A primeira vacina eficiente contra a poliomielite foi desenvolvida por Jonas Salk em 1952 e licenciada para uso público em 1955. Uma equipe comandada por Albert Sabin criou a versão oral da vacina, licenciada em 1962.

tarde, um dos colegas mais famosos de Salk, Norman Borlaug, deu início à Revolução Verde, por meio de técnicas de hibridização e de cruzamentos tradicionais, em um momento em que o entusiasmo com as pesquisas sobre o genoma apenas começava. Mais tarde, no final da carreira, Borlaug comentou a disputa em curso nos Estados Unidos para bloquear a propriedade de patentes de plantas geneticamente modificadas: "Se isso acontecer, que Deus nos ajude. Vamos todos morrer de fome". O cientista condenou o predomínio do mercado na genética das plantas e declarou a uma plateia na Índia que "nós lutamos contra o registro de patentes... e sempre defendemos o livre intercâmbio de germoplasma". Tanto os Estados Unidos como a União Europeia reconhecem as patentes de genes isolados ou alterados, e vários casos recentes reivindicando a patente de genes correm nos tribunais norte-americanos de segunda instância.

Por um lado, a digitalização da vida é apenas a versão do século 21 da dominação humana sobre o planeta. Único caso entre todas as formas vivas, o homem tem a capacidade de estabelecer complexos modelos de realidade informacional. Ao aprender a manipular esses padrões, ganhamos a condição de compreender e instrumentalizar a realidade. Assim como a informação que circula pela Mente Global é expressa em 1 e 0 (unidades binárias que serviram de base para a revolução digital), o idioma do DNA falado por todos os seres vivos é composto por quatro letras: A, T, C e G [respectivamente, adenina, timina, citosina e guanina].

Deixando de lado todas as demais propriedades miraculosas, a capacidade de armazenamento de informações do DNA é incrível. Em 2012, uma equipe de pesquisadores da Universidade de Harvard, comandada por George Church, codificou um livro com mais de 50 mil palavras em filamentos de DNA, depois lidos sem erros. Biólogo molecular, Church afirmou que é possível armazenar 1 bilhão de exemplares do mesmo livro em um tubo de ensaio e recuperá-los após séculos, e que "um dispositivo do tamanho do polegar tem a mesma capacidade de armazenamento que toda a internet".

Em um nível mais profundo, porém, a descoberta de como "programar" a própria vida marca o início de uma etapa totalmente nova. Na década posterior à Segunda Guerra Mundial, a estrutura em hélice dupla do DNA foi decifrada pelos cientistas James Watson, Francis Crick e Rosalind Franklin. De acordo com historiadores da ciência, Rosalind não recebeu o devido reconhecimento por sua contribuição crucial para a descoberta, ocorrida em 1953, e morreu antes que Watson e Crick fossem laureados com o prêmio Nobel de Medicina. Em 2003, exatamente 50 anos depois, o genoma humano foi sequenciado.

Mesmo com a comunidade científica ainda sendo desafiada pelos dados envolvidos no sequenciamento do DNA, já foi dada a largada no processo para sequenciar o RNA (ácido ribonucleico), que, suspeitam os cientistas hoje, talvez desempenhe um papel bem mais sofisticado do que a mera transmissão das informações das proteínas. Responsáveis por construir e controlar as células que constituem todas as formas de vida, as proteínas estão sendo analisadas pelo Projeto Proteoma Humano (HPP, na sigla em inglês), que lida com uma quantidade de dados ainda maior. Proteínas assumem várias formas diferentes e são "dobradas" em padrões que alteram sua função e seu papel. Depois de "traduzidas", elas também podem ser quimicamente modificadas em várias formas, que ampliam a extensão das funções e controlam seu comportamento. A complexidade desse desafio analítico é bem maior do que a envolvida no sequenciamento do genoma.

A "epigenética" envolve o estudo das mudanças hereditárias que *não envolvem* uma alteração no DNA subjacente, e o Projeto Epigenoma Humano fez grandes avanços na compreensão desses fenômenos. Vários produtos farmacêuticos desenvolvidos com base em descobertas epigenéticas para combater o câncer e outras aplicações hoje passam por testes clínicos em humanos. A decodificação dos alicerces da vida, da saúde e da doença vem resultando em várias e animadoras conquistas diagnósticas e terapêuticas.

Assim como o código digital utilizado por computadores agrega tanto conteúdo informativo como instruções operacionais, os complexos códigos universais de biologia que agora estão decifrados e catalogados permitem entender as matrizes das formas de vida, bem como mudar-lhes a configuração e as funções. Por meio da transferência de genes de uma espécie para outra e da criação de novas sequências de DNA, os cientistas podem transformar as formas de vida e comandá-las para obter o resultado que bem entenderem. Como os vírus, esses filamentos de DNA tecnicamente não são "vivos" porque não conseguem se reproduzir. Porém, da mesma forma como os vírus, podem assumir o controle de células vivas e programar seu comportamento, incluindo a produção de substâncias químicas personalizadas e valorizadas no mercado. Também podem programar a replicação dos filamentos de DNA inseridos na forma de vida.

A introdução de filamentos de DNA sintético em organismos vivos já resultou em avanços muito positivos. Há mais de três décadas, um dos primeiros marcos foi a síntese da insulina humana para substituir a menos eficaz insulina produzida a partir de porcos e de outros animais. Num futuro próximo, os cientistas acreditam poder contar com melhorias significativas no desenvolvimento de versões sintéticas da pele e do sangue humanos, e há quem aposte que as modificações em cianobactérias possam gerar produtos que variam de combustível automotivo a proteínas para consumo humano.

No entanto, a disseminação da tecnologia levanta questões que incomodam os estudiosos da bioética. Como ressaltou o líder de um *think tank* dedicado ao estudo dessa ciência, "a biologia sintética representa o que pode ser o desafio mais profundo em termos de controle da tecnologia por parte dos governos na história humana, com importantes implicações econômicas, jurídicas, de segurança e éticas, que excedem em muito a segurança e a capacidade das próprias tecnologias. No entanto, por força do imperativo econômico, bem como da intensidade da atividade comercial e científica em todo o mundo, já é praticamente impossível detê-la... Trata-se de um rolo compressor sem controle".

Uma vez que a digitalização da vida coincide com a emergência da Mente Global, sempre que conseguimos encaixar uma peça nova no imenso quebra-cabeças a ser solucionado, pesquisadores mundo afora começam a conectá-la imediatamente com as partes com as quais eles lidam. Ou seja, quanto mais genes forem sequenciados, maior a facilidade e a velocidade dos cientistas para mapear a rede das ligações entre esses genes e outros que aparentemente seguem padrões previsíveis.

De acordo com o diretor executivo do Beijing Genomics Institute, Jun Wang, existe um "forte efeito de rede... O perfil de saúde e a informação genética de uma pessoa de certa forma oferecerão pistas para entender os genomas dos outros e as implicações médicas. Nesse sentido, o genoma de um indivíduo não pertence só a ele, mas também a toda a humanidade".

Em 2012, uma colaboração inédita envolvendo mais de 500 cientistas de 32 laboratórios de todo o mundo resultou em um importante avanço na compreensão de trechos do DNA até então descartados por, supostamente, não exercerem papel significativo. Os estudiosos descobriram que os chamados "DNA lixo", na verdade, contêm milhões de "interruptores *on-off*" organizados em redes bastante complexas, que desempenham papel crucial no controle da função e da interação dos genes. Embora tenha permitido a identificação da função de 80% do DNA, essa conquista histórica deixou claro para os pesquisadores que ainda estamos muito longe de compreender plenamente o funcionamento da regulação genética da vida. Depois da descoberta, Job Dekker, biomédico molecular da escola de medicina da Universidade de Massachusetts, afirmou que cada gene está cercado por "um mar de elementos reguladores" em uma "estrutura tridimensional bastante complicada", da qual apenas 1% foi decifrado até agora.

A Mente Global também propiciou o surgimento de um mercado global baseado na internet para os chamados *biobricks*, trechos de DNA com propriedades conhecidas e usos confiáveis, disponíveis de forma fácil e barata para as equipes que estudam a biologia sintética. Cientistas do MIT, entre eles o fundador da BioBricks Foundation, Ron Weiss, organizaram a criação do Registro de Partes Biológicas Padrão, uma espécie de biblioteca universal de segmentos de DNA, que podem ser utilizados como blocos de construção genética gratuitos. Assim como permitiu a dispersão da produção para centenas de milhares de lugares, a internet também dissemina as ferramentas básicas e as matérias-primas da engenharia genética para laboratórios em todos os continentes.

EFEITO GENOMA

O encontro da revolução digital com a revolução nas ciências da vida está acelerando esses avanços a um ritmo que supera de longe até mesmo a velocidade de aperfeiçoamento dos computadores. Para se ter uma ideia, o custo do sequenciamento do primeiro genoma humano, há dez anos, foi de aproximadamente US$ 3 bilhões. Para 2013, espera-se que os genomas digitais detalhados de indivíduos custem cerca de US$ 1 mil.

De acordo com os especialistas, esse preço permitirá que os genomas sejam usados rotineiramente em diagnósticos médicos, na adaptação de produtos farmacêuticos ao perfil genético específico do paciente e em muitos outros fins. Segundo um especialista, esse processo "levantará uma série de questões sobre as políticas (privacidade, segurança, confidencialidade, custos, interpretação, orientação etc.), todas importantes para futuras discussões". Enquanto isso, uma empresa inglesa anunciou em 2012 que, em breve, irá lançar no mercado um pequeno aparelho descartável de sequenciamento genético. O preço? Menos de US$ 900.

Nos primeiros anos, a curva de redução de custo para o sequenciamento dos genomas humanos individuais apresentou queda de 50% a cada 18 a 24 meses, segundo estimado pela Lei de Moore. No final de 2007, porém, o custo começou a cair em ritmo significativamente mais rápido, em parte por causa do efeito de rede, mas, sobretudo, porque diversos avanços nas tecnologias envolvidas no sequenciamento permitiram ampliar rapidamente a extensão dos filamentos de DNA analisados. Os especialistas acreditam que essas extraordinárias reduções de custo devem continuar em alta velocidade durante um futuro previsível. Como resultado, algumas empresas, entre elas a Life Technologies, estão produzindo genomas sintéticos apostando na aceleração do ritmo de descobertas na área.

Por outro lado, a destilação do conhecimento é um processo que em geral consome um tempo considerável, e a transformação desses saberes em regras aceitas e capazes de guiar nossas escolhas leva mais tempo ainda. Por quase 4 mil anos*, desde a organização das primeiras leis escritas no Código de Hamurábi, desenvolvemos códigos legais apoiados em precedentes que acreditávamos encarnar a sabedoria destilada de decisões tomadas de forma correta no passado. No entanto, a grande convergência na ciência hoje impulsionada pela digitalização da vida (com revoluções sobrepostas e ainda em aceleração nos campos da genética, epigenética, proteômica, microbiômica, optogenética, medicina regenerativa, neurociência, nanotecnologia, ciência dos materiais, cibernética, supercomputação, bioinformática, entre outros segmentos) nos apresenta novas realidades, com uma velocidade muito maior do que nossa capacidade de identificar os significados profundos e as implicações totais das escolhas que somos convidados a fazer.

A iminente criação de formas de vida artificial completamente novas e autorreplicáveis deve, sem dúvida, proporcionar uma ampla discussão não apenas sobre os riscos, benefícios e cuidados necessários, mas também sobre as possíveis consequências de se ultrapassar tais limites. Nas palavras proféticas de Teilhard de Chardin ditas em meados do século 20, "podemos muito bem um dia ser capazes de produzir o que a Terra, por si só, já não parece capaz: uma nova onda de organismos, uma forma de neovida criada artificialmente".

Como se pode compreender, os cientistas que se esforçam para conseguir esses avanços estão entusiamados e felizes, e os ganhos decorrentes

* Os historiadores acreditam que o Código de Hamurábi tenha sido criado por volta de 1780 a.C.

dos benefícios incrivelmente promissores dessa esperada realização justificam o avanço a toda velocidade. Por isso, talvez seja inconveniente perguntar o que pode dar errado.

Mas parece que, pelo menos, faz sentido explorar essa possibilidade. Craig Venter, que se celebrizou ao sequenciar o próprio genoma, inovou novamente em 2010 ao criar as primeiras bactérias vivas feitas apenas a partir de DNA sintético. Embora alguns cientistas tenham minimizado o fato – sob o argumento de que Venter apenas copiou a estrutura de uma bactéria conhecida e usou a concha vazia de outra como recipiente para a nova forma de vida –, para outros estudiosos a realização representa um marco importante.

Em julho de 2012, Venter e seus colegas, ao lado de uma equipe de cientistas de Stanford, anunciaram a conclusão de um software contendo todos os genes (525, o menor número conhecido), células, RNA, proteínas e metabólitos (pequenas moléculas geradas nas células) de um organismo – no caso, um micróbio conhecido como *Mycoplasma genitalium*. Venter agora se dedica à criação de uma peculiar forma de vida, a bordo de um projeto que pretende descobrir a quantidade mínima de informação do DNA necessária para a autorreplicação. "Estamos tentando entender os princípios fundamentais do projeto da vida, para que possamos recriá-la – como um designer inteligente teria feito do início, caso ele existisse", explicou Venter. A referência a um "designer inteligente" soa como reprovação implícita ao criacionismo e reflete a recém-combativa atitude de muitos cientistas, em resposta, como se pode esperar, aos agressivos ataques fundamentalistas à teoria da evolução.

No entanto, não é preciso acreditar em uma divindade para identificar a possibilidade de que a teia da vida possua uma integridade holística emergente e conexões ainda desconhecidas para os seres humanos. Embora nossa compreensão de húbris tenha se originado de antigos relatos sobre a condenação de homens que usurparam poderes reservados aos deuses, o significado mais profundo (e o risco envolvido) tem raízes no orgulho arrogante da humanidade, com ou sem ofensas às divindades. "A culpa, caro Brutus, não está nas estrelas, mas em nós mesmos", escreveu Shakespeare. Para todos nós, o húbris faz parte da natureza humana. Sua essência inclui a confiança excessiva e insolente na própria compreensão das consequências do exercício do poder em um domínio que pode conter complexidades ainda longe do entendimento humano.

Da mesma forma, a postura fundamentalista não é exclusividade religiosa. O reducionismo (crença de que a compreensão científica tem mais eficácia com a fragmentação de um fenômeno em suas partes e subpartes) algumas vezes resultou em uma forma de atenção seletiva, que pode levar os observadores a ignorar fenômenos emergentes surgidos em sistemas complexos – bem como sua interação com outros sistemas complexos.

Um dos biólogos da evolução mais famosos do mundo, E. O. Wilson, tem recebido duros ataques de colegas por causa da proposta de que a seleção darwiniana não funciona só no nível individual dos integrantes de uma espécie, mas também no nível de "superorganismos". Com isso, ele quer dizer que as adaptações que atendem aos interesses de uma espécie como um todo podem ser selecionadas mesmo que não aumentem as perspectivas de sobrevivência das criaturas individuais que contam com essas adaptações. Wilson, um ex-cristão, não está propondo o "design inteligente" do tipo defendido pelos criacionistas. Em vez disso, ele aponta para outra camada de complexidade da evolução que opera em um nível "emergente".

Francis Collins, um cristão devoto que chefiou o Projeto Genoma Humano do governo norte-americano (e anunciou suas descobertas na mesma época que Craig Venter), reclama do "aumento da polarização entre as visões científicas e espirituais, em grande parte, acredito, impulsionada por aqueles que se sentem ameaçados pelas alternativas e não estão dispostos a considerar a possibilidade de que possa haver harmonia... Temos de reconhecer que a nossa compreensão da natureza é algo que cresce década após década, século após século".

Venter, por sua vez, acredita que já sabemos o bastante para justificar um projeto de grande escala para reinventar a vida de acordo com um design humano. "A vida evoluiu de forma confusa por meio de mudanças aleatórias ao longo de 3 bilhões de anos. Nós a estamos projetando agora de modo a haver módulos para funções diferentes, como a replicação de cromossomos e a divisão celular, para poder decidir o metabolismo que queremos ter".

VIDA ARTIFICIAL

Como acontece com muitos dos novos e surpreendentes avanços nas ciências, o projeto e a criação de formas artificiais de vida oferecem a promessa factível de rupturas nos campos da saúde, produção de energia e recuperação ambiental, entre outros. Um dos novos produtos que Venter e outros cientistas esperam criar são vírus sintéticos projetados para destruir ou enfraquecer bactérias resistentes aos antibióticos. Esses vírus sintéticos – ou bacteriófagos – podem ser programados para atacar somente as bactérias-alvo, sem afetar as demais células. Por meio de estratégias sofisticadas, esses vírus também utilizam as bactérias eliminadas para se replicar, de forma a continuar atacando outros alvos até conter a infecção.

O uso de novos organismos sintéticos para a aceleração do desenvolvimento de vacinas também gera grande esperança. As vacinas sintéticas fazem parte do esforço mundial de combate a novas pandemias, como a gripe aviária (H5N1) ocorrida em 2007 e a chamada gripe suína (H1N1), de 2009. Os cientistas se preocupam em especial com o fato de que o H5N1 requer poucas mutações para desenvolver a capacidade de transmissão entre seres humanos por via aérea.

O método tradicional de desenvolvimento de vacinas demanda um demorado processo de pesquisa e produção, com ciclos de testes que duram meses, e não dias, o que torna quase impossível abastecer os médicos de suprimentos adequados da vacina logo depois que um vírus começa a se espalhar. Os cientistas vêm recorrendo às possibilidades da biologia sintética para acelerar a evolução em laboratório dos vírus existentes da gripe, na esperança de identificar quais versões têm mais probabilidade de surgir. Assim, pelo estudo de sua estrutura, podem sintetizar preventivamente vacinas capazes de conter qualquer mutação de vírus que apareça no mundo real, com produção de um estoque preventivo antes da epidemia. Em todo o mundo, erguem-se biofábricas descartáveis, a fim de reduzir o custo e o tempo de fabricação das vacinas. Hoje, é possível montar uma biofábrica em uma comunidade rural remota que precise da vacina rapidamente para impedir a disseminação de uma nova versão de vírus ou bactéria.

Alguns especialistas preveem que a biologia sintética possa superar a indústria química mundial em 15% a 20% nos próximos anos, ao fabricar vários itens mais baratos do que os derivados de fontes naturais. O resultado viria na forma de produtos farmacêuticos, bioplásticos e outros materiais novos. Alguns estimam que essa abordagem inédita na fabricação de itens farmoquímicos e farmacêuticos (usando as técnicas de impressão 3D descritas no capítulo 1) irá revolucionar o processo produtivo com a aplicação de uma estratégia "dispersa". Como a maior parte do valor está na informação, hoje facilmente transmitida para ilimitadas localidades, o processo efetivo de fabricação – que traduz o conhecimento em produtos de biologia sintética – pode ser instalado em qualquer lugar.

Essas e outras perspectivas animadoras, que muitos imaginam acompanhar os avanços na biologia sintética e na criação de formas artificiais de vida, têm feito com que muitas pessoas desconsiderem qualquer especulação acerca de consequências indesejáveis. Esse comportamento não é novidade. Há nove décadas, o bioquímico inglês J. B. S. Haldane escreveu um importante ensaio que provocou uma série de especulações futuristas sobre a tomada do controle da evolução pelos seres humanos. Em um esforço para colocar as coisas no devido contexto – e, sobretudo, desmontar o mal-estar generalizado em torno do assunto – Haldane escreveu:

> O inventor químico ou físico é sempre um Prometeu. Nenhuma invenção até hoje, do fogo ao avião, escapou da acusação de insultar algum deus. Mas se todas as invenções físicas e químicas forem uma blasfêmia, as invenções biológicas são uma perversão. Dificilmente vai haver uma que, ao ser notada pela primeira vez por um observador de qualquer país que nunca tenha ouvido falar de sua existência, não pareça algo inconveniente e antinatural.

Por outro lado, Leon Kass, presidente do Conselho de Bioética do governo dos Estados Unidos entre 2001 e 2005, argumentou que a intuição ou o sentimento de que algo está errado não deve, de forma alguma, ser automaticamente descartado como anticientífico: "Em alguns casos importantes, no entanto, a repulsa é a expressão emocional de uma sabedoria profunda, e articulá-la fica além do poder da razão... Intuimos e sentimos, de forma imediata e sem consulta, a violação de coisas que temos como legitimamente caras".

No capítulo 2, a palavra "assustadora" foi usada por vários estudiosos das tendências do mundo digital, entre elas o monitoramento onipresente de volumosa quantidade de informações sobre a maioria dos usuários da internet. Como outros especialistas alertaram, "assustador" é uma palavra imprecisa porque descreve uma sensação que, por si só, não tem muita exatidão – não é medo, mas sim uma vaga inquietação sobre algo cuja natureza e implicações são tão desconhecidas que sentimos a necessidade de estar em alerta para a possibilidade de que deem origem a algo temeroso ou prejudicial. Trata-se de uma espécie de "pré-medo" comparativamente indeterminado, que muitas pessoas sentem ao contemplar alguns dos avanços que hoje acontecem no mundo da engenharia genética.

Um exemplo: engenheiros genéticos desenvolveram um método para produzir seda de aranha por meio da inserção de genes do aracnídeo em cabras, para que elas passem a secretar seda, além do leite, de seus úberes. O material tem grande utilidade por ser elástico e, por peso, cinco vezes mais resistente do que o aço. As aranhas não se prestam à criação por conta de sua natureza antissocial e canibalística. Mas a inserção de genes produtores de seda nas cabras permite obter volumes maiores desse material, supostamente sem prejuízo para a atividade de criação de caprinos*.

Em todo caso, não há dúvida de que o uso generalizado da biologia sintética (em especial de formas de vida artificiais e autorreplicantes) pode gerar mudanças radicais em todo o mundo, inclusive alterações que demandem um acompanhamento cuidadoso. Afinal, há vários exemplos de introdução intencional de plantas e animais em um ambiente novo e não nativo que resultaram em disseminação rápida e desequilíbrio no ecossistema receptor.

Em minha região de origem, o sul dos Estados Unidos, a introdução da planta japonesa kudzu foi planejada para conter a erosão do solo, mas a espécie espalhou-se de forma descontrolada e virou ameaça para as árvores e plantas nativas, a ponto de receber o apelido de "vinha que destruiu o sul". Será que teremos de nos preocupar com o "kudzu microbiano" caso uma forma de vida sintética capaz de se reproduzir for introduzida na biosfera com objetivos específicos, mas se disseminar com velocidade e de forma não previstas ou ponderadas?

No passado, com frequência, o questionamento a novos e poderosos avanços da ciência e da tecnologia se concentrou em cenários de desastres potencialmente catastróficos, que se revelaram mais baseados no medo do que na razão, quando na verdade as perguntas que deveriam ter sido feitas envolviam impactos mais difusos. Em 1954, às vésperas do início dos testes com a primeira bomba de hidrogênio no atol de Bikini, por exemplo, alguns cientistas manifestaram a preocupação de que a explosão

* Outros cientistas reproduziram o padrão molecular da seda de aranha e o sintetizaram a partir de uma substância disponível comercialmente (elastômero de poliuretano), combinada com plaquetas de argila de apenas um nanômetro (um bilionésimo de metro) de espessura e 25 nanômetros de diâmetro, cuidadosamente misturadas. O Institute for Soldier Nanotechnologies, do MIT, financiou a pesquisa porque há grande potencial para aplicações militares.

poderia, teoricamente, provocar uma reação em cadeia no oceano e resultar em um Armagedom ecológico inimaginável.

Essa especulação temperada pelo medo foi combatida por físicos que acreditavam que essa consequência seria absurdamente improvável, como de fato era. Mas outras questões, focadas em preocupações mais relevantes e mais profundas, não receberam a atenção adequada. Ninguém ouviu falar, por exemplo, que aquela explosão termonuclear poderia contribuir para o desvio de trilhões de dólares para o setor armamentista, acelerando ainda mais uma perigosa escalada que chegou a ameaçar a sobrevivência da civilização humana.

Para a maioria, os medos que cercam o kudzu microbiano (ou seus equivalentes mecânicos microscópicos – nanorrobôs autorreplicantes chamados de *gray goo*, algo como "grude cinza") hoje são tratados como provável exagero, mas a diretora executiva da ONG de vigilância GeneWatch, Helen Wallace, declarou à *New York Times Magazine* que "é quase inevitável que haja algum nível de fuga. A questão é: será que esses organismos conseguem sobreviver e se reproduzir? Acho que ninguém sabe a resposta".

Mas o que dizer sobre outras questões que talvez pareçam menos urgentes, mas que podem ser mais importantes a longo prazo? Se automatizarmos a própria vida, e reproduzirmos formas sintéticas de vida mais adequadas ao nosso projeto do que ao padrão predominante ao longo de 3,5 bilhões de anos, como essa nova capacidade afetará nossa relação com a natureza? Como a própria natureza pode ser modificada? Estamos confortáveis seguindo em frente a toda velocidade, sem fazer nenhum esforço consistente para identificar e evitar possíveis resultados que talvez não nos agradem?

Uma preocupação destacada pelos tecnólogos e especialistas em contraterrorismo é a possibilidade de surgimento de uma nova geração de armas biológicas. Afinal, hoje se sabe que alguns dos primeiros desenvolvimentos em engenharia genética foram usados pelos soviéticos em programas armamentistas secretos, há 40 anos. Se as incríveis ferramentas criadas pela revolução digital forem transformadas em armas para uma ciberguerra, por que não pensar em algumas salvaguardas contra a aplicação da biologia sintética na produção de armas biológicas?

Em 2005, o grupo de especialistas do New and Emerging Science and Technology (Nest) da Comissão Europeia escreveu que "a possibilidade de criar novos vírus ou bactérias *à la carte* pode ser adotada por bioterroristas para criar novos organismos ou variações patogênicas resistentes, talvez até mesmo geneticamente projetados para atacar grupos específicos". Em 2012, o Conselho Consultivo Nacional de Ciência para a Biossegurança dos Estados Unidos tentou impedir a publicação de dois artigos sobre pesquisas científicas (um na revista *Nature* e outro na *Science*) que continham detalhes sobre o código genético de uma variação da gripe asiática, desenvolvida com o objetivo de identificar as mudanças que facilitam a transmissão do vírus entre mamíferos.

Alegando temer que o projeto detalhado de um vírus que estava a apenas algumas mutações de uma forma capaz de se disseminar entre os seres humanos, as autoridades que combatem o bioterrorismo tentaram convencer os cientistas a não publicar a sequência genética completa, que fazia parte do estudo. A publicação acabou autorizada depois de uma completa revisão, mas o governo dos Estados Unidos continua ativamente envolvido no acompanhamento das pesquisas genéticas que possam resultar em novas armas biológicas. Conforme previsto na legislação norte-americana, o FBI monitora os integrantes de equipes de pesquisas que atuam em projetos de interesse militar.

CLONAGEM HUMANA

Entre as poucas linhas de pesquisa claramente *proibidas* pelo governo norte-americano estão as que envolvem estudos financiados pelo estado com vistas à clonagem de seres humanos. Na condição de vice-presidente do país na época do nascimento da primeira ovelha clonada, Dolly, em 1996 – quando ficou claro que a clonagem humana era uma possibilidade iminente –, apoiei essa proibição provisória no aguardo de uma avaliação mais completa das implicações da escolha desse caminho para a humanidade. Além disso, defendi a criação de uma Comissão Consultiva Nacional sobre Bioética, a fim de analisar as consequências éticas, morais e legais da clonagem humana.

Alguns anos antes, como presidente da Subcomissão de Ciência do Senado, consegui aprovar a alocação de 3% dos recursos do Projeto Genoma Humano para estudo das implicações éticas, legais e sociais (conhecidos como ELSI, de *ethical, legal and social implications*), em um esforço para garantir o estudo cuidadoso de questões difíceis que surgiam com mais velocidade do que suas respostas. A medida deu origem ao maior programa de pesquisas sobre ética financiado pelo governo de que se tem notícia. James Watson, um dos descobridores da dupla hélice do DNA, então nomeado para comandar o Projeto Genoma, declarou-se partidário da iniciativa voltada para a ética.

A ética da clonagem humana tem sido discutida quase desde o início da era do DNA. O estudo original publicado em 1953 por Watson e Crick incluía a frase: "Não escapou à nossa atenção que a combinação específica que deciframos sugere a possibilidade imediata de mecanismos de cópia do material genético". Como presidente da subcomissão de Pesquisas Científicas da Câmara dos Deputados norte-americana, no início da década de 1980, fiz uma série de palestras sobre as novas conquistas em clonagem, engenharia e seleção genética. Na época, os cientistas estavam concentrados na clonagem de animais e, 15 anos depois, conseguiram a façanha de criar a ovelha Dolly. Desde então, vários outros animais foram clonados.

Desde o início das experiências, os cientistas tinham clareza de que todos os progressos que faziam em termos de clonagem de animais também se aplicavam para o caso dos seres humanos – e que essa barreira só não era transposta por questões éticas. A partir de 1996, a maioria dos países europeus classificou a clonagem humana como um procedimento ilegal. O então diretor-geral da Organização Mundial da Saúde chegou a definir o procedimento como "eticamente inaceitável, por violar alguns dos princípios básicos que regem a reprodução medicamente assistida, como o respeito à dignidade das pessoas e a proteção da segurança do material genético humano".

No entanto, a maior parte dos cientistas anunciava que, com a passagem do tempo e o posterior desenvolvimento da técnica, a clonagem humana se tornaria realidade – pelo menos, em circunstâncias com inegáveis benefícios médicos e sem riscos de danos para o indivíduo clonado ou para a sociedade em geral. Em 2011, cientistas do New York Stem Cell Foundation Laboratory anunciaram o uso de uma técnica de clonagem de óvulos humanos não fertilizados para criar uma sequência de células-tronco idênticas, que se reproduziram por conta própria. Embora o DNA dessas células não fosse igual ao do doador do material genético, eram idênticos uns aos outros, o que reforça a eficácia das pesquisas feitas sobre o tema.

Vários países, entre eles Brasil, México e Canadá, proibiram a clonagem de células-tronco humanas para fins de pesquisa. Nos Estados Unidos isso não aconteceu, e vários países da Ásia parecem hesitar menos em dar um passo ousado na ciência da clonagem de embriões humanos – e talvez até de seres humanos. De tempos em tempos, surgem rumores de que um ou outro especialista em fertilidade, trabalhando em laboratório secreto instalado em um país que não proíbe o procedimento, rompeu o tabu da clonagem humana. Porém há suspeitas de que esses relatos, em sua maioria ou na totalidade, sejam falsos. Até agora, ninguém confirmou o nascimento de um clone humano.

Em geral, quem defende as pesquisas sobre clonagem humana acredita que o procedimento não difere muito de outras formas de progresso tecnológico, pois se trata de algo inevitável e significativamente mais promissor do que a maioria dos experimentos, tendo em vista os possíveis ganhos para a medicina. Tais pessoas acreditam que a decisão de dar andamento ou não a um processo específico de clonagem, como a decisão de fazer ou não um aborto, deve caber aos indivíduos.

Aqueles que se opõem à clonagem temem que a utilização da técnica afete a dignidade das pessoas, diante do risco de transformar seres humanos em *commodities*. Em teoria, a tecnologia oferece a possibilidade de produzir em massa várias réplicas genéticas de um mesmo original – um processo tão diferente da reprodução natural como a distância que separa a produção fabril da criação artesanal.

Algumas pessoas baseiam sua argumentação em pressupostos religiosos sobre os direitos e proteções intrínsecos de cada pessoa. Mas também há aqueles que, longe das questões religiosas, sustentam sua resistência com uma afirmação humanista mais ampla sobre a dignidade individual. Em essência, temem que a manipulação da humanidade possa minar a definição dos indivíduos manipulados como plenamente humanos. Esta preocupação parece vir, contudo, do pressuposto de que os seres humanos são redutíveis a sua composição genética, visão em geral incompatível com a ideologia dos que priorizam a proteção da dignidade individual.

O atraso temporário na divulgação de detalhes sobre como criar mutações perigosas do vírus H5N1, assim como a proibição provisória das pesquisas sobre clonagem humana financiadas pelo governo, representam exemplos raros da cuidadosa (e controversa) abordagem das consequências potencialmente complexas, com o objetivo de avaliar as implicações para a humanidade como um todo. Os dois casos exemplificam a liderança norte-americana rumo a um consenso global pelo menos temporário. Em nenhum dos casos tratou-se do movimento de uma indústria poderosa, ansiosa por seguir em frente, sem dar ouvidos às dúvidas manifestadas pelos representantes do povo.

ANTIBIÓTICOS AOS PORCOS

Infelizmente, porém, quando existe um grande interesse comercial em determinada decisão que ignora o interesse público, muitas vezes os *lobbies* das corporações se fazem ouvir dentro dos governos. O que, mais uma vez, coloca a questão: a quem caberá tomar as decisões sobre o rumo da revolução das ciências da vida quando importantes valores humanos estiverem em risco? Em tempos de Terra S.A., Vida S.A. e Mente Global, o histórico das tomadas de decisão inclui exemplos preocupantes de subserviência aos interesses corporativos multinacionais, combinados com um temerário descaso com a ciência.

É o caso da vergonhosa condescendência do Congresso norte-americano, absurdamente tolerante quanto ao uso de antibióticos no setor da pecuária. Em mais um exemplo do perigoso desequilíbrio do poder na tomada de decisões políticas, 80% de todos os antibióticos podem ser usados legalmente na alimentação e na medicação de animais criados em fazendas, apesar das graves ameaças que isso representa à saúde humana. Em 2012, a FDA deu início a um esforço para limitar a prática, por meio de uma regra que restringe a aplicação do remédio a casos com prescrição de veterinários.

Desde que Alexander Fleming descobriu a penicilina, em 1929, os antibióticos se destacaram como um dos avanços mais importantes na história da saúde. Embora Fleming afirmasse que a descoberta foi "acidental", o famoso cientista irlandês John Tyndall (que também descobriu que o CO_2 retém calor) relatou para a Royal Society de Londres, em 1875, que uma espécie de *Penicillium* destruíra algumas das bactérias com as quais ele estava trabalhando. Em 1897, Ernest Duchesne escreveu sobre a destruição de bactérias por outras espécies de *Penicillium*. Duchesne sugeriu pesquisas adicionais sobre sua descoberta, mas entrou para o exército e foi para a guerra logo após a publicação de seu estudo. Morreu de tuberculose antes que pudesse retomar o trabalho.

Depois da penicilina, só adotada de forma significativa a partir do início dos anos 1940, muitos outros antibióticos potentes foram descobertos nas duas décadas seguintes. Em tempos mais recentes, porém, o ritmo caiu bastante, uma vez que o uso inadequado e irresponsável desse arsenal limitado de antibióticos desenvolvidos para salvar vidas vem perdendo eficácia. Os agentes patogênicos destruídos se transformam e evoluem ao longo do tempo, reduzindo a eficiência do remédio.

Por isso, desde o início da adoção desse tipo de medicamento milagroso, vários médicos e especialistas pediram moderação no uso, recomendando-o apenas em situações realmente necessárias. Afinal, quanto mais forem usados, mais criarão oportunidades para que os agentes patogênicos evoluam ao longo de várias gerações e adquiram características novas, contra as quais os antibióticos não surtem efeito. Já existem casos de remédios que se tornaram inócuos contra determinadas doenças. E, com a descoberta mais lenta de novas opções, a potência dos medicamentos disponíveis em nosso arsenal atual vem diminuindo em ritmo assustador, segundo muitos especialistas em saúde. A eficácia dos antibióticos (assim como ocorre com o solo e os lençóis freáticos) pode se esgotar rapidamente e se recuperar em ritmo dolorosamente lento.

Uma das novas e mais graves "superbactérias" desenvolve um tipo de tuberculose multirresistente, que, de acordo com a doutora Margaret Chan, diretora-geral da Organização Mundial da Saúde, exige um tratamento caríssimo e muito difícil. Atualmente, 1,34 milhão de pessoas morrem de tuberculose a cada ano. Dos 12 milhões de casos ocorridos em 2010, Chan acredita que 650 mil se relacionavam com variações da doença com características multirresistentes. Segundo a especialista, a perspectiva de um "mundo pós-antibiótico" pode significar que "problemas banais, como infecções na garganta ou joelhos arranhados de criança, possam voltar a matar". Em resposta a essas preocupações, em 2012, a FDA formou uma força-tarefa para acompanhar o desenvolvimento de novos medicamentos antibacterianos.

Mas, apesar desses fatos médicos básicos, muitos governos (entre eles, acreditem, o dos Estados Unidos) permitem o uso amplo de antibióticos no setor da pecuária, no caso, com o objetivo de acelerar o crescimento dos animais. Ainda não se conhece ao certo o mecanismo pelo qual esses medicamentos estimulam o ritmo de crescimento, mas o impacto nos lucros é bastante claro e considerável. Os agentes patogênicos que se desenvolvem nas entranhas do gado estão evoluindo rapidamente e se transformando em superorganismos, imunes ao impacto de antibióticos. Como as substâncias são administradas em doses subterapêuticas e não estão relacionadas com as condições de saúde do rebanho, as empresas de criação intensiva não se preocupam. E, claro, seus lobistas são hábeis o bastante para questionar o discurso dos cientistas ao mesmo tempo em que distribuem recursos para financiar as campanhas políticas daqueles que aprovam as leis no país.

No ano passado, estudiosos confirmaram que uma bactéria *Staphylococcus* vulnerável aos antibióticos passou dos seres humanos para os porcos, alimentados diariamente com ração que incluía tetraciclina e meticilina. Em seguida, cientistas anunciaram que o mesmo gene, agora resistente à terapia antibiótica, estava prestes a retornar para o organismo humano.

O agente específico estudado neste caso (CC398) disseminou-se entre populações de porcos, galinhas e gado. Uma análise cuidadosa da estrutura genética provou que se tratava do ancestral direto de um germe suscetível aos efeitos do antibiótico e que surgiu originalmente entre seres humanos. De acordo com a Sociedade Americana de Microbiologia, ele agora pode ser encontrado em quase metade das carnes comercializadas nos Estados Unidos. Apesar de eliminável por meio do cozimento da carne, o micro-organismo ainda pode contaminar as pessoas por meio da propagação por utensílios de cozinha, superfícies de trabalho ou panelas.

Mais uma vez, a postura condescendente do governo norte-americano diante de um setor econômico poderoso contrasta bastante com a abordagem adotada quando ainda não há interesses comerciais claramente em jogo – nesse caso, parece ser mais fácil para o governo recorrer ao princípio da precaução. Mas a polêmica dos antibióticos está relacionada com o primeiro exemplo: aqueles que se beneficiam do uso maciço e irresponsável de antibióticos na indústria pecuária há décadas adotam uma postura de proteção e, por isso, até agora, conseguiram evitar a proibição ou até mesmo a regulamentação dessa prática perigosa.

A União Europeia já proibiu o uso de antibióticos na pecuária, mas em vários outros lugares eles continuam liberados. O *Staphylococcus* que passou das pessoas para o gado e voltou para o organismo humano é apenas uma das muitas bactérias tornadas super-resistentes por causa da nossa aceitação idiota da decisão tomada pela indústria da pecuária, que, para não abrir mão dos ganhos, segue adiante com suas usinas de germes potencialmente perigosos para nossa saúde. Em uma democracia que realmente funciona como deveria, essa não seria uma questão encerrada.

Em várias ocasiões, os legisladores também vetaram a implementação de uma lei que impede a venda de animais portadores da doença da vaca louca (encefalopatia espongiforme bovina, ou BSE, segundo a sigla em inglês), afecção cerebral neurodegenerativa causada pela ingestão de carne contaminada durante o processo de abate, pelo contato com outro animal portador do agente patogênico (uma forma especial de proteína, chamada príon), que causa a enfermidade. Em animais com a doença em estágios mais avançados, o problema pode afetar outros tecidos além do cérebro e da medula espinal: quedas constantes, tremores e dificuldades de locomoção sinalizam que existe 50 vezes mais chance da presença da doença.

Em várias votações no Congresso, a luta envolveu a discussão se os animais que manifestam esses sintomas específicos devem ser abatidos para consumo humano. Pelo menos três quartos dos casos confirmados de doença da vaca louca em pessoas registrados nos Estados Unidos estavam relacionados com animais que haviam manifestado sintomas típicos antes do abate. No entanto, a pressão política e a força dos lobistas da indústria pecuária intimidaram de tal forma os parlamentares norte-americanos que eles preferiram manter o risco à saúde da população e proteger uma minúscula parte dos ganhos do setor pecuário. A administração Obama emitiu um regulamento que encarna a intenção de leis rejeitadas pelo Congresso – mas trata-se de um mero regulamento, que pode ser derrubado pelo sucessor do atual presidente. Mais uma vez, em uma democracia de fato, essa não seria uma questão encerrada.

A INCAPACIDADE DO CONGRESSO norte-americano de se libertar da influência de interesses específicos dificulta a tomada de decisões do país no que se refere às cruciais questões relacionadas à revolução nas ciências da vida. Se não é possível confiar nos representantes eleitos nem mesmo quando o interesse público está em jogo de maneira óbvia (como no caso da doença da vaca louca ou na proibição do uso inconsequente de antibióticos pelo setor pecuário), quem vai assumir essas decisões? A quem recorrer para fazer tais escolhas? E, ainda que o processo de decisão ocorra de forma sensata e justa em uma nação, como evitar um juízo errado em outros lugares? E se o futuro da hereditariedade humana for afetado de forma irreversível, teremos de aceitar o resultado?

EUGENIA

O registro de como os governos lidaram com a questão da genética não é muito alentador. Sob alguns aspectos, às vezes a história se assemelha à mitologia grega, no sentido de que alguns de nossos erros do passado fazem fronteira com alertas para o futuro. Há cerca de um século, o surgimento da eugenia foi um desses casos: a profunda incompreensão da evolução darwiniana serviu de base para esfoços governamentais equivocados, voltados para o direcionamento da composição genética das populações de acordo com orientações racistas e outros critérios inaceitáveis.

Olhando em retrospecto, o movimento eugênico deveria ter sido rigorosamente condenado na época, em especial devido ao prestígio de seus surpreendentes defensores. Um grande número de norte-americanos aparentemente sensatos deu apoio ao projeto governamental de moldar o futuro genético da população por meio da esterilização forçada de indivíduos que, segundo o temor dos eugenistas, poderiam legar características tidas como indesejáveis às gerações futuras.

Em 1922, foi proposta por Harry Laughlin, superintendente do recém-criado Eugenics Registro Office de Nova York, uma "lei de esterilização eugênica" (originalmente redigida em 1914) para autorizar a esterilização de:

> 1) deficientes mentais; 2) desequilibrados (incluindo psicopatas); 3) criminosos (incluindo delinquentes e rebeldes); 4) pessoas com epilepsia; 5) alcoólicos (incluindo consumidores de drogas); 6) doentes (incluindo pessoas afetadas por tuberculose, sífilis, lepra e outros males crônicos, infecciosos ou legalmente segregáveis); 7) cegos (e portadores de visão subnormal); 8) surdos (e portadores de deficiência auditiva séria); 9) deformados (incluindo pessoas com deficiência física); e 10) dependentes (órfãos, pessoas sem ocupação regular, moradores de rua e indigentes.)

No período entre 1907 e 1963, mais de 64 mil norte-americanos foram esterilizados com base em leis semelhantes à da proposta de Laughlin, que usava como argumento o "alto custo para o estado" das despesas com o cuidado dessas pessoas. Laughlin e outros também lamentaram que os avanços ocorridos no século anterior em áreas como saneamento, saúde pública e nutrição tivessem permitido a sobrevivência de um número maior de "indesejáveis", que passaram a se reproduzir em uma escala antes impossível.

O que torna bizarra – além de francamente ofensiva – a lista de características relacionadas na lei proposta por Laughlin é o fato de que ele realmente acreditava que se tratava de traços de transmissão hereditária. Ironicamente, Laughlin tinha epilepsia, portanto, de acordo com seu próprio projeto, também estaria sujeito à esterilização forçada. As teorias malignas do eugenista execeram impacto sobre as leis de imigração norte-

-americanas. Em 1924, seu trabalho na avaliação de imigrantes vindos do sul e do leste da Europa foi crucial para a criação de um sistema de cotas altamente restritivo.

No livro *The body politic*, Jonathan Moreno explica que o movimento eugênico recebeu grande influência da confusão em torno do real significado da evolução. A definição "os mais aptos sobrevivem" não veio de Charles Darwin, mas de seu primo Francis Galton, e foi popularizada por Herbert Spencer, autor de teorias sobre a evolução baseadas nas ideias de Jean-Baptiste Lamarck, para quem as características desenvolvidas por indivíduos após o nascimento podiam ser geneticamente transmitidas aos descendentes.

Uma interpretação igualmente torta da teoria da evolução ocorreu na União Soviética, defendida por Trofim Lysenko, que, durante as três décadas em que comandou a ciência no país, incumbiu-se de impedir o ensino de genética da forma aceita em outras nações. Os cientistas que discordavam de Lysenko eram presos, e alguns foram encontrados mortos em circunstâncias inexplicáveis. A ideologia deformada de Lysenko exigia que a teoria biológica se encaixasse nas demandas agrícolas soviéticas, assim como alguns políticos norte-americanos hoje insistem que os estudos sobre o clima sejam flexibilizados, a fim de liberar a queima desenfreada de recursos como petróleo e carvão.

Na realidade, Darwin defendeu que não é necessariamente "o mais apto" que sobrevive, mas, sim, os indivíduos mais bem adaptados a seu ambiente. No entanto, a interpretação distorcida e equivocada da teoria darwiniana, que se refletia nas propostas de seu primo, ajudou a conceber o darwinismo social – origem de discussões políticas equivocadas que, em alguns aspectos, continuam até hoje.

Alguns dos primeiros progressistas foram seduzidos por essa versão distorcida da teoria de Darwin, acreditando que o estado tinha o claro dever de fazer o possível para impedir a proliferação de características lamarckianas transmissíveis – que, segundo acreditavam, tinham se tornado mais comuns porque intervenções estatais anteriores haviam facilitado a vida de muitos "indesejáveis", permitindo-lhes condições para procriar.

As mesmas suposições equivocadas levaram representantes da direita a chegar a uma conclusão diferente: a teoria de que o estado deveria se manter afastado de todas as intervenções políticas, uma vez que, movido por uma compaixão "errada", tinha permitido a proliferação de "indesejáveis". Não havia muitos reacionários defendendo a eugenia, mas pelo menos uma organização sobreviveu até o século 21 – o Pioneer Fund, definido pelo Southern Poverty Law Center como um "grupo de ódio", fundado justamente por... Harry Laughlin.

Segundo os historiadores, a eugenia também encontrou apoio nas turbulências socioeconômicas das primeiras décadas do século 20: os rápidos processos de industrialização e urbanização, a ruptura de antigos padrões sociais e familiares, os fluxos migratórios e os desgastes sociais causados por salários baixos e desemprego elevado. Esses fatores se combinaram com um novo impulso por reformas progressistas para produzir uma visão bastante distorcida do grau de intervenção do estado nas questões envolvendo hereditariedade.

Hoje, esse capítulo da história mundial é considerado terrivelmente antiético, em parte porque, 30 anos mais tarde, os crimes genocidas de Adolf Hitler derrubaram por terra todas as teorias sobre raça – e muitas das ideias baseadas na genética – que tivessem a mais vaga associação com o ideário nazista. No entanto, algumas das lições mais sutis da farsa da eugenia ainda não foram incorporadas ao emergente debate sobre as propostas atuais, definidas por alguns como "neoeugenia".

Um dos maiores desafios atuais enfrentados pelas democracias é garantir que as decisões políticas envolvendo a ciência de ponta sejam baseadas em um entendimento claro e preciso da matéria em questão. No caso da eugenia, o equívoco básico inaugurado por Lamarck no que se refere ao que pode ou não ser transferido por hereditariedade contribuiu para uma política totalmente imoral, que poderia ter sido evitada caso houvesse uma abordagem científica da questão por parte dos responsáveis pela gestão pública e pelos cidadãos.

É interessante notar que, quase um século depois da tragédia causada pela eugenia, cerca da metade dos norte-americanos declarou não acreditar na evolução. Os julgamentos que devem ocorrer dentro do sistema político dos Estados Unidos (e em outros países) no futuro próximo serão naturalmente difíceis, mesmo contando com um entendimento correto da ciência. Quando essa dificuldade inerente é agravada por suposições assombrosas em relação à ciência que servirá de base para a tomada de decisões, a vulnerabilidade a juízos equivocados aumenta.

Como fica claro no próximo capítulo, as decisões enfrentadas pela civilização no que se refere ao aquecimento global também são complicadas o bastante mesmo quando baseadas em interpretações corretas dos dados científicos. Porém, quando os responsáveis pelas políticas sustentam a argumentação em deturpações grosseiras da ciência, o grau de dificuldade sobe de maneira considerável. Na minha opinião, quem cria intencionalmente entendimentos equivocados sobre a ciência – enfatizados por grandes emissores de carbono, desejosos de truncar o debate sobre o que fazer para reduzir as emissões de CO_2 – comete um crime imperdoável contra a democracia e o bem-estar futuro da espécie humana.

Por meio de uma sentença do juiz Oliver Wendell Holmes Jr., em 1927, a Suprema Corte dos Estados Unidos manteve uma das mais de duas dezenas de leis sobre eugenia. O caso *Buck versus Bell* envolvia a esterilização forçada de uma jovem do estado da Virgínia, caracterizada como "débil mental" e sexualmente promíscua. De acordo com os fatos apresentados ao tribunal, a adolescente de 17 anos Carrie Buck tinha gerado uma filha. Invocando o direito do estado de realizar a esterilização, Holmes escreveu que "a sociedade pode evitar que aqueles claramente inaptos deem continuidade à espécie... Já bastam três gerações de imbecis".

Mas de meio século depois dessa decisão da Suprema Corte (nunca questionada), o diretor do hospital onde a jovem fora esterilizada à força procurou saber sobre o paradeiro de Carrie Buck, então com cerca de 80 anos de idade. O médico descobriu que, longe de ser "imbecil", ela era uma mulher lúcida e de inteligência normal. Uma investigação mais atenta deixou claro que os fatos não correspondiam à versão levada ao tribunal. Carrie Buck havia sido estuprada pelo sobrinho de seus pais adotivos, os quais, em seguida, internaram a garota em uma colônia destinada a pessoas com epilepsia e deficiência mental no estado da Virgínia, a fim de evitar o que temiam que se tornasse um escândalo.

Quando isso aconteceu, a mãe de Carrie, Emma Buck (representante da primeira das três gerações citadas pelo juiz Holmes) também foi alojada na mesma instituição em circunstâncias não totalmente claras – segundo testemunhas, pelo fato de ter contraído sífilis e de ser solteira quando deu à luz sua filha. Na época, o superintendente da Virginia State Colony for Epileptics and Feebleminded, Albert Priddy, queria obter cobertura legal para as esterilizações forçadas que já aconteciam em sua instituição e estava em busca de um caso clínico apropriado para persuadir a Suprema Corte. Declarou, então, que Carrie Buck era portadora de um "defeito congênito incurável". O tutor legal da paciente escolheu para representá-la no caso um advogado próximo de Priddy e amigo de infância do advogado da instituição, um ex-diretor da colônia favorável à eugenia e à esterilização, chamado Aubrey Strode.

O historiador Paul Lombardo, da Georgia State University, que escreveu um livro com pesquisas sobre esse caso, afirma que todo o processo "se apoiou no engano e na traição". Os advogados nomeados para a defesa da jovem não apresentaram testemunhas nem provas, e não questionaram a descrição de "idiota de grau médio" atribuída à ré. Harry Laughlin, que nunca conheceu Carrie Buck, sua mãe ou sua filha, afirmou por escrito ao tribunal que as três faziam parte da "classe de brancos ignorantes, inúteis e sem possibilidade de correção do sul do país".

Quanto à terceira geração, a filha de Carrie, Vivian, foi examinada nas primeiras semanas de vida por uma enfermeira, que decretou haver "algo de anormal" com a menina. O bebê foi tirado da mãe e entregue à família do estuprador de Carrie. Vivian morreu de sarampo quando cursava a segunda série primária, depois de se destacar entre os melhores alunos da escola. Doris, irmã de Carrie, também foi esterilizada na mesma instituição (mais de 4 mil cirurgias da mesma natureza aconteceram no local), embora na época os médicos lhe garantissem que se tratava de uma intervenção cirúrgica para remover o apêndice. As duas irmãs só souberam muitos anos depois por que não podiam ter filhos.

A "legislação-modelo" apresentada por Laughlin, base para o estatuto confirmado pela Suprema Corte, em seguida foi usada pelo Terceiro Reich para esterilizar mais de 350 mil pessoas – assim como o marketing com base psicológica desenvolvido por Edward Bernays foi utilizado por Goebbels na concepção do programa de propaganda que cercou o genocídio e a repressão de Hitler. Em 1936, os nazistas concederam a Laughlin um título honorário da Universidade de Heidelberg, em reconhecimento a seu trabalho na "ciência da limpeza racial".

Vergonhosamente, na época a eugenia contou com o apoio de personalidades como o presidente Woodrow Wilson, Alexander Graham Bell, Margaret Sanger (criadora de um movimento em favor do controle de natalidade, ideia então mais polêmica do que a eugenia) e Theodore Roosevelt, que havia deixado a Casa Branca. Em 1913, Roosevelt escreveu em uma carta que:

> É realmente incrível que nosso povo se recuse a adotar com os seres humanos um conhecimento tão elementar, da mesma forma como todos os criadores bem-sucedidos fazem com seu gado. Qualquer criador

> que não permitisse a reprodução dos melhores animais e deixasse o aumento da população vir dos piores exemplares seria considerado louco. No entanto, não conseguimos entender que essa conduta seja racional na comparação com a postura de um país que permite a reprodução ilimitada dos piores exemplares, física e moralmente, ao mesmo tempo em que incentiva ou permite, por puro egoísmo ou sentimentalismo descabido, que homens e mulheres que deveriam se casar e formar grandes famílias permaneçam solteiros, sem filhos, ou com apenas um ou dois descendentes.

Margaret Sanger, por outro lado, discordava dos métodos defendidos pela eugenia, mas ainda assim declarou que a tendência eugenista contribuía para uma meta que ela apoiava: "ajudar a raça humana a eliminar os inaptos". Sanger escreveu em 1919 que um de seus objetivos era garantir "mais filhos para os aptos, menos para os inaptos – uma questão central do controle da natalidade".

Os Estados Unidos, porém, não são o único país democrático com um constrangedor registro envolvendo esterilizações forçadas. Entre 1935 e 1976, a Suécia promoveu a esterilização de mais de 60 mil pessoas, incluindo "indivíduos de raça mista, mães solteiras com vários filhos, depravados, ciganos e outros 'vagabundos'". Curiosamente, ainda hoje a Suécia é um dos 17 países europeus que impõem a esterilização como precondição para pessoas transexuais poderem alterar sua definição de gênero nos documentos oficiais. Os parlamentares suecos discutem se devem mudar a lei criada em 1972, e não existem motivos científicos ou médicos para sustentá-la, mas, até agora, o medo e a incompreensão de pequenos partidos políticos conservadores têm impedido sua derrubada.

No Uzbequistão, as esterilizações forçadas aparentemente começaram em 2004 e passaram a fazer parte da política social do estado em 2009. A cada semana, os ginecologistas têm de cumprir uma cota de pacientes a esterilizar. "Nós vamos de casa em casa para convencer as mulheres a fazer a operação", testemunhou um médico rural. "É fácil persuadir uma mulher pobre. Também é fácil enganá-las".

Na China, a questão dos abortos forçados ressurgiu a partir das denúncias do ativista dissidente Chen Guangcheng, mas o primeiro-ministro Wen Jiabao defendeu publicamente a proibição dessa prática, bem como a da "identificação do sexo dos fetos". Ainda assim, muitas mulheres que abortam no país também são esterilizadas contra a vontade. Na Índia, embora a esterilização compulsória seja ilegal, médicos e funcionários do governo ganham bônus a cada paciente esterilizada cirurgicamente. Pelo que se sabe, esses incentivos dão margem a abusos, em especial nas áreas rurais, onde muitas mulheres são convencidas a fazer a cirurgia sob falsos pretextos.

A natureza global das revoluções na biotecnologia e nas ciências da vida (como as novas realidades comerciais surgidas com a Terra S.A.) implica que os julgamentos morais, éticos e legais de uma única nação podem não exercer muito impacto sobre as decisões práticas de outros países. Algumas regras gerais sobre o que é aceitável, o que merece cuidado especial e o que deveria ser proibido têm sido observadas, mas não há caminhos para chegar a julgamentos morais universais sobre os novos desafios que se anunciam no horizonte.

A CHINA E AS CIÊNCIAS DA VIDA

Como observado anteriormente, a China parece determinada a se tornar uma superpotência mundial na aplicação da análise da genética e das ciências da vida. O Beijing Genomics Institute (BGI), que lidera o compromisso chinês na compreensão genômica, já completou o mapeamento completo de 50 espécies animais e vegetais – entre elas, o bicho-da-seda, urso panda, abelhas, arroz e soja –, além de mais de mil espécies de bactérias. Mas o principal foco parece estar na parte do corpo humano possivelmente mais importante (e com certeza a mais intrigante), passível de modificação por meio dos novos avanços nas ciências: o cérebro, essencial para o aperfeiçoamento do uso da inteligência humana.

Com esse objetivo, em 2011 o BGI fundou o Banco Genético Nacional, pelo qual tem procurado identificar os genes envolvidos na determinação da inteligência. Para isso, faz uma análise genômica completa de 2 mil estudantes chineses (mil prodígios das melhores escolas do país e outras mil crianças com capacidade intelectual considerada acima da média) e combina os resultados com suas realizações na escola.

Nos Estados Unidos, um estudo desse tipo seria bastante controverso, em parte por causa da rejeição residual ao escândalo da eugenia, em parte devido à desconfiança generalizada quanto à vinculação da inteligência à herança familiar, o que é comum em qualquer sociedade que valoriza princípios igualitários. Além disso, vários biólogos, entre eles Francis

Collins, que sucedeu James Watson na liderança do Projeto Genoma Humano, declararam que hoje é cientificamente impossível associar a informação genética de uma criança à inteligência – mas há pesquisadores que discordam e acreditam nas possibilidades de identificar os genes associados ao desempenho mental.

Enquanto isso, a velocidade dos avanços no mapeamento das conexões neuronais do cérebro humano continua a crescer em ritmo bem mais alto do que o aferido pela Lei de Moore no caso dos circuitos integrados. O *connectome* de uma espécie de nematódeo, que tem apenas 302 neurônios, já foi concluído. O desafio de mapear o *connectome* humano, contudo, ainda assusta: o cérebro de um ser humano adulto possui um total estimado de 100 bilhões de neurônios e pelo menos 100 trilhões de sinapses. A missão de decifrar o funcionamento de nosso cérebro está apenas no início.

Sobre esse assunto, vale a pena lembrar que, concluído o primeiro sequenciamento completo do genoma humano, os cientistas imediatamente perceberam que o mapa de genes era apenas a porta de entrada para a tarefa ainda maior de mapear todas as proteínas expressas pelos genes – que assumem formas geométricas múltiplas e estão sujeitas a modificações bioquímicas importantes depois de traduzidas pelos genes.

No futuro, uma vez concluído o *connectome*, os estudiosos do cérebro terão de tentar desvendar o papel das proteínas nesse órgão. De acordo com David Eagleman, neurocientista da Baylor College of Medicine de Houston, "a neurociência está obcecada com os neurônios porque nossa melhor tecnologia permite medi-los. Mas cada um é tão complicado quanto uma cidade, com milhões de proteínas dentro dele, se movendo e interagindo em cascatas bioquímicas extraordinariamente complexas".

Ainda assim, mesmo nessa fase inicial da nova revolução da neurociência, os cientistas descobriram como ativar seletivamente sistemas cerebrais específicos. Ao explorar os avanços nos campos da optogenética, os cientistas identificaram as opsinas (proteínas sensíveis à luz extraídas de algas verdes ou bactérias) e colocaram genes correspondentes em suas células, de modo a transformá-los em interruptores ópticos para os neurônios. Também pela inserção de genes correspondentes a outras proteínas que brilham na luz verde, cientistas foram capazes de ligar e desligar o interruptor do neurônio com a luz azul e, em seguida, observar seus efeitos sobre outros neurônios com luz verde. A ciência da optogenética avançou rapidamente a ponto de os pesquisadores poderem usar os interruptores ópticos para manipular o comportamento e as emoções de ratos, por meio do controle de fluxo de íons (partículas carregadas) rumo aos neurônios, "ligando-os" e "desligando-os" conforme sua vontade. Uma das aplicações promissoras dessa descoberta pode ser o controle dos sintomas associados ao mal de Parkinson.

Outros estudiosos conseguiram inserir genes de água-viva e corais que produzem cores fluorescentes diferentes (vermelho, azul, amarelo e outras gradações intermediárias) em muitos neurônios, num processo que, em seguida, permite a identificação de diferentes categorias neuronais, fazendo cada grupo brilhar em uma cor. Chamado de "*brainbow*", o processo permite um mapeamento bem mais detalhado das conexões neurais. E, mais uma vez, a Mente Global propicia o surgimento de um poderoso efeito de rede nas pesquisas sobre o cérebro. Quando o homem decifra um novo elemento do complicado circuito cerebral, o conhecimento se dispersa para outras equipes de pesquisa, acelerando os esforços na decodificação de partes distintas do *connectome*.

COMO O CÉREBRO PENSA

Ao mesmo tempo, uma nova abordagem completamente diferente para estudar o cérebro – por meio das imagens de ressonância magnética funcional (fMRI, na sigla em inglês) – tem permitido descobertas emocionantes. A técnica, baseada nos conhecidos exames de ressonância magnética de partes do corpo, controla o fluxo de sangue no cérebro rumo aos neurônios acionados. Quando estão ativos, os neurônios levam sangue contendo o oxigênio e a glicose necessários para a produção de energia. Uma vez que existe uma pequena diferença de magnetização entre o sangue oxigenado e o sangue sem oxigênio, o aparelho de leitura pode identificar as áreas do cérebro ativadas a cada momento.

Ao correlacionar as imagens feitas pela máquina com as descrições subjetivas dos pensamentos ou sentimentos relatados pelo indivíduo cujo cérebro está sendo digitalizado, os cientistas puderam fazer descobertas valiosas sobre a localização de funções específicas. Essa técnica está tão avançada que equipes experientes já conseguem identificar *pensamentos*, ao observar as "impressões cerebrais" associadas a eles. A palavra "martelo", por exemplo, tem uma impressão cerebral peculiar, extremamente semelhante em quase todas as pessoas, de diferentes nacionalidades e culturas.

Um dos exemplos mais surpreendentes desse novo potencial foi descrito em 2010 pelo neurocientista Adrian Owen, quando estava na Universidade de Cambridge, na Inglaterra. Owen realizou exames de fMRI em uma jovem mulher em estado vegetativo, sem sinal perceptível de consciência, e fazia perguntas enquanto realizava o teste. No início da experiência, ele pedia que a paciente se imaginasse jogando tênis e, em seguida, caminhando em sua casa. Os cientistas sabiam que as pessoas que pensam em jogar tênis demonstram atividade em determinada parte do córtex motor do cérebro, complementar à área motora. Da mesma forma, quando as pessoas pensam em deslocamentos dentro de sua própria casa, ocorre um padrão de atividade reconhecível no centro do cérebro, em uma região chamada de giro hipocampal.

Depois de constatar que a mulher respondeu a cada uma das questões manifestando exatamente a atividade cerebral esperada de uma pessoa em estado consciente, o médico passou a usar as duas perguntas como forma de capacitar a paciente para "responder" afirmativamente pensando em jogar tênis, ou negativamente ao imaginar um passeio dentro de casa. Em seguida, fez uma série de perguntas sobre sua vida, cujas respostas eram desconhecidas de todos da equipe médica. A moça respondeu de forma correta a quase todas as perguntas, fato que levou Owen a concluir que ela estava consciente. Depois de reproduzir a experiência com vários outros pacientes, Owen levantou a possibilidade de que até 20% das pessoas consideradas em estado vegetativo podem muito bem estar conscientes, mas sem meios de se conectar com os outros. A equipe do especialista hoje utiliza técnicas de eletroencefalografia (EEG) não invasiva para dar continuidade ao trabalho.

Cientistas do Dartmouth College também estão usando um fone de ouvido de EEG para interpretar pensamentos e conectá-los a um iPhone, permitindo que o usuário selecione as imagens exibidas na tela do aparelho. Como os sensores de EEG são ligados à superfície da cabeça, fica difícil interpretar os sinais elétricos intracranianos, mas ainda assim obtêm-se progressos impressionantes.

Há alguns anos, a empresa australiana Emotiv desenvolveu um fone de ouvido de baixo custo capaz de traduzir sinais cerebrais, utilizados para permitir que os usuários controlem objetos em uma tela de computador.

Os neurocientistas acreditam que esses dispositivos simples, na verdade, medem "ritmos musculares em vez da atividade neural real". No entanto, cientistas e engenheiros da IBM no Reino Unido, alocados no laboratório Emerging Technologies, adaptaram o fone para permitir o comando pelo pensamento de outros dispositivos eletrônicos, como carros de controle remoto, televisores e interruptores. Na Suíça, cientistas da École Polytechnique Fédérale de Lausanne usaram uma técnica similar para montar cadeiras de rodas e robôs controlados pela mente. Outras empresas, entre elas a Toyota, anunciaram o projeto de uma bicicleta cujas marchas podem ser trocadas por comandos mentais.

Gerwin Schalk e Anthony Ritaccio, do Albany Medical Center, receberam um investimento milionário do exército norte-americano para projetar e desenvolver dispositivos de comunicação telepática entre soldados. Ainda que pareça algo saído de um filme de ficção científica, o Pentágono acredita na viabilidade dos chamados capacetes telepáticos – a ponto de direcionar mais de US$ 6 milhões para o projeto. A previsão para a conclusão do protótipo é 2017.

"TRANSUMANISMO" E "SINGULARIDADE"

Se esse tipo de tecnologia for aperfeiçoado, fica difícil imaginar até onde poderíamos chegar com versões mais sofisticadas do invento. Alguns teóricos há tempos previram que o desenvolvimento de uma forma prática de transformar pensamentos humanos em padrões digitais decifráveis por computadores, sem dúvida, deve conduzir a uma convergência maior entre máquinas e pessoas, superando o conceito de ciborgues e abrindo a porta para uma nova era, caracterizada pelo que definem como "transumanismo".

De acordo com Nick Bostrom, principal historiador dessa corrente, acredita-se que o termo tenha sido criado pelo irmão de Aldous Huxley, Julian, ilustre biólogo e ecologista humanista que, em 1927, escreveu: "Se quiser, a espécie humana pode transcender-se – não apenas de forma esporádica, com indivíduos aqui e ali, de maneiras isoladas, mas na totalidade, na condição da humanidade. Precisamos de um nome para essa nova crença. Talvez *transumanismo* sirva: o homem permanece humano, mas se supera ao perceber novas possibilidades de e para sua condição humana".

A teoria de que os seres humanos não representam o ponto final da evolução, mas, em vez disso, destinam-se a evoluir mais e mais (e com participação ativa na condução do processo) é uma ideia com raízes na efervescência intelectual deflagrada pela publicação de *A origem das espécies*, de Charles Darwin, o que se prolongou por todo o século 20. Algumas décadas depois do lançamento da obra, essa especulação propiciou a discussão sobre a proposta de um novo "ponto final" para a evolução do ser humano: a singularidade.

Utilizado pela primeira vez por Teilhard de Chardin, o termo descreve um limiar futuro além do qual a inteligência artificial excederá a capacidade intelectual humana. Vernor Vinge, matemático e cientista da Califórnia especializado em computação, abordou a ideia de forma sucinta em um artigo publicado há duas décadas e intitulado "The coming technological singularity". No documento, Vinge intuiu que "dentro de 30 anos, teremos os meios tecnológicos para criar inteligência sobre-humana. Em seguida, a era humana será encerrada".

Nos tempos atuais, a ideia da singularidade foi popularizada e promovida com entusiasmo por Ray Kurzweil, polímata, autor, inventor e futurista, além de cofundador (ao lado de Peter Diamandis) da Singularity University, do Centro de Pesquisas da Nasa de Moffett Field, na Califórnia. Kurzweil prevê, entre outras coisas, o rápido desenvolvimento de tecnologias que facilitem a tradução suave e completa dos pensamentos humanos em um padrão compreensível e *armazenável* por computadores avançados. Assumindo que tais avanços já estão acontecendo, o estudioso acredita que nas próximas décadas será possível projetar a convergência da inteligência (e até mesmo da consciência humana) com a inteligência artificial. Há pouco tempo, Kurzweil escreveu que "na pós-singularidade não haverá distinção entre o ser humano e máquina, ou entre a realidade física e virtual".

O futurólogo não costuma temer ideias provocadoras apenas porque são consideradas extravagantes por outros estudiosos. Mitch Kapor, amigo próximo de Kurzweil e outro nome lendário no mundo da computação, apostou US$ 20 mil (quantia a ser doada a uma fundação escolhida pelo vencedor) naquilo que talvez seja o debate de longa duração mais interessante sobre as futuras capacidades dos computadores: o teste de Turing. O nome está associado a outro famoso pioneiro da ciência da computação, Alan Turing, que propôs essa avaliação em 1950. Durante muito tempo, o teste serviu como medida para determinar a distância entre a inteligência humana e a das máquinas. Se, após interagir por escrito com dois interlocutores (um humano e um computador), uma pessoa não conseguir diferenciar um do outro, o computador terá passado no teste. Kurzweil tem certeza de que a máquina sairá vitoriosa até o final de 2029. Kapor, que acredita que a inteligência humana sempre será organicamente diferente da artificial, aposta que não.

Essa potencial singularidade traz um desafio diferente. Mais recentemente, a versão de silício da singularidade foi atingida por meio de uma competição entre biólogos, que acreditam que a engenharia genética dos cérebros pode muito bem produzir uma "singularidade orgânica" antes que a "singularidade tecnológica" dos computadores se torne realidade. Em termos pessoais, não estou ansioso à espera de nenhuma das alternativas, embora meu desconforto possa ser apenas um exemplo da dificuldade de pensar que atinge a todos nós conforme essas múltiplas revoluções ganham ritmo cada vez mais veloz.

CRIAÇÃO DE PARTES DO CORPO

Ainda que a fusão entre pessoas e máquinas permaneça no reino da ficção científica, a introdução de peças mecânicas em substituição a componentes do corpo humano avança com rapidez. Já são bastante usadas próteses para substituir não apenas quadris, joelhos, pernas e braços, mas também olhos e outros órgãos até pouco tempo considerados impossíveis de serem emulados artificialmente. Como já foi dito, os implantes de cóclea permitem recuperar a audição. Várias equipes de pesquisa vêm desenvolvendo exoesqueletos mecânicos para viabilizar a locomoção de paraplégicos ou proporcionar uma dose extra de força para soldados ou trabalhadores que movimentam cargas pesadas. Em sua maioria, os aparelhos auditivos intra-auriculares já são feitos sob encomenda por impressoras 3D, técnica (descrita no capítulo 1) que avança com tanta velocidade que, em breve, a impressão de muitas outras próteses será inevitável.

Em 2012, médicos e tecnólogos holandeses usaram a impressão 3D para fabricar uma mandíbula de pó de titânio para uma mulher idosa, a quem dificilmente se recomendaria fazer uma cirurgia reconstrutiva tradicional. A prótese foi projetada em computador e exibia as articulações correspondentes com o maxilar real, canais para acomodar o crescimento de novos nervos e veias, e depressões precisamente projetadas para permitir a ligação com os músculos aos quais se prenderia. Além disso, é claro, tinha as dimensões precisas para encaixe na boca da paciente.

Em seguida, o projeto foi enviado para uma impressora 3D, que liberava o pó de titânio em camadas ultrafinas (33 camadas para cada milímetro impresso), fundidas com um feixe de laser a cada vez, em um processo que consumiu apenas algumas horas. De acordo com o médico responsável, Jules Poukens, da Universiteit Hasselt, depois de despertar da cirurgia de implante, a paciente conseguiu utilizar a mandíbula normalmente. No dia seguinte, já era capaz de engolir alimentos.

A impressão 3D de partes do corpo humano ainda não é totalmente possível, mas a mera possibilidade gera um entusiasmo imenso no mundo dos transplantes, dada a atual escassez de órgãos. No entanto, bem antes que a tecnologia se torne viável, os cientistas esperam desenvolver a capacidade de criar órgãos em laboratório para uso em transplantes humanos. Versões iniciais dos chamados rins (e fígados) exosomáticos já foram aperfeiçoadas por cientistas da Wake Forest University. A perspectiva de que as pessoas poderão "encomendar" órgãos de reposição promete transformar o mundo dos transplantes.

Os médicos do Karolinska Institute, em Estocolmo, já criaram e transplantaram com sucesso uma traqueia artificial, induzindo as células do paciente a se regenerarem em laboratório de forma a envolver uma estrutura plástica, feita no tamanho e no formato exato da "peça original". Uma equipe de médicos de Pittsburgh usou técnica parecida para criar um quadríceps para um soldado que perdeu o músculo da coxa em uma explosão no Afeganistão: o implante de uma estrutura feita com bexiga de porco (sem as células vivas) estimulou as células-tronco do paciente a reconstruir o tecido muscular assim que o sistema imunológico de seu organismo identificou a missão. Cientistas do MIT estão desenvolvendo nanofios de silício mil vezes menores do que um fio de cabelo humano – a ideia é incorporá-los a essas estruturas artificiais e usá-los para monitorar a reconstrução dos órgãos.

Na condição de um dos autores da lei nacional de transplante de órgãos, de 1984, participei de audiências no Congresso norte-americano nas quais soube da dificuldade em encontrar doadores suficientes para atender à crescente demanda por transplantes. Como defensor da proibição da compra e venda de órgãos, ainda não aceito o argumento de que essa restrição legal – adotada em quase todos os demais países, com exceção do Irã – deve ser derrubada. Já existe um evidente potencial para o abuso nas práticas do mercado negro de órgãos e tecidos de pessoas de regiões pobres para transplante em pacientes de países ricos.

Enquanto se aguarda o desenvolvimento de partes artificiais e passíveis de regeneração, as ferramentas da internet, entre elas as redes sociais, ajudam a resolver o desafio de ampliar o número de doadores e fazer sua correspondência com pacientes na fila de espera dos transplantes. Em 2012, Kevin Sack, do *New York Times*, apresentou um exemplo comovente de como 60 pessoas diferentes integravam a "maior cadeia de transplantes renais" que já existiu. Há pouco tempo, o Facebook anunciou o acréscimo da identificação "doador de órgãos" como um dos itens do perfil de usuário.

A Bespoke Innovations, empresa de impressão 3D com sede em São Francisco, trabalha na criação dos mais avançados membros artificiais, enquanto outras organizações aplicam a mesma tecnologia na realização de implantes médicos. Também existe um esforço direcionado para viabilizar a "impressão" de vacinas e produtos farmacêuticos de origem química com base na demanda. O professor Lee Cronin, da Universidade de Glasgow, líder de uma das equipes dedicadas à impressão 3D de produtos farmacêuticos, afirmou que o processo ali pesquisado transformaria as moléculas de elementos comuns e compostos utilizados para formular fármacos no equivalente aos cartuchos de tinta colorida de uma impressora 2D convencional. Com uma pequena quantidade desses "cartuchos", afirma Cronin, "é possível criar qualquer molécula orgânica".

Uma das vantagens, claro, é que o avanço possibilitaria a transmissão da fórmula digital de medicamentos e vacinas para impressoras 3D instaladas em qualquer parte do mundo, com custos incrementais reduzidos na hora de "customizar" produtos farmacêuticos para cada paciente.

Até hoje, a indústria farmacêutica contou com grandes unidades de produção centralizada, uma vez que o modelo de negócios do setor se baseava na ideia de mercado de massa, no qual um mesmo medicamento era consumido por um grande número de pessoas. No entanto, a digitalização dos seres humanos e dos materiais com base molecular vem gerando um volume extraordinariamente alto de dados individualizados sobre pessoas e coisas, de modo que, em breve, não fará mais sentido empregar tratamentos coletivos para uma doença, ignorando informações significativas sobre as diferenças entre os pacientes.

Nosso novo talento em manipular a estrutura microscópica do mundo também confere a capacidade de projetar máquinas em nanoescala para a inserção no corpo humano – dotadas de dispositivos ativos de dimensão celular assimiláveis pelo tecido humano. Em 2012, uma equipe de especialistas em nanotecnologia do MIT anunciou a construção bem-sucedida de "nanofábricas" teoricamente capazes de produzir proteínas dentro do organismo humano quando ativadas por um foco de luz laser acionado fora do corpo.

Já estão sendo desenvolvidas próteses especializadas para inserção no cérebro – assim como fazem os marca-passos cardíacos, podem reparar danos e transtornos em nível cerebral. Médicos começam a implantar chips de computador e dispositivos digitais na superfície (e, em alguns casos, em regiões mais profundas) do cérebro. Ao fazer uma abertura no crânio e inserir um chip ligado a um computador, cirurgiões conseguiram que pacientes paralisados ativassem e comandassem os movimentos de robôs com o pensamento. Em uma demonstração bastante divulgada, um paciente com paralisia conseguiu instruir um braço mecânico a pegar uma xícara de café, aproximá-la de sua boca e direcionar o canudo de forma a provar da bebida.

Especialistas acreditam que é apenas questão de tempo para que o aumento da capacidade computacional e a redução do tamanho dos chips permitam eliminar os fios de comunicação entre chip e máquina. Cientistas e engenheiros das universidades de Illinois, Pensilvânia e Nova York trabalham para desenvolver uma nova interface, flexível a ponto de se acomodar aos contornos da superfície cerebral. De acordo com Moncef Slaoui, chefe de pesquisa e desenvolvimento da empresa farmacêutica GlaxoSmithKline, "as ciências que sustentam a bioeletrônica avançam em um ritmo incrível nos centros de pesquisa de todo o mundo, mas tudo acontece em locais diferentes. O desafio está em integrar os trabalhos – os que envolvem as interfaces entre cérebro e computadores, a ciência dos materiais, a nanotecnologia e a microgeração de energia – de forma a obter ganhos terapêuticos".

Médicos da Universidade de Tel-Aviv inseriram cerebelos artificiais em ratos e ligaram o implante ao cérebro, a fim de interpretar informações vindas do resto do corpo. Com esses dados, os estudiosos puderam estimular os neurônios motores a mover os membros dos animais. Embora a pesquisa ainda se encontre em estágio inicial, os especialistas acreditam que não vai demorar para que se possam construir versões artificiais de subsistemas cerebrais inteiros. Francisco Sepulveda, da Universidade de Essex, no Reino Unido, reconheceu a complexidade do desafio, mas acredita que os pesquisadores estão a caminho do sucesso. "Talvez ainda precisemos de algumas décadas para chegar lá, mas acredito que partes cerebrais específicas e bem organizadas, como o hipocampo ou o córtex visual, poderão contar com um correspondente artificial até o final deste século".

Antes do desenvolvimento de um subsistema cerebral artificial complexo como o hipocampo ou o córtex visual, porém, outros mecanismos conhecidos como "neuropróteses" já estão em aplicação em seres humanos – entre elas, as que permitem o controle da bexiga, o alívio de dores na coluna e a correção de algumas formas de cegueira e de surdez. Outras opções devem estar disponíveis no futuro próximo e, de acordo com os cientistas, poderão estimular partes específicas do cérebro a aumentar a concentração e, com o acionamento de um "interruptor", estimular as conexões neurais associadas a aspectos "práticos", de forma a facilitar o reaprendizado da locomoção para quem sofreu um derrame, por exemplo.

"MODIFICAR AS CRIANÇAS"

Enquanto os implantes, próteses, neuropróteses e outras aplicações da cibernética continuam em evolução, a discussão sobre as possíveis consequências passou da esfera do uso com fins terapêuticos, corretivos e reparadores para as delicadas implicações no caso de *aperfeiçoamento* de seres humanos.

Os implantes cerebrais acima descritos, capazes de ajudar vítimas de AVC a recuperar a locomoção, também podem ser utilizados em pessoas saudáveis interessadas em melhorar a concentração a seu bel-prazer, de forma a facilitar o aprendizado de uma habilidade nova ou melhorar a capacidade de atenção, quando necessário.

O aperfeiçoamento temporário do desempenho mental por meio de substâncias químicas já é uma realidade. Hoje estima-se que nos Estados Unidos 4% dos universitários façam uso de medicamentos voltados para o estímulo da atenção e da concentração (como Adderall, Ritalina e Provigil), a fim de obter boas notas nas provas. Em algumas escolas, o índice de uso desses fármacos chega a 35%. Depois de cuidadosa investigação acerca do uso dessas substâncias em instituições de ensino médio, o *New York Times* informou não haver "nenhuma pesquisa confiável" para servir de base para uma estimativa nacional, mas que um levantamento entre mais de 15 escolas com elevados resultados acadêmicos apontou que a porcentagem de estudantes que consomem essas substâncias "varia de 15% a 40%".

A publicação foi além ao afirmar que "um consenso é claro: os usuários estão cada vez mais comuns... e alguns alunos que prefeririam não tomar os remédios se sentem obrigados a isso, por causa da competição envolvendo a classificação das classes e os interesses dos colégios". Alguns médicos que trabalham com a população de baixa renda começaram a receitar Adderall para as crianças, em uma tentativa de "compensá-las" pelas vantagens dos filhos de famílias mais ricas. O médico Michael Anderson, de Canton, na Geórgia, declarou ao *Times* que considera a prática "uma forma de equilibrar um pouco as coisas... Nossa sociedade decidiu que é caro demais modificar o ambiente que cerca as crianças, então temos de modificar as crianças".

Há alguns anos, cerca de 1.500 pessoas envolvidas em pesquisas científicas em instituições de mais de 60 países responderam a uma sondagem sobre o uso de produtos farmacêuticos para "aditivar" o cérebro. Cerca de 20% delas disseram que haviam usado essas drogas, e a maioria reconhecia uma melhora na memória e na capacidade de concentração. Embora o uso inadequado e excessivo dessas substâncias tenha levado alguns médicos a alertar para os riscos e efeitos colaterais, os cientistas estão trabalhando em novos compostos que prometem estimular a inteligência. Alguns preveem que o uso das melhores drogas do gênero hoje em desenvolvimento pode se tornar tão banal quanto hoje são as cirurgias plásticas. A Agência de Projetos de Pesquisa Avançada para a Defesa do governo norte-americano vem fazendo testes com uma abordagem diferente para melhorar a concentração e acelerar o aprendizado de novas habilidades, por meio da aplicação de pequenas correntes elétricas no lado de fora do crânio direcionadas para as partes do cérebro usadas no reconhecimento de objetos – o objetivo é aperfeiçoar a capacidade de identificação de alvo dos atiradores de elite.

MAIS DESEMPENHO

Nos Jogos Olímpicos de 2012, o sul-africano Oscar Pistorius entrou para a história como o primeiro atleta a competir usando duas pernas mecânicas. Pistorius, que nasceu sem as fíbulas e teve as duas pernas amputadas com menos de um ano de vida, aprendeu a correr usando próteses. Participou das disputas de 400 metros rasos (indo às semifinais) e de revezamento 4 × 400, prova na qual a equipe sul-africana chegou às finais.

Antes das corridas, alguns dos concorrentes de Pistorius manifestaram a suspeita de que as lâminas flexíveis ligadas à parte inferior das pernas artificiais davam uma vantagem ao corredor. Michael Johnson, recordista mundial nos 400 metros rasos, hoje aposentado, afirmou que "como não sabemos ao certo se ele tem vantagem por causa das próteses, é injusto para os outros competidores".

Impressionada com a coragem e a determinação do atleta, a maioria do público torceu pela vitória de Pistorius. Ainda assim, parece claro que chegou o momento de discutir os aspectos éticos das eventuais vantagens indevidas decorrentes de alguns aperfeiçoamentos criados em laboratório. Quando competiu duas semanas depois, nos Jogos Paraolímpicos, o próprio Pistorius apresentou um protesto contra outro corredor [o brasileiro Alan Fonteles, vencedor da prova de 200 metros rasos T44], alegando que o atleta usava uma prótese extensa demais na comparação com sua altura, o que lhe conferia uma superioridade injusta.

Em outro exemplo do mundo do atletismo, o uso de um hormônio chamado eritropoietina (EPO), que regula a reprodução de glóbulos vermelhos no sangue, pode representar uma vantagem significativa por fornecer mais oxigênio para os músculos durante um longo período de tempo. Um ex-vencedor do Tour de France perdeu o título depois que os exames antidoping revelaram o alto teor de testosterona. O ciclista admitiu o uso de eritropoietina, ao lado de outros estimulantes ilícitos. Mais recentemente, Lance Armstrong, heptacampeão da famosa competição ciclística francesa, também perdeu seus títulos e acabou banido dos campeonatos da modalidade depois que a agência antidoping norte-americana divulgou um relatório detalhado sobre o uso de EPO, esteroides e transfusões de sangue por outros integrantes da equipe, além de um complexo esquema de acobertamento.

As autoridades encarregadas dos Jogos Olímpicos e de outras competições esportivas entraram em uma feroz corrida genética e bioquímica para desenvolver métodos cada vez mais sofisticados de detecção de novidades contrárias às regras. E se o gene que produz o EPO for incorporado ao genoma do atleta, como isso pode ser detectado?

Pelo menos um ex-vencedor de várias medalhas olímpicas de ouro – o esquiador finlandês Eero Mäntyranta – constitui exemplo de uma mutação *natural*, que leva seu corpo a produzir mais EPO do que a média, elevando assim a produção de glóbulos vermelhos, como se veio a saber mais tarde. Essa característica não pode ser considerada violação às regras olímpicas. Mäntyranta competiu na década de 1960, quando a tecnologia para incorporação desse gene ainda não era disponível. Mas se futuros concorrentes olímpicos apresentarem a mesma mutação, pode ser impossível determinar se ela é natural ou se foi inserida artificialmente no genoma dos atletas. Hoje a diferença pode ser identificada, mas os cientistas afirmam que, com o aperfeiçoamento do procedimento, as autoridades das competições olímpicas talvez não sejam capazes de chegar a uma conclusão sem submeter familiares do atleta a exames genéticos.

Em outro exemplo, os cientistas descobriram formas de manipular uma proteína chamada miostatina, que limita o crescimento do tecido muscular. Nos animais em que essa substância é bloqueada, surgem músculos anormalmente grandes e fortes por todo o corpo. Se os atletas receberem esse "auxílio" genético para melhorar o desenvolvimento muscular, isso constitui uma vantagem injusta? Não seria apenas uma nova forma de doping, como o uso de esteroides ou de injeções de sangue rico em oxigênio? No entanto, aqui, novamente, algumas pessoas (entre elas, pelo menos um jovem aspirante a ginasta) apresentam uma mutação rara porém *natural* que impede a produção do volume normal de miostatina, resultando em uma musculatura excepcional.

A convergência da engenharia genética com a ciência das próteses também promete apresentar avanços inéditos. Em 2012, cientistas da Califórnia anunciaram um projeto para criar um testículo artificial, que eles chamam de "máquina biológica de produção de esperma" humano. Essencialmente uma prótese, o órgão receberia a cada dois meses uma injeção de esperma criado a partir das células-tronco adultas do próprio paciente.

Algumas das primeiras aplicações da pesquisa genética foram feitas para combater a infertilidade. Na realidade, grande parte do trabalho realizado desde o início da revolução das ciências da vida tem se concentrado no início e no final do ciclo da vida do ser humano – a reinvenção da vida e da morte.

ÉTICA E FERTILIDADE

Em 1978, o nascimento ocorrido na Inglaterra do primeiro bebê de proveta, Louise Brown, deu início a uma discussão mundial sobre a ética e o decoro do procedimento – um debate que, sob vários aspectos, serviu de modelo para a reação das pessoas diante de avanços científicos dessa magnitude. Em uma primeira etapa, há choque e espanto, combinados com um ansioso fluxo especulatório conforme recém-cunhados especialistas tentam explorar as consequências da novidade. Na época, alguns estudiosos da bioética lembraram que a fertilização *in vitro* poderia reduzir de alguma forma o amor dos pais e enfraquecer os laços geracionais. O outro lado da moeda, menos angustiante, seria a felicidade das pessoas com a realização do sonho de ter um filho, apesar das dificuldades.

Em geral, esse furor desaparece com o tempo. De acordo com Debra Mathews, especialista norte-americana em bioética, "as pessoas desejam ter filhos e ninguém quer ouvir que isso não é possível". Desde 1978, mais de 5 milhões de crianças nasceram de casais estéreis, graças às técnicas de fertilização *in vitro* e procedimentos similares.

Nos inúmeros debates a que assisti no Congresso sobre os avanços nas ciências da vida entre 1970 e 1980, vi esse padrão se repetir várias vezes. Antes disso, em 1967, o primeiro transplante de coração realizado por Christiaan Barnard, na África do Sul, também causou polêmica, mas a alegria e a admiração por aquilo que foi considerado um milagre médico puseram fim à discussão. Um dos cirurgiões-assistentes, Warwick Peacock, contou que, quando o coração transplantado finalmente começou a bater, Barnard exclamou: "Meu Deus, funcionou!". Mais tarde, as primeiras clonagens de gado e a prática do "aluguel de barriga" também causaram controvérsias, dessa vez mais passageiras.

Agora, porém, a enxurrada de avanços científicos propõe opções de fertilidade que podem gerar controvérsias duradouras. Um novo procedimento envolve a concepção de um embrião e o uso do diagnóstico de pré-implantação genética (em inglês, PGD) para selecionar um "irmão salvador" (*savior sibling*), apto a fornecer órgãos, tecidos, medula óssea ou células-tronco para transplante para o irmão doente. Alguns especialistas em bioética alertam que o propósito instrumental de tais concepções pode resultar na desvalorização das crianças, mas muitos questionam esse argumento. Em teoria, os pais podem amar e valorizar os filhos de maneira igual, mesmo quando o segundo tenha sido "planejado" para proporcionar a cura do primeiro. A concordância da criança doadora com o procedimento é outra discussão complexa envolvida nesse cenário.

Cientistas e médicos do Departamento de Medicina Reprodutiva da Universidade de Newcastle, na Inglaterra, desenvolveram um procedimento que envolve "bebês com três pais", para permitir a geração de filhos saudáveis a casais com alto risco de transmitir uma doença genética incurável, legada por um DNA mitocondrial defeituoso. Se uma terceira pessoa, do sexo feminino e que não tenha essa característica genética, concordar que seus genes substituam essa parte do genoma do embrião, o bebê escaparia do problema. Acredita-se que 98% do DNA da criança viria da mãe e do pai e apenas 2% da doadora do gene. No entanto, essa modificação genética não afetaria apenas o bebê, mas toda sua descendência – para sempre. Por isso, os pesquisadores consultaram o governo para saber se o procedimento é aceitável pelas leis britânicas.

Quando escolhas como essas ficam nas mãos dos pais e não do governo, a maioria das pessoas adota um padrão diferente para decidir como se posicionar diante do procedimento em questão. A grande exceção é o contínuo debate sobre a ética do aborto. Apesar da ferrenha oposição por parte de muitas pessoas sérias, a maioria da população de grande parte dos países parece trocar qualquer grau de desconforto que sentem em relação ao procedimento pela afirmação do princípio de que se trata de uma decisão a ser atribuída à mulher grávida, pelo menos nos estágios iniciais da gestação.

No entanto, em algumas nações a oferta de novas opções genéticas levou os governos a criar novas leis para regulamentar o que os pais podem ou não fazer. A Índia, por exemplo, proibiu a realização de testes genéticos ou mesmo exames de sangue para identificar o sexo dos embriões. A clara preferência local por meninos, em especial quando o casal já tem uma filha, resulta a cada ano no aborto de 500 mil fetos do sexo feminino e no crescente desequilíbrio entre a população de homens e de mulheres no país. (Entre os muitos fatores culturais que há tempos determinam tal preferência está o alto custo do dote que, pela tradição, os pais têm de pagar por ocasião do matrimônio de suas filhas.) Um censo parcial feito na Índia em 2011 revelou a desproporção crescente entre os dois gêneros e levou as autoridades a lançar uma campanha para enfatizar a proibição da "escolha" do sexo das crianças.

Na Índia, a maioria dos métodos para identificar o sexo dos bebês se vale de técnicas de ultrassom em vez de procedimentos mais arriscados, como a amniocentese. A grande quantidade de propagandas anunciando clínicas com preços convidativos comprova a popularidade da prática dos exames por imagens. Embora o aborto motivado pelo sexo do bebê seja ilegal no país, as propostas de proibir a realização de ultrassom não ganham apoio, uma vez que o procedimento tem outras utilizações médicas. Alguns casais da Índia e de outros países viajam para a Tailândia, onde uma bem-sucedida indústria de "turismo médico" oferece recursos de diagnóstico de pré-implantação genética com a finalidade de gerar meninos. Um médico de uma dessas clínicas afirmou que nunca atendeu sequer a um pedido de embrião feminino.

Hoje, uma novidade científica permite fazer o teste de DNA fetal com amostras de sangue da mãe. Os especialistas afirmam que o procedimento tem 95% de precisão na determinação do sexo da criança por volta das sete semanas de gestação, tornando-se ainda mais preciso conforme a gravidez avança. Produtora de kits de testes, a Consumer Genetics, empresa de Santa Clara, na Califórnia, exige que as mulheres assinem o compromisso de não usar os resultados do exame para "selecionar" o sexo dos filhos. A empresa também enfatiza que não comercializa o produto na Índia ou na China.

Em 2012, pesquisadores da Universidade de Washington anunciaram um avanço no sequenciamento de quase todo o genoma de um feto a partir da combinação da amostra de sangue da mulher grávida com uma amostra de saliva do pai. Embora o processo ainda seja caro – entre US$ 20 mil e US$ 50 mil para todo o genoma fetal, sendo que um ano antes o procedimento não saía por menos de US$ 200 mil –, espera-se que os valores caiam rapidamente. Logo após o anúncio da descoberta, uma equipe de pesquisa médica de Stanford anunciou um procedimento aperfeiçoado que dispensa a amostra genética paterna e que, segundo as expectativas, em dois anos estará amplamente disponível por cerca de US$ 3 mil.

Apesar de tamanha preocupação com a seleção de gênero dos embriões, também foram feitos grandes avanços na triagem de marcadores genéticos que identificam distúrbios graves passíveis de tratamento por meio da detecção precoce. Aproximadamente de 5 milhões de bebês nascidos no Estados Unidos a cada ano, cerca de 5 mil apresentam distúrbios funcionais ou genéticos que, diagnosticados cedo, podem ser tratados. Hoje, mais de 20 doenças podem ser identificadas logo no primeiro dia de vida do recém-nascido, por meio de exames rotineiros. Com a novidade, esse rastreamento poderá ser feito ainda na etapa embrionária – o que, em certo sentido, representa apenas uma extensão do processo que já existe logo após o nascimento.

As implicações éticas, porém, são bem diferentes, uma vez que a descoberta de determinada condição ou característica no embrião pode motivar os pais a recorrer ao aborto. Na verdade, a interrupção da gestação de fetos com defeitos genéticos graves é comum em todo o mundo. Um estudo recente feito nos Estados Unidos, por exemplo, constatou que mais de 90% das mulheres que descobrem que o feto tem síndrome de Down optam por abortar. Autor de um artigo provocativamente intitulado "O futuro da neoeugenia", Armand Leroi, do Imperial College, no Reino Unido, escreveu que "a aceitação generalizada do aborto como prática eugênica sugere que pode haver pouca resistência aos métodos mais sofisticados de seleção por meio da eugenia, como em geral vem acontecendo".

Os cientistas afirmam que, ainda nesta década, esperam tornar possível a seleção de embriões de acordo com estas características, como cor dos olhos, dos cabelos e da pele, além de outros traços até agora considerados de natureza comportamental, mas que alguns estudiosos acreditam ter componentes genéticos decisivos. David Eagleman, neurocientista do Baylor College of Medicine, observa: "Se você é portador de determinado conjunto de genes, a probabilidade de cometer um crime violento é quatro vezes maior do que se não tiver essa conformação... A esmagadora maioria dos detentos apresenta esses genes, assim como 98,1% dos que estão no corredor da morte".

Se os futuros pais souberem da presença desse conjunto de genes no embrião que pretendem implantar, não se sentirão tentados a "corrigir" a disposição genética ou a preferir outro embrião? Será que em breve estaremos discutindo a "eugenia distribuída"? Como resultado dessas e de outras evoluções semelhantes, alguns especialistas em bioética dizem temer que aquilo que Leroi chama de "neoeugenia" logo nos colocará diante de uma nova rodada de decisões éticas complicadas.

Várias clínicas de fertilização *in vitro* usam o diagnóstico de pré-implantação genética para avaliar embriões em busca de marcadores associados a centenas de doenças. Embora os Estados Unidos contem com uma regulamentação na área da pesquisa médica mais ampla do que a maioria dos países, ainda não há regulação completa acerca desse procedimento. Assim, pode ser apenas questão de tempo para que uma gama bem maior de critérios, entre eles de ordem estética e cosmética, faça parte do "cardápio" de opções para quem quer projetar o seu bebê.

Uma questão já está em pauta e diz respeito ao destino dos embriões não selecionados para implantação. Depois de descartados como candidatos, eles podem ser congelados e preservados, permitindo uma implantação posterior – opção para as várias mulheres que se submetem a procedimentos de fertilização *in vitro*. No entanto, é comum que vários sejam implantados de forma simultânea, a fim de aumentar as probabilidades de pelo menos um sobreviver, o que explica a maior ocorrência de nascimentos de gêmeos entre o universo da fertilização assistida.

O Reino Unido determinou um limite legal para o número de embriões implantados, a fim de reduzir a quantidade de partos múltiplos e evitar as complicações decorrentes para mães e bebês – além do custo adicional para o sistema de saúde. Em consequência, a empresa Auxogyn está usando imagens digitais (em conjunto com um algoritmo sofisticado) para monitorar a cada 5 minutos os embriões em desenvolvimento, a partir da fertilização até a seleção de um deles. O objetivo é identificar o embrião mais propenso a se desenvolver de forma saudável.

Sob o aspecto prático, muitas pessoas já sabem que se trata apenas de questão de tempo para a grande maioria dos embriões congelados acabar descartada, o que levanta a mesma questão que sustenta a ilegalidade do aborto: um embrião nos primeiros estágios de vida tem direito a todas as proteções legais atribuídas aos indivíduos depois que nascem? Novamente, apesar das muitas dúvidas possíveis, a maioria das pessoas em quase todos os países concluiu que, ainda que representem a primeira etapa da vida humana, as diferenças práticas entre embrião (ou feto) e indivíduo bastam para facultar a uma grávida a decisão pelo aborto. Essa visão é coerente com uma posição paralela, também aceita pela maioria em quase todos os países, de que os governos não têm o direito de exigir que as mulheres interrompam suas gestações.

O furor que cerca a pesquisa com células-tronco embrionárias deriva de uma questão bastante próxima. Ainda que (na maioria das circunstâncias) seja assegurado às mulheres o direito de interromper a gravidez, também seria aceitável que os pais autorizassem a realização de "experimentos" com embriões que eles mesmos permitiram ter vida? Embora essa controvérsia esteja longe de ser resolvida, a maioria das pessoas, em grande parte dos países, aparentemente acha que os benefícios médicos e científicos justificam tais experiências.

Em vários países, a justificativa está associada a uma determinação anterior de que os embriões deverão ser descartados de qualquer maneira. A descoberta de células-tronco pluripotentes induzidas – ou células iPS, não embrionárias – feita por Shinya Yamanaka (Nobel de medicina em 2012), da Universidade de Kyoto, criou muitas expectativas em relação a uma ampla gama de novas terapias e grandes avanços na descoberta de medicamentos e sistemas de triagem. Apesar dessa evolução excitante, no entanto, muitos cientistas afirmam que as células-tronco embrionárias ainda podem ter qualidades potenciais únicas, que justificam a continuidade de seu uso. Pesquisadores da University College London já conseguiram usar células-tronco para recuperar a visão de ratos com uma doença hereditária que atinge a retina, e acreditam que algumas formas de cegueira em seres humanos em breve poderão ser tratadas com técnicas semelhantes. Outros pesquisadores da Universidade de Sheffield usaram células-tronco para reconstruir os nervos auditivos de roedores e lhes restituir a audição.

Em 2011, cientistas da Universidade de Kyoto especializados em fertilidade causaram polêmica ao anunciar o uso bem-sucedido de células-tronco de rato para produzir esperma ao transplantá-las para testículos de ratos estéreis. O esperma extraído, combinado com os óvulos, originou embriões que foram transferidos para o útero de fêmeas, resultando em filhotes sadios e com plena capacidades de reprodução. O feito se baseou em uma experiência realizada em 2006 por biólogos da Universidade de Newcastle upon Tyne, que pela primeira vez criaram espermatozoides derivados de células-tronco e produziram uma descendência viva, ainda que a prole apresentasse defeitos genéticos.

Um dos motivos pelos quais esses estudos chamaram tanto a atenção foi porque a mesma técnica básica, desde que desenvolvida e aperfeiçoada, em breve pode permitir que homens estéreis tenham filhos biológicos, abrindo novas possibilidades para casais de gays e lésbicas. A imprensa sensacionalista não deixou de fazer suas especulações, uma vez que, em teoria, essa técnica também permitiria que mulheres produzam seus próprios espermatozoides: "Os homens se tornarão obsoletos?", estampou a manchete de um jornal. Na extensa lista de resultados decorrentes das pesquisas genéticas, essa possibilidade parece destinada a ficar longe das prioridades, mas eu tendo a achar que há chances de que isso ocorra.

EXPECTATIVA DE VIDA E DE SAÚDE

Da mesma forma como os cientistas que trabalham com fertilidade têm se concentrado no início da vida, outros dirigem seus estudos para a ponta oposta – e obtêm grandes progressos na compreensão dos fatores que afetam a longevidade. Esses estudiosos estão desenvolvendo estratégias que, espera-se, devem resultar não só na ampliação da expectativa de vida média do ser humano, mas também na extensão do período chamado de "*healthspan*", ou seja, o número de anos que desfrutamos de uma vida saudável, sem doenças debilitantes ou desequilíbrios graves.

Alguns poucos cientistas afirmam que a engenharia genética poderia aumentar a expectativa de vida humana em vários séculos, mas o consenso entre os especialistas aponta para uma ampliação de até 25% do tempo. Segundo a maioria, a teoria da evolução e estudos da genética de vários humanos e animais levam à conclusão de que os fatores ambientais e de estilo de vida contribuem com cerca de três quartos do processo de envelhecimento, restando à genética, portanto, uma contribuição mais modesta (algo em torno de 20% e 30%).

Um dos mais famosos estudos sobre a relação entre estilo de vida e longevidade mostrou que a restrição calórica amplia a vida dos roedores de forma drástica, mas não existe consenso de que a mesma proporção seria válida para seres humanos. Estudos mais recentes revelaram que os macacos rhesus *não* vivem mais quando submetidos a restrições calóricas radicais. Especialistas apontam para uma diferença sutil, porém importante, entre longevidade e envelhecimento. Embora sejam relacionados, a longevidade mede a duração da vida, enquanto o envelhecimento é o processo pelo qual o desgaste celular, com o tempo, influi nas condições que resultam no final da vida.

Algumas terapias altamente questionáveis, como o uso de hormônios humanos de crescimento para tentar retardar ou reverter manifestações indesejadas do processo de envelhecimento, podem ter efeitos secundários que reduzem a longevidade, como o surgimento de diabetes ou tumores. Outros hormônios – em geral, testosterona e estrógeno – também vêm sendo usados para combater os sintomas de envelhecimento, o que levou a controvérsias sobre os efeitos colaterais que podem encurtar a longevidade de alguns pacientes.

Em 2010, um estudo feito em Harvard concluiu que o processo de envelhecimento dos ratos pode ser interrompido, e até revertido, por meio do uso de enzimas conhecidas como telomerases, que servem para proteger os telômeros (ou "tampas de proteção") existentes nas extremidades dos cromossomos. Os cientistas sabem há muito tempo que telômeros encolhem com o envelhecimento das células, num processo que pode impedir a renovação celular por meio da replicação. Em consequência disso, alguns pesquisadores se debruçaram sobre estratégias para proteger os telômeros e, assim, retardar o processo de envelhecimento.

Alguns especialistas acreditam que os estudos do genoma de seres humanos longevos permitirão identificar fatores genéticos capazes de prolongar a longevidade em outros indivíduos. No entanto, no século passado, a maioria das ampliações dramáticas na expectativa média do ser humano se devia a melhorias em saneamento e nutrição, além de avanços médicos como a descoberta de antibióticos e o desenvolvimento de vacinas. Novas melhorias nessas estratégias tendem a ampliar ainda mais a expectativa média de vida – segundo os cientistas especulam, no ritmo de avanço que conhecemos hoje – em cerca de um ano a mais a cada década.

Além disso, os constantes esforços para combater doenças infecciosas também pesam na balança, ao reduzir o número de mortes prematuras. Muito desse trabalho hoje está concentrado em enfermidades como malária, tuberculose, Aids, gripe, pneumonia viral e várias das chamadas "doenças tropicais negligenciadas", pouco conhecidas no mundo industrializado, mas que atingem mais de 1 bilhão de pessoas nos países em desenvolvimento com regiões tropicais e subtropicais.

COMBATE ÀS DOENÇAS

Houve um progresso animador na redução do número de pessoas vitimadas todos os anos pela Aids. Em 2012, o total de vítimas fatais foi de 1,7 milhão, bem menos do que o pico registrado em 2005 (2,3 milhões). A principal razão é o maior acesso a produtos farmacêuticos, em especial medicamentos antirretrovirais que prolongam a vida e melhoram a saúde dos portadores da doença. Os esforços para reduzir a disseminação continuam focados na educação preventiva, na distribuição de preservativos em áreas de alto risco e nos esforços para desenvolver uma vacina.

Na última década, a malária também foi reduzida significativamente, a partir da combinação de estratégias definidas com critério. Embora a maioria absoluta das quedas nos índices tenha acontecido na África, segundo a ONU, 90% das mortes pela doença ainda ocorrem na região subsaariana, vitimando sobretudo menores de cinco anos. Embora um ambicioso esforço feito na década de 1950 para erradicar a malária não tenha alcançado sucesso, alguns dos que abraçaram essa causa, entre eles Bill Gates, acreditam que o objetivo pode se concretizar em algumas décadas.

Em 1980 o mundo conseguiu eliminar a varíola e, em 2011, a Organização das Nações Unidas para a Alimentação e Agricultura (FAO) anunciou o fim de outra doença, a peste bovina, similar ao sarampo e que vitimava bovinos e outros animais. Por não atingir humanos, a enfermidade nunca recebera a mesma atenção dedicada à varíola, mas constituía uma das ameaças mais graves às famílias e comunidades que dependiam da criação de gado.

Graças a todos os esforços dedicados à erradicação das doenças infecciosas, segundo a Organização Mundial da Saúde as principais causas de morte hoje são os males crônicos não transmissíveis. Em 2008 (ano das estatísticas mais recentes disponíveis sobre o tema), 57 milhões de pessoas morreram em todo o mundo, quase 60% delas vencidas por enfermidades crônicas, como distúrbios cardiovasculares, diabetes, câncer e doenças respiratórias.

O câncer constitui um desafio especial, em parte porque não se trata de uma doença, mas de várias. Nos Estados Unidos, o National Cancer Institute e o National Human Genome Research Institute gastam US$ 100 milhões por ano na tentativa de decifrar o "atlas do genoma do câncer". Em 2012, um dos primeiros frutos desse projeto foi publicado na revista *Nature*, apresentando as peculiaridades genéticas de tumores malignos de cólon. O estudo de mais de 224 tumores é considerado um possível ponto de virada no desenvolvimento de medicamentos capazes de atacar as vulnerabilidades identificadas nas células tumorais.

Além de se concentrar em análises genômicas de câncer, os cientistas pesquisam praticamente todas as estratégias possíveis de cura, entre elas as possibilidades de "desligar" o fornecimento de sangue para as células cancerígenas, o desmantelamento dos mecanismos de defesa e o aumento da capacidade das células imunitárias naturais para identificar e combater células neoplásicas. Muitos se dizem especialmente animados com novas estratégias que envolvem a proteômica – a decodificação de todas as proteínas traduzidas pelos genes nas diversas formas de câncer e o direcionamento para anormalidades epigenéticas.

Os cientistas explicam que, embora o genoma humano muitas vezes seja definido como um diagrama, na verdade ele se assemelha mais a uma lista de peças ou ingredientes. O verdadeiro trabalho de controlar as funções celulares é feito por proteínas que promovem uma "conversa" dentro e entre as células. Essas "conversas" são essenciais para a compreensão de "doenças do sistema", como o câncer.

Uma das estratégias promissoras para lidar com distúrbios sistêmicos como câncer e distúrbios cardíacos é o reforço das defesas naturais do organismo – algo que algumas terapias genéticas novas prometem para o futuro. Uma equipe de cientistas do San Francisco Gladstone Institutes of Cardiovascular Diseases, da Universidade da Califórnia, conseguiu melhorar a função cardíaca de ratos adultos ao reprogramar células para restaurar os músculos do coração.

EM MUITOS CASOS (talvez a maioria), o modo mais eficaz de combater esses males está na mudança no estilo de vida: abandonar o cigarro, diminuir a exposição a agentes cancerígenos e outras substâncias químicas nocivas existentes no ambiente, evitar a obesidade com alimentação adequada e prática de exercícios, e – pelo menos para as pessoas com tendência à hipertensão – conter o consumo de sal.

A obesidade, fator importante na origem de várias doenças crônicas, foi tema de uma notícia desanimadora em 2012, quando a publicação médica britânica *The Lancet* publicou uma série de estudos que indicam que um dos principais causadores do problema – no caso, o sedentarismo – deixou de ser um fenômeno da América do Norte e da Europa Ocidental e está presente no resto do mundo. Os pesquisadores analisaram estatísticas da Organização Mundial da Saúde para mostrar que, hoje, a inatividade física mata mais do que os danos causados pelo cigarro. Segundo as estatísticas, uma em cada dez mortes no mundo decorre de doenças decorrentes do sedentarismo.

No entanto, há boas razões para esperar a disseminação de novas estratégias de saúde – que combinam o conhecimento da revolução das ciências da vida com as recentes ferramentas digitais de monitoração da doença, da saúde e do bem-estar – a partir dos países avançados, conforme smartphones se tornam amplamente acessíveis em todo o mundo. O uso de assistentes digitais inteligentes para a gestão de doenças crônicas (e no papel de "treinadores de bem-estar") pode exercer um impacto bastante positivo.

Nos países desenvolvidos, já existem vários aplicativos para celular que ajudam o usuário a controlar a ingestão de calorias, a qualidade da dieta, o ritmo dos exercícios e a quantidade de sono (alguns *headbands* avaliam também a quantidade de sono profundo, ou REM), além de aferir o progresso de quem tenta reduzir a dependência de substâncias como álcool, cigarro e medicamentos. Os transtornos de humor e outras doenças psicológicas também são abordados por programas de automonitoramento. Em 2012, nos Jogos Olímpicos de Londres, alguns atletas utilizaram monitores de glicose e de sono, com o objetivo de obter análises genéticas específicas para melhorar suas necessidades nutricionais individuais – cortesia de empresas de biotecnologia interessadas em aperfeiçoar seus dispositivos de medição de saúde.

Esse tipo de controle não é uma exclusividade olímpica, uma vez que se tornam cada vez mais comuns os monitores digitais que medem a frequência cardíaca, as taxas de glicemia e de oxigenação do sangue, a pressão arterial, a temperatura, o ritmo respiratório, os níveis de gordura corporal, os padrões de sono, o uso de medicação e o ritmo dos exercícios. Algumas novidades em nanotecnologia e biologia sintética também acenam com a perspectiva do acompanhamento contínuo mais sofisticado, por meio de sensores instalados dentro do corpo, e já existem projetos de nanorrobôs monitores de mudanças no sangue e nos órgãos vitais, capazes de emitir informações o tempo todo.

Alguns especialistas, entre eles o doutor H. Gilbert Welch, da Dartmouth University, autor do livro *Overdiagnosed: making people sick in the pursuit of health*, acredita que corremos o risco de ir longe demais na obsessão de acompanhar e avaliar nossos sinais vitais. Segundo ele, "o monitoramento constante é uma receita para que todos se considerem 'doentes'. Se nos consideramos doentes, procuramos uma intervenção". Welch e alguns outros acreditam que muitas dessas intervenções custam caro e não são necessárias. Em 2011, por exemplo, médicos especialistas orientaram os colegas a abandonar o uso de um novo e sofisticado teste de antígeno do câncer de próstata, pois havia indícios de que fazia mais mal do que bem.

A digitalização dos seres humanos, com a criação de grandes arquivos com informações detalhadas sobre a composição genética e bioquímica, bem como sobre o comportamento, exigirá a mesma atenção aos aspectos referentes à privacidade e à segurança das informações abordadas no capítulo 2. Esses valiosos dados são potencialmente úteis para melhorar a eficácia dos cuidados de saúde e reduzir os custos médicos – e por essas mesmas razões também parecem ser altamente desejáveis para as seguradoras e os empregadores, que querem distância de clientes e funcionários com mais risco de gerar altas faturas. Muita gente que poderia se beneficiar com os testes genéticos se recusa a desvendar esse tipo de informação, por medo de perder o emprego ou ter sua apólice de seguro-saúde cancelada.

Há alguns anos, as autoridades norte-americanas aprovaram uma lei federal conhecida como Genetic Information Nondiscrimination

Act (Gina), que proíbe a divulgação ou a utilização indevida de informações genéticas. Mas sua aplicação é difícil e não oferece muitas garantias de proteção. O fato de as companhias de seguros e os empregadores em geral arcarem com a maioria das despesas com saúde (inclusive testes genéticos) reforça ainda mais o medo dos pacientes e funcionários de que os dados não permaneçam em sigilo. Muitos acreditam que o fluxo de informações na internet estará vulnerável à divulgação de qualquer maneira. A lei norte-americana que regulamenta os registros relacionados à saúde, chamada Health Insurance Portability and Accountability Act, não garante ao paciente o acesso aos registros recolhidos a partir de seus próprios implantes médicos, ao mesmo tempo em que as empresas buscam formas de lucrar por meio das informações médicas personalizadas.

No entanto, essas técnicas de autorrastreamento (parte do movimento conhecido como "autoquantificação") oferecem a possibilidade de que estratégias de modificação de comportamento tradicionalmente associadas a clínicas possam ser individualizadas e executadas fora de um contexto institucional. Os gastos com testes genéticos estão aumentando rapidamente, ao mesmo tempo em que os preços desses procedimentos caem em alta velocidade e as conquistas da medicina personalizada avançam a passos largos.

Talvez os Estados Unidos tenham mais dificuldades em fazer a transição rumo à medicina de precisão por causa do desequilíbrio de poder e do insalubre controle corporativo do processo de tomada de decisões envolvendo políticas públicas, conforme abordado no capítulo 3. Esse capítulo não se dedica a avaliar o sistema de saúde norte-americano, mas vale notar que as ineficiências visíveis, as desigualdades e o gasto absurdo do sistema no país ficam mais claros graças ao desenvolvimento das ciências da vida. Vários programas de saúde, por exemplo, não cobrem gastos com a prevenção de doenças e a promoção do bem estar, uma vez que ganham principalmente para cobrir as intervenções depois que o paciente já está doente ou em risco. A nova reforma aprovada pelo presidente Obama passou a exigir, pela primeira vez, que os planos de saúde ofereçam cuidados preventivos.

Como todos sabem, os gastos *per capita* dos Estados Unidos com saúde superam os de qualquer outro país, mas propiciam resultados inferiores aos de nações que investem menos, sem falar que dezenas de milhões de pessoas ainda não têm acesso a um atendimento razoável. Na falta de qualquer opção, esses cidadãos muitas vezes esperam até que sua condição esteja tão terrível a ponto de darem entrada em um pronto-socorro, nos quais os custos das intervenções são mais altos e as chances de sucesso, menores. As reformas recém-implantadas vão melhorar significativamente alguns desses problemas, mas as questões subjacentes tendem a piorar, sobretudo porque seguradoras, empresas farmacêuticas e outros prestadores de serviços mantêm o controle quase completo da política de saúde do país.

A HISTÓRIA DOS SEGUROS

A atividade securitária nasceu na Antiguidade, na Grécia e em Roma, onde as políticas de seguro de vida eram similares ao que hoje conhecemos como seguro funerário. As primeiras apólices modernas surgiram na Inglaterra, no século 17. Nos Estados Unidos, o desenvolvimento das redes ferroviárias na década de 1860 propiciou a criação de políticas de proteção contra acidentes em ferrovias e barcos a vapor, o que levou, por sua vez, às apólices de seguro com cobertura contra doenças, nos anos de 1890.

No início da década de 1930, quando os custos dos cuidados médicos começaram a superar os valores que a maioria dos pacientes podia pagar, as primeiras apólices de seguro-saúde foram oferecidas por organizações sem fins lucrativos: a Blue Cross para despesas hospitalares e a Blue Shield para cobertura de honorários médicos. Todos os pacientes pagavam os mesmos valores, independentemente da idade ou das condições preexistentes.

O sucesso das iniciativas estimulou a chegada ao mercado de empresas privadas de seguros de saúde. Com fins lucrativos, começaram a cobrar valores diferentes de acordo com o cálculo do risco, recusando-se a vender apólices a indivíduos com chances de adoecimento consideradas elevadas. Não demorou para a Blue Cross e a Blue Shield serem forçadas pela concorrência a também associar seus prêmios aos riscos.

Quando o presidente Franklin Roosevelt preparava o pacote de reformas que ficaria conhecido como New Deal, em duas ocasiões (1935 e 1938) deu passos preliminares para incluir a criação de um plano de saúde nacional em sua agenda legislativa. Em ambas as ocasiões, porém, Roosevelt temeu a reação política da American Medical Association e desistiu da proposta, para que a discussão não interferisse no que ele considerava prioritário para tirar o país da Grande Depressão: o seguro-

-desemprego e a Previdência Social. Em 1939, a apresentação da lei pelo senador democrata Robert Wagner, de Nova York, ofereceu uma quixotesca terceira oportunidade para retomar o caso, mas Roosevelt optou por não apoiar a proposta.

Durante a Segunda Guerra Mundial, com os salários (e preços) controlados pelo governo, empregadores privados começaram a competir por mão de obra, então escassa por causa do conflito. Como atrativo, passaram a oferecer coberturas de seguro-saúde. Depois da guerra, os sindicatos começaram a incluir as exigências por coberturas mais amplas nas negociações com os empregadores.

Harry Truman, sucessor de Roosevelt, tentou reanimar a proposta de um seguro-saúde nacional, mas a oposição no Congresso, novamente impulsionada pela American Medical Association, fez com que a ideia morresse no berço. Como resultado, o sistema híbrido de seguro-saúde pago pelo empregador tornou-se o principal modelo vigente no país. Como os idosos ou portadores de deficiência enfrentavam dificuldades para conseguir cobertura nesse sistema, o governo implementou programas para ajudar esses dois grupos específicos.

Para o resto do país, aqueles que mais precisavam do seguro-saúde eram os que enfrentavam mais dificuldade para obter acesso ou conseguir pagar as mensalidades, quando encontravam uma opção. No momento em que os problemas e as ineficiências desse modelo se tornaram óbvios, o sistema político norte-americano já tinha se degradado – e não era possível fazer nenhuma mudança estrutural diante do grande poder das empresas interessadas na manutenção desse estado de coisas.

Com raras exceções, a maioria dos parlamentares não são mais capazes de atender aos interesses públicos porque dependem demais das contribuições de campanha associadas aos interesses corporativos, tendo se tornado vulneráveis a esses *lobbies* para todo o sempre. Em geral, a sociedade fica afastada dos debates, a não ser quando recebe mensagens enviadas pelos mesmos grupos de interesse – cujo conteúdo é projetado para condicionar o público a apoiar aquilo que os *lobbies* empresariais desejam fazer.

ALIMENTOS GENETICAMENTE MODIFICADOS

A mesma esclerose da democracia dificulta as adaptações à onda de mudanças por causa da revolução nas ciências da vida. Assim, embora as pesquisas mostrem, por exemplo, que cerca de 90% dos cidadãos norte-americanos concordam que alimentos geneticamente modificados devem apresentar essa informação nos rótulos, o Congresso adotou o ponto de vista das grandes empresas do agronegócio, de que a rotulagem é desnecessária e pode ser prejudicial para "a confiança na origem dos alimentos".

Na Europa, porém, esse procedimento é obrigatório na maioria dos países. Nos Estados Unidos, a recente aprovação da alfafa geneticamente modificada causou mais polêmica do que o esperado, e a campanha pela rotulagem ("*Just label it*") tornou-se o eixo de um movimento que pede a divulgação da informação por todo o país, que cultiva o dobro de alimentos geneticamente alterados de qualquer outra nação. Em 2012, foi realizado um referendo pela rotulagem na Califórnia. Os interesses corporativos, contudo, investiram US$ 46 milhões em comerciais contrários à proposta (valor cinco vezes superior ao gasto pelos que queriam aprovar a medida). Uma vez que cerca de 70% dos alimentos processados no país contêm pelo menos algum ingrediente geneticamente modificado, a controvérsia tende a ir longe.

A título de informação, a modificação genética de plantas e animais não é um fenômeno novo, como seus defensores gostam de enfatizar. A maioria das culturas alimentares (das quais a humanidade depende desde antes da aurora da Revolução Agrícola) passou por modificações genéticas durante a Idade da Pedra, por cuidadosa reprodução seletiva – que, ao longo de muitas gerações, alterou a estrutura genética de várias plantas e animais de acordo com características consideradas valiosas para os seres humanos. Segundo Norman Borlaug, "no Período Neolítico, as mulheres aceleraram modificações genéticas em plantas no processo de domesticação de cultivos alimentares".

De acordo com esse ponto de vista, ao usar novas tecnologias de divisão de genes e outras formas de engenharia genética, estamos apenas acelerando e conferindo mais eficiência a uma prática antiga, um procedimento que há tempos se mostra benéfico ou com poucos efeitos secundários prejudiciais. Com exceção da Europa (e da Índia), predomina um consenso entre a maioria dos agricultores, agroindústrias e políticos de que os transgênicos são seguros e constituem parte essencial da estratégia mundial para se prevenir contra a ameaça da falta de alimentos.

No entanto, com a evolução da discussão sobre os organismos geneticamente modificados (OGM), os opositores da prática afirmam que a engenharia genética nunca produziu qualquer aumento substancial no rendimento das colheitas, mas impôs algumas preocupações ambientais que não podem ser facilmente descartadas. Argumentam, ainda, que a inserção de genes estranhos em outro genoma é uma prática bem diferente da reprodução seletiva, porque interrompe o padrão normal do código genético daquele organismo e pode causar mutações imprevisíveis.

A primeira cultura geneticamente modificada a ser comercializada foi uma variedade de tomate conhecida como FLAVR SAVR, programada para durar mais tempo depois de atingir o amadurecimento. A novidade não emplacou por causa dos preços bem mais elevados. Além disso, a resistência dos consumidores aos derivados produzidos com esse tomate, considerados produtos geneticamente modificados, condenou os molhos e extratos ao fracasso.

A reprodução seletiva também foi usada para alterar as características dos tomates comerciais, que ganharam contornos menos arredondados a fim de facilitar a colheita automatizada. A nova variedade se acomodava melhor nas esteiras de transporte, sem rolar para fora delas, facilitava a acomodação dentro das caixas e, graças à pele mais resistente, dificilmente era esmagada. Ficou conhecida como "tomates quadrados".

Em 1930, uma modificação anterior feita por meio da reprodução seletiva resultou no que os amantes do tomate definem como catastrófica perda de sabor do fruto. A mudança tinha a intenção de melhorar a comercialização e a distribuição do molho de tomate, garantindo a homogeneidade da cor e o amadurecimento uniforme, sem a presença de partes verdes que os consumidores em geral interpretam como um sinal de que o produto ainda não amadureceu. Em 2012, pesquisadores que trabalham com espécies que tiveram seu genoma recém-sequenciado descobriram que a eliminação do gene associado a essas "partes verdes" também aniquilou a capacidade da planta de produzir a maioria dos açúcares responsáveis pelo sabor mais acentuado.

Apesar de experiências como essas – que ilustram de que forma as mudanças promovidas com o objetivo de ampliar a conveniência e a lucratividade das grandes corporações, às vezes, acabam provocando outras mudanças genéticas que a maioria das pessoas odeia –, agricultores em todo o mundo (com exceção da União Europeia) cada vez mais adotam o plantio de culturas geneticamente modificadas. Quase 11% de toda a terra cultivada no mundo foi ocupada por esse tipo de plantio em 2011, de acordo com uma organização internacional defensora da prática, o International Service for the Acquisition for Agri-biotech Applications. Nos últimos 17 anos, o número de hectares ocupados por lavouras geneticamente modificadas aumentou quase cem vezes, e os cerca de 162 milhões de hectares plantados em 2011 representavam um aumento de 8% em relação ao ano anterior.

Embora os Estados Unidos sejam, de longe, o maior produtor de transgênicos do planeta, o Brasil e a Argentina também estão bastante envolvidos com essa tecnologia. O Brasil, em específico, adotou um sistema de aprovação rápida dos produtos modificados e vem implantando uma estratégia voltada para a maximização do uso da biotecnologia na agricultura. Nos países em desenvolvimento em geral, a adoção de culturas modificadas cresce com o dobro da velocidade do que nas economias mais avançadas, e estima-se que 90% dos 16,7 milhões de agricultores adeptos de cultivos geneticamente modificados em quase 30 países sejam pequenos produtores instalados em nações em desenvolvimento.

A soja geneticamente modificada, projetada para se adequar aos herbicidas produzidos pela Monsanto, constitui a maior safra alterada do planeta. Em seguida vem o milho, que representa a principal cultura do gênero nos Estados Unidos, onde 95% da soja e 80% do milho são cultivados a partir de sementes patenteadas que os agricultores compram da Monsanto ou de um de seus revendedores. A terceira maior cultura produzida nessas condições é a do algodão, seguida da canola.

Embora a ciência de plantas geneticamente modificadas esteja avançando a passos rápidos, a grande maioria dos transgênicos cultivados hoje ainda pertence à primeira das três gerações (ou ondas) da tecnologia. Esse primeiro movimento, por sua vez, inclui culturas enquadradas em três categorias distintas:

- Com introdução de genes que conferem ao milho e ao algodão a capacidade de produzir seu próprio inseticida dentro das plantas.
- Com introdução de genes no milho, no algodão, na canola e na soja que tornam essas plantas tolerantes a dois produtos químicos contidos nos herbicidas produzidos pela mesma empresa que controla as sementes modificadas, a Monsanto.
- Com introdução de genes projetados para melhorar a capacidade de sobrevivência das culturas durante as secas.

Em geral, os agricultores que utilizam a primeira onda de transgênicos relatam obter inicialmente uma redução nos custos de produção, em parte devido ao uso temporariamente menor de inseticida e a perdas mais baixas por conta de fatores como insetos ou ervas daninhas. A maior parte dos benefícios econômicos, até agora, tem sido relatada entre os produtores de algodão que usam uma espécie projetada para produzir seu próprio inseticida (*Bacillus thuringiensis*, mais conhecida como Bt). Na Índia, o novo algodão transformou o país em exportador em vez de importador, e foi essencial para começar a duplicação dos rendimentos com a cultura, em consequência da redução inicial de perdas com insetos e ervas daninhas. No entanto, muitos produtores indianos de algodão começaram a protestar contra o alto custo das sementes modificadas que precisam comprar todos os anos, bem como dos herbicidas, usados em volumes crescentes conforme as ervas daninhas ganham resistência. Em 2012, um comitê parlamentar da Índia divulgou um controverso relatório afirmando que "não existe relação entre o algodão Bt e os casos de suicídio de agricultores", com a recomendação de que as tentativas de abandonar as culturas geneticamente modificadas deveriam ser "interrompidas imediatamente."

Novos estudos científicos – entre eles, um relatório completo emitido em 2009 pelo National Research Council, dos Estados Unidos – endossam a crítica dos adversários dos transgênicos e apoiam a teoria de que os rendimentos intrínsecos das culturas não compensam a longo prazo. Ao contrário, alguns agricultores têm experimentado rendimentos ligeiramente mais baixos devido a alterações colaterais inesperadas no código genético das plantas. Por outro lado, a reprodução seletiva foi responsável pelo incrível aumento da produtividade que permitiu salvar muitas vidas durante a Revolução Verde. Uma nova pesquisa feita por uma empresa israelense, a Kaiima, sobre tecnologias não transgênicas conhecidas como "ploidia aprimorada" (a criação seletiva induzida e o aprimoramento natural de uma característica que confere mais de dois conjuntos de cromossomos em cada núcleo da célula) apresentou um rendimento maior e mais resistência aos efeitos da seca em vários alimentos e outras culturas. Recentes estudos da empresa mostram alta de mais de 20% na produtividade do milho e mais de 40% no caso do trigo.

A modificação genética das culturas, por outro lado, ainda não produziu melhoras significativas de sobrevivência em períodos de estiagem. Mesmo que algumas espécies experimentais geneticamente modificadas ofereçam, em teoria, a promessa de mais rendimento durante a seca, essas estirpes não foram introduzidas ainda em escala comercial, mas os estudos apontam para um rendimento sutil – e apenas sob condições de estiagem *leve*. Diante da preocupação com a escassez de água que acompanha as questões relacionadas ao aquecimento global, é grande o interesse por variedades mais resistentes à falta d'água, sobretudo no caso do milho, do trigo e de outras lavouras que alimentam as populações de países em desenvolvimento. Infelizmente, no entanto, essa característica está se transformando em um desafio bastante complexo para os geneticistas de plantas, uma vez que envolve a combinação de muitos genes operando juntos de maneiras ainda não totalmente compreendidas.

Depois de uma extensa análise do progresso em engenharia genética no que se refere à resistência à seca, a organização sem fins lucrativos Union of Concerned Scientists (UCS), sediada nos Estados Unidos, identificou "poucos sinais de progresso na criação de culturas mais resistentes. Concluímos que as perspectivas globais para que a engenharia genética solucione de forma significativa os desafios da agricultura com oferta limitada de água são, na melhor das hipóteses, limitadas".

A segunda onda de transgênicos envolve a introdução de genes que ampliam o valor nutricional das plantas. Alguns exemplos são o milho com alto teor proteico, usado sobretudo na alimentação do gado, e uma nova espécie de arroz com teores adicionais de vitamina A, parte de uma estratégia para combater a deficiência da substância observada hoje em cerca de 250 milhões de crianças em todo o mundo. Esse movimento também inclui a introdução de genes destinados a aumentar a resistência a determinados fungos e vírus.

A terceira onda de culturas modificadas, que começa a ser comercializada agora, envolve a modificação das espécies vegetais por meio da introdução de genes que "programam" a planta para produzir substâncias com valor comercial em outros processos, como a produção farmacêutica ou de biopolímeros, usados no desenvolvimento de plásticos biodegradáveis e com reciclagem mais fácil. Essa terceira onda envolve ainda a introdução de genes que aumentam os teores de celulose e de lignina, favorecendo os processos de produção de etanol. Os chamados "plásticos verdes" também aparecem como promessa animadora, mas, da mesma forma como as culturas dedicadas à produção de biocombustíveis, levantam questões sobre a quantidade de terra arável a ser desviada da produção de alimentos em um mundo com população crescente e maior demanda por comida, uma vez que utiliza recursos como o solo e água até então destinados à agricultura.

Ao longo das próximas duas décadas, os cientistas apostam em sementes capazes de inaugurar uma quarta onda de culturas transgênicas, por inserir genes com capacidade de fotossíntese do milho (e de outras espécies classificadas como C4, mais eficientes na transformação da luz em energia) em plantas como trigo e arroz (e outras categorizadas como C3). Se for bem-sucedida, o que está longe de se concretizar, dada a complexidade sem precedentes do desafio, essa técnica realmente pode gerar um aumento significativo na produtividade. No momento, porém, os ganhos trazidos pelas culturas transgênicas têm sido limitados a uma redução temporária nas perdas com pragas e à diminuição, igualmente passageira, das despesas com inseticidas.

Em 2012, a administração Obama lançou o documento National Bioeconomy Blueprint, concebido especialmente para estimular a produção e a aquisição de tais produtos pelos governos. Dois meses antes, a Comissão Europeia havia adotado uma estratégia semelhante. Alguns grupos ambientalistas criticam essas iniciativas por causa da crescente preocupação com o desvio de terras agrícolas da produção de alimentos e com a destruição das florestas tropicais para abrir espaço para o cultivo.

Os oponentes das tecnologias transgênicas costumam argumentar que elas não só fracassaram no que se refere ao aumento da produtividade e do controle de ervas daninhas e insetos, como também levaram algumas pragas a adquirir rápida resistência aos herbicidas e inseticidas disponíveis. Em particular, as culturas concebidas para produzir seu próprio inseticida (*Bacillus thuringiensis*) tornaram-se tão comuns que a dieta abundante da substância causou nos insetos um efeito semelhante ao do uso constante de antibióticos nos germes que vivem nas vísceras de gado: forçaram a mutação de novas variedades de pragas altamente resistentes.

A mesma coisa também parece estar acontecendo com as ervas daninhas pulverizadas com herbicidas no intuito de proteger colheitas transgênicas criadas para sobreviver à aplicação de pesticidas – em especial, o Roundup, da Monsanto, que tem como base o glifosato, usado para matar praticamente qualquer planta. Dez espécies de ervas daninhas desenvolveram resistência, exigindo que os agricultores recorram a produtos mais agressivos. Opositores dos transgênicos argumentam que ao longo do tempo, com o aumento da resistência o uso global de herbicidas e pesticidas na verdade aumenta, mas os defensores das culturas geneticamente modificadas contestam.

Como muitas ervas daninhas já desenvolveram defesas ao glifosato utilizado no Roundup, cresceu a procura por herbicidas mais potentes – e mais perigosos. E não faltam opções, uma vez que o mercado global movimenta cerca de US$ 40 bilhões em vendas todos os anos, dos quais US$ 17,5 bilhões correspondem a herbicidas. A soma de inseticidas e fungicidas responde por cerca de US$ 21 bilhões.

A Dow AgroSciences pediu autorização para produzir uma nova espécie de milho geneticamente modificada, capaz de suportar a aplicação de um pesticida conhecido como 2,4-D, um ingrediente essencial na composição do chamando agente laranja – o herbicida letal usado pela força aérea norte-americana para devastar a vegetação durante a Guerra do Vietnã. A substância está associada a vários problemas de saúde identificados em norte-americanos e vietnamitas que tiveram contato com ela. Especialistas em saúde de mais de 140 ONGs fazem clara oposição à aprovação do que chamam de "milho agente laranja", alegando as relações entre a exposição ao 2,4-D e "graves problemas de saúde, como câncer, redução da produção de espermatozoides, toxicidade hepática e mal de Parkinson. Estudos feitos em laboratório mostram que o 2,4-D provoca distúrbios glandulares, problemas reprodutivos, neurotoxicidade e imunossupressão".

Os inseticidas pulverizados sobre as lavouras também são acusados de afetar o equilíbrio dos sistemas naturais. A serralha, planta da família das apocináceas e essencial para a existência da borboleta-monarca, reduziu-se em quase 60% no cinturão agrícola norte-americano nas últimas duas décadas, sobretudo por causa da expansão da área com cultivos modificados para suportar o Roundup. Há estudos de que as culturas que produzem o inseticida Bt exerceram impacto negativo direto em pelo menos uma subespécie de borboletas-monarcas, em crisopas (consideradas insetos benéficos, pois se alimentam de pulgões) e em joaninhas. Embora os defensores dos transgênicos minimizem a importância desses efeitos, eles merecem um exame minucioso para avaliar o crescente espaço dado aos transgênicos na produção de alimentos no mundo.

Mais recentemente, os cientistas atribuíram os perturbadores e até então misteriosos colapsos repentinos das colônias de abelhas à ação de um novo grupo de inseticidas conhecido como neonicotinoides. O distúrbio do colapso das colônias (em inglês, *colony collapse disorder*) tem causado grande preocupação entre apicultores e outros estudiosos desde que começaram a ocorrer, em 2006. Apesar das várias teorias para explicar o fenômeno, a causa só foi identificada em 2012.

Os neonicotinoides, neurotoxinas com composição semelhante à da nicotina, são amplamente utilizados em sementes de milho e passam para a planta conforme ela cresce. Apicultores comerciais, por sua vez, há tempos usam o xarope de milho para alimentar as abelhas. De acordo com o Departament of Agricultural Research Service dos Estados Unidos, "a polinização por abelhas é responsável por um valor agregado de US$ 15 bilhões, principalmente no que se refere a lavouras como as de amêndoas e outras frutas secas, frutas e legumes. Cerca de uma em cada três porções da dieta humana está relacionada à polinização por abelhas, de forma direta ou indireta".

No caso das culturas geneticamente modificadas as abelhas não exercem participação alguma, uma vez que as sementes devem ser compradas todos os anos, e os hábitos "não programados" desses insetos podem introduzir genes que não cabem no projeto da empresa de transgênicos. De acordo com o *Wall Street Journal*, os produtores de uma tangerina modificada sem sementes ameaçaram processar os apicultores de fazendas vizinhas por permitir que as abelhas "invadissem" os pomares, temendo a mistura com pólen de espécies cítricas com sementes. Os criadores alegaram, contudo, que não podem controlar o roteiro das abelhas.

A difusão global de técnicas de agricultura industrial tem resultado no aumento da dependência da monocultura, o que, por sua vez, acelera a propagação da resistência aos herbicidas e pesticidas das ervas daninhas, insetos e outras doenças de plantas. Em muitos países, incluindo os Estados Unidos, as principais culturas comercializadas (milho, soja, algodão e trigo) são cultivadas a partir de um pequeno punhado de variedades genéticas. Como resultado, quase todas as plantas são geneticamente idênticas. Alguns especialistas temem que a longa dependência de monoculturas torne a agricultura altamente vulnerável a pragas e doenças, que encontram muitas oportunidades para desenvolver mutações que permitam maior eficiência no ataque a uma variedade genética específica plantada em abundância.

DOENÇAS VEGETAIS MUTANTES

De qualquer maneira, novas versões de doenças de plantas causam problemas para agricultores de todo o mundo. Em 1999, uma variedade mutante de um velho fungo conhecido como ferrugem do caule começou a atacar plantações de trigo em Uganda. O vento transportou esporos do agente para o Quênia, cruzou o mar Vermelho, foi para o Iêmen e a Península Arábica, chegando ao Irã. Especialistas em botânica temem que o problema se espalhe pela África, Ásia e talvez mais além. Dois estudiosos da doença, Peter Njao e Ruth Wanyera, declararam em 2012 que o fungo pode destruir 80% de todas as variedades conhecidas de trigo. Embora há meio século essa praga tenha sido considerada sob controle, a nova mutação a tornou ainda mais letal.

O mesmo aconteceu com a mandioca, terceira maior fonte vegetal de calorias depois do arroz e do trigo, bastante consumida na África, América do Sul e Ásia. Uma nova mutação surgiu no leste da África em 2005 e, desde então, de acordo com Claude Fauquet, diretor de pesquisa no Donald Danforth Planta Science Center, em St. Louis, "houve uma propagação explosiva em ritmo de pandemia... A velocidade não tem precedentes e os agricultores estão desesperados." Especialistas compararam esse surto à praga da batata que acometeu a Irlanda na década de 1840, atribuída, em parte, à forte dependência irlandesa de uma cepa cultivada em regime de monocultura na cordilheira dos Andes.

Em 1970, 60% da safra norte-americana de milho foi destruída por uma variedade de praga, confirmando a teoria da Union of Concerned Scientists de que "uma cultura com base geneticamente uniforme constitui um desastre iminente". A UCS alerta que "a agricultura norte-americana depende de uma base genética estreita. No início da década de 1990, apenas seis variedades de milho respondiam por 46% da colheita, nove variedades representavam metade da safra de trigo, e dois tipos de ervilha constituíam quase 96% da produção total do grão. Como reflexo do sucesso mundial do fast-food em tempos da Terra S.A., mais da metade da área plantada de batatas em todo o mundo está ocupada por uma única variedade: a Russet Burbank, servida nos McDonald's.

O grande debate sobre plantas geneticamente modificadas se concentra nas questões associadas aos cultivos destinados ao consumo humano ou animal, e pouco se tem discutido sobre o esforço voltado à modificação genética de árvores, como choupos e eucaliptos. Alguns cientistas temem que o prolongamento artificial da altura das espécies resulte na propagação do pólen por uma área mais ampla, atingindo culturas como soja, milho e algodão.

A China já cultiva milhares de hectares de choupo geneticamente programado para produzir a toxina Bt em suas folhas, como forma de se proteger contra o ataque de insetos. As empresas de biotecnologia estão tentando introduzir eucaliptos modificados nos Estados Unidos e no Brasil. Cientistas afirmam que, além de resistência a pragas, as modificações podem ser úteis por permitir a sobrevivência a secas e alterar a natureza da madeira, de forma a facilitar a produção de biocombustível.

Além das espécies vegetais, animais geneticamente modificados, destinados à produção de alimento para os seres humanos, também têm gerado grande controvérsia. Desde a descoberta, em 1981, de uma técnica que permite transferir genes de uma espécie para o genoma de outra, os cientistas alteraram diversas espécies animais, incluindo bovinos, suínos, galinhas, ovelhas, cabras e coelhos. Embora iniciativas anteriores que tornaram os ratos menos suscetíveis a algumas doenças tenham espalhado o otimismo, até agora apenas um dos esforços para reduzir a suscetibilidade do gado teve êxito.

No entanto, os esforços para a produção de animais geneticamente modificados já resultaram na inserção de genes de aranha no código genético de cabras (descrito anteriormente) e na produção de um hormônio sintético de crescimento que aumenta a produção de leite das vacas. O uso do hormônio do crescimento bovino recombinante, chamado rBGH e injetado em vacas leiteiras, tem sido muito controverso. Os críticos não apontam a novidade como algo diretamente prejudicial à saúde humana, mas lembram que a prática eleva a presença de outro hormônio, conhecido como fator de crescimento semelhante à insulina (IGF) e encontrado em quantidades até dez vezes maiores no leite das vacas modificadas. Por sua vez, alguns estudos apontam para a conexão entre níveis elevados de IGF e o maior risco de câncer de próstata e algumas formas de tumores de mama. Ainda que existam outros fatores obviamente envolvidos no desenvolvimento dessas doenças, e o IGF seja uma substância natural do corpo humano, as preocupações com esse hormônio resultaram na obrigatoriedade de informar a presença da substância no rótulo dos produtos, o que diminuiu significativamente o uso nos Estados Unidos.

Geneticistas chineses introduziram genes humanos associados às proteínas de leite humano em embriões de vacas leiteiras e, em seguida, os implantaram em vacas parideiras, que deram à luz bezerros. Quando esses filhotes começaram a produzir leite, era grande a presença de proteínas com os anticorpos encontrados no leite humano. Além disso, os animais geneticamente modificados eram capazes de transmitir as características introduzidas a seus descendentes. Hoje, existe um rebanho com 300 desses animais no State Key Laboratory, da China Agricultural University, os quais produzem um leite mais parecido com o humano do que com o de vaca. Na Argentina, cientistas do Instituto Nacional de Tecnologia Agropecuária, de Buenos Aires, afirmam ter aperfeiçoado o processo.

Em 2012, cientistas norte-americanos pediram autorização para introduzir o primeiro animal geneticamente modificado destinado ao consumo direto por seres humanos: um salmão com um gene extra de hormônio do crescimento e com um "interruptor genético" que desencadeia a produção de hormônio do crescimento mesmo quando a temperatura da água é mais fria do que o limiar de produção hormonal. O resultado é um salmão que cresce duas vezes mais rápido do que o peixe normal, que chega ao tamanho do mercado em apenas 16 meses, e não nos tradicionais 30 meses.

Os opositores do "supersalmão" se dizem reticentes com a possibilidade de aumento dos níveis de hormônios do crescimento similares à insulina, assim como ocorre com o gado que recebe os hormônios artificiais. Ressaltam, ainda, o risco de que o peixe escape dos criadouros e cruze com salmões não modificados, transformando as espécies de uma forma não intencional, da mesma maneira como os citricultores de transgênicos se preocupam com a polinização cruzada de culturas não transgênicas. Além disso, como observado no capítulo 4, os peixes de cativeiro são alimentados com rações produzidas com ingredientes extraídos do mar, em um sistema no qual cada quilo de peixe produzido demanda 3 quilos de insumos naturais.

Cientistas canadenses da University of Guelph tentaram criar porcos geneticamente modificados com a introdução no genoma dos animais de segmentos de DNA de rato, a fim de reduzir a quantidade de fósforo presente nas fezes. Deram aos animais modificados o nome de "Enviropigs" porque, quando as fezes chegam aos rios, o fósforo funciona como uma fonte de proliferação de algas e cria zonas mortas no encontro da água doce com o mar. Mais tarde, eles abandonaram o projeto e sacrificaram os porcos, em parte por causa da polêmica em torno da chamada "frankenfood" – ou seja, alimentos com origem de animais geneticamente modificados –, mas também porque outros pesquisadores criaram uma enzima, que, adicionada à ração suína, gera os mesmos resultados dos polêmicos porcos turbinados.

Nos últimos 15 anos também ocorreram tentativas envolvendo insetos, como lagartas e mosquitos. Há pouco tempo, a empresa inglesa de biotecnologia Oxford Insect Technologies (ou Oxitec) anunciou um projeto para modificar a principal (mas não a única) espécie de mosquito transmissor da dengue. O objetivo era criar machos projetados para gerar descendentes que dependessem da tetraciclina para sobreviver. Sem acesso ao antibiótico, as larvas morreriam antes de começar a voar. A ideia é a de que os mosquitos do sexo masculino (que não picam os seres humanos) fertilizariam as fêmeas com embriões condenados, reduzindo drasticamente a população do inseto. Embora os testes feitos nas ilhas Cayman, na Malásia, e em Juazeiro, no Brasil, tenham produzido resultados impressionantes, foi grande a oposição da opinião pública quando a Oxitec quis introduzir seus mosquitos em Key West, na Flórida, depois de um surto da doença em 2010.

Estudiosos que se opõem ao projeto alegam que os mosquitos transgênicos podem exercer efeitos imprevisíveis e potencialmente negativos sobre o ecossistema em que são liberados, argumentando que, como os testes em laboratório demonstraram que um pequeno número da prole consegue resistir, há o risco de, a longo prazo, os sobreviventes espalharem a característica ao resto da população.

Estudos adicionais mostram que esse projeto é um instrumento útil e uma estratégia valiosa para limitar a propagação da dengue, mas o foco na adaptação do mosquito em laboratório representa um nítido contraste com a total falta de atenção à principal causa da rápida disseminação da dengue. A violação do equilíbrio climático da Terra e o consequente aumento da temperatura média global estão transformando áreas até agora inóspitas para o inseto em hábitat favorável a sua disseminação.

De acordo com um estudo feito em 2012 na Texas Tech University sobre a difusão da dengue, "as mudanças nos padrões de temperatura e de precipitações causadas pela mudança climática global podem ter impactos sérios sobre a ecologia de algumas doenças infecciosas". A dengue é uma delas, e os pesquisadores avaliam que, ainda que na América do Norte a maior concentração do problema ocorra no México, com apenas pequenos surtos ocasionais no sul do Texas e sul da Flórida, em decorrência do aquecimento do planeta, o problema pode se espalhar em direção ao norte.

A dengue, que hoje atinge cerca de 100 milhões de pessoas por ano e provoca milhares de mortes, tem como um dos principais sintomas a intensa dor nas articulações. Há registros de surtos na Ásia, nas Américas e na África durante o século 18, mas até a Segunda Guerra Mundial a incidência manteve-se sob controle. Os cientistas acreditam que durante e após o conflito o problema tenha se disseminado para outros continentes. Em 2012, ocorreram 37 milhões de casos só na Índia.

Depois de espalhada pela América, a dengue permaneceu limitada às regiões tropicais e subtropicais. Mas agora, com a ampliação do hábitat, os pesquisadores preveem a ocorrência de surtos no sul dos Estados Unidos e até em áreas do norte do país, nos meses de verão.

Este capítulo começou com a afirmação de que, pela primeira vez, os seres humanos estão conseguindo modificar outros seres humanos, além de demais criaturas com as quais temos conexões ecológicas. A ruptura do sistema ecológico em que nós evoluímos e as radicais mudanças no clima e no equilíbrio ambiental para o qual nossa civilização foi adaptada podem acarretar consequências biológicas maiores do que a engenharia genética consegue corrigir. Afinal, a invasão humana em áreas silvestres é responsável por 40% das novas doenças infecciosas que nos ameaçam, entre elas a Aids, a gripe asiática e o vírus ebola, todos originários de animais silvestres expulsos de seu hábitat pela ação humana ou decorrentes da estreita proximidade com animais que se verificou quando a agricultura passou a ocupar regiões até então selvagens. O epidemiologista veterinário Jonathan Epstein declarou que "quando você perturba o equilíbrio, precipita a disseminação de agentes patogênicos de animais selvagens para os seres humanos". Estima-se que 60% de nossas novas doenças infecciosas vieram de animais.

O MICROBIOMA

O sistema ecológico que existe *dentro* de cada pessoa também está ameaçado. Uma pesquisa recente mostra o papel fundamental desempenhado pelas comunidades de micróbios que vivem no interior dos seres humanos. Todos nós abrigamos um microbioma de bactérias (além de um número bem menor de vírus, leveduras e amebas), as quais superam as células do nosso corpo em uma proporção de dez para um. Em outras palavras, cada indivíduo compartilha seu corpo com cerca de 100 trilhões de micróbios e com 3 milhões de genes não humanos, que vivem e trabalham em sinergia com nossos organismos em uma comunidade adaptada da qual fazemos parte.

No início de 2012, 200 cientistas que compõem o Human Microbiome Project (HMP) publicaram o sequenciamento genético dessa comunidade de bactérias e descobriram que existem três enterótipos (como ocorre com os tipos sanguíneos) presentes em todas as raças e etnias, distribuídos por todas as populações sem ligação com sexo, idade, massa corporal ou qualquer outra característica aparente. Ao todo, a equipe identificou 8 milhões de genes portadores de proteínas nesses organismos, metade com função ainda desconhecida.

Uma das funções desempenhadas por esse microbioma é a organização da imunidade adquirida, em especial durante a primeira infância. De acordo com Gary Huffnagle, da Universidade de Michigan, "os micróbios presentes na flora intestinal constituem um braço do sistema imunológico". Muitos cientistas suspeitavam que o uso repetido de antibióticos interferisse nesse esforço de organização e pudesse causar danos ao processo pelo qual o sistema imunológico aprende a identificar invasores e células saudáveis. O que todas as doenças autoimunes têm em comum é o ataque inadequado a células saudáveis pelo sistema imunológico, que tem de aprender a distinguir invasores a partir de células do próprio corpo. "Autoimune" significa imunidade contra si mesmo.

Hoje, existem comprovações de que o uso impróprio e repetido de antibióticos em crianças pequenas pode prejudicar o desenvolvimento e a "aprendizagem" de seus sistemas imunológicos, contribuindo para a rápida ascensão de males como diabetes do tipo 1, esclerose múltipla, doença de Crohn e colite.

O sistema imunológico humano não está totalmente formado quando nascemos. Assim como o cérebro, desenvolve-se e amadurece após o nascimento (os seres humanos têm o maior período de infância e desamparo entre todos os animais, o que permite um rápido crescimento e desenvolvimento do cérebro após o parto, uma vez que a maior parte do desenvolvimento e da aprendizagem ocorre por meio da interação com o meio ambiente). O sistema imunológico conta com uma habilidade inata para ativar os leucócitos a fim de destruir vírus ou bactérias invasores, mas também tem um sistema adquirido (ou adaptado) para aprender a se lembrar dos agentes e, assim, combatê-los com mais eficácia caso reapareçam. Esse sistema produz anticorpos que se associam aos invasores, de modo que os glóbulos brancos podem reconhecer a ameaça e destruí-la.

A essência do problema é que os antibióticos não fazem distinção entre bactérias nocivas e bactérias sociais. Ao tomarmos um antibiótico para combater uma doença, estamos destruindo criaturas necessárias para a manutenção de um equilíbrio saudável. "Eu gostaria de perder a linguagem da guerra. Ela presta um desserviço para todas as bactérias que evoluíram com os seres humanos e ajudam a manter a saúde de nossos corpos", afirmou Julie Segre, pesquisadora sênior do National Human Genome Research Institute.

Uma bactéria importante no microbioma humano, o *Helicobacter pylori* (ou *H. pylori*), afeta a regulação de dois hormônios fundamentais no estômago, envolvidos no equilíbrio da energia e do apetite. Segundo estudos genéticos, o *H. pylori* vive dentro de nós em grande número há mais 58 mil anos. Até um século atrás, era o micróbio mais comum encontrado no estômago da maioria dos seres humanos. No entanto, conforme relatado em 2011 em um importante estudo publicado na revista *Nature*, por Martin Blaser, professor de microbiologia e presidente do departamento de medicina da Escola de Medicina da Universidade de Nova York, estudos descobriram que "menos de 6% das crianças norte-americanas, suecas e alemãs têm o agente em seu organismo. Outros fatores podem ter participação nesse desaparecimento, mas os antibióticos estão entre os suspeitos habituais. Uma única administração de amoxicilina ou de um antibiótico macrolídeo, em geral prescritos para tratar inflamações respiratórias ou de ouvido em crianças, também pode erradicar o *H. pylori* em 20% a 50% dos casos".

É importante notar que a bactéria tem sido apontada como essencial para o controle de gastrites e úlceras. Barry Marshall, biólogo australiano que em 2005 ganhou o prêmio Nobel de Medicina por descobrir o *H. pylori*, observou: "Muitas pessoas morreram por falta de antibióticos para se livrar da bactéria". Ainda assim, vários estudos indicam que as pessoas que não contam com o *H. pylori* "são mais propensas a desenvolver asma, febre do feno ou alergias de pele durante a infância". A ausência também está associada ao aumento do refluxo e ao câncer de esôfago. Cientistas na Alemanha e na Suíça comprovaram que a introdução do agente nas entranhas de ratos funciona como proteção contra a asma. Por razões não totalmente decifradas, entre a população humana a asma teve um aumento de cerca de 160% em todo o mundo nas últimas duas décadas.

Um dos hormônios regulados pelo *H. pylori* é a grelina, uma das chaves para o apetite. Normalmente, os níveis de grelina caem depois de uma refeição, informando o cérebro que está na hora de parar de comer. Entre as pessoas que não têm a bactéria, os níveis de grelina não diminuem, e o sinal para parar de comer não é enviado. No laboratório dirigido por Martin Blaser, camundongos que receberam antibióticos suficientes para matar o *H. pylori* tiveram ganhos de gordura corporal mesmo com uma dieta inalterada. Curiosamente, enquanto os cientistas dizem não poder explicar por que as baixas doses de antibióticos na alimentação do gado elevam o ganho de peso dos animais, existe agora um novo indício de que isso pode estar associado a mudanças no microbioma.

A substituição de bactérias sociais benéficas dizimadas por antibióticos vem se revelando um tratamento eficaz para algumas doenças e condições causadas por micróbios nocivos, em geral combatidos pelos micróbios "do bem". Os probióticos, como são chamados, não são novos, mas alguns médicos agora tratam pacientes infectados com uma bactéria prejudicial conhecida como *Clostridium dificile* com a prescrição de um supositório para realizar um "transplante fecal".

Embora a ideia gere um sentimento de repugnância em muitos, o procedimento vem sendo considerado seguro e extremamente eficaz. Cientistas da Universidade de Alberta, depois de analisar 124 transplantes fecais, descobriram que 83% dos pacientes apresentaram melhora imediata com a restauração do microbioma interno. Outros estudiosos trabalham para desenvolver remédios destinados a restaurar bactérias sociais benéficas desaparecidas do microbioma dos pacientes.

Assim como estamos conectados e dependemos dos 100 trilhões de micróbios que vivem em cada um de nós do nascimento até a morte, também somos dependentes das formas de vida que nos cercam e da Terra propriamente dita. Elas fornecem serviços vitais, da mesma forma como os micróbios em nossos corpos. Da mesma forma como o rompimento artificial das comunidades microbianas internas pode criar um desequilíbrio na ecologia do corpo e prejudicar nossa saúde, o rompimento do sistema ecológico da Terra também pode levar a um desequilíbrio ameaçador.

As consequências do rompimento em larga escala do sistema ecológico do planeta (e o que podemos fazer para evitar isso) são assuntos abordados no próximo capítulo.

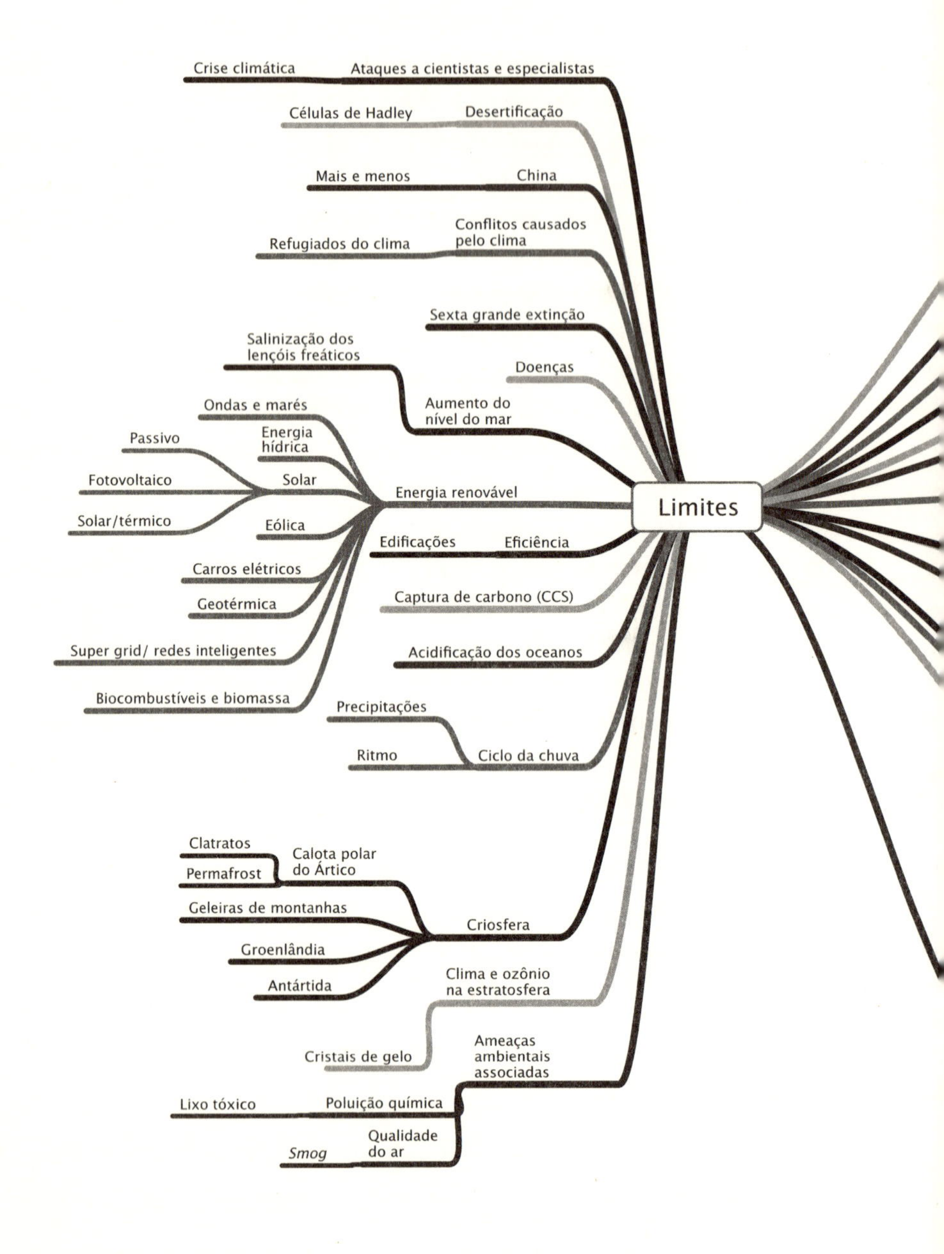

Limites
Crise climática
Ataques a cientistas e especialistas
Células de Hadley
Desertificação
Mais e menos
China
Conflitos causados pelo clima
Refugiados do clima
Sexta grande extinção
Salinização dos lençóis freáticos
Doenças
Aumento do nível do mar
Ondas e marés
Energia hídrica
Passivo
Fotovoltaico
Solar
Solar/térmico
Eólica
Energia renovável
Edificações
Eficiência
Carros elétricos
Geotérmica
Captura de carbono (CCS)
Super grid/ redes inteligentes
Acidificação dos oceanos
Biocombustíveis e biomassa
Precipitações
Ritmo
Ciclo da chuva
Clatratos
Permafrost
Calota polar do Ártico
Geleiras de montanhas
Criosfera
Groenlândia
Antártida
Clima e ozônio na estratosfera
Cristais de gelo
Ameaças ambientais associadas
Lixo tóxico
Poluição química
Smog
Qualidade do ar

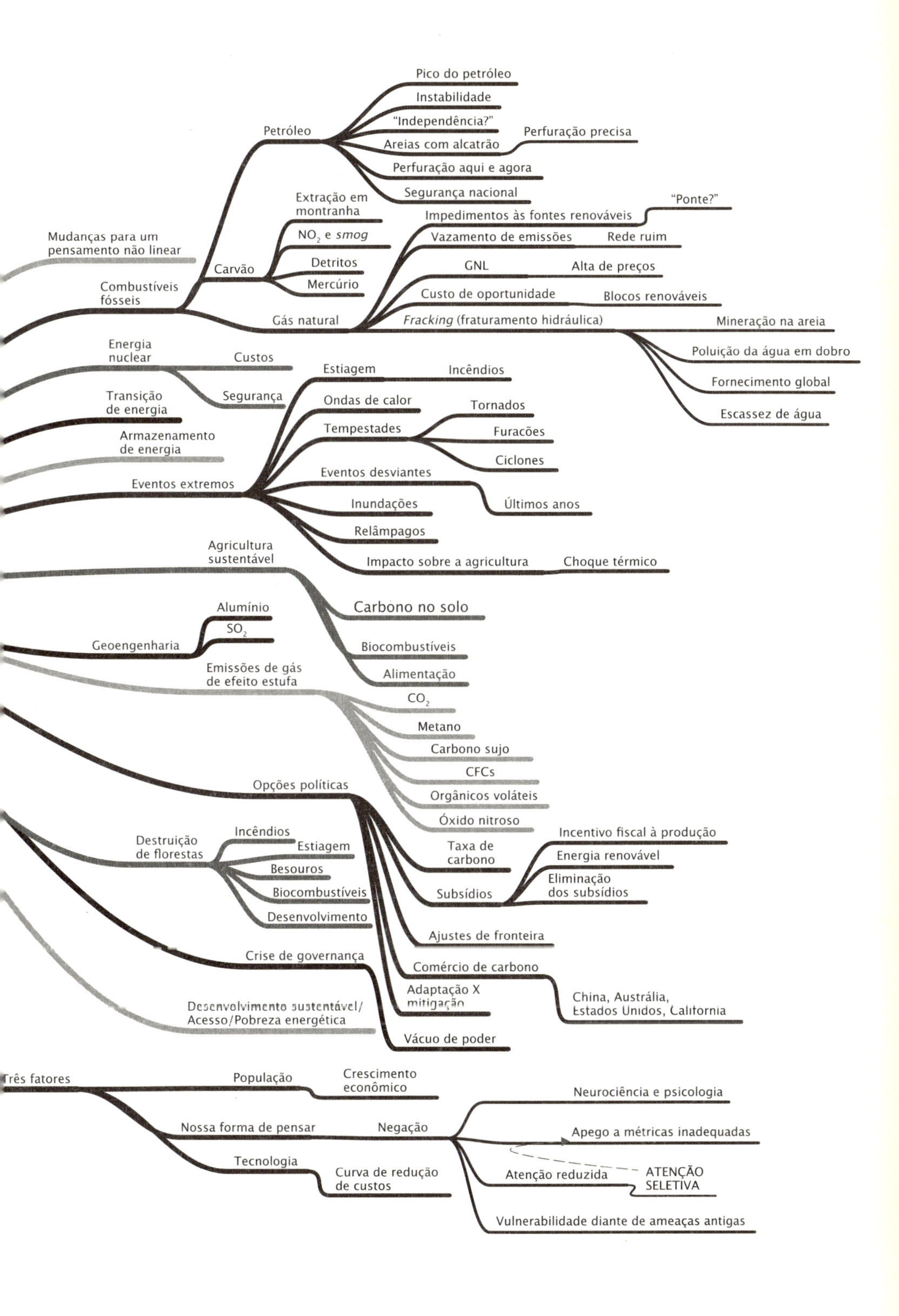

Pico do petróleo
Instabilidade
"Independência?"
Petróleo
Perfuração precisa
Areias com alcatrão
Perfuração aqui e agora
Segurança nacional
Extração em montranha
"Ponte?"
Impedimentos às fontes renováveis
Mudanças para um pensamento não linear
NO$_2$ e *smog*
Vazamento de emissões
Rede ruim
Detritos
GNL
Alta de preços
Carvão
Mercúrio
Combustíveis fósseis
Custo de oportunidade
Blocos renováveis
Gás natural
Fracking (fraturamento hidráulica)
Mineração na areia
Energia nuclear
Custos
Poluição da água em dobro
Estiagem
Incêndios
Transição de energia
Segurança
Fornecimento global
Ondas de calor
Tornados
Escassez de água
Tempestades
Furacões
Armazenamento de energia
Ciclones
Eventos desviantes
Eventos extremos
Inundações
Últimos anos
Relâmpagos
Agricultura sustentável
Impacto sobre a agricultura
Choque térmico
Carbono no solo
Alumínio
SO$_2$
Geoengenharia
Biocombustíveis
Emissões de gás de efeito estufa
Alimentação
CO$_2$
Metano
Carbono sujo
CFCs
Opções políticas
Orgânicos voláteis
Óxido nitroso
Incêndios
Incentivo fiscal à produção
Destruição de florestas
Estiagem
Taxa de carbono
Energia renovável
Besouros
Eliminação dos subsídios
Biocombustíveis
Subsídios
Desenvolvimento
Ajustes de fronteira
Crise de governança
Comércio de carbono
Adaptação X mitigação
China, Austrália, Estados Unidos, Califórnia
Desenvolvimento sustentável/ Acesso/Pobreza energética
Vácuo de poder
Três fatores
População
Crescimento econômico
Neurociência e psicologia
Nossa forma de pensar
Negação
Apego a métricas inadequadas
Tecnologia
Curva de redução de custos
Atenção reduzida
ATENÇÃO SELETIVA
Vulnerabilidade diante de ameaças antigas

6

LIMITES

O PODER EMERGENTE E O ACELERADO DINAMISMO QUE CARACTERIZAM a Terra S.A., a rápida expansão dos destrutivos padrões de consumo de recursos, a ausência de uma liderança global e a governança disfuncional na comunidade dos países são fatores que se combinaram de modo a gerar fluxos de poluição seriamente prejudiciais para o equilíbrio climático do planeta, elemento essencial à sobrevivência humana.

Temos demorado para reconhecer o extremo perigo que estamos criando, em parte por causa da velocidade com que se transformou radicalmente a relação entre a humanidade e o sistema ecológico da Terra, em decorrência da conjunção relativamente recente de três fatores básicos. Em primeiro lugar, os índices demográficos quadruplicaram em menos de um século (e continuam aumentando). Em segundo, está o predomínio da análise de curto prazo em nossa maneira de pensar, que, tanto individual quanto coletivamente, permanece distorcida por hábitos de raciocínio herdados de nossos antepassados pré-históricos, que tiveram de sobreviver a ameaças muito diferentes das que enfrentamos hoje. E, por fim, há o poder das tecnologias de uso comum, agora bem maior do que o das disponíveis há poucas gerações.

O uso constante de combustíveis fósseis ricos em carbono (responsáveis por 85% da energia que alimenta a Terra S.A.) resulta no despejo, a cada 24 horas, de cerca de 90 milhões de toneladas de agentes poluentes que contribuem para o aquecimento global: são lançados como esgoto a céu aberto na incrivelmente fina camada de atmosfera que cobre nosso planeta. Em termos de peso, isso significa, *diariamente*, mais de 5 mil vazamentos de petróleo como o que ocorreu na plataforma Deepwater Horizon, no Golfo do México, somados às perigosas concentrações que tiveram início com os acúmulos decorrentes da Revolução Industrial, os quais cresceram de forma dramática nas últimas cinco décadas – e continuam em aceleração.

Em consequência, a civilização humana entra em choque com o mundo natural, causando graves danos a sistemas importantes, que garantem a prosperidade de nossa espécie. Não faltam sinais dessa colisão: a extinção estimada de 20% a 50% das espécies do planeta ainda neste século; a destruição das maiores e mais importantes florestas do mundo; a acidificação dos oceanos, com a eliminação de importantes espécies de peixes e a iminente perda dos recifes; o acúmulo de antigos resíduos químicos tóxicos que representam uma ameaça persistente ao ser humano e a outras formas de vida; o desgaste do solo e dos lençóis freáticos em ritmo insustentável; e muito mais.

A manifestação isolada mais importante e ameaçadora desse processo é a crise climática. Por ser muito fina, a atmosfera da Terra apresenta alta vulnerabilidade à mudança drástica em sua composição química, processo decorrente do constante e imprudente fluxo de volumes imensos de lixo químico gasoso. Esse crescente manto de poluição enfraquece a capacidade da atmosfera de garantir o equilíbrio radiativo entre o planeta e o Sol, retendo em sua camada mais baixa, a cada dia, uma energia térmica correspondente à de 400 mil bombas atômicas como a que foi lançada em Hiroshima. Isso altera seriamente o ciclo da água da Terra, comprometendo valiosos equilíbrios ecológicos e gerando vários outros distúrbios na natureza, incluindo plantas e animais dos quais dependemos para sobreviver.

A boa notícia é que podemos começar a resolver a crise climática, desde que despertemos para a realidade das circunstâncias e tomemos a decisão de priorizar o futuro da civilização humana. Para isso, não basta reconhecer o perigo, mas também a oportunidade inerente a essa crise. Significa abandonar a ilusão de que pode haver alguma tecnologia inteligente e rápida capaz de "consertar" a emergência planetária – a qual, na verdade, requer uma ampla estratégia global, a fim de adaptar nossos sistemas energéticos (em especial, o de geração de eletricidade), industrial, agrícola e silvicultural, bem como nossas tecnologias de construção, transporte e mineração, entre outros, a um padrão de alta eficiência e baixa liberação de carbono.

É verdade que, quando paramos para pensar na complexidade e na magnitude da reação necessária, a tarefa parece assustadora. Porém, alguns avanços tecnológicos recentes, que permitem vislumbrar bons resultados, vêm ganhando eficácia e se disseminando com velocidade acima do previsto. A escala dos mercados de energia renovável provocou uma redução de custos muito mais drástica do que se imaginava. O preço da eletricidade gerada com tecnologia solar e eólica caiu tão rapidamente que, em algumas áreas do mundo, as duas modalidades já se tornaram competitivas em termos de preço médio praticado no mercado. Numa perspectiva realista, até 2015 as alternativas renováveis serão a segunda maior fonte de geração de energia no planeta.

ALTERNATIVAS REAIS

Quanto maior a quantidade de energia gerada a partir de recursos solares e eólicos, menor o custo. Com o petróleo e o carvão ocorre o contrário, pois o custo sobe com a continuidade da exploração. Além disso, o "combustível" do qual se valem os sistemas de alimentação solar e eólica não tem limites. A Terra recebe a cada hora uma quantidade de energia solar potencialmente utilizável maior do que a necessária para abastecer o consumo mundial de um ano inteiro. O potencial para a energia eólica também excede a demanda energética do planeta em várias vezes.

No verão de 2012, houve períodos em que mais da metade da eletricidade consumida na Alemanha veio de fontes renováveis de energia. Alguns especialistas em investimentos acreditam que, em base mundial, até mesmo a mais conservadora estimativa de redução constante dos custos da eletricidade fotovoltaica resultará na ascensão meteórica de sua participação de mercado na capacidade de geração dos próximos anos – a ponto de, na próxima década, quase metade da geração elétrica adicional do mundo inteiro provir de fonte solar.

Em 2010, pela primeira vez na história, os investimentos globais em energia renovável superaram os valores alocados na produção de combustíveis fósseis (US$ 187 bilhões contra US$ 157 bilhões). No mesmo ano, nos Estados Unidos, as instalações solares fotovoltaicas cresceram 102%

em relação a 2009. Na década anterior, 166 projetos de construção de fábricas movidas a carvão foram cancelados, em grande parte por causa da oposição da opinião pública.

Cada vez mais, arquitetos e engenheiros utilizam novos projetos e tecnologias para reduzir o consumo de energia e os custos operacionais das construções. A novidade é particularmente importante porque cerca de 30% de todas as emissões de carbono se originam da construção civil, e dois terços de todas as edificações necessárias em 2050 ainda estão para ser erguidos. Segundo um relatório da Agência de Proteção Ambiental norte-americana, "em média, 30% da energia consumida em edifícios comerciais é desperdiçada. A melhor maneira de eliminar essa perda, reduzir as emissões e economizar dinheiro é buscar a eficiência energética."

Centenas de milhões de pessoas já mudaram seus hábitos de compras, passando a privilegiar bens e serviços com baixas emissões de carbono. Em consequência, empresas e setores vêm se esforçando para reduzir suas emissões e adotar estratégias lucrativas baseadas na sustentabilidade e na adoção de fontes renováveis de energia. Medidas que visam ao melhor aproveitamento energético estão sendo implementadas em larga escala. Porém, no total, as emissões de gases causadores do efeito estufa devem continuar a crescer de forma ameaçadora antes que sejam implementadas políticas de governo a fim de incentivar a transição para um modelo com menor produção de carbono.

Para chegar a essa transição mais rapidamente, e no ritmo necessário para começar a resolver a crise climática, primeiro temos de construir um consenso político – a começar pelos Estados Unidos – que se torne global e forte o suficiente para sustentar as mudanças essenciais: é vital fixar um preço de mercado adequado para as emissões de poluentes que causam o aquecimento, por meio de um imposto sobre o carbono, da imposição de limites decrescentes para as emissões e de mecanismos de mercado que promovam a eficiência máxima na alocação de gastos para garantir reduções globais.

Líderes da sociedade civil também precisam estabelecer um preço político e social para a veiculação desonesta de informações falsas sobre a crise por parte dos cínicos que negam o aquecimento global – muitos deles, na tentativa de preservar modelos de negócios daninhos porém lucrativos. Para tanto, propagam confusão, espalham dúvidas e semeiam a discórdia política, com o objetivo de retardar o reconhecimento da realidade e postergar a chegada a um consenso.

Em resumo, eis a escolha que temos de fazer: ou transformamos a solução para a crise climática em prioridade mundial, ou as condições hostis que estamos criando vão se intensificar, tornando ainda mais sufocante o "cobertor" de poluentes que cobre nosso planeta – e destruindo a viabilidade da civilização que conhecemos hoje.

Ao longo da história, configuramos os padrões de nossas vidas e o curso de nossa organização de forma a se encaixarem com precisão em uma variedade relativamente pequena de regimes conhecidos de temperaturas, ventos e chuvas, litorais, rios, nevascas e geadas. Construímos nossas comunidades em lugares que chamamos de lar – perto da água que bebemos e de campos que produzem nossa comida –, em um mundo com contornos naturais que mudaram muito pouco no decorrer de mais de 300 gerações.

Desde o recuo das geleiras no fim da última era glacial, não muito antes da construção das primeiras cidades e da invenção da escrita (que permitiu a preservação da memória), damos como certos, duradouros e relativamente estáveis os padrões dos fluxos dos rios e correntes marinhas, dos períodos de calor e das ondas de frio, da estação chuvosa e do período de seca, do plantio na primavera e da colheita no outono, da presença de girinos e borboletas, além de outros fenômenos naturais que caracterizam o mundo há quase dez milênios. Assim como o peixe não sabe que vive na água (porque *só* conhece esse ambiente), nós nunca conhecemos nada além das condições planetárias que permitiram o desenvolvimento da humanidade.

Todos os nossos predecessores deixaram contribuições para o legado do empreendimento humano. Cada geração desfrutou das benesses proporcionadas pela natureza: a polinização das culturas e das plantas silvestres pelos insetos e outros animais, a purificação de água pelo solo e vários outros benefícios ecológicos que os economistas modernos chamam de "serviços dos ecossistemas".

Tudo isso, e muito mais, sempre foi considerado por nós como processos garantidos, imutáveis. Não são: vivemos agora uma situação em que tudo isso (e muito mais) está sob risco. Grandes mudanças provocadas pelo homem no padrão climático que conhecemos hoje podem reorganizar radicalmente a natureza, a ponto de ser difícil imaginar os desafios que nossa espécie terá de enfrentar. Quando retirado da água, o peixe não sobrevive. Pela mesma razão, o rompimento radical com as condições em que nossa civilização sempre se baseou (não há alguns anos, mas há milênios) também torna improvável a sobrevivência de qualquer criatura em sua forma atual ou similar.

SEGURANÇA E ESTABILIDADE

Há tempos sabemos que uma das consequências dos graves distúrbios no padrão climático é o maior risco de instabilidade política. Na verdade, esse risco constitui uma das principais razões pelas quais os militares e especialistas em segurança nacional dos Estados Unidos há tempos se preocupam mais com o aquecimento global do que a maioria dos políticos eleitos. Em muitas regiões do mundo, a governança já se encontra sob enorme tensão, uma vez que vários estados enfraquecidos, como a Somália, o Iêmen e o Zimbábue, representam árduos desafios para as nações vizinhas. Os problemas trazidos pelas grandes alterações nos padrões climáticos poderiam levar muitos países a um ponto de ruptura.

Depois de uma simulação de guerra realizada pela National Defense University, dos Estados Unidos – a fim de avaliar as consequências geopolíticas da migração em massa de refugiados climáticos das regiões baixas de Bangladesh –, o general A. N. M. Muniruzzaman, líder do Bangladesh Institute of Peace and Security Studies, declarou: "Em 2050, milhões de pessoas sem lar tomarão não apenas nossa terra e nossos limitados recursos, mas nosso governo, nossas instituições e nossas fronteiras".

As poucas exceções à relativa estabilidade climática de que sempre desfrutamos comprovam a regra. Um estudo recente, publicado por David Zhang e colegas nos *Proceedings of the National Academy of Sciences*, relacionou flutuações climáticas relativamente pequenas, ocorridas no passado, a conflitos civis. A pesquisa apontou que "a desaceleração econômica decorrente dos fatores climáticos foi a causa direta de crises humanas em grande escala na Europa pré-industrial e no hemisfério norte". Nossa trajetória registra os perturbadores efeitos de variações comparativamente suaves nas condições predominantes em que os seres humanos se desenvolveram:

- O quente período medieval teve relação com o desaparecimento da civilização maia, na América Central, e com a colonização temporária do sul da Groenlândia por agricultores escandinavos.
- Durante a Idade do Gelo, esquimós vestidos com roupas de pele remaram a bordo de seus caiaques rumo à Escócia. Um pouco mais

ao sul, milhões de pessoas morreram por causa de um surto de fome concentrado na França.

- Grandes chuvas ocorridas no século 14 na China desencadearam uma cadeia de eventos que, por fim, resultou na Peste Negra, doença que dizimou um quarto da população europeia.
- Em 1815, a extraordinária erupção do vulcão Tambora, na Indonésia, encheu de partículas a atmosfera da Terra e gerou o "ano sem verão" (1816), com quebra de safras em vários lugares do planeta, uma onda de revoltas na Europa e, em muitas regiões, migrações em massa de pessoas em busca de comida e de calor.

Todos esses eventos foram exemplos extremos e raros que, no entanto, permaneceram dentro das fronteiras naturais das variações do padrão climático conhecido pelo ser humano. E, por mais terríveis que tenham sido, as catástrofes resultantes foram temporárias, com duração relativamente curta.

Os desequilíbrios climáticos bem mais acentuados que provocamos hoje ameçam colocar o planeta sob um estado de emergência mais duradouro do que somos capazes de imaginar. Estima-se que 25% de todo o carbono lançado na atmosfera em 2013 contribuirá para o aumento das temperaturas pelos próximos 10 mil anos, no mínimo. Se provocarmos o derretimento das calotas polares da Antártida e da Groenlândia, elas provavelmente não se recuperarão em uma escala de tempo relevante para a espécie humana.

Desde que as medições precisas começaram a ser feitas, a partir dos anos 1880, a última década registrou nove entre os dez anos com temperaturas mais altas de todos os tempos – e esse calor extraordinário já prejudica milhões de vidas. Fenômenos climáticos extremos e destrutivos, antes raros, estão mais comuns e impactantes. Alguns, até agora definidos como "acontecimentos observados uma vez a cada mil anos", acarretam enormes perdas econômicas e humanas. E, de acordo com as previsões, devem se tornar ainda mais frequentes e bem mais intensos.

Entre os exemplos recentes estão as imensas inundações que atingiram o Paquistão e desabrigaram 20 milhões de pessoas, desestabilizando ainda mais um país detentor de armas nucleares. Ondas de calor sem precedentes na Europa, em 2003, mataram 70 mil pessoas, e na Rússia, em 2010, causaram 55 mil mortes, além de vários incêndios e prejuízos para a agricultura, o que elevou os preços dos alimentos a níveis recordes. Enchentes no nordeste da Austrália, em 2011, cobriram uma área equivalente aos territórios da França e da Alemanha juntos. Houve grandes secas no sul da China e no sudoeste da América do Norte, em 2011, e uma estiagem ainda mais intensa atingiu mais da metade dos Estados Unidos em 2012. O furacão Sandy, em 2012, devastou partes de Nova Jersey e de Nova York, sem contar inúmeros vendavais e tempestades incomuns que afligiram distintas regiões do mundo.

O ciclo da água – pelo qual ela evapora dos oceanos, cai na terra como chuva e alimenta os fluxos dos rios, retornando ao mar – está sendo radicalmente intensificado e acelerado em consequência do aquecimento global. O aumento da temperatura dos oceanos faz com que um volume *maior* de água evapore. Além disso, o ar mais quente *retém* mais vapor (quando tomamos um banho frio, o espelho sobre a pia não embaça, ao contrário do que acontece quando nos banhamos na ducha quente). Com muito mais água na atmosfera, é maior a energia que alimenta a proporção e o poder destrutivo das tempestades.

Os cientistas já aferiram 4% a mais de vapor de água na atmosfera sobre os oceanos e, embora não pareça alto, esse percentual exerce grande efeito sobre o ciclo da água. Como chegam se precipitar num raio de até 2 mil quilômetros, as tempestades em geral se alimentam do vapor de uma grande área do céu e o interiorizam para regiões onde as condições favorecem a formação de uma chuva torrencial.

Por analogia, se você tirar o tampão de uma banheira cheia, o fluxo não se formará apenas pela água próxima ao ralo, mas do volume da banheira toda. Da mesma forma, as grandes bacias de vapor de água espalhadas pelo céu são canalizadas para os "ralos" abertos sobre a terra, representados por tempestades e nevascas. Como essas bacias acumulam muito mais vapor do que era usual no passado, as chuvas ficam mais intensas e geram inundações maiores. O fluxo de água das inundações percorre a terra, causando a erosão do solo. E apenas um pequeno volume escoa através do solo para reabastecer os lençóis subterrâneos.

A mudança climática também provoca a desertificação por conta das alterações nos padrões de circulação atmosférica e da estiagem que castiga a terra e a vegetação. O calor ampliado, que faz evaporar mais água dos oceanos, também acelera a evaporação da umidade do solo, ocasionando secas maiores, mais intensas e mais abrangentes. Como o reabastecimento de umidade pelas "bacias" atmosféricas leva muito tempo, várias áreas do mundo passam por longos períodos sem chuva intercalados por precipitações extraordinárias.

Esses períodos prolongados de temperaturas elevadas entre as ocorrências de chuva provocam secas mais abrangentes e até mais intensas. Sem vegetação, a superfície começa a absorver mais calor e, quando a umidade do solo desaparece e a terra "assa", aumentam ainda mais a temperatura e a vulnerabilidade do solo à erosão provocada pelo vento.

O ressecamento e desidratação dos celeiros agrícolas mais produtivos do mundo anunciam uma crise alimentar que pode acarretar consequências políticas e humanitárias inimagináveis. Marianne Bänziger, uma das principais líderes do International Maize and Wheat Improvement Center, no México, lamentou: "Existe um descompasso imenso, pois as pessoas parecem não entender o real perigo da situação em que estamos".

As consequências para a produção de alimentos e para a disponibilidade de água são extremamente graves. Em 2012, sobretudo em decorrência de fatos relacionados ao clima que levaram à redução das colheitas, o mundo viveu um mês de alta recorde no preço de alimentos, com novos picos previstos para 2013. Mais de 65% do território norte-americano enfrentou condições de estiagem em 2012. Além dos impactos sobre a agroindústria no norte dos Estados Unidos, Rússia, Ucrânia, Austrália e Argentina, em muitos países tropicais e subtropicais a agricultura de subsistência tem sido duramente atingida pelas alterações na frequência, duração e magnitude dos padrões pluviométricos, devido ao rompimento do ciclo hidrológico decorrente do aquecimento global. Como Ram Khatri Yadav, rizicultor do nordeste da Índia, declarou a Justin Gillis, do *New York Times*, "a chuva não cai na época das chuvas, mas chove na estação das secas. A temporada de frio também está diminuindo".

Em paralelo com os impactos discutidos no capítulo 4 – entre eles, o desgaste do solo fértil e das águas subterrâneas e a competição que os agricultores enfrentam por terra e água com as demandas de cidades em rápido crescimento, da indústria e da produção de biocombustíveis –, o aumento das temperaturas ameaça muitas culturas alimentares, com catastróficas reduções de produtividade decorrentes apenas do desequilíbrio térmico. David Lobell e Wolfram Schlenker, pesquisadores das universidades de Stanford e de Columbia, respectivamente, fizeram um estudo sobre o impacto da elevação da temperatura no rendimento das lavouras. "Acredito que houve uma subvalorização da sensibilidade das culturas ao calor e à velocidade na qual ele está aumentando", afirmou Lobell.

Nos últimos três anos, uma nova pesquisa científica derrubou a teoria (defendida há tempos por especialistas agrícolas) de que, desde que não haja seca, a produção de alimentos seria relativamente pouco afetada pelo aumento da temperatura. Muitos achavam que níveis mais altos de CO_2 poderiam estimular o crescimento das plantas a ponto de compensar eventuais quedas de produtividade causadas pelo desequilíbrio térmico. Infelizmente, pesquisas mais detalhadas feitas para confirmar essa hipótese revelaram que o rendimento das culturas alimentares é suscetível a diminuir com mais velocidade sob temperaturas mais altas (num grau superior ao que se imaginava), e que o efeito de fertilização do CO_2 é bem menor do que o previsto. Além disso, as ervas daninhas parecem se beneficiar mais do gás carbônico adicional do que as lavouras de alimentos.

À medida que as temperaturas continuam a subir, o milho – alimento mais plantado no planeta – parece mais vulnerável ao estresse térmico. A produção do cereal começa a diminuir de acordo com a elevação das temperaturas nos meses de verão. Durante a estação no hemisfério norte (aproximadamente entre o início de março e o final de agosto), a cada dia em que as temperaturas superam os 29 °C, a produtividade dos milharais cai 0,7%.

Quando as temperaturas vão além dos 29 °C, o rendimento despenca ainda mais a cada grau adicional. Se as temperaturas nos Estados Unidos subirem de acordo com as projeções que levam em conta o aquecimento mundial, até o final deste século a produção de milho pode cair em até um terço somente em decorrência do calor, sem contar fatores como o agravamento das secas e o descontrole dos padrões de chuva. A soja é mais resistente, mas quedas de produtividade similares ocorrem quando as temperaturas começam a ultrapassar os 30 °C.

Nos dois hemisférios do planeta, a estação quente ficou mais longa, com a primavera chegando cerca de uma semana antes e o outono, uma semana depois. Além disso, o tamanho decrescente dos picos de neve das montanhas e geleiras vem contribuindo para piorar a escassez hídrica na agricultura de várias regiões importantes, causando inundações mais violentas na primavera e privando as regiões de água durante os meses quentes de verão, quando ela é mais necessária. Embora a preocupação esteja concentrada sobretudo nas temperaturas diurnas, os registros noturnos têm, no mínimo, a mesma importância, e tanto as projeções feitas em computador como as observações diretas confirmam que o aquecimento global eleva mais as temperaturas noturnas.

De acordo com alguns estudos, a cada grau extra nas temperaturas noturnas corresponde uma redução linear na produção de trigo. Uma pesquisa global sobre o impacto das mudanças climáticas na produtividade das culturas entre 1980 e 2010 mostrou que a produção mundial de trigo caiu cerca de 5,5% devido a fatores relacionados ao clima. Shaobing Peng, pesquisadora do International Rice Institute, das Filipinas, publicou suas conclusões na revista *Proceedings of the National Academy of Sciences*, apontando que o rendimento dos arrozais caiu 10% para cada grau Celsius acrescido às temperaturas noturnas na época seca da estação de crescimento – mesmo sem haver quedas significativas de produtividade associadas ao aumento das temperaturas máximas diurnas.

Doenças de plantas e pragas também aumentam em decorrência do aquecimento global. Temperaturas mais altas levam a uma dramática expansão da variedade de insetos nocivos às lavouras de alimentos, resultando no deslocamento desses agentes mais para o norte, no caso do hemisfério norte, e mais para o sul, no hemisfério sul, ou rumo a maiores altitudes. Uma equipe de cientistas especializados em agricultura, colaboradora da *Environmental Research Letters*, escreveu que "essas ampliações de variedades podem causar um impacto econômico substancial devido ao aumento de gastos com sementes e inseticidas, da queda da produtividade e das consequências negativas das mudanças na variabilidade das culturas".

Outros cientistas descobriram que níveis mais elevados de CO_2 favorecem as populações de insetos. Evan DeLucia, biólogo especializado em plantas que integra uma equipe de entomologistas da Universidade de Illinois, testou o impacto da maior presença de dióxido de carbono nas plantações de soja. Descobriu que pulgões e alguns besouros preferem ambientes ricos em gás carbônico; nas lavouras ali cultivadas, eles consomem mais plantas, vivem mais tempo e produzem mais ovos. "Isso significa que as perdas das colheitas podem aumentar no futuro", concluiu o estudioso.

Outros cientistas da equipe de DeLucia descobriram que níveis mais elevados de dióxido de carbono causam a neutralização de genes essenciais para a soja se defender dos insetos. Assim, a planta não só deixa de produzir substâncias que bloqueiam as enzimas digestivas do estômago dos insetos, como também perde a capacidade de atrair inimigos naturais dos besouros. Como resultado, de acordo com Clare Casteel, integrante da mesma equipe, a soja cultivada em níveis mais altos de CO_2 "parece estar indefesa contra a atuação dos herbívoros".

Parece haver uma relação entre temperaturas mais elevadas e o aumento das populações de pragas na maioria das regiões do mundo. Um dos líderes de um grupo internacional de pesquisa alocado na Ásia, Pramod K.

Agrawal, afirmou que "ambientes mais quentes e estações de secas mais prolongadas por causa das mudanças climáticas podem funcionar como o catalisador perfeito para o surgimento de pragas e de doenças, e já são consideráveis inimigos da produção de alimentos". Uma equipe de cientistas indianos observou que, como os insetos são criaturas de sangue frio, "a temperatura talvez seja o fator isolado mais decisivo para o comportamento, a distribuição, o desenvolvimento, a sobrevivência e a reprodução desses animais. Estima-se que basta uma elevação de 2 °C na temperatura para que os insetos apresentem de um a cinco ciclos de vida adicionais a cada estação".

Cientistas do International Center for Tropical Agriculture, por exemplo, descobriram que a cultura de mandioca no sudeste da Ásia (com valor anual estimado em US$ 1,5 bilhão) encontra-se seriamente ameaçada por pragas e doenças que se disseminam sob climas mais quentes. De acordo com o entomologista Tony Bellotti, "a situação das pragas da mandioca na Ásia é bastante séria. Mas, de acordo com nossos estudos, o aumento das temperaturas poderia tornar as coisas bem piores". Bellotti acrescenta que "um surto de uma espécie invasiva já é bastante ruim, porém as conclusões mostram que as mudanças climáticas podem desencadear vários surtos combinados em todo o Sudeste Asiático, no sul da China e nas regiões produtoras de mandioca do sul da Índia".

Alguns micróbios causadores de doenças humanas (e as espécies que carregam esses agentes) também vêm se diversificando. Nas zonas temperadas do planeta, em geral com alta densidade populacional, as condições climáticas predominantes que permitiram o desenvolvimento da civilização foram desfavoráveis para a sobrevivência de vários organismos patogênicos. Mas, com o deslocamento de faixas mais quentes para mais perto dos polos do planeta, alguns desses agentes também estão mudando de lugar.

De acordo com um estudo publicado na revista *Science*, que tem como um dos autores Andrew Dobson, pesquisador da Universidade de Princeton, o aquecimento global dissemina bactérias, vírus e fungos causadores de doenças humanas em áreas até então hostis a esses organismos. "A mudança climática vem afetando os ecossistemas naturais de uma forma que favorece a propagação de doenças infecciosas", acredita Dobson, que se declara preocupado com o acúmulo de provas desse fenômeno. Richard S. Ostfeld, coautor do estudo, disse: "Estamos alarmados porque, ao avaliar dados referentes a vários organismos diferentes, identificamos padrões incrivelmente semelhantes no aumento na propagação da doença e no agravamento do aquecimento global".

Embora o fluxo das viagens internacionais tenha aumentado de forma dramática e alguns insetos portadores de doenças sejam transportados involuntariamente de latitudes médias rumo a outras regiões, a alteração no clima inegavelmente contribui para espalhar males como a dengue e a febre do Nilo Ocidental, entre outros. A Union of Concerned Scientists afirmou que "a mudança climática afeta a ocorrência e propagação da doença por meio do impacto sobre a população atingida, a variedade de hospedeiros e de agentes patogênicos, a duração da época de transmissão e o tempo e a intensidade dos surtos".

Os estudiosos notaram que "eventos climáticos extremos, como chuvas ou secas intensas, muitas vezes desencadeiam surtos de doença, sobretudo em regiões mais carentes, nas quais as medidas de tratamento e de prevenção nem sempre são adequadas. Os mosquitos, em particular, são bastante sensíveis à temperatura". A melhoria dos sistemas de saúde pública é essencial para controlar a disseminação dessas doenças, mas vários países pobres vivem a pressão de buscar os recursos necessários para formar e contratar mais médicos, enfermeiros e epidemiologistas. Os pesquisadores também alertaram que, em muitas áreas de temperatura quente nas quais os agentes patogênicos e seus hospedeiros se espalham, "as populações atingidas têm pouca ou nenhuma imunidade, e as epidemias caracterizam-se por altos níveis de morbidade e mortalidade".

No verão de 2012, os Estados Unidos viveram o pior surto da febre do Nilo Ocidental desde que o problema ocorreu pela primeira vez na costa oriental de Maryland, em 1999, antes de se espalhar por todo o país em apenas quatro anos, durante um período de temperaturas excepcionalmente altas. Dallas, no Texas, foi a primeira cidade a decretar estado de emergência de saúde pública e, pela primeira vez desde 1966, recorreu à pulverização de suas áreas. Conforme a preocupação aumentava, os agentes de saúde começaram a pedir que a população parasse de telefonar para o 911 [número dos serviços de emergência nos Estados Unidos e Canadá] sempre que alguém fosse picado por um mosquito. A doença se propagou até o final de 2012 e chegou a 48 dos 50 estados norte-americanos, deixando pelo menos 234 vítimas fatais.

Em 2001, o falecido Paul Epstein, professor da Harvard Medical School e grande amigo, escreveu sobre a relação entre a febre do Nilo Ocidental e a crise climática. Mais tarde, declarou que "nós temos provas de que as condições que ampliam o ciclo de vida da doença são invernos suaves combinados com secas prolongadas e ondas de calor, ou seja, fenômenos climáticos extremos e de longo prazo associados às mudanças climáticas".

De acordo com o que Christie Wilcox escreveu na revista *Scientific American*,

> Existem previsões dos efeitos da mudança climática sobre a febre do Nilo Ocidental há mais de uma década. Se os estudiosos estiverem certos, os Estados Unidos estão no rumo de epidemias piores... Estudos demonstram que os mosquitos contraem o vírus com mais facilidade sob temperaturas mais elevadas, as quais também ampliam a probabilidade de transmissão, de modo que, quanto mais forte o calor, maior a chance de um mosquito que pica uma ave infectada contrair o vírus e transmiti-lo para um inocente hospedeiro humano. Nos Estados Unidos, os epicentros de transmissão têm sido intimamente associados a temperaturas acima da média do verão. Em particular, os surtos da febre do Nilo Ocidental no país coincidem com as ondas de calor, e a propagação do problema rumo ao oeste estava relacionada com o calor fora de época. As altas temperaturas também fizeram com que o vírus passasse de uma espécie de mosquito para outra, com hábitos mais urbanos, causando surtos em todo o país. Incidências recordes da doença estão associadas aos padrões climáticos globais e às consequências diretas das emissões de dióxido de carbono.

Em 2010, o mundo viveu o ano mais quente desde que se tem registros, encerrando a década mais quente já aferida. Em 2012, a alta das temperaturas quebrou novos recordes, e outubro foi o 332º mês seguido com temperaturas globais acima da média do século 20. A pior seca desde o Dust Bowl ocorrido em 1930 destruiu colheitas e secou o suprimento de água de várias comunidades. Muitos agricultores foram forçados a se adaptar à estiagem do solo, e a escassez hídrica provocou o acúmulo de toxinas no milho e em outras culturas que não conseguiram processar os fertilizantes à base de nitrogênio.

FEBRE MUNDIAL

Com o objetivo de identificar a diferença entre o aquecimento global e as variações naturais, James Hansen, o mais influente especialista em clima na comunidade científica, ao lado dos colegas Makiko Sato e Reto Ruedy, produziu uma inovadora análise estatística das temperaturas extremas de todo o mundo entre os anos de 1951 e 2010. O estudo comparava o período de referência habitual – 1951 a 1980 – com décadas mais recentes, em especial com os últimos anos, quando os impactos do aquecimento global se manifestaram de forma mais nítida, entre 1981 e 2010.

Ao desmembrar as temperaturas superficiais de quase todo o mundo em blocos de 388,5 quilômetros quadrados, Hansen conseguiu calcular a frequência de temperaturas extremamente elevadas (e de todas as demais temperaturas) nos últimos 60 anos. Os resultados – que não se baseavam em padrões climáticos, ciências meteorológicas ou nenhuma teoria de causalidade – demonstraram com clareza que houve um aumento de até cem vezes nas temperaturas extremamente altas nos últimos anos, em comparação com as décadas anteriores. A análise estatística apontou que, no período mais recente, as temperaturas extremas vêm ocorrendo regularmente em cerca de 10% da superfície da Terra, enquanto nas décadas anteriores os mesmos eventos atingiam apenas de 0,1% a 0,2% da superfície do planeta.

Para explicar essa diferença, Hansen recorreu a uma metáfora envolvendo dois dados, de seis faces. O primeiro mostraria a variação de temperaturas no período entre 1951 e 1980, com duas faces representando as épocas de temperatura "normal"; duas correspondentes à condição "mais quente do que o normal"; e as últimas duas simbolizando "mais frio do que o normal". No segundo dado – com a variação de temperaturas nos anos mais recentes –, haveria apenas uma face representando o "normal" e outra para "mais frio do que o normal". Outras três faces equivaleriam à condição "mais quente do que o normal" e a face restante apontaria a situação "*extremamente quente*" – períodos de calor muito fora do limite da variação observada até então.

Na linguagem estatística, o desvio-padrão define o quanto o intervalo de um conjunto particular de fenômenos difere do trajeto médio. As condições extremas (no caso, excepcionalmente quentes ou frias) ocorrem com muito menos frequência do que as condições médias ou próximas à média. Como costumavam ser mais raras, as ocorrências de temperaturas extremas causavam surpresa, mesmo quando se mostravam dentro da variação esperada. Estações que se revelassem a *três* desvios-padrão da média eram muito raras, mas ocorriam de vez em quando como parte da variação normal.

Hoje, a temperatura média é em geral mais quente, apesar da ocorrência de picos de frio, ainda que raros. Em outras palavras, toda a distribuição das temperaturas passou para um patamar mais elevado, e a curva em forma de sino da distribuição ganhou linhas um pouco mais amplas e achatadas, o que indica uma variação de temperaturas maior do que antes. A conclusão mais significativa é a de que a frequência de registros extremamente quentes subiu de maneira dramática.

Hansen supõe que a causa seja o aquecimento global – e, de fato, os resultados se mostram perfeitamente consistentes com o que os especialistas em mudanças climáticas alertam há tempo. Em novos estudos detalhados, Hansen e outros estudiosos do clima de todo o mundo comprovaram essa relação em um nível considerado "inequívoco" e "indiscutível" por quase toda a comunidade científica. Os resultados propriamente ditos se baseiam na observação das temperaturas que ocorrem no mundo real, ou seja, em fatos inquestionáveis e com consequências bastante claras.

Como observa um velho ditado comum no Tennessee, se você vir uma tartaruga em cima de um mourão de cerca, é muito provável que ela não chegou lá sozinha*. Hoje, estamos vendo tartarugas nos mourões em todo o mundo – e elas não foram parar lá por conta própria. É bastante óbvio que as temperaturas extremas e os eventos climáticos radicais decorrentes são como a tartaruga no mourão – não ocorreram sem interferência humana.

Em 2012, Jim Yong Kim, presidente do Banco Mundial, divulgou num estudo que as temperaturas devem subir 4 °C se não forem adotadas medidas drásticas para reduzir as emissões de CO_2, advertindo que "não existe certeza de que conseguiremos nos adaptar a um mundo 4 °C mais quente". Gerald Meehl, do National Center for Atmospheric Research, usou outra metáfora para explicar o que está acontecendo. Se um jogador de beisebol toma esteroides e faz um *home run*, sempre fica a dúvida: teria realizado a mesma façanha sem o *doping*? Mas uma coisa é certa – a ingestão de estimulantes ilegais aumenta a probabilidade de que ele espere fazer um *home run* na próxima oportunidade. Na metáfora de Meehl, as 90 milhões de toneladas de poluentes que jogamos na atmosfera a cada 24 horas são como esteroides para o clima. Um estudo inovador realizado em 2012, que avaliou as previsões feitas para a década anterior, mostrou que

* Antes dos pesticidas, os agricultores viam as tartarugas, as aves e os morcegos como seus amigos. Crianças que viviam em fazendas percorriam grandes distâncias para recolher tartarugas às vésperas da passagem do arado. Em geral, colocavam os animais sobre os mourões das cercas, libertando-os depois, em geral ao entardecer, quando não havia mais perigo.

as projeções para "o pior dos casos" são as que têm mais probabilidade de ocorrer.

O aumento da temperatura média global e as cada vez mais frequentes ondas de calor excepcional, observadas por Hansen e outros estudiosos, estão derretendo as regiões glaciais do planeta. Há apenas três décadas, o oceano Ártico ficava quase todo coberto de gelo tanto no inverno como no verão, a ponto de ser chamado de "calota polar norte". Nossos netos mal acreditarão, mas durante o ano todo essa massa gelada costumava separar a Eurásia da América do Norte e o Atlântico do Pacífico. Em 2012, o recorde de menores volume e área cobertos de gelo marcou uma aceleração no ritmo do derretimento: em três décadas, houve uma perda de 49% e, na opinião de muitos cientistas, pode-se chegar a uma redução de 100% em menos de dez anos.

Algumas empresas de transporte gostaram de saber que a desejada rota pelo mar do Norte agora fica aberta vários meses por ano. No verão de 2012, um navio chinês chamado *Snow Dragon* atravessou o polo Norte até a Islândia e voltou. Um cabo de fibra óptica de alta velocidade está sendo instalado por ali para ligar os mercados de ações de Tóquio e Nova York, com o objetivo de garantir mais velocidade nas transações feitas por computador. Frotas pesqueiras se preparam para explorar os ricos recursos naturais do oceano Ártico, até agora protegidos pelo gelo, e as marinhas de vários países discutem a presença militar na região, embora o debate também avalie a possibilidade de acordos para se chegar a soluções pacíficas em torno de questões sobre a segurança, a soberania e o desenvolvimento da região.

Várias empresas petrolíferas se animam com a perspectiva de novas oportunidades de perfuração, e algumas já estão transportando seus equipamentos para lá. No entanto, caso acontecesse no fundo do Ártico uma explosão similar à do desastre provocado pela BP em 2010, as consequências seriam bem mais catastróficas e insolúveis do que no Golfo do México ou em qualquer outro local onde já ocorreram grandes derramamentos de petróleo. A tecnologia relativamente nova, e imperfeita, utilizada para a perfuração em águas profundas envolve mais riscos do que as técnicas convencionais, pois no fundo do oceano a pressão é maior. Explorar petróleo no Ártico, sob risco de provocar um enorme vazamento em um ecossistema primitivo – no qual as operações de reparação e de salvamento são impossíveis na maior parte do ano –, é portanto uma iniciativa irresponsável. Em 2012, o presidente da petrolífera multinacional francesa Total surpreendeu seus colegas ao afirmar que a abertura de poços no oceano Ártico não deve acontecer porque representa riscos ecológicos inaceitáveis.

A ecologia do Ártico apresenta mudanças significativas. Em 2012, os cientistas ficaram chocados ao constatar a maior proliferação de algas já observada na Terra, ocupando as áreas abertas do oceano Ártico sob a camada de gelo remanescente – fenômeno nunca visto antes e até então considerado impossível. Os pesquisadores atribuíram a ocorrência à espessura finíssima do gelo que ainda resta e à abertura de várias piscinas em sua superfície, fatores que permitem que a passagem da luz solar forneça energia para o crescimento das algas.

As consequências do derretimento da calota polar norte devem incluir grandes impactos sobre os padrões climáticos que se estendem ao sul, na direção das zonas temperadas, em geral densamente povoadas. A absorção drasticamente maior de calor que ocorre no Ártico livre de gelo, durante o verão, vai impactar a localização e as características das correntes e das tempestades no inverno e no outono, alterando as correntes marinhas e os padrões climáticos de todo o hemisfério norte, e talvez além. Se o padrão de ventos e correntes marinhas que conhecemos ganhar uma configuração totalmente nova, o cenário antigo pode nunca mais voltar a ser o mesmo.

A área que cerca o oceano Ártico também dá sinais de aquecimento, descongelando áreas de tundra que abrigam quantidades enormes de carbono na vegetação morta. Conforme a paisagem degela, esses elementos apodrecem, e os micróbios transformam o carbono em CO_2 ou gás metano, dependendo do teor de umidade do solo. Depósitos imensos de metano também estão contidos em formações cristalinas congeladas chamadas clatratos, situadas na parte inferior de muitos lagos em torno do Ártico e em algumas regiões do fundo do oceano. O borbulhar do metano transporta a energia do calor para cima, o que derrete a camada superficial gelada e aumenta a absorção de calor no local, uma vez que os raios solares passam a incidir sobre a água em vez de serem refletidos pelo gelo.

Os cientistas lutam para estimar a quantidade de CO_2 e de metano que pode ser liberada, mas a imensa amplidão da área dificulta o cálculo. No entanto, já foram encontrados pontos de erupção de gás que superaram as expectativas nessa fase inicial do processo de aquecimento.

Além disso, em 2012 os estudiosos descobriram que provavelmente existem enormes depósitos de gás metano também sob o manto de gelo da Antártida, em volumes talvez tão grandes quanto os que hoje estão retidos na tundra e nos depósitos costeiros. Como os clatratos permanecem no lugar por causa das baixas temperaturas e das altas pressões, os cientistas temem que o afinamento do gelo da Antártida possa desencadear a liberação de metano.

As mudanças em curso na Antártida e na Groenlândia são objeto de um grande estudo desenvolvido por cientistas que pretendem estimar o quanto o nível do mar vai subir e em qual ritmo. As camadas de gelo das duas regiões estão perdendo estabilidade e massa de forma crescente, resultando em uma elevação do nível do mar superior à prevista há apenas uma década.

Ao longo da história da civilização urbana, o nível dos mares subiu de maneira suave e crescente, conforme as temperaturas mais altas do período interglacial provocaram a expansão térmica do volume do oceano e levaram ao derretimento do gelo terrestre. Mas, com o rápido acúmulo na atmosfera de CO_2 e outros gases de efeito estufa durante o último meio século, o aquecimento global se acelerou em quase todos os lugares do planeta (inclusive nas áreas glaciais).

É muito difícil fazer previsões sobre o ritmo de aumento do nível do mar, em parte porque muitos cientistas usam modelos baseados nos dados do recuo das geleiras no final da última era glacial, quando as condições eram bem diferentes. Novas medições das porções de gelo da Groenlândia e da Antártida, feitas por satélite e em tempo real, devem permitir uma compreensão científica mais precisa, mas essas análises vêm sendo feitas há pouco tempo e é preciso contar com mais estudos para que essas informações ganhem consistência aos olhos dos cientistas. Observações recentes, no oeste da Antártida e na Groenlândia, no entanto, confirmam a rápida perda das porções de gelo. Depois de um evento incomum que atingiu 97% da superfície da Groenlândia em julho de 2012, Bob Corell, presidente do Arctic Climate Impact Assesment, deu a tônica da repercussão entre seus colegas: "Ficamos absolutamente chocados".

James Hansen, por exemplo, acredita que estamos diante de uma perda exponencial de massa de gelo, e que, em consequência disso, a estatística mais relevante é a de duplicação da velocidade de degelo. Baseado em uma análise preliminar dos dados, Hansen considera provável que ainda neste século vejamos uma elevação do nível do mar em vários metros. Outros estudiosos ressaltam que na última vez em que as temperaturas na Terra subiram tanto, o nível do mar se elevou de 6 a 9 metros, embora o processo tenha levado milênios para se configurar.

Como vários países foram colonizados por imigrantes e, em alguns casos, por colonos que chegavam de navio (o comércio e o transporte dependiam basicamente das embarcações oceânicas), uma grande porcentagem das maiores cidades do mundo situa-se perto da costa. Na realidade, 50% da população mundial está concentrada a uma distância de 25 quilômetros dos litorais e, de acordo com a National Academy of Sciences dos Estados Unidos, "as populações costeiras em todo o mundo também crescem em ritmo fenomenal. Quase dois terços da população mundial (cerca de 3,6 bilhões de pessoas) vivem a até 160 quilômetros de distância do mar. Estima-se que, em três décadas, 6 bilhões de pessoas (ou quase 75% dos moradores do planeta) viverão perto dos litorais. Em grande parte do mundo em desenvolvimento, as populações costeiras estão explodindo".

Os moradores das regiões de baixa altitude, portanto, encontram-se especialmente vulneráveis ao aumento no nível do mar produzido pelo derretimento e pelo rompimento de grandes massas de gelo na Antártida e na Groenlândia. Um estudo recente feito por Deborah Balk e seus colegas do Cuny Institute for Demographic Research mostrou que cerca de 634 milhões de pessoas vivem em zonas costeiras de baixa altitude, e que os dez países com mais moradores em áreas ameaçadas são China, Índia, Bangladesh, Vietnã, Indonésia, Japão, Egito, Estados Unidos, Tailândia e Filipinas. Além disso, dois terços das cidades com mais de 5 milhões de habitantes localizam-se, pelo menos em parte, em áreas vulneráveis.

Algumas das populações que vivem em ilhas dos oceanos Pacífico e Índico e em deltas costeiros já começam a se mudar. Nas Filipinas e na Indonésia, grandes massas de ilhéus também estão em risco. O número de refugiados do clima deve crescer e pode chegar a mais de 200 milhões de pessoas ainda neste século, sobretudo por causa daqueles que terão de se afastar dos megadeltas do sul e sudeste da Ásia, China e Egito. Refugiados das áreas litorâneas de Bangladesh já lotam a capital Dhaka, e muitos se dirigiram mais para o norte, atravessando a fronteira rumo ao nordeste da Índia, em um movimento que vem agravando as tensões já existentes por conta de diferenças tribais e religiosas. Em 2012, esses conflitos deram origem a uma onda de medo que se espalhou por meio de mensagens de texto e e-mails que circularam por toda a Índia.

Todas essas regiões e várias outras também são ameaçadas por inundações relacionadas ao clima durante tempestades que surgem como ciclones intensos (ou furacões, como preferem os norte-americanos), os quais ganham energia a partir de mares mais quentes. Até mesmo pequenas elevações do nível do mar são ampliadas por tempestades que vêm do oceano. E com tempestades mais fortes, os impactos são cada vez maiores. Em 2011, por exemplo, Nova York entrou em estado de alerta quando um furacão ameaçou inundar o metrô da cidade (o que de fato aconteceu em 2012, com a chegada do furacão Sandy). Há tempos, Londres construiu barreiras entre o oceano e o rio Tâmisa – é possível fechá-las para proteger a cidade contra as elevações do nível da água, pelo menos por algum tempo – e agora discute outras medidas de emergência.

Como observado no capítulo 4, o maior crescimento populacional neste século vai ocorrer sobretudo em áreas urbanas. As cidades com maior população em risco diante da elevação dos mares são Calcutá, Mumbai, Dhaka, Guangzhou, Ho Chi Minh, Xangai, Bangcoc, Rangum, Miami e Hai Phong. As cidades com os ativos vulneráveis mais expostos ao aumento do nível do mar são Miami, Guangzhou, Nova York/Newark, Calcutá, Xangai, Mumbai, Tianjin, Tóquio, Hong Kong e Bangcoc.

Além disso, como alertou sir John Beddington, principal conselheiro científico do Reino Unido, muitos refugiados climáticos migraram para cidades costeiras de baixa altitude expostas às inundações e à elevação dos mares – sem saber, transferiram-se para locais que talvez tenham de abandonar daqui a um tempo.

Ao contrário do que as pessoas acreditam, a taxa de aumento do nível do mar não é uniforme em todo o mundo, porque algumas placas tectônicas que sustentam as porções de terra ainda estão lentamente se "recuperando" da última era glacial*. A Escandinávia e o leste do Canadá, por exemplo, foram "empurrados" para baixo pelo peso da última glaciação e agora se movem aos poucos para cima, muito tempo depois do recuo do gelo. Por outro lado, as áreas situadas nas extremidades opostas das mesmas placas – países litorâneos da Europa Ocidental e estados americanos próximos ao Atlântico, por exemplo – estão se movendo para baixo devagar, em uma espécie de efeito gangorra. Cidades como Veneza, na Itália, e Galveston, no Texas, também vêm afundando em decorrência de vários motivos complexos.

Uma vez que os oceanos mais quentes se expandem conforme suas moléculas se afastam – a expansão térmica dos oceanos contribuiu bastante para as elevações relativamente pequenas do nível do mar que vivemos

* Além disso, as alterações climáticas causadas por mudanças no campo gravitacional das camadas de gelo exercem efeitos mensuráveis sobre o aumento relativo do nível do mar em determinadas áreas.

até hoje –, regiões oceânicas com grandes acúmulos de água quente estão observando o mar subir em escala cada vez mais acentuada. A costa dos Estados Unidos entre a Carolina do Sul e Rhode Island é um exemplo. Mas todo a aumento ocorrido até agora não é nada comparado ao que os cientistas estimam que possa atingir o mundo inteiro, caso a temperatura na Antártida e na Groenlândia suba conforme as estimativas atuais.

Muitas áreas agrícolas de regiões costeiras de baixa altitude e regiões próximas de deltas de rios já sentem os impactos da elevação dos mares, por causa da invasão de água salgada nos aquíferos de água doce que garantem a sobrevivência de suas fazendas. Em 2012, a combinação do aumento do nível do mar com a intensa redução do fluxo do rio Mississippi, decorrente da estiagem que atingiu os Estados Unidos, comprometeu poços de água potável e lençóis freáticos no sul do estado, contaminados por fluxos de água salgada.

As características da água do mar também apresentam transformações. Cerca de 30% das emissões de CO_2 provocadas pela ação humana chegam ao oceano, onde se dissolvem em um ácido fraco, formando volumes enormes que já acentuaram os teores de acidez dos oceanos mais do que o registrado em qualquer momento dos últimos 55 milhões de anos, duração de um dos cinco grandes eventos de extinção registrados na história da Terra. O *ritmo* de acidificação é o mais veloz dos últimos 300 milhões de anos. Uma das preocupações imediata é que os níveis mais altos de acidez estejam reduzindo a concentração de íons de carbonato, essenciais para as espécies que produzem conchas e para os recifes. Todas essas estruturas são criadas a partir de várias formas de carbonato de cálcio, extraídas das águas do mar por pólipos de corais e conchas. A elevação da acidez do oceano, porém, interfere no processo de solidificação. Jane Lubchenco, diretora da National Oceanic and Atmospheric Administration dos Estados Unidos, define a acidificação dos oceanos como um processo "irmão gêmeo do mal".

Temperaturas mais altas nos oceanos (também uma consequência do aquecimento global provocado pelo homem) são especialmente daninhas para as algas que formam a "pele" colorida dos recifes e vivem em simbiose com os pólipos de coral. Quando a temperatura da água aumenta muito, as algas unicelulares conhecidas como zooxantelas abandonam o coral, deixando-o transparente e expondo a formação óssea que existe por baixo, em um processo conhecido como branqueamento. Os recifes conseguem se recuperar, mas vários episódios do gênero no espaço de poucos anos acabam sendo fatais.

Os recifes são particularmente importantes porque, de acordo com especialistas, cerca de um quarto de todas as espécies oceânicas passa pelo menos parte de seu ciclo de vida dentro, sobre ou perto dos corais. Os cientistas alertam que o mundo corre o risco de matar quase todos os recifes de corais existentes no oceano em apenas uma geração. Entre 1977 e 2001, 80% das formações do Caribe desapareceram – e o que restou, segundo os estudiosos, encontra-se sob ameaça de destruição antes de meados do século. O mesmo destino pode acometer formações existentes em todos os oceanos, inclusive a maior de todas, a Grande Barreira de Corais, situada na costa leste da Austrália. Em 2012, o Australian Institute of Marine Science anunciou que metade dos corais da barreira morreu nos últimos 27 anos.

Os recifes mais visíveis e conhecidos são os situados em águas quentes e profundidades relativamente rasas, mas pode haver um número igual ou até maior em águas frias mais profundas. Por causa da localização são menos estudados e documentados, mas os cientistas dizem que, como a água fria absorve mais CO_2 do que a água quente (basta ver como um refrigerante mantido na geladeira permanece mais carbonatado), muitos dos recifes de águas frias podem correr perigo ainda maior. Alguns estudiosos têm esperança de que essas formações sobrevivam, mas muitos acreditam que poucas conseguirão resistir à combinação de oceanos mais ácidos, temperaturas mais elevadas, poluição e pesca abusiva de espécies importantes para a saúde dos recifes.

A crescente absorção de CO_2 nos oceanos também interfere na reprodução de algumas espécies. Entre as criaturas produtoras de conchas ameaçadas estão os pequenos zooplânctons, de conchas bem finas, que desempenham papel importante na base da cadeia alimentar oceânica. Ainda há muita pesquisa a ser feita sobre o tema, mas não faltam especialistas que já manifestam preocupação com essa essencial forma de vida marinha.

Algumas áreas oceânicas, como partes já estudadas da região costeira do sul da Califórnia, revelaram características *corrosivas*. Em alguns pontos da costa do Oregon, a água do mar está matando mariscos de alto valor comercial. Especialistas notaram que, mesmo que as emissões de CO_2 fossem zeradas em curto prazo, demoraria dezenas de milhares de anos para que a química dos oceanos voltasse a um estado comparável ao existente até o século passado.

O aquecimento global e a acidificação provocada pelo CO_2 estão levando ao declínio de cardumes e da biodiversidade marinha, já prejudicados por outras atividades humanas, como a pesca descontrolada. De acordo com a ONU, quase um terço de todas as espécies de peixes é superexplorado. A pesca abusiva, descrita no capítulo 4, provocou a perigosa diminuição de até 90% dos peixes de maior porte, como o atum, o marlim e o bacalhau.

Algumas técnicas utilizadas na pesca comercial – como a que emprega dinamite (ainda praticada em países em desenvolvimento que contam com recifes de corais) e o arrastão (a região nordeste do Atlântico tem sido particularmente atingida por tal prática) – causam danos extras para ecossistemas oceânicos importantes para a sobrevivência da vida marinha. Apesar de alguns notáveis desenvolvimentos na atividade pesqueira, o quadro geral ainda é muito preocupante. A combinação de uma série de fatores constitui uma ameaça sinérgica à saúde dos oceanos.

Assim como os recifes de corais, outros hábitats essenciais para o mar, como os manguezais de diversas zonas costeiras, também estão em risco. Além disso, a quantidade crescente de zonas mortas oceânicas, perto da foz dos principais sistemas fluviais, vem dobrando a cada década. As elevadas concentrações de nitrogênio e de fósforo contidas na água e no esgoto liberados pela agricultura alimentam o crescimento de algas – quando estas são consumidas por bactérias, grandes áreas do oceano ficam privadas de oxigênio, formando as zonas mortas.

Por ironia, a histórica seca que atingiu os Estados Unidos em 2012 reduziu o fluxo de água (bem como os teores de nitrogênio, fósforo e outras substâncias químicas) do Mississippi rumo ao Golfo do México, de tal forma que a grande zona morta concentrada nas proximidades da foz daquele rio ficou temporariamente mais limpa.

Em conferência sobre a vida marinha realizada no verão de 2011 na Universidade de Oxford, um grupo de especialistas chegou a algumas respostas: "Esta avaliação das ameaças sinérgicas leva à conclusão de que subestimamos os riscos globais, de que toda a degradação marinha é maior do que a soma de suas partes e de que essa destruição acontece em ritmo mais veloz do que o previsto... Quando somamos tudo isso, fica claro que estamos em uma situação que pode levar a grandes extinções de organismos nos oceanos... É evidente que os tradicionais valores econômicos e de consumo que antes serviam bem à sociedade, combinados com as atuais taxas de crescimento populacional, tornaram-se insustentáveis".

MITIGAÇÃO X ADAPTAÇÃO

Há pelo menos três décadas a comunidade internacional debate a importância relativa da redução das emissões de gases de efeito estufa com o objetivo de *conter* a crise climática na comparação com as estratégias para a *adaptação* a esse estado de coisas. Alguns dos que tentam minimizar a gravidade do aquecimento global e se opõem à maioria das políticas de reparação sugerem, com frequência, a adaptação como substituta da mitigação.

Esses estudiosos defendem a ideia de que, da mesma forma como a humanidade conseguiu se adaptar a todos os nichos ecológicos do planeta, podemos muito bem aceitar as consequências do aquecimento global e nos moldar a elas. Recentemente, em uma acalorada discussão com o veterano ativista David Fenton, o presidente da Exxon-Mobil, Rex Tillerson, sentenciou: "Nós passamos toda a nossa existência nos adaptando, certo? Então, vamos nos adaptar a isso também".

De minha parte, há muito tempo argumentei que os recursos e esforços destinados à adaptação desviariam o foco do esforço coletivo necessário para conter o aquecimento global e para fortalecer a vontade política de reduzir drasticamente as emissões de poluentes. Eu estava errado – não por achar que meus opositores proporiam a adaptação como alternativa para a mitigação, mas por não me ater de forma imediata ao imperativo moral de perseguir as duas políticas simultaneamente, apesar de toda a dificuldade envolvida.

Há duas verdades incontestáveis a pautar essa discussão global sobre adaptação e mitigação: em primeiro lugar, as consequências observadas, sobretudo as que já estão incorporadas ao sistema climático, são mais devastadoras para os países em desenvolvimento e de baixa renda. Os orçamentos de reparo infraestrutural foram às alturas em nações cujos sistemas de transporte público, estradas e pontes sofreram sérios danos por causa de chuvas fortes, inundações e deslizamentos de terra – sem falar nos países assolados por secas decorrentes da alteração do clima.

Em muitos países em desenvolvimento, os desequilíbrios observados na agricultura de subsistência por causa de estiagens ou de inundações geraram despesas imensas com importação de alimentos. Além disso, como observado anteriormente, algumas nações situadas em regiões de baixa altitude também já enfrentam o problema de acomodar refugiados vindos de zonas costeiras afetadas pela elevação do nível do mar, enquanto outras lutam para integrar esses grupos a populações que se encontram em rápido crescimento.

Uma vez que esses e outros eventos continuarão a acontecer, ou tendem a se agravar, o mundo têm a obrigação moral e o imperativo econômico prático de ajudar esses países a se adaptar. Ainda é preciso se conscientizar de forma plena de todos os efeitos causados na atmosfera pela poluição geradora do aquecimento global. Mesmo que as emissões fossem drasticamente reduzidas hoje, a elevação de alguns graus na temperatura do planeta já é incontornável e deve se manifestar nos próximos anos. Em outras palavras, com tantas alterações prejudiciais incorporadas ao sistema climático pelo enorme aumento das emissões (e, em especial, pela maior *concentração* de gases de efeito estufa na atmosfera), a adaptação é absolutamente essencial, enquanto não chegamos a um consenso político mundial para evitar consequências piores. Não temos escolha a não ser adotar as duas estratégias ao mesmo tempo.

A segunda verdade essencial para o debate é ainda mais definitiva: a menos que a poluição causadora do aquecimento seja reduzida de forma drástica, as consequências serão devastadoras a ponto de inviabilizar a adaptação na maioria das regiões do planeta. A elevação das emissões de gases de efeito estufa, por exemplo, começa a gerar mudanças em grande escala nos padrões de circulação atmosférica e deve provocar estiagem severa e prolongada em uma ampla faixa de regiões altamente povoadas e produtivas para a agricultura – sul e centro-sul da Europa, Bálcãs, Turquia, extremo sul da África, grande parte da Patagônia, a populosa região sudeste da Austrália, sudoeste e grande parte do Meio-Oeste dos Estados Unidos, áreas imensas do México e da América Central, Venezuela e porção norte da bacia Amazônica, além de significativos trechos da Ásia Central e da China.

O raciocínio científico por trás desse cenário desolador requer algumas explicações. A natureza básica do sistema climático global, quando vista de forma holística, funciona como um mecanismo de redistribuição da energia do calor: do Equador em direção aos polos, entre os oceanos e os trechos de terra, e de baixo para cima na atmosfera (e depois, de novo para baixo). O grande aumento da energia térmica retida na baixa atmosfera significa – obviamente – que o sistema atmosférico está se tornando mais energizado.

No hemisfério norte, esse mecanismo climático transfere a energia térmica do sul para o norte pela corrente do Golfo – componente mais conhecido da assim chamada esteira oceânica, a que se assemelha a uma grande fita de Moebius conectando todos os oceanos do planeta. A esteira oceânica inclui as correntes que percorrem as profundezas, redistribuindo a água fria dos polos perto do Equador, onde retornam à superfície. A maior delas é a corrente circumpolar Antártica, que corta o continente antártico e alimenta a corrente de Humboldt, mais rasa, a qual parte do oceano Antártico rumo ao norte, ao longo da costa oeste da América do Sul, e desagua (carregada de nutrientes) para alimentar a abundante vida marinha no litoral do Peru. Bem menos conhecida é a corrente fria e profunda que se desloca de norte a sul partindo de uma área do Atlântico Norte, nas proximidades da Groenlândia, *embaixo* da corrente do Golfo, rumo às águas tropicais do Atlântico.

A energia também é redistribuída por ciclones, tempestades e fenômenos plurianuais como El Niño/La Niña. Além disso, todas essas transferências de energia são afetadas pelo efeito Coriolis, impulsionado pela rotação da Terra sobre seu eixo, de oeste para leste.

CÉLULAS DE HADLEY

Até pouco tempo, dedicava-se relativamente pouca atenção à relação entre o aquecimento global e os padrões de deslocamento vertical da energia na atmosfera, para cima e para baixo. As chamadas células de Hadley das regiões tropicais e subtropicais são enormes laços, em forma de barril, de correntes de vento que circundam o planeta em ambos os lados do Equador, como dutos gigantes através dos quais os ventos alísios se deslocam de leste para oeste.

Correntes de ar quente e úmido se erguem do chão verticalmente rumo ao céu em ambas as células, na extremidade de cada respectivo laço adjacente ao Equador. Quando a ascensão chega ao topo da troposfera (porção mais baixa da atmosfera terrestre, com cerca de 15 quilômetros de altura na região dos trópicos), cada laço se volta para a direção dos polos – rumo ao norte na célula do hemisfério norte e rumo ao sul na outra. Quando essas correntes atingem o topo do céu, boa parte da umidade levada para cima volta à terra na forma de chuva nos trópicos.

No vértice da subida, cada corrente começa a fluir no sentido dos polos ao longo do topo da troposfera e se desloca cerca de 3 mil quilômetros (aproximadamente 30 graus de latitude), até descarregar a maior parte do calor. Em seguida, desce verticalmente na forma de uma corrente de ar bem mais fria e seca. Quando volta a atingir a superfície, cada laço ruma para o Equador, recarregando-se de calor e umidade conforme percorre a superfície do planeta. Na volta para o Equador, repete o ciclo de subida vertical, novamente carregado de calor e de vapor de água.

Como resultado das correntes secas das células de Hadley, as áreas da Terra situadas a 30 graus ao norte e ao sul do Equador são altamente vulneráveis à desertificação. A maioria das regiões mais áridas do planeta, incluindo o deserto do Saara, encontra-se sob essas correntes. Outros fatores que contribuem para a presença dos desertos são as "sombras de chuva" das cadeias montanhosas (áreas aos pés das elevações), uma vez que os ventos sobem quando atingem o lado a barlavento das montanhas e perdem umidade antes de descer a sotavento. A localização dos desertos é influenciada pelo que os geógrafos chamam de continentalidade, ou seja, áreas centrais de grandes continentes em geral recebem menos umidade porque estão mais longe dos oceanos. Em termos gerais, porém, o fator de desertificação mais poderoso é a corrente das células de Hadley.

O problema que os cientistas previram há tempos por meio de projeções em computador – e agora estão observando no mundo real – é que o aquecimento em massa da atmosfera desloca essas grandes correntes de vento: leva-as para longe do Equador em direção aos polos, ampliando os subtrópicos e intensificando sua aridez. No hemisfério norte, a corrente descendente já se deslocou cerca de 3 graus de latitude (o que equivale a 340 quilômetros) para o norte, embora as medições ainda sejam imprecisas. A corrente descendente da célula de Hadley ao sul do Equador também se moveu em direção ao polo.

Há várias teorias para explicar por que o aquecimento global modifica as células de Hadley, nenhuma delas confirmada. O aquecimento solar da baixa atmosfera em regiões tropicais e subtropicais é muito maior do que em qualquer outro lugar do planeta por razões óbvias: a luz solar atinge a Terra em um ângulo mais direto durante todo o ano. Em termos percentuais, as temperaturas de superfície estão crescendo mais rápido em latitudes mais elevadas, porque o derretimento do gelo e da neve está mudando radicalmente a reflexibilidade da superfície*, o que amplia a absorção da energia do calor. Isso significa, entre outras coisas, que a diferença das temperaturas médias entre os trópicos e as regiões polares

* Outro motivo é que, em baixas altitudes, uma parte bem maior da energia retida segue para a evaporação, e não para o aquecimento do ar.

diminui com o tempo, fenômeno que também tem consequências para o equilíbrio climático.

No entanto, a quantidade de energia do calor absorvida em latitudes médias ainda é muito maior e faz com que o ar mais quente (e, portanto, menos denso) nos trópicos chegue a alturas mais elevadas. Como resultado, o calor adicional se eleva ao topo da troposfera, onde as correntes de vento sofrem um desvio em ângulo reto de sua trajetória vertical e começam a viajar em direção aos polos.

Em ambos os hemisférios, o alargamento das células de Hadley desloca o percurso descendente de sua trajetória circular para as regiões polares. Como acontece com muitas das realidades ligadas ao aquecimento global, embora isso soe técnico e possa parecer abstrato, a consequência concreta para os seres humanos, animais e plantas é extremamente grave.

No que se refere às áreas envolvidas com essas correntes de ar, é como se estivessem sob um gigantesco secador de cabelos. Os resultados incluem não só secas mais frequentes e graves, mas padrões *consistentes* de estiagem capazes de provocar a desertificação em muitos dos países da região atingida. Além disso, a maioria das áreas afetadas – como o sul da Europa, a Austrália, a África do Sul, o sudoeste dos Estados Unidos e o México – já vive a iminência de uma escassez persistente de água.

A palavra "deserto" revela a relação das pessoas com o local: é um lugar desabitado, *deserto* de gente. Imagine esse significado atribuído à Grécia, à Itália e à região da Crescente Fértil – berços da civilização ocidental –, caso transformadas em desertos pela ação humana, assim como a natureza climática configurou o Saara há 7.300 anos.

A corrente de ar que controla a localização das tempestades na maior parte da América do Norte e da Eurásia também é afetada pelo impacto do aquecimento mundial sobre os padrões de circulação atmosférica e sobre a configuração excepcionalmente caótica dessas latitudes nos últimos anos. Na verdade, há duas correntes em ambos os hemisférios – uma subtropical, que flui de leste a oeste em direção aos polos ao longo da margem dos laços das células de Hadley (ventos alísios), e a chamada corrente polar, que flui de oeste para leste na direção dos polos em um segundo conjunto de laços de correntes atmosféricas, conhecido como células de Ferrel.

A localização da corrente polar norte é determinada em parte pela muralha de ar frio que se estende ao sul do Círculo Polar Ártico. Mas, nos últimos anos, o derretimento da calota de gelo do Ártico levou a uma absorção de calor adicional tão grande que o limite setentrional da corrente que flui pela América do Norte e Eurásia parece ter sido radicalmente deslocado, alterando as faixas de tempestade: o ar frio do Ártico, puxado rumo ao sul no inverno, está modificando os padrões de chuvas.

Todos esses mecanismos de transferência de energia (correntes marinhas e de ar, tempestades e ciclones, células atmosféricas) definem a forma e a configuração do padrão climático da Terra, que se manteve relativamente estável e constante desde pouco antes do início da Revolução Agrícola. No entanto, o aquecimento global ameaça o equilíbrio energético que definiu esse conjunto, ao mesmo tempo em que intensifica e altera a ocorrência dos fenômenos climáticos aos quais estamos acostumados.

Alguns desses padrões foram alterados com tanta intensidade que os cientistas temem a instauração de uma configuração completamente nova, com ocorrências de fenômenos meteorológicos de intensidade, distribuição e ritmo desconhecidos e em descompasso com os pressupostos que serviram de base para a nossa civilização.

A título de ilustração, pegue um cinto de couro e, com uma mão em cada extremidade, estique-o. Depois, junte os punhos, de modo que o cinto forme um laço voltado para cima. Note que, ao flexionar os punhos levemente, a forma do cinto varia, mas mantém o contorno básico. Um movimento um pouco maior, porém, bastará para que, de repente, o laço vire de cabeça para baixo. As variações no clima que conhecemos, apesar de significativas, correspondem ao que ocorre no cinto com o laço voltado para cima. Caso se chegue a ponto de inverter as posições, assumindo uma mudança radical de configuração, as consequências serão extremamente sérias.

A humanidade enfrentou surpresas desagradáveis sempre que tentou alterar a composição química da atmosfera da Terra. Em 1980, o surgimento súbito de um buraco com dimensões continentais na camada de ozônio sobre a Antártida levantou o espectro de uma ameaça mortal para muitas formas de vida no planeta, ao permitir que a poderosa radiação ultravioleta chegasse à superfície. Se a destruição progressiva da camada de ozônio não tivesse sido contida, os cientistas acreditam que o problema teria se espalhado pela estratosfera e chegado a regiões de grande densidade populacional.

Embora ocorresse apenas dois meses por ano, o buraco sobre a Antártida já tinha começado a desencadear um processo de afinamento do ozônio na estratosfera em torno do planeta. Na época, os estudiosos alertaram que se as concentrações de substâncias químicas continuassem, esse perigoso processo se aceleraria, abrindo a possibilidade de formar um buraco ainda mais nocivo sobre o Ártico.

Felizmente, logo após essa descoberta assustadora, em 1987 o presidente norte-americano Ronald Reagan e a primeira-ministra do Reino Unido Margaret Thatcher promoveram uma conferência para negociar e aprovar o Protocolo de Montreal, que exigia a eliminação do grupo de produtos químicos industriais – entre eles, os afamados clorofluorcarbonos (CFCs). Como os cientistas Sherwood Rouland e Mario Molina demonstraram em 1974, os CFCs afetavam as condições atmosféricas, causando a destruição progressiva da camada de ozônio que protege os seres humanos e outras formas de vida da mortal radiação ultravioleta.

Embora o Protocolo de Montreal tenha sido um sucesso histórico, convém entender o mecanismo pelo qual essas substâncias químicas provocam a abertura na camada de ozônio – até mesmo em virtude das novas ameaças que podem vir do aquecimento global. Para começar, há um terceiro e último conjunto de células atmosféricas presente tanto no polo norte como no sul. São chamadas de células polares e permitem que os ventos formem um vórtice em torno de cada polo.

O vórtice polar sul é muito mais forte e compacto, sobretudo no inverno austral, porque a Antártida é um território cercado por oceanos (enquanto o Ártico está mais para um oceano cercado por terra). Ao mesmo tempo, enquanto o oceano Ártico fica coberto, pelo menos no inverno, por uma camada de gelo com poucos metros de espessura, a Antártida está protegida o ano todo por 2 quilômetros de gelo. Essa característica atribui ao continente a altitude média no planeta: é o mais próximo do céu e tem a mais alta intensidade na irradiação do reflexo da luz solar. Em consequência, o ar da Antártida é muito mais frio do que em qualquer outro lugar da Terra, o que produz uma concentração excepcional de cristais de gelo na estratosfera local.

No inverno, o rígido vórtice formado pela corrente circumpolar Antártica retém os CFCs e cristais de gelo sobre o continente, como se fosse uma tigela. Sobre a superfície de cristais os CFCs reagem com o ozônio da estratosfera. Outro ingrediente revela-se essencial para a reação química que destrói a camada de ozônio: um pouco de luz solar.

No final do inverno no hemisfério sul, em meados de setembro, quando os primeiros raios solares atingem os cristais de gelo presos nessa tigela, começa a reação química. Em seguida, ela se espalha rapidamente, destruindo quase todo o ozônio retido ali. Como a atmosfera absorve mais calor, o vórtice formado pelas correntes de vento enfraquece até a tigela se romper, sinalizando o fim do buraco de ozônio naquele ano. Às vezes, algumas grandes bolhas de ar livre de ozônio se deslocam para o norte (assim como as bolhas de uma lâmpada de lava da década de 1960), expondo populosas áreas no hemisfério sul, como a Austrália e a Patagônia, a altos níveis de radiação ultravioleta, já que o ar com baixas concentrações de ozônio não funciona mais como escudo.

A destruição do ozônio estratosférico e o aquecimento global sempre foram considerados fenômenos isolados. Em 2012, contudo, cientistas descobriram que a elevação das temperaturas globais vem produzindo uma inesperada e indesejada ameaça para a camada protetora – desta vez, sobre áreas densamente povoadas na zona temperada do hemisfério norte.

Assim como a energia adicional de calor absorvida nos trópicos desloca as células de Hadley rumo à parte superior da troposfera, o calor absorvido na zona temperada do hemisfério norte provoca tempestades mais poderosas, que perfuram o topo da troposfera e injetam vapor de água na estratosfera. Esse vapor congela e cria uma nova e perigosa concentração de cristais de gelo, gerando condições para desencadear perdas de ozônio e superfícies nas quais os CFCs remanescentes possam entrar em contato com o ozônio estratosférico e com luz solar – o que resulta na destruição da camada de ozônio. Esse novo fenômeno começa a ocorrer num momento em que a estratosfera se resfria na proporção inversa ao aquecimento da atmosfera. Em um processo alertado há tempos pelos especialistas em clima, essa alteração resulta da tentativa da Terra em manter o seu "equilíbrio". Será necessário um estudo bem mais extenso para compreender essa novidade perturbadora, mas já dá para notar a imprudência dessa "experiência planetária" feita pela humanidade. Não estamos apenas brincando com fogo, mas também com gelo. "Alguns dizem que o mundo acabará em fogo. Outros dizem em gelo", escreveu Robert Frost. "Tanto uma como outra opção", acrescentou o poeta, "bastariam".

A MAIS ARRISCADA DAS EXPERIÊNCIAS

A ideia de que fazemos parte de uma experiência não planejada envolvendo o planeta foi defendida pela primeira vez por Roger Revelle, meu professor e orientador sobre a questão do aquecimento global. Em 1957,

Revelle e Hans Suess escreveram que "os seres humanos estão promovendo uma experiência geofísica em grande escala". E alertaram: "O aumento de CO_2 na atmosfera [decorrente da queima de combustíveis fósseis] ainda é pequeno, mas pode ficar imenso nas próximas décadas caso a combustão industrial continue a crescer exponencialmente".

O uso da palavra "experiência" merece uma reflexão. Existem restrições éticas a iniciativas que coloquem vidas em risco ou prejudiquem gravemente quem participa de um experimento. Como o risco decorrente da "experiência não planejada" – que está mudando de forma radical a atmosfera da Terra e ameaçando o futuro da civilização humana – envolve milhões de vidas, o mesmo princípio ético deveria ser aplicado.

A ciência do clima nasceu há mais de 150 anos, quando o famoso cientista irlandês John Tyndall descobriu a capacidade de retenção de calor do dióxido de carbono. O verdadeiro mecanismo pelo qual isso ocorre é bem mais complexo do que a metáfora disseminada do "efeito estufa", forma como se designa o conjunto dos átomos da molécula de CO_2 que absorvem e irradiam energia em comprimentos de onda infravermelha, impedindo o fluxo de energia a partir da superfície rumo ao espaço, como se fosse um cobertor.

Mas as consequências são as mesmas – o CO_2 na atmosfera, assim como a cobertura de vidro numa estufa, retém o calor vindo do Sol. A histórica descoberta de Tyndall ocorreu em 1859, mesmo ano em que o coronel Edwin Drake perfurou o primeiro poço de petróleo, na Pensilvânia.

Trinta e sete anos depois, em 1896, o químico sueco Svante Arrhenius citou Tyndall em um importante estudo no qual formulava a seguinte pergunta: a temperatura média da Terra seria influenciada pela presença na atmosfera de gases com capacidade de reter calor? Arrhenius fez à mão mais de 10 mil cálculos e chegou à conclusão de que a duplicação das concentrações de CO_2 na atmosfera elevaria a temperatura média global em vários graus Celsius.

Na segunda metade do século 20, em meio à explosão da industrialização ocorrida no pós-guerra, o debate sobre o aquecimento global ganhou força considerável. Em 1957-58, no Ano Internacional da Geofísica, a dupla Roger Revelle e Charles David Keeling apresentou um histórico projeto para iniciar a medição sistemática a longo prazo da concentração de CO_2 na atmosfera do planeta, com resultados surpreendentes. Poucos anos após o início das medições, ficou óbvio que a concentração de poluentes crescia em quantidade significativa, com dados confirmados nos anos seguintes por meio da instalação de estações de observação em todo o mundo.

Como a maior parte da massa terrestre e da vegetação decídua está situada no hemisfério norte, a concentração de CO_2 mostra um ciclo anual mais volumoso de acúmulo de carbono e liberação pela biosfera terrestre ao norte do Equador. Assim, no hemisfério norte a concentração aumenta no inverno (quando a absorção de gás carbônico pelas plantas é menor) e diminui no verão, porque as árvores e gramíneas extraem mais CO_2 do ar.

Mas as observações também revelaram que a concentração de CO_2 em todo o ciclo sazonal estava em crescimento. Após os primeiros sete anos de medições icônicas feitas a partir do que ficou conhecido como curva de Keeling, o ponto baixo do ciclo anual já era mais alto do que o ponto culminante da época em que as aferições começaram. Essas medições continuam sendo feitas mais de meio século depois, a partir de pontos variados como o topo de Mauna Loa, polo Sul, Samoa Americana, Trinidad Head, na Califórnia, e Barrow, uma cidade do Alasca. Além disso, há 60 outros conjuntos de medições "cooperativamente distribuídos", instalados em aeronaves, embarcações, balões e trens. Hoje, o projeto é supervisionado por um respeitado cientista, Ralph Keeling, filho de David Keeling. O estudioso também vem monitorando a pequena, porém constante, redução na concentração de oxigênio na atmosfera – não como motivo de preocupação em si, mas mais como validação da ciência do clima (que há tempos fez essa previsão) e como efetiva verificação cruzada na precisão das medições de CO_2.

Uma década depois que Revelle e Keeling começaram a medir a presença de carbono na atmosfera, tive o privilégio de ser aluno de Revelle na faculdade e fiquei muito impressionado com sua clareza na descrição desse fenômeno e com a precisão nas projeções sobre o que poderia acontecer no futuro, caso as emissões de CO_2 e o aumento exponencial da queima de combustíveis fósseis se mantivessem.

Uma década depois de concluir a universidade, comecei a promover audiências sobre o aquecimento no Congresso dos Estados Unidos. Em 1987, concorri pela primeira vez à presidência do país, decidido a dar mais atenção à solução da crise climática. Em junho de 1988, Jim Hansen, cientista da Nasa, afirmou que as comprovações das alterações causadas pelos seres humanos tinham se tornado estatisticamente importantes como causa para o aumento das temperaturas globais. Seis meses depois, em dezembro, a ONU criou um organismo específico – o Painel Intergovernamental sobre Mudanças Climáticas (IPCC, na sigla em inglês) com o objetivo de consolidar os resultados das pesquisas científicas realizadas em todo o mundo.

Hoje, um quarto de século depois que o IPCC começou seu trabalho, o consenso da comunidade internacional em relação ao impacto da ação humana sobre o aquecimento global é mais forte do que qualquer outro já estabelecido entre cientistas. A ameaça é real, grave, relaciona-se primariamente com as atividades do ser humano e requer medidas urgentes para a redução de emissões de gases do efeito estufa. O meio acadêmico e as sociedades científicas de todo o mundo concordam com isso.

Em 2009, em uma declaração conjunta, as academias nacionais de países do G8 e de cinco outras nações declararam que "a necessidade de uma ação urgente para solucionar as mudanças climáticas tornou-se indiscutível". De acordo com um estudo publicado na revista *Proceedings of the National Academy of Sciences*, "de 97 a 98% dos pesquisadores sobre o clima concordam com os princípios das mudanças climáticas antropogênicas (ACC, sigla em inglês de *anthropogenic climate change*) identificados pelo IPCC".

É revelador que quase todas as projeções feitas nas últimas décadas tenham sido ultrapassadas pelos impactos reais observados no mundo real. Como muitos ressaltaram, os cientistas em geral, e os processos científicos em particular, são bastante escrupulosos ao elaborar uma conclusão, ainda que, digamos assim, conservadora. Não me refiro ao sentido político da palavra, mas à metodologia e à abordagem. A tradição de cautela, predominante há tempos, é reforçada pela necessidade de convencimento dos colegas, que exigem provas consistentes das teorias apresentadas. Essa mesma cultura desestimula declarações sobre implicações aparentemente óbvias, que podem refletir o senso comum, mas de difícil comprovação com o grau de rigor exigido para publicação em um veículo respeitado pela comunidade científica.

No entanto, apesar dessa postura conservadora, a comunidade científica mundial anunciou de forma pública e segura que é preciso implementar políticas pertinentes para evitar uma calamidade planetária. No entanto, mesmo com a crescente ocorrência de desastres relacionados ao clima e o óbvio aquecimento da Terra, agora visceralmente evidente para quase todos, ocorreram poucas mudanças políticas significativas com vistas a enfrentar essa ameaça crucial.

Com o futuro da civilização em jogo, tanto a democracia como o capitalismo vêm falhando no atendimento aos interesses mais profundos da humanidade. Tanto o sistema democrático quanto o capitalista são de difícil controle e encontram-se em estado de abandono. Mas se os equívocos de ambos forem combatidos, se os vícios da corrupção, do controle corporativo e da dominação das elites forem eliminados, a democracia e o capitalismo terão valor inestimável ao conduzir a comunidade mundial na direção certa, antes que seja tarde demais. Essa difícil transição política e econômica vai exigir liderança e coragem, qualidades que andam em falta – em especial nos Estados Unidos.

Para entender por que tantos líderes não conseguem resolver essa crise, é importante explorar como as percepções do aquecimento global foram manipuladas pelos interessados em subestimar o fenômeno – e como a psicologia envolvida tornou a manipulação mais fácil do que deveria ser. Poderosas corporações continuam desperdiçando recursos em uma campanha cínica e desonesta para manipular a opinião pública, disseminando falsas dúvidas sobre a gravidade da situação. Na verdade, elas se aproveitam de um desejo natural do ser humano: afinal, todos gostaríamos que o aquecimento global não fosse tão grave, ou que os cientistas tivessem superestimado o problema.

Muitos descreveram a crise climática como "a questão dos infernos", por causa de sua complexidade, proporção e ritmo, fatores que dificultam sobremaneira a discussão pública da crise, de suas causas e das soluções possíveis. Como as consequências são distribuídas globalmente, tudo ganha contornos de abstração. As soluções envolvem desbravar um novo caminho para o futuro, aprimorar tecnologias conhecidas e modificar velhos padrões estabelecidos; a questão desperta nossa resistência natural a mudanças. E como as consequências mais graves se projetam para o futuro, enquanto nossa atenção permanece concentrada no curto prazo, ficamos vulneráveis à ilusão de que há tempo de sobra para resolver o problema.

A negação é uma tendência psicológica comum a todos os seres humanos. Pioneira ao explorar o funcionamento desse fenômeno, Elisabeth Kübler-Ross definiu, de acordo com a organização que ela fundou, que "a negação pode ser a recusa consciente ou inconsciente a aceitar fatos, informações ou a realidade de uma situação. Constitui um mecanismo de defesa, e algumas pessoas podem ficar paralisadas nessa fase". A definição psiquiátrica moderna dessa condição é "mecanismo de defesa inconsciente caracterizado pela recusa em reconhecer as realidades, os pensamentos ou os sentimentos dolorosos".

Não há dúvidas de que a perspectiva de uma ameaça catastrófica para o futuro da civilização seja um panorama desagradável. A tendência natural de todos é desejar que o consenso científico sobre o aquecimento global não corresponda à real gravidade do perigo que enfrentamos. Em geral, quem está envolvido pela negação tende a reagir às evidências cada vez mais irrefutáveis com ataques igualmente contundentes ao conceito como um todo, com maior virulência contra aqueles que insistem na urgência de um plano de ação.

No século passado, aprendemos muito sobre a condição humana. Hoje sabemos, por exemplo, que o racionalismo proposto pelos filósofos iluministas – e a definição do comportamento humano implícita na obra de Adam Smith e de outros economistas clássicos, resumida por alguns por meio do conceito de *Homo economicus* – não explicam a totalidade de nossa natureza. Muito pelo contrário, somos herdeiros de um legado de comportamentos moldados durante o longo período em que nossa espécie se desenvolveu. Para além de nossa capacidade de raciocínio, também estamos ligados a fatores viscerais e de curto prazo mais delicados e sensíveis do que a ameaças de longo prazo, que requerem o uso de nossa racionalidade.

Dois cientistas sociais (Jane Risen, da Universidade de Chicago, e Clayton Critcher, da Universidade da Califórnia, em Berkeley) apresentaram a dois grupos de pessoas a mesma série de perguntas sobre o aquecimento global – a única diferença era a temperatura ambiente da sala em que cada grupo foi acomodado. Aqueles que ocuparam a sala 10 °C mais quente deram respostas que indicavam apoio mais forte às iniciativas de combate ao aquecimento, em comparação com as pessoas instaladas na sala mais fresca. As diferenças entre liberais e conservadores ficaram evidentes. Em um segundo estudo, dois grupos tinham de opinar sobre a estiagem. Os participantes que previamente haviam sido servidos com aperitivos salgados apresentaram uma visão bem diferente do grupo que não estava com sede.

Em um momento no qual o mundo passa por mudanças dramáticas em decorrência dos fatores apresentados neste livro – globalização; emergência da Terra S.A.; as revoluções digital, da internet, da computação, das ciências da vida e da biotecnologia; a histórica mudança no equilíbrio do poder político e econômico no mundo; a manutenção de um modelo de "crescimento" que ignora os valores humanos e ameaça esgotar os recursos vitais para o nosso futuro –, a crise climática é facilmente jogada para baixo na lista das prioridades políticas da maioria dos países.

A definição equivocada de crescimento descrita no capítulo 4 ocupa o centro do catastrófico erro na conta dos custos e benefícios de continuarmos dependentes dos combustíveis à base de carbono. Os estoques das empresas de combustíveis fósseis negociados publicamente, por exemplo, são calculados considerando vários fatores, em especial o valor de reservas que elas mesmas controlam. Para chegar ao valor desses depósitos subterrâneos, as empresas assumem que seu conteúdo será produzido e vendido a preços de mercado, supondo que se destinem à queima. No entanto, qualquer pessoa razoavelmente familiarizada com o consenso científico mundial sobre a crise climática sabe que essas reservas *não podem* ser queimadas. A ideia em si é uma insanidade. Mas nenhuma das consequências ambientais dessa queima se reflete no valor de mercado.

Além da negação e de nossa confiança cega em uma bússola econômica descalibrada, existe outra tendência arraigada à qual todos somos propensos: queremos acreditar que, afinal, está tudo certo com o mundo, ou pelo menos com a parte do mundo em que vivemos. Os psicólogos chamam isso de teoria da justificação do sistema: todos querem pensar bem a respeito de si mesmos, dos grupos com os quais se identificam e da ordem social na qual levam suas vidas. Por causa da dimensão das mudanças implicadas para a solução do aquecimento global, qualquer proposta para encarar esse desafio pode ser percebida como uma afronta ao *status quo*. Com isso, aciona-se nossa tendência a defender o atual estado de coisas, rejeitando qualquer alternativa ao que já conhecemos.

Diante de uma ameaça séria que exige rápida mobilização de massa – como o ataque à base norte-americana de Pearl Harbor, em 1941 –, a relutância natural em sair de nossa zona de conforto é substituída pelo senso de urgência. Mas a maioria dos exemplos está enraizada nos mesmos cenários de conflito que marcaram o longo período em que nos desenvolvemos como seres humanos. Não existe precedente (exceto o buraco na camada de ozônio) para uma rápida resposta global a uma ameaça planetária urgente, em especial quando a reação exigida representa um grande desafio para o funcionamento do mundo dos negócios.

Quando avaliou a necessidade de controlar as armas nucleares, o presidente norte-americano Ronald Reagan expressou o mesmo pensamento em várias ocasiões, entre elas em um discurso na Assembleia Geral da ONU: "Em nossa obsessão pelos antagonismos do momento, muitas vezes esquecemos tudo o que une os integrantes da humanidade. Talvez precisemos de alguma ameaça externa para reconhecer esse vínculo comum. Às vezes, penso na velocidade com que as diferenças existentes no mundo desapareceriam se enfrentássemos uma ameaça alienígena". Na época, alguns colegas do meu partido ridicularizaram a teoria de Reagan, mas eu sempre achei que ela incorporava uma visão importante.

A POLÍTICA DA DIVISÃO

No que se refere à crise climática, é claro que enfrentamos um risco comum a toda a humanidade. Não estamos ameaçados por extraterrestres, mas por *nós mesmos*. Portanto, nossa capacidade de nos unirmos para superar o perigo pode ser prejudicada por "antagonismos de momento". Os fundadores dos Estados Unidos reconheceram a importância desse traço enraizado na natureza humana. Mais de dois séculos depois, os cientistas confirmam que a tendência a formar facções divergentes faz parte da história da nossa espécie.

Como E. O. Wilson escreveu, "todos, sem exceção, precisam pertencer a uma tribo, uma aliança com a qual disputam poder e espaço, a fim de demonizar o inimigo, organizar levantes e erguer bandeiras. Sempre foi assim, e a natureza humana não mudou. Sob o ponto de vista psicológico, os grupos modernos se parecem com as tribos dos tempos antigos. Esses grupos são descendentes diretos dos bandos de humanos primitivos e pré-humanos".

Essa é uma das razões pela quais a negação do aquecimento global de certa forma se tornou uma questão "cultural", no sentido de que muitos dos que rejeitam as comprovações científicas sentem uma afinidade grupal – quase uma identidade tribal – com outras pessoas igualmente aferradas à negação. Nos Estados Unidos, o conservadorismo radical que ganhou espaço no Partido Republicano baseia-se, em parte, em um compromisso mútuo de combater propostas distintas de reforma, por meio de um processo pouco convencional de coalizão.

Poderíamos chamar o fenômeno de "princípio dos três mosqueteiros": um por todos e todos por um. Os opositores a qualquer tentativa de regulamentação dos armamentos concordam em apoiar as empresas produtoras de petróleo e de carvão, ariscas ao mínimo movimento voltado para reduzir a poluição que causa o aquecimento global. Do mesmo modo, ativistas antiaborto estendem seu suporte aos grandes bancos em sua cruzada pela não regulamentação das atividades financeiras. Como declarou Kurt Vonnegut, "é assim que funciona".

Ao longo das últimas quatro décadas, os maiores geradores de poluentes de carbono tornaram-se sócios-fundadores do movimento contrário às reformas descrito no capítulo 3, promovido na década de 1970 por iniciativa da Câmara de Comércio norte-americana. Sua motivação alegada era o temor de que os movimentos de protesto na década anterior – contra a Guerra do Vietnã, pelos direitos civis das mulheres, homossexuais, portadores de deficiência e consumidores; pelo acesso ao sistema de saúde e a programas de ajuda para os mais pobres, entre outros – saíssem do controle e afetassem os interesses de poderosas corporações e das elites. Na visão conservadora, aquela efervescência social ameaçava minar o próprio capitalismo.

Uma das consequências desse movimento reacionário foi a criação de uma grande rede de fundações, institutos, faculdades de direito e organizações ativistas – origem de um interminável fluxo de "relatórios", "estudos", ações judiciais e testemunhos para comissões do Congresso e discussões regulamentatórias, textos editoriais e livros, em geral encomendados. Tudo produzido para defender a filosofia e a agenda dos novos "mosqueteiros corporativos", cujas premissas são:

- O governo é ruim e não merece confiança. Deve ser temido e dispor de recursos limitados, a fim de interferir o mínimo possível nos planos das corporações e nos interesses das elites.
- As dificuldades são positivas para os pobres, porque constituem a única forma de incentivá-los a se tornarem mais produtivos, além de predispô-los a aceitar baixa remuneração e um número reduzido de benefícios trabalhistas.
- Os ricos, por sua vez, devem pagar poucos impostos, como estímulo para multiplicar o dinheiro – única forma verdadeira de produzir o crescimento na economia, mesmo que haja pouca demanda porque os consumidores estão sem poder aquisitivo.
- A desigualdade é positiva: ao mesmo tempo, inspira o pobre a ter mais ambição e motiva o rico a investir mais, ainda que a realidade mostre que, quando a economia está em baixa, os grupos de renda mais elevada se interessam sobretudo pela preservação da riqueza.
- O meio ambiente pode muito bem se regenerar sozinho, não importa a quantidade de poluição produzida. E quem acredita no contrário é provavelmente um admirador do socialismo determinado a impedir a dinâmica dos negócios.

De uma forma ou de outra, na maioria dos partidos existe um impulso natural para construir coalizões amplas entre interesses divergentes. Na condição de integrante do Partido Democrata com mandato parlamentar, conheci muito bem essas pressões. No entanto, a nova coalizão da extrema direita dos Estados Unidos traz uma característica diferente: é regida por uma disciplina reforçada pela ação de contribuintes extremamente ricos, interessados na manutenção das políticas que só fazem aumentar sua já insalubre cota da renda agregada do país.

No mundo de hoje, infelizmente, o desafio do aquecimento global levou a uma divisão quase tribal entre os que aceitam o consenso científico (e as provas percebidas por seus próprios sentidos) e aqueles que estão comprometidos e determinados a negar essa realidade. A ferocidade dessa oposição é tratada como uma espécie de emblema, representando sua adesão incondicional ao segundo grupo e o antagonismo em relação ao primeiro.

Os "negadores organizados" sabem que, para manter o controle da coalizão opositora às políticas de redução de emissões de gases de efeito estufa, não precisam provar que o aquecimento causado pelo homem é uma falácia – embora muitos deles tenham tentado fazer isso mais de uma vez. Tudo o que realmente têm a fazer é semear dúvidas suficientes para convencer o público de que "o júri ainda não chegou a uma decisão". Esse objetivo estratégico foi explicitado em um documento interno emitido por um conjunto de empresas responsáveis por grandes emissões de carbono.

O material, que vazou para a imprensa em 1991, afirmava que o objetivo do grupo era o de "reposicionar o aquecimento global como uma teoria, e não um fato". Uma interpretação benevolente seria a de que essas organizações – cercadas pelo que percebiam como reivindicações exageradas de ambientalistas, que demandavam regulamentação mais ampla das várias formas de poluição – desenvolveram o hábito de combater quaisquer demandas reivindicatórias, minando a credibilidade de quem as apresenta.

No entanto, à luz de décadas de extensa documentação que torna a ameaça ambiental totalmente clara – e diante do fato de que as academias nacionais de ciência de todo o mundo consideram tais provas irrefutáveis –, não há mais como ser benevolente com o que esses ricos e poderosos negadores vêm fazendo: eles recusam o espírito do diálogo razoável, além de rejeitar e vilanizar a integridade do processo científico. Nada os coloca na obrigação de observar o bem coletivo. Alguns, é verdade, examinaram os fatos (bem como suas consciências) e mudaram de ideia, mas ainda constituem uma pequena minoria. Assim, aqueles que se recusam a admitir o perigo continuam a assombrar o futuro do planeta.

Não existe mais *nenhuma* dúvida razoável de que as emissões de CO_2 e de outros poluentes lançadas pelos seres humanos de fato prejudicam o sistema ecológico do planeta, essencial para a sobrevivência da civilização humana. Muitos dos desastres naturais que já custaram tantas vidas são diretamente atribuídos ao aquecimento global. Em minha opinião, o dano causado a centenas de milhões de pessoas torna impossível ignorar as consequências morais do que estamos fazendo agora.

Em sua maioria, os sistemas jurídicos do mundo consideram uma violação, ou até um delito civil, quando uma pessoa conscientemente deturpa fatos relevantes com o objetivo de enriquecer às custas de outros, prejudicados por acreditar em informações incorretas. Se a deturpação decorrer apenas da negligência, ainda assim pode constituir um crime, mas caso as falsas declarações tenham caráter irresponsável e o dano sofrido pelos prejudicados for sério, o delito será muito mais grave. O parâmetro legal mais comum para determinar se a pessoa (física ou jurídica) agiu consciente dos fatos não é a "razoabilidade da dúvida", mas a "preponderância das provas".

As grandes multinacionais de combustíveis fósseis têm um total de ativos estimado em US$ 7 trilhões – um capital que corre riscos, caso o consenso da comunidade científica sobre o aquecimento global seja aceito por governos e pessoas de todo o mundo. Por essa razão, várias delas deturpam o que dizem ao público (e aos investidores) sobre os reais danos para o futuro da civilização humana provocados pela queima contínua e imprudente de seu principal ativo. O valor de reservas similares, ou maiores, pertencentes a nações soberanas, combinado com os ativos de empresas públicas e privadas pode chegar a US$ 27 trilhões. É por isso que a Arábia Saudita, pelo menos até pouco tempo, foi tão veemente em seus esforços para bloquear qualquer acordo internacional para limitar a emissão de poluentes causadores do aquecimento global. Em 2012, um membro da família real saudita, o príncipe Turki al-Faisal, propôs que 100% do consumo interno de energia fosse suprido por fontes renováveis, a fim de resguardar as reservas de petróleo para as exportações ao resto do mundo.

"ATIVOS DE CARBONO SUBPRIME"

Os ativos de petróleo, carvão e gás contabilizados nos livros das empresas de combustíveis fósseis são avaliados a preço de mercado, com base no pressuposto de que serão vendidos para queima, com consequente despejo de poluentes na atmosfera da Terra. No passado, eu me referi a essas reservas como "ativos de carbono *subprime*", em uma analogia com as hipotecas *subprime*, às quais o mercado e a maioria dos especialistas também atribuíam um valor elevado. Mas esses papéis foram tremendamente superestimados, com base no pressuposto absurdo de que pessoas sem a menor condição de tomar crédito honrariam seus compromissos. No setor, a prática ficou conhecida como "empréstimo mediante documentação insuficiente" ou "empréstimo mentiroso".

Lembro-me bem de quando assinei minha primeira hipoteca imobiliária, ainda jovem. Sentei-me a uma mesa diante de Walter Glenn Birdwell Jr., responsável pelo Citizens Bank de Carthage, no Tennessee. Antes de conceder a hipoteca, Birdwell exigiu respostas escritas para uma série de perguntas sobre a minha renda e meu patrimônio líquido. Embora nenhum dos dois fosse muito alto, ele sentiu confiança de que eu seria capaz de fazer os pagamentos mensais, mas me obrigou a deixar uma entrada que para mim, na época, foi considerável.

De maneira bem diferente, as hipotecas *subprime* foram distribuídas a pessoas que não tinham como pagá-las, fato facilmente percebido se alguma delas tivesse sido solicitada a responder às perguntas feitas pelo senhor Birdwell – nenhuma delas, da mesma forma, teve de dar entrada para fechar a transação. Se qualquer analista seria capaz de perceber que as hipotecas não iam ser honradas – e que seria apenas uma questão de tempo para que os compradores ficassem inadimplentes –, por que os bancos fizeram essas operações?

A resposta é que, em plena idade da Terra S.A. e da Mente Global, os bancos emissores dos títulos utilizaram poderosos computadores para combinar um mar de hipotecas (7,5 milhões só nos Estados Unidos), fracioná-las e redistribuí-las em produtos financeiros complexos, incompreensíveis para a maioria de nós e vendidos em seguida.

Em outras palavras, partiu-se da suposição ridícula de que o risco inerente de conceder um empréstimo a alguém sem condições de pagá-lo poderia ser eliminado como em num passe de mágica se várias dessas hipotecas fossem reempacotadas e comercializadas no mercado mundial.

Quando essa hipótese foi testada durante a desaceleração da economia de 2007 e 2008, o sistema entrou em colapso e os banqueiros tiveram de enfrentar a triste realidade. Seu desconforto, porém, não durou muito, uma vez que eles logo acionaram o esmagador poder político comprado por meio das contribuições de campanha e dos *lobbies* – com uma pequena ajuda de funcionários que fizeram a ponte entre o governo e os bancos – para serem salvos pelos recursos dos contribuintes, que tiveram de emprestar dinheiro para isso. O resultado foi uma crise de crédito e uma recessão global, que alguns economistas classificam como depressão.

Os ativos de carbono *subprime* são igualmente supervalorizados, por conta de uma crença ainda mais absurda do que a ideia de conceder hipotecas para milhões de candidatos certos à inadimplência. Nesse caso, a suposição é a de que não há problema em queimar até a última gota de petróleo das reservas e destruir o futuro da civilização.

No entanto, o valor de mercado das empresas de petróleo, carvão e gás natural permanace extremamente alto. Em última análise, esta é a razão pela qual essas corporações se dispõem a gastar bilhões de dólares na defesa do atual estado das coisas, recorrendo a uma campanha ampla e sofisticada para convencer as pessoas – e os políticos – de que tudo ficará bem se queimarmos todo o combustível gerador de carbono que pudermos.

Esses poluidores também vêm induzindo os mineiros de carvão e outros trabalhadores no setor de energia fóssil a ignorar o fato de que a mudança é inevitável. Em um discurso corajoso e eloquente feito no Senado norte-americano em 2012, o senador Jay Rockefeller, representante do estado que mais depende do carvão no país, a Virgínia Ocidental, afirmou: "Meu medo é que os interesses também estejam sendo alimentados pela visão estreita de pessoas com motivações diferentes – negando a inevitabilidade da mudança do setor de energia para depois, injustamente, deixar os mineiros ao léu. A realidade é que muitos dirigentes do setor de carvão preferem atacar falsos inimigos e negar problemas reais a propor soluções".

O predomínio da riqueza e da influência corporativa na tomada de decisões intimida tanto os políticos que a maioria hesita até mesmo em discutir a ameaça ambiental em bases consistentes. Há exceções honrosas, mas, nas questões envolvendo os interesses da Terra S.A., o planeta se encontra totalmente sob o controle da política global. Em sua luta para evitar uma lei que regulamente as emissões, nos Estados

Unidos as empresas de combustíveis mantêm quatro lobistas para cada membro do Senado e da Câmara dos Deputados. Também se tornaram uma das maiores fontes de contribuições de campanha para candidatos dos dois partidos principais, com uma alocação maior de recursos para os republicanos.

Nas duas últimas décadas, muitas dessas empresas têm direcionado grandes somas de dinheiro para "mentirosos de aluguel", que propagam um fluxo aparentemente interminável de dados irrelevantes, incompletos, falsos, sem comprovação científica ou que induzem a erro, tais como:

- O aquecimento global é uma fraude alardeada por cientistas interessados em receber mais verbas do governo para pesquisas e por ativistas que querem implantar o socialismo ou algo pior.
- O aquecimento global parou de ocorrer há vários anos.
- Se existe, o aquecimento não é causado pela poluição, mas faz parte de um ciclo natural.
- O sistema climático da Terra é tão resistente que consegue absorver quantidades ilimitadas de poluição sem consequências prejudiciais.
- Se o aquecimento global de fato ocorre, é bom para as pessoas.
- Mesmo que isso seja negativo para alguns, com certeza temos capacidade de nos adaptar ao processo sem grandes dificuldades.
- As calotas de gelo em Júpiter também estão derretendo e, por isso, é lógico supor que se trate de um fenômeno mal compreendido e próprio do sistema solar (detalhe: não tem calotas polares).
- O aquecimento global está sendo causado por manchas solares (mas o fato é que as temperaturas subiram mesmo ao longo da "fase fria" do ciclo de manchas solares, que agora está chegando ao fim).
- O aquecimento global é causado por vulcões (mesmo que as emissões de CO_2 liberadas pelo ser humano sejam de 135 a 200 vezes maiores do que as emissões vulcânicas, as quais constituem um processo natural, com neutralidade de carbono a longo prazo).
- As projeções feitas por computador não são confiáveis (apesar de serem confirmadas pelo conjunto das medições de temperatura feitas em uma dúzia de locais, de maneira isolada e independente).
- As nuvens vão anular o aquecimento global (apesar das crescentes comprovações de que a atuação delas tende a agravar o problema em vez de atenuá-lo).

Há mais de cem outros argumentos falsos ou pseudoteorias alardeados de forma incansável pela mídia, pelos *lobbies* e por políticos em dívida com as organizações poluentes. Os negadores se dizem absolutamente certos de que os cerca de 90 milhões de toneladas de detritos liberados por dia *não estão causando* o aquecimento global, ainda que toda a comunidade científica do planeta afirme o contrário. Com certeza, alguns dos adversários do consenso científico – por diversas razões, inclusive relacionadas a suas origens e histórias pessoais – realmente acreditam que os especialistas estão errados. Mas eles constituem uma exceção e já teriam caído em descrédito devido à falta de base consistente para seus argumentos, não fosse o generoso apoio que os poluidores oferecem a qualquer um que questione a ciência climática.

Para minar a confiança do público na integridade da ciência, as empresas emissoras de carbono, seus agentes e aliados insinuam o tempo todo que os cientistas do clima mentem sobre suas descobertas e/ou fazem parte de um projeto político secreto que visa o fortalecimento do papel do governo. O ataque político contra especialistas em fenômenos climáticos não tem a intenção apenas de demonizá-los, mas também de intimidá-los, levando-os a redobrar os escrúpulos em sua já naturalmente cautelosa abordagem nos estudos.

Nos Estados Unidos, um procurador-geral alinhado com a direita pediu a abertura de processo contra um estudioso cuja pesquisa apontou resultados inconvenientes para as empresas de carvão. Instituições conservadoras frequentemente processam cientistas e os difamam em declarações públicas, enquanto congressistas reacionários insistem no corte do financiamento a pesquisas climáticas. Para citar apenas uma das muitas consequências desse ataque combinado, a capacidade norte-americana de acompanhar as mudanças climáticas vem sendo seriamente prejudicada por causa do cancelamento e do atraso no lançamento de satélites de monitoramento – justamente quando os dados se fazem mais necessários.

Na véspera da sessão de negociação global sobre o clima, realizada em dezembro de 2009, em Copenhague, toda a comunidade da ciência climática teve seus e-mails invadidos, no que parece ter sido uma bem planejada ação de hackers. A disseminação de frases tiradas do contexto levou os meios de comunicação de extrema direita a acusar a comunidade científica de mentir para as pessoas e os governos. Uma extensa investigação concluiu que a invasão veio de fora do centro de pesquisa, mas não identificou os autores do crime. Em paralelo, quatro investigações independentes e isoladas deixaram claro que os cientistas não haviam cometido nenhuma transgressão.

A MÁQUINA DA NEGAÇÃO

O público tem dificuldade de discernir as mentiras dos poluidores de carbono e seus aliados porque o papel tradicional da mídia mudou significativamente nas últimas décadas, em especial nos Estados Unidos. Muitos jornais estão indo à falência e outros enfrentam grave pressão econômica, com reflexos diretos sobre sua missão histórica de assegurar uma das bases da democracia, que é informar aos cidadãos.

Como observado no capítulo 3, o alcance crescente da internet constitui uma fonte de esperança, mas, por enquanto, a televisão ainda é, de longe, o meio predominante de informação. Além disso, as divisões de jornalismo das redes de TV são obrigadas a contribuir para o lucro das corporações, daí a diluição das fronteiras entre noticiário e entretenimento. Uma vez que os índices de audiência determinam a lucratividade, um tipo diferente de notícia foi priorizado.

Praticamente todos os telejornais e programas de comentários políticos contam com patrocínio de empresas de petróleo, carvão e gás – o tempo todo, ano após ano, e não só durante os períodos de campanha eleitoral –, o que assegura a divulgação de mensagens concebidas para tranquilizar a audiência, garantindo que tudo está bem, que o ambiente global não é uma ameaça e que as empresas geradoras de carbono trabalham sem descanso para desenvolver fontes renováveis de energia.

O medo de discutir o aquecimento global atinge quase todas as principais redes de televisão norte-americanas. A coalizão dos que negam o processo ataca qualquer um que se atreva a levantar a questão. Por isso, muitos órgãos de notícias têm preferido o silêncio. Até o respeitado programa produzido pela BBC intitulado *The frozen planet* teve de ser reeditado – com a eliminação das discussões sobre o aquecimento global – antes de sua exibição nos Estados Unidos pela Discovery Network. Como um dos temas principais do programa era o derretimento do gelo no planeta, foi absurdo excluir as referências ao principal causador do problema. Segundo o ativista Bill McKibben, "foi como exibir um documentário sobre câncer de pulmão sem citar o cigarro".

Nos quentes verões de 2011 e 2012, os noticiários noturnos muitas vezes pareciam uma caminhada pela natureza através do livro do Apocalipse. Todas as matérias sobre secas, incêndios, vendavais e inundações, contudo, eram abordadas com explicações como "a presença de áreas de alta pressão" ou "o fenômeno La Niña".

Nas poucas ocasiões em que se discute o aquecimento global, a cobertura jornalística acaba distorcida pela tendência a incluir sempre um ponto de vista contrário, em tese para "equilibrar" cada declaração dos cientistas, como se de fato houvesse uma diferença significativa de teorias. O problema tem sido agravado pela redução dos investimentos na prática do jornalismo investigativo.

Para alguém que cresceu acreditando na integridade do processo democrático norte-americano – e que *ainda acredita* em sua restauração –, é profundamente incômodo ver que interesses particulares têm conseguido limitar a tomada de decisões e a formulação de políticas na nação que Abraham Lincoln descreveu de forma eloquente como "a última esperança da Terra". Mas a luta está longe do fim. O epicentro são os Estados Unidos, simplesmente porque continuam a ser a nação capaz de mobilizar o mundo para salvar o futuro. Segundo Edmund Burke, "a única coisa necessária para que o mal prevaleça é que os homens de bem não façam nada". É disso que se trata agora: os homens e mulheres de bem não farão nada ou vão reagir à emergência que os ameaça?

Nos últimos anos, a frequência e a magnitude de eventos climáticos extremos começaram a exercer um impacto significativo sobre a percepção das pessoas em relação ao aquecimento global. Mesmo nos Estados Unidos, onde a campanha de propaganda dos grupos de negadores segue em pleno vigor, cresceu bastante o apoio às ações para reduzir as emissões de gases criadores do efeito estufa. Propostas simpáticas à causa contam com o apoio da maioria há muitos anos, mas a intensidade desse suporte é insuficiente para superar o empenho dos poluidores em desmobilizar a ação política. Recentemente, porém, a vontade de mudar aos poucos está se fortalecendo.

Em 2009, no início do governo do presidente Barack Obama, eram grandes as esperanças de uma virada na política norte-americana em relação ao aquecimento global – o que de fato aconteceu, por um tempo. O projeto inicial enfatizava as medidas verdes, incluindo providências para acelerar a pesquisa, o desenvolvimento, a produção e a utilização de sistemas de energia renovável no país. A nomeação da competentíssima Lisa Jackson para comandar a Agência de Proteção Ambiental abriu caminho a uma série de regras e iniciativas ousadas, que contribuíram para a redução das emissões de CO_2 e a limpeza dos poluentes.

As exigências do organismo governamental quanto à redução das emissões de carbono pela novas usinas de energia e por automóveis eram ousadas. Além disso, a imposição de cortes drásticos nas liberações de mercúrio pelas usinas de carvão contribuiu para o cancelamento de novas unidades do gênero. O êxito de Lisa Jackson, de seu colega e secretário dos transportes Ray LaHood e de Carol Browner, assessora da Casa Branca, em fechar um acordo com as montadoras norte-americanas para melhorar o consumo médio de combustível dos veículos (21 quilômetros por litro, quase o dobro da média atual) foi descrito pelo ambientalista Dan Becker, líder da Safe Climate Campaing for the Center for Auto Safety, como "o maior passo que um país já deu para reduzir a poluição causadora do aquecimento global".

Nos últimos anos, no entanto, vários acontecimentos dificultaram ainda mais o desafio político em relação ao esperado por Obama. Em primeiro lugar, a crise econômica e a recessão herdadas pelo presidente travaram os projetos de longo prazo de seu governo, uma vez que as dificuldades do presente eram imensas. Os efeitos da recessão ainda permaneciam por causa de sua gravidade incomum, da maciça desalavancagem (repacto da dívida) que causou, do colapso no setor imobiliário e da proporção inadequada do estímulo fiscal que injetou um pouco de demanda – mas não o suficiente – na economia do país.

Além disso, a China surpreendeu o mundo com sua determinação de dominar a produção e a exportação de geradores e de painéis solares, por meio do crédito barato subsidiado pelo governo e dos baixos salários pagos a seus trabalhadores – o que permitiu inundar o mercado mundial com equipamentos a custos bem inferiores aos dos modelos produzidos nos Estados Unidos e em outros países desenvolvidos.

Em terceiro lugar, apesar de a legislação climática ter sido aprovada na Câmara dos Deputados quando o Partido Democrata ainda detinha maioria, as normas ultrapassadas e disfuncionais do Senado permitiram que uma minoria barrasse as propostas. Senadores de ambos os partidos disseram de forma reservada que a aprovação do projeto sobre o clima poderia ter acontecido, mas aparentemente o presidente não estava preparado para empreender o esforço necessário para montar uma coalizão de apoio. Antes disso, Obama decidira que sua prioridade seria a reforma no programa de saúde, e o complicado sistema político manteve esse projeto indefinido até o início da campanha de reeleição, sem deixar tempo para que o Senado pudesse debater a questão do clima.

Ao que parece, Obama e sua equipe na Casa Branca fizeram então uma contabilidade sóbria dos riscos políticos envolvidos nos estados em que o poder das indústrias de combustíveis fósseis poderia voltar-se contra ele, em represália por seu eventual comprometimento com a aprovação da legislação climática. Assim, em um movimento contrário, quando seus adversários no Congresso começaram a reivindicar o direito de explorar reservas fósseis, o presidente os surpreendeu propondo a ampliação da perfuração de petróleo – até mesmo no oceano Ártico – e liberou mais áreas públicas para a extração de carvão. Por essas e outras razões, os impactos positivos das propostas sobre energia e clima apresentadas no início da gestão foram praticamente anulados pela guinada rumo a uma política que Obama descreveu como uma abordagem que contempla "todas as alternativas anteriores", postura que contribuiu para o aumento da dependência de combustíveis fósseis geradores de carbono.

Em quarto lugar, a descoberta de enormes reservas de gás de xisto derrubou o preço da energia elétrica: um número crescente de fábricas passou a usar o gás, mais barato, empurrando o preço do quilowatt/hora para baixo do patamar necessário para viabilizar as energias eólica e solar como alternativas economicamente competitivas, em sua atual fase de desenvolvimento. O gás de xisto inundou o mercado com a descoberta e o aperfeiçoamento de uma nova tecnologia de extração, que combina a perfuração horizontal e o fraturamento hidráulico (*fracking*). Embora a maior parte da discussão sobre o *fracking* envolva seu uso na produção de gás de xisto, o método também é usado na extração de petróleo, abrindo acesso a reservas até então inacessíveis e aumentando a produtividade de poços tidos como quase esgotados.

O IMPACTO DO *FRACKING*

Os especialistas alertam para o constante aumento no preço do gás de xisto conforme as exportações do gás natural liquefeito (GNL) passarem de mercados com preços baixos, como os Estados Unidos, para outros de valores mais altos, como a Ásia e a Europa, com aumento significativo no custo médio do produto durante esse processo. No entanto, pelo menos por enquanto, o tamanho das novas reservas exploradas por sistemas de *fracking* anulou a estrutura de precificação dos mercados de energia. E o entusiasmo com a possibilidade de exploração dessas fontes de energia obscureceu controvérsias cruciais que deveriam (e ainda devem) inspirar cautela quanto ao uso do gás de xisto.

Para começar, o processo de *fracking* resulta no vazamento de enormes volumes de metano (principal componente do gás natural), cerca de 72 vezes mais potente do que o CO_2 na retenção de calor na atmosfera durante um período de 20 anos. Depois de cerca de uma década, o metano se decompõe em carbono e vapor de água, mas seu impacto no aquecimento, molécula por molécula, ainda é muito maior do que o causado pelo CO_2 em curtos períodos de tempo.

O potencial do metano em relação ao aquecimento global fez surgir propostas para um esforço mundial por reduções drásticas das emissões do gás como medida emergencial de curto prazo, a fim de ganhar tempo para implementação de estratégias mais rígidas quanto às emissões de CO_2. Da mesma forma, sugeriu-se a determinação de curto prazo na redução das emissões de carbono negro, ou fuligem, que retêm o calor recebido do Sol e se acomodam sobre a superfície do gelo e da neve, aumentando a absorção de calor e contribuindo para o derretimento. Em conjunto, essas duas iniciativas poderiam reduzir bastante o potencial de aquecimento até 2050. Considerando o tempo que o mundo demorou para começar a controlar as emissões, precisamos de ambas as medidas e de muito mais.

Ocorrem enormes vazamentos de metano no processo de *fracking* antes de o equipamento ser acionado para capturar o gás na superfície. Depois da fratura das rochas subterrâneas pela injeção de líquidos de alta pressão, ocorre um "refluxo". Ou seja, quando a água, os produtos químicos e a areia usados no processo de extração voltam para a superfície, apresentam grandes quantidades de metano, que é queimado ou liberado na atmosfera. Há operadores que tomam medidas para evitar vazamentos, mas a maioria deles ignora esses cuidados. Uma quantidade adicional de metano é lançada na atmosfera também durante o processamento, o armazenamento e a distribuição do gás. O volume total de metano vazado é tão grande que vários estudos – entre eles, uma recente análise de ciclo de vida feita por Nathan Myhrvold, que trabalhou na Microsoft e é um dos fundadores da Intellectual Ventures, e por Ken Caldeira, cientista especializado em clima que atua no departamento de ecologia global da Carnegie Institution – revelaram que talvez seja suficiente para anular praticamente todas as vantagens que o gás natural teria sobre o carvão, por causa de seu menor teor de carbono.

Na prática, o *fracking* também exige a contínua injeção de volumes enormes de água misturada com areia e produtos químicos tóxicos nas formações rochosas ricas em gás. A exigência de uma média de 18 milhões de litros de água para cada poço já causa conflito em regiões afetadas pela escassez hídrica. Em muitas comunidades, em especial nas zonas áridas do oeste norte-americano, havia competição por água muito antes da disseminação da sedenta prática de extração de gás. Em algumas partes do Texas estão sendo abertos poços de *fracking* em localidades que já enfrentam limitações de abastecimento de água para consumo e uso na agricultura.

Às vezes, o sistema de exploração também contamina valiosos lençóis freáticos. Embora as rochas que acomodam o gás, em geral, situem-se em profundidades bem maiores do que os aquíferos de água potável, o caminho percorrido pelos líquidos injetados no subsolo não é totalmente conhecido, além de difícil de controlar. Muitos dos depósitos explorados por fraturamento hidráulico ficam em campos de petróleo e de gás, nos quais há poços abandonados, perfurados há décadas, quando a busca por reservas era feita por meios convencionais. Esses antigos poços podem servir como chaminés para o escape tanto de metano quanto das substâncias químicas usadas no *fracking*.

Alguns especialistas temem que as perfurações abandonadas e outros aspectos ainda pouco conhecidos da geologia subterrânea sejam os responsáveis pelo fato de vários poços situados acima do curso da perfuração horizontal já terem sido contaminados por fluidos nocivos. A agência de Proteção Ambiental descobriu que os fluidos usados para extrair gás no estado de Wyoming constituem a provável causa da poluição de um aquífero localizado sobre uma área explorada por *fracking*. Há relatos de contaminação semelhante em outras áreas, mas a investigação pela agência ambiental do governo enfrenta dificuldades por causa de inusitadas leis – Fresh Drinking Water Act e Clean Water Act, aprovadas em 2005 a mando do então vice-presidente Dick Cheney – que contemplam as atividades de *fracking* com uma isenção especial.

O setor de gás contesta a maioria desses dados e defende que a eventual contaminação talvez seja um pequeno pedágio a ser pago. Rex Tillerson, presidente da Exxon-Mobil, declarou há pouco que "as consequências de um passo em falso envolvendo um poço, ainda que relevantes para as pessoas que vivem nas imediações, são pequenas no panorama geral". No entanto, a resistência política dos proprietários de terra está crescendo em várias regiões.

Os líquidos usados no processo de fraturamento hidráulico têm de ser descartados após o uso. Muitas vezes, isso significa reintroduzi-los no subsolo, o que pode causar pequenos tremores de terra (em geral inofensivos) e, em alguns casos, contaminação de lençóis freáticos. Por isso, o escoamento dos resíduos tóxicos constitui uma fonte de queixas mais frequente do que as injeções feitas no início do processo. Há locais de exploração em que os líquidos de descarte ficam armazenados em grandes tanques a céu aberto, que transbordam após fortes chuvas. Em outras situações, os resíduos são simplesmente despejados sobre estradas, a princípio para "assentar a poeira".

Os defensores do uso do gás de xisto argumentam que existem medidas de segurança que podem reduzir vários desses problemas, mas a maioria duvida que as empresas as adotem voluntariamente, dados os custos envolvidos. Por outro lado, o veterano do setor de gás e petróleo que se tornou conhecido como "pai do *fracking*", George P. Mitchell, de Houston, no Texas, pediu abertamente uma regulamentação governamental. "O governo deveria exercer um controle rigoroso. O Departamento de Energia tem de cuidar disso", declarou à *Forbes*. "Se não fizerem isso direito, vai haver problemas... É difícil controlar os exploradores independentes. Se fizerem algo errado e perigoso, devem ser punidos", acrescentou.

Porém, mesmo que os novos regulamentos de segurança funcionassem e os vazamentos de metano fossem controlados com rigor, a queima de gás natural ainda gera um volume enorme de emissões de CO_2. O fato de que elas podem, em teoria, corresponder à metade das emissões de carvão tem sido usado por alguns defensores do gás de xisto como uma nova pergunta para uma velha dúvida: estamos diante de um copo meio cheio ou meio vazio? Pode parecer sedutor migrar para o gás metano e reduzir à metade as emissões liberadas pelos setores que hoje utilizam carvão. Só que a atmosfera *já está cheia* de poluentes, com níveis perigosos de concentrações de gases causadores do aquecimento global.

A REALIDADE DO PROBLEMA

A resolução da crise climática, portanto, exige a redução de emissões em grande escala. Temos de diminuir as liberações líquidas de gases causadores do efeito estufa em pelo menos 80% a 90% – e não pela metade –, para garantir que as concentrações gerais não excedam um possível ponto de inflexão antes que comecem a regredir. Se continuarmos a liberar volumes adicionais de gases em uma proporção que supera de longe o ritmo lento no qual os oceanos e a biosfera extraem o carbono da atmosfera, jogaremos para o futuro distante qualquer possibilidade de reduzir os níveis de concentração. Recorrer ao gás como "ponte" até a transição definitiva para energias renováveis pode ajudar, mas sua adoção a longo prazo seria o mesmo que se render na luta pela sobrevivência da civilização.

De certa forma, esse desafio se assemelha ao que acontece com o esgotamento do solo e dos lençóis freáticos. A reposição natural de tais recursos ocorre em uma escala de tempo bem mais lenta do que o ritmo de exploração da atividade humana. A taxa natural de remoção de CO_2 da atmosfera é bem mais lenta do que o crescimento das concentrações globais de poluentes. A ação humana provoca mudanças velozes demais para a capacidade de adaptação da natureza.

O problema é que o novo poder e a dinâmica da Terra S.A. colidem de forma violenta e sobrecarregam o equilíbrio do planeta. O consumo voraz de recursos limitados e a superprodução industrial são incompatíveis com o funcionamento do sistema ecológico da Terra de uma forma que garanta a sobrevivência da humanidade. Como dito anteriormente, o CO_2 contido nas "reservas conhecidas" de petróleo, carvão e gás contabilizadas pelas empresas de combustíveis de carbono e por alguns países supera em muito a quantidade que poderíamos liberar na atmosfera de forma segura – e as reservas não convencionais que agora começam a ser identificadas acenam com um potencial ainda maior.

O *boom* norte-americano do gás de xisto causou um frenesi exploratório na China, Europa, África e outros lugares, aumentando as chances de uma dependência global de longo prazo, em detrimento das energias renováveis. No entanto, até agora, fora dos Estados Unidos, a produção desse recurso tem sido limitada. Na China, onde geólogos estimam que as reservas possam ter duas vezes e meia o tamanho dos depósitos norte-americanos, a geologia subterrânea exige tecnologias diferentes das empregadas nos Estados Unidos, o que inviabiliza a opção de simplesmente importar as técnicas de perfuração horizontal e de *fracking*. Além disso, como no oeste norte-americano, o uso desregrado de água no processo pode impor uma limitação para sua utilização, em especial no norte e no noroeste da China, sujeitos a séria escassez hídrica.

Ainda assim, observa-se hoje uma tendência à exploração e produção de gás de xisto. Alguns estudiosos defendem que, se houver controle adequado dos eventuais vazamentos, a substituição do carvão pode resultar em uma redução líquida nas emissões, temporária porém significativa. Em 2012, em um fenômeno que a maioria dos especialistas descreveu como uma evolução surpreendente, as emissões de CO_2 nos Estados Unidos atingiram o nível mais baixo em duas décadas – em parte por causa da desaceleração da economia, da ocorrência de um outono e um inverno moderados, do maior uso de energias renováveis e do aumento da eficiência energética, mas também em virtude da troca do carvão pelo gás natural em algumas unidades de produção.

Anos atrás, eu estava entre os que recomendavam a utilização do gás natural como etapa intermediária para a eliminação progressiva do uso do carvão, enquanto se viabilizasse economicamente a produção em escala das tecnologias solar e eólica. No entanto, cada vez mais fica claro que as consequências ambientais da extração do gás de xisto podem inviabilizar seu uso como combustível "de transição". Para a sociedade, talvez seja complicado aceitar que se façam investimentos enormes para trocar o carvão pelo gás para, tempos depois, promover nova mudança rumo às tecnologias renováveis. Em outras palavras, essa transição pode dar em lugar nenhum.

A descoberta de novas reservas de gás de xisto não se limitou a derrubar os preços da energia a ponto de dificultar a competitividade das tecnologias renováveis. Se os estudos que mostram que não existe grande ganho em substituir o carvão estiverem certos, podemos chegar ao pior dos mundos, com grandes investimentos em gás de xisto drenando o dinheiro que poderia ser investido em energias renováveis, mais o agravamento da crise ambiental. A única virtude dessa fonte energética é que, pelo menos nos Estados Unidos, sua exploração contribui para a redução do uso do carvão.

O carvão tem mais teor de carbono do que qualquer outro combustível e emite a maior quantidade de CO_2 para cada unidade de energia produzida. Provoca a poluição local e do ar, incluindo as emissões de óxido nitroso (NO_2, causa do *smog*, nevoeiro contaminado por fumaça), dióxido de enxofre (causa da chuva ácida) e poluentes tóxicos, como arsênico e chumbo. Sua queima também gera enormes quantidades de lodo tóxico – segundo maior fluxo de resíduos industriais nos Estados Unidos –, em geral bombeado para grandes lagos, como o que derrubou a barragem e inundou áreas de Harriman, no Tennessee, há quatro anos.

Merece destaque o fato de que a queima de carvão constitui a principal fonte de mercúrio despejado pelo ser humano no meio ambiente. Trata-se de um poluente altamente tóxico, que causa danos neurológicos, afeta a percepção cognitiva, a capacidade de concentração e as habilidades motoras finas, entre outras consequências. Nos Estados Unidos, quase todos os peixes e frutos do mar contêm metilmercúrio, originário das usinas termelétricas a carvão. Sobretudo por essa razão, esses alimentos não são aconselhados na dieta de mulheres que pretendem engravidar, gestantes, lactantes, lactentes ou crianças pequenas. Como o consumo de pescado é benéfico para o desenvolvimento do cérebro, alguns médicos orientam as gestantes a consumir peixes com baixo teor de mercúrio em vez de evitar totalmente o alimento.

O maior dano da queima de carvão, porém, é seu papel no processo de aquecimento global. Nos Estados Unidos, a rejeição pública levou ao cancelamento de 166 novas usinas que estavam em projeto, mas o uso do combustível ainda cresce no mundo (estima-se que 1.200 usinas devem ser construídas em 59 países). De acordo com as projeções atuais, o consumo do carvão deve subir acima de 65% nas próximas duas décadas, substituindo o petróleo como principal fonte de energia.

O carvão é considerado barato, uma vez que o distorcido sistema de contabilidade adotado para aferir custos exclui qualquer consideração aos danos decorrentes da queima. Engenheiros trabalham para aperfeiçoar um processo conhecido há tempos, que envolve a transformação das reservas subterrâneas de carvão em gás, trazido à superfície na forma de combustível. Mas, mesmo que essa tecnologia seja aprimorada, as emissões de CO_2 continuariam destruindo o ecossistema da Terra.

O petróleo, a segunda maior fonte de poluentes causadores do aquecimento global, contém de 70% a 75% do carbono do carvão, por unidade de energia produzida. Além disso, a maioria das novas reservas previstas – sob a forma de petróleo de xisto, perfuração oceânica profunda e areias de alcatrão (existentes não apenas no Canadá, mas também na Venezuela, na Rússia e em outros lugares) – tem custo de exploração mais alto e potencialmente causa mais impactos ao meio ambiente.

O petróleo convencional traz problemas que o carvão não acarreta. A maioria das reservas mais acessíveis encontra-se em regiões como o Golfo Pérsico, instáveis do ponto de vista político e social. Várias guerras já eclodiram no Oriente Médio em razão da disputa por riquezas naturais. A determinação do Irã em desenvolver armas nucleares, a agitação política em curso em vários países da área e a ameaça de perder o acesso a essas reservas são fatores que aumentam a volatilidade dos preços.

Embora a maioria das discussões sobre a redução da liberação de carbono esteja concentrada nas emissões das indústrias e dos veículos, também é importante reduzir as emissões de CO_2 e aumentar a captura da substância na agricultura e em setores silviculturais, que, juntos, formam a segunda maior fonte de emissões. Como demonstra a curva de Keeling, a quantidade de carbono contida na vegetação, sobretudo nas árvores, é imensa (equivale a mais ou menos três quartos do total presente na atmosfera).

A Amazônia, maior floresta tropical do mundo, sofre ataque de madeireiros, pecuaristas e agricultores de subsistência há décadas. Apesar das medidas tomadas pelo governo do ex-presidente Luiz Inácio Lula da Silva para diminuir a destruição, sua sucessora promoveu mudanças políticas que reverteram alguns dos avanços, embora em 2012 a taxa de desmatamento tenha diminuído. Na última década, em 2005 e novamente em 2010, a região amazônica foi atingida por "secas que só ocorrem a cada cem anos" – pelo menos, esse era o padrão até o início da modificação climática causada pelo homem. Por isso, alguns pesquisadores voltaram a se preocupar com uma controversa projeção feita por computador que aponta a possibilidade de um dramático "perecimento" da Amazônia até meados do século, caso as temperaturas continuem em elevação.

Um volume crescente de emissões de carbono resulta do desmatamento, ressecamento e queima intencional de florestas de turfa, em especial na Indonésia e na Malásia, a fim de abrir espaço para plantações de palmeiras para a extração de óleo. De acordo com o Programa das Nações Unidas para o Meio Ambiente, as áreas de turfa abrigam mais de um terço de todo o solo que armazena gás carbônico. Embora os governos se orgulhem dos esforços feitos para conter essa prática destrutiva, a corrupção generalizada compromete a conquista dos objetivos propostos. Práticas inadequadas de governança estão entre as principais causas do desmatamento em quase todas as regiões – em parte porque 80% das florestas ficam em áreas de propriedade pública.

As florestas tropicais também correm risco no centro e no sul da África, em especial no Sudão e na Zâmbia e no arquipélago do Sudeste Asiático, além de áreas em Papua-Nova Guiné, Indonésia, Bornéu e Filipinas. Em muitos países tropicais, o aumento da demanda por carne tem contribuído para a derrubada de florestas, a fim de dar lugar à criação de animais, sobretudo de bovinos. Como observado no capítulo 4, a crescente presença da carne nas dietas em todo o mundo provoca grande impacto sobre o uso da terra, pois a produção de cada quilo de proteína animal requer o consumo de mais de 6 quilos de proteína vegetal.

As enormes florestas boreais situadas ao norte da Rússia, Canadá, Alasca, Noruega, Suécia e Finlândia (além de partes da China, Coreia e Japão) estão também em perigo. Estimativas recentes sobre a quantidade de carbono armazenada nessas florestas – não só em árvores, mas também nas camadas mais profundas do solo, que incluem depósitos de turfa ricamente carbonatados – apontam que cerca de 22% de todo o gás carbônico armazenado na superfície da Terra está nessas regiões.

Na floresta boreal da Rússia (de longe, a maior extensão contínua de árvores do planeta), os lariços que costumavam predominar vêm desaparecendo, substituídos por abetos e pinheiros. No inverno, quando as agulhas do lariço caem, a luz do Sol atravessa os galhos e se reflete na neve, mantendo o solo congelado. Por outro lado, as agulhas das coníferas, que permanecem nas árvores, absorvem a energia térmica da luz solar, elevando a temperatura do solo, acelerando o derretimento da neve e o degelo da tundra. O desequilíbrio da complexa simbiose entre o lariço e a tundra, assim, ameaça a sobrevivência de ambos. Milhões de outras relações naturais simbióticas sofrem abalos similares.

Embora algumas regiões do Canadá imponham políticas de manejo sustentável das florestas e limitem os danos da exploração madeireira, na Rússia isso não ocorre. Tanto lá como na América do Norte, as florestas estão sendo destruídas pelo impacto do aquecimento global e consequentes secas, incêndios e infestações de insetos. A variedade de besouros aumentou conforme as temperaturas médias subiram, e os insetos se multiplicaram em consequência da redução dos picos de frio que controlavam sua população. Em muitas áreas, eles se reproduzem ao ritmo de três gerações por verão, em vez de uma. Na última década, mais de 110 mil quilômetros quadrados de florestas do oeste dos Estados Unidos e Canadá foram devastados pelo que os especialistas em biodiversidade da ONU descrevem como uma "epidemia sem precedentes do besouro-do-pinho".

Nas regiões montanhosas, o derretimento das calotas polares está privando as árvores da água necessária durante os meses de verão, o que aumenta ainda mais a vulnerabilidade à seca. Robert L. Crabtree, especialista no assunto, declarou ao *New York Times* que "diversos ecologistas como eu estão começando a pensar que todos esses agentes, como os insetos e os incêndios, são apenas uma consequência. O verdadeiro culpado é o desgaste hídrico causado pelas mudanças climáticas".

A falta de água enfraquece as árvores e as deixa mais vulneráveis aos besouros. Além disso, os cientistas acreditam que os casos de incêndios florestais crescem em proporção direta ao aumento das temperaturas. Não há dúvidas de que as mudanças nas formas de exploração ocorridas nas últimas décadas contribuíram para os riscos, a frequência e a proporção dos incêndios, mas o aquecimento global exerce uma influência bem maior.

Segundo os especialistas, a escala das perdas nas áreas desmatadas não tem precedente. Em consequência, volumes enormes de CO_2 são liberados na atmosfera. Como a tundra ártica, as grandes florestas do mundo armazenam grandes quantidades de carbono nas árvores, na vegetação baixa, no solo e na camada que o recobre. A grande floresta boreal do norte do Canadá e do Alasca pode ter se transformado em fonte de carbono em vez de "área de filtragem" conforme as árvores cresceram.

Se os nutrientes adequados estiverem disponíveis, o CO_2 adicional tem o potencial de estimular o crescimento extra das árvores, embora a maioria dos estudiosos alerte que outros fatores limitantes, como a disponibilidade de água e o aumento das ameaças de insetos e de incêndios, podem minar esse potencial. No entanto, apesar de tudo, a perda *líquida* de florestas diminuiu nos últimos anos, principalmente devido às iniciativas de reflorestamento e à recuperação natural de árvores em terras agrícolas abandonadas. Segundo a ONU, a maior parte da rebrota ocorreu em zonas temperadas, como as áreas florestais do leste da América do Norte, Europa, Cáucaso e Ásia Central. De acordo com um estudo, se o ritmo de desmatamento cair pela metade, até 2030 o planeta economizará US$ 3,7 trilhões em gastos ambientais.

A China lidera o mundo no plantio de árvore, nos últimos anos, respondeu por 40% de todos os plantios. Desde 1981, todos os chineses entre 11 e 60 anos de idade têm a obrigação de plantar pelo menos três árvores por ano. Até agora, foram cultivados cerca de 40 milhões de hectares de novas árvores. Os países que vêm em seguida são os Estados Unidos, a Índia, o Vietnã e a Espanha. Porém, muitas dessas novas florestas incluem apenas uma espécie, o que resulta no declínio da biodiversidade de animais e de plantas na comparação com a rica variedade encontrada em uma floresta primária saudável.

Por causa da atenção dedicada à retenção de carbono pelas árvores e plantas, a quantidade de carbono mantida na camada superficial do solo (sobretudo em 10,57% da superfície do planeta coberta por terras aráveis) corresponde a quase o dobro de todo o carbono existente na vegetação e na atmosfera. Na verdade, bem antes da Revolução Industrial e da adoção do carvão e do petróleo como principais fontes de energia, a liberação de carbono decorrente da aragem e da degradação da terra contribuiu significativamente para o excesso de CO_2 no ar. Segundo algumas estimativas, desde 1800 cerca de 60% do carbono que ficava armazenado no solo, nas árvores e em outras plantas foi liberado para a atmosfera em decorrência do desmatamento causado pela agricultura e a urbanização.

Técnicas industriais e agrícolas modernas (dependentes da lavra, da monocultura e do uso de fertilizantes nitrogenados sintéticos) continuam a liberar a substância, uma vez que esgotam o carbono orgânico contido em solos saudáveis. O trabalho de aragem favorece a erosão hídrica e eólica do solo; a monocultura, em vez de plantio variado e do rodízio de culturas, impede a restauração natural da saúde da terra; e a utilização de fertilizantes sintéticos à base de nitrogênio exerce um efeito que pode ser comparado ao dos esteroides: aumenta o crescimento das plantas, mas prejudica o solo e interfere em sua retenção normal do carbono orgânico.

O desvio de áreas agrícolas para as plantações de biocombustíveis também resulta no aumento líquido de CO_2, incentivando ainda mais a destruição da mata, tanto de forma direta, como ocorre com as florestas de turfa, como indireta, ao forçar os agricultores de subsistência a abrir novas roças para substituir a terra usada para o cultivo. Como já declarei em público, quando servia ao governo norte-americano cometi um erro ao apoiar os programas de produção de etanol. Na época, eu acreditava que a substituição do petróleo por biocombustíveis geraria uma redução significativa nas emissões de CO_2. Os cálculos feitos depois disso demonstraram que a tese estava errada. Assim como outras pessoas, eu não pude prever a rápida disseminação dos biocombustíveis e a dimensão que eles atingiriam em todo o mundo.

EXTINÇÃO DAS ESPÉCIES

A destruição das florestas, em especial as tropicais, donas de uma rica biodiversidade, também constitui um dos principais causadores, ao lado do aquecimento global, daquilo que a maioria dos biólogos considera a pior consequência da crise ambiental: um processo que pode levar à extinção de 20% a 50% de todas as espécies vivas do planeta ainda neste século.

A poluição já reteve tanto calor que as temperaturas médias do planeta aumentam com mais velocidade do que a capacidade de adaptação de vários animais e plantas. Nessa fase inicial, os anfíbios parecem correr mais riscos, e diversas espécies de rãs, sapos e salamandras de todas as partes do mundo podem desaparecer. Cerca de um terço das espécies de anfíbios corre alto risco de extinção e 50% estão em declínio. Especialistas descobriram que, além das alterações climáticas e da perda de hábitat, muitos podem ter sido atingidos por uma doença fúngica, talvez associada ao aquecimento global. Como já observado, as espécies de corais também enfrentam grande risco de extinção.

De acordo com estudiosos, outros fatores que impulsionam esse processo incluem, além do aquecimento e do desmatamento, a destruição de hábitats importantes como pântanos e recifes de coral; a poluição tóxica causada pelo homem; a proliferação de espécies invasoras e a exploração excessiva de algumas espécies. Na África, animais selvagens estão ameaçados pela caça ilegal e pela invasão de seus territórios pelos humanos, em especial para converter áreas naturais em terrenos para cultivo.

Nos últimos 450 milhões de anos, ocorreram cinco episódios de extinção. Embora alguns deles ainda não sejam totalmente compreendidos, o mais recente, ocorrido há 65 milhões de anos (quando a era dos dinossauros terminou), foi causado pela colisão de um grande asteroide com a Terra, perto de Yucatán. Ao contrário dos episódios anteriores, todos relacionados a desastres naturais, o que acontece hoje, segundo o ilustre biólogo E. O. Wilson, "é totalmente causado pelo homem".

Muitas espécies de plantas e de animais estão sendo obrigadas a migrar para outras latitudes – mais ao norte, no hemisfério norte, e mais ao sul, no hemisfério sul. Um estudo revelou que, a cada década, animais e vegetais se deslocam em média 6 quilômetros rumo aos polos e também em direção a altitudes mais elevadas, pelo menos nos locais em que existe essa possibilidade. Um estudo de um século de observação dos animais do Parque Nacional de Yosemite mostrou que a metade das espécies montanhosas se moveu para áreas 500 metros mais altas, em média.

Depois que chegam aos polos ou ao cume das montanhas e não podem avançar mais, essas espécies acabam extintas. Outras, incapazes de migrar para novos hábitats com a velocidade necessária para acompanhar a mudança do clima, também caminham para o desaparecimento. Um estudo da Duke University feito para a National Science Foundation descobriu que mais da metade das espécies de árvores do leste dos Estados Unidos correm risco, por não conseguir se adaptar às rápidas alterações climáticas.

Quase 25% de todas as espécies vegetais, segundo os cientistas, enfrentam um risco crescente de extinção. Os especialistas agrícolas preocupam-se sobretudo com as variedades silvestres de alimentos. Existem 12 áreas conhecidas como centros de diversidade vavilovianos, em homenagem a Nikolai Vavilov, cientista russo cujos colegas morreram de fome durante o cerco de Leningrado, na tentativa de proteger sementes coletadas em todo o mundo. Um deles deixou uma carta junto ao imenso tesouro vegetal intocado, na qual dizia que "enquanto o mundo vive as chamas da guerra, guardamos esse acervo para o futuro das pessoas". Vavilov morreu na prisão, depois que suas críticas a Trofim Lysenko lhe renderam perseguição, encarceramento e a pena capital.

Os antigos bancos de sementes são fontes de uma diversidade genética abundante, tesouro para os geneticistas em busca de características que possam ajudar na sobrevivência e na adaptação de culturas alimentares ameaçadas por novas pragas e pelas mudanças das condições ambientais. Muitas já foram extintas e outras estão ameaçadas por uma variedade de fatores, entre eles o desenvolvimento, a monocultura, a cultura extensiva, as guerras e outras ameaças.

A Convenção da ONU sobre a Diversidade Biológica citou, entre outros exemplos, que o número de variedades de arroz cultivadas na China caiu de 46 mil em 1950 para apenas mil há poucos anos. Bancos de sementes, como o de Vavilov, dedicam-se à catalogação e ao armazenamento de muitas variedades. Como medida de precaução para o futuro da humanidade, a Noruega assumiu a liderança na área e investiu em um armazenamento seguro escavado em uma rocha em Svalbard, ao norte do Círculo Polar Ártico.

A EXTINÇÃO DE ESPÉCIES com as quais dividimos o planeta e a ampla destruição de paisagens e hábitats que funcionaram como lar para centenas de gerações, ao lado de outras consequências da crise climática, deveriam nos despertar para a obrigação moral que temos para com nossos filhos e netos. Muitos dos que reconhecem a gravidade da situação não apenas promoveram mudanças em suas vidas, mas começaram a pressionar seus governos por medidas políticas para proteger o futuro dos seres humanos.

O CAMINHO A SEGUIR

De modo geral, há quatro grupos de opções políticas que podem contribuir para a solução da crise climática. Em primeiro lugar, devemos usar a política fiscal para desencorajar as emissões de carbono e estimular a adoção de tecnologias alternativas. A maioria dos especialistas avalia que um aumento intenso e constante de impostos sobre as emissões de carbono seja a maneira mais eficaz para forçar um deslocamento em grande escala rumo a uma economia de baixa emissão de carbono.

Há tempos os economistas sabem que a tributação não se limita a aumentar a receita dos governos, mas, em certa medida, desencoraja e reduz as atividades econômicas sobre as quais incide. Ao usar impostos para ajustar o nível geral do custo atribuído à produção de CO_2 e de outros gases, os governos dão sinal claro ao mercado – que, no melhor dos casos, estimula a criatividade dos empresários e executivos a buscar formas mais eficientes de reduzir a poluição causadora do aquecimento global. Por esse motivo, creio que a implementação de tributos sobre a emissão de carbono por 35 anos é a medida com mais possibilidades de êxito. A progressão da tributação ao longo do tempo ajudaria a conscientizar as indústrias e a sociedade sobre a necessidade de planejar mudanças para as próximas décadas.

É claro que os impostos são impopulares em todo o mundo. Por isso, a implantação dessa medida exige uma liderança forte, determinada e, na medida do possível, de caráter suprapartidário. Em reconhecimento a esses fatos políticos da vida, simples porém significativos, sempre defendi a combinação dos impostos sobre o carbono com a redução em igual proporção de outras tributações.

Infelizmente, a maioria das pessoas parece mais disposta a se queixar da criação de um novo imposto do que a acreditar que essa taxação terá um retorno sob outra forma. A campanha de quatro décadas promovida nos Estados Unidos pela aliança conservadora e contrária a qualquer reforma, comandada pelas corporações e elites empresariais, conseguiu demonizar qualquer iniciativa do estado nesse sentido. Consolidou-se uma estratégia de "conter a voracidade do monstro", de forma a obter pronta oposição a qualquer taxação, a menos que o imposto cogitado incida sobre os assalariados de baixa renda.

Outras versões dessa proposta associam a tributação das emissões de CO_2 a um plano de descontos, com o envio de um cheque para cada contribuinte. Segundo essa abordagem, às vezes chamada de "taxas e dividendos", quem tiver sucesso na redução de suas emissões de fato *ganharia dinheiro* com isso, ou poderia usá-lo para pagar tecnologias mais eficientes ou energias de fonte renovável. Outra possibilidade, apresentada no Congresso dos Estados Unidos em 2012 mas nunca votada, propõe dedicar dois terços da receita gerada pelo imposto sobre o carbono para os contribuintes, depois de aplicar um terço à redução do déficit orçamentário. Infelizmente, a enraizada oposição a qualquer tributo novo (ainda que com receita neutra) dificulta a construção do apoio necessário para a estratégia isolada mais eficaz para enfrentar a crise climática, que é a tributação sobre as emissões de carbono.

Um segundo conjunto de opções políticas envolve o uso de subsídios. Para começar, é preciso abolir de imediato aqueles que incentivam o consumo de combustíveis fósseis. Nos Estados Unidos, por exemplo, todos os anos cerca de US$ 4 bilhões (sobretudo na forma de subsídios fiscais especiais) seguem para as empresas que utilizam o carbono como combustível. Na Índia, o querosene, o combustível líquido mais sujo, também recebe incentivos.

Em vez disso, os governos devem subsidiar fortemente o desenvolvimento de tecnologias de energia renovável, pelo menos até que atinjam uma escala de produção suficiente para permitir a redução de custos, de modo a torná-las competitivas na comparação com os combustíveis fósseis isentos de subsídios. Essa política seria ainda mais eficaz se combinada com o imposto sobre o carbono, o que levaria à inclusão do custo dos danos causados à sociedade no cálculo do preço dos combustíveis fósseis.

Subsídios governamentais limitados já apresentaram bons resultados na aceleração da adoção de tecnologias de energias renováveis. Na verdade, as reduções de custos associadas ao aumento da escala da produção aproximam os preços de algumas tecnologias renováveis do patamar competitivo, em relação aos preços do carvão e do petróleo. As tecnologias solar e eólica devem chegar a essa condição dentro de poucos anos. No entanto, os grandes poluidores de carbono e seus aliados têm trabalhado intensamente para eliminar os subsídios para as energias renováveis antes que essas tecnologias limpas se tornem competitivas. Isso não deixa de ser irônico, considerando que os incentivos para o uso de combustíveis fósseis, descritos anteriormente, excedem em muito os subsídios dedicados às fontes renováveis de energia – ainda que estes últimos às vezes sejam inflados pelos adversários, que colocam na mesma conta os apoios oferecidos à energia nuclear, às chamadas tecnologias "limpas" de carvão e outras modalidades não renováveis.

A terceira opção envolve um subsídio indireto para as energias renováveis, por meio da exigência de que as empresas consumam uma porcentagem da eletricidade de que precisam a partir de fontes renováveis. Esse mecanismo já funcionou em várias nações e regiões, apesar da oposição de muita gente do setor elétrico. Diversos estados norte-americanos, entre eles a Califórnia, implantaram com sucesso a ideia, que constitui um incentivo para o aumento das instalações de energias renováveis no país. Talvez a Alemanha seja a nação com mais êxito no uso dessa estratégia, que estimula a rápida adoção das tecnologias solar e eólica.

Em termos mundiais, a combinação de subsídios do governo para o desenvolvimento mais rápido de tecnologias de energia renovável com a exigência do uso dessas fontes tem contribuído para avanços superiores aos previstos pela maioria. Em 2002, uma importante empresa de consultoria estimou que em 2010 o mundo produziria um gigawatt de energia solar, mas a realidade superou essa estimativa em 17 vezes. Em 1996, o Banco Mundial calculou que a China instalaria 500 megawatts de energia solar até 2020, mas em 2010 o país já contava com o dobro dessa cifra.

As antigas projeções sobre o aumento da energia eólica também se revelaram pessimistas demais. Em 1999, o Departamento de Energia dos Estados Unidos calculou que, por volta de 2010, a capacidade eólica do país chegaria a 10 gigawatts, meta atingida em 2006 e já ultrapassada quatro vezes. Em 2000, a Agência de Informação de Energia estimou que em 2010 a capacidade eólica mundial seria de 30 gigawatts, mas o total registrado foi sete vezes maior. A mesma instituição previu que a China teria instalado 2 gigawatts de energia eólica até 2010, porém o resultado real foi 22 vezes superior (até 2020, deve ser 75 vezes maior).

Como ressaltado por Dave Roberts, da revista ambiental *Grist*, o mundo já testemunhou antes previsões sobre a adoção de novas tecnologias que "não estavam apenas erradas, mas muito erradas". As estimativas do setor e dos investidores no início da revolução da telefonia móvel, por exemplo, subestimaram a rapidez de disseminação da novidade. Depois dos embargos do petróleo promovidos pelos países da Opep na década de 1970, as projeções para a adoção de medidas energéticas eficientes também foram modestas demais. O que esses exemplos têm em comum com as energias renováveis é que todos envolvem tecnologias "amplamente dispersas", que apresentaram um crescimento exponencial imprevisto por causa de um ciclo virtuoso, dentro do qual o aumento da escala de produção fez os custos despencarem – o que, por sua vez, impulsionou uma expansão ainda mais veloz.

O exemplo mais citado para esse fenômeno é o que aconteceu no setor dos chips de computador. Como observado anteriormente, a Lei de Moore, que previu uma redução de custos de 50% a cada período de oito a 24 meses, não é regrada pela natureza, mas pela lógica do mundo dos investimentos. Nos primeiros dias da revolução da computação, há 60 anos, os fabricantes de chips chegaram a duas conclusões: em primeiro lugar, o mercado potencial era enorme e passível de crescimento rápido e quase ilimitado; em segundo, o caminho para o desenvolvimento da tecnologia parecia bastante sensível à inovação.

Essas percepções levaram os principais fabricantes a investir enormes somas em pesquisa e desenvolvimento, a fim de proteger sua possível cota de mercado do assédio da concorrência. Com o tempo, surgiu o consenso de que, enquanto continuassem a reduzir os custos conforme previsto pela Lei de Moore, seria possível manter ou aumentar a participação de mercado. Em outras palavras, de uma prescrição do passado, a regra se transformou em profecia futura e autorrealizável. Políticas destinadas a alimentar a expectativa racional dos mercados crescentes podem gerar uma curva semelhante de redução de custos das energias renováveis.

A quarta opção política é conhecida como *cap and trade* (limite e negociação). Foi concebida para mobilizar as forças do mercado como um forte aliado no esforço pela redução do CO_2. Apesar de alvo de ataques implacáveis, a ideia ainda é defendida por muitos especialistas como a melhor abordagem para um acordo global. Embora eu acredite mais na taxação das emissões de CO_2, uma das desvantagens do *cap and trade* está na dificuldade de coordenar as políticas fiscais de vários países com seus diferentes registros de conformidade. Por outro lado, um sistema global de *cap and trade* seria inerentemente mais fácil de harmonizar entre nações do mundo com grande variação de sistemas fiscais.

A opção do *cap and trade* baseia-se em uma política de sucesso implantada pelo ex-presidente George W. Bush para reduzir as emissões de dióxido de enxofre (SO_2), com o objetivo de diminuir a incidência de chuva ácida nos estados situados ao norte e a leste das usinas de carvão da região centro-oeste dos Estados Unidos. A política foi adotada pelos republicanos como uma alternativa a imposições governamentais de redução para todas as unidades geradoras do poluente.

A teoria era a de que a fixação gradativa de limitações para as emissões, combinada com a possibilidade de compra e venda de "licenças" de emissão, seria um incentivo às empresas que conseguissem mais eficiência no processo de diminuir suas emissões, ao mesmo tempo em que conferiria um pouco mais de tempo para lidar com as dificuldades de adaptação ao processo. Os resultados foram bastante positivos: as emissões caíram muito mais rapidamente e a um custo bem inferior ao esperado. Por isso, os defensores da redução de carbono acham que o mecanismo pode funcionar como um compromisso bipartidário capaz de conter a liberação dos poluentes que causam o aquecimento global.

Infelizmente, assim que o *cap and trade* foi apresentado como um compromisso suprapartidário, vários conservadores antes simpáticos à ideia mudaram de postura e começaram a chamar o processo de "*cap and tax*" (algo como "limite e tributação"). Assim, as empresas de combustíveis fósseis e seus aliados ideológicos têm conseguido imobilizar o processo tanto nos Estados Unidos como em outros países.

Por muitos anos, o esforço por uma ação de consenso global para resolver a crise climática foi prejudicado pela divisão entre países ricos e pobres. Estes últimos alegavam que tinham de investir no rápido desenvolvimento econômico e, por isso, não podiam se comprometer com a iniciativa mundial de combate à poluição. Os primeiros acordos, assim, limitavam as obrigações aos países ricos, deixando todas as exigências das nações em desenvolvimento para futuras rodadas de negociação.

No entanto, a necessidade de energia para impulsionar o desenvolvimento econômico sustentável nos países pobres é imensa. Estima-se que 1,3 bilhão de pessoas no mundo ainda não têm acesso à eletricidade e que, apesar das reduções históricas na pobreza, os níveis de renda *per capita* em muitas nações carentes de energia são baixíssimos. Fica fácil entender os motivos da resistência local a quaisquer limitações a potenciais aumentos nas emissões de CO_2. Afinal, os países ricos fizeram uso irrestrito da energia fóssil no passado, no período de seu desenvolvimento econômico.

Porém, muita coisa mudou. A realidade da crise climática ficou bem mais evidente nos países em desenvolvimento, conforme eles passaram a enfrentar severos impactos e tiveram de buscar recursos, bem menos disponíveis dos que nos países desenvolvidos, para se recuperar de desastres naturais e se adaptar. Em consequência, o antigo discurso mudou de tom, e essas nações agora pressionam a comunidade internacional para tomar medidas, ainda que para isso tenham de arcar com parte das responsabilidades. O Banco Mundial estima que mais de três quartos dos custos do desequilíbrio climático serão bancados por países em desenvolvimento, a maioria sem recursos e capacidade para tanto.

Os países em desenvolvimento já gastam mais com a instalação de fontes de energia renovável do que as nações ricas. De acordo com David Wheeler, do Center for Global Development, desde 2002 eles são responsáveis por dois terços da nova produção global de energia renovável e detêm mais da metade da capacidade instalada.

Mesmo os países mais ricos estão sendo forçados a reconhecer o custo econômico dos desastres relacionados ao clima. Nos Estados Unidos, ainda a nação mais afluente, as controvérsias políticas sobre a elevação dos custos com reparação de desastres resultaram em cortes nos programas de recuperação, medida que dificulta a reconstrução das comunidades vitimadas por calamidades climáticas. Mas o que aconteceu em 2011 e 2012 serviu como um alerta.

Em 2011, os Estados Unidos enfrentaram oito desastres relacionados ao clima, cada um com prejuízos estimados em cerca de US$ 1 bilhão. O furacão Irene, que atingiu Nova York, no entanto, gerou mais de US$ 15 bilhões em danos. O Texas viveu a pior seca e as temperaturas mais altas de sua história, com incêndios em 240 de seus 242 municípios. Milhares de recordes de calor foram quebrados ou igualados. Os tornados, que os pesquisadores do clima ainda relutam em associar ao aquecimento global (em parte porque os registros anteriores sobre furacões são incompletos e imprecisos), atingiram Tuscaloosa, Alabama, Joplin, Missouri e vários outros lugares, e sete deles causaram um prejuízo de mais de US$ 1 bilhão. Em 2012, mais da metade dos distritos norte-americanos enfrentaram estiagem, e o furacão Sandy deixou uma conta de pelo menos US$ 71 bilhões.

Nos Estados Unidos, uma das principais objeções ao *cap and trade* baseou-se no temor de que os países em desenvolvimento não aderissem ao mecanismo, colocando as empresas norte-americanas em desvantagem. Nas duas últimas décadas, a emergente Terra S.A. inspirou entre os operários dos Estados Unidos (e de outras nações desenvolvidas) o medo de que seus empregos sejam transferidos para trabalhadores de países mais pobres, onde a mão de obra custa menos e as tecnologias avançadas ganham espaço. Por isso, qualquer percepção de uma vantagem competitiva extra para os países em desenvolvimento tornou-se politicamente tóxica em grande parte do mundo industrializado.

Essa é uma das muitas razões que justificam o apoio às propostas para integrar a redução de CO_2 à definição da Organização Mundial do Comércio sobre o que pode ser feito em termos de "ajustes de fronteira": países que não adotam medidas pela diminuição dos poluentes seriam penalizados, com o custo das emissões sendo acrescentado ao valor de suas exportações, que se tornariam assim menos competitivas ante os produtos das nações que efetivamente se empenham no combate ao aquecimento global. Em 2009, a Organização Mundial do Comércio e o Programa das Nações Unidas para o Ambiente publicaram um relatório de apoio a tais medidas.

Sempre defendi abertamente o livre-comércio, mesmo quando essa não era a postura predominante no meu partido, e continuo a acreditar em um comércio internacional livre e justo. Mas a justiça se faz com regras criadas para manter um ambiente concorrencial neutro, e, na minha opinião, a redução das emissões de carbono constitui um dos fatores a serem incluídos nos acordos comerciais.

Quando eu era vice-presidente, participei da negociação de um tratado mundial em Kyoto, no Japão, com o objetivo de criar mecanismos de *cap and trade* como base para o esforço mundial pela redução nas emissões de poluentes. O Protocolo de Kyoto foi adotado por 191 países e pela União Europeia como um todo e, apesar da recusa norte-americana em participar e de problemas de implementação, tem sido um sucesso na maioria das nações, províncias e regiões que se empenham em cumprir suas metas.

Algumas nações que utilizam o comércio de créditos de carbono chegaram a registrar manipulação e abuso, e no início houve problemas no sistema europeu. No entanto, a maioria dos países com mercados de carbono bem configurados têm obtido reduções, e a comunidade europeia tomou medidas para resolver as questões. Bill Hare, analista político do Potsdam Institute for Climate Research, defende a opção: "Não vejo outra possiblidade, pois as demais políticas não são mais fáceis de negociar. O mercado de carbono pode ser complexo, mas vivemos em um mundo complexo".

Infelizmente, a decisão norte-americana e de outros "países em desenvolvimento" (entre os quais, na época, incluiu-se a China) de não aderir ao Protocolo de Kyoto deixou de fora do acordo justamente os dois maiores emissores de poluentes. Se os Estados Unidos *tivessem assinado*, o impulso para a participação global seria esmagador, e os demais países relutantes teriam enfrentado uma grande pressão para subscrever o documento em um segundo momento.

No entanto, apesar da paralisia no sistema político norte-americano em nível federal, vários outros governos começam a adotar novas políticas que reconhecem os perigos e as oportunidades da atual situação. Além da União Europeia, Suíça, Nova Zelândia, Japão, uma província canadense e 20 estados norte-americanos em breve devem adotar o *cap and trade* (a Califórnia deu os primeiros passos já em 2012). A Austrália, maior exportador de carvão do mundo, adotou um plano que inclui um imposto sobre o carbono e um sistema de *cap and trade* associado ao que existe na União Europeia. A Coreia do Sul está em vias de criar um sistema próprio, e 14 outros países já anunciaram planos no mesmo sentido: Brasil, Chile, Colômbia, Costa Rica, Índia, Indonésia, Jordânia, Marrocos, México, África do Sul, Tailândia, Turquia, Ucrânia e Vietnã.

Wolfgang Sterk, do Wuppertal Institute, na Alemanha, acredita que "o mercado de carbono não está morto. Se surgir um sistema nacional na China, dependendo do projeto e do alcance, pode se tornar o maior do mundo, e os movimentos nesse sistema afetariam os preços mundiais". A China está implantando o mecanismo de *cap and trade* em cinco cidades (Pequim, Tianjin, Xangai, Chongqing e Shenzhen) e duas províncias (Guangdong e Hubei). Esses testes-piloto entram em atividade em 2013, a fim de proporcionar uma aprendizagem a ser disseminada para o resto do país por volta de 2015.

Alguns especialistas duvidam que esse projeto saia do papel – como acontece com alguns compromissos assumidos pelo governo chinês –, mas observadores isentos reconhecem o progresso na maioria dos programas experimentais da China. Somadas, as áreas envolvidas na iniciativa representam quase 20% da população chinesa e cerca de 30% da produção econômica do país.

O compromisso chinês com a sustentabilidade e a energia renovável já ajuda o mundo a enfrentar a crise climática. Ao limitar importações por meio de subsídios para reduzir sua produção de energias renováveis – para um patamar abaixo do qual as empresas ocidentais podem competir –, a China tem atendido ao interesse próprio de dominar o que todos apontam com um setor crucial no século 21. Com isso, afetou a capacidade do resto do mundo de colher os benefícios de uma concorrência leal, mas fez avançar rapidamente o desenvolvimento dessas tecnologias.

Em 2011, os Estados Unidos apresentaram uma reclamação formal contra a China, que inflou sua indústria nacional de painéis solares com generosos subsídios. No ano seguinte, os norte-americanos impuseram taxas de aproximadamente 30% sobre os painéis solares importados da China, e a União Europeia ameaçou relatar queixa similar. No entanto, apesar desses problemas, os preços baixos decorrentes do sistema de subsídios chinês elevaram a escala de produção a níveis acima do previsto, gerando uma redução de custos mais acentuada do que se podia imaginar.

O impressionante compromisso chinês em avançar na implantação das energias eólica e solar tem inspirado muitas nações, mas o enorme investimento em novas usinas de carvão alçou o país ao posto de maior poluidor do mundo, superando os Estados Unidos. Todos reconhecem a importância para a China de continuar a se desenvolver para reduzir seus níveis de pobreza extrema, mas os protestos contra as iniciativas geradoras de energia suja ganham intensidade em várias regiões.

Nos últimos dez anos, o consumo de energia no país subiu mais de 150%, superando o dos Estados Unidos. Só que o gigante asiático ainda extrai cerca de 70% de sua energia do carvão. O consumo da matéria-prima cresceu 200% na mesma década, chegando a um nível três vezes superior ao norte-americano. A China é o maior importador de carvão do mundo (seguida pelo Japão, Coreia do Sul e Índia) e, de longe, o maior produtor – responde por metade do carvão do planeta, duas vezes e meia mais do que os Estados Unidos, o segundo entre os produtores. O total do aumento do consumo chinês de carvão entre 2007 e 2012 equivale a toda a demanda anual norte-americana. Pequim propõe um limite para a produção a partir de 2015, mas os especialistas duvidam que ele seja cumprido.

Ainda que o apetite pelo petróleo seja menor na comparação com o consumo de carvão, o volume utilizado na China dobrou na década de 1990 e, de novo, na primeira década deste século (só perde para os Estados Unidos). Em 2010, pela primeira vez, as exportações da Arábia Saudita para a China superaram o fluxo rumo aos Estados Unidos, e em 2012 as reservas domésticas chinesas de petróleo pareciam ter atingido o pico. Embora estejam investindo no desenvolvimento de campos *offshore*, os chineses importam metade do petróleo que consomem. A Agência de Informação de Energia dos Estados Unidos prevê que, nas próximas duas décadas, a China deve importar três quartos do petróleo de que precisa.

Especialistas em segurança alertam que essa tendência tem implicações na política externa chinesa no que se refere às reservas no mar do Sul da China e no alinhamento com os países ricos em petróleo no Oriente Médio e na África. Muitos observadores consideram irônico que, após os Estados Unidos invadirem o Iraque – pelo menos em parte, para garantir a segurança do fornecimento de petróleo no Golfo Pérsico –, a China tenha se tornado o maior investidor em campos produtores iraquianos.

Em termos *per capita*, o consumo de energia na China corresponde a apenas uma fração do padrão norte-americano e de outros países desenvolvidos, mas suas emissões de CO_2 *per capita* estão se aproximando dos índices europeus. Desde as reformas de Deng Xiaoping implementadas há mais de 30 anos, a China deixou de ser uma economia agrária para se tornar uma potência industrial, e a transição vem consumindo ainda mais energia por causa dos subsídios aos combustíveis fósseis, que reduzem a eficiência energética em todos os países que os adotam. As tarifas de eletricidade e os preços dos derivados de petróleo e do gás natural são fixados pelo governo em níveis inferiores aos de mercado, embora Pequim já tenha começado a debater a possibilidade de permitir que as cotações da energia flutuem de acordo com os níveis dos mercados globais. Em geral, porém, a China fica atrás de outras economias mundiais em áreas cruciais de eficiência energética.

Apesar dos desafios energéticos e das grandes quantidades de emissões de CO_2, a China implementou um conjunto impressionante de políticas para estimular a produção e a utilização de tecnologias de energias renováveis. Em seu último Plano Quinquenal, o país anunciou que pretende investir quase US$ 500 bilhões em energia limpa. Os chineses usam "tarifas *feed-in*", um complexo plano de subsídios que funciona bem na Alemanha, além de outros recursos, como subsídios fiscais e imposição de metas de uso de energia renovável.

Além de limitar o uso de carvão, o país também estabeleceu metas para a redução das emissões de carbono por unidade do crescimento econômico. Pan Yue, ex-vice-ministro de Proteção Ambiental, disse em 2005 que o "milagre econômico da China vai acabar em breve, porque o meio ambiente não pode suportar esse ritmo".

Na última década, houve tensão entre os objetivos estabelecidos pelos planos nacionais e a as estratégias adotadas pelos governos regionais, em geral associadas aos usuários de energia industrial. Como prova do compromisso do governo federal com a redução de CO_2 e as metas de redução da intensidade energética, em 2011 o governo chinês enviou funcionários a essas regiões para impor o fechamento de fábricas e até mesmo decretar apagões. Mais recentemente, associou os planos de carreira dos funcionários dessas regiões ao sucesso no cumprimento das metas.

No setor das energias renováveis, como mencionado, a China domina a produção global tanto de turbinas eólicas como de painéis solares, mas instala mais turbinas do que painéis – até porque exporta 95% de seus equipamentos solares, muitos para os Estados Unidos. Nos últimos anos, 50% das turbinas eólicas instaladas no mundo estavam na China, embora quase um terço delas seja inativo, seja por não estar conectado à rede de energia elétrica, seja por se ligar a linhas de transmissão inadequadas.

Para solucionar esse problema, o governo lidera um ambicioso plano para criar a rede de distribuição (*super grid*) mais sofisticada e abrangente do mundo, e anunciou que vai gastar US$ 269 bilhões nos próximos anos para construir 200 mil quilômetros de linhas de transmissão de alta-tensão. Segundo comparou uma publicação do setor, “é quase o equivalente a reconstruir a rede de transmissão norte-americana, com 257 mil quilômetros de extensão, a partir do zero”.

Como muitos países já perceberam, redes elétricas de alta capacidade e eficiência são essenciais para usar fontes intermitentes de energia elétrica, como a eólica e a solar, e para transmitir a eletricidade das áreas de maior potencial de produção para as cidades em que ela será consumida. Com o aumento da porcentagem de energia gerada por essas fontes, a importância de redes inteligentes e *super grids* deve subir.

Existem projetos para ligar áreas com forte irradiação solar do norte da África e Oriente Médio a grandes centros de consumo na Europa. Há iniciativas similares em estudo na América do Norte, onde as regiões de forte calor solar no sudoeste dos Estados Unidos e norte do México podem fornecer toda a eletricidade necessária aos dois países. Na Índia e na Austrália, estuda-se conectar regiões ricas em vento e calor solar a áreas de grande demanda de energia.

De qualquer maneira, verifica-se uma grande necessidade de melhorar a confiabilidade da transmissão de energia e de aperfeiçoar as características da rede de distribuição de eletricidade tanto em países ricos quanto pobres. Nos Estados Unidos, por exemplo, as interrupções no fornecimento e os apagões, combinados com a ineficiência na distribuição e transmissão, geram um custo estimado em cerca de US$ 200 bilhões por ano. Na Índia, o maior apagão da história ocorreu em 2012, quando mais de 600 milhões de pessoas foram prejudicadas por problemas na gestão dos fluxos de energia elétrica em um sistema ultrapassado.

Além do desenvolvimento de *super grids* e de redes inteligentes, que podem capacitar os usuários finais no uso de ferramentas que racionalizem o uso e economizem dinheiro, existe uma necessidade urgente de sistemas mais eficientes para *armazenar* energia.

Uma grande parte do investimento foi canalizada para pesquisa e desenvolvimento de novas baterias que possam ser distribuídas por toda a rede elétrica e em residências e empresas, a fim de reduzir a necessidade da geração excessiva nos horários de pico. Essas baterias também podem funcionar como um valioso meio de armazenamento de eletricidade se usadas em carros elétricos, que, como a maioria dos veículos, passam a maior parte do tempo em garagens ou estacionamentos.

Com esse fim, as montadoras estão lançando frotas de carros elétricos prevendo a mudança para o uso de eletricidade, em lugar da cara e temível dependência do petróleo. Pelo menos alguns fabricantes em quase todos os setores também estão se voltando para estratégias que enfatizam o menor consumo de energia e de materiais. Amory Lovins, especialista em eficiência energética do Rocky Mountain Institute, registrou o impressionante movimento feito por várias empresas para aproveitar essas oportunidades.

Além das alternativas solar e eólica, a energia das ondas e das marés está em estudo em Portugal, na Escócia e nos Estados Unidos, por exemplo. Embora a contribuição dessas fontes ainda seja minúscula, muitos acreditam que tenham grande potencial. No entanto, o IPCC, em relatório especial sobre fontes de energia renovável feito em 2011, sentenciou que "é improvável que as ondas e marés possam contribuir de forma significativa para o abastecimento mundial de energia antes de 2020".

A energia geotérmica oferece uma contribuição significativa para nações como Islândia, Nova Zelândia e Filipinas, onde existe abundância dessa fonte facilmente explorável. Apesar do grande potencial, a energia proveniente de regiões geológicas mais profundas apresenta um desenvolvimento mais difícil do que o esperado, mas este setor conta com empreendedores dedicados a aperfeiçoar as tecnologias.

Embora o potencial de energia hidrelétrica tenha sido quase totalmente aproveitado em grandes áreas do mundo, existem recursos inexplorados na Rússia, Ásia Central e África. Porém os críticos alertam sobre riscos ecológicos graves em alguns locais.

O uso da biomassa cresce e, em alguns países, começa a ocupar posição significativa. Além dos usos tradicionais do estrume e outras formas, as técnicas modernas permitem queimar madeira proveniente de florestas renováveis em processos muito mais eficientes de geração de calor e de eletricidade. Como acontece com os biocombustíveis, o impacto líquido do uso da biomassa, quando analisado com base no ciclo de vida, depende em grande parte do cálculo cuidadoso de todos os *inputs* de energia, do impacto sobre o solo e a biodiversidade, e dos prazos necessários para reciclagem do carbono por meio do replantio da mata.

Existe também um movimento mundial para a produção de gás metano e gás de síntese pela utilização de aterros com grandes quantidades de resíduos orgânicos, e para a obtenção de biogás a partir de grandes concentrações de resíduos animais gerados em fazendas de criação por confinamento. A China, por exemplo, dedica um grande foco ao biogás, e exige a instalação de biodigestores em todas as granjas e fazendas de criação de gado e de porcos, a fim de produzir gás com os resíduos de origem animal (essa determinação, contudo, vem sendo afrouxada). Os Estados Unidos, que adotam um sistema opcional, e outros países deveriam seguir esse exemplo.

FALSAS SOLUÇÕES

Há duas estratégias para abordar o aquecimento global sem grandes chances de sucesso, apesar do entusiasmo de seus defensores. A primeira é a de captura e sequestro de carbono (CCS, na sigla em inglês). No passado, apoiei a pesquisa e o desenvolvimento de tecnologias na área, mas não acredito que ela possa exercer um papel relevante. Sempre existe a possibilidade de surgir um avanço tecnológico inesperado capaz de reduzir o custo da captura das emissões de CO_2 e do armazenamento seguro no subsolo, ou de sua transformação em alguma forma de material de construção ou outros produtos úteis e seguros. Meu amigo Richard Branson chegou a criar uma premiação generosa para incentivar a criação de sistemas de remoção de carbono da atmosfera, e convidou cientistas da Nasa, o especialista em aquecimento global Jim Hansen e eu para compormos o júri do prêmio.

Na ausência dessas inovações, porém, o custo financeiro e energético das tecnologias de CCS disponíveis hoje é tão alto que dificilmente alguém recorrerá a elas. Uma geradora movida a carvão e que vende energia elétrica a seus clientes teria de desviar cerca de 35% de toda a eletricidade produzida apenas para a captura, a compressão e o armazenamento do carbono que seria liberado na atmosfera. Embora isso pareça uma pechincha diante da possibilidade de salvar o futuro da civilização, quem fizesse isso não conseguiria se manter em atividade. Os volumes das emissões de carbono envolvidos são tão grandes que os contribuintes dificilmente concordariam em arcar com a despesa.

Embora existam áreas para armazenamento subterrâneo seguro, o processo de localização e identificação precisa de suas características, com o intuito de evitar vazamentos, é trabalhoso. Houve uma notável oposição à implantação de tais instalações de armazenamento perto de áreas povoadas. O consenso entre cientistas e engenheiros especializados no assunto é que, quanto maior a quantidade de carbono armazenado, maior a segurança, uma vez que ele começa a ser absorvido pela própria formação geológica. No entanto, o alto custo do procedimento tem desestimulado sua adoção por parte dos grandes poluidores.

Os Estados Unidos e a China anunciaram grandes projetos de pesquisa de CCS financiados pelos governos, mas a iniciativa chinesa (GreenGen) está atrasada e o correspondente norte-americano, chamado FutureGen, encontra-se atolado na paralisia política endêmica que caracteriza o atual estado da democracia no país. Noruega, Reino Unido, Canadá e Austrália estão entre os outros países que estudam o modelo, mas Howard Herzog, do MIT, um dos maiores especialistas do mundo no assunto, declarou há alguns anos que a verdadeira chave para tornar essa tecnologia rentável e viável é colocar um preço sobre o carbono.

A segunda abordagem para eliminação do CO_2 que acredito fadada a não dar certo é, muitas vezes, considerada uma solução milagrosa pelo menos do ponto de vista da geração energética, mas tem um passado polêmico: trata-se da energia nuclear. A geração de 800 a 1.200 megawatts pelos atuais reatores, infelizmente, constitui um beco sem saída tecnológico. Por uma série de razões, o custo dos reatores tem subido de forma significativa e constante por décadas. Após a tragédia tripla em Fukushima, no Japão, as perspectivas para a energia nuclear se tornaram ainda menos animadoras.

A questão da segurança, que melhorou muito, ainda depende da mobilização popular. A França, que já desfrutou da reputação de nação mais avançada e eficiente no que se refere a energia nuclear, enfrenta dificuldades com a nova geração de reatores. Por outro lado, a Coreia do Sul avança com um projeto que muitos especialistas julgam promissor. Vários reatores estão em construção em todo o mundo, mas com a iminência de novas opções energéticas de baixo carbono, a energia nuclear sofre prejuízos tanto pelo custo como pela segurança.

Há ainda possibilidade de pesquisa e desenvolvimento de uma nova geração de reatores, menores e mais seguros, que possam desempenhar um papel importante para o futuro energético do mundo – algo que só saberemos por volta de 2030.

Apesar dos problemas, tanto o CCS como a energia nuclear têm seus defensores, em parte por serem soluções tecnológicas que oferecem a possibilidade de uma solução relativamente rápida para o problema do CO_2. Na verdade, os psicólogos dizem que uma das falhas em nossa maneira de pensar sobre grandes problemas é a tendência enraizada de apresentar soluções simples para problemas complexos.

Essa mesma característica de pensamento ajuda a entender o apoio inexplicável a uma série de propostas bizarras e conhecidas coletivamente como geoengenharia. Alguns engenheiros e cientistas argumentaram há vários anos que deveríamos instalar bilhões de pequenas tiras de papel-alumínio ao redor da Terra para aumentar a reflexão da luz solar e, assim, esfriar a temperatura do planeta (não se sabe se eles estavam usando chapéus de papel-alumínio quando apresentaram tal ideia). Uma proposta anterior, e na mesma linha, sugeriu a acomodação de uma "sombrinha" gigante no espaço, também com a intenção de bloquear a luz solar. O instrumento teria de medir cerca de 4 mil quilômetros de diâmetro e exigiria uma base lunar para sua construção e lançamento. Outros sugeriram que o mesmo resultado seria possível por meio da injeção maciça de dióxido de enxofre na atmosfera.

O fato de nenhum cientista respeitável endossar essas propostas dá uma medida do desespero que acomete os que entendem a crise climática e temem a falta de liderança política capaz de comandar a redução da taxa de emissão de poluentes causadores do aquecimento global. Mas, dadas as consequências imprevistas do experimento já em curso – a liberação de 90 milhões de toneladas de poluentes a cada 24 horas –, na minha opinião, seria loucura lançar uma segunda experiência planetária na tênue esperança de cancelar temporariamente os efeitos que já foram provocados.

Entre as outras consequências da proposta envolvendo SO_2 (dióxido de enxofre) apontadas em um estudo de 2012 está uma mudança surpreendente: o céu que contemplamos desde o início da existência da humanidade deixaria de ser azul, ou pelo menos *tão* azul. Será que isso tem importância? Talvez possamos explicar aos nossos netos por que havia tantas referências ao "azul do céu" na história das culturas na Terra. Talvez eles entendam que foi preciso sacrificar essa característica para acomodar a agenda política das empresas de petróleo, carvão e gás. Mesmo porque os níveis de poluição sobre as cidades já alteraram a cor do céu noturno de preto para preto avermelhado.

Ninguém tem ideia do que essas propostas significariam para a fotossíntese das lavouras e de outras plantas, uma vez que a luz necessária à vida seria parcialmente bloqueada a fim de criar mais "espaço térmico" para o constante aumento das emissões provenientes da queima de combustíveis fósseis. A eficácia da conversão fotovoltaica da luz solar em eletricidade – uma das tecnologias de energia renovável mais promissoras – também poderia sofrer danos. E nenhuma dessas propostas exóticas faria qualquer coisa para deter a acidificação dos oceanos.

Além disso, se não conseguirmos reduzir as emissões de CO_2, as injeções de dióxido de enxofre ou as tiras de papel-alumínio em órbita teriam de ser aumentadas de forma constante, ano a ano. E ninguém faz a menor ideia de como essa parafernália influenciaria os padrões climáticos, a chuva, as faixas de tempestade e os demais fenômenos já em desequilíbrio. Será que enlouquecemos?

Não, não foi isso o que aconteceu. Apenas nossa forma de pensar os desafios globais e debater soluções razoáveis tem sido submetida a um grau nada saudável de distorção e de controle pelos interesses corporativos, ansiosos por impedir a reflexão séria de medidas para conter a poluição que causa o aquecimento global.

Tecnicamente, há uma série de propostas *benignas* de geoengenharia, que podem muito bem oferecer benefícios marginais sem impor riscos. Pintar telhados de branco, por exemplo, ou plantar milhões de jardins de cobertura constituem exemplos de modificações sem risco para as características reflexivas da superfície da Terra, capazes de favorecer a irradiação e reduzir a absorção de calor. Em uma variação sobre esse tema, no Peru vêm-se pintando de branco algumas rochas situadas nos Andes, em um esforço desesperado para retardar o derretimento das geleiras e calotas das quais o país depende para obter água potável e irrigar suas plantações.

Se continuarmos a adiar o esforço global sério voltado para a redução das emissões dos gases responsáveis pelo efeito estufa, cada vez mais nos veremos diante de medidas desesperadas para mitigar os crescentes impactos do aquecimento global. Tentaremos então inverter a ordem dos fatos, discutir e brigar, buscar o interesse próprio à custa de outros, muitas vezes enganando terceiros, e a nós mesmos, durante o processo. É, de certa forma, o que estamos fazendo agora.

Mas quando a sobrevivência do que temos de mais caro encontra-se claramente sob risco, devemos agir. Em toda a história humana, foram raros os momentos em que precisamos transcender o passado e traçar um novo rumo para salvaguardar nossos valores mais profundos. Em um desses momentos desafiadores, Abraham Lincoln disse: "A ocasião está repleta de dificuldades e nós temos de superá-las. Como o nosso caso é novo, temos de pensar e agir de formas novas. Devemos nos libertar e, em seguida, salvar o nosso país".

Desta vez, o nosso mundo está em jogo. Não se trata do planeta em si, porque ele conseguiria sobreviver muito bem sem a humanidade, embora em estado alterado. O que de fato está em jogo é o conjunto das condições ambientais (e a saúde dos sistemas naturais) de que nossa civilização depende. E o fato de essa crise ter natureza global só enfatiza a singularidade do desafio a ser enfrentado.

Apenas duas vezes na história o futuro da civilização esteve em risco. No início do período do *Homo sapiens* sobre a Terra, há 100 mil anos, os antropólogos acreditam que nossa população chegou a menos de 10 mil pessoas, mas, de alguma forma, sobrevivemos. A segunda ocasião foi quando os Estados Unidos e a ex-União Soviética chegaram perto de disparar seus enormes arsenais nucleares, matando centenas de milhões de pessoas e ameaçando desencadear um inverno nuclear com consequências apocalípticas. Mais uma vez, a humanidade sobreviveu.

Agora, a ameaça ao nosso futuro não é do tipo que chegará em questão de minutos, em meio a um jorro de cinzas e sons ensurdecedores. Ela é gradual, e as gerações por vir teriam de conviver com a dolorosa consciência de que a Terra um dia foi hospitaleira para os seres humanos, nos oferecendo brisas frescas, além de água e alimento em abundância. Um planeta que já nos inspirou e renovou com sua beleza majestosa.

Quando essas lembranças desaparecerem, ainda assim será contada a história de que, nas primeiras décadas do século 21, uma geração abençoada por seus antepassados com a maior prosperidade e as tecnologias mais avançadas da Terra quebrou seu compromisso de fé no futuro – simplesmente porque pensou mais em si mesma e nas recompensas imediatas, sem se importar com quem viria depois. Nossos descendentes serão capazes de nos perdoar? Ou seremos amaldiçoados até o último suspiro de cada geração?

Por outro lado, se conseguirmos superar as dificuldades atuais, teremos o raro privilégio de conhecer e superar um desafio que exigiu o melhor da espécie humana. Temos as ferramentas necessárias – embora algumas delas, é verdade, mereçam conserto. Outras precisam ser melhoradas e aperfeiçoadas para dar conta da tarefa. Tudo o que nos falta é vontade de vencer, mas a vontade política pode ser renovada e fortalecida com o reconhecimento da realidade de nossas circunstâncias e a aceitação de nosso dever de salvar o futuro para as próximas gerações.

O que mais precisamos é de uma mudança na maneira de pensar. Temos de rejeitar as ilusões daninhas assiduamente promovidas e reforçadas pelos grandes poluidores e seus aliados. De certa forma, a luta para salvar o futuro envolverá a Terra S.A. e a Mente Global. A conexão de pessoas em todo o mundo por meio da internet criou o potencial para um esforço global sem precedentes, que permite que nos comuniquemos com clareza em torno do debate de soluções para o desafio que temos pela frente.

É verdade também que a crescente interconexão entre empresas de todo o mundo gerou impulso comercial poderoso e altamente resistente a qualquer esforço governamental no sentido de controlar suas tendências destrutivas. A Terra S.A. hoje é a fonte dominante de influência sobre os governos. Felizmente, surgem muitos exemplos de uma nova consciência global, que tem exercido forte pressão para corrigir injustiças e falhas morais, como o trabalho infantil, as condições de trabalho abusivas, o cárcere privado, a escravidão sexual, a perseguição às minorias e a destruição do meio ambiente, entre outras causas.

Em alguns países, a capacidade emergente de desenvolvimento de uma consciência coletiva global também contribui para políticas destinadas à solução da crise climática. O número de ONGs baseadas na internet e dedicadas a proteger o sistema ecológico da Terra não para de crescer. A questão crucial para o nosso futuro é: haverá tempo para que essa nova consciência se manifeste com força suficiente para mudar o atual curso da civilização?

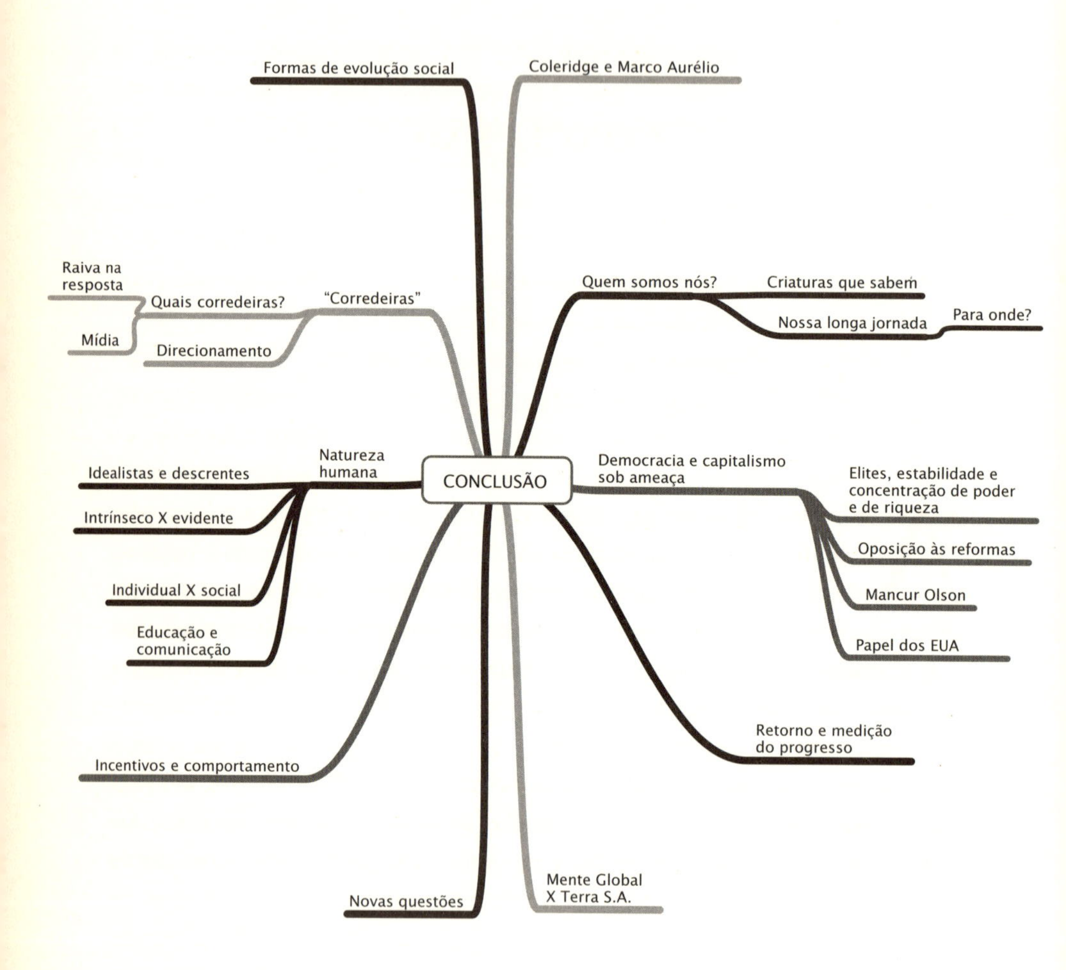
CONCLUSÃO
Formas de evolução social
Coleridge e Marco Aurélio
Quem somos nós?
Criaturas que sabem
Nossa longa jornada
Para onde?
Democracia e capitalismo sob ameaça
Elites, estabilidade e concentração de poder e de riqueza
Oposição às reformas
Mancur Olson
Papel dos EUA
Retorno e medição do progresso
Mente Global X Terra S.A.
Novas questões
Incentivos e comportamento
Natureza humana
Idealistas e descrentes
Intrínseco X evidente
Individual X social
Educação e comunicação
"Corredeiras"
Quais corredeiras?
Raiva na resposta
Mídia
Direcionamento

CONCLUSÃO

"Tantas vezes os espíritos
Dos grandes acontecimento chegam antes
Que no hoje o amanhã se faz presente."

— Samuel Taylor Coleridge

A JORNADA PESSOAL QUE ASSUMI AO ESCREVER ESTE LIVRO COMEÇOU com uma pergunta simples, que exigia uma resposta mais profunda do que a apresentada de imediato. Minha busca por uma resposta melhor resultou em novas perguntas que também exigem respostas – sobretudo por parte dos líderes políticos, empresariais, institucionais e religiosos de todo o mundo.

Para começar, *quem somos nós*? Mais uma vez, a resposta inicial parece estar ao nosso alcance: somos criaturas da espécie *Homo sapiens*, ou melhor, "seres que *sabem*". Já percorremos um longo trajeto, partindo das florestas para as savanas, fazendas e megalópoles; passamos de uma dupla para milhares, milhões e bilhões; de pedras para arados, e de linhas de montagem para nanorrobôs; de sílabas para enciclopédias e de ondas de rádio para a Mente Global; deixamos de ser apenas famílias para formar tribos, comunidades e nações.

Mas essa tem sido a nossa trajetória *até agora*. O destino desta viagem depende de que tipo de criaturas nós, humanos, escolhermos ser. Em outras palavras, nossa decisão sobre a forma que decidimos dar para nossa vida determinará se a viagem *nos conduz* ou se *nós controlamos* o rumo final. As correntes de mudança são tão intensas que alguns há tempos tiraram seus remos da água, certos de que é melhor desistir, aproveitar o passeio e esperar que o melhor aconteça – mesmo quando essas correntes nos levem em velocidade crescente ao encontro das corredeiras à frente, que fazem um barulho tão forte que mal conseguimos ouvir nossos pensamentos.

"Corredeiras?", gritam em meio ao ruído. "Que corredeiras? Não sejam ridículos; não existem corredeiras. Tudo está ótimo!". Como há raiva no tom da resposta, os que se sentem intimidados pela ira aprendem a nunca mais mencionar o assunto que deflagra tal sentimento. Preferem manter a paz, evitando qualquer alusão ao tema proibido.

Por enquanto, pelo menos, é assim que alguns setores da mídia se comportam. Evitam até pronunciar algumas palavras – como "clima", por exemplo – para não desencadear a raiva de quem não quer ouvir falar que as mudanças destrutivas estão ganhando força. O resultado é um silêncio quase patológico em relação aos desafios mais importantes que enfrentamos – e um perigoso desrespeito coletivo quanto às futuras consequências das ações do presente. Mas, no final das contas, não é assim realmente o que somos.

Quem dedica tempo a pensar sobre as possibilidades de um futuro melhor primeiro deve refletir sobre a natureza humana. Os idealistas às vezes cometem o erro de achar que a natureza humana não só pode mudar, como também vai melhorar de acordo com suas expectativas. Os céticos gostam de apontar para esse erro e reafirmar que a natureza do ser humano é imutável.

Minha maneira de pensar sobre a natureza humana não é idealista nem cínica. Acredito que existe uma diferença entre a natureza *intrínseca* dos seres humanos – que, concordo, não muda – e os aspectos da natureza humana que *expressamos* de forma rotineira, os quais podem ser, e muitas vezes são, alterados. As imagens rupestres de 35 mil anos deixadas nas grutas de Chauvet, na França, e as peças confeccionadas por nossos antepassados na Eurásia e na África refletem claramente uma consciência e uma sensibilidade não muito distintas (talvez essencialmente iguais) às que temos hoje. Em outros aspectos, porém, somos muito diferentes.

Cada um de nós é um indivíduo, mas, como todas as correntes religiosas nos ensinam, estamos ligados uns aos outros. E a ciência nos confirma que a natureza humana é inerentemente social. Os grupos sociais aos quais pertencemos contam com uma forma de evolução própria. Alguns comportamentos e normas passam de geração para geração, enquanto outros caem em desuso. Hábitos e costumes transformam-se em rituais e regras, que evoluem ao longo do tempo e assumem a forma de culturas, sistemas sociais, leis e instituições, exercendo influência profunda sobre os aspectos da natureza humana que expressamos.

Vejamos o que aprendemos sobre o genoma humano: ainda que 99% do código genético seja idêntico em todos os seres humanos, nossos 23 mil genes (e os milhões de proteínas) abrigam um universo de possibilidades. Alguns genes se manifestam, enquanto outros permanecem incipientes, vestigiais. Às vezes, as capacidades que evoluíram no passado distante são despertadas para novos fins quando as circunstâncias mudam. Vejamos também o que os neurocientistas descobriram sobre o cérebro humano: as "árvores" dos neurônios crescem densas e vibrantes quando acionadas, enquanto outras se atrofiam pela falta de uso.

Durante muito tempo, alguns acreditavam que a estratégia mais importante para fortalecer o que "a nossa natureza tem de melhor" era a educação. E, embora eu concorde que a educação universal e de alta qualidade não é apenas desejável, mas essencial, ela não basta. Algumas das piores atrocidades registradas na história humana foram organizadas e cometidas por vilões bem-educados.

Sem dúvida, a ignorância e a falta de entendimento jogam contra o progresso verdadeiro, da mesma forma como o conhecimento, a integridade e o caráter são fundamentais para nosso sucesso. Mas a evolução dos comportamentos coletivos e o surgimento do verdadeiro entendimento de como nossos destinos estão associados à saúde do sistema ecológico da Terra dependem das escolhas que fizemos. A maneira como medimos o que fazemos e os resultados de nossas ações, a forma como nos comunicamos uns com os outros e os bônus e ônus presentes em nossos modelos políticos, econômicos e sociais exercem uma influência poderosa sobre o futuro.

Os comportamentos que ganham recompensas se tornam mais comuns, enquanto os não premiados tendem a diminuir. Os elementos de nossa natureza associados a comportamentos premiados se fortalecem. Grupos sociais criam valores que refletem tanto os comportamentos que pretendem estimular como aqueles que querem desencorajar – e esses valores acabam incorporados a tribos, comunidades, nações, sistemas econômicos, instituições e culturas.

Volto ao exemplo que tem inspirado a mim e a várias pessoas em todo o mundo há mais de dois séculos: a essência perene da Constituição norte-americana, resultado da visão clara e da compreensão precisa de seus autores (embora os diretos se limitassem aos cidadãos brancos e do sexo masculino) e de seu projeto de preservação estrutural que desestimula o impulso à busca egoísta do poder e premia as iniciativas de solução das diferenças por meio do raciocínio coletivo, ampliando a probabilidade de um compromisso criativo baseado na busca do bem maior.

A separação de poderes e controles estabelecida no projeto da Constituição encarnou uma compreensão sofisticada sobre como desencorajar alguns comportamentos inerentes à natureza humana e incentivar as posturas positivas. Trata-se de estruturar sistemas econômicos com mecanismos que liberem a criatividade e o dinamismo, privilegiando comportamentos considerados de valor em detrimento daqueles prejudiciais ao bem comum.

Com o tempo, passamos a reconhecer que nossa forma de medir o valor econômico também exerce uma espécie de força evolutiva sobre o comportamento – e que fatores não medidos são ignorados, como se não tivessem valor positivo ou negativo. Quando mudamos as medidas de valor, a natureza dos incentivos e a estrutura dos sistemas usados para tomar decisões políticas, econômicas e sociais, automaticamente sinalizamos quais aspectos da natureza humana queremos estimular. Assim, ao mesmo tempo em que a natureza intrínseca do ser humano é inalterável, as *expressões* da natureza humana – os aspectos que se manifestam em nossos comportamentos e escolhas – podem mudar rapidamente, em resposta aos incentivos que definimos como base para a civilização – e que, portanto, moldam nosso futuro.

Se sinalizarmos para as empresas, por exemplo, que poluir o ambiente em proporções ilimitadas implica qualquer custo ou penalidade, não faz sentido criticá-los por apenas responder aos incentivos dados. Quando indicamos para nossos políticos que a vitória nas eleições será certa se eles arrecadarem grandes somas de dinheiro junto a pessoas e organizações com interesses específicos no uso dos recursos públicos, estamos incentivando a manifestação de conhecidos aspectos negativos da natureza humana, intrínsecos a todos nós, ainda que a maioria os reprima e concorde que convém reprovar a corrupção "leve" e a traição da confiança depositada pelos eleitores.

Problemas mais sérios surgem quando aqueles que se beneficiam desses incentivos distorcidos e regras disfuncionais conquistam poder político suficiente para impedir as reformas que visam aos aspectos da natureza humana que queremos ver presentes nas tomadas de decisão de caráter político e econômico.

Longos períodos de estabilidade, que a maioria de nós naturalmente prefere, podem ampliar a vulnerabilidade de qualquer sistema político ou econômico à exploração por aqueles que aprenderam a distorcer seus mecanismos e regras. Há algumas décadas, Mancur Olson, economista e cientista político da Universidade de Maryland, publicou uma extensa análise de como as elites de qualquer sociedade acumulam uma parcela cada vez maior de riqueza e influência, para, em seguida, usá-la com o fim de impedir qualquer tipo de reforma no sistema que as favorece.

Tomemos como exemplo a vulnerabilidade das lavouras de monocultura à evolução constante das pragas, que aprendem a contornar as defesas naturais das plantas (ou a vulnerabilidade dos sistemas de informática aos hackers, com sua renovada capacidade de violar senhas e outras medidas de segurança que permanecem inalteradas por um longo período de tempo). A natureza intrínseca das pragas não muda. Seus comportamentos aprendidos – e os genes que eles expressam –, sim.

Tanto a democracia como o capitalismo foram hackeados. Os resultados são óbvios no sufocante controle das elites sobre as decisões políticas, nas crescentes desigualdades sociais e concentrações de riqueza, na paralisia de qualquer esforço por reformas. A capacidade da opinião pública de expressar sua repulsa de forma construtiva, em vez de se render ao cinismo, é atenuada pela estrutura dos meios de comunicação de massa, sobretudo a da televisão, que serve principalmente para promover o consumo e entreter a audiência, sem oferecer qualquer brecha para o diálogo interativo e a tomada de decisão colaborativa.

Felizmente, o despertar da Mente Global está perturbando padrões estabelecidos ao abrir espaço para centros emergentes de influência fora do controle das elites e ao gerar potencial para a reforma dos comportamentos disfuncionais estabelecidos. No entanto, o surgimento da Terra S.A. tem ampliado o poder e o alcance de nossos motores econômicos, ao mesmo tempo em que dissemina incentivos, valores e regras de comportamento que recompensam a exploração insustentável dos recursos, a destruição de ecossistemas cruciais para a sobrevivência da civilização, a emissão ilimitada de poluentes e a inobservância dos valores humanos e sociais.

O resultado da luta para moldar o futuro da humanidade vai depender de uma disputa entre a Mente Global e a Terra S.A. Em uma batalha com cenários múltiplos, a reforma das regras e dos incentivos nos mercados, sistemas políticos, instituições e sociedades terá êxito ou fracasso de acordo com a velocidade com que indivíduos e grupos comprometidos com um futuro sustentável ganharem força e habilidade suficientes para se conectar, a fim de debater (e perseguir) metas e sonhos de um mundo melhor.

As questões a serem respondidas, assim como as batalhas a serem vencidas, são muitas.

Os Estados Unidos conseguirão recuperar a saúde de seu sistema político e econômico a ponto de voltarem a exercer uma liderança consistente para todas as nações? Talvez uma forma alternativa de liderança surja na Mente Global, mas isso ainda é apenas uma possibilidade, e tudo indica que não há tempo para esperar que ela se concretize.

Teoricamente é possível, apesar de bastante improvável, que outras nações assumam esse desafio. Também é possível que as mudanças tectônicas que reorganizaram o equilíbrio do poder mundial – deslocado do Ocidente para o Oriente e, depois, redistribuído pelo planeta todo – dificultem a retomada da liderança e da força dos Estados Unidos na mesma intensidade que se viu na segunda metade do século 20. A perda de confiança no discernimento norte-americano, em decorrência de catastróficos erros políticos, militares e econômicos cometidos no início do século 21, acelerou essa mudança de poder, mas não constitui sua base principal.

Ainda assim, a melhor chance de sucesso na formação de um futuro positivo e na contenção do desastre ambiental está no restabelecimento da capacidade transcendente dos Estados Unidos para a liderança global. Para quem acha difícil acreditar que a promessa da democracia norte-americana possa ser resgatada, vale lembrar que ela já foi recuperada outras vezes, durante períodos bastante sombrios da história. A própria Revolução Americana parecia um levante natimorto. O país quase rachou ao meio na Guerra de Secessão. Os crimes cometidos pelos "barões ladrões" foram maiores até do que os excessos dos ambiciosos titãs atuais. A Grande Depressão nos levou à miséria. Fomos pegos de surpresa com o ataque a Pearl Harbor, enquanto Hitler ocupava a Europa. Vivemos a ameaça de um Armagedom durante a crise dos mísseis. Todos esses episódios foram seguidos por períodos de renovação do espírito dos Estados Unidos e de um florescimento dos valores que compõem a essência do sonho americano. Ou seja, é claro que os Estados Unidos podem se renovar outra vez, restaurando sua vocação para a liderança mundial.

Mas será que isso vai acontecer? A resposta a essa pergunta terá um efeito profundo sobre o futuro da humanidade.

Qual a velocidade de adaptação das instituições à internet? Ainda que o potencial para o restabelecimento das decisões baseadas na razão (tomadas por meio de processos colaborativos habilitados pela Mente Global) seja interessante e promissor, instituições de longa data são sabidamente resistentes à mudança. A velocidade com que os modelos de negócio se renovam e eliminam intermediários oferece razão para termos esperança.

Porém, na internet a atenção e o foco são diluídos. O uso da rede como ferramenta de reforma institucional emperra diante da variedade disponível de experiências, pela onipresença do entretenimento e pela dificuldade de agregação de uma massa crítica daqueles comprometidos com as mudanças do atual estado das coisas. A ascensão de 3 bilhões de pessoas à classe média até meados deste século, no entanto, pode ser acompanhada de uma demanda nova e mais forte por reformas democráticas, como aconteceu anteriormente nas nações desenvolvidas, a partir do fortalecimento de uma classe média próspera e bem-educada.

Mas as pessoas estão prontas para se defender e resistir ao impulso dos governos de utilizar a internet para coletar informações sobre os indivíduos e estabelecer formas doentias de controle? O ímpeto das nações de se envolver em conflitos produzirá formas mais destrutivas de ciberguerra e de nacionalismos mercantilistas? Conforme a gravidade dos desafios se torna mais clara, tenho esperança (e até mesmo confiança) de que os indivíduos e grupos envolvidos e comprometidos se unirão a tempo para se organizar de forma criativa, impulsionando a promoção de reformas.

O rolo compressor econômico da China continuará em movimento? Se sim, o nascente compromisso chinês com a preservação ambiental vai sobrepujar o ímpeto mercantilista predominante? O sucesso na elevação dos padrões de vida e na redução da pobreza resultará em reformas políticas que desencadearão uma transição chinesa rumo à gestão democrática?

A substituição progressiva da mão de obra humana por máquinas inteligentes vai aumentar o desemprego estrutural ou encontraremos maneiras de criar postos de trabalho com remuneração digna para seus ocupantes? Não falta trabalho a ser feito, mas o domínio das corporações e a invasão do mercado na esfera da democracia se transformaram em um pedágio para a iniciativa e a vontade necessárias à estruturação de novas oportunidades de emprego e na criação de bens públicos em áreas como educação, proteção ambiental, saúde física e mental, serviços para as famílias, formação de comunidades e muitos outros desafios.

Será que a emergente possibilidade de alterar o tecido da vida e o projeto genético dos seres humanos virá acompanhada de sabedoria suficiente para tomarmos as decisões de longo alcance que em breve surgirão? Será que essas tecnologias vão se disseminar sem a devida consideração de toda a gama de consequências possíveis?

Nos países desenvolvidos, os pactos sociais sobreviverão aos efeitos das mudanças demográficas que, em termos *per capita*, pesam mais no bolso dos assalariados, mesmo com o emprego e a renda perdendo força para a combinação de *robosourcing* e *outsourcing*? Os novos modelos de apoio à previdência e à saúde da crescente população de idosos substituirão o sistema vigente no século 20?

A comunidade internacional saberá conduzir as políticas de controle de fertilidade em países em desenvolvimento com altas taxas de crescimento populacional, por meio da capacitação das mulheres e da ampliação das taxas de sobrevivência infantil? A resposta a essas perguntas determinará o nível da população global e o grau de desgaste que a humanidade vai impor aos sistemas naturais do planeta. Será que a situação singular da África será reconhecida e abordada de forma adequada?

Seremos capazes de fornecer incentivos para descarbonizar a economia mundial e reduzir a geração de poluentes a tempo de estabilizar e conter a poluição causadora do aquecimento global, que ameaça a estabilidade climática que permitiu a prosperidade de nossa civilização?

Todas essas perguntas envolvem escolhas difíceis. A civilização humana (na verdade, a *espécie* humana) se encontra nos estágios iniciais das seis mudanças emergentes descritas neste livro. Elas já começam a transformar o planeta, a nossa civilização e a forma como trabalhamos e vivemos. Algumas transformações estão afetando a autogovernança, o tecido da vida, as espécies com as quais partilhamos a Terra e a natureza física, mental e espiritual da humanidade.

A complexidade de tais mudanças, a velocidade sem precedentes na qual elas acontecem, sua simultaneidade e o fato de convergirem são fatores que contribuem para uma crise de confiança em nossa capacidade, enquanto civilização, de pensar com clareza sobre nossos rumos e sobre a necessidade de mudar de trajetória ou retardar a dinâmica.

Mas se abordarmos essas escolhas com coragem, as respostas estarão nítidas. Elas são polêmicas, não há dúvida, e será difícil fazer as escolhas certas. No entanto, temos de tomar tais decisões – e rápido. Se decidirmos *não* recuperar o controle sobre nosso destino, o restante da nossa jornada se tornará bastante duro.

As correntes da mudança são fortes e estão nos conduzindo a um futuro muito diferente do que conhecemos até agora. O que temos de fazer – no contexto dessa metáfora – é enganosamente simples: tomar um rumo! Isso significa corrigir os erros e distorções que atingem o capitalismo e a governança, o que implica conter a corrosiva corrupção política, eliminando as regras asfixiantes que favorecem interesses minoritários e restaurando o funcionamento saudável da tomada coletiva de decisão, de forma a promover o interesse público. É urgente reformar os mercados e tornar o capitalismo sustentável, alinhando incentivos com nossos interesses em longo prazo. Precisamos, por exemplo, tributar a poluição do carbono e reduzir os impostos sobre o trabalho.

Mais de 1.800 anos atrás, Marco Aurélio Antonino, o último dos "cinco bons imperadores de Roma", escreveu: "Nunca se deixe perturbar pelo futuro. Você vai encontrá-lo, se tiver de fazer isso, com as mesmas armas da razão que hoje o equipam para enfrentar o presente". O conselho ainda vale, mesmo que, logo após o curto reinado de Antonino, o Império Romano tenha entrado no longo processo de dissolução que culminou com sua queda definitiva, três séculos depois.

O QUE FAZER AGORA?

É preciso nos equipar com "as armas da razão", mas isso não basta. O surgimento da Mente Global cria uma oportunidade para fortalecer a tomada de decisão racional, mas os sistemas político e econômico precisam de conserto urgente. A confiança tanto no capitalismo de mercado como na democracia representativa caiu porque ambos clamam por reformas óbvias. A ordenação dessas macroferramentas deve ocupar o topo da agenda de todos que queiram ajudar a moldar o futuro da humanidade.

Nossa prioridade absoluta deve ser a restauração da capacidade de nos comunicar uns com os outros, de forma clara e aberta, em um fórum amplamente acessível sobre as duras escolhas que temos de fazer. Isso significa erigir animadas e abertas "praças públicas" na internet, a fim de discutir as melhores soluções para os desafios emergentes e as melhores estratégias de aproveitamento das oportunidades. Também envolve proteger o fórum público de manobras por parte das elites e dos grandes interesses, cujas agendas são incompatíveis com o bem coletivo.

É especialmente importante acelerar a transição das instituições democráticas para a internet. O acesso amplo das pessoas ao fórum público baseado na escrita estimulou a propagação da democracia e fortaleceu o papel da razão e do discurso baseado em fatos. Mas a grande mudança ocorrida no último terço do século 20, com a ascensão da televisão ao posto de principal meio de comunicação, conteve o discurso democrático e deu acesso preferencial aos ricos e poderosos. Essa mudança eclipsou o papel da razão, diminuiu a importância da busca coletiva pela melhor solução disponível e fortaleceu a influência do dinheiro na política (em especial nos Estados Unidos), distorcendo nossa busca pela verdade e enfraquecendo nossa capacidade de raciocinar em conjunto.

A mesma situação vale para a imprensa. A mídia televisiva, de mão única, pautada pelos anúncios e controlada por conglomerados, sufocou o livre fluxo de ideias necessário à autodeterminação consistente. Em 2012, por exemplo, não deixou de ser bizarro que os Estados Unidos tenham realizado sua eleição presidencial em meio a históricos desastres climáticos – como a ampla seca que atingiu mais de 65% do território, com incêndios graves no oeste do país e uma combinação de furacão com tempestade devastando grandes áreas de Nova York pela segunda vez em dois anos –, sem que pelo menos um meio de comunicação formulasse uma pergunta sobre a crise climática durante os debates da campanha.

A flexibilização (decorrente de interesses comerciais) do limite que divide o entretenimento e a notícia, a crescente influência dos grandes anunciantes sobre o conteúdo dos noticiários e a cínica distorção dos fatos por profissionais políticos que posam como executivos da mídia corroeram o quarto poder, que se mostra incapaz de manter a integridade e a independência necessárias para desempenhar adequadamente seu papel essencial numa democracia.

A internet proporciona uma boa oportunidade para reverter esse enfraquecimento da democracia e restabelecer a base para uma governança saudável. Embora ainda não exista um modelo de negócios na web que gere ganhos suficientes para sustentar o jornalismo investigativo de alta qualidade, a expansão da largura da banda para acomodar mais quantidade e qualidade de vídeos em breve poderá gerar opções rentáveis. Além disso, é preciso perseguir o uso de modelos híbridos público-privados para apoiar a excelência do jornalismo feito pela internet.

Precisamos abordar com urgência a falta de privacidade e de segurança dos dados na internet. A recente "economia do perseguidor", baseada na compilação de grandes arquivos digitais sobre as pessoas que utilizam o *e-commerce*, é absurda e inaceitável. Do mesmo modo, o uso potencial que os governos podem fazer dos arquivos digitais sobre a vida pessoal dos cidadãos (incluindo a escuta de conversas) representa uma grave ameaça à liberdade e deve ser contido. Os interessados em preservar a qualidade da liberdade na era digital têm de priorizar a adoção de novas proteções legais à privacidade.

As novas ferramentas digitais, que permitem o crescente acesso à Mente Global, têm de ser mais bem exploradas por meio de abordagens personalizadas, como as da chamada "medicina de precisão", e de ferramentas de automonitoramento, as quais devem reduzir os custos e aumentar a eficiência dessas técnicas. A mesma precisão viabilizada pela internet deve ser aplicada no rápido desenvolvimento de uma "economia circular", caracterizada por níveis bem mais elevados de reciclagem, reutilização e eficiência no consumo de energia e de materiais.

O capitalismo, como a democracia, também pede por reformas. A insistência na adoção de métricas abrangentes, completas e precisas deve ser uma prioridade entre os que concordam que é crucial restaurar o vigor do capitalismo, como meio de recuperar o controle de nosso destino. As chamadas externalidades, atualmente ignoradas na contabilidade das empresas, têm de ser totalmente integradas aos cálculos de mercado. Não é mais aceitável, por exemplo, fingir que a lucratividade nada tem a ver com grandes emissões de poluentes.

A poluição causadora do aquecimento global, em particular, deve ter um preço, e a tributação das emissões de CO_2 é o melhor ponto de partida. A receita arrecadada poderia ser devolvida aos contribuintes, ou compensada por reduções proporcionais em outros impostos, como os que incidem sobre a folha de pagamento, por exemplo. Fixar um limite decrescente para as emissões, e permitir a negociação de créditos de carbono dentro desses limites, é uma alternativa também válida. Para as nações preocupadas com as consequências competitivas de tomar essas medidas sem que elas sejam adotadas globalmente, as regras da Organização Mundial do Comércio preveem a imposição de ajustes de fronteira em produtos provenientes de países que não tributam a poluição de carbono.

Os princípios da sustentabilidade – projetados, acima de tudo, para assegurar que façamos escolhas inteligentes para melhorar nossas circunstâncias no presente sem degradar as perspectivas de futuro – devem ser totalmente integrados ao capitalismo. Os incentivos onipresentes, que encarnam o poder do capitalismo de liberar a criatividade e a produtividade humanas, devem ser cuidadosamente projetados para assegurar o alinhamento com as metas perseguidas. Sistemas de compensação, por exemplo, precisam passar pela análise cuidadosa de investidores, gestores, conselhos de administração, consumidores, reguladores e demais interessados das empresas, qualquer que seja seu porte.

A atual dependência do PIB como bússola para as escolhas das políticas econômicas merece reavaliação. O cálculo do PIB (bem como os sistemas contábeis baseados nele) é falho e não pode ser usado de forma segura para orientar as decisões da política econômica. Os recursos naturais, por exemplo, devem estar sujeitos à depreciação, e a distribuição de renda tem de ser incluída na avaliação do fracasso ou sucesso das políticas econômicas. O capitalismo pressupõe a aceitação da desigualdade, claro, mas os desequilíbrios acentuados, como os que vemos hoje, revelam-se destrutivos tanto para o sistema capitalista como para a democracia.

Também é preciso reconhecer o valor dos bens públicos, atualmente atacados e denegridos por razões ideológicas. Numa época em que o *robosourcing* e *outsourcing* eliminam oportunidades de emprego em um ritmo acelerado, a restauração de níveis saudáveis de demanda macroeconômica é essencial para o crescimento sustentável. A criação de mais bens públicos (em saúde, educação e proteção ambiental, por exemplo) constitui um dos meios de abrir mais postos de trabalho e sustentar a vitalidade econômica em tempos da Terra S.A.

A sustentabilidade também precisa tornar-se uma baliza para a reformulação da agricultura, da silvicultura e da pesca. O esgotamento do solo, das reservas subterrâneas de água, dos recursos de nossas florestas e oceanos e da biodiversidade precisa ser contido e revertido.

A fim de estabilizar o crescimento da população humana, é essencial priorizar a educação das meninas, o fortalecimento das capacidades decisórias das mulheres, o acesso generalizado ao conhecimento e aos métodos de contracepção e a redução constante das taxas de mortalidade infantil. Atualmente, há um consenso mundial quanto à eficácia do uso combinado dessas quatro estratégias a fim de provocar a transição gradual para núcleos familiares mais reduzidos e níveis demográficos mais estáveis. Os países ricos devem apoiar essas iniciativas em seu próprio interesse, e a África precisa receber atenção especial, por causa da alta taxa de fertilidade e da ameaça que ronda seus recursos.

Duas outras realidades demográficas merecem atenção prioritária. A crescente urbanização da população mundial deve ser vista como uma oportunidade para integrar a sustentabilidade no projeto e na construção de edificações com baixa emissão de carbono e consumo racional de energia, com a arquitetura e o design criando espaços urbanos mais eficientes e produtivos e redefinindo os sistemas de transporte urbano, para minimizar tanto o gasto de energia como os fluxos de poluição. Além disso, o envelhecimento da população nas economias avançadas (e em alguns mercados emergentes, como a China) deve ser visto como uma oportunidade para a reformulação das estratégias de saúde e dos programas de apoio à renda – cuja principal fonte de financiamento pode estar nos impostos incidentes sobre a folha de pagamento.

No que se refere à revolução nas ciências da vida, devemos priorizar a proteção contra alterações permanentes e imprudentes no conjunto genético humano. Agora que nos tornamos o principal agente da evolução, é importantíssimo reconhecer que, no que se refere à modificação humana, a busca de objetivos de curto prazo pode ser incompatível com os interesses da espécie humana em longo prazo. Até agora, porém, ainda não criamos critérios adequados, quanto mais protocolos para orientar a tomada de decisão. E isso precisa ser feito rapidamente.

Da mesma forma, a lógica do lucro e o poder das corporações sobre as decisões quanto à modificação genética de animais e plantas, em especial das espécies que se destinam à alimentação, começam a criar riscos perigosos. Precisamos de procedimentos bem definidos para analisar esses riscos, sempre de acordo com uma visão voltada para a proteção a longo prazo.

O avanço constante das novidades tecnológicas trará muitas bênçãos, mas, ao mesmo tempo em que avaliamos o aperfeiçoamento e a utilização de novas tecnologias poderosas, a preservação dos valores humanos continua essencial. Algumas inovações exigem prudência e uma supervisão cuidadosa: a proliferação dos nanomateriais, de formas sintéticas de vida e de *drones* de vigilância territorial são alguns exemplos de novas tecnologias repletas de promessa e potencial, mas que requerem avaliação cuidadosa e imposição de limites.

Já estão em curso várias práticas que devem ser interrompidas imediatamente: a venda de armas letais a organizações de todo o mundo; o uso de antibióticos para estimular o crescimento de animais; a exploração de petróleo no vulnerável oceano Ártico; o controle do mercado de ações por supercomputadores com algoritmos direcionados para negociações de alta velocidade e frequência, gerando volatilidade e risco de perturbações no mercado e as propostas totalmente insanas de bloquear a luz solar como estratégia para compensar a retenção de calor. Todos são exemplos de um pensamento confuso e perigoso e devem ser encarados como testes para saber se temos (ou não) determinação e perseverança para criar um futuro digno para as próximas gerações.

A comunidade internacional precisa desesperadamente de uma liderança baseada nos valores humanos mais profundos. Embora seja dirigido a leitores de todo o mundo, este livro traz uma mensagem especial e urgente para os cidadãos dos Estados Unidos, ainda a única nação capaz de fornecer o tipo de liderança necessária ao planeta.

Por essa razão, e pelo orgulho que os norte-americanos deveriam sentir pelo que o país representou para a humanidade ao longo de mais de dois séculos, é fundamental conter a degradação e o declínio do compromisso americano com um futuro que valorize a dignidade humana, no qual os valores humanos contem com proteção e novos avanços. Duas metas prioritárias, nesse sentido, são a restrição do poder do dinheiro na política e a promoção de reformas nas ultrapassadas e dúbias regras legislativas, que permitem a uma pequena minoria controlar os rumos do Senado.

A civilização humana chegou a uma bifurcação na estrada em que se desloca há tanto tempo. Precisamos escolher um dos dois caminhos. Ambos se abrem para o desconhecido, mas um deles leva em direção à destruição do equilíbrio climático do qual dependemos, ao esgotamento dos recursos insubstituíveis que nos sustentam, à degradação dos valores humanos e à possibilidade de extinção da civilização como a conhecemos hoje. O outro leva para o futuro.

AGRADECIMENTOS

Sou grato pelo apoio, incentivo e amor de minha parceira, Elizabeth Keadle, durante a escrita deste livro. Agradeço pelas sugestões ao ler e avaliar as diversas propostas de cada capítulo e pelas contribuições específicas quanto ao tema ciências da vida. Também quero agradecer a meu cunhado, Frank Hunger – cujo aconselhamento sábio e constante e a amizade ao longo da vida ganharam especial relevância durante este projeto – e toda a minha família, pelo incentivo e apoio.

Este livro não teria sido possível sem a minha extremamente capaz equipe de pesquisa – Brad Hall e Alex Lamballe, donos de dedicação, cuidado, lealdade e habilidade excepcionais, em todos os sentidos. Também gostaria de agradecer a suas famílias pela compreensão e apoio durante as longas horas de trabalho, que muitas vezes demandaram finais de semana e feriados, parte significativa do tempo que dediquei à elaboração deste material nos últimos dois anos. O bom humor, postura, entusiasmo e garra de todos foram impressionantes e essenciais para o trabalho. Na fase inicial da pesquisa, contamos com a inestimável ajuda de Adam Abelkop, a quem sou especialmente grato por sua disposição em adiar o doutorado para integrar este projeto. No final do período sabático de Adam, Dan Myers, da minha equipe de Nashville, juntou-se ao trabalho, sempre comprometido com a excelência da pesquisa.

Como escrevi na introdução, a origem deste livro remonta a 2005, quando comecei a atentar para os agentes das transformações globais e a coletar ideias e pesquisas. Considerei o esboço inicial sobretudo como a exploração pessoal de uma questão extraordinariamente interessante, e me senti recompensado ao verificar que ele também tinha valor prático como referência para o mapa que eu e meus sócios da Generation Investment Management usamos para lançar uma nova iniciativa de "investimento sustentável". Expresso minha gratidão ao cofundador da Generation, David Blood, e a todos os outros parceiros pelas conversas ao longo dos anos, que enriqueceram meu entendimento sobre várias dessas questões.

Ao me dedicar à elaboração do projeto, pensei que a iniciativa poderia interessar a um público abrangente, mas só comecei a pensá-lo de fato como livro quando Jon Meacham passou a trabalhar como editor na Random House. Ao saber da notícia, liguei para meu agente, Andrew Wylie (a quem também gostaria de agradecer) e expliquei por que, em minha opinião, Jon era o editor perfeito para a obra. Nós três nos reunimos em Nova York para discutir a ideia, e uma semana depois o projeto estava pronto. Com a obra finalizada, afirmo sem exagero que o livro não poderia ter sido escrito sem Jon, que se tornou um grande amigo e vizinho em Nashville: em várias ocasiões, ele revelou sabedoria, *insights* e conhecimentos realmente extraordinários. Obrigado também a Gina Centrello, Susan Kamil, Tom Perry, Beck Stvan, Ben Steinberg, London King, Sally Marvin, Steve Messina, Benjamin Dreyer, Erika Greber, Dennis Ambrose e a toda a equipe editorial, de produção e de marketing da Random House.

Graham Allison, amigo próximo e mentor há 44 anos, organizou em 2011 um evento de avaliação no Belfour Center of the John F. Kennedy School of Government de Harvard, após a fase inicial de pesquisa. Sou grato demais a ele e ao extraordinário grupo de pensadores que generosamente dedicaram seu tempo – e, em muitos casos, percorreram longas distâncias – para passar dois dias em Cambridge em meio a intensas discussões sobre as questões abordadas no projeto: Rodney Brooks, David Christian, Leon Fuerth, Danny Hillis, Mitch Kapor, Freada Kapor Klein, Ray Kurzweil, Joseph Nye, Dan Schrag e Fred Spier.

Também estou em dívida com o distinto grupo de especialistas que dedicou tempo à leitura de trechos ou do manuscrito completo. A ajuda na correção de erros, sugestão de material adicional, alerta para nuanças e contribuição para meu entendimento de uma variedade de assuntos foi especial. Agradeço a Graham Allison, Rosina Bierbaum, Vint Cerf, Bob Corell, Herman Daly, Jared Diamond, Harvey Fineberg, Dargan Frierson, Danny Hillis, Rattan Lal, Mike MacCracken, Dan Schrag, Beth Seidenberg, Laura Tyson e E. O. Wilson.

Além disso, numerosos especialistas dividiram seu conhecimento durante o período de pesquisa, entre eles Ragui Assaad, Judy Baker, Thomas Buettner, Andrew Cherlin, Katherine Curtis, Richard Hodes, Paul Kaplowitz, David Owen, Hans Rosling, Saskia Sassen, Annemarie Schneider, Joni Seager e Audrey Singer.

Algumas vezes, leio em agradecimentos de autores o usual alerta de que as pessoas que contribuíram para a obra não podem ser responsabilizadas por eventuais erros que tenham sido publicados – e essa condição, sem dúvida, se aplica a este livro.

Também quero agradecer a Maggie Fox, presidente do Climate Reality Project; Joel Hyatt, cofundador e presidente da Current TV, e John Doerr, sócio da Kleiner Perkins Caufield & Byers, junto com David Blood, da Generation, e meus colegas nas quatro organizações – não só pelo apoio e estímulo, mas também pela paciência de, várias vezes, alterar a agenda de telefonemas e reuniões para acomodar o tempo dedicado a este livro, sobretudo nos últimos dois anos.

(Esclarecimento: além da Generation Investment Management, há outras nove empresas, entre as 120 citadas no texto, nas quais tenho investimentos diretos ou indiretos: Apple, Auxogyn, Citizens Bank, Coursera, Facebook, Google, J. P. Morgan Chase, Kaiima e Twitter).

Um agradecimento especial a Matt Taylor, que me emprestou um enorme conjunto de *whiteboards* durante a execução deste projeto.

Finalmente, meu muito obrigado a Beth Alpert, líder da equipe de meu escritório em Nashville, que assumiu a tarefa de coordenar o time que ajudou a produzir este livro, ao mesmo tempo em que se ocupava de minhas outras atividades.

Cada membro de minha equipe contribuiu com tempo e esforço para tornar este livro possível: Joey Schlichter, Claudia Huskey, Lisa Berg, Betsy McManus, Jill Martin, Kristy Jeffers, Jessica Cox, e, durante as fases iniciais do trabalho, Kalee Kreider, Patrick Hamilton e Alex Thorpe. Bill Simmons superou em muito o seu dever ao preparar refeições magníficas nas inúmeras sessões de trabalho em Nashville, durante todo esse longo processo. Muito obrigado a todos!

BIBLIOGRAFIA

LIVROS

ACEMOGLU, D.; ROBINSON, JAMES A. *Why nations fail: the origins of power, prosperity, and poverty.* Nova York: Crown Business, 2012.

ANDERSON, B. *Comunidades imaginadas: reflexão sobre a origem e a difusão do nacionalismo.* São Paulo: Companhia das Letras, 2008.

BAKAN, J. *A corporação: a busca patológica por lucro e poder.* São Paulo: Novo Conceito, 2008.

BARKER, G. *The agricultural revolution in prehistory: why did foragers become farmers?* Nova York: Oxford University Press, 2009.

BEATTY, J. *The age of betrayal: the triumph of money in America, 1865-1900.* Nova York: Vintage Books, 2008.

BROCK, D. *The republican noise machine: right-wing media and how it corrupts democracy.* Nova York: Random House, 2005.

BROWN, L. *Plan B 4.0: mobilizing to save civilization.* Nova York: Norton, 2009.

———. *Full planet, empty plates: the new geopolitics of food scarcity.* Nova York: Norton, 2012.

———. *World on the edge: how to prevent environmental and economic collapse.* Nova York: Norton, 2011.

BRZEZINSKI, Z. *Strategic vision: America and the crisis of global power.* Nova York: Basic Books, 2012.

BUCHANAN, A. *Better than human: the promise and perils of enhancing ourselves.* Nova York: Oxford University Press, 2011.

CARR, N. *The shallows: what the internet is doing to our brains.* Nova York: Norton, 2010.

CHURCH, G.; REGIS, E. *Regenesis: how synthetic biology will reinvent nature and ourselves.* Nova York: Basic Books, 2012.

COLL, S. *Private empire: ExxonMobil and American power.* Nova York: Penguin Press, 2012.

COYLE, D. *The weightless world: strategies for managing the digital economy.* Oxford: Capstone, 1997.

DIAMOND, J. *Colapso: como as sociedades escolhem o fracasso ou o sucesso.* Rio de Janeiro: Record, 2009.

———. *Armas, germes e aço: os destinos das sociedades humanas.* Rio de Janeiro: Record, 2007.

DOBSON, W. *Gravity shift: how Asia's new economic powerhouses will shape the twenty-first century.* Toronto: University of Toronto Press, 2009.

EDSALL, T. B. *The age of austerity: how scarcity will remake American politics.* Nova York: Doubleday, 2012.

FORD, M. *Lights in the tunnel: automation, accelerating technology and the economy of the future.* [S.l.]: Acculant, 2009.

FRANKLIN, D.; ANDREWS, J. (eds). *Megachange: the world in 2050.* Hoboken, NJ: Wiley, 2012.

FREEMAN, W. J. *How brains make up their minds.* Nova York: Columbia University Press, 2000.

FUKUYAMA, F. *O fim da história e o último homem.* Rio de Janeiro: Rocco, 1992.

———. *Nosso futuro pós-humano: consequências da revolução da biotecnologia.* Rio de Janeiro: Rocco, 2003.

GAZZANIGA, M. *Human: the science behind what makes us unique.* Nova York: Harper Collins, 2008.

GOLDSTEIN, J. S. *Winning the war on war: the decline of armed conflict worldwide.* Nova York: Dutton/Penguin, 2011.

GORE, A. *O ataque à razão.* São Paulo: Manole, 2008.

———. *A Terra em balanço: ecologia e o espírito humano.* São Paulo: Gaia, 2008.

———. *Uma verdade inconveniente: o que devemos saber (e fazer) sobre o aquecimento global.* São Paulo: Manole, 2006.

———. *Nossa escolha: um plano para solucionar a crise climática.* São Paulo: Amarilys, 2009.

HACKER, J. S.; PIERSON, PAUL. *Winner-take-all politics: how Washington made the rich richer – and turned its back on the middle class.* Nova York: Simon & Schuster, 2011.

HAIDT, J. *The religious mind: why good people are divided by politics and religion.* Nova York: Pantheon Books, 2012.

HANSEN, J. *Storms of my grandchildren: the truth about the coming climate catastrophe and our last chance to save humanity.* Nova York: Bloomsbury USA, 2009.

JAMES, H. *The creation and destruction of value: the globalization cycle.* Cambridge, MA: Harvard University Press, 2009.

JOHNSON, S. *Emergência: as vidas conectadas de formigas, cérebros, cidades e softwares.* Rio de Janeiro: Jorge Zahar, 2003.

JONES, S. E. *Against technology: from the luddites to neo-luddism.* Nova York: Routledge, 2006.

KAGAN, R. *The world America made.* Nova York: Knopf, 2012.

KAKU, M. *A física do futuro: como a ciência moldará o destino humano e o nosso cotidiano em 2100.* Rio de Janeiro: Rocco, 2012.

———. *Visões do futuro: como a ciência revolucionará o século XXI.* Rio de Janeiro: Rocco 2001.

KAPLAN, R. D. *The revenge of geography: what the map tells us about coming conflicts and the battle against fate*. Nova York: Random House, 2012.

KELLY, K. *Para onde nos leva a tecnologia*. Porto Alegre: Bookman, 2013.

KLARE, M. T. *The race for what's left: the global scramble for the world's last resources*. Nova York: Metropolitan Books, 2012.

KORTEN, D. C. *Quando as corporações regem o mundo: consequências da globalização da economia*. São Paulo: Futura, 1996.

KUPCHAN, C. A. *No one's world: the west, the rising rest, and the coming global turn*. Nova York: Oxford University Press, 2012.

KURZWEIL, R. *A era das máquinas espirituais*. São Paulo: Aleph, 2007.

———. *The singularity is near: when humans transcend biology*. Nova York: Penguin, 2006.

LANIER, J. *Gadget – você não é um aplicativo: um manifesto*. São Paulo: Saraiva, 2010.

LESSIG, L. *Republic, lost: how money corrupts Congress – and a plan to stop it*. Nova York: Twelve, 2011.

LOVINS, A. *Reinventando o fogo: soluções ousadas de negócios na nova era da energia*. São Paulo: Cultrix, 2013.

LUCE, E. *Time to start thinking: America in the age of descent*. Nova York: Atlantic Monthly Press, 2012.

MCKIBBEN, B. *Eaarth: making a life on a tough new planet*. Nova York: Times Books, 2010.

———. *The global warming reader*. Nova York: Penguin Books, 2012.

MCLUHAN, M. *The Gutenberg galaxy: the making of typographic man*. Toronto: University of Toronto Press, 1962.

———. *Os meios de comunicação como extensões do homem*. São Paulo: Cultrix,1996.

MEYER, C.; DAVIS, STAN. *It's alive: the coming convergence of information, biology and business*. Nova York: Crown Business, 2003.

MORENO, J. D. *The body politic: the battle over science in America*. Nova York: Belle vue Literary Press, 2011.

MOROWITZ, H. J. *The emergence of everything: how the world became complex*. Nova York: Oxford University Press, 2002.

MOYO, D. *Winner take all: China's race for resources and what it means for the world*. Nova York: Basic Books, 2012.

NAISBITT, J. *Megatendências – Megatrends: as dez grandes transformações ocorrendo na sociedade*. São Paulo: Nova Cultural, 1983.

NYE, J. S., JR. *O futuro do poder*. São Paulo: Benvirá, 2012.

OLSON, M. *The rise and decline of nations: economic growth, stagflation, and social rigidities*. New Haven, CT: Yale University Press, 1982.

OTTO, S. L. *Fool me twice: fighting the assault on science in America*. Nova York: Rodale, 2011.

OWEN, D. *Green metropolis: why living smaller, living closer, and driving less are the keys to sustainability*. Nova York: Riverhead Books, 2009.

PAGEL, M. *Wired for culture: origins of the human social mind*. Nova York: Norton, 2012.

POLAK, F. *The image of the future*. Amsterdã: Elsevier Scientific, 1973.

POSTMAN, N. *Amusing ourselves to death*. Nova York: Viking, 1985.

REICH, R. *Aftershock: the next economy and America's future.* Nova York: Knopf, 2010.

RIFKIN, J. *The empathic civilization: the race to global consciousness in a world in crisis.* Nova York: Penguin, 2009.

———. *O fim dos empregos: o contínuo crescimento do desemprego no mundo.* São Paulo: Makron Books, 2004.

———. *A terceira Revolução Industrial: como o poder lateral está transformando a energia, a economia e o mundo.* São Paulo: Makron Books, 2012.

ROTHKOPF, D. *Power, Inc.: the epic rivalry between big business and government – and the reckoning that lies ahead.* Nova York: Farrar, Straus & Giroux, 2012.

SALK, J. *The survival of the wisest.* Nova York: Harper & Row, 1973.

SANDEL, M. J. *What money can't buy: the moral limits of markets.* Nova York: Farrar, Straus & Giroux, 2012.

SCHOR, J. B. *The overworked American: the unexpected decline of leisure.* Nova York: Basic Books, 1991.

———. *True wealth: how and why millions of Americans are creating a time-rich, ecologically light, small-scale, high-satisfaction economy.* Nova York: Penguin Books, 2011.

SEAGER, J. *The Penguin atlas of women in the world.* Nova York: Penguin Books, 2009.

SEUNG, S. *Connectome: how the brain's wiring makes us who we are.* Boston: Houghton Miffl in Harcourt, 2012.

SINGER, P. W. *Wired for war: the robotics revolution and conflict in the 21st century.* Nova York: Penguin Press, 2009.

SINGH, S. *O livro dos códigos.* Rio de Janeiro: Record, 2001.

SPENCE, M. *Os desafios do futuro da economia: o crescimento econômico mundial nos países emergentes e desenvolvidos.* Rio de Janeiro: Campus, 2011.

SPETH, J. G. *America the possible: manifesto for a new economy.* New Haven, CT: Yale University Press, 2012.

STIGLITZ, J. E. *The price of inequality: how today's divided society endangers our future.* Nova York: Norton, 2012.

TEILHARD DE CHARDIN, P. *The future of man.* Nova York: Harper & Row, 1964.

———. *O fenômeno humano.* São Paulo: Cultrix, 1999.

TOFFLER, A. *O choque do futuro.* Rio de Janeiro: Record, 2001.

TOPOL, E. *The creative destruction of medicine: how the digital revolution will create better health care.* Nova York: Basic Books, 2012.

TURKLE, S. *Alone together: why we expect more from technology and less from each other.* Nova York: Basic Books, 2011.

VOLLMANN, W. T. *Uncentering the earth: Copernicus and the revolutions of the heavenly spheres.* Nova York: Norton, 2006.

WASHINGTON, H. A. *Deadly monopolies: the shocking corporate takeover of life itself – and the consequences for your health and our medical future.* Nova York: Doubleday, 2011.

WEART, S. *The discovery of global warming.* Cambridge, MA: Harvard University Press, 2003.

WELLS, H. G. *World brain.* Londres: Ayer, 1938.

WILSON, E. O. *The social conquest of earth.* Nova York: Liveright, 2012.

WOLFE, N. *The viral storm: the dawn of a new pandemic age*. Nova York: Times Books, 2012.

ARTIGOS

ALTERMAN, J. The revolution will not be televised. *Middle East Notes and Comment*, Center for Strategic and International Studies, mar. 2011.

ARCHER, D.; BROVKIN, V. The millennial atmospheric lifetime of anthropogenic CO2. *Climatic Change*, n. 90, pp. 283-97, 2008.

BARNOSKY, A. *et al*. Has the earth's sixth mass extinction already arrived? *Nature*, mar. 2011.

BARTLETT, B. "Starve the beast": origins and development of a budgetary metaphor. *Independent Review*, 2007.

BERGSTEN, C. F. Two's company. *Foreign Affairs*, set./out. 2009.

BISSON, P.; STEPHENSON, E; VIGUERIE, S. P. The global grid. *McKinsey Quarterly*, 26 jul. 2011.

BLASER, M. Antibiotic overuse: stop the killing of beneficial bacteria. *Nature*, 25 ago. 2011.

BOHANNON, J. Searching for the Google effect on people's memory. *Science*, 15 jul. 2011.

BOSTROM, N. A history of transhumanist thought. *Journal of Evolution and Technology*, n. 14, abr. 2005.

BOWDEN, M. The measured man. *Atlantic*, jul./ago. 2012.

BOWLEY, G. The new speed of money, reshaping markets. *New York Times*, 2 jan. 2011.

BRADFORD, J. The NSA is building the country's biggest spy center (Watch what you say). *Wired*, 15 mar. 2012.

CARMODY, T. Google co-founder: China, Apple, Facebook threaten the "open web". *Wired*, 16 abr. 2012.

CARUSO, D. Synthetic biology: an overview and recommendations for anticipating and addressing emerging risks. *Science Progress*, 12 nov. 2008.

CARYL, C. Predators and robots at war. *New York Review of Books*, 30 ago. 2011.

COOKSON, C. Synthetic Life. *Financial Times*, 27 jul. 2012.

COUNCIL ON FOREIGN RELATIONS. The new North American energy paradigm: reshaping the future. 27 jun. 2012.

CUDAHY, B. J. The containership revolution: Malcolm McLean's 1956 innovation goes global. *Transportation Research News*, Transportation Research Board of the National Academies, n. 246, set./out. 2006.

DAY, P. Will 3D printing revolutionise manufacturing? BBC, 27 jul. 2011.

DIAMOND, J. What makes countries rich or poor? *New York Review of Books*, 7 jun. 2012.

DIAMOND, L. A fourth wave or false start? *Foreign Affairs*, 22 maio 2011.

———. Liberation Technology. *Journal of Democracy*, 21, n. 3, jul. 2010.

DUNBAR, R.I.M. Coevolution of neocortical size, group size and language in humans. *Behavioral and Brain Sciences*, 16, n. 4, pp. 681-735, 1993.

Economist. The dating game. 27 dez. 2011.

———. Hello America. 16 ago. 2010.

———. How Luther went viral. 17 dez. 2011.

———. No easy fix. 24 fev. 2011.

———. The printed world. 10 fev. 2011.

———. The third Industrial Revolution. 21 abr. 2012.

———. Unbottled Gini. 20 jan. 2011.

ETLING, B.; FARIS, R.; PALFREY, J. Political change in the digital age: the fragility and promise of online organizing. *SAIS Review*, 30, n. 2, 2010.

EVANS, D. The internet of things. Cisco Blog, 15 jul. 2011.

FARRELL, H.; SHALIZI, C. Cognitive democracy. *Three-Toed Sloth*, 23 maio 2012.

FELDSTEIN, M. China's biggest problems are political, not economic. *Wall Street Journal*, 2 ago. 2012.

FERNANDEZ-CORNEJO, J.; CASWELL, M. The first decade of genetically engineered crops in the United States. U.S. Department of Agriculture, Economic Research Service, 2006.

Financial Times. Job-devouring technology confronts US workers. 15 dez. 2011.

FINEBERG, H. Are we ready for neo-evolution? TED Talks, 2011.

FISHMAN, T. As populations age, a chance for younger nations. *New York Times Magazine*, 17 out. 2010.

FORTEY, R. A. Charles Lyell and deep time. *Geoscientist*, 21, n. 9, out. 2011.

FOX, J. What the founding fathers really thought about corporations. *Harvard Business Review*, 1º abr. 2010.

FREEMAN, D. The perfected self. *Atlantic*, jun. 2012.

GENERATION INVESTMENT MANAGEMENT. Sustainable capitalism. 15 fev. 2012. http://www.generationim.com/media/pdf-generation-sustainable-capitalism-v1.pdf.

GILLIS, J. Are we nearing a planetary boundary. *New York Times*, 6 jun. 2012.

———. A warming planet struggles to feed itself. *New York Times*, 6 jun. 2011.

GLADWELL, M. Small change: why the revolution will not be tweeted. *New Yorker*, 4 out. 2010.

———. The tweaker. *New Yorker*, 14 nov. 2011.

GRANTHAM, J. Time to wake up: days of abundant resources and falling prices are over forever. *GMO Quarterly Letter*, abr. 2011.

GROSS, M. J. Enter the cyber-dragon. *Vanity Fair*, set. 2011.

———. World War 3.0. *Vanity Fair*, maio 2012.

HAIDT, J. Born This Way? Nature, nurture, narratives, and the making of our political personalities. *Reason*, maio 2012.

HANSEN, J. *et al*. Perception of climate change. *Proceedings of the National Academy of Sciences*, ago. 2012.

HARB, Z. Arab revolutions and the social media effect. *M/C Journal* [*Media/Culture Journal*], 14, n. 2, 2011.

HILLIS, D. Understanding cancer through proteomics. TEDMED 2010, out. 2010.

HUNTINGTON, S. P. The U.S. – decline or renewal? *Foreign Affairs*, 1988/1989.

IKENSON, D. J. Made on earth: how global economic integration renders trade policy obsolete. Cato Trade Policy Analysis, n. 42, 2 dez. 2009.

INTERNATIONAL MONETARY FUND. World Economic Outlook. Set. 2011.

JOFFE, J. Declinism's fifth wave. *American Interest*, jan./fev. 2012.

JOHNSON, T. Food price volatility and insecurity. Council on Foreign Relations, 9 ago 2011.

KAGAN, R. Not fade away. *New Republic*, 11 jan. 2012.

KAUFMAN, E. E., JR.; LEVIN, CARL M. Preventing the next flash crash. *New York Times*, 6 maio 2011.

KEIM, B. Nanosecond trading could make markets go haywire. *Wired*, 16 fev. 2012.

KENNEDY, P. The cyborg in us all. *New York Times Magazine*, 18 set. 2011.

KLEINER, K. Designer babies – like it or not, here they come. Singularity Hub, 25 fev. 2009.

KRISTOF, N. D. America's "primal scream". *New York Times*, 15 out. 2011.

KRUGMAN, P. We are the 99.9%. *New York Times*, 24 nov. 2011.

KUZNETSOV, V. G. Importance of Charles Lyell's works for the formation of scientific geological ideology. *Lithology and Mineral Resources*, 46, n. 2, pp. 186-97, 2011.

LAVELLE, M. The climate change lobby explosion. Center for Public Integrity, 24 fev. 2009.

LEVINSON, M. Container shipping and the economy. *Transportation Research News*, Transportation Research Board of the National Academies, n. 246, set./out. 2006.

LEWIS, M. The history of the future. *Forbes*, 15 out. 2007.

MACKENZIE, D. How to make money in microseconds. *London Review of Books*, 19 maio 2011.

MACKINNON, R. Internet freedom starts at home. *Foreign Policy*, 3 abr. 2012.

MACKLEM, P. T. Emergent phenomena and the secrets of life. *Journal of Applied Physiology*, 104, pp. 1844-6, 2008.

MADRIGAL, A. I'm being followed: how Google – and 104 other companies – are tracking me on the web. *Atlantic*, 29 fev. 2012.

MARKOFF, J. Armies of expensive lawyers, replaced by cheaper software. *New York Times*, 5 mar. 2011.

———. Cost of gene sequencing falls, raising hopes for medical advances. *New York Times*, 8 mar. 2012.

———. Google cars drive themselves, in traffic. *New York Times*, 10 out. 2010.

MCKIBBEN, B. Global warming's terrifying new math. *Rolling Stone*, jul. 2012.

MILOJEVIC, I. *A selective history of futures thinking*. 2002. Tese (PhD em educação), School of Education, University of Queensland, 2002.

MOONEY, C. The science of why we don't believe science. *Mother Jones*, jun. 2011.

MOORE, S.; SIMON, JULIAN L. The greatest century that ever was: 25 miraculous trends of the past 100 years. Cato Policy Analysis, n. 364, 15 dez. 1999.

New York Times. Dow falls 1,000, then rebounds, shaking market. 7 maio 2010.

NISBET, R. The idea of progress. *Literature of Liberty: A Review of Contemporary Liberal Thought*, 2, n. 1, 1979.

NOAH, T. Introducing the great divergence. *Slate*, 3 set. 2010.

———. Think cranks. *New Republic*, 30 mar. 2012.

NYE, J. S. Cyber war and peace. Project Syndicate, 10 abr. 2012.

ORGANISATION FOR ECONOMIC CO-OPERATION AND DEVELOPMENT. Divided we stand: why inequality keeps rising, dez. 2011.

PETERS, G. *et al.* Rapid growth in CO2 emissions after the 2008-2009 global financial crisis. *Nature Climate Change*, 2011.

PURDUM, T. One nation, under arms. *Vanity Fair*, jan. 2012.

ROSEN, J. Potus v. Scotus. *New York*, 17 mar. 2010.

SALVARIS, M. The idea of progress in history: future directions in measuring Australia's progress. Australian Bureau of Statistics, 2010.

SARGENT, J. F., JR. Nanotechnology: a policy primer. Congressional Research Service, 13 abr. 2012.

SPETH, J. G. America the possible: a manifesto, part I. *Orion*, mar./abr. 2012.

STEINER, C. Wall Street's speed war. *Forbes*, 27 set. 2010.

STEINHART, E. Teilhard de Chardin and transhumanism. *Journal of Evolution and Technology*, 20, n. 1, dez. 2008.

STERN, N. The economics of climate change: the Stern review. *Population and Development Review*, 32, dez. 2006.

STIGLITZ, J. E. Of the 1%, by the 1%, for the 1%. *Vanity Fair*, maio 2011.

TRENBERTH, K. Changes in precipitation with climate change. *Climate Research*, 47, 2010.

TRIVETT, V. 25 US mega corporations: where they rank if they were countries. *Business Insider*, 27 jun. 2011.

VANCE, A. 3-D printing spurs a manufacturing revolution. *New York Times*, 14 set. 2010.

WALT, S. M. The end of the American era. *National Interest*, 25 out. 2011.

WILFORD, J. N. Who began writing? Many theories, few answers. *New York Times*, 6 abr. 1999.

WILSON, D. H. Bionic brains and beyond. *Wall Street Journal*, 1º jun. 2012.

WILSON, E. O. Why humans, like ants, need a tribe. *Daily Beast*, 1º abr. 2012.

WORSTALL, T. Six Waltons have more wealth than the bottom 30% of Americans. *Forbes*, 14 dez. 2011.

ZHANG, D.; LEE, H. The causality analysis of climate change and large-scale human crisis. *Proceedings of the National Academy of Sciences*, 108, pp. 17, 296-301, mar. 2011.

ZIMMER, C. Tending the body's microbial garden. *New York Times*, 18 jun. 2012.

NOTAS

INTRODUÇÃO

xvi **questões mais importantes a serem abordadas nas três décadas seguintes**
Peter Lindstrom, *The future agenda as seen by the committees and subcommittees of the United States House of Representatives: a workbook for participatory democracy* (Washington, DC: Congressional Clearinghouse on the Future and the Congressional Institute for the Future, 1982).

xvi **nascido na Rússia alguns meses antes da revolução de 1917**
Prêmio Nobel de Química, 1977: Ilya Prigogine, "Autobiography", http://www.nobelprize.org/nobel prizes/chemistry/laureates/1977/prigogine-autobio.html#.

xvi **educado na Bélgica**
Ibid.

xvi **é responsável pela irreversibilidade na natureza**
Peter T. Macklem, "Emergent phenomena and the secrets of life," *Journal of Applied Physiology* 104 (2008): 1844-46; Ray Kurzweil, *The age of spiritual machines: when computers exceed human intelligence* (Nova York: Penguin, 1999).

xvii **formato arredondado e contornos bastante definidos**
Macklem, "Emergent phenomena and the secrets of life".

xvii **a um nível mais elevado de complexidade**
Ibid.

xvii **foram estabilizados há milhões de anos**
Farrington Daniels, "A limitless resource: solar energy", *New York Times*, 18 de março, 1956.

xviii **"... que permitem identificar com tanta clareza a 'flecha do tempo'".**
Prigogine, "Autobiography".

xviii **"... são compreendidos de maneiras diferentes nas diversas sociedades"**
Ivana Milojevíc, "A selective history of futures thinking", de "Futures of education: feminist and post-western critiques and visions" (dissertação de Ph.D., University of Queensland, 2002).

xviii **recorrem a oráculos ou médiuns para decifrar o futuro**
Ibid.

xviii animais sacrificados aos deuses
Ibid.

xviii estudando o movimento dos peixes
Ibid.

xviii e xix interpretando marcas na Terra
Ibid.

xix em cada molécula dos cilindros gasosos
Tracy V. Wilson, "How holograms work", HowStuffWorks, http://science.howstuffworks.com/hologram.htm.

xix os astrólogos da antiga Babilônia adotavam dois relógios
Fred Polak, *The image of the future* (Amsterdã: Elsevier Scientific, 1973), p. 5.

xix permanecerá na atmosfera (retendo calor)
Daniel Schrag, entrevista.

xx "necessidade de ampliar o conhecimento, por meio do desenvolvimento das ciências e da arte"
Mike Salvaris, "The idea of progress in history: future directions in measuring Australia's progress", Australian Bureau of Statistics, 2010.

xx "das coisas terrenas para as celestiais, do visível para o invisível"
Robert Nisbet, "The idea of progress", *Literature of liberty: A review of contemporary liberal thought* 2, nº 1 (1979).

xx China antiga como um guia para quem deseja progredir
Peter Hubral, "The Tao: modern pathway to ancient wisdom", *Philosopher* 98, nº 1 (2010), http://www.the-philosopher.co.uk/taowisdom.htm; Abu al-Hasan Ali ibn al-Husayn al-Mas'udi, "How do we come upon new ideas?", *First Break* 29 (março de 2011).

xx "o progresso científico verdadeiro e a real conquista de um desenvolvimento equilibrado e amplo"
Salvaris, "The idea of progress in history".

xx contribuiu para a fascinação geral com o legado físico e filosófico
Polak, *The image of the future*, pp. 82-95.

xxi No século 17, o pai da microbiologia
Jonathan Janson, "Antonie van Leeuwenhoek (1632-1723)", Essential Vermeer, http://www.essentialvermeer.com/dutch-painters/dutch art/leeuwenhoek.html.

xxi inventado na Holanda menos de um século antes
Nobel Media, "Microscopes: timeline", http://www.nobelprize.org/educational/physics/microscopes/timeline/index.html.

xxi desvendar células e bactérias
Ibid.

xxi da câmera escura, viabilizada graças aos avanços no estudo do campo da óptica
Além de amizade entre ambos e da possível cooperação artística, Van Leeuwenhoek também foi o responsável pelo testamento de Vermeer. Jonathan Janson, "Vermeer and the camera obscura", Essential Vermeer, http://www.essentialvermeer.com/camera_obscura/coone.html; Philip Steadman, "Vermeer and the camera obscura", BBC History, 17 de fevereiro de 2011, http://www.bbc.co.uk/history/british/empire_seapower/vermeercamera01.shtml.

xxii **"um ritmo de melhoria constante, e espero que, com o tempo, acabe desaparecendo da Terra"**
Thomas Jefferson, "To William Ludlow", 6 de setembro de 1824, *The portable Thomas Jefferson* (Nova York: Penguin, 1977), p. 583.

xxii **Lyell estimou que a idade da Terra era bem maior, talvez alguns milhões de anos**
Richard A. Fortey, "Charles Lyell and deep time", *Geoscientist* 21, nº 9 (outubro de 2011); V. G. Kuznetsov, "Importance of Charles Lyell's works for the formation of scientific geological ideology", *Lithology and mineral resources* 46, nº 2 (2011): 186-97; Mark Lewis, "The history of the future", *Forbes*, 15 de outubro de 2007.

xxii **4,5 bilhões, como sabemos hoje**
"History of life on Earth", BBC Nature, http://www.bbc.co.uk/ nature/ history of _the earth.

xxii **na bagagem um exemplar do livro de Lyell em sua histórica viagem a bordo do *Beagle***
Fortey, "Charles Lyell and deep time"; Kuznetsov, "Importance of Charles Lyell's works for the formation of scientific geological ideology".

xxiii **Aristóteles escreveu que o fim de algo define sua natureza essencial**
Aristóteles, *Eudemian ethics*, volume 2, parte 1219a.

xxiv **Mais de uma década antes de escrever *Fausto***
Scott Horton, "O aprendiz de feiticeiro", *Harper's*, dezembro de 2007; Cyrus Hamlin, "Faust in performance: Peter Stein's production of Goethe's Faust, parts 1 & 2," *Theatre* 32 (2002).

xxv **para gerar sabedoria e criatividade, que ocupam um plano completamente distinto**
Henry Farrell aned Cosma Shalizi, "Cognitive democracy", *Three-toed sloth*, 23 de maio de 2012, http://masi.cscs.lsa.umich.edu/~crshalizi/weblog/917.html.

xxvii **Alfred North Whitehead definiu a obsessão por métricas como "falácia da concretude deslocada".**
Polak, *The image of the future*, p. 196.

xxx **o nascimento do planeta Terra, há 4,5 bilhões de anos, seria o marco da extremidade esquerda**
"History of life on Earth", BBC Nature.

xxx **o surgimento da vida há 3,8 bilhões de anos**
Ibid.

xxx **dos organismos multicelulares há 2,8 bilhões de anos**
Ibid.

xxx **da primeira espécie vegetal há 475 milhões de anos**
Ibid.

xxx **dos primeiros vertebrados há mais de 400 milhões de anos**
Ibid.

xxx **dos primatas há 65 milhões de anos**
Blythe A. Williams, Richard F. Kay e E. Christopher Kirk, "New perspectives on anthropoid origins", *Proceedings of the National Academy of Sciences*, 8 de março de 2010.

xxx **desaparecimento do Sol estaria posicionado a 7,5 bilhões de anos a partir de hoje.**
David Appell, "The Sun will eventually engulf Earth – maybe", *Scientific American*, 8 de setembro de 2008.

CAPÍTULO 1: TERRA S.A.

5 **que a cada ano aperfeiçoam sua eficiência, utilidade e capacidade**
Martin Ford, *Lights in the tunnel: automation, accelerating technology and the economy of the future* (Acculant, 2009).

7 **a incorporação de 1 milhão de robôs em suas unidades produtivas, num prazo de apenas dois anos**
"Foxconn to replace workers with 1 million robots in 3 years", *Xinhuanet*, 30 de julho de 2011, http://news.xinhuanet.com/english2010/china/2011-07/30/c_131018764.htm.

8 **Surgiram novas empresas para conectar trabalhadores online**
Quentin Hardy, "The global arbitrage of online work", *New York Times*, 10 de outubro de 2012.

8 **A Narrative Science, empresa fundada por dois diretores do Laboratório de Informação Inteligente da Northwestern University**
Joe Fassler, "Can the computers at narrative science replace paid writers?", *Atlantic*, 12 de abril de 2012.

9 **A América Latina constitui uma rara exceção**
Jonathan Watts, "Latin America's income inequality falling, says World Bank", *Guardian*, 13 de novembro de 2012.

9 **Em 2012, a desigualdade atingiu o pico em duas décadas**
Natasha Lennard, "Global inequality highest in 20 years", *Salon*, 1° de novembro de 2012, http://www.salon.com/2012/11/01/global_inequality_highest_in_20_years/.

9 **passou de 35 para 45 nos Estados Unidos**
"Unbottled Gini", *Economist*, 20 de janeiro de 2011; *CIA World Factbook*, https://www.cia.gov/library/publications/the-world-factbook/fields/2172.html, acessado em 20 de janeiro de 2012.

9 **de 30 para pouco mais de 40 na China**
Conjunto de dados, University of Texas Inequality Project (Utip), Estimated household Income Inequality (EHII). Trata-se de um conjunto de dados global, derivado da relação econométrica entre informações da Utip/Unido (Organização das Nações Unidas para o Desenvolvimento Industrial), outras variáveis e o conjunto de dados do Banco Mundial/Deininger & Squire (http://utip.gov.utexas.edu/data.html); World Data Bank, http:/ data.worldbank.org/indicator/SI.POV.GINI.

9 **de 20 e poucos para cerca de 40 na Rússia**
Ibid.

10 **de 30 para 36 na Inglaterra**
Conjunto de dados, University of Texas Inequality Project (Utip), Estimated Household Income Inequality (EHII); "Growing income inequality in OECD countries: what drives it and how can policy tackle it?", OECD Forum on Tackling Inequality, 2 de maio de 2011, http://www.oecd.org/dataoecd/32/20/47723414.pdf.

10 **há duas décadas, a disparidade entre essas duas pontas era de seis vezes**
"India income inequality doubles in 20 years, says OECD", BBC, 7 de dezembro de 2011, http://www.bbc.co.uk/news/world-asia-india-16064321.

10 **da tributação da renda decorrente de investimentos com a menor das alíquotas, 15%**
Joseph E. Stiglitz, "Of the 1%, by the 1%, for the 1%", *Vanity Fair*, maio de 2011.

10 **os ganhos com a mais-valia ficam com 0,001% da população**
Paul Krugman, "We are the 99.9%," *New York Times*, 24 de novembro de 2011.

10 **a desigualdade é maior do que no Egito ou na Tunísia**
Nicholas D. Kristof, "America's 'primal scream'", *New York Times*, 15 de outubro de 2011.

10 **detém mais riqueza do que a soma dos 90% da população**
Ibid.

10 **os 150 milhões de compatriotas que ocupam a metade inferior dessa pirâmide**
Ibid.

10 **é superior às posses de 30% dos norte-americanos mais pobres**
Tim Worstall, "Six Waltons have more wealth than the bottom 30% of Americans", *Forbes*, 14 de dezembro de 2011.

10 **índice cerca de 12% maior do que há 25 anos**
Stiglitz, "Of the 1%, by the 1%, for the 1%".

10 **os cerca de 0,1% mais abastados apuraram um aumento de 400% no mesmo período**
Krugman, "We Are the 99.9%".

11 **de 5% a 40% no PIB das nações mais desenvolvidas**
UnctadStat, Statistical Database for the United Nations Conference on Trade and Development, http://unctadstat.unctad.org/ReportFolders/reportFolders.aspx.

11 **o fluxo de capitais de um país para outro deve continuar a crescer três vezes mais rápido, no mesmo período**
Fundo Monetário Internacional, World Economic Outlook, setembro de 2011, http://www.imf.org/external/pubs/ft/weo/2011/02/weodata/WEOSep2011alla.xls; Peter Bisson, Elizabeth Stephenson e S. Patrick Viguerie, "The global grid", *McKinsey Quarterly*, 26 de julho de 2011.

11 **de 5% para 30% do PIB entre 1980 e 2011**
UnctadStat, Statistical Database for the United Nations Conference on Trade and Development.

11 **dentro dos Estados Unidos, pagando salários cerca de 20% superiores**
Daniel J. Ikenson, "Made on Earth: how global economic integration renders trade policy obsolete", Cato Trade Policy Analysis nº 42, 2 de dezembro de 2009, http://www.cato.org/pubs/tpa/tpa-042.pdf.

11 **a mais de 5 milhões de cidadãos norte-americanos**
Ibid.

11 **vendas de polissilício processado e avançados equipamentos de produção para as empresas chinesas**
Steven Mufson, "China's growing share of solar market comes at a price", *Washington Post*, 16 de dezembro de 2011.

11 **a maior do mundo em menos de uma década**
Brett Arends, "IMF bombshell: age of America nears end", *Market Watch*, 25 de abril de 2011, http://www.marketwatch.com/story/imf-bombshell-age-of-america-about-to-end-2011-04-25.

11 **ostenta o dobro de usuários da internet**
"The Dating Game", *Economist*, 27 de dezembro de 2011, http://www.economist.com/blogs/dailychart/2010/12/save date; "Survey: China has 513 million internet users", CBS News, 15 de janeiro de 2012, http://www.cbsnews.com/8301-205162-57359546/survey-china-has-513-million-internet-users/; Internet World Stats, "Top 20 countries with the highest number of internet users", 7 de agosto de 2011, http://www.internetworldstats.com/top20.htm.

12 **a produtividade cresceu mais do que em qualquer outro período desde os anos 1960**
"Job-devouring technology confronts US workers", *Financial Times*, 15 de dezembro de 2011.

12 **retomaram taxas saudáveis de crescimento, mas mesmo assim o desemprego quase não diminuiu**
"U.S. tax haul trails profit surge," *Wall Street Journal*, 4 de janeiro de 2012.

12 **as despesas com emprego no setor privado só tiveram uma elevação de 2%**
Catherine Rampell, "Companies spend on equipment, not workers", *New York Times*, 10 de junho de 2011.

12 **pedidos de compra de robôs industriais cresceram 41%**
Robotic Industries Association, "North American robot orders jump 41% in first half of 2011", 29 de julho de 2011, http://www.robotics.org/content-detail.cfm/Industrial-Robotics-News/North-American-Robot-Orders-Jump-41-in-First-Half-of-2011/content id/2922.

12 **pela primeira vez na era moderna, o PIB conjunto desse grupo de nações (...) supera o das economias avançadas**
"Special report: developing world to overtake advanced economies in 2013", *Euromonitor*, 19 de fevereiro de 2009, http://blog.euromonitor.com/2009/02/special-report-developing-world-to-overtake-advanced-economies-in-2013-.html.

13 **crescem muito mais rápido do que os países desenvolvidos**
Mark Mobius, "Emerging markets may see nore capital flow, away from assets and currencies of countries burdened with high debt", *Economic Times*, 27 de setembro de 2011.

13 **Alguns analistas duvidam da sustentabilidade desses índices de crescimento**
Ruchir Sharma, "Broken BRICs: why the rest stopped rising", *Foreign Affairs*, novembro/dezembro de 2012.

13 **a fim de estimular a construção de novas fábricas nas economias desenvolvidas**
Don Lee, "U.S. jobs continue to flow overseas", *Los Angeles Times*, 6 de outubro de 2010.

13 **resultaram na extinção de 27 milhões de empregos em todo o mundo**
United Nations Department of Economic and Social Affairs, *The report on the world social situation: the global social crisis*, 2011, http://social.un.org/index/LinkClick.aspx?fi leticket=cO3JAiiX-NE%3D&tabid=1562.

14 **fluxos de capital com um valor nocional 33 vezes maior do que o PIB mundial**
"Why derivatives caused financial crisis", Seeking Alpha, 12 de abril de 2010, http://seekingalpha.com/article/198197-why-derivatives-caused-financial-crisis.

14 **todas as transações diárias de todos os mercados de ações somados**
Ibid.

14 **13 vezes maior do que o valor combinado de cada ação e de cada título**
Ibid.

14 **representaram mais de 60% de todas as transações**
Nathaniel Popper, "High-speed trading no longer hurtling forward", *New York Times*, 14 de outubro de 2012.

14 **concluir uma transação em 124 milésimos de segundo**
Donald MacKenzie, "How to make money in microseconds", *London Review of Books*, 19 de maio de 2011.

14 **de acordo com alguns especialistas, eleva as chances de perturbações no mercado**
Ibid.

14 **"um mercado financeiro global do qual não temos quase nenhum conhecimento teórico sólido"**
Brandon Keim, "Nanosecond trading could make markets go haywire", *Wired*, 16 de fevereiro de 2012.

14 **"algoritmo misterioso"**
John Melloy, "Mysterious algorithm was 4% of trading activity last week", CNBC, 8 de outubro de 2012, http://www.cnbc.com/id/49333454/Mysterious_Algorithm_Was_4_of_Trading_Activity_Last_Week.

15 **o que permitiu à instituição fazer uma fortuna ao repactuar os títulos franceses**
Christopher Steiner, "Wall Street's speed war", *Forbes*, 27 de setembro de 2010.

15 **lucrar com os títulos da Confederação**
Ibid.

15 **transmissão de informações ao longo de uma distância de 1.300 quilômetros**
Ibid.

15 **aquilo que muitos economistas chamam de "financialização" da economia**
Ibid.

15 **dobrou desde 1980, passando de 4% para mais de 8%**
Thomas Philippon, "The future of the financial industry", blog Stern on Finance, 16 de outubro de 2008, http://sternfinance.blogspot.com/2008/10/ future-of-financial-industry-thomas.html.

16 **cerca de 6% em derivativos de crédito**
"America's big bank $244 trillion derivatives market exposed", Seeking Alpha, 5 de setembro de 2011, http://seekingalpha.com/article/293830-america-s-big-bank-244-trillion-derivatives-market-exposed.

16 **valor de *commodities* reais**
Ibid.

16 **14 vezes o valor de todos os barris reais de petróleo comercializados no mesmo dia**
Roderick Bruce, "Making markets: oil derivatives: in the beginning", Energyrisk.com, p. 31, julho de 2009, http://db.riskwaters.com/data/energyrisk/EnergyRisk/Energyrisk0709/markets.pdf.

16 **porque os bancos oferecem uma garantia correspondente a grande porcentagem do valor negociado**
Mas vale ler o que Mazen Labban escreve em "Oil in parallax: scarcity, markets, and the financialization of accumulation", *Geoforum* 41 (2010), p. 546 ("Embora os derivativos financeiros tenham permitido a investidores e corretores gerirem o risco e se protegerem contra a volatilidade dos mercados financeiros, o 'impacto agregado' da negociação desses instrumentos ampliou o risco e contribuiu para a volatilidade do mercado"), citando Adam Tickell em "Unstable futures:

controlling and creating risks in international money," *Global capitalism versus democracy*, edição da Leo Panitch and Colin Leys (Nova York: Monthly Review Press, 1999), pp. 248-77; Adam Tickell, "Dangerous derivatives: controlling and creating risks in international money", *Geoforum* 31 (2000), pp. 87-99.

16 **se reflete de forma implícita no comportamento coletivo vigente do mercado, o que também não acontece**
Peter J. Boettke, "Where did economics go wrong? Modern economics as a flight from reality", *Critical Review* 11, nº 1 (1997), pp. 11-64; Al Gore e David Blood, "A Manifesto for Sustainable Capitalism", *Wall Street Journal*, 14 de dezembro de 2011.

16 **Para Joseph Stiglitz (...) a negociação em alta velocidade gera apenas uma "falsa liquidez"**
Conversa pessoal com Joseph Stiglitz.

16-
17 **o total somado de todas as reservas dos bancos centrais**
Morris Miller, "Global governance to address the crises of debt, poverty and environment", *paper* preparado para o 42º Pugwash Conference, Berlim, Alemanha, setembro de 1992, http://www.management.uottawa.ca/miller/governa.htm.

17 **reações dos programas de computador a alguma operação simultânea, e não à realidade do mercado**
Donald MacKenzie, "How to make money in microseconds", *London Review of Books*, 19 de maio de 2011.

17 **num intervalo de 16 minutos, sem motivo aparente**
"Dow falls 1,000, then rebounds, shaking market", *New York Times*, 7 de maio de 2010.

17 **"da P&G desabaram de US$ 60 para US$ 39,37 em poucos minutos"**
Ibid.

17 **"foi quase como no seriado *Além da imaginação*"**
Ibid.

17 **resultou numa espécie de "câmara de eco", origem da derrubada repentina do preço das ações**
Graham Bowley, "The new speed of money, reshaping markets", *New York Times*, 2 de janeiro de 2011; Felix Salmon e Jon Stokes, "Algorithms take control of Wall Street", *Wired*, 27 de dezembro de 2010.

17 **as ofertas de compra e venda deveriam permanecer abertas por *um segundo***
Conversa pessoal com Joseph Stiglitz.

18 **colocaria a economia mundial de joelhos**
Ibid.

18 **agências de classificação de risco corrompidas e nada independentes, antes de ser comercializado por todo o planeta**
"'Robo-signing' of mortgages still a problem", Associated Press, 18 de julho de 2011, http://www.cbsnews.com/stories/2011/07/18/national/main20080533.shtml.

18 **a prática acabou denominada "*robosigning*"**
Alan Zibel, Matthias Rieker e Nick Timiraos, "Banks near 'robo-signing' settlement", *Wall Street Journal*, 19 de janeiro de 2012.

19 **aumentou em média 65% por ano**
Mark Jickling e Rena S. Miller, "Derivatives regulation in the 111th Congress", Congressional Research Service Report for Congress, 3 de março de 2011, Table I, http://assets.opencrs.com/rpts/R40646201110303.pdf.

19 **doações às campanhas políticas no intuito de barrar quaisquer iniciativas de regulamentação na área**
"Why derivatives caused financial crisis", Seeking Alpha, 12 de abril de 2010, http://seekingalpha.com/article/198197-why-derivatives-caused-financial-crisis.

19 **continuam crescendo a um ritmo que corresponde à metade da velocidade do aumento da produção mundial**
Organisation for Economic Co-operation and Development, "Divided we stand".

19 **conquistadores que fizeram a conexão da Europa com a América e a Ásia**
Ronald Findlay e Kevin H. O'Rourke, "Commodity market integration, 1500-2000", em *Globalization in historical perspective*, edição de Michael D. Bordo, Alan M. Taylor e Jeffrey G. Williamson (Chicago: University of Chicago Press, 2003).

20 **Oriente Médio, e os fluxos comerciais passaram a ser controlados em grande parte por Veneza e pelo Egito**
Ibid.

20 **América e da África, revolucionaram o padrão econômico vigente**
Ibid.

20 **no início do século 19, pouco antes da Primeira Guerra do Ópio, iniciada em 1839**
"Hello America", *Economist*, 16 de agosto de 2010 (citação a Angus Maddison).

20 **quando o Oriente ganhou mais acesso às novas tecnologias**
Derek Thompson, "The economic history of the last 2,000 years in 1 little graph", *Atlantic*, 19 de junho de 2012.

21 **"microinvenções necessárias para desenvolver grandes inovações, bem mais produtivas e com potencial de lucro"**
Malcolm Gladwell, "The tweaker", *New Yorker*, 14 de novembro de 2011.

23 **"se houver um conflito inevitável entre este e quaisquer outros interesses, os outros devem ceder"**
Wayne D. Rasmussen, U.S. Department of Agriculture National Agricultural Library, "Lincoln's Agricultural Legacy", 30 de janeiro de 2012, http://www.nal.usda.gov/lincolns-agricultural-legacy.

23 **menos de 60% do total de ocupações no país (sendo que em 1789 representava mais de 90%)**
U.S. Department of Agriculture, "A history of American agriculture: farmers & the land", Agriculture in the Classroom, http://www.agclassroom.org/gan/timeline/farmersland.htm.

24 **montassem ali escolas de agricultura e de mecânica**
Rasmussen, "Lincoln's Agricultural Legacy".

24 **o que de fato aconteceu**
U.S. Department of Agriculture, "A history of American agriculture".

24 **cada um dos 3 mil condados norte-americanos**
Deputado Butler Derrick, *Congressional Record* 140, nº 138 (28 de setembro de 1994).

24 **a produção mundial aumentou 350%**
United Nations Food and Agriculture Organization, *World Livestock 2011*, http://www.fao.org/docrep/014/i2373e/i2373e.pdf.

24 **com 70 milhões de toneladas de ovos ao ano, o que corresponde a quatro vezes a produção norte-americana**
Ibid.

24 No mesmo período, o comércio mundial de carne de aves aumentou mais de 3.200%
Ibid.

24 data em que a União Soviética lançou o *Sputnik*, seu primeiro satélite espacial
Brian J. Cudahy, "The containership revolution: Malcolm McLean's 1956 innovation goes global", *Transportation Research News*, Transportation Research Board of the National Academies, nº 246 (setembro/outubro 2006), pp. 5-9, http://onlinepubs.trb.org/onlinepubs/trnews/trnews246.pdf.

25 para levar cada mercadoria a seu destino
Ibid.; Marc Levinson, "Container shipping and the economy", *Transportation Research News*, Transportation Research Board of the National Academies, nº 246 (setembro/outubro 2006): 10, http://onlinepubs.trb.org/onlinepubs/trnews/trnews246.pdf.

25 hoje existe um excesso de oferta – mais ou menos como aconteceu com os grãos há algumas décadas
"Plunging prices set to trigger tech boom", *Financial Times*, 8 de janeiro de 2012; "TV prices fall, squeezing most makers and sellers", *New York Times*, 26 de dezembro de 2011.

25 valor que equivaleria hoje a US$ 8 mil
Richard Powelson, "First color television sets were sold 50 years ago", Scripps Howard News Service, 31 de dezembro de 2003, http://www.post-gazette.com/tv/20031231colortv1231p3.asp.

26 a produção aumentou 133%, enquanto os empregos caíram 33%
Energy Information Administration, Annual Energy Review, 19 de outubro de 2011, http://www.eia.gov/totalenergy/data/annual/xls/stb0702.xls; Mine Safety and Health Administration, Table 3, "Average number of employees at coal mines in the United States, by primary activity, 1978-2008", http://www.msha.gov/STATS/PART50/WQ/1978/wq78cl03.asp.

26 aumento significativo da atividade no mesmo período
John E. Tilton and Hans H. Landsberg, setembro de 1997, "Innovation, productivity growth, and the survival of the U.S. copper industry", Resources for the Future, http://www.rff.org/RFF/Documents/RFF-DP-97-41.pdf.

26 o número de horas necessárias para produzir uma tonelada de cobre diminuiu 50%
Ibid.

26 elevou em 400% a produtividade de uma de suas maiores minas
Ibid.

26 Foram exploradas, então, novas reservas do mineral em outros países
Matthijs Randsdorp, "A closer look at copper", 3 de novembro de 2011, TCW, https://www.tcw.com/NewsandCommentary/MarketCommentary/Insights/11-03-11ACloserLookatCopper.aspx.

27 500 colegas de nível similar
John Markoff, "Armies of expensive lawyers, replaced by cheaper software", *New York Times*, 5 de março de 2011.

27 mais de 480 mil quilômetros em todas as condições possíveis sem um único acidente
Rebecca J. Rosen, "Google's self-driving cars: 300,000 miles logged, not a single accident under computer control", *Atlantic*, 9 de agosto de 2012.

27 **pessoas empregadas como taxistas e motoristas**
U.S. Bureau of Labor Statistics, conforme citado no *Statistical Abstract of the United States: 2010*, Table 640, http://www.census.gov/compendia/statab/.

28 **Em parte por questões culturais (...) sejam alocados na poupança, e não no consumo.**
Mauricio Cardenas, "Lower savings in China could slow down growth in Latin America", Brookings Institution, 11 de fevereiro de 2011, http://www.brookings.edu/research/opinions/2011/02/11-china-savings-cardenas-frank.

29 **desenvolvido pelas tecnologias de metalurgia ou de cerâmica, mais antigas**
Caltech Materials Science, "Welcome", 2012, http://www.matsci.caltech.edu/.

29 **"...forças físicas que permitirão superorganizar a matéria"**
Eric Steinhart, "Teilhard de Chardin and transhumanism", *Journal of Evolution and Technology* 20, nº 1 (dezembro de 2008), pp. 1-22.

29 **economia molecular**
Christopher Meyer e Stan Davis, *It's alive: the coming convergence of information, biology and business* (Nova York: Crown Business, 2003), p. 4.

29 **experiências no mundo real**
Ibid., pp. 3-6, 66-7.

29 **formas de interação com moléculas e materiais diversos**
John F. Sargent Jr., "Nanotechnology: a policy primer", Congressional Research Service, 13 de abril de 2012, http://www.fas.org/sgp/crs/misc/RL34511.pdf.

30 **melhorar a resistência a nódoas, rugas e fogo**
Ibid.

30 **médicos e hospitais realizem um trabalho preventivo contra infecções**
"Nanotech-enabled consumer products continue to rise", *ScienceDaily*, 13 de março de 2011, http://www.sciencedaily.com/releases/2011/03/110310101351.htm.

30 **outros objetos confeccionados na mesma época e com a mesma técnica também foram encontrados em diferentes sítios arqueológicos**
Miljana Radivojevica *et al.*, "On the origins of extractive metallurgy: new evidence from Europe", *Journal of Archaeological Science*, novembro de 2010.

30 **combina altas temperaturas com pressurização**
Richard Cowen, "Chapter 5: the Age of Iron", abril de 1999, http://mygeologypage.ucdavis.edu/cowen/~GEL115/115CH5.html.

30 **mil anos para chegar à Inglaterra**
"Bronze Age", *Encyclopaedia Britannica*, http://www.britannica.com/EBchecked/topic/ 81017/Bronze-Age.

30 **4.500 anos, no norte da Turquia**
Cowen, "Chapter 5: the Age of Iron".

30 **permitir a confecção de armas e ferramentas**
Ibid.

30 **mais resistente e forte do que o bronze**
Ibid.

30 **passou a ser produzido a partir da metade do século 19**
Ibid.

31 **a fim de criar uma categoria inteiramente nova de produtos, tais como**
Jeremy Rifkin, *The Third Industrial Revolution: how lateral power is transforming energy, the economy, and the world* (Nova York: Palgrave Macmillan, 2011).

31 para armazenamento de energia, além de outras propriedades até agora inimagináveis
Pulickel M. Ajayan and Otto Z. Zhou, "Applications of carbon nanotubes", *Topics in Applied Physics* 80 (2001), pp. 391-425; Eliza Strickland, "9 ways carbon nanotubes just might rock the world", *Discover Magazine*, 6 de agosto de 2009.

31 substituem o aço em algumas aplicações específicas
Corie Lok, "Nanotechnology: small wonders", *Nature*, 1º de setembro de 2010, pp. 18-21.

31 prometem uma ampla utilização na produção
Dmitri Kopeliovich, "Ceramic matrix composites (Introduction)" SubsTech, http://www.substech.com/dokuwiki/doku.php?id=ceramicmatrixcomposites_introduction.

31 a maioria deles (...) relacionados ao universo da saúde e da boa forma
"Nanotech-enabled consumer products ontinue to rise", *ScienceDaily*, 13 de março de 2011, http://www.sciencedaily.com/releases/2011/03/110310101351.htm; Sargent, "Nanotechnology: a policy primer"; Project on Emerging Nanotechnologies, 2012, http://www.fas.org/sgp/crs/misc/RL34511.pdf.

31 propicia uma ampla variedade de aplicações úteis
A. K. Geim, "Graphene: status and prospects", *Science* 324, nº 5934 (19 de junho de 2009), pp. 1530-34; Matthew Finnegan, "Graphene nanoribbons could extend Moore's Law by 10 years", Techeye.com, 28 de setembro de 2011; "Adding hydrogen triples transistor performance in graphene", *ScienceDaily*, 4 de setembro de 2011.

31 muitas discussões nos primeiros anos do século 21
Robert F. Service, "Nanotechnology grows up", *Science* 304, nº 5678 (18 de junho de 2004), pp. 1732-4.

31 consequentes danos celulares – são avaliados com mais seriedade
Ibid.

31 "...quase nada sobre seus impactos sinérgicos"
Ibid.

32 certamente desde a descoberta do modelo da dupla hélice, em 1953
National Research Council, Nanotechnology in food products: workshop summary (Leslie Pray e Ann Yaktine, 2009).

32 aplicação da nanotecnologia no desenvolvimento de novos materiais
Ibid.

32 fibras cem vezes mais resistentes do que o aço, mas com peso bem menor
Lok, "Nanotechnology: small wonders", pp. 18-21.

32 processo "imprime" objetos em três dimensões a partir de um arquivo digital
"The printed world: three-dimensional printing from digital designs will transform manufacturing and allow more people to start making things", *Economist*, 10 de fevereiro de 2011.

32 Vários materiais podem ser usados
Ibid.

32 para fabricar o Ford T, a produção em massa passou a reinar nos processos industriais
"The Third Industrial Revolution", *Economist*, 21 de abril de 2012; Peter Day, "Will 3D printing revolutionise manufacturing?", BBC, 27 de julho de 2011, http://www.bbc.co.uk/news/business-14282091.

32 **impactar a produção com tanta intensidade quanto o sistema de linha de montagem**
"The Third Industrial Revolution", *Economist;* Day, "Will 3D printing revolutionise manufacturing?"

33 **item de produção em massa, pelos processos tradicionais**
Day, "Will 3D printing revolutionise manufacturing?"; Neil Gershenfeld, "How to make almost anything", *Foreign Affairs*, 27 de setembro de 2012.

33 **modelos tridimensionais utilizados somente em testes em túneis de vento**
"The printed world", *Economist.*

33 **faz protótipos de um dia para o outro por US$ 2 mil**
Ashlee Vance, "3-D printing spurs a manufacturing revolution", *New York Times*, 14 de setembro de 2010.

33 **o custo do emprego de um grande número de pessoas**
Day, "Will 3D printing revolutionise manufacturing?"; "The Third Industrial Revolution", *Economist.*

33 **matéria-prima usada na produção em série**
"The printed world", *Economist*; Jeremy Rifkin, "The Third Industrial Revolution: how the internet, green electricity, and 3-D printing are ushering in a sustainable era of distributed capitalism", *Huffington Post*, 28 de março de 2012, http://www.huffingtonpost.com/jeremy-rifkin/the-third-industrial-revo1b1386430.html.

33 **sem falar no consumo bem menor de energia**
"The printed world", *Economist;* Rifkin, "The Third Industrial Revolution".

33 **apesar da triplicação dos preços**
Diane Coyle, introdução a *The weightless world: strategies for managing the digital economy* (Oxford: Capstone, 1997).

33 **tendência a ignorar algumas demandas especializadas**
"The printed world", *Economist.*

33 **para levar matéria-prima até a fábrica e para distribuir o produto final em mercados distantes**
Day, "Will 3D printing revolutionise manufacturing?".

33 **cada produto é (...) materializado (...) por impressoras 3D instaladas nos diversos mercados consumidores**
"The Third Industrial Revolution", *Economist;* Gershenfeld, "How to make almost anything".

34 **"esperando para serem impressos somente no local de uso e quando necessário"**
Day, "Will 3D printing revolutionise manufacturing?"

34 **materializar uma casa em apenas 20 horas**
Vance, "3-D printing spurs a manufacturing revolution"; Behrokh Khoshnevis, TEDx Conference, fevereiro de 2012.

34 **em alguns casos, chegam a produzir até mil itens**
"The Printed World", *Economist.*

34 **deve chegar a centenas de milhares de peças**
Ibid.

34 não contam com proteção contra replicação sob as leis de *copyright*
Michael Weinberg, "The DIY copyright revolution", *Slate,* 23 de fevereiro de 2012, http://www.slate.com/articles/technology/futuretense/2012/02/3dprinting_copyrightandintellectualproperty.html; "The Third Industrial Revolution", *Economist;* Peter Marsh, "Made to measure", *Financial Times,* 7 de setembro de 2012.

34 engenheiros e estudiosos norte-americanos, chineses e europeus não poupam esforços para explorar seu potencial
"The printed world", *Economist.*

34 impressão de próteses e outros aparelhos de finalidade médica
Vance, "3-D printing spurs a manufacturing revolution"; "Transplant jaw madeby 3D printer claimed as first", BBC News, 6 de fevereiro de 2012, http://www.bbc.co.uk/news/technology-16907104; "Engineers pioneer use of 3D printer to create new bones", BBC News, 30 de novembro de 2011, http://www.bbc.com/news/technology-15963467; Joann Pan, "3D printer creates 'magic arms' for two-year-old girl", Mashable, 3 de agosto de 2012, http://mashable.com/2012/08/03/3d-printed-magic-arms/; "Artificial blood vessels created on a 3D printer", BBC News, 16 de setembro de 2011, http://www.bbc.co.uk/news/technology-14946808.

34 Impressoras 3D mais baratas
Vance, "3-D printing spurs a manufacturing revolution".

34 "Algo grande está acontecendo."
Bob Parks, "Creation engine: autodesk wants to help anyone, anywhere, make anything", *Wired,* 21 de setembro de 2012.

34 Alguns defensores da posse de armas vêm promovendo a impressão 3D
"3D printers could 'print ammunition for an Army'", *Dezeen Magazine,* 3 de outubro de 2012, http://www.dezeen.com/2012/10/03/3d-printers-could-print-ammunition-for-an-army/.

34 armas fabricadas por esse processo podem ser derretidas com facilidade, eliminando provas úteis para as autoridades policiais descobrirem a autoria de crimes
Nick Bilton, "Disruptions: with a 3-D printer, building a gun with the push of a button", *New York Times,* 7 de outubro de 2012.

35 parte dos empregos que haviam sido terceirizados para nações com mão de obra de baixo custo
"The Third Industrial Revolution", *Economist.*

35 executivos norte-americanos se mostraram menos dispostos do que os demais a endossar qualquer conclusão
Boston Consulting Group, release de imprensa, "Nearly a third of companies say sustainability is contributing to their profits, says MIT Sloan Management Review-Boston Consulting Group Report", 24 de janeiro de 2012, http://www.bcg.com/media/PressReleaseDetails.aspx?id=tcm:12-96246.

36 "os indivíduos de maior renda consomem menos do que aqueles que têm renda mais baixa"
Joseph E. Stiglitz, "The 1 percent's problem", *Vanity Fair,* 31 de maio de 2012.

36 na faixa da "pobreza extrema", definida como a sobrevivência com menos de US$ 1,25 por dia
Banco Mundial, World Development Indicators, 2010 annual report, http://data.worldbank.org/sites/default/files/wdi-final.pdf.

36 **na atmosfera do planeta, a cada 24 horas**
Drew Shindell, entrevista telefônica ao autor, 1º de setembro de 2009.

37 **o período médio de detenção de ações**
James Montier, *Behavioural investing: a practitioner's guide to applying behavioural finance* (Chichester, UK: Wiley, 2007), p. 277.

37 **um ciclo e meio de negócios, o que correspondia aproximadamente a sete anos**
Richard Dobbs, Keith Leslie e Lenny T. Mendonca, "Building the healthy corporation", *McKinsey Quarterly*, agosto de 2005; Roger A. Morin e Sherry L. Jarrell, *Driving shareholder value: value-building techniques for creating shareholder wealth* (Nova York: McGraw-Hill, 2001), p. 56; Roland J. Burgman, David J. Adams, David A. Light e Joshua B. Bellin, "The future is now", *MIT Sloan Management Review*, 26 de outubro de 2007.

37 **esse prazo médio caiu para menos de sete meses**
Henry Blodget, "You're an investor? How quaint", *Business Insider*, 8 de agosto de 2009, http://www.businessinsider.com/henry-blodget-youre-an-investor-how-quaint-2009-8.

38 **"é caro, trabalhoso e oferece um potencial bem menor de retorno rápido"**
Jon Gertner, "Does America need manufacturing?", *New York Times Magazine*, 28 de agosto de 2011.

38 **Cerca de 80% dos entrevistados disseram não**
Tilde Herrera, "BSR 2011: Al Gore says short-term thinking is 'functionally insane'", GreenBiz, 2 de novembro de 2011, http://www.greenbiz.com/blog/2011/11/02/bsr-2011-al-gore-says-short-term-thinking-functionally-insane.

39 **a Revolução Industrial demorou menos de 150 anos**
Barker, *The agricultural revolution in prehistory*, p. v.

39 **de 90% para 2% do total da força de trabalho**
Ibid.; Claude Fischer, "Can you compete with A.I. for the next job?", *Fiscal Times*, 14 de abril de 2011; Carolyn Dimitri, Anne Effland e Neilson Conklin, Economic Research Service, U.S. Department of Agriculture, "The 20th century transformation of U.S. agriculture and farm policy", junho de 2005, http://www.ers.usda.gov/publications/eib3/eib3.htm; United Nations Social Policy and Development Division, *Report on the world social situation 2007: the employment imperative*, 2007, http://www.un.org/esa/socdev/rwss/docs/2007/chapter1.pdf.

39 **o campo concentra hoje menos da metade de todos os empregos do mundo**
United Nations Social Policy and Development Division, *Report on the world social situation 2007: the employment imperative.*

40 **por 200 millenios**
Sileshi Semaw *et al.*, "2.6-million-year-old stone tools and associated bones from OGS-6 and OGS-7, Gona, Afar, Ethiopia", *Journal of Human Evolution* 45 (2003), pp. 169-77.

40 **por 8 mil anos**
Graeme Barker, *The agricultural revolution in prehistory: why did foragers become farmers?* (Nova York: Oxford University Press, 2009), p. v.

40 **"indistinguíveis da magia"**
"Clarke's Third Law," in *Brave New Words: The Oxford Dictionary of Science Fiction*, editado por Jeff Prucher (Nova York: Oxford University Press, 2007), p. 22.

40 **não difere muito da de nossos ancestrais que viveram há 200 mil anos**
"Human brains enjoy ongoing evolution", *New Scientist*, 9 de setembro de 2005.

41 **superior à do supercomputador mais poderoso existente há 30 anos, o Cray-2**
John Markoff, "The iPad in your hand: as fast as a supercomputer of Yore", *New York Times*, 9 de maio de 2011.

41 **"falácia ludita"**
Ford, *Lights in the Tunnel*, pp. 95-100.

42 **tecnologias (...) como "extensões" de capacidades humanas básicas**
Marshall McLuhan, *Understanding media: the extensions of man* (Cambridge, MA: MIT Press, 1994).

CAPÍTULO 2: A MENTE GLOBAL

47 **o serviço de distribuir propaganda e correspondência indesejada**
Steven Greenhouse, "Postal service is nearing default as losses mount", *New York Times*, 5 de setembro de 2011.

47 **fenômenos impulsionados pela conexão de 2 bilhões de pessoas (até agora) por meio da rede mundial de computadores**
International Telecommunication Union, "The world in 2011: ICT facts and figures", 2011, http://www.itu.int/ITU-D/ict/facts/2011/material/ICTFactsFigures2011.pdf.

47 **(e que funcionam sem a presença de um ser humano) já é superior à população do planeta**
Dave Evans, "The internet of things", Cisco Blog, 15 de julho de 2011, http://blogs.cisco.com/news/the-internet-of-things-infographic/.

47 **ligados à internet, trocando informações o tempo todo**
Jessi Hempel, "The hot tech gig of 2022: Data Scientist", *Fortune*, 6 de janeiro de 2012; Evans, "The internet of things".

47 **o número de "coisas conectadas" cresce bastante**
Maisie Ramsay, "Cisco: 1 trillion connected devices by 2013", *Wireless Week*, 25 de março de 2010.

47 **tags RFID para controlar a presença dos alunos**
David Rosen, "Big Brother invades our classrooms", *Salon*, 8 de outubro de 2012, http://www.salon.com/2012/10/08/big_brother_invades_our_classrooms/.

47 **"O globo redondo é um grande cérebro, o instinto provido de inteligência"**
Nathaniel Hawthorne, *The house of the seven gables* (Boston: Ticknor, Reed, & Fields, 1851), p. 283.

47-48 **"depósito no qual o conhecimento e as ideias são recebidos, classificados"**
H. G. Wells, *World brain* (Londres: Ayer, 1938).

48 **uma busca na internet por meio do Google, a fim de vasculhar aproximadamente 1 trilhão de páginas**
Jesse Alpert and Nissan Hajaj, "We knew the Web was big...", Google Official Blog, 25 de julho de 2008, http://googleblog.blogspot.com/2008/07/we-knew-web-was-big.html.

48 **Capaz de reunir os pensamentos humanos, essa rede foi por ele designada como "mente mundial"**
Pierre Teilhard de Chardin, *The future of man* (1964), cap. 7, "The planetisation of man".

48 **"o homem cria a ferramenta e, em seguida, a ferramenta recria o homem"**
McLuhan, *Understanding Media*.

49 **"um organismo muito complexo, que muitas vezes segue impulsos próprios"**
Kevin Kelly, *What technology wants* (Nova York: Penguin, 2010).

49 **dedicamos nosso tempo a "ficar sozinhos junto de outras pessoas igualmente sozinhas"**
Sherry Turkle, Alone Together: *Why we expect more from technology and less from each other* (Nova York: Basic Books, 2011); Robert Kraut *et al.*, "Internet paradox: a social technology that reduces social involvement and psychological well-being?", *American Psychologist* 53, nº 9 (setembro de 1998), pp. 1017-31; Stephen Marche, "Is Facebook making us lonely?", Atlantic, maio de 2012.

49 **pela primeira vez um transtorno identificado como "dependência de uso da internet"**
Tony Dokupil, "Is the Web driving us mad?", *Daily Beast*, 8 de julho de 2012.

49 **Estima-se que 500 milhões de pessoas**
Jane McGonigal, "Video games: an hour a day is key to success in life", *Huffington Post*, 15 de fevereiro de 2012, http://www.huffingtonpost.com/jane-mcgonigal/video-games_b_823208.html.

49 **gastam quase tanto tempo jogando online quanto assistindo às aulas**
Ibid.

49 **os *gamers* típicos são mulheres de 40 e poucos anos**
Mathew Ingram, "Average social gamer is a 43-year-old woman", GigaOM, 17 de fevereiro de 2010, http://gigaom.com/2010/02/17/average-social-gamer-is-a-43-year-old woman/.

49 **55% dos jogadores online**
Ibid.

49 **responsáveis por publicar 60% dos comentários e posts, além de 70% das imagens, no Facebook**
Robert Lane Greene, "Facebook: like?", *Intelligent Life*, maio/junho de 2012, http:// moreintelligentlife.com/content/ideas/robert-lane-greene/facebook?page=full.

50 **ao volume de tempo gasto na rede mundial de computadores**
Nicholas Carr, *The shallows: what the internet is doing to our brains* (Nova York: Norton, 2010).

50 **grau de retenção de informação inferior ao daqueles que não sabiam da disponibilidade online**
John Bohannon, "Searching for the Google effect on people's memory", *Science*, 15 de julho de 2011.

50 **começam a perder o senso inato de direção**
Alex Hutchinson, "Global impositioning systems", *Walrus*, novembro de 2009.

50 **estudos sugerem que está em curso, literalmente, uma redistribuição de energia mental**
Carr, *The shallows*.

50 **"não memorizar o que pode ser consultado nos livros"**
Biblioteca do Congresso, World treasures of the Library of Congress, 29 de julho de 2010, http://www.loc.gov/exhibits/world/world-record.html.

50 um conjunto de neurônios em desuso se reduzia e, aos poucos, perdia sua capacidade
Walter J. Freeman, *How brains make up their minds* (Nova York: Columbia University Press, 2000), pp. 37-43, 81-82; Society for Neuroscience, "Brain plasticity and Alzheimer's disease", 2010, http://web.archive.org/web/20101225174414/http://sfn.org/index.aspx?pagename=publications_rd_alzheimers.j.

50 liga perfeitamente nossos cérebros ao aumento da capacidade inerente na nova ferramenta
McLuhan, *Understanding Media.*

51 "trazendo as coisas à lembrança"
Platão, *Plato's Phaedrus*, trad. Reginald Hackforth (Cambridge, UK: Cambridge University Press, 1972), p. 157.

51 protocolo TCP/IP
Kleinrock Internet History Center, UCLA, "The IMP Log: October 1969 to April 1970", 21 de setembro de 2011, http://internethistory.ucla.edu/2011/09/imp-log-october-1969-to-april-1970.html; Jim Horne, "What hath God wrought", *New York Times*, Wordplay blog, 8 de setembro de 2009, http://wordplay.blogs.nytimes.com/2009/09/08/wrought/; George P. Oslin, *The story of telecommunications* (Macon, GA: Mercer University Press, 1999), pp. 2, 219.

51 vamos acessar cada vez menos os registros armazenados em nossos cérebros
Carr, *The shallows*, pp. 191-7.

51 O que torna os seres humanos únicos (e dominantes) em meio às demais formas de vida na Terra é a capacidade de pensar de forma complexa e abstrata
Michael S. Gazzaniga, Human: *The science behind what makes us unique* (Nova York: HarperCollins, 2008), p. 199.

51 o neocórtex surgiu com sua forma moderna há cerca de 200 mil anos
R. I. M. Dunbar, "Coevolution of neocortical size, group size and language in humans", *Behavioral and Brain Sciences* 16, nº 4 (1993), pp. 681-735.

51 com uma mutação genética, ou se o desenvolvimento aconteceu de maneira gradual
Constance Holden, "The origin of speech", *Science* 303, nº 5662 (27 de fevereiro de 2004), pp. 1316-9.

51-52 transmitir pensamentos mais elaborados de uma pessoa para outra
John Noble Wilford, "Who began writing? Many theories, few answers", *New York Times*, 6 de abril de 1999.

52 período dedicado à caça e à coleta está associado à comunicação oral
Nicholas Wade, "Phonetic clues hint language is Africa-born", *New York Times*, 14 de abril de 2011.

52 uso inicial da linguagem escrita está relacionado às primeiras fases da Revolução Agrícola
Wilford, "Who began writing?".

52 Mesopotâmia, Egito, China, Índia, região do Mediterrâneo e América Central
William J. Duiker e Jackson J. Spielvogel, *World History*, 6ª ed., vol. 1 (Boston: Wadsworth/Cengage Learning, 2010), p. 43.

52 conceitos sofisticados, como a democracia
Carr, *The shallows*, pp. 50-7.

52 **enclausurada dentro dos limites da própria ignorância**
Marshall McLuhan, *The Gutenberg galaxy* (Toronto: University of Toronto Press, 1962).

53 **copiados à mão em uma linguagem compreensível apenas para os monges**
Burnett Hillman Streeter, *The chained library: a survey of four centuries in the evolution of the English library* (Nova York: Cambridge University Press, 2011).

53 **11 edições impressas de seu relato impressionaram a Europa**
"The diffusion of Columbus's letter through Europe, 1493-1497", University of Southern Maine, Osher Map Library, http://usm.maine.edu/maps/web-document/1/5/sub-/5-the-diffusion-of-columbuss-letter-through-europe-1493-1497.

53 **trazendo saberes e riquezas**
Laurence Bergreen, *Over the edge of the world: Magellan's terrifying circumnavigation of the globe* (Nova York: William Morrow, 2004).

53 **incluía um produto interessante: o perdão para pecados ainda não cometidos**
Hans J. Hillerbrand, *The protestant reformation*, ed. rev. (Nova York: HarperCollins, 2009), pp. ix-xiii, 66-7.

53 **mas milhares de reproduções em alemão acabaram impressas e distribuídas**
"How Luther went viral", *Economist*, 17 de dezembro de 2011.

53 **um quarto deles redigido pelo próprio Lutero**
Ibid.

53 **onda de alfabetização que teve início no norte da Europa e espalhou-se para o sul**
Tom Head, *It's your world, so change it: using the power of the internet to create social change* (Indianapolis, IN: Que, 2010), p. 115.

53 **a imprensa foi acusada de "obra do diabo"**
Charles Coffin, *The story of liberty* (Nova York: Harper & Brothers, 1879), p. 77.

54 **com a publicação de *Revolução das esferas*, de Nicolau Copérnico**
William T. Vollmann, *Uncentering the earth: Copernicus and the revolutions of the heavenly spheres* (Nova York: Norton, 2006).

54 **Em janeiro de 1776**
"Jan 9, 1776: Thomas Paine publishes *Common sense*", History.com, http://www.history.com/this-day-in-history/thomas-paine-publishes-common-sense.

54 **um dos estopins da guerra de independência que teria início em julho**
David McCullough, 1776 (Nova York: Simon & Schuster, 2005), p. 112.

54 **defendida por Adam Smith no mesmo ano**
Adam Smith, *An inquiry into the nature and causes of the wealth of nations* (Londres, 1776).

55 ***História do declínio e queda do Império Romano*, de Edward Gibbon, também foi publicado naquele ano**
Edward Gibbon, *The history of the decline and fall of the Roman Empire* (Londres, 1776).

55 **contraponto para o otimismo vigente em relação ao futuro**
T. H. Breen, "Making history", *New York Times Book Review*, 7 de maio de 2000.

55 **computação quântica**
Michio Kaku, *Physics of the future: How science will shape human destiny and our daily lives by the year 2100* (Nova York: Doubleday, 2011), cap. 1.

55 **dados digitais por empresas e pessoas**
McKinsey Global Institute, "Big Data: the next frontier for innovation, competition, and productivity", maio de 2011.

55 **multiplicou-se por nove em apenas cinco anos**
"The 2011 digital universe study: extracting value from chaos", IDC, junho de 2011, http://idcdocserv.com/1142.

56 **duração da chamada telefônica média caiu quase pela metade**
Tom Vanderbilt, "The call of the future", *Wilson Quarterly*, primavera de 2012.

56 **entre 2005 e 2010, dobrou o número de pessoas conectadas à internet**
International Telecommunications Union, "The world in 2010: ICT facts and figures", http://www.itu.int/ITU-D/ict/material/FactsFigures2010.pdf.

56 **em 2012 a cifra chegou a 2,4 bilhões de usuários**
Mary Meeker e Liang Wu, "2012 internet trends (update)", 3 de dezembro de 2012, http://kpcb.com/insights/2012-internet-trends-update.

56 **um aparelho móvel para cada habitante do planeta**
Cisco Systems, Inc., "Cisco visual networking index: global mobile data traffic forecast update, 2010-2015", 1º de fevereiro de 2011, http://newsroom.cisco.com/ekits/Cisco_VNI_Global_Mobile_Data_Traffic_Forecast_2010_2015.pdf.

56 **O número de pessoas que acessam a internet a partir de aparelhos móveis deverá aumentar 56 vezes nos próximos cinco anos**
Ibid.

56 **fluxo de informações agregadas por meio de smartphones tende a crescer 47 vezes**
Ibid.

56 **metade do mercado de telefonia celular nos Estados Unidos**
Aaron Smith, Pew Internet & American Life Project, "Nearly half of american adults are smartphone owners", 1º de março de 2012, http://pewinternet.org/Reports/2012/Smartphone-Update-2012 .aspx.

56 **Dos 7 bilhões de habitantes do planeta, mais de 5 bilhões têm acesso à telefonia celular**
International Telecommunications Union, "ICT facts and figures: the world in 2011".

56 **1,1 bilhão de usuários de smartphones**
Meeker e Wu, "2012 internet trends (update)".

56 **versões mais acessíveis do aparelho, que em breve se tornarão onipresentes**
Christina Bonnington, Wired Gadget Lab, "Global smartphone adoption approaches 30 percent", 28 de novembro de 2011, http://www.wired.com/gadgetlab/2011/11/smartphones-feature-phones/; Juro Osawa e Paul Mozur, "The battle for China's low-end smartphone market", *Wall Street Journal*, 22 de junho de 2012.

56 **conexão à internet tornou-se valorizada a ponto de ser reconhecida como "direito humano" em um relatório da ONU**
David Kravets, "U.N. report declares internet access a human right", *Wired*, 3 de junho de 2011.

56 **fornecimento de computadores a baixo custo (de US$ 100 a US$ 140) ou tablets para cada criança no mundo**
"Nicholas Negroponte and one laptop per child", Public Radio International, 29 de abril de 2009, http://www.pri.org/stories/business/social-entrepreneurs/one-laptop-per-child.html.

56 subsidiar a conexão à internet por todas as escolas e bibliotecas
Austan Goolsbee e Jonathan Guryan, "World Wide Wonder?", *Education Next* 6, nº 1 (inverno de 2006).

56 usuários de smartphones se conectam à internet assim que acordam, antes mesmo de sair da cama
Kevin J. O'Brien, "Top 1% of mobile users consume half of world's bandwidth, and gap is growing", *New York Times*, 5 de janeiro de 2012.

57 sua atenção, que deveria estar na condução do veículo, é recorrentemente desviado para os aparelhos comunicação móvel
Matt Richtel, "U.S. safety board urges cellphone ban for drivers", *New York Times*, 13 de dezembro de 2011.

57 um avião comercial voou 90 minutos além de seu destino porque tanto o piloto como o copiloto estavam entretidos com seus notebooks
Micheline Maynard e Matthew L. Wald, "Off-course pilots cite computer distraction", *New York Times*, 27 de outubro de 2009.

57 "efeito lifting de rosto FaceTime"
Jason Gilbert, "FaceTime facelift: the plastic surgery procedure for iPhone users who don't like how they look on FaceTime", *Huffington Post*, 27 de fevereiro de 2012.

57 "internet de tudo"
Dave Evans, "How the internet of everything will change the world… for better", Cisco Blog, 7 de novembro de 2012, http://blogs.cisco.com/news/how-the-internet-of-everything-will-change-the-worldfor-the-better-infographic/.

57 "peneirar" quantidades imensas de dados
McKinsey Institute, "Big Data: the next frontier for innovation, competition, and productivity", maio de 2011, http://www.mckinsey.com/Insights/MGI/Research/Technology_and_Innovation/Big_data_The_next_frontier_for_innovation.

58 nem por computadores que pudessem identificar algum padrão ou significado
Al Gore, "The digital earth: understanding our planet in the 21st century", palestra no California Science Center, 31 de janeiro de 1998, http://portal.opengeospatial.org/ files/?artifact_id=6210&version=1&format=doc.

58 dispositivos (como os *actuators*) tem sido descartada logo após a coleta
Michael Chui, Markus Löffler e Roger Roberts, "The internet of things", *McKinsey Quarterly*, 2010.

58 promoção da eficiência na indústria e nos negócios
McKinsey Institute, "Big Data".

58 informações coletadas nos instantes que precederam e se seguiram ao evento
"In-car camera records accidents", BBC News, 14 de outubro de 2005, http://news.bbc.co.uk/2/hi/uk_news/england/southern_counties/4341342.stm.

58 as caixas-pretas dos aviões e para as câmeras de segurança dos edifícios
Kevin Bonsor, "How black boxes work", HowStuffWorks, http://science.howstuffworks.com/transport/flight/modern/black -box3.htm.

58 o dobro de informações do total gerado atualmente
Tony Hoffman, "IBM preps hyper-fast computing system for world's largest radiotelescope", *PC Magazine*, 2 de abril de 2012.

58 **bilhões de mensagens postadas todos os dias em redes sociais**
Chui, Löffler e Roberts, "The internet of things"; McKinsey Institute, "Big Data".

59 **Twitter Earthquake Detector**
Tim Lohman, "Twitter to detect earthquakes, tsunamis", *Computer World*, 1º de junho de 2011.

59 **Ban Ki-moon, secretário-geral da ONU, lançou o programa Global Pulse**
Steve Lohr, "The internet gets physical", *New York Times*, 17 de dezembro de 2011.

59 **identificar sinais de tensão social em países ou regiões com potencial de conflito**
John Markoff, "Government aims to build a 'Data Eye in the Sky'", *New York Times*, 10 de outubro de 2011.

59 **prever as possibilidades de sucesso de um novo lançamento cinematográfico de Hollywood ou de Bollywood**
Ibid.

60 **o conteúdo predominante na internet está impresso em palavras**
Roger E. Bohn e James E. Short, "How much information? 2009 Report on american consumers", dezembro de 2009, http://hmi.ucsd.edu/pdf/HMI_2009_ConsumerReport_Dec9_2009.pdf.

60 **maciças demonstrações de descontentamento diante dos resultados eleitorais em Moscou**
Alissa de Carbonnel, "Social media makes anti-Putin protests 'snowball'", Reuters, 7 de dezembro de 2011.

60 **denunciar os excessos das elites**
Thomas Friedman, "This is just the start", *New York Times*, 1º de março de 2011.

60 **serviu para os rebeldes de Misrata direcionarem seus morteiros**
Tom Coghlan, "Google and a notebook: the weapons helping to beat Gaddafi in Libya", *Times* (Londres), 16 de junho de 2011.

60 **pela fronteira por colaboradores que viviam na Tailândia**
Mridul Chowdhury, Berkman Center for Internet & Society, "The role of the internet in Burma's Saffron Revolution", setembro de 2008, http://cyber.law.harvard.edu/sites/cyber.law.harvard.edu/files/Chowdhury_Role_of_the_Internet_in_Burmas_Saffron_Revolution.pdf_0.pdf.

60 **depois de tirar a internet de funcionamento em todo o país**
Ibid.

60 **libertar a líder do movimento reformista, Aung San Suu Kyi, até então em longa prisão domiciliar**
Tim Johnson, "Aung San Suu Kyi freed", *Financial Times*, 13 de novembro de 2010.

61 **potencial para chegar ao poder**
Dean Nelson, "Aung San Suu Kyi 'wins landslide landmark election' as Burma rejoices", *Telegraph*, 1º de abril de 2012.

61 **protesto popular contra os resultados de uma eleição presidencial fraudulenta**
Bruce Etling, Robert Faris e John Palfrey, "Political change in the digital age: the fragility and promise of online organizing", SAIS Review 30, nº 2 (2010).

61 **controlar o uso da internet pelos manifestantes**
Ibid.

61 **a trágica morte de Neda Agha-Soltan**
Ibid.

61 **quase totalmente desativados**
Ibid.

61 **o governo simplesmente tirou o site do ar**
Ibid.

61 **qualquer resistência efetiva à autoridade ditatorial**
Will Heaven, "Iran and Twitter: the fatal folly of the online revolutionaries", *Telegraph*, 29 de dezembro de 2009; Christopher Williams, "Iran cracks down on web dissident technology", *Telegraph*, 18 de março de 2011.

61-62 **o Irã e a ditadura neoestalinista da Bielorrússia**
Larry Diamond, "Liberation technology", *Journal of Democracy* 21, nº 3 (julho de 2010).

62 **transforma a rede mundial em uma intranet nacional**
Ibid.

62 **foi censurada e mantida fora do acesso da população**
Josh Chin, "Netizens react: premier's interview censored", blog China Real Time Report, *Wall Street Journal*, 7 de outubro de 2010.

62 **bateu de frente com os princípios do maior mecanismo de busca do mundo, o Google**
Clive Thompson, "Google's China problem (and China's Google problem)", *New York Times Magazine*, 23 de abril de 2006.

62 **"Pensei que não havia maneira de colocar o gênio de volta na garrafa, mas agora ficou claro que, em alguns países, ele já foi preso lá dentro"**
Tim Carmody, "Google Co-founder: China, Apple, Facebook threaten the 'open web'", *Wired*, 6 de abril de 2012.

62 **"Não há esperanças de conseguir controlar a internet"**
Ian Katz, "Web freedom faces greatest threat ever, warns Google's Sergey Brin", *Guardian*, 5 de abril de 2012.

62 **mais de 500 milhões de pessoas, ou 40% da população**
Matt Silverman, "China: the world's largest online population", *Mashable*, 10 de abril de 2012; Jon Russell, "Internet usage in China surges 11%", *USA Today*, 19 de julho de 2012.

62 **a importância de usar a internet para responder às controvérsias públicas**
Lye Liang Fook e Yang Yi, EAI Background Brief nº 467, "The chinese leadership and the internet", 27 de julho de 2009, http://www.eai.nus.edu.sg/BB467.pdf.

62 **Dmitri Medvedev também sentiu a pressão para se envolver pessoalmente no assunto da rede mundial de computadores**
"Medvedev believes internet best guarantee against totalitarianism", Itar-Tass News Agency, 10 de julho de 2012, http://www.itar-tass.com/en/c154/484098.html.

62 **quatro em cada dez tunisianos tinham acesso à rede**
Zahera Harb, "Arab revolutions and the social media effect", *M/C Journal* [Media/Culture Journal] 14, nº 2 (2011).

62 **quase 20% estavam no Facebook**
Ibid.

62 **80% dos usuários do site de relacionamento social no país tinham menos de 30 anos**
Ibid.

63 **um país onde vigora a censura à web**
Repórteres sem Fronteiras, "Enemies of the internet", 12 de março de 2010, http://en.rsf.org/IMG/pdf/Internet_enemies.pdf.

63 **Os downloads das chocantes imagens deram início à Primavera Árabe**
John D. Sutter, "How smartphones make us superhuman", CNN, 10 de setembro de 2012.

63 **Na Arábia Saudita, o Twitter tem facilitado as críticas ao governo**
Robert F. Worth, "Twitter gives Saudi Arabia a revolution of its own", *New York Times*, 20 de outubro de 2012.

63 **relativamente independente canal de televisão por satélite Al Jazira**
Jon Alterman, "The revolution will not be televised", Middle East Notes and Comment, Center for Strategic and International Studies, março de 2011; Heidi Lane, "The Arab Spring's three foundations", *per Concordiam*, março de 2012.

63 **mesmo em países onde a transmissão era considerada ilegal**
Angelika Mendes, "Media in Arab countries lack transparency, diversity and independence", Konrad-Adenauer-Stiftung, 25 de junho de 2012, http://www.kas.de/ wf/en/33.31742/; Lin Noueihed e Alex Warren, *The battle for the Arab Spring: revolution, counter-revolution and the making of a new era* (New Haven, CT: Yale University Press, 2012), p. 50; Lane, "The Arab Spring's three foundations".

63 **tanto *o acesso à televisão* fechada quanto a *conexão à internet* haviam se espalhado por todo o Egito e região**
Harb, "Arab revolutions and the social media effect"; Alterman, "The revolution will not be televised".

63 **a Al Jazira e seus pares exerceram papel decisivo**
Alterman, "The revolution will not be televised".

64 **"Tantos problemas saindo desta caixinha de fósforos?"**
"Special report: Al Jazeera's news revolution", Reuters, 17 de fevereiro de 2011.

64 **interromper o acesso à internet, do modo como fizeram os governos do Irã e de Mianmar**
Harb, "Arab revolutions and the social media effect".

64 **a reação popular acirrou ainda mais a revolta**
Ibid.

64 **entre eles Malcolm Gladwell**
Malcolm Gladwell, "Small change: why the revolution will not be tweeted", *New Yorker*, 4 de outubro de 2010.

64 **as multidões da praça Tahrir na verdade representavam uma pequena parte da enorme população do país**
Noah Shachtman, "How many people are in Tahrir Square? Here's how to tell", Wired Danger Room blog, 1º de fevereiro de 2011, http://www.wired.com/dangerroom/ 2011/02/how-many-people-are-in-tahrir-square-heres-how-to-tell/.

64 **novo consenso político sobre o tipo de governo**
David D. Kirkpatrick, "Named Egypt's winner, islamist makes history", *New York Times*, 25 de junho de 2012.

64 **princípios bem diferentes daqueles defendidos pela maioria dos manifestantes que, mobilizados pela internet**
Ibid.

64 **o Império Otomano proibiu a circulação de veículos impressos**
Fatmagul Demirel, *Encyclopedia of the Ottoman Empire*, edição de Gabor Agoston e Bruce Masters (Nova York: Facts on File, 2009), p. 130.

65 **haviam se privado dos frutos decorrentes da revolução impressa**
Ishtiaq Hussain, "The Tanzimat: secular reforms in the Ottoman Empire", Faith Matters, 5 de fevereiro de 2011, http://faith-matters.org/images/stories/fm-publications/the-tanzimat-final-web.pdf.

65 **dependendo de quem se apropria deles e do uso que lhes é atribuído**
Evgeny Morozov, "The dark side of internet for egyptian and tunisian protesters", *Globe and Mail*, 28 de janeiro de 2011; Louis Klaveras, "The coming twivolutions? – social media in the recent uprisings in Tunisia and Egypt", *Huffington Post*, 31 de janeiro de 2011, http://www.huffingtonpost.com/louis-klarevas/post_1647_b_815749.html.

65 **chegaram a apostar na votação pela internet em eleições e referendos**
Sutton Meagher, "Comment: when personal computers are transformed into ballot boxes: how internet elections in Estonia comply with the United Nations international covenant on civil and political rights", *American University International Law Review* 23 (2008).

65 **leis sugeridas pelos cidadãos por meio de um site governamental**
Freedom House – Latvia, 2012, http://www.freedomhouse.org/report/nations-transit/2012/latvia.

66 **alcançar níveis mais altos de qualidade nos serviços**
Tina Rosenberg, "Armed with data, fighting more than crime", *New York Times*, Opinionator blog, 2 de maio de 2012, http://opinionator.blogs.nytimes.com/2012/05/02/armed-with-data-fighting-more-than-crime/.

66 **diálogos e discussões produtivas sobre leis e planos de governo**
Clay Shirky, "How the internet will (one day) transform government", TEDGlobal 2012, junho de 2012.

66 **assistindo a vídeos da web na TV**
Jenna Wortham, "More are watching internet video on actual TVs, research shows", *New York Times*, 26 de setembro de 2012.

66 **"terá de se adequar ao reino digital"**
William Gibson, "Back from the future", *New York Times Magazine*, 19 de agosto de 2007.

66 **com exceção do tempo dedicado ao sono e ao trabalho**
Joe Light, "Leisure trumps learning in time-use survey", *Wall Street Journal*, 22 de junho de 2011.

66 **assistem a cinco horas de transmissão por dia**
Nielsen, "State of the media: consumer usage report", 2011, p. 3. The American video viewer, 32 hours, 47 minutes of TV viewing weekly = 4.7 hours per day, http://www.nielsen.com/content/dam/corporate/us/en/reports-downloads/2011-Reports/StateofMediaConsumerUsageReport.pdf.

66 **investe 80% de seu fundo de campanha em propagandas com 30 segundos de duração na TV**
eMarketer, "Are political ad dollars going online?", 14 de maio de 2008, http://www.emarketer.com/Article.aspx?id=1006271&R=1006271.

67 **pelas ruas da Filadélfia e encontrar várias oficinas gráficas de baixo custo**
Christopher Munden, "A brief history of early publishing in Philadelphia", Philly Fiction, http://phillyfiction.com/more/brief_history_of_early_days_of_philadelphia_publishing.html.

67 **uma tendência destrutiva, com mais chances de piorar o sistema político do que melhorá-lo**
Citizens United v. FEC, 130 S. Ct. 876 (2010); Adam Liptak, "Justices, 5-4, reject corporate spending limit", *New York Times*, 22 de janeiro de 2010.

67 **a televisão encontra-se bem mais controlada do que a internet**
Charles Clover, "Internet subverts russian TV's message", *Financial Times*, 1º de dezembro de 2011.

68 **"Há apenas um rosto: Putin"**
David M. Herszenhorn, "Putin wins, but opposition keeps pressing", *New York Times*, 4 de março de 2012.

68 **maiores de 65 anos passam, em média, sete horas por dia diante da TV**
Alana Semuels, "Television viewing at all-time high", *Los Angeles Times*, 24 de fevereiro de 2009.

68 **nas grandes cidades, as pessoas compravam ao voltar do trabalho**
Donald A. Ritchie, *Reporting from Washington: the history of the Washington press corps* (Nova York: Oxford University Press, 2005), p. 131.

68 **os matutinos também começaram a ir à falência**
Mark Fitzgerald, "How did newspapers get in this pickle?", *Editor & Publisher*, 18 de março de 2009.

68 **as notícias digitais já atingem mais pessoas**
David Carr, "Tired cries of bias don't help Romney", *New York Times*, 1º de outubro de 2012.

70 **diante de uma lousa com anotações feitas a giz**
"Why do 60% of students find their lectures boring?", *Guardian*, 11 de maio de 2009.

70 **corte drástico nos orçamentos da educação pública**
"Education takes a beating nationwide", *Los Angeles Times*, 31 de julho de 2011.

70-71 **demanda de instrução universitária pela internet**
Tamar Lewin, "Questions follow leader of for-profit colleges", *New York Times*, 27 de maio de 2011; Tamar Lewin, "For-profit college group sued as U.S. lays out wide fraud", *New York Times*, 9 de agosto de 2011.

71 **Processada, a escola fechou as portas**
"Degrees for sale at spam U.", CBS News, 11 de fevereiro de 2009, http://www.cbsnews.com/2100-205_162-659418.html; "Diploma mill operators hit with court judgments", *Consumer Affairs*, 18 de março de 2005, http://www.consumeraffairs.com/news04/2005/diploma_mill.html.

71 **desenvolvimento de doenças crônicas, responsáveis pela maior parte dos tratamentos**
"Counting Every Moment", *Economist*, 3 de março de 2012.

71 **começam a melhorar a alocação e o uso dos recursos da saúde pública**
Andrea Freyer Dugas *et al.*, "Google flu trends: correlation with emergency department influenza rates and crowding metrics", *Clinical Infectious Diseases* 54, nº 4 (8 de janeiro de 2012).

71 **companhias de seguros começaram a usar técnicas de *data mining***
"Very Personal Finance", *Economist*, 2 de junho de 2012.

71 **clientes cujos dados apontam um perfil de baixo risco**
Ibid.

72 **surgiu a lenda do doutor Fausto**
Christopher Marlowe, *The Tragical History of Doctor Faustus*, 1604, edição rev. Alexander Dyce, http://www.gutenberg.org/files/779/779-h/779-h.htm.

72 **historiadores acreditam que o personagem tenha sido inspirado**
Philip B. Meggs e Alston W. Purvis, *Meggs' History of Graphic Design*, 5ª ed. (Hoboken, NJ: Wiley, 2012), pp. 76-7.

72 **"barganhas faustianas"**
Herman Kahn, "Technology and the faustian bargain", 1º de janeiro de 1976, http://www.hudson.org/index.cfm?fuseaction=publication_details&id=2218; Lance Morrow, "The faustian bargain of stem cell research", *Time*, 12 de julho de 2001.

73 **governos podem ler e-mails particulares sem pedido de autorização**
John Seabrook, "Petraeus and the cloud", *New Yorker*, 4 de novembro de 2012.

73 **dependência da nuvem vem criando potenciais "pontos de engarrafamento"**
Nicole Perlroth, "Amazon cloud service goes down and takes popular sites with it", *New York Times*, 22 de outubro de 2012.

74 **"O resultado é um conflito de forças"**
Richard Siklos, "Information wants to be free... and expensive", CNN, 20 de julho de 2009, http://tech.fortune.cnn.com/2009/07/20/information-wants-to-be-free-and-expensive/.

75 **servidores baseados em territórios suecos, islandeses e muito possivelmente em outros locais**
Andy Greenberg, "Wikileaks servers move to underground nuclear bunker", *Forbes*, 30 de agosto de 2010.

75 **invadiram sites de empresas e de governos**
"WikiLeaks backlash: the first global cyber war has begun, claim hackers", *Guardian*, 11 de dezembro de 2010.

75 **Grupos independentes de "hacktivistas"**
Hayley Tsukayama, "Anonymous claims credit for crashing FBI, DOJ sites", *Washington Post*, 20 de janeiro de 2012; Ellen Nakashima, "CIA web site hacked; Group LulzSec takes credit", *Washington Post*, 15 de junho de 2011; Thom Shanker e Elisabeth Bumiller, "Hackers gained access to sensitive military files", *New York Times*, 14 de julho de 2011; David E. Sanger e John Markoff, "I.M.F. reports cyberattack led to 'Very Major Breach'", *New York Times*, 11 de junho de 2011; David Batty, "Vatican becomes latest anonymous hacking victim", *Guardian*, 7 de março de 2012; Melanie Hick, "Anonymous hacks Interpol site after 25 arrests", *Huffington Post*, 3 de janeiro de 2012, http://www.huffingtonpost.co.uk/2012/03/01/anonymous-hacks-interpol-_n_1312544.html; Martin Beckford, "Downing street website also taken down by anonymous", *Telegraph*, 8 de abril de 2012; Tom Brewster, "Anonymous strikes Downing street and Ministry of Justice", *TechWeek Europe*, 10 de abril de 2012, http://www.techweekeurope.co.uk/news/anonymous-government-downing-street-moj71979; "NASA says was hacked 13 times last year", Reuters, 2 de março de 2012.

76 **hackers gravaram a transmissão e a disponibilizaram na rede**
Duncan Gardham, "'Anonymous' hackers intercept conversation between FBI and Scotland Yard on how to deal with hackers", *Telegraph*, 3 de fevereiro de 2012.

76 **vítima de um ataque cibernético, a princípio vindo da China**
Michael Joseph Gross, "Enter the cyber-dragon", *Vanity Fair*, setembro de 2011.

76 **o "quinto domínio" para um potencial conflito militar**
Susan P. Crawford, "When we wage cyberwar, the whole web suffers", Bloomberg, 25 de abril de 2012.

76 **"corrida armamentista cibernética global"**
David Alexander, "Global cyber arms race engulfing web – defense official", Reuters, 11 de abril de 2012.

76 **tecnologia cibernética, quem ataca está em posição mais vantajosa do que quem se defende**
Ibid.; Ron Rosenbaum, "Richard Clarke on who was behind the Stuxnet attack", Smithsonian, 2 de abril de 2012.

76 **impediu a conquista da Grécia pelos persas**
Simon Singh, *The Code Book: the science of secrecy from Ancient Egypt to quantum cryptography* (Nova York: Doubleday, 1999).

76 **mensagem na cabeça raspada de um mensageiro e esperou que seus cabelos crescessem**
Ibid.

76 **a criptografia em suas diversas formas**
Ibid.; Andrew Lycett, "Breaking Germany's enigma code", BBC, 17 de fevereiro de 2011, http://www.bbc.co.uk/history/worldwars/wwtwo/enigma_01.shtml.

77 **"o sistema como que se perdeu"**
Michael Joseph Gross, "World War 3.0", *Vanity Fair*, maio de 2012.

77 **quatro tendências que convergem para fazer da segurança cibernética uma questão preocupante**
James Kaplan, Shantnu Sharma e Allen Weinberg, "Meeting the cybersecurity challenge", *McKinsey Quarterly*, junho de 2011.

78 **empresas, órgãos governamentais e instituições ligadas a esses organismos**
Gross, "Enter the cyber-dragon".

78 **"Não fazemos isso"**
Rosenbaum, "Richard Clarke on who was behind the Stuxnet attack".

78 **perde mais de 373 mil postos de trabalho por ano (além de receitas de US$ 16 bilhões) por conta do roubo de propriedade intelectual**
Richard Adler, relato na 26th Annual Aspen Institute Conference on Communications Policy, *Updating rules of the digital road: privacy, security, intellectual property*, 2012, p. 14.

78 **(o equivalente a US$ 1 bilhão) em uma única noite**
Richard A. Clarke, "How China steals our secrets", *New York Times*, 3 de abril de 2012.

78 **"não encontramos um sequer que não tivesse sido infectado"**
Nicole Perlroth, "How much have foreign hackers stolen?", *New York Times*, Bits blog, 14 de fevereiro de 2012, http://bits.blogs.nytimes.com/2012/02/14/how-much-have-foreign-hackers-stolen/?scp=7&sq=cyber%20security&st=cse.

78 **"quase quatro vezes o total de informações armazenadas..."**
Ibid.

78 **segurança cibernética deve superar o terrorismo em termos de riscos e se tornar "a ameaça número um ao país"**
J. Nicholas Hoover, "Cyber attacks becoming top terror threat, FBI says", *Information Week*, 1º de fevereiro de 2012.

79 **13 fornecedores da Defesa dos Estados Unidos e um imenso número de empresas**
Michael Joseph Gross, "Exclusive: Operation Shady Rat – unprecedented cyber-espionage campaign and intellectual-property Bonanza", *Vanity Fair*, 2 de agosto de 2011.

79 **roubaram o correspondente a seis semanas de e-mails trocados entre a instituição e as maiores empresas dos Estados Unidos**
Nicole Perlroth, "Traveling light in a time of digital thievery", *New York Times*, 10 de fevereiro de 2012.

79 **ainda enviavam informações para a China pela rede**
Ibid.

79 **a embalagem individual de cada produto**
Organisation for Economic Cooperation and Development, "Machine-to-Machine Communications: Connecting Billions of Devices", *OECD Digital Economy Papers*, nº 192, 2012, http://dx.doi.org/10.1787/5k9gsh2gp043-en.

79 **produtores de laticínios na Suíça, por exemplo, chegaram a ligar os órgãos genitais das vacas à internet**
John Tagliabue, "Swiss cows send texts to announce they're in heat", *New York Times*, 2 de outubro de 2012.

80 **"ataques bem-sucedidos aos sistemas de controle dessas instalações, um aumento de quase cinco vezes em relação a 2010"**
John O. Brennan, "Time to protect against dangers of cyberattack", *Washington Post*, 15 de abril de 2012.

80 **repetidos ataques cibernéticos vindos de fonte desconhecida**
Thomas Erdbrink, "Iranian officials disconnect some oil terminals from internet", *New York Times*, 24 de abril de 2012.

80 **a Aramco, empresa estatal de extração de petróleo da Arábia Saudita, foi vítima de ciberataques**
Thom Shanker e David E. Sanger, "U.S. suspects Iran was behind a wave of cyberattacks", *New York Times*, 14 de outubro de 2012.

80 **O ataque à Aramco**
Nicole Perlroth, "In cyberattack on saudi firm, U.S. sees Iran firing back", *New York Times*, 23 de outubro de 2012.

80 **motores das centrífugas iranianas responsáveis pelo enriquecimento de urânio**
William J. Broad, John Markoff e David E. Sanger, "Israeli test on worm called crucial in Iran nuclear delay", *New York Times*, 15 de janeiro de 2011.

80 **começou a infectar computadores no Irã e em vários outros países**
"'Flame' computer virus strikes Middle East; Israel speculation continues", Associated Press, 29 de maio de 2012.

80 **contra máquinas e sistemas ligados à internet**
William J. Broad, John Markoff e David E. Sanger, "Israeli test on worm called crucial in Iran nuclear delay", *New York Times*, 15 de janeiro de 2011.

80 **alguns deles de fato já estavam contaminados com o Stuxnet**
Rachel King, "Virus aimed at Iran infected Chevron network", *Wall Street Journal*, 9 de novembro de 2012.

80-
81 **Leon Panetta, declarou que um eventual "ciber-Pearl Harbor"**
Elisabeth Bumiller e Thom Shanker, "Panetta warns of dire threat of cyber-attack on U.S.", *New York Times*, 11 de outubro de 2012.

81 **"mas produzido com custo 30% menor"**
Perlroth, "Traveling light in a time of digital thievery".

81 **para roubar propriedade intelectual e, em seguida, alguns dos clientes mais valiosos**
Steve Fishman, "Floored by News Corp.: who hacked a rival's computer system?", *New York Times*, 28 de setembro de 2011.

81 **admitiu ter violado e-mails de algumas pessoas em busca de informações para reportagens**
Sarah Lyall e Ravi Somaiya, "British broadcaster with Murdoch link admits to hacking", *New York Times*, 5 de abril de 2012.

81 **confessaram ter grampeado mensagens de voz de milhares de cidadãos**
Don Van Natta Jr., Jo Becker e Graham Bowley, "Tabloid hack attack on Royals, and beyond", *New York Times*, 1º de setembro de 2010.

81 **fácil invadir videoconferências supostamente seguras**
Nicole Perlroth, "Cameras may open up the board room to hackers", *New York Times*, 22 de janeiro de 2012.

81 **relutam em divulgar o roubo de informações importantes, já que por vezes é financeiramente melhor manter o fato em segredo**
James Kaplan, Shantnu Sharma e Allen Weinberg, "Meeting the cybersecurity challenge", *McKinsey Quarterly*, junho de 2011.

81 **não tomam medidas adequadas de proteção**
Michaela L. Sozio, "Cyber liability – a real threat to your business", California Business Law Confidential, março de 2012; Preet Bharara, "Asleep at the Laptop", *New York Times*, 4 de junho de 2012.

82 **empresas se apropriam de informações pessoais de seus clientes e usuários**
Alexis Madrigal, "I'm being followed: how Google – and 104 other companies – are tracking me on the web", *Atlantic*, 29 de fevereiro de 2012.

82 **personalizando e adaptando as mensagens para coincidir com os interesses de cada pessoa**
Ibid.

82 **rastreamento online dos interesses das pessoas, sem que elas saibam ou concordem com isso**
Riva Richmond, "As 'like' buttons spread, so do Facebook's tentacles", *New York Times*, Bits blog, 27 de setembro de 2011, http://bits.blogs.nytimes.com/2011/09/27/as-like-buttons-spread-so-do-facebooks-tentacles/.

82 **"apenas ferramentas para aumentar a força do aperto da mão invisível"**
Madrigal, "I'm Being Followed".

82 **em busca de informações não necessariamente abonadoras**
Jeffrey Rosen, "The web means the end of forgetting", *New York Times Magazine*, 21 de julho de 2010.

82 **as senhas de acesso a suas contas no Facebook, a fim de consultar também sites privados**
Michelle Singletary, "Would you give potential employers your Facebook password?", *Washington Post*, 29 de março de 2012.

82 **orientou os usuários a não revelarem suas senhas**
Joanna Stern, "Demanding Facebook passwords may break law, say senators", ABC News, 26 de março de 2012, http://abcnews.go.com/Technology/facebook-passwords-employers-schools-demand-access-facebook-senators/tory?id=16005565#.UCPKWY40jdk.

83 **muitos candidatos, depois de contratados, continuam a ser "ciberobservados"**
Tam Harbert, "Employee monitoring: when IT is asked to spy", *Computer World*, 16 de junho de 2010.

83 **em especial a internet, aumenta exponencialmente à medida que mais pessoas se conectam**
James Hendler e Jennifer Golbeck, "Metcalfe's Law, Web 2.0, and the semantic web", *Web Semantics* 6, nº 1 (fevereiro de 2008), pp. 14-20.

83 **cresce na razão do quadrado do número de usuários**
Ibid.

83 **as opções para alterar as configurações básicas oferecidas em alguns casos costumam ser complexas e difíceis**
Alexis Madrigal, "Reading the privacy policies you encounter in a year would take 76 work days", *Atlantic*, 1º de março de 2012; Elaine Rigoli, "Most people worried about online privacy, personal data, employer bias, privacy policies", *Consumer Reports*, 25 de abril de 2012.

83 **não significa que esses usuários escapem do rastreamento online**
Julia Angwin e Emily Steel, "Web's hot new commodity: privacy", *Wall Street Journal*, 28 de fevereiro de 2011.

84 **por conta da pressão persistente da publicidade**
Tanzina Vega, "Opt-out provision would halt some, but not all, web tracking", *New York Times*, 26 de fevereiro de 2012; Madrigal, "I'm Being Followed".

84 **dada a quantidade de cliques, o total deles equivale a bilhões de dólares**
Madrigal, "I'm Being Followed"; Vega, "Opt-out provision would halt some, but not all, web tracking".

84 **coletam dados sobre as atividades online do usuário**
"What they now", *Wall Street Journal*, http://online.wsj.com/public/page/what-they-know-digital-privacy.html.

84 **são enviados para anunciantes ou para quem quiser comprar essas informações**
Julia Angwin, "The web's new gold mine: your secrets", *Wall Street Journal*, 30 de julho de 2010.

84 **associação entre os números dos computadores individuais com nome, endereço e telefone de cada internauta**
Madrigal, "I'm Being Followed".

84 **declarou-se contrário ao uso do DPI**
Olivia Solon, "Tim Berners-Lee: deep packet inspection a 'really serious' privacy breach", *Wired*, 18 de abril de 2012.

84 **colega de quarto, gay e também aluno da instituição, que se suicidou depois de ter sua intimidade devassada**
Ian Parker, "The story of a suicide: two college roommates, a webcam, and a tragedy", *New Yorker*, 6 de fevereiro de 2012.

84 **programas de reconhecimento facial para marcar automaticante cada usuário que aparece nas imagens**
"Facebook 'face recognition' feature draws privacy scrutiny", *Bloomberg News*, 8 de junho de 2011.

84 **sistema de reconhecimento de voz para identificar quem fala**
Natasha Singer, "The human voice, as game changer", *New York Times*, 31 de março de 2012.

85 **aperfeiçoando a precisão de interpretação do sistema**
Ibid.

85 **sistemas de rastreamento de localização para aumentar a conveniência das ofertas**
"Privacy Please! U.S. smartphone app ysers concerned with privacy when it comes to location," Nielsen, 21 de abril de 2011, http://blog.nielsen.com/nielsenwire/online_mobile/privacy-please-u-s-smartphone-app-users-concerned-with-privacy-when-it-comes-to-location/.

85 **25 mil cidadãos norte-americanos se tornam vítimas da "perseguição por GPS"**
Justin Scheck, "Stalkers exploit cellphone GPS", *Wall Street Journal*, 3 de agosto de 2010.

85 **CD com mais de 1.200 páginas de informação, das quais a maioria ele imaginava deletada**
Kevin J. O'Brien, "Austrian Law student faces down Facebook", *New York Times*, 5 de fevereiro de 2012.

85 **projetados para roubar informações do computador ou dispositivo móvel**
Matt Richtel e Verne G. Kopytoff, "E-mail fraud hides behind friendly face", *New York Times*, 2 de junho de 2011.

85 **toda a informação sobre os indivíduos**
Ann Carrns, "Careless social media use may raise risk of identity fraud", *New York Times*, 29 de fevereiro de 2012.

85 **se declararam seriamente atingidas pelos cibercrimes**
"IMF is victim of 'sophisticated cyberattack', says report", *IDG Reporter*, 13 de junho de 2011; "US Senate orders security review after LulzSec hacking", *Guardian*, 14 de junho de 2011; Julianne Pepitone e Leigh Remizowski, "'Massive' credit card data breach involves all major brands", CNN, 2 de abril de 2012, http://money.cnn.com/2012/03/30/technology/credit-card-data-breach/index.htm; "Heartland payment systems hacked", Associated Press, 20 de janeiro de 2009; Bianca Dima, "Top 5: corporate losses due to hacking", HOT for Security, 17 de maio de 2012.

85 **mais de US$ 7,2 milhões, cifra com tendência de alta a cada ano**
"The real cost of cyber attacks", *Atlantic*, 16 de fevereiro de 2012.

86 **"valor superior ao movimentado pelo mercado mundial de maconha, cocaína e heroína"**
Symantec, *press release*, "Norton study calculates cost of global cybercrime: $114 billion annually", 7 de setembro de 2011, http://www.symantec.com/about/news/release/article.jsp?prid=20110907_02. Há analistas, no entanto, que consideram pouco confiáveis essas estimativas sobre o cibercrime. Dinei Florêncio e Cormac Herley, "The cybercrime wave that wasn't", *New York Times*, 14 de abril de 2012.

86 **LinkedIn**
Ian Paul, "LinkedIn confirms account passwords hacked", *PC World*, 6 de junho de 2012.

86 **eHarmony**
Salvador Rodriguez, "Like LinkedIn, eHarmony is hacked; 1.5 million passwords stolen", *Los Angeles Times*, 6 de junho de 2012.

86 **Gmail, do Google**
Nicole Perlroth, "Yahoo breach extends beyond Yahoo to Gmail, Hotmail, AOL users", *New York Times*, 12 de julho de 2012.

86 **o Bank of America, o JP Morgan Chase, o Citigroup, o U.S. Bank, a Wells Fargo e o PNC**
David Goldman, "Major banks hit with biggest cyberattacks in history", CNN, 28 de setembro de 2012; "Week-long cyber attacks cripple US banks", Associated Press, 29 de setembro de 2012.

86 **arquivar as comunicações por internet e por telefone**
Brian Wheeler, "Communications data bill creates 'a virtual giant database'", BBC, 19 de julho de 2012, http://www.bbc.co.uk/news/uk-politics-18884460.

86 **mais de 60 mil câmeras de segurança instaladas**
Heather Brooke, "Investigation: a sharp focus on CCTV", *Wired UK*, 1º de abril de 2010.

86 **"desrespeito às restrições que a cercam até a mais desinteressada afirmação de autoridade"**
Juiz Felix Frankfurter, parecer legal, Youngstown Sheet & Tube Co. *versus* Sawyer, 343 U.S. 579 (1952).

86 **"Saber é poder"**
Georg Henrik Wright, *The tree of knowledge and other essays* (Leiden: Brill, 1993), pp. 127-8.

87 **incluindo práticas como escutas telefônicas**
James Bradford, "The NSA is building the country's biggest spy center (watch what you say)", *Wired*, 15 de março de 2012.

87 **"começou a transformar os Estados Unidos"**
Jason Reed, "NSA whistleblowers: government spying on every single American", Reuters, 25 de julho de 2012.

87 **tenha interceptado "entre 15 e 20 trilhões" de mensagens**
Bradford, "The NSA is building the country's biggest spy center (watch what you say)".

87 **O estado de emergência**
Presidência dos Estados Unidos, "Notice – continuation of the national emergency with respect to certain terrorist attacks", 11 de setembro de 2012.

88 **"Acho que existe algo de terrivelmente assustador"**
Matt Sledge, "Warrantless electronic surveillance surges under Obama Justice Department", *Huffington Post*, 28 de setembro de 2012.

88 **andar de bicicleta com a buzina quebrada**
Sumário para petição na Suprema Corte dos Estados Unidos, Albert W. Florence *versus* Board of Chosen Freeholders of the County of Burlington *et al.*, nº 10-945, http://www.americanbar.org/content/dam/aba/publishing/previewbriefs/Other_Brief_Updates/10-945_petitioner.authcheckdam.pdf. O juiz Stephen Breyer

discordou da decisão. Ver Florence *versus* Board of Chosen Freeholders, 2 de abril de 2012, http://www.supremecourt.gov/opinions/11pdf/10-945 .pdf.

88 **computador ou outro aparelho digital de qualquer cidadão americano que regresse ao país de viagens internacionais**
Glenn Greenwald, "U.S. filmmaker repeatedly detained at border", *Salon*, 8 de abril de 2012, http://www.salon.com/2012/04/08/u_s_filmmaker_repeatedly_detained_at_border/.

89 **informações digitais vasculhadas e apreendidas, sem motivo razoável**
Ibid.

89 **"oferece uma variedade de 'taxas de vigilância"**
Eric Lichtblau, "Police are using phone tracking as a routine tool", *New York Times*, 1º de abril de 2012.

89 **planos de vender registros para detetives particulares, seguradoras e outras instituições**
Julia Angwin e Jennifer Valentino-Devries, "New tracking frontier: your license plates", *Wall Street Journal*, 2 de outubro de 2012.

89 **a demanda por hardwares e softwares de vigilância não para de crescer**
Nicole Perlroth, "Software meant to fight crime is used to spy on dissidents", *New York Times*, 31 de agosto de 2012.

89 **como Irã, Síria e China**
Rebecca MacKinnon, "Internet freedom starts at home", Foreign Policy, 3 de abril de 2012; Cindy Cohn, Trevor Timm e Jillian C. York, Electronic Frontier Foundation, "Human rights and technology sales: how corporations can avoid assisting repressive regimes", abril de 2012, https://www.eff.org/document/human-rights-and-technology-sales; Jon Evans, "Selling software that kills". TechCrunch, 26 de maio de 2012, http://techcrunch.com/2012/05/26/selling-software-that-kills/.

90 **equipados com câmeras de vídeo se tornem um recurso habitual**
Francis Fukuyama, "Why we all need a drone of our own", *Financial Times*, 24 de fevereiro de 2012.

90 **63 locais com utilização dessa tecnologia**
"Is there a drone in your neighbourhood? Rise of spy planes exposed after FAA is forced to reveal 63 launch sites across U.S.", *Daily Mail*, 24 de abril de 2012.

90 **sem a permissão do usuário – e até mesmo com o aparelho desligado**
David Kushner, "The hacker is watching", *GQ*, janeiro de 2012.

90 **empregados para monitorar conversas**
Declan McCullagh, "Court to FBI: no spying on in-car computers", CNET, 19 de novembro de 2003, http://news.cnet.com/2100-1029_3-5109435.html. O Tribunal de Apelações decidiu que essa instância de vigilância é ilegal.

90 **informações confidenciais quando elas são digitadas**
Nicole Perlroth, "Malicious software attacks security cards used by Pentagon", *New York Times*, Bits blog, 12 de janeiro de 2012, http://bits.blogs.nytimes.com/2012/01/12/malicious-software-attacks-security-cards-used-by-pentagon/.

90 **dos mais eficientes e invasivos sistemas de coleta de dados já desenvolvidos**
Bamford, "The NSA is building the country's biggest spy center (watch what you say)".

90-
91 **a ideia causou indignação pública e acabou vetada no Congresso**
American Civil Liberties Union, "Congress dismantles total information awareness spy program; ACLU applauds victory, calls for continued vigilance against snoop programs", 25 de setembro de 2003, http://www.aclu.org/national-security/congress-dismantles-total-information-awareness-spy-program-aclu-applauds-victory-.

91 **contrária às novas leis resultaram no veto de ambas**
Jonathan Weisman, "After an online firestorm, Congress shelves antipiracy bills", *New York Times*, 21 de janeiro de 2012.

91 **vasculhar qualquer comunicação online**
Robert Pear, "House votes to approve disputed hacking bill", *New York Times*, 27 de abril de 2012.

91 **"...hábitos necessários ao coração e resistir ao fascínio da ideologia tecnológica"**
Michael Sacasas, "Technology in America", *American*, 13 de abril de 2012.

92 **regras e valores que refletem nossa tradição de liberdade de expressão e de livre comércio**
Gross, "World War 3.0".

92 **Brasil, Índia e África do Sul estejam apoiando**
Georgina Prodhan, "BRIC nations push for bigger say in policing of internet", *Globe and Mail*, 6 de setembro de 2012.

92 **recurso para proteger informações confidenciais e valiosas**
Gross, "World War 3.0".

92 **abordagem de "jardim murado"**
Ryan Nakashima, "Ex-AOL exec calls Facebook new 'walled garden'", Associated Press, 1º de maio de 2012.

92 **reter ou tornar mais caras as ofertas similares**
Claire Cain Miller e Miguel Helft, "Web plan from Google and Verizon is criticized", *New York Times*, 10 de agosto de 2010.

92 **garantir a liberdade de expressão e a livre concorrência**
"Protecting the internet", editorial, *New York Times*, 18 de dezembro de 2010.

CAPÍTULO 3: PODER EM EQUILÍBRIO

97 **"o fim de um ciclo de 500 anos na história da economia"**
"China became world's top manufacturing nation, ending 110 year US leadership", *MercoPress*, 15 de março de 2011, http://en mercopress.com/2011/03/15/china-became-world-s-top-manufacturing-nation-ending-110-year-us-leadership.

97 **nova liderança pela primeira vez desde 1890**
Charles Kenny, "China vs. the U.S.: the case for second place", *BloombergBusinessweek*, 13 de outubro de 2011.

99 **quanto o Fundo Monetário Internacional precisam do apoio de 85%**
"Profile: IMF and World Bank", BBC News, 17 de abril de 2012, http://news.bbc.co.uk/2/hi/americas/country_profiles/3670465.stm; Thomas J. Bollyky, "How to fix the World Bank", *New York Times*, 9 de abril de 2012; David Bosco, "A primer on World Bank voting procedures", *Foreign Policy*, 28 de março de 2012.

99 **um poder de veto sobre as decisões**
"Profile: IMF and World Bank", BBC News; World Bank, "World Bank Group voice reform: enhancing voice and participation in

developing and transition countries in 2010 and beyond", 25 de abril de 2010, http://siteresources.worldbank.org/NEWS/Resources/IBRD2010VotingPowerRealignmentFINAL.pdf.

99 Conselho de Segurança da ONU, enquanto o Brasil
CIA, The World Factbook, https://www.cia.gov/library/publications/the-world-factbook/rankorder/2001rank.html.

99 deram a essa possível formação a denominação de "G2"
C. Fred Bergsten, "Two's company", *Foreign Affairs*, setembro/outubro de 2009.

100 sinais episódicos de que seu poderio estava diminuindo
Josef Joffe, "Declinism's fifth wave", *American Interest*, janeiro/fevereiro de 2012; Samuel P. Huntington, "The U.S. – decline or renewal?", *Foreign Affairs*, inverno de 1988/89; Victor Davis Hanson, "Beware the boom in American 'declinism'", CBS News, 14 de novembro de 2011, http://www.cbsnews.com/8301-215_162-57324071/beware-the-boom-in-american-declinism/.

100 o risco de, em pouco tempo, desabar do topo do poder mundial
Joffe, "Declinism's fifth wave"; Huntington, "The U.S. – decline or renewal?"; Victor Hanson, "Beware the boom in American 'declinism'".

101 no final da década de 1940 para cerca de 25% no início dos anos 1970
Stephen M. Walt, "The end of the American era", *National Interest*, 25 de outubro de 2011; Robert Kagan, "Not fade away", *New Republic*, 11 de janeiro de 2012.

101 mas se manteve nesse mesmo patamar pelos últimos 40 anos
Kagan, "Not fade away".

101 em detrimento da Europa, e não dos Estados Unidos
Ibid.

101 quando o país se transformou na maior economia do mundo
Charles Kenny, "China vs. the U.S.: the case for second place", BloombergBusinessweek, 13 de outubro de 2011.

101 número de mortos cem vezes maior do que o dos Estados Unidos
Irina Titova, "Medvedev orders precise soviet WWII death toll", Associated Press, 27 de janeiro de 2009; Anne Leland, Mari-Jana Oboroceanu, Congressional Research Service, "American war and military operations casualties: lists and statistics", fevereiro de 2010, http://www.fas.org/sgp/crs/natsec/RL32492.pdf.

101 em 1939, quando Stálin assinou um acordo com Hitler
"The day in history: August 23rd, 1939. The Hitler-Stalin pact", History.com, 2012.

101 dólar norte-americano como a moeda de reserva do mundo
"Beyond Bretton Woods 2", *Economist*, 4 de novembro de 2010.

102 (precursora do Mercado Comum Europeu e, depois, da União Europeia)
European Commission, "Treaty establishing the european coal and steel community, ECSC Treaty", 15 de outubro de 2010, http://europa.eu/legislation_summaries/institutional_affairs/treaties/treaties_ecsc_en .htm.

102 "o pai da Organização das Nações Unidas"
Cordell Hull Foundation, "Cordell Hull Biography", http://www.cordellhull.org/english/About_Us/Biography.asp.

102 "quando as mercadorias cruzam fronteiras, os exércitos permanecem onde estão"
Jill Lerner, "Free trade's champion", *Atlanta Business Chronicle*, 13 de fevereiro de 2006.

103 **"fim da história"**
Francis Fukuyama, *The end of history and the last man* (Nova York: Harper Perennial, 1993).

104 **três ondas democráticas varreram o mundo**
Departamento de Estado dos EUA, Bureau of International Information Programs, "Democracy's third wave", http://www.4uth.gov.ua/usa/english/politics/whatsdem/whatdm13.htm.

104 **na sequência da Revolução Americana, resultou na formação de 29 democracias**
Ibid.

104 **levava no bolso da camisa um retrato de George Washington**
John F. Kennedy, "Remarks at an Independence Day celebration with the American community in Mexico City", 30 de junho de 1962, American Presidency Project, http://www.presidency.ucsb.edu/ws/?pid=8748.

104 **12 até o início da Segunda Guerra Mundial**
Departamento de Estado dos EUA, "Democracy's third wave".

104 **deu origem a 36 nações democráticas**
Ibid.

104 **reduziu esse número para 30 no período entre 1962 e meados da década de 1970**
Ibid.

104 **com o fim do comunismo, em 1989**
Ibid.

104 **declínio no número de nações democráticas no mundo**
Economist Intelligence Unit, Democracy Index 2010, 2010, http://www.eiu.com/democracy.

105 **quarta onda democrática**
Larry Diamond, "A fourth wave or false start?", *Foreign Affairs*, 22 de maio de 2011.

105 **em números absolutos atingiu o nível mais alto desde 1945**
Kagan, "Not fade away", 11 de janeiro de 2012; Todd Purdum, "One nation, under arms", *Vanity Fair*, janeiro de 2012.

105 **corresponde aos gastos militares combinados de todo o resto do planeta**
Purdum, "One nation, under arms".

105 **mais pilotos para voos telecomandados do que para jatos tripulados**
Christian Caryl, "Predators and robots at war", *New York Review of Books*, 30 de agosto de 2011; Elisabeth Bumiller, "Air Force drone operators report high levels of stress", *New York Times*, 19 de dezembro de 2011.

106 **pilotos de aviões não tripulados apresentam um nível de estresse pós-traumático**
Caryl, "Predators and robots at war".

106 **invadiu o sistema de um *stealth drone* e o fez pousar**
Scott Peterson, "Downed US drone: how Iran caught the 'beast'", *Christian Science Monitor*, 9 de dezembro de 2011; Rick Gladstone, "Iran shows video it says is of U.S. drone", *New York Times*, 9 de dezembro de 2011; "Insurgents hack U.S. drones", *Wall Street Journal*, 17 de dezembro de 2009; "Iran 'building copy of captured US drone' RQ-170 Sentinel", BBC, 22 de abril de 2012.

106 **Mais de 50 países**
David Wood, "American drones ignite new arms race from Gaza to Iran to China", *Huffington Post*, 27 de novembro de 2012, http://www.huffingtonpost.com/2012/11/27/american-drones_n_2199193.html.

106 direito de abrir fogo quando ameaçados
Ibid.

107 desconfiam da consistência das bases do desenvolvimento social, político e econômico
Walt, "The end of the American era"; Thair Shaikh, "When will China become a global superpower?", CNN, 10 de junho de 2011, http://www.cnn.com/2011/WORLD/asiapcf/06/10/china.military.superpower/index.html.

107 segundo os especialistas, por conta de fatores como a falta de liberdade de expressão
Walt, "The end of the American era"; Kagan, "Not fade away", 11 de janeiro de 2012; Martin Feldstein, "China's biggest problems are political, not economic", *Wall Street Journal*, 2 de agosto de 2012; Frank Rich, "Mayberry R.I.P.", *New York Times*, 22 de julho de 2012.

107 concentração do poder autocrático em Pequim
Ibid.

107 elevados níveis de corrupção no sistema político e econômico
Feldstein, "China's biggest problems are political, not economic".

107 cerca de 64 milhões de moradias vazias no país
"Crisis in China: 64 million empty apartments", *Asia News*, 15 de setembro de 2010, http://www.asianews.it/news-en/Crisis-in-China:-64-million-empty-apartments-19459.html.

107 turbinas eólicas construídas na China não estão ligadas à rede de eletricidade
"Weaknesses in chinese wind power", *Forbes*, 20 de julho de 2009.

107 o maior movimento de migração interna de sua história
"The largest migration in history", *Economist*, 24 de fevereiro de 2012.

107 "180 mil protestos, tumultos e outros incidentes de massa"
Tom Orlik, "Unrest grows as economy booms", *Wall Street Journal*, 26 de setembro de 2011.

107 quatro vezes superior ao apresentado em 2000
Ibid.

107 provável consequência da desigualdade econômica
Feldstein, "China's biggest problems are political, not economic"; Wendy Dobson, *Gravity shift: how Asia's new economic powerhouses will shape the twenty-first century* (Toronto: University of Toronto Press, 2009).

107 condições ambientais intoleráveis
Dobson, Gravity Shift.

107 autoridades locais e regionais
Orlik, "Unrest grows as economy booms".

107 nos últimos dois anos os salários cresceram de forma significativa
David Leonhardt, "In China, cultivating the urge to splurge", *New York Times Magazine*, 28 de novembro de 2010.

108 fontes distintas da natureza participativa do sistema ocidental
Daniel Bell, "Real meaning of the rot at the top of China", *Financial Times*, 23 de abril de 2012.

108 "princípio fundamental do pensamento de Mao Tsé-tung?"
Deng Xiaoping, "Speech at the All-Army Conference on political work: June 2, 1978", *Selected Works of Deng Xiaoping*, vol. 2 (Pequim: Foreign Languages Press, 1984), p. 132.

109 lobbies das empresas, participam das sessões de trabalho legislativo
Laura Sullivan, "Shaping state laws with little scrutiny," NPR, 29 de outubro de 2010, http://www.npr.org/2010/10/29/130891396/shaping-state-laws-with-little-scrutiny; Mike McIntire, "Conservative nonprofit acts as a stealth business lobbyist", *New York Times*, 22 de abril de 2012.

109 pôr sua assinatura em leis
Sullivan, "Shaping state laws with little scrutiny"; McIntire, "Conservative nonprofit acts as a stealth business lobbyist"; John Cassidy, "America's class war", blog *New Yorker*, 8 de junho de 2012, http://www.newyorker.com/online/blogs/comment/2012/06/wisconsin-scott-walker-class-war.html.

110 A mais longeva das corporações foi criada na Suécia em 1347
"Sweden: the oldest corporation in the world", *Time*, 15 de março de 1963.

110 não tenha sido comum até o século 17, quando a Holanda
"The taste of adventure", *Economist*, 17 de dezembro de 1998.

110 Inglaterra
Joel Bakan, *The corporation* (Nova York: Free Press, 2004), p. 6.

110 escândalo da South Sea Company
Ibid., p. 7.

110 Inglaterra baniu as corporações em 1720
Ibid., p. 6.

110 decisão só revogada em 1825
Ibid., p. 9.

110 fins civis e de caridade, mas apenas por períodos limitados de tempo
Justin Fox, "What the Founding Fathers really thought about corporations", *Harvard Business Review*, 1º de abril de 2010, http://blogs.hbr.org/fox/2010/04/what-the-founding-fathers-real.html.

110 "desafiar as forças do nosso governo e as leis do nosso país"
Thomas Jefferson, "To George Logan", 12 de novembro de 1816.

110 número de corporações quase decuplicou, passando de 33 para 328
Bakan, *The corporation*, p. 9.

110 estado de Nova York promulgou a primeira de muitas leis
Linda Smiddy e Lawrence Cunningham, "Corporations and other business organizations: cases, materials, problems", LexisNexis, 2010, p. 16.

111 cresceu consideravelmente, em consequência da mobilização industrial do norte do país
David C. Korten, *When corporations rule the world* (Bloomfield, CT: Kumarian Press, 1995), http://www.thirdworldtraveler.com/Korten/RiseCorpPower_WCRW.html.

111 volumosos contratos do governo
Ibid.

111 construção de ferrovias
Ibid.

111 o papel corporativo na vida norte-americana ampliou-se rapidamente
Ibid.

111 decisões tomadas no Congresso e nas assembleias legislativas estaduais
Ibid.

111 a vergonhosa eleição de 1876
"Compromise of 1877", History.com, http://www.history.com/topics/compromise-of-1877.

111 o dinheiro e o poder das empresas tiveram papel decisivo
Korten, *When corporations rule the world.*

111 "governo das corporações, pelas corporações e para as corporações"
Ibid.

111 No período entre 1888 e 1908, 700 mil trabalhadores
Ibid.

111 aproximadamente cem vítimas por dia
Ibid.

111 advogados e lobistas tomavam conta do Capitólio e das sedes das assembleias estaduais
Ibid.

111 a Suprema Corte dos Estados Unidos anulou e declarou inválido
Jack Maskell, "Lobbying Congress: an overview of legal provisions and congressional ethics rules", CRS Report for Congress, 14 de setembro de 2011, http://digital.library.unt.edu/ark:/67531/metacrs1903/m1/1/high_res_d/RL31126_2001Sep14.pdf.

111 "todos os efeitos prejudiciais de uma fraude pública"
Ibid.

112 "considerados uma medida da decadência da moral pública"
Lawrence Lessig, *Republic, lost: how money corrupts Congress – and a plan to stop it* (Nova York: Twelve, 2011), p. 101.

112 A então nova Constituição do estado da Geórgia proibia explicitamente a atividade de *lobby* parlamentar
Ibid., p. 101.

112 "nos quais se negociava o preço dos votos, e as leis, feitas sob encomenda"
Matthew Josephson, *The robber barons: the great American capitalist 1861-1901* (New Brunswick, NJ: Transaction, 2010), p. 168.

112 o condado de Santa Clara e a Southern Pacific Railroad Company
Bakan, *The corporation*, p. 16.

112 segundo alguns historiadores elaborado pelo juiz Stephen Fields
Joshua Holland, "The Supreme Court sold out our democracy – how to fight the corporate takeover of elections", *AlterNet*, 25 de outubro de 2010.

112 relator do tribunal, um ex-dirigente de companhia ferroviária
Ibid.

112 "o tribunal não quer ouvir..."
Pamela Karlan, "Me, Inc.", *Boston Review*, julho de 2011.

112 "todos nós julgamos que se aplica"
Santa Clara County v. Southern Pacific, Justia.com, 1886, http://supreme.justia.com/cases/federal/us/118/394/.

112-113 Em 1858, um dos irmãos do juiz Stephen Field, Cyrus Field, instalou o primeiro cabo de comunicação telegráfica transoceânica
"Cyrus W. Field", *Encyclopaedia Britannica*, http://www.britannica.com/EBchecked/topic/206188/Cyrus-W-Field.

113 valeram a indicação de Stephen para a Suprema Corte
Lincoln Institute, "David Dudley Field (1805-1894)", Mr. Lincoln and New York, http://www.mrlincolnandnewyork.org/inside.asp?ID=56&subjectID=3.

113 enviar aos Estados Unidos, em tempo real, notícias sobre os tumultos
Mike Sacks, "Corporate citizenship: how public dissent in Paris sparked creation of the corporate person", *Huffington Post*, 12 de outubro 2011, http://www.huffingtonpost.com/2011/10/12/corporate-citizenship-corporate-personhood-paris-commune_n_1005244.html.

113 foi acompanhado no país com atualizações diárias
Ibid.

113 derrota francesa na Guerra Franco-Prussiana
Alice Bullard, *Human Rights and Revolutions*, ed. Jeffrey N. Wasserstrom, Lynn Hunt e Marilyn B. Young (Oxford: Rowan & Littlefield, 2000), pp. 81-3.

113 primeiro embate simbólico entre comunismo e capitalismo
No *Manifesto comunista*, Marx escreveu que a Revolução Francesa de 1848 teria sido a primeira "luta de classes".

113 "celebrado para sempre como o glorioso anúncio de uma nova sociedade"
Karl Marx, "The fall of Paris", maio de 1871, http://www.marxists.org/archive/marx/works/1871/civil-war-france/ch06.htm.

113 bandeira vermelha e branca gasta e esfarrapada, que tinha sido erguida pelos parisienses
Alistair Horne, *The fall of Paris: the siege and the Commune 1870-71* (Nova York: Penguin Books, 2007), p. 433.

113 seguia com obsessão os relatos diários
Sacks, "Corporate Citizenship".

113 do que a dedicada a qualquer denúncia de corrupção envolvendo o governo norte-americano
John Harland Hicks e Robert Tucker, *Revolution & reaction: the Paris Commune, 1871* (Amherst: University of Massachusetts Press, 1973), p. 60; Jack Beatty, *Age of betrayal: the triumph of money in America, 1865-1900* (Nova York: Vintage Books, 2008), p. 153.

113 posterior à falência de Jay Cooke, investidor e empresário do setor de ferrovias
"The Panic of 1873", *The American experience, Ulysses S. Grant*, PBS, http://www.pbs.org/wgbh/americanexperience/features/general-article/grant-panic/.

114 "oportunidade ou incentivo para espalhar"
"The communists", *New York Times*, 20 de janeiro de 1874.

114 assumiu como missão pessoal o fortalecimento das corporações
Sacks, "Corporate citizenship".

114 Theodore Roosevelt tornou-se inesperadamente o líder do país e, já no ano seguinte
"Domestic Politics", *The American experience, TR*, PBS, http://www.pbs.org/wgbh/americanexperience/features/general-article/tr-domestic/.

114 criou o Departamento de Comércio e Trabalho e, dentro dele
Ibid.

114 dissolver a Northern Securities Corporation, pertencente ao J. P. Morgan
Ibid.

114 112 empresas, com valor combinado estimado em US$ 571 bilhões
Korten, When corporations rule the world, p. 67.

114 "...o dobro da soma de todas as propriedades de 13 estados..."
Ibid.

114 foram lançadas mais de 40 iniciativas antitruste
"Domestic Politics", PBS.

114 proteção para mais de 230 milhões de hectares de terra
Ibid.

115 ganhava o prêmio Nobel da paz
Os historiadores hoje acreditam que, embora tenha sido de fato essencial para a intermediação de um acordo efetivo, Roosevelt não atuou com neutralidade, inclinando-se fortemente para o lado japonês. Ver James Bradley em "Diplomacy that will live in infamy", *New York Times*, 6 de dezembro de 2009.

115 "sábia medida" de exercer apenas dois mandatos
Edmund Morris, *Theodore Rex* (Nova York: Random House, 2002), p. 364.

115 William Howard Taft, no entanto, abandonou muitas das reformas iniciadas por ele
"American president: William Howard Taft", Miller Center, University of Virginia, http://millercenter.org/president/taft/essays/biography/1.

115 "...corrompem os homens e os mecanismos de governo em benefício próprio".
Theodore Roosevelt, "The new nationalism", 31 de agosto de 1910, http://www.pbs.org/wgbh/americanexperience/features/primary-resources/tr-nationalism/.

115 "garantir privilégios que não merecem"
Lessig, *Republic, Lost*, p. 4.

115 "distorcem as práticas de um governo isento"
Ibid., p. 5. Theodore Roosevelt, "From the archives: president Teddy Roosevelt's new nationalism speech", 31 de agosto de 2010, http://www.whitehouse.gov/blog/2011/12/06/archives-president-teddy-roosevelts-new-nationalism-speech.

115 proibissem o uso de recursos corporativos
Roosevelt, "From the archives: president Teddy Roosevelt's new nationalism speech".

115 "não garante direito de voto a empresa alguma"
Ibid.

116 administração de Warren Harding, marcada por casos de corrupção
Senado dos Estados Unidos, "1921-1940: Senate investigates the 'Teapot Dome' scandal", http://www.senate.gov/artandhistory/history/minute/Senate_Investigates_the_Teapot_Dome_Scandal.htm.

116 "uma ameaça ao bem-estar nacional"
Jeffrey Rosen, "Potus v. Scotus", *New York Times*, 17 de março de 2010.

116 Não existe consenso entre os historiadores, mas muitos acreditam que a ação de Roosevelt tenha sido decisiva
"Presidential politics", *American experience, FDR*, PBS, http://www.pbs.org/wgbh/americanexperience/features/general-article/fdr-presidential/.

116 passou a aprovar a maioria das propostas
Ibid.

116 **querem reinstaurar a filosofia pré-New Deal nas decisões da justiça norte-americana**
Jeffrey Rosen, "Second opinions", *New Republic*, 4 de maio de 2012.

117 **Powell, advogado de Richmond**
Jim Hoggan, "40th anniversary of the Lewis Powell memo launching corporate propaganda infrastructure", DeSmogBlog, 23 de agosto de 2011, http://www.desmogblog.com/40th-anniversary-lewis-powell-memo-launching-corporate-propaganda-infrastructure; John Jeffries, *Justice Lewis F. Powell, Jr.: a biography* (Nova York: Fordham University Press, 2001), p. 4.

117 **das assembleias estaduais e do sistema judiciário, com vistas a**
Lewis F. Powell, "The Powell Memo", 23 de agosto de 1971, http://reclaimdemocracy.org/powell_memo_lewis/.

117 **"discurso corporativo", segundo ele um aspecto a ser protegido pela primeira emenda à Constituição**
Jeffrey Clements, "The real history of 'Corporate Personhood': meet the man to blame for corporations having more rights than you", *AlterNet*, 6 de dezembro de 2011.

118 **argumento de que violavam a liberdade de expressão das "pessoas jurídicas"**
Ibid.

118 **receita superior aos PIBs de muitos países**
Vincent Trivett, "25 US mega corporations: where they rank if they were countries", *Business Insider*, 27 de junho de 2011, http://www.businessinsider.com/25-corporations-bigger-tan-countries-2011-6?op=1.

119 **"Não sou uma companhia dos Estados Unidos e não tomo decisões baseado no que é bom para os Estados Unidos"**
Steve Coll, *Private empire: ExxonMobil and American power* (Nova York: Penguin Press, 2012), p. 71.

119 **"...depender cada vez menos da aprovação dos governos"**
Bakan, *The corporation*, p. 25.

119 **"Ninguém diz para esses caras o que eles têm de fazer"**
Coll, *Private empire*, p. 257.

119 **o número de comitês de ação política corporativa explodiu**
Federal Election Commission, "The growth of political action committees, 1974-1998", http://www.voteview.com/Growth_of_PACs_by_Type.htm.

119 **o total de empresas com lobistas registrados**
Jacob S. Hacker e Paul Pierson, *Winner take all politics: how Washington made the rich richer – and turned its back on the middle class* (Nova York: Simon & Schuster, 2011), p. 118.

119-120 **passou de US$ 100 milhões para US$ 3,5 bilhões por ano**
Robert G. Kaiser, "Citizen K Street: introduction", *Washington Post*, março de 2007, http://blog.washingtonpost.com/citizen-k-street/chapters/introduction/; Bennett Roth e Alex Knott, "Lobby dollars dip for first time in years", Roll Call, 1º de fevereiro de 2011.

120 **liderança das despesas com *lobby***
Roth e Knott, "Lobby dollars dip for first time in years".

120 **superior a todos os valores alocados para a atividade na época em que o chamado Powell Plan foi concebido**
Kaiser, "Citizen K Street: introduction".

120 apenas 3% dos congressistas que se aposentavam
Lessig, *Republic, Lost*, p. 123.

120 mais de 50% dos senadores e de 40% dos deputados que deixam suas respectivas casas legislativas
Ibid.

120 "uma guerra ideológica"
Powell, "The Powell Memo".

120 deter a inclinação do governo para o lado progressista
Timothy Noah, "Think cranks", *New Republic*, 30 de março de 2012.

120 de modo a causar o máximo impacto possível
Ibid.

120 Lynde and Harry Bradley Foundation
Ibid.

120 Adolph Coors Foundation
David Brock, *The republican noise machine: right-wing media and how it corrupts democracy* (Nova York: Random House, 2005), p. 43.

120 "...as empresas estejam dispostas a fornecer os recursos para isso".
Powell, "The Powell Memo".

121 seminários de instrução legal organizados por corporações
Eric Lichtblau, "Advocacy group says justices may have conflict in campaign finance case", *New York Times*, 19 de janeiro de 2011.

122 funções básicas até então sob a incumbência de governos democraticamente eleitos
Emily Thornton, "Roads to riches", *BusinessWeek*, 6 de maio de 2007; Jonathan Hoenig, "Opportunities in infrastructure: should we privatize bridges and roads?", Fox News, 5 de agosto de 2007, http://www.foxnews.com/story/0,2933,253438,00.html.

123 maior desigualdade de renda e a taxa de pobreza mais elevada
James Gustave Speth, "America the possible: a manifesto, part I", *Orion*, março/abril de 2012.

123 pior índice de "bem-estar material das crianças"
Ibid.

123 maiores taxas de pobreza infantil
Ibid.

123 e de mortalidade na infância
Ibid.

123 a maior população carcerária e a maior taxa de homicídios
Ibid.

123 a maior porcentagem de cidadãos incapazes de bancar os serviços de atendimento médico-hospitalar
Ibid.

124 "...devem ser controladas da mesma forma que os livros"
Powell, "The Powell Memo".

124 "uma oportunidade para os defensores do sistema americano"
Ibid.

125 **"a maltratar e a oprimir uns aos outros do que a cooperar para o bem comum"**
James Madison, Federalist nº 10, "The same subject continued: the Union as a safeguard against domestic faction and insurrection", 23 de novembro de 1787, http://thomas.loc.gov/home/histdox/fed_10.html.

126 **"paixões hostis e animar os conflitos mais violentos"**
Ibid.

126 **"a distribuição desigual e diferente da propriedade"**
Ibid.

126 **das propriedades e da renda nunca foi tão grande nos Estados Unidos**
Timothy Noah, "Introducing the great divergence", *Slate*, 3 de setembro de 2010.

126 **entre os relativamente mais tolerantes e os relativamente menos tolerantes diante da desigualdade**
Jonathan Haidt, "Born this way? Nature, nurture, narratives, and the making of our political personalities", *Reason*, maio de 2012.

126 **valorizam a liberdade e a justiça, mas compreendem esses conceitos de forma diferente**
Ibid.

126 **reforçadas pelos estímulos sociais**
Ibid.; Sasha Issenberg, "Born this way: the new weird science of hardwired political identity", *New York*, 16 de abril de 2012.

127 **os termos que mais despertam o sentimento de indignação**
Frank Luntz, *Words that work: it's not what you say, it's what people hear* (Nova York: Hyperion, 2006), p. 165.

127 **estratégia conhecida como *starve the beast***
Bruce Bartlett, "'Starve the beast': origins and development of a budgetary metaphor", *Independent Review*, verão de 2007.

128 **em 2013 a dívida pública chegará a 70% do PIB**
Congressional Budget Office, "The 2012 long-term budget outlook", http://www.cbo.gov/sites/default/files/cbofiles/attachments/06-05-Long-Term_Budget_Outlook.pdf.

128 **ou poderá ultrapassá-lo, caso o cálculo considere o dinheiro que o governo deve para ele mesmo**
Agence France-Presse, "US borrowing tops 100% of GDP: treasury", 3 de agosto de 2011; Matt Phillips, "The U.S. debt load: big and cheap", *Wall Street Journal*, 25 de julho de 2012.

128 **não ter gerado efeito perceptível na demanda dos papéis**
Tim Mullaney, "A year after downgrade, S&P's view on Washington unchanged", *USA Today*, 7 de agosto de 2012.

128 **acrescentaria cerca de US$ 1 trilhão nos pagamentos a serem feitos na próxima década**
Jeanne Sahadi, "Washington's $5 trillion interest bill", CNN Money, 12 de março de 2012, http://money.cnn.com/2012/03/05/news/economy/national-debt-interest/index.htm.

130 **"a difusão do poder desassociado do governo..."**
Joseph S. Nye, "Cyber war and peace", Project Syndicate, 10 de abril de 2012, http://www.project-syndicate.org/commentary/cyber-war-and-peace.

131 não estavam nem perto das condições fiscais necessárias para reduzir o risco
David Marsh, "The euro's lost promise", *New York Times*, 17 de março de 2010; Sven Boll, "New documents shine light on euro birth defects", *Der Spiegel*, 8 de maio de 2012.

132 durante duas décadas desde a reunificação com a Alemanha Oriental, o que custou cerca de US$ 2,17 trilhões
Katrin Bennhold, "What history can explain about the greek crisis", *New York Times*, 21 de maio de 2012.

132 áreas com diversidade vegetal e especialmente adequadas para o cultivo
Jared Diamond, "What makes countries rich or poor?", *New York Review of Books*, 7 de junho de 2012.

132 na Crescente Fértil e nas proximidades de Creta
Ibid.

132 várias outras partes do mundo, entre elas o México, os Andes e o Havaí
Ibid.

133 propagação de livros e folhetos impressos em idiomas compartilhados estimulou
Benedict Anderson, *Imagined communities* (Nova York: Verso, 2006), pp. 39-48.

133 falantes de dialetos diferentes muitas vezes tinham dificuldade para se comunicar
Ibid.

133 reforçou as identidades nacionais
Ibid.

134 muitas vezes excluindo narrativas que pusessem em questão
Ibid.

134 como a invasão e ocupação da China e da Coreia
"Japan textbook angers chinese, korean press", BBC News, 6 de abril de 2005, http://news.bbc.co.uk/2/hi/asia-pacific/4416593.stm.

134 Google Translate
Franz Och, Google Official Blog, "Breaking down the language barrier – six years in", 26 de abril de 2012, http://googleblog.blogspot.com/2012/04/breaking-down-language-barriersix-years.html.

134 em apenas um dia mais documentos, artigos e livros
Ibid.

134 Estima-se que 75% do total das web pages sejam traduzidas
Correspondência pessoal com Franz Och, do Google.

134 internautas falantes do chinês
Matt Silverman, "China: the world's largest online population", Mashable, 10 de abril de 2012, http://mashable.com/2012/04/10/china-largest-online-population/; David Teegham, "Chinese to be most popular language on the internet", *Discovery News*, 2 de janeiro de 2011, http://news.discovery.com/tech/chinese-to-be-most-popular-language-on-internet.html.

135 poder antes atribuído ao governo nacional
Departamento de Estado dos EUA, "Background note: Belgium", 22 de março de 2012, http://www.state.gov/r/pa/ei/bgn/2874.htm.

135 "assembleia de homens"
Thomas Hobbes, "Of the natural condition of mankind as concerning their felicity and misery", *The Leviathan*, 1651; ibid., "Of the rights of sovereign by institution".

136 **15 séculos atrás, a fronteira entre Sérvia e Croácia servira de divisa entre as partes ocidental e oriental do Império Romano**
"Bosnia and Hercegovina", Lonely Planet, 2008, http://www.lonelyplanet.com/shop_pickandmix/previews/mediterranean-europe-8-bosnia-hercegovina-preview.pdf.

136 **até o disputado território de Kosovo**
Barney Petrovic, "Serbia recalls an epic defeat", *Guardian*, 29 de junho de 1989.

136 **a violência genocida contra bósnios e croatas**
Ibid.

136 **20% de todo o território do planeta, dominando cerca de 150 milhões de pessoas**
"The United States becomes a world power", Digital History, http://www.digitalhistory.uh.edu/disp_textbook_print.cfm?smtid=2&psid=3158; Saul David, "Slavery and the 'Scramble for Africa'", BBC, 17 de fevereiro de 2011, http://www.bbc.co.uk/history/british/abolition/scramble_for_africa_article_01.shtml.

137 **19 dos 43 grupos terroristas conhecidos**
Tenente-coronel David A. Haupt, U.S. Air Force, "Narco-terrorism: an increasing threat to U.S. national security", Joint Forces Staff College, Joint Advanced Warfighting School, 2009.

137 **maior do que as economias de 163 das 184 nações**
Ibid.

137 **Centenas de milhares de pessoas morreram, US$ 3 trilhões foram desperdiçados**
Joseph E. Stiglitz e Linda J. Bilmes, *The three trillion dollar war: the true cost of the Iraq conflict* (Nova York: Norton, 2008).

138 **relação entre o tempo que as pessoas assistem à televisão e a queda no apoio ao fundamentalismo**
Mansoor Moaddel e Stuart A. Karabenick, "Religious fundamentalism among young muslims in Egypt and Saudi Arabia", *Social Forces* 86, nº 4 (junho de 2008).

138 **Os filmes e programas de TV produzidos pela Turquia**
Thomas Seibert, "Turkey has a star role in more than just TV drama", *National*, 8 de fevereiro de 2012.

139 **declínio na quantidade de mortes em guerras**
Joshua S. Goldstein, *Winning the war on war: the decline of armed conflict worldwide* (Nova York: Dutton/Penguin, 2011), pp. 5-6.

139 **redução do número de conflitos de todas as categorias**
Ibid.

139 **"arbitragem do direito internacional"**
Boletim da União Panamericana 38, nº 244-9 (1914), p. 79.

139 **apesar da superioridade do armamento convencional e nuclear norte-americano**
Richard Clarke, "China's cyberassault on America", *Wall Street Journal*, 15 de junho de 2011.

141 **supera qualquer outro programa de estado, com exceção do Social Security**
John Mueller, "Think again: nuclear weapons", *Foreign Policy* nº 177 (janeiro/fevereiro de 2010); Peter Passell, "The flimsy accounting in nuclear weapons decisions", *New York Times*, 9 de julho de 1998.

142 **Em 2009, o presidente norte-americano Barack Obama condenou tal situação**
"A treaty on conventional arms", editorial, *New York Times*, 9 de julho de 2012.

142 acabam sendo comercializados no mercado negro
C. J. Chivers, "Small arms, big problems", *Foreign Affairs* 90, nº 1 (janeiro/fevereiro de 2011): 110-21; Richard F. Grimmett, Congressional Research Service, "Conventional arms transfers to developing nations, 2003-2010", 22 de setembro de 2011, http://fpc.state.gov/documents/organization/174196.pdf.

142 advertira os Estados Unidos sobre o "complexo industrial militar"
Sam Roberts, "In archive, new light on evolution of Eisenhower speech", *New York Times*, 11 de dezembro de 2010.

142 mais de metade dos armamentos militares (52,7% em 2010) vendidos no mundo seja de origem norte-americana
Grimmett, "Conventional arms transfers to developing nations, 2003-2010".

142 países com potencial para construir bombas nucleares
Polly M. Holdorf, "Limited nuclear war in the 21st century", Center for Strategic and International Studies, 2010, http://csis.org/ files/publication/110916_Holdorf.pdf.

142 podem resultar em uma ameaça intercontinental
Graham Allison, "Nuclear disorder", *Foreign Affairs* 89, nº 1 (janeiro/fevereiro de 2010): 74-85.

143 pode comercializar também os componentes de armas nucleares
William J. Broad, James Glanz e David E. Sanger, "Iran fortifies its arsenal with the aid of North Korea", *New York Times*, 29 de novembro de 2010.

143 "correlação entre os altos níveis de desenvolvimento e a democracia estável"
Francis Fukuyama, "The future of history: can liberal democracy survive the decline of the middle class?", *Foreign Affairs* 91, nº 1 (janeiro/fevereiro de 2012).

143 Até 2030, serão quase 5 bilhões de integrantes
European Strategy and Policy Analysis System, *Global trends 2030 – citizens in an interconnected and polycentric world*, http://www.iss.europa.eu/uploads/media/ESPAS_report_01.pdf.

144 "direitos sociais e econômicos e, cada vez mais, para as questões ambientais"
Ibid.

CAPÍTULO 4: CONSEQUÊNCIAS

149 "a distribuição individual da renda" ou "uma variedade de custos que precisam ser considerados"
Simon Kuznets, *National Income 1929-1932*, relato ao Senado dos Estados Unidos, 73º congresso, 2ª sessão (Washington, DC: U.S. Government Printing Office, 1934), pp. 5-6.

149 3 bilhões de pessoas até 2030
Homi Kharas, OECD Development Center, "The emerging middle class in developing Countries", janeiro de 2010, www.oecd.org/dataoecd/54/62/44798225.pdf.

149 os padrões vigentes nos países ricos
Ibid.

150 supera o ritmo de crescimento da população do planeta
Jeremy Grantham, "Time to wake up: days of abundant resources and falling prices are over forever", *GMO Quarterly Letter*, abril de 2011.

150 "... oferecidos pelas artes e ofícios para ser impedidos de usufruir deles"
"Letter from Thomas Jefferson to George Washington, 15 March 1784", Library of Virginia, http://www.lva virginia.gov/lib-edu/education/psd/nation/gwtj.htm.

150 sensação de felicidade ou de bem-estar das pessoas
Institute for Studies in Happiness, Economy and Society, entrevista com Lester Brown, 7 de novembro de 2011, http://ishesorg/en/interview/itv02_01html.

150 elevação do consumo deixa de ter efeito para ampliar o sentimento de bem-estar
Daniel Kahneman e Angus Deaton, "High income improves evaluation of life but not emotional well-being", *Proceedings of the National Academy of Sciences*, 7 de setembro de 2010, http://www.pnas.org/content/early/2010/08/27/1011492107. abstract.

150 "'ponto de virada' em escala planetária"
Anthony Barnosky *et al.*, "Approaching a state shift in Earth's biosphere", *Nature*, 7 de junho de 2012.

150 "Ou esvaziamos essa bolha com cuidado ou vai haver uma explosão"
Justin Gillis, "Are we nearing a planetary boundary?", *New York Times*, Green blog, 6 de junho de 2012, http://green.blogs.nytimes.com/2012/06/06/are-we-nearing-a-planetary-boundary/.

151 recordes históricos em 2008 e 2011
Organização das Nações Unidas para Alimentação e Agricultura (FAO), "FAO initiative on soaring food prices", http://www.fao.org/isfp/en/; Annie Lowrey, "Experts issue a warning as food prices shoot up", *New York Times*, 4 de setembro de 2012.

151 manifestações políticas em vários países
Jack Farchy e Gregory Meyer, "World braced for new food crisis", *Financial Times*, 19 de julho de 2012; Evan Fraser e Andrew Rimas, "The psychology of food riots", *Foreign Affairs*, 30 de janeiro de 2011.

151 norte da China, na Índia e no oeste dos Estados Unidos
Li Jiao, "Water shortages loom as Northern China's aquifers are sucked dry", *Science*, 18 de junho de 2010; "Groundwater depletion rate accelerating worldwide", *ScienceDaily*, 23 de setembro de 2010, http://www.sciencedaily.com/releases/2010/09/100923142503.htm.

151 países onde vive metade da população do planeta
Lester Brown, Earth Policy Institute, *Plan B 3.0: mobilizing to save civilization* (Nova York: Norton, 2008), http://www.earth-policy.org/images/uploads/book_files/pb3book.pdf.

151 perda da fertilidade do solo comprometem a agricultura em importantes regiões produtoras de alimentos
John Vidal, "Soil erosion threatens to leave Earth hungry", *Guardian*, 14 de dezembro de 2010.

151 Desde 2002, os preços de quase todas as *commodities* da economia global aumentaram de forma simultânea
Grantham, "Time to wake up".

151 aumentos mais agudos do que os registrados, por exemplo, nos períodos das guerras mundiais
Ibid.

152 **risco de em breve chegarmos ao "pico de tudo"**
Ibid.

152 **taxas de crescimento pelo menos três vezes mais altas do que as verificadas no mundo industrializado**
Ibid.

152 **quase metade do minério de ferro, do carvão, do aço e do chumbo, e cerca de 40%**
Ibid.; Scott Neuman, "World starts to worry as Chinese economy hiccups", NPR News, 2 de dezembro de 2011, http://www.npr.org/2011/12/02/143048898/world-starts-to-worry-as-chinese-economy-hiccups; apresentação de Robert Zoellick, World Bank Spring Meetings 2012, http://siteresources.worldbank.org/NEWS/Resources/RBZ-SM12-for-Print-FINAL.pdf.

152 **saem de fábricas chinesas**
Charles Riley, "Obama hits China with trade complaint", CNN Money, 17 de setembro de 2012, http://money.cnn.com/2012/09/17/news/economy/obama-china-trade-autos/index.html.

152 **mais veículos na China do que no país de origem**
Alisa Priddle, "GM's big plans for China includes more Cadillac models", *USA Today*, 25 de abril de 2012.

152 **de 250 milhões para cerca de 1 bilhão em 2013**
"One billion vehicles now cruise the planet", *Discovery News*, 18 de agosto de 2011, http://news.discovery.com/autos/one-billion-cars-cruise-planet-110818.html.

152 **deve dobrar nos próximos 30 anos**
Exxon-Mobil, "The outlook for energy: a view to 2040", 2012, http://www.exxonmobil.com/Corporate/files/news_pub_eo.pdf.

152 **"todo o crescimento líquido"**
International Energy Agency, "World energy outlook", 2011.

152 **pode estar em queda ou, em alguns casos, ter atingido o pico**
Ver, por exemplo, os releases de imprensa da U.S. Energy Information Administration intitulados "EIA examines alternate scenarios for the future of U.S. energy", 25 de junho de 2012, http://www.eia.gov/pressroom/releases/press361.cfm, e "U.S. energy-related carbon dioxide emissions, 2011", 14 de agosto de 2012, http://www.eia.gov/environment/emissions/carbon/.

152 **a frota mundial teria 5,5 bilhões de veículos**
Justin Lahart, "What if the rest of world had as many cars as U.S.?", blog do *Wall Street*, 12 de novembro de 2011, http://blogs.wsj.com/economics/2011/11/12/number-of-the-week-what-if-rest-of-world-had-as-many-cars-as-u-s/.

153 **a produção nacional norte-americana e estimou que irreversivelmente ocorreria um pico no início dos anos 1970**
Ronald D. White e Tiffany Hsu, "U.S. to become world's largest oil producer by 2020, report says", *Los Angeles Times*, 13 de novembro de 2012.

153 **a Organização dos Países Exportadores de Petróleo (Opep) começou a se organizar e (...) seus países-membros anunciaram o primeiro embargo do petróleo**
Departamento de Estado dos Estados Unidos, Office of the Historian, "O153 oil embargo, 1973-1974", 2012, http://history.state.gov/milestones/1969-1976/OPEC.

153 na China e em outros mercados emergentes anunciam aumentos ainda mais significativos
International Energy Agency, Key World Energy Statistics, 2011, http://www.iea.org/publications/freepublications/publication/key_world_energy_stats-1.pdf.

153 importações dessa *commodity* pela China cresceram
Kevin Jianjun Tu, Carnegie Endowment for International Peace Policy Outlook, "Understanding China's rising coal imports", fevereiro de 2012.

153 dobrar mais uma vez até 2015
Rebekah Kebede e Michael Taylor, "China coal imports to double in 2015, India close behind", Reuters, 30 de maio de 2011.

153 o aumento global líquido no consumo de carvão nas próximas duas décadas
International Energy Agency, "World energy outlook", 2011.

153-154 explorar depósitos de gás de xisto descobertos mais recentemente
Chrystia Freeland, "The coming oil boom", *New York Times*, 9 de agosto de 2012.

154 Com os atuais níveis de crescimento
International Energy Agency, "World energy outlook", 2011.

154 parece ter atingido seu pico produtivo há mais de 30 anos
Grantham, "Time to wake up".

154 deveu a fontes convencionais terrestres mais onerosas e, especialmente, a algumas situadas em alto-mar
Ibid.

154 ambientalmente frágil região do oceano Ártico
Guy Chazan, "Total warns against oil drilling in Arctic", *Financial Times*, 25 de setembro de 2012.

154 petróleo muito mais caro do que aquele pelo qual o mundo está acostumado a pagar
Jeff Rubin, "How high oil prices will permanently cap economic growth", Bloomberg View, 23 de setembro de 2012, http://www.bloomberg.com/news/2012-09-23/how-high-oil-prices-will-permanently-cap-economic-growth.html; Bryan Walsh, "There will be oil – and that's the problem", *Time*, 29 de março de 2012.

154 gás metano, que correspondem a 90% dos custos dos fertilizantes
Maria Blanco, Agronomos Etsia Upm, "Supply of and access to key nutrients NPK for fertilizers for feeding the world in 2050", 28 de novembro de 2011, http://eusoils.jrc.ec.europa.eu/projects/NPK/Documents/Madrid_NPK_supply_report_FINAL_Blanco.pdf, p. 26.

154 "mais do que uma caloria de energia de combustível fóssil para produzir uma caloria de alimento"
Michael Pollan, *The omnivore's dilemma: a natural history of four meals* (Nova York: Penguin, 2006), p. 46.

155 despesas com comida consomem de 50% a 70% da renda
Lester Brown, *Full planet, empty plates: the new geopolitics of food scarcity* (Nova York: Norton, 2012), cap. 1, http://www.energybulletin.net/stories/2012-09-17/full-planet-empty-plates-new-geopolitics-food-scarcity-new-book-chapter.

155 diminui em 6% a produtividade de grãos
Jims Vincent Capuno, "Soil erosion: the country's unseen enemy", Edge Davao, 11 de julho de 2011, http://www.edgedavao.net/index.php?option=com_content&view=article&id=4801:soil-erosion-the-countrys-unseen-enemy&catid=51:on-

the-cover&Itemid=83; Lester Brown, *Eco-economy: building an economy for the Earth* (Nova York: Norton, 2001), cap. 3, http://www.earth-policy.org/books/eco/eech3_ss5.

155 diminuição de 50% de matéria orgânica da terra reduz em 25%
Vidal, "Soil erosion threatens to leave Earth hungry".

155 Aumento da desertificação das áreas de pasto
Judith Schwartz, "Saving US grasslands: a bid to turn back the clock on desertification", *Christian Science Monitor*, 24 de outubro de 2011.

155 demanda adicional de 45% de água
"No easy fix: simply using more of everything to produce more food will not work", *Economist*, 24 de fevereiro de 2011.

155 de 3,5% ao ano há três décadas para pouco mais de 1%
Grantham, "Time to wake up".

155 três quartos da diversidade já se perderam
Organização das Nações Unidas para Alimentação e Agricultura (FAO), "Building on gender, agrobiodiversity and local knowledge", 2004, ftp://ftp.fao.org/docrep/fao/007/y5609e/ y5609e00.pdf.

155 "alguma forma de proibição nas exportações, em um esforço para aumentar a segurança alimentar nacional"
Toni Johnson, Council on Foreign Relations, "Food price volatility and insecurity", 9 de agosto de 2011, http://www.cfr.org/food-security/food-price-volatility-insecurity/p16662.

155 precipitações menos frequentes, porém mais intensas
Kevin Trenberth, "Changes in precipitation with climate change", *Climate Research* 47 (2010), pp. 123-38.

156 deve reduzir em 10% a produtividade das plantações
Wolfram Schlenker e Michael Roberts, "Nonlinear temperature effects indicate severe damages to U.S. crop yields under climate change", *Proceedings of the National Academy of Sciences* 106, nº 37 (outubro de 2008), pp. 15.594-8.

156 disseminação da preferência pelo consumo de carne
Johnson, "Food price volatility and insecurity".

156 mais área cultivável por culturas voltadas para a produção de biocombustível
Ibid.

156 Conversão de áreas rurais em periferias de grandes centros
Lester Brown, *Plan B 4.0: mobilizing to save civilization* (Nova York: Norton, 2009), http://www.earth-policy.org/images/uploads/book_files/pb4book.pdf.

156 com 67% da população com idade inferior a 24 anos
John Ishiyama *et al.*, "Environmental degradation and genocide, 1958-2007", *Ethnopolitics* 11 (2012), pp. 141-58.

156 "se não formos capazes de buscar soluções por meio de nossas próprias ações"
Jared Diamond, "Malthus in Africa, Rwanda's genocide", cap. 10 *in Collapse: how societies choose to fail or succeed* (Nova York: Viking, 2005).

156 cheguem a seus limites
"Groundwater depletion rate accelerating worldwide", *ScienceDaily*, 23 de setembro de 2010, http://www.sciencedaily.com/releases/2010/09/100923142503.htm.

156 **"Quando o problema explodir, uma anarquia sem precedentes..."**
Fred Pearce, "Asian farmers sucking the continent dry", *New Scientist*, agosto de 2004.

157 **na capital do país, Sana, só acontece em um a cada quatro dias**
Lester Brown, "This will be the Arab world's next battle", *Guardian*, 22 de abril de 2011.

157 **nas últimas quatro décadas as colheitas de grãos diminuíram mais de 30%**
Ibid.

157 **"um caso perdido" no que se refere a recursos hídricos**
Ibid.

157 **tendemos a subestimar demais as consequências futuras das escolhas feitas hoje**
David Laibson, "Golden eggs and hyperbolic discounting", *Quarterly Journal of Economics* 112 (maio de 1997), pp. 443-78.

157 **Mais de 95% dos futuros nascimentos ocorrerão em países em desenvolvimento**
Departamento de Assuntos Econômicos e Sociais das Nações Unidas, "World population prospects: the 2010 revision", 2011, http://esa.un.org/wpp/Documentation/pdf/WPP2010_Highlights.pdf.

157 **aumento líquido da população mundial deve acontecer nas cidades**
Departamento de Assuntos Econômicos e Sociais das Nações Unidas, "World urbanization prospects: the 2011 revision", março de 2012, http://esa.un.org/unpd/wup/pdf/WUP2011_Highlights.pdf.

157 **população planetária verificada no início da década de 1990**
Ibid.; U.S. Census Bureau, "Total midyear population for the world: 1950-2050", http://www.census.gov/population/international/data/worldpop/table_population.php.

157-158 **Nos últimos 40 anos, o número de residentes das megacidades já aumentou dez vezes**
Departamento de Assuntos Econômicos e Sociais das Nações Unidas, "World urbanization prospects: the 2011 revision".

158 **a população rural se manteve estagnada, e a expectativa é de que comece a diminuir**
Ibid.

158 **população que vivia em centros urbanos não ultrapassava os 10% ou 12%**
Susan Thomas, "Urbanization as a driver of change", *Arup Journal*, 2008.

158 **no início do século 20 seus habitantes ainda totalizavam 13% do total**
Sukkoo Kim, "Urbanization", *The New Palgrave Dictionary of Economics* (Nova York: Palgrave Macmillan, 2008); Thomas, "Urbanization as a driver of change".

158 **pela primeira vez, os centros urbanos passaram a concentrar mais da metade dos moradores do planeta**
Departamento de Assuntos Econômicos e Sociais das Nações Unidas, "World urbanization prospects: the 2011 revision".

158 **no caso dos países menos desenvolvidos, essa parcela deve ser de 64%**
Ibid.

158 **Em 2013, essa é a realidade de mais de 23 cidades**
Ibid.

158 **Por volta de 2025, prevê-se que o planeta comporte 37 megacidades**
Ibid.

158 com projeção de crescimento de 175% entre 2000 e 2030
Fundo de População das Nações Unidas, *State of world population 2007: unleashing the potential of urban growth*, http://www.unfpa.org/swp/2007/english/introduction.html.

158 dos atuais 11 milhões de habitantes para quase 19 milhões em 2025
Departamento de Assuntos Econômicos e Sociais das Nações Unidas, "World urbanization prospects: the 2011 revision".

158 deve abrigar quase 33 milhões de pessoas em 2025
Ibid.

158 Por volta de 2050, quase 70% da população mundial estará fixada nas cidades
Ibid.

159 em geral, um em cada três habitantes das cidades
A maioria de nós tem uma imagem do que é uma "favela", mas, na verdade, as favelas têm diferentes formas e tamanhos. O que elas apresentam em comum, segundo definição da Organização das Nações Unidas, é a "falta de pelo menos uma das condições básicas de moradia digna: saneamento básico, abastecimento adequado de água, habitação durável ou espaço adequado para se viver". UNFPA, *State of world population 2007: unleashing the potential of urban growth.*

159 2 bilhões nos próximos 17 anos
Ben Sutherland, "Slum dwellers 'to top 2 billion'", BBC, 20 de junho de 2006, http://news.bbc.co.uk/2/hi/in_depth/5099038.stm.

159 cresce em proporção maior do que a taxa de expansão urbana geral
Departamento de Assuntos Econômicos e Sociais (Desa) das Nações Unidas, World population monitoring: focusing on population distribution, urbanization, internal migration, and development, 2009.

159 Em especial nos países em desenvolvimento
David Satterthwaite *et al.*, "Urbanization and its implications for food and farming", Philosophical Transactions of the Royal Society B 365, nº 1554 (2010), pp. 2809-20.

159 para a classe média, em especial na Ásia
European Strategy and Policy Analysis System (Espas), *Global trends 2030 – citizens in an interconnected and polycentric world*, http://www.iss.europa.eu/uploads/media/ESPAS_report_01.pdf.

159 a grande maioria desses crescentes setores médios vive em cidades
Ibid., p. 19.

159 Nos centros urbanos concentram-se mais de 80% da produção global
Richard Dobbs, Jaana Remes e Charles Roxburgh, "Boomtown 2025: a special report", *Foreign Policy*, 24 de março de 2011.

159 nitidamente mais altas do que nas regiões rurais
David Owen, *Green metropolis: why living smaller, living closer, and driving less are the keys to sustainability* (Nova York: Riverhead Trade, 2010); Qi Jingmei, "Urbanization helps consumption", *China Daily*, 15 de dezembro de 2009.

159 o consumo *per capita* de carne
Organização das Nações Unidas para Alimentação e Agricultura (FAO), "Livestock in the balance", The State of Food and Agriculture 2009.

159 gastam-se 9 quilos de proteína vegetal
"Mankind benefits from eating less meat", PhysOrg, 6 de abril de 2006, http://phys.org/news63547941.html.

159 mais de 900 milhões de pessoas
Organização das Nações Unidas, Millennium Development Goals Report 2011.

160 cerca de 9 quilos nos últimos 40 anos
Claudia Dreifus, "A mathematical challenge to obesity", *New York Times*, 14 de maio de 2012.

160 metade da população adulta do país será obesa em 2030, sendo um quarto desse grupo acometido por obesidade mórbida
Eric Finkelstein *et al.*, "Obesity and severe obesity forecasts through 2030", *American Journal of Preventive Medicine*, junho de 2012; "Most americans may be obese by 2030, report warns", ABC News, 18 de setembro de 2012; "Fat and getting fatter: U.S. obesity rates to soar by 2030", Reuters, 18 de setembro de 2012.

160 reduzir, de forma lenta porém constante, o número de pessoas em situação de fome crônica
Organização das Nações Unidas, Millennium Development Goals Report 2011.

160 a obesidade mais do que dobrou nos últimos 30 anos
World Health Organization Media Centre, "Obesity and overweight", maio de 2012, http://www.who.int/mediacentre/factsheets/fs311/en/index.html.

160 mais de um terço deles já são considerados obesos
Ibid.

160 mais por consequências da obesidade e do sobrepeso do que por efeito da inanição
Ibid.

160 dos que sofrem de diabetes morrem por conta de um desses problemas
Centers for Disease Control and Prevention, National Diabetes Statistics, 2011, http://diabetes.niddk.nih.gov/dm/pubs/statistics/.

160 Quase 17% das crianças americanas são obesas
Tara Parker-Pope, "Obesity rates stall, but no decline", *New York Times*, Well blog, 17 de janeiro de 2012, http://well.blogs.nytimes.com/2012/01/17/obesity-rates-stall-but-no-decline/.

160 em termos mundiais, o índice chega a 7%
ProCor, "Global: childhood obesity rate higher than 20 years ago", 28 de setembro de 2010, http://www.procor.org/prevention/prevention show.htm?doc id =1367793.

161 continuação da epidemia no futuro, tanto em territórios norte-americanos como no resto do planeta
Parker-Pope, "Obesity rates stall, but no decline".

161 para ativar no sistema cerebral o desejo de comer mais
Tara Parker-Pope, "How the food makers captured our brains", *New York Times*, 23 de junho de 2009.

161 "com elevados teores de gordura, sal e açúcar, mas baixa presença de vitaminas, minerais e outros nutrientes"
World Health Organization Media Centre, "Obesity and overweight".

161 afastou as pessoas das fontes mais confiáveis de abastecimento de frutas e legumes frescos
"If you build it, they may not come", *Economist*, 7 de julho de 2011.

161 calorias por grama encontrada em doces e alimentos ricos em amido
David Bornstein, "Time to revisit food deserts", *New York Times*, Opinionator blog, 25 de abril de 2012, http://opinionator.blogs.nytimes.com/2012/04/25/time-to-revisit-food-deserts/.

161 enquanto o preço das gorduras caiu 15% e o dos refrigerantes apresentou redução de 25%
Ibid.

161 tempo e conhecimento necessários para preparar refeições em casa
Ibid.

162 rejeitaram o novo cardápio
Vivian Yee, "No appetite for good-for-you school lunches", *New York Times*, 5 de outubro de 2012.

162 a instalação das lojas de fast-food norte-americanas e a escalada dos índices de obesidade
Jeannine Stein, "Wealthy nations with a lot of fast food: destined to be obese?", *Los Angeles Times*, 22 de dezembro de 2011.

162 Em consequência, os preços dos alimentos caíram significativamente
Charles Kenny, "The global obesity bomb", *Bloomberg Businessweek*, 4 de junho de 2012.

162 relacionadas com o aumento do peso médio da população e a multiplicação de casos de obesidade
Dreifus, "A mathematical challenge to obesity".

162 garota sensual em trajes sumários, lavando um carro
Eric Noe, "How well does Paris sell burgers?", ABC News, 29 de junho de 2005, http://abcnews.go.com/Business/story?id=893867&page=1#.UGMPQI40jdk.

162 acréscimo de mais 1 bilhão de pessoas à população
Matt McGrath, "Global weight gain more damaging than rising numbers", BBC, 20 de junho de 2012.

163 primeiras publicações de circulação nacional e dos primeiros filmes mudos
Johannes Malkmes, *American consumer culture and its society: from F. Scott Fitzgerald's 1920s modernism to Bret Easton Ellis' 1980s blank fiction* (Hamburgo: Diplomica, 2011), p. 44.

163 produtos novos e relativamente caros, como rádios e automóveis
Jeremy Rifkin, *The end of work* (Nova York: Putnam, 1995), p. 22.

163 70% das residências no final da década de 1920
Stephen Moore e Julian L. Simon, "The greatest century that ever was: 25 miraculous trends of the past 100 years", Cato Policy Analysis nº 364, Cato Institute, 15 de dezembro de 1999, http://www.cato.org/pubs/pas/pa364.pdf, p. 20.

163 produtores e vendedores, pela então emergente ciência do marketing de massa
Rifkin, *The end of work*, pp. 20-2.

163 publicidade passou a desempenhar um papel novo e completamente diferente
Daniel Pope, "Making sense of advertisements", History matters: rhe U.S. survey on the web, http://historymatters.gmu.edu/mse/ads/ads.pdf.

163 vários dos intelectuais norte-americanos de maior prestígio
Russell Jacoby, "Freud's visit to Clark U", *Chronicle of higher education*, setembro de 2009.

163 Dois anos depois dessa histórica visita, surgia a American Psychoanalytic Society
Leon Hoffman, "Freud's Adirondack vacation", *New York Times*, 29 de agosto de 2009.

163 Committee on Public Information
Woodrow Wilson: Executive Order 2594 – Creating Committee on Public Information, 13 de abril de 1917, American Presidency Project, http://www.presidency.ucsb.edu/ws/?pid=75409.

163 estudar suas técnicas para criar o marketing de massa
Institute for Studies in Happiness, Economy, and Society, Alternatives and complements to GDP – measured growth as a framing concept for social progress, 2012.

164 alternativa à palavra "propaganda"
Eu explico a história do termo "propaganda" – e seu significado nos Estados Unidos – em um livro anterior. Ver *The assault on reason* (Nova York: Penguin Press, 2007), pp. 93-6.

164 sinônimo da estratégia de comunicação de massa adotada pelos alemães
Sam Pocker, *Retail anarchy: a radical shopper's adventures in consumption* (Filadélfia: Running Press, 2009), p. 122.

164 associações subconscientes feitas pelas pessoas que podiam ser importantes
Larry Tye, "The father of spin: Edward L. Bernays and the birth of P.R.", PR Watch, 1999, http://www.prwatch.org/prwissues/1999Q2/bernays .html.

164 "Os desejos das pessoas devem se sobrepor às suas necessidades"
Paul Mazur, conforme citado em *Century of the self*, BBC Four, abril-maio de 2002.

164 "São eles que puxam as cordas que movimentam a mente das pessoas"
Edward Bernays, *Propaganda* (Nova York: Horace Liveright, 1928), p. 38.

165 inovadora – e sinistra – associação entre fumo e direitos femininos
William E. Geist, "Selling soap to children and hairnets to women", *New York Times*, 27 de março de 1985.

165 "o novo evangelho econômico do consumo"
Robert LaJeunesse, *Work time regulation as sustainable full employment strategy: the social effort bargain* (Nova York: Routledge, 2009), pp. 37-8.

165 "maior obra de regeneração e de redenção da humanidade"
James B. Twitchell, *Adcult USA: the triumph of advertising in American culture* (Nova York: Columbia University Press, 1996).

166 "podemos continuar em uma atividade sempre crescente"
Benjamin Hunnicutt, *Work without end: abandoning shorter hours for the right to work* (Filadélfia: Temple University Press, 1988), p. 44.

166 "necessidades e desejos das pessoas precisam ser provocados o tempo todo"
"Retail therapy", *Economist*, 17 de dezembro de 2011.

166 livro *Propaganda* havia sido amplamente utilizado por Josef Goebbels para organizar o genocídio promovido por Hitler
Dennis W. Johnson, *Routledge handbook of political management* (Nova York: Routledge, 2009), p. 314 n. 3; ver Edward Bernays, *Biography of an idea: memoirs of public relations counsel Edward L. Bernays* (Nova York: Simon & Schuster, 1965).

166 "infinitamente mais importante do que quaquer mudança de poder econômico"
Walter Lippmann, *Public opinion* (Nova York: Harcourt, Brace, 1922), p. 248.

167 revigoraram o uso da análise subconsciente no campo do neuromarketing
Natasha Singer, "Making ads that whisper to the brain", *New York Times*, 14 de novembro de 2010.

167 Há 34 anos, (...) cerca de 2 mil mensagens publicitárias por dia
Louise Story, "Anywhere the eye can see, it's likely to see an ad", *New York Times*, 15 de janeiro de 2007.

167 esse número chega a 5 mil
Ibid.

167 deve aumentar 70% até 2025
Daniel Hoornweg e Perinaz Bhada-Tata, World Bank, "What a waste: a global review of solid waste management", março de 2012.

167-
168 US$ 375 bilhões por ano, com elevação mais acentuada entre os países em desenvolvimento
Ibid.

168 aumento de 0,69% na produção de resíduos sólidos em municípios de países desenvolvidos
Antonis Mavropoulos, "Waste management 2030+", http://www.waste-management-world.com.

168 o total de detritos gerados a cada dia pesa mais do que a soma dos corpos dos 7 bilhões de habitantes
Alexandra Sifferlin, "Weight of the world: globally, adults are 16.5 million tons overweight", *Time*, 18 de junho de 2012; Paul Hawken, "Resource waste", *Mother Jones*, março/abril de 1997; U.S. Environmental Protection Agency (EPA), "Municipal solid waste", http://www.epa.gov/epawaste/nonhaz/municipal/index.htm.

168 aumentou mais de 250%
Mavropoulos, "Waste management 2030+".

168 volume bem maior espalhado em terra, em milhões de lixões
EPA, "Municipal solid waste generation, recycling, and disposal in the United States: facts and figures for 2010", novembro de 2011, http://www.epa.gov/epawaste/nonhaz/municipal/pubs/msw_2010_rev_factsheet.pdf; NOAA Marine Debris Program, "De-mystifying the 'Great Pacific Garbage Patch'", http://marinedebris.noaa.gov/info/patch.html.

168 onde se decompõe e a cada ano contribui para produzir 4% dos gases geradores do aquecimento global
Ian Williams, Universidade de Southampton, "Future of waste: initial perspectives", *in* Tim Jones e Caroline Dewing, eds., *Future agenda: initial perspectives* (Newbury, UK: Vodafone Group, 2009), pp. 84-9.

168 entre eles pesticidas, arsênico, cádmio e retardadores de fogo
Centers for Disease Control and Prevention, Fourth National Report on Human Exposure to Environmental Chemicals, 2009, http://www.cdc.gov/exposurereport/pdf/FourthReport.pdf.

169 fumantes que adormeciam sem apagar o cigarro
Michael Hawthorne, "Testing shows treated foam offers no safety benefit", *Chicago Tribune*, 6 de maio de 2012.

169 compra de influência para forçar a indústria moveleira ao acréscimo de substâncias de risco
Nicholas D. Kristof, "Are you safe on that sofa?", *New York Times*, 19 de maio de 2012.

169 aumento de casos de câncer, problemas reprodutivos e danos aos fetos
Hawthorne, "Testing shows treated foam offers no safety benefit".

169 incluídos na espuma dos móveis não são capazes de impedir incêndios domésticos
Ibid.

169 Toxic Substances Control Act, lei promulgada em 1976 para regulamentar seu uso, nunca foi totalmente implementada
Bryan Walsh, "The perils of plastic", *Time*, 1º de abril de 2010.

170 manter em sigilo a maior parte dos dados clinicamente relevantes sobre tais substâncias
Ibid.

170 também criou o fertilizante nitrogenado sintético
Diarmuid Jeffreys, *Hell's cartel: IG Farben and the making of Hitler's war machine* (Nova York: Metropolitan Books, 2008).

170 no sul da Ásia, na África e em partes do Oriente Médio
John Cameron, Paul Hunter, Paul Jagals e Katherine Pond, eds., *Valuing water, valuing livelihoods*, World Health Organization, http://whqlibdoc.who.int/publications/2011/9781843393108_eng.pdf.

170 "mais da metade dos principais rios do planeta"
World Water Council, "Water and nature", http://www.worldwatercouncil.org/index.php?id =21.

170 "Trata-se de uma contabilidade assimétrica"
Jorgen Randers, *2052: a global forecast for the next forty years* (White River Junction, VT: Chelsea Green, 2012), p. 75.

170 "É claro que, do ponto de vista do governo"
Keith Bradsher, "A Chinese city moves to limit cars", *New York Times*, 4 de setembro de 2012.

171 expunha um em cada dez norte-americanos a resíduos químicos e outras ameaças à saúde
Charles Duhigg, "Clean water laws are neglected, at a cost in suffering", *New York Times*, 13 de setembro de 2009.

171 "e 2,5 bilhões não têm estrutura de esgoto e água encanada"
Organização Mundial de Saúde, "Progress on drinking water and sanitation: 2012 update", http://www.wssinfo.org/fileadmin/user_upload/resources/JMP-report-2012-en.pdf.

171 "2,4 bilhões viverão sem acesso a instalações sanitárias básicas"
Ibid.

171 adoecem todo ano por causa da água ingerida, e dezenas de milhares morrem
Jane Qiu, "China to spend billions cleaning up groundwater", *Science*, novembro de 2011, p. 745.

171 crescente exploração de gás de xisto
Chesapeake Energy, "Water use in deep shale gas exploration", 2012, http://www.chk.com/Media/Educational-Library/Fact-Sheets/Corporate/Water_Use_Fact_

Sheet.pdf; Jack Healy, "Struggle for water in Colorado with rise in fracking", *New York Times*, 5 de setembro de 2012.

172 **oferta do recurso em áreas nas quais já havia escassez**
Chesapeake Energy, "Water use in deep shale gas exploration"; Healy, "Struggle for water in Colorado with rise in fracking".

172 **uso de água para fins energéticos deve aumentar**
International Energy Agency, *World energy outlook 2012* (Paris: International Energy Agency, 2012).

172 **abrindo fissuras e modificando os padrões subterrâneos de fluxo**
Abrahm Lustgarten, "Are fracking wastewater wells poisoning the ground beneath our feet?", *Scientific American*, 21 de junho de 2012.

172 **permitindo a infiltração dessas substâncias em aquíferos de água potável**
Ibid.

172 **na superfície, está apenas 1% do volume total**
"Groundwater depletion rate accelerating worldwide", *ScienceDaily*, 23 de setembro de 2010, http://www.sciencedaily.com/releases/2010/09/100923142503.htm.

172 **os aquíferos subterrâneos diminuíram pela metade**
Ibid.

172 **vem crescendo a um ritmo bem mais rápido**
Ibid.

172 **poços foram abertos pelos cerca de 100 milhões de agricultores do país**
Lester Brown, *Plan B 4.0: mobilizing to save civilization* (Nova York: Norton, 2009), http://www.earth-policy.org/images/uploads/book_files/pb4book.pdf.

172 **agricultores estão cada vez mais dependentes do errático regime de chuvas da região**
Ibid.

172 **Murray-Darling (Austrália), Yangtze e Amarelo (China) e Elba (Alemanha)**
Geoffrey Lean, "Rivers: a drying shame", *Independent*, 12 de março de 2006.

173 **estima-se que fique entre 10 bilhões e 15 bilhões**
Departamento de Assuntos Econômicos e Sociais das Nações Unidas, "World population to reach 10 billion by 2100 if fertility in all countries converges to replacement level", 3 de maio de 2011, http://esa.un.org/wpp/Other-Information/Press_Release_WPP2010.pdf.

173 **número mais provável é pouco acima de 10 bilhões**
Ibid.; Departamento de Assuntos Econômicos e Sociais das Nações Unidas, "World population prospects: the 2010 revision", 2011, http://esa.un.org/unpd/wpp/Analytical -Figures/htm/fig _1.htm.

173 **posto de nação mais populosa**
Departamento de Assuntos Econômicos e Sociais das Nações Unidas, "World population prospects: the 2010 revision", 2011, http://esa.un.org/unpd/wpp/unpp/panel_population.htm.

173 **até o final do século estima-se que o continente africano terá mais moradores do que a soma**
Ibid.

173 **surpreendente número de 3,6 bilhões de habitantes no final deste século**
David E. Bloom, "Africa's daunting challenges", *New York Times*, 5 de maio de 2011.

173 níveis de fertilidade do solo perigosamente baixos em grande parte da África subsaariana
Departamento de Assuntos Econômicos e Sociais das Nações Unidas, "World population to reach 10 billion by 2100 if fertility in all countries converges to replacement level".

174 conhecimento sobre a fertilidade e às técnicas de controle da natalidade para as mulheres
Malcolm Potts e Martha Campbell, "The myth of 9 billion", *Foreign Policy*, 9 de maio de 2011; Justin Gillis e Celia W. Dugger, "U.N. forecasts 10.1 billion people by century's end", *New York Times*, 4 de maio de 2011.

174 níveis mais baixos desde a Grande Depressão
Bonnie Kavousi, "Birth rate plunges, projected to reach lowest level in decades", *Huffington Post*, 26 de julho de 2012.

174 criação de condições sociais capazes de exercer impacto sobre a população
T. Paul Shultz, Yale Economic Growth Center, "Fertility and income", outubro de 2005, www.econ.yale.edu/~pschultz/cdp925.pdf.

174 só uma delas não fica na África subsaariana
Bloom, "Africa's daunting challenge".

175 a alfabetização feminina e o acesso a boas escolas são essenciais
Organização das Nações Unidas, Report of the International Conference on Population and Development, Cairo, 5 a 13 de setembro de 1994, http://www.un.org/popin/icpd/conference/offeng/poa.html.

175 número de filhos e a outras questões importantes para o grupo familiar
Ibid.

175 quantos filhos desejam ter e qual o intervalo entre as gestações
Ibid.

175 "o anticoncepcional mais eficiente"
Ibid.

175 incluindo 98% das católicas sexualmente ativas
Nicholas D. Kristof, "Beyond pelvic politics", *New York Times*, 11 de fevereiro de 2012.

176 onde 39 dos 55 países que formam o continente apresentam altos índices de natalidade
Departamento de Assuntos Econômicos e Sociais das Nações Unidas, "World population to reach 10 billion by 2100 if fertility in all countries converges to replacement level".

176 população deve triplicar ainda neste século
Ibid.

176 2,5 filhos ao longo da fase fértil
Bloom, "Africa's daunting challenge".

176 índice médio chega a 4,5 crianças
Ibid.

176 representa um crescimento demográfico insustentável
Ibid.

176 chegando a 129 milhões no final do século
Gillis e Dugger, "U.N. forecasts 10.1 billion people by century's end".

176 superar os 730 milhões em 2100
Ibid.

176 cifra comparável ao total de chineses que havia no mundo em meados da década de 1960
"Total population, CBR, CDR, NIR and TFR of China (1949-2000)", *China Daily*, 20 de agosto de 2010.

177 redução significativa da mortalidade infantil
Potts e Campbell, "The myth of 9 billion"; Robert Kunzig, "Population 7 billion", *National Geographic*, janeiro de 2011.

177 A partir do início do século 19 (...) passou de 35 para 77 anos
Kunzig, "Population 7 billion".

177 quase 60% dos alunos matriculados em universidades do país são mulheres. Eram 8% em 1970
Unesco Institute for Statistics, *Global education digest 2009: comparing education statistics across the world*, 2009, http://www.uis.unesco.org/template/pdf/ged/2009/GED_200 _EN.pdf, p. 227.

177 no Irã, 51%. Na média dos países árabes, o número chega a 48%
Unesco Institute for Statistics, *Global education digest 2011*, 2011, http://www.uis.unesco.org/Education/Pages/ged-2011.aspx.

177 a média mundial é de 51%
Gary S. Becker, William H. J. Hubbard e Kevin M. Murphy, "The market for college graduates and the worldwide boom in higher education of women", *American Economic Review* 100, nº 2 (2010), pp. 229-33; Banco Mundial, *The road not traveled: education reform in the Middle East and North Africa*, MENA Development Report, 2008, http://siteresources.worldbank.org/INTMENA/Resources/EDU_Flagship_Full_ENG.pdf, p. 171.

177 67 dos 120 países em que se fizeram estudos estatísticos
Gary S. Becker, William H. J. Hubbard e Kevin M. Murphy, "The market for college graduates and the worldwide boom in higher education of women".

177 61% no mestrado e 51% no doutorado
U.S. Department of Education, National Center for Education Statistics, "Fast facts", 2010, http://nces.ed.gov/fastfacts/display.asp?id=72.

177 planos para instituir o voto feminino no início de 2015
"Saudi women to receive right to vote – in 2015", NPR, 26 de setembro de 2011, http://www.npr.org/2011/09/26/140818249/saudi-women-get-the-vote.

177 apenas 18% do abismo na participação política
Ricardo Hausmann, Laura D. Tyson e Saadia Zahidi, "The global gender gap index 2010", *Global Gender Gap Report 2010*, 2010, http://www3.weforum.org/docs/WEF_GenderGap_Report_2010.pdf.

178 um em cada três profissionais que ingressaram no mercado de trabalho era do sexo masculino
"A guide to womenomics", *Economist*, 12 de abril de 2006.

178 com 83 mulheres para cada cem homens
Ibid.

178 ocupam entre 60% a 80% das vagas
Ibid.

178 "contribuiu muito mais para o crescimento global do que a China"
Ibid.

178 responsáveis pela produção de quase 40% do PIB
Ibid.

178 contribuição total das mulheres para o PIB superaria em muito os 50%
Ibid.

178 passou de 12% para 55%.
Robert R. Reich, *Aftershock: The next economy and America's future* (Nova York: Knopf, 2010), p. 61.

178 subiu de 20% para 60%
Ibid.

179 ao que Kessler chama de "hiperalimentação condicionada"
Tara Parker-Pope, "How the food makers captured our brains", *New York Times*, 23 de junho de 2009.

179 brincar ao ar livre, uma vez que essas localidades costumam apresentar índices elevados de violência
Rebecca Cecil-Carb e Andrew Grogan-Kaylor, "Childhood body mass index in community context: neighborhood safety, television viewing and growth trajectories of BMI", *Health and Social Work* 34 (março de 2009), pp. 169-77.

179 por conta da forte presença feminina no mercado de trabalho
Divisão para Política Social e Desenvolvimento das Nações Unidas, Family Unit, 2003-2004, Major trends affecting families, "Introduction", http://social.un.org/index/LinkClick.aspx?fileticket=LJsVbHQC7Ss%3d&tabid=282.

179 entre 20% e 30% dos divórcios
Carl Bialik, "Irreconcilable claim: Facebook causes 1 in 5 divorces", *Wall Street Journal*, 12 de março de 2011; Carl Bialik, "Divorcing hype from reality in Facebook stats", blog do *Wall Street Journal*, 11 de março de 2011, http://blogs.wsj.com/numbersguy/divorcing-hype-from-reality-in-facebook-stats-1046/.

179 o grupo se retringe a um quarto desse mesmo recorte
Pew Research Center, "The decline of marriage and rise of new families", 18 de novembro de 2010, http://pewresearch.org/pubs/1802/decline-marriage-rise-new-families.

179 viver juntos (e ter filhos), sem se unir oficialmente pelo matrimônio
Ibid.

179 nascem de mulheres solteiras
Ibid.

179 há meio século, esse índice era de 5%
Ibid.

179 50% de gestantes com menos de 30 anos
Jason DeParle e Sabrina Tavernise, "For women under 30, most births occur outside marriage", *New York Times*, 17 de fevereiro de 2012.

179 73% de mães afro-americanas de todas as idades
Ibid.

179-180 Islândia, Noruega, Finlândia e Suécia, enquanto o pior desempenho cabe ao Iêmen
Hausmann, Tyson e Zahidi, "The global gender gap index 2010".

180 e a menor (11,4 %) no mundo árabe
Inter-Parliamentary Union, "Women in national oarliaments", 30 de abril de 2011, http://www.ipu.org/wmn-e/world.htm.

180 exigência constitucional de que pelo menos 30% das cadeiras parlamentares
Catherine Rampell, "A female parliamentary majority in just one country: Rwanda", *New York Times*, Economix blog, 9 de março de 2010, http://economix.blogs.nytimes.com/2010/03/09/women-underrepresented-in-parliaments-around-the-world/; Inter-Parliamentary Union, "Women in national parliaments".

180 apenas 7% dos conselhos das grandes empresas
"A guide to womenomics", *Economist*.

180 natalidade inferior aos níveis de reposição populacional
Steven Philip Kramer, "Baby gap: how to boost birthrates and avoid demographic decline", *Foreign Affairs*, maio/junho de 2012.

180 Nos Estados Unidos, em 2011, a taxa de natalidade atingiu seu patamar mais baixo
Terence P. Jeffrey, "CDC: U.S. birth rate hits all-time low; 40.7% of babies born to unmarried women", CNS News, 31 de outubro de 2012, http://cnsnews.com/ news/article/cdc-us-birth-rate-hits-all-time-low-407-babies-born-unmarried-women.

180 64 milhões por volta de 2100
Bryan Walsh, "Japan: still shrinking", *Time*, 28 de agosto de 2006.

181 retomar a carreira profissional depois de ter filhos, além de outros benefícios
Kramer, "Baby gap".

181 quase recuperando seus níveis de reposição populacional
Ibid.

181 não estão revertendo as quedas de natalidade
Ibid.

181 nos Estados Unidos, país onde o gasto *per capita* é superior
Simon Rogers, "Healthcare spending around the world, country by country", *Guardian*, 30 de junho de 2012; Harvey Morris, "U.S. healthcare costs more than 'socialized' European medicine", *International Herald Tribune*, 28 de junho de 2012.

181 depois de 2000 deve ultrapassar os cem anos de idade
"Most babies born today may live past 100", ABC News, 1º de outubro de 2009, http://abcnews.go.com/Health/WellnessNews/half-todays-babies-expected-live-past-100/story?id=8724273.

181 viverá mais de 104 anos
Ibid.

181 foi inferior a 30 anos (alguns estimam que tenha sido bem menos do que isso)
Nicholas Wade, "Genetic data and fossil evidence tell differing tales of human origins", *New York Times*, 27 de julho de 2012; Sonia Arrison, "Average life expectancy through history", *Wall Street Journal*, 27 de agosto de 2011.

181 em meados do século 19
Arrison, "Average life expectancy through history".

181 na maioria dos países industrializados, supera em muito a barreira dos 70 anos
Departamento de Assuntos Econômicos e Sociais das Nações Unidas, *World population prospects: the 2010 revision*; Arrison, "Average life expectancy through history".

182 China deve duplicar o percentual da população com mais de 65 anos
Ted C. Fishman, "As populations age, a chance for younger nations", *New York Times Magazine*, 17 de outubro de 2010.

182 em 2050, cerca de um terço dos chineses será, no mínimo, sexagenário
Ibid.; Joseph Chamie, ex-diretor da Divisão de População das Nações Unidas, "The battle of the billionaires: China vs. India", *Globalist*, 4 de outubro de 2010.

182 seu universo de idosos ainda ainda será menor (cerca da metade) que o da China
Chamie, "The battle of the billionaires: China vs. India".

182 japoneses compraram mais fraldas para adultos do que para bebês
Sam Jones e Ben McLannahan, "Hedge funds say shorting Japan will work", *Financial Times*, 29 de novembro de 2012.

183 deve passar dos atuais 28 para 40 anos até 2050
Ibid.

183 contribuiu para o movimento que resultou na Revolução Francesa
NPR, "In Arab conflicts, the young are the restless", NPR, 8 de fevereiro de 2012, http://www.npr.org/2011/02/09/133567583/in-arab-conflicts-the-young-are-the-restless.

183 maioria das revoluções nos países em desenvolvimento
Jack Goldstone, "Population and security: how demographic change can lead to violent conflict", *Journal of International Affairs* 56, 2002.

183 coincidiram com a presença de uma geração de jovens gerados após o final da Segunda Guerra Mundial
Kenneth Weiss, "Runaway population growth often fuels youth-driven uprisings", *Los Angeles Times*, 22 de julho de 2012.

183 duas vezes mais conflitos civis do que as demais
"In Arab conflicts, the young are the restless", NPR.

183 países com alta presença de jovens
"The hazards of youth", *WorldWatch*, outubro de 2004.

183 um período de alta no preço dos alimentos em todo o mundo
Joseph Chamie, "A 'youth bulge' feeds Arab discontent", *Daily Star*, 15 de abril de 2011; Ashley Fantz, "Tunisian on life one year later: no fear", CNN, 16 de dezembro de 2011, http://www.cnn.com/2011/12/16/world/meast/tunisia-immolation-anniversary/index.html.

183 número excepcionalmente baixo de postos de trabalho disponíveis
Madawi Al-Rasheed, "Yes, it could happen here: why Saudi Arabia is ripe for revolution", *Foreign Policy*, 28 de fevereiro de 2011.

183 deve chegar aos 40 anos apenas em meados deste século
Fishman, "As populations age, a chance for younger nations".

183 população imigrante e sua alta taxa de fecundidade
Ibid.

184 indivíduos somam 10% do total de habitantes dos países desenvolvidos
Departamento de Assuntos Sociais e Econômicos das Nações Unidas, "Trends in international migrant stock: migrants by age and sex", http://esa.un.org/MigAge/index .asp?panel=8; Departamento de Assuntos Sociais e Econômicos das Nações Unidas, "Trends in international migrant stock: the 2008 revision", julho de 2009, http://www.un.org/esa/population/migration/UN_MigStock_2008.pdf.

184 aumento de 7,2% em duas décadas
Ibid.

184 migraram de uma região para outra dentro de um mesmo país
Fiona Harvey, "Climate change could trap hundreds of millions in disaster areas, report claims", *Guardian*, 20 de outubro de 2011.

184 de um país em desenvolvimento para as regiões mais industrializadas do mundo
Relato da Secretaria-Geral, Assembleia Geral das Nações Unidas, "International migration and development", 18 de maio de 2006.

184 "quase tão numerosos como os que fazem o trajeto sul-norte"
Ibid.

184 como, Afeganistão, Paquistão e Argélia
Anne-Sophie Labadie, "Greek far-right rise cows battered immigrants", *Daily Star*, 25 de maio de 2012.

184 no Cáucaso, onde há significativa população muçulmana
Atryom Liss, "Neo-nazi skinheads jailed in Russia for racist Kkllings", BBC, 25 de fevereiro de 2010, http://news.bbc.co.uk/2/hi/europe/8537861.stm; Mansur Mirovalev, "Russia: far-right nationalists and neo-nazis march in Moscow", Associated Press, 4 de novembro de 2011.

184 três quartos deles têm menos de 1 milhão de habitantes
Relato da Secretaria-Geral, "International migration and development".

184 pelo menos 10% da população
Departamento de Assuntos Sociais e Econômicos das Nações Unidas, "Trends in international migrant stock: the 2008 revision".

185 muro de 3.300 quilômetros de extensão e 2,5 metros de altura
Kurt M. Campbell *et al.*, "The age of consequences: the foreign policy and national security implications of global climate change", Center for Strategic & International Studies, novembro de 2007, http://www.climateactionproject.com/docs/071105_ageofconsequences.pdf.

185 onda de migração interna a partir de áreas costeiras de baixa altitude e ilhas
Ibid.

185 da baía de Bengala, onde hoje vivem cerca de 4 milhões de pessoas
Ibid.

185 Bangladesh também se transformou no destino
Ibid.

185 abriga apenas 5% da população mundial
Global Migration Group, "International migration and human rights", outubro de 2008, http://www.unhcr.org/cgi-bin/texis/vtx/home/opendocPDFViewer.html?docid=49e479cf0&query =migration.

185 superou o de recém-nascidos caucasianos pela primeira vez na história do país
Conor Dougherty e Miriam Jordan, "Minority births are new majority", *Wall Street Journal*, 17 de maio de 2012.

185 principal fator de fortalecimento dos grupos xenófobos
Colleen Curry, "Hate groups grow as racial tipping point changes demographics", ABC News, 18 de maio de 2012, http://abcnews.go.com/US/militias-hate-groups-grow-response-minority-population-boom/story?id=16370136#.T7Zy1O2I3dl.

185 "crescimento da população do país na década que terminou em 2010"
Sabrina Tavernise, "Whites account for under half of births in U.S.", *New York Times*, 17 de maio de 2012.

185 o de latino-americanas e asiáticas aumentou em 5,5 milhões
William H. Frey, "America's diverse future: initial glimpses at the U.S. child population from the 2010 census", Brookings Institution, 6 de abril de 2011, http://www.brookings.edu/papers/2011/0406_census_diversity_frey.aspx.

185 os hispânicos (26%) e os afro-americanos (22%)
William H. Frey, "Melting pot cities and suburbs: racial and ethnic change in metro America in the 2000s", Brookings Institution, 4 de maio de 2011, http://www.brookings.edu/papers/2011/0504_census_ethnicity_frey.aspx.

185 constituem o maior grupo minoritário dentro dos Estados Unidos
Dennis Cauchon e Paul Overberg, "Census data shows minorities now a majority of U.S. births", *USA Today*, 17 de maio de 2012.

185 atentado às instalações federais de Oklahoma City
Brian Levin, "U.S. hate and extremist groups hit record levels, new report says", *Huffington Post*, 8 de março de 2012, http://www.huffingtonpost.com/brian-levin-jd/hate-groups-splc_b_1331318.html.

185 nova onda entre 2009 e 2012
Ibid.

186 "coincidindo exatamente com os três primeiros anos da presidência de Obama"
Curry, "Hate groups grow as racial tipping point changes demographics".

186 embora o fluxo originário de vários outros países tenha se mantido
Jeffrey Passel, D'Vera Cohn e Ana Gonzalez-Barrera, Pew Research Center, "Net migration from Mexico falls to zero – and perhaps less", 3 de maio de 2012, http://www.pewhispanic.org/2012/04/23/net-migration-from-mexico-falls-to-zero-and-perhaps-less/.

186 aportaram no território norte-americano mais imigrantes asiáticos do que hispânicos
"Asians overtake hispanics as largest US immigration group", *Telegraph*, 20 de junho de 2009.

186 "ou 2023, se os níveis atuais se mantiverem"
William H. Frey, "A demographic tipping point among America's three-year-olds", Brookings Institution, 7 de fevereiro de 2011, http://www.brookings.edu/research/opinions/2011/02/07-population-frey.

186 o princípio democrático de gestão da maioria
"Arab majority in 'Historic Palestine' after 2014: survey", Agence France-Presse, 30 de dezembro de 2010.

186 padrão de vida mais alto nos países desenvolvidos
Relato da Secretaria-Geral, "International migration and development".

186 reivindicação por melhores orçamentos para as escolas públicas
Tavernise, "Whites account for under half of births in U.S".

187 Estados Unidos, Austrália e Inglaterra
Relato da Secretaria-Geral, "International migration and development".

187 somaram US$ 351 bilhões, e as projeções para 2014 são de US$ 441 bilhões
Dipil Ratha, Banco Mundial, "Outlook for migration and remittances 2012-14", 9 de fevereiro de 2012.

187 dinheiro enviado por migrantes internos para suas comunidades de origem
Overseas Development Institute, "Internal migration, poverty and development in Asia, outubro de 2006", http://www.odi.org.uk/resources/download/29.pdf.

187 cerca de 60% de seus rendimentos
Ibid.

187 a maior parte da movimentação econômica da regiões pobres
Ibid.

187 instalar em novas comunidades dentro do mesmo país
Alto Comissariado das Nações Unidas para Refugiados, "UNHCR: global trends", 2010.

187 "fica cada vez mais difícil encontrar soluções para elas"
"UN report predicts increase in world's displaced", Associated Press, 1º de junho de 2012.

187 não têm um lar para o qual possam voltar
Organização das Nações Unidas, Millennium Development Goals Report 2011.

187 mais refugiados instalando-se em cidades do que nos campos oficiais
Alto Comissariado das Nações Unidas para Refugiados, "2009 global trends: refugees, asylum-seekers, returnees, internally displaced and stateless persons", 15 de junho de 2010, http://www.unhcr.org/refworld/docid/4caee6552.html.

187 80% dos refugiados vivem em regiões pobres do planeta
Antoine Pécoud e Paul de Guchteneire, Unesco, "International migration, border controls and human rights: assessing the relevance of a right to mobility", *Journal of Borderlands Studies* 21, nº 1 (primavera de 2006).

188 Mianmar, Colômbia e Sudão
Alto Comissariado das Nações Unidas para Refugiados, "2009 global trends".

188 dois principais são o Afeganistão e o Iraque
Ibid.

188 sobretudo para o Paquistão (1,9 milhão) e para o Irã (1 milhão)
Alto Comissariado das Nações Unidas para Refugiados, "Global trends 2010", http://www.unhcr.org/4dfa11499.pdf.

188 iraquianos também partiram rumo às nações da região
Ibid.

188 abrigados em países próximos ao local de origem
"The impacts of refugees on neighboring countries: a development challenge", World Development Report 2011 Background Note, 29 de julho de 2010, http://wdronline.worldbank.org/worldbank/a/nonwdrdetail/199.

188 Oriente Médio e norte da África (1,9 milhão)
Alto Comissariado das Nações Unidas para Refugiados, "Global trends 2010".

188 os muçulmanos já compõem 5% da população europeia
Ibid.; Kurt M. Campbell *et al.*, "The age of consequences".

188 grupos nativistas se valem do tema para explorar os temores da sociedade
Peter Walker e Matthew Taylor, "Far right on rise in Europe, says report", *Guardian*, 6 de novembro de 2011.

189 "ao avanço inexorável das mudanças climáticas"
"UN report predicts increase in world's displaced", Associated Press.

189 proteger o país de uma invasão de refugiados
Sharon Udasin, "Defending Israel's borders from 'climate refugees'", *Jerusalem Post*, 15 de maio de 2012.

189 Gilad Erdan, ministro israelense de Proteção Ambiental
Ibid.

189 "rumo a lugares onde é possível escapar"
Ibid.

189 "são recebidas a tiro, assim como no Nepal e no Japão"
Ibid.

189 expulsou muita gente para a região de Darfur
Ibid.

189 territórios palestinos, Síria e delta do Nilo
Ibid.

189 "exatamente como a Europa está fazendo agora"
Ibid.

190 "provocarem mais migrações na África e no sul da Ásia"
Campbell *et al.*, "The age of consequences".

190 perigosa viagem pela região das Canárias
"Canaries migrant surge tops 1,400", BBC, 4 de setembro de 2006, http://news.bbc.co.uk/2/hi/europe/5310412.stm.

190 cerca de 1 metro acima do nível do mar
"Sea levels may rise by as much as one meter before the end of the century", *ScienceDaily*, 10 de junho de 2012.

190 abandonar os lugares que hoje chamam de lar
Hugo Ahlenius, "Population, area and economy affected by 1 m sea level rise", Programa das Nações Unidas para o Meio Ambiente/GRID-Arendal, 2007, http://www.grida.no/graphicslib/detail/population-area-and-economy-affected-by-a-1-m-sea-level-rise-global-and-regional-estimates-based-on-todays-situation_d4fe.

190 taxa inferior a 0,5% ao ano
WorldWatch Institute, "World population, agriculture, and malnutrition", 2011.

190 ritmo de 2,5 centímetros a cada meio milênio
Pete Miller e Laura Westra, *Just ecological integrity: the ethics of maintaining a planetary life* (Lanham, MD: Rowman & Littlefield, 2002), p. 124.

190-191 perda de produtividade em quase um terço das regiões aráveis do planeta
Jims Vincent Capuno, "Soil erosion: the country's unseen enemy", Edge Davao, 11 de julho de 2011, http://www.edgedavao.net/index.php?option=com_content&view=article&id=480:soil-erosion-the-countrys-unseen-enemy&catid=51:on-the-cover&Itemid=83.

191 dez vezes maior do que o ritmo natural de recuperação
Tom Paulson, "The lowdown on topsoil: it's disappearing", *Seattle Post-Intelligencer*, 21 de janeiro de 2008.

191 erosão que atingem as encostas íngremes
Lester Brown, "Civilization's founding eroding", 28 de setembro de 2010, http://www.earth-policy.org/book_bytes/2010/pb4ch02_ss2.

191 chamaram a atenção de especialistas de vários países
"Groundwater depletion rate accelerating worldwide", *ScienceDaily*, 23 de setembro de 2010, http://www.sciencedaily.com/releases/2010/09/100923142503.htm.

191 muitos deles hoje têm seu volume reduzido em vários metros cúbicos por ano
"No easy fix: simply using more of everything to produce more food will not work", *Economist*, 24 de fevereiro de 2011.

191 "...os custos e os benefícios em contas separadas, para comparação"
Jorgen Randers, *2052: a global forecast for the next forty years* (White River Junction, VT: Chelsea Green, 2012), p. 75.

191 "uma confusão prática entre renda e capital"
R. H. Parker e G. C. Harcourt, *Readings in the concept and measurement of income* (Cambridge, UK: Cambridge University Press, 1969), p. 81.

191 princípio vale para os países e para o mundo como um todo
Kevin Holmes, *The concept of income: a multi-disciplinary analysis* (Amsterdã: IBFD, 2001), p. 109.

191 "sistema de contabilidade econômico-ambiental"
Janez Potocnik, "Our natural capital is endangered", União Europeia, release de imprensa, 20 de junho de 2012.

192 eficácia de um argumento muitas vezes depende da simplificação excessiva
Simon Kuznets, *National income 1929-1932, report to the U.S. Senate, 73rd Congress, 2nd Session* (Washington, DC: U.S. Government Printing Office, 1934), www.nber.org/chapters/c2258.pdf.

192 "no centro do conflito de grupos sociais opostos"
Ibid.

192 "agricultores não receberam a orientação científica correta"
Li Jiao, "Water shortages loom as Northern China's aquifers are sucked dry", *Science*, junho de 2010.

193 os Estados Unidos são bem menos dependentes
Brown, *Plan B 4.0*.

193 todos os 21 maiores rios do mundo
"Dams control most of the world's large rivers", Environmental News Service, abril de 2005, http://www.ens-newswire.com/ens/apr2005/2005-04-15-04.asp.

193 quando foi erguida, há 70 anos
U.S. Bureau of Reclamation, "What is the biggest dam in the world?", junho de 2012, http://www.usbr.gov/lc/hooverdam/History/essays/biggest.html.

193 mais de 70% da água doce do mundo é usada para cultivar alimentos
"No easy fix", *Economist*.

193 780 milhões de pessoas não tenham acesso à água potável
Ibid.; Unicef, "Water, sanitation and hygiene: introduction", março de 2012; Organização Mundial da Saúde, "Progress on drinking water and sanitation: 2012 update", 2012, http://whqlibdoc.who.int/publications/2012/9789280646320_eng_full_text.pdf.

194 reserva de água com idade estimada em 1 milhão de anos
Jack Eggleston, U.S. Geological Survey, "Million year old groundwater in Maryland water supply", junho de 2012, http://www.usgs.gov/newsroom/article.asp?ID=3246#.UGS3kRh9lbo.

194 também têm mais de 1 milhão de anos
Ibid.

194 exemplo clássico de "o que os olhos não veem, o coração não sente"
Jiao, "Water shortages loom as Northern China's aquifers are sucked dry".

194 intensificar dramaticamente esse quadro ainda no século 21
"Groundwater depletion rate accelerating worldwide", *ScienceDaily*.

194 Vale Central da Califórnia e no nordeste da China
Ibid.

194 forma insustentável para irrigar lavouras em regiões secas
Jiao, "Water shortages loom as Northern China's aquifers are sucked dry".

194 para resolver a escassez no norte do país
Edward Wong, "Plan for China's water crisis spurs concern", *New York Times*, 1º de junho de 2011.

194 "onde ficam as maiores áreas irrigadas"
Programa das Nações Unidas para o Meio Ambiente, "Water withdrawal and consumption: the big gap", 2008, http://www.unep.org/dewa/vitalwater/article42.html.

194 indicador deve subir nas próximas décadas
Ibid.; Matthew Power, "Peak water: aquifers and rivers are running dry. How three regions are coping", *Wired*, 21 de abril de 2008.

194 A Europa consome apenas um pouco mais do que possui
Ibid.

195 já enfrentam carências sérias
Paul Quinlan, "US-Mexico pact hailed as key step towards solving southwest water supply woes", *New York Times*, 22 de dezembro de 2010.

195 levadas do Texas para pastagens mais baixas e úmidas
Drover's Cattle, "More than 150,000 breeding cattle leave Texas in 2011 drought", fevereiro de 2012, http://www.cattlenetwork.com/e-newsletters/drovers-daily/More-than-150000-breeding-cattle-leave-Texas-in-2011-drought-138513934.html.

195 seque totalmente até o final desta década
"Dry Lake Mead? 50-50 chance by 2021 seen", MSNBC, fevereiro de 2008, http://www.msnbc.msn.com/id/23130256/ns/us_news-environment/t/dry-lake-mead-chance-seen/#.UGSvsBh9lbo.

195 reduziram-se em mais de 30 metros
Brown, *Plan B 4.0*.

195 em média a cada dois minutos, 24 horas por dia
Charles Duhigg, "Saving US water systems could be costly", *New York Times*, 14 de março de 2010.

195 recursos subterrâneos, o problema tem sido mantido longe do olhar das pessoas
Ibid.

195 vastas quantidades da água doce de que precisamos
Power, "Peak water".

195 práticas de irrigação agrícola ainda geram muito desperdício
T. Marc Schober, "Irrigation: yield enhancer or farmland destroyer?", *Seeking Alpha*, 11 de julho de 2011, http://seekingalpha.com/instablog/362794-t-marc-

schober/ 194359-irrigation-yield-enhancer-or-farmland-destroyer; "No easy fix", *Economist*; Organização Mundial da Saúde, "Progress on drinking water and sanitation: 2012 update".

195 agricultores vêm demorando para adotar o sistema
Sandra Postel, "Drip irrigation expanding worldwide", *National Geographic*, 25 de junho de 2012.

195 acumular pequenas quantidades de sal contidas na água
World Wildlife Fund, "Farming: wasteful water use", 2005, http://wwf.panda.org/what_we_do/footprint/agriculture/impacts/water_use/.

195 apropriada para regar plantas
Nancy Farghalli, "Recycling 'grey water' cheaply", NPR News, junho de 2009, http://www.npr.org/templates/story/story.php?storyId=105089381.

196 purificação e reintrodução nos sistemas de água potável
Kate Galbraith, "Taking the ick factor out of recycled water", *New York Times*, 25 de julho de 2012.

196 locais que obtiveram sucesso com a implementação dessa ideia
Ibid.

196 aumentar o volume de coleta de água, armazenada para fins de consumo
Peter Gleick e Matthew Herberger, "Devastating drought seems inevitable in American West", *Scientific American*, janeiro de 2012.

196 cerca de 10% da superfície do planeta
Susan Lang, "'Slow insidious' soil erosion threatens human health and welfare as well as the environment, Cornell study asserts", *Cornell Chronicle*, março de 2006.

196 acelerando a emissão de dióxido de carbono na atmosfera
Conversa pessoal com Rattan Lal.

197 aumentar a fertilidade
David R. Huggins e John P. Reganold, "No-till: the quiet revolution", *Scientific American*, julho de 2008, pp. 70-7.

197 reposição de carbono e nitrogênio do solo
Michael Pollan, *The omnivore's dilemma: a natural history of four meals* (Nova York: Penguin, 2006), p. 42.

197 o que deveria ser um ativo valorizado tornou-se um pesado ônus
Ibid., p. 78.

197 uso de esterco não tóxico como adubo e a rotação de culturas em intervalos de três anos
Mark Bittman, "A simple fix for farming", *New York Times*, 19 de outubro de 2012.

197 fonte de extração de quase todo o nitrogênio
U.S. Government Accountability Office, "Domestic nitrogen fertilizer depends on natural gas availability and prices", 2003, p. 1, http://www.gao.gov/products/GAO-03-1148.

197 aumento da quantidade de fertilizante aplicado por quilômetro de terra
Jeremy Grantham, "Time to wake up: days of abundant resources and falling prices are over forever", *GMO Quarterly Letter*, abril de 2011.

197 reprodução maciça incontrolável de algas em várias regiões oceânicas
Robert Diaz e Rutger Rosenberg, "Spreading dead zones and consequences for marine ecosystems", *Science*, 15 de abril de 2008.

197 **superpopulação de algas em regiões costeiras, rios e lagos chineses**
"No easy fix", *Economist*.

198 **Estados Unidos, China, sudeste da Ásia e partes da América Latina**
"Nitrogen pollution an increasing problem globally", PRI's The World, 27 de janeiro de 2009, http://www.pri.org/stories/science/environment/nitrogen-pollution-an-increasing-proble-globally-8166.html.

198 **triplicam seu esgotamento nas terras cultiváveis**
David Vaccari, "Phosphorus: a looming crisis", *Scientific American*, junho de 2009.

198 **responsável por 65% da produção do país**
Ibid.; James Elser e Stuart White, "Peak phosphorus", *Foreign Policy*, 20 de abril de 2010.

198 **teve início um processo de busca por novas reservas**
Ibid.

198 **"Arábia Saudita do fósforo"**
Ibid.

198 **exportações do recurso durante a crise do preço dos alimentos ocorrida em 2008**
Elser e White, "Peak phosphorus".

199 **a fim de ampliar a oferta de fósforo para uso em fertilizantes**
Mara Grunbaum, "Gee whiz: human urine is shown to be an effective agricultural fertilizer", *Scientific American*, 23 de julho de 2010.

199 **acelerar a recuperação da fertilidade, além de aumentar a retenção de carbono**
Rifat Hayat *et al.*, "Soil beneficial bacteria and their role in plant growth promotion: a review", *Annals of Microbiology* 60, nº 4 (dezembro de 2010), pp. 579-98; Tim J. LaSalle, *Regenerative organic farming: a solution to global warming*, Rodale Institute, 30 de julho de 2008, pp. 2-3, http://www.rodaleinstitute.org/files/Rodale_Research_Paper-07_30_08.pdf.

199 **repor o nitrogênio do solo e proteger contra a erosão**
J. Paul Mueller, Denise Finney e Paul Hepperly, "The field system", em *The sciences and art of adaptive management: innovating for sustainable agriculture and natural resource management*, editado por Keith M. Moore (Ankeny, IA: Soil and Water Conservation Society, 2009).

199 **restaurar a fertilidade e conter o desgaste**
Huggins e Reganold, "No-till: the quiet revolution".

199 **de forma cuidadosa, também melhora a produtividade e a qualidade do solo**
David Laird e Jeffrey Novak, "Biochar and soil quality", *Encyclopedia of Soil Science*, 2ª ed. (Nova York: Taylor & Francis, 2011), pp. 1-4.

199 **durante a Segunda Guerra Mundial com os seus "jardins da vitória"**
National WWII Museum, "Victory gardens at a glance", 2009, http://www.nationalww2museum.org/learn/education/for-students/ww2-history/at-a-glance/victory-gardens.html.

199 **para garantir alimento para a população crescente**
David Pimentel *et al.*, "Impact of a growing population on natural resources: the challenge for environmental management", *Frontiers* 3, 1997.

199 **a cada ano destruímos e perdemos cerca de 10 milhões de hectares**
Lang, "'Slow insidious' soil erosion".

200 (em especial no Cazaquistão, em 1954), criando uma versão local do Dust Bowl
Lester Brown, *World on the Edge* (Nova York: Norton, 2011), http://www.earthpolicy.org/books/wote/wotech3.

200 mar de Aral, quase desapareceu
NASA, "A shrinking sea, Aral Sea", 23 de julho de 2012, http://www.nasa.gov/mission_pages/landsat/news/40th-top10-aralsea.html.

200 transformar terra erodida em pastagens, num esforço nacional para combater o desgaste do solo
Andrew Glass, "FDR signs Soil Conservation Act, April 27, 1935", Politico, http://www.politico.com/news/stories/0410/36362.html.

200 "As terras áridas estão na linha de frente..."
Alister Doyle, "World urged to stop net desertification by 2030", Reuters, 14 de junho de 2011.

201 o modo de vida de cerca de 1 bilhão de pessoas em cem países
Ibid.

201 "...deslocou-se sobre grandes áreas do Arizona"
"Historic dust storm sweeps across Arizona, turns day into night", 6 de julho de 2011, Reuters.

201 número incomum deles nos últimos anos
"7 haboobs have hit Arizona since July", KVOA, 28 de setembro de 2011, http://www.kvoa.com/news/7-haboobs-have-hit-arizona-since-july/.

201 deve acontecer em muitas regiões áridas que estão se transformando em desertos
Joe Romm, "Desertification: the next Dust Bowl", *Nature*, outubro de 2011.

201 "... China, oeste da Mongólia e centro da Ásia Central, e outra no centro da África"
Lester Brown, "The great food crisis of 2011", *Foreign Policy*, 10 de janeiro de 2011.

201 aumentaram dez vezes nos últimos 50 anos
Gaia Vince, "Dust storms on the rise globally", *New Scientist*, agosto de 2004.

201 "... atividade econômica e 40% da população do continente"
"Desertification affects 70 percent of economic activity in Africa", *Pana Press*, 24 de outubro de 2011.

201 Meio-Oeste norte-americano pouco antes do Dust Bowl
Rattan Lal, entrevista com o autor, 2 de julho de 2009; Rattan Lal, "Global potential of soil carbon sequestration to mitigate the greenhouse effect", *Critical Reviews in Plant Sciences* 22, nº 2, 2003, pp. 151-84.

201 a atividade pecuária saltou
Brown, *Plan B 4.0*.

201 muçulmanos que migram de lá rumo às regiões não islâmicas
Ibid.

202 pastagens que cercam o deserto de Gobi
Damien Currington, "Desertification is the greatest threat to the planet, experts warn", *Guardian*, 15 de dezembro de 2010.

202 nos Estados Unidos não chega a 10 milhões
Ibid.

202 chineses perdem quase 2,3 quilômetros quadrados de terra arável
Ibid.

202 **situados na Mongólia e na província de Gansu**
Ibid.

202 **desertos de Taklamakan e Kumtag também crescem e tendem a se unir**
Ibid.

202 **Nas regiões norte e oeste (...) tiveram de ser parcialmente abandonadas**
Ibid.

202 **desertificação decretou o abandono de muitos povoados**
Ibid.

202 **na Amazônia, trazendo ainda mais risco para a integridade desse ecossistema**
David Lapola *et al.*, "Indirect land-use changes can overcome carbon savings from biofuels in Brazil", *Proceedings of the National Academy of Sciences*, janeiro de 2010.

202 **duas estiagens "que só acontecem a cada século" nos últimos sete anos**
Simon Lewis *et al.*, "The 2010 Amazon drought", *Science*, fevereiro de 2011.

202 **a maior floresta tropical do mundo se transforme em um amplo território árido**
Brown, *Plan B 4.0.*

203 **90% das pessoas afetadas vivem em países em desenvolvimento**
Currington, "Desertification is the greatest threat to the planet, experts warn".

203 **"Os 20 centímetros superficiais do solo"**
Ibid.

203 **expansão urbana demandada para acomodar uma população em crescimento veloz**
Metwali Salem, "UN report: Egypt sustains severe land loss to desertification and development", *Egypt Independent*, 17 de junho de 2011.

203 **resulta na perda de áreas cultiváveis por causa da salinização**
"Seawater intrusion is the first cause of contamination of coastal aquifers", *ScienceDaily*, 31 de julho de 2007, http://www.sciencedaily.com/releases/2007/07/070727091903.htm.

203 **o delta dos rios Ganges e Mekong, além de outros chamados "megadeltas"**
K. Wium Olesen *et al.*, "Mega deltas and the climate change challenges", Eleventh International Symposium on River Sedimentation, 6 a 9 de setembro de 2010, http://www.irtces.org/zt/11isrs/paper/Kim_Wium_Olesen.pdf.

203 **origem de 40% dos alimentos produzidos no Egito**
Programa das Nações Unidas para o Desenvolvimento, "Adaption to climate change in the Nile delta through integrated coastal zone management", 2009, p. 9, http://nile-delta-adapt.org/index.php?view=DownLoadAct&id=6.

203 **registrar um aumento demográfico de 85%**
Brown, *Plan B 4.0.*

203 **queixas veementes do Iraque e da Síria, que se consideram prejudicados**
Brown, "This will be the Arab world's next battle".

203 **só tendem a piorar com o crescimento das populações dos países envolvidos**
"Thirsty South Asia's river rifts threaten 'Water Wars'", *Alertnet*, 23 de julho de 2012, http://www.trust.org/alertnet/news/thirsty-south-asias-river-rifts-threaten-water-wars/; "Southeast Asia drought triggers debate over region's water resources", VOA News, 24 de março de 2010, http://www.voanews.com/content/southeast-asia-drought-triggers-debate-over-regions-water-resources_89114447/114686.html.

203 águas do sistema do rio Colorado já chegaram aos tribunais
Felicia Fonseca, "Arizona high court settles water rights query", Associated Press, 12 de setembro de 2012; "Colorado court ruling limits water transfer rights", American Water Intelligence, julho de 2011, http://www.americanwaterintel.com/archive/2/7/opinion/colorado-court-ruling-limits-water-tranfers-rights.html; "Pivotal water rights case on wastewater rights", American Water Intelligence, junho de 2011, http://www.americanwaterintel.com/archive/2/6/analysis/pivotal-water-rights-case-wastewater-rights.html; "Navajo lawmakers approve water rights settlement", Associated Press, 5 de novembro de 2010; Jim Carlton, "Wet winter can't slake West's thirst", *Wall Street Journal*, 31 de março de 2011.

204 representante da ONG queniana Friends of Lake Turkana
Kremena Krumova, "Land grabs in Africa threaten greater poverty", *Epoch Times*, 21 de setembro de 2011.

204 "Não há dúvidas..."
Anil Ananthaswamy, "African land grabs could lead to future water conflicts", *New Scientist*, 26 de maio de 2011.

204 "os países ricos estão de olho na África..."
John Vidal, "How food and water are driving a 21st-century African land grab", *Guardian*, 6 de março de 2010.

204 um *boom* imobiliário nas regiões agrícolas do continente
Lorenzo Cotula, "Analysis: land grab or development opportunity?", BBC News, 21 de fevereiro de 2012.

204 um terço das terras da Libéria, por exemplo, foi vendido a investidores privados
Anjala Nayar, "African land grabs hinder sustainable development", *Nature*, 1º de fevereiro de 2012.

204 acordos com os produtores de outros países envolvendo 21,1% de seu território
Cotula, "Analysis: land grab or development opportunity?".

205 depois que o país ganhou a independência, em 2011
Nayar, "African land grabs hinder sustainable development".

205 produzir óleo de palma como biocombustível em 2,8 milhões de hectares
Vidal, "How food and water aredriving a 21st-century African land grab".

205 estima que a porcentagem chegue a 44%
Krumova, "Land grabs in Africa threaten greater poverty".

205 os Emirados Árabes Unidos foram um pouco mais longe
Vidal, "How food and water are driving a 21st-century African land grab".

205 "...milhares serão afetados e muitos vão passar fome"
Ibid.

205 (o que equivale a quase todo o território paquistanês). Dois terços das aquisições ocorreram na África
W. Anseeuw *et al.*, "Transnational land deals for agriculture in the global south. Analytical report based on the land matrix database", CDE/CIRAD/GIGA, 2012.

205 pessoas alegam ter sido injustamente expulsas
Ibid.

206 dificuldades para financiar projetos
International Land Coalition, "Land rights and the rush for land report", 2011.

206 já anunciou que por volta de 2016 vai depender totalmente do grão importado
"Saudi Arabia launches tender to buy 550,000 tons of wheat", *Saudi Gazette*, 30 de agosto de 2012.

206 reservas de um aquífero profundo não renovável
Brown, "This will be the Arab world's next battle".

206 cerca de 85% provêm dos aquíferos subterrâneos
Reem Shamseddine e Barbara Lewis, "Saudi Arabia's water needs eating into oil wealth", Reuters, 9 de setembro de 2011; Brown, *Plan B 4.0*.

206 envolver a dessalinização da água do mar
Shamseddine e Lewis, "Saudi Arabia's water needs eating into oil wealth".

206 na forma de gelo e neve da Antártida e na Groenlândia
Howard Perlman, U.S. Geological Survey, "Where is Earth's water located?", 7 de setembro de 2012, http://ga.water.usgs.gov/edu/earthwherewater.html.

207 até potências em termos energéticos – como a Arábia Saudita – não teriam como pagar a conta
Caline Malek, "Solar desalination 'the only way' for Gulf to sustainably produce water", *National*, 24 de abril de 2012, http://www.thenational.ae/news/uae-news/solar-desalination-the-only-way-for-gulf-to-sustainably-produce-water.

207 para comprar terras africanas abundantes em água
John Vidal, "What does the Arab world do when its water runs out?", *Guardian*, 19 de fevereiro de 2011.

207 usinas de dessalinização no mundo, inclusive na Arábia Saudita
"Saudi Arabia and desalinisation", *Harvard International Review*, 23 de dezembro de 2010, http://hir.harvard.edu/pressing-change/saudi-arabia-and-desalination-0.

207 até áreas de estiagem severa
Bob Yirka, "Simulation shows it's possible to tow an iceberg to drought areas", *PhysOrg*, 9 de agosto de 2011, http://phys.org/news/2011-08-simulation-iceberg-drought-areas.html.

207 poderia fornecer água para 500 mil pessoas durante um ano
Ibid.

207 grandes quantidades de água, nutrientes e luz solar
"Does it really stack up?", *Economist*, 9 de dezembro de 2010, http://www.economist.com/node/17647627.

207 dependem dos pescados para suprir cerca de 15% de seu consumo de proteína
Organização das Nações Unidas para Alimentação e Agricultura (FAO), "The state of fisheries and aquaculture", 2012, p. 5, http://www.fao.org/docrep/016/i2727e/i2727e00.htm.

207-208 consumo médio passou de cerca de 10 quilos por pessoa ao ano para quase 17 quilos em 2012
Bryan Walsh, "The end of the line", *Time*, 7 de julho de 2011.

208 quase um terço dos pescados que vivem nos oceanos
Ibid.

208 diminuíram 90% desde 1960
Ransom Myers e Boris Worm, "Rapid worldwide depletion of predatory fish communities", *Nature*, 15 de maio de 2003.

208 O apogeu da oferta de pescado ocorreu há 20 anos
Brad Plumer, "The end of fish, in one chart", *Washington Post*, 20 de maio de 2012.

208 "com 14% dos cardumes avaliados em 2007"
Convention on Biological Diversity, "Global biodiversity outlook 3: biodiversity in 2010", 2010, http://www.cbd.int/gbo3/?pub=6667§ion=6709.

208 grande área no oceano Pacífico
Suzanne Goldberg, "Bush designates ocean conservation areas in final week as president", *Guardian*, 5 de janeiro de 2009.

208 61% do crescimento dessa atividade deve ser atribuído à China
OECD-FAO, "Agricultural outlook 2011-2020".

208 pode estar contaminado com poluentes, antibióticos e antifúngicos
Laurel Adams, Center for Public Integrity, "FDA screening of fish imports not catching antibiotics and drug residue", 18 de maio de 2011, http://www.publicintegrity.org/environment/natural-resources?page=3; George Mateljan, "Is there any nutritional difference between wild-caught and farm-raised fish? Is one type better for me than the other?", World's Healthiest Foods, http://www.whfoods.com/genpage.php?tname=george&dbid=96.

208 Para cada 250 gramas de salmão produzido em criadouro, por exemplo, é preciso processar 2 quilos de peixe capturado nos oceanos
U.S. Department of Agriculture, "Trout-grain Project", 2012.

209 Mais da metade do alimento
NOAA Fisheries Service – National Marine Fisheries Service, "Feeds for Aquaculture", 2012.

209 Apesar de mais de 10% de toda a área cultivada
Elizabeth Weise, "More of world's crops are genetically engineered", *USA Today*, 22 de fevereiro de 2011.

CAPÍTULO 5: A REINVENÇÃO DA VIDA E DA MORTE

212 introdução de genes humanos em outros animais
Richard Gray, "Genetically modified cows produce 'human' milk", *Telegraph*, 2 de abril de 2011.

212 mistura de genes de aranhas e de cabras
Adam Rutherford, "Synthetic biology and the rise of the 'spider-goats'", *Guardian*, 14 de janeiro de 2012.

212 chips de silício na massa cinzenta do cérebro humano
Daniel H. Wilson, "Bionic brains and beyond", *Wall Street Journal*, 1º de junho de 2012.

212 pais interessados em "projetar" seus próprios filhos
Keith Kleiner, "Designer babies – like it or not, here they come", Singularity Hub, 25 de fevereiro de 2009, http://singularityhub.com/2009/02/25/designer-babies-like-it-or-not-here-they-come/.

213 às vezes alertam para a presença de monstros
H. P. Newquist, *Here there be monsters: the legendary Kraken and the Giant Squid* (Nova York: Houghton Mifflin, 2010).

213 terem se apossado de um conhecimento proibido
Genesis 3:16-19.

213 o mesmo destino se repetisse na manhã seguinte
Thomas Chen e Peter Chen, "The myth of Prometheus and the liver", *Journal of the Royal Society of Medicine* 87 (dezembro de 1994), p. 754.

213 em seu laboratório de biorreatores, os cientistas da Wake Forest University estudam como criar geneticamente fígados humanos para transplantes
Wake Forest Baptist Medical Center, 10-30-10, "Researchers engineer miniature human livers in the lab", 30 de outubro de 2010, http://www.wakehealth.edu/News-Releases/2010/Researchers_Engineer_Miniature_Human_Livers_in_the_Lab.htm.

213 esse deve ser o modelo do atendimento médico no futuro
"Personalized medicine", *USA Today*, 20 de janeiro de 2011.

214 grande volume de informações específicas sobre os clientes
"Do not ask or do not answer?", *Economist*, 23 de agosto de 2007.

214 reduzir erros médicos e aperfeiçoar as habilidades desses profissionais
Farhad Manjoo, "Why the highest-paid doctors are the most vulnerable to automation", *Slate*, 27 de setembro de 2011, http://www. slate.com/articles/technology/robot_invasion/2011/09/will_robots_steal_your_job_3.html.

214 "todos estão sujeitos a uma transformação radical"
Topol, *The creative destruction of medicine*, p. 243.

214 mudar comportamentos pouco saudáveis e, assim, controlar a evolução de doenças crônicas
David H. Freeman, "The perfected self", *Atlantic*, junho de 2012; Mark Bowden, "The measured man", *Atlantic*, julho/agosto de 2012.

214 monitores digitais instalados junto (e até dentro) do corpo do paciente
Topol, *The creative destruction of medicine*, pp. 59-76.

215 a melhora do quadro clínico pelo simples fato de o paciente ser submetido à observação
Janelle Nanos, "Are smartphones changing what it means to be human?", Boston, 28 de fevereiro de 2012.

215 acompanhem seu progresso, ou a falta dele
Freeman, "The Perfected Self".

215 acesso global a programas digitais de grande escala
John Havens, "How Big Data can make us happier and healthier", Mashable, 8 de outubro de 2012, http://mashable.com/2012/10/08/the-power-of-quantified-self/.

215 alterar as células em organismos vivos também vêm sendo aplicadas ao cérebro humano
Matthew Hougan e Bruce Altevogt, *From molecules to minds: challenges for the 21st century*, Board on Health Sciences Policy, Institute of Medicine, 2008.

215 com o uso do pensamento, possam comandar próteses de braços ou pernas
Associated Press, "Man with bionic leg climbs Chicago skyscraper", 5 de novembro de 2012.

215 curar algumas doenças cerebrais
Meghan Rosen, "Beginnings of bionic", *Science News* 182, nº 10 (17 de novembro de 2012), p. 18.

215 mapeamento completo do que os neurocientistas chamam de *connectome*
Olaf Sporns, professor de neurociência cognitiva computacional na Indiana University, foi o primeiro a utilizar o termo "connectome". Hoje, o National Institutes of Health toca o "Human Connectome Project". Ian Sample, "Quest

for the connectome: scientists investigate ways of mapping the brain", *Guardian*, 7 de maio de 2012.

215 maior do que no caso do mapeamento do genoma
Hougan e Altevogt, *From molecules to minds*.

215 tecnologias essenciais ainda estarem em desenvolvimento
"Brain researchers start mapping the human 'connectome'", *ScienceDaily*, 2 de julho de 2012, http://www.sciencedaily.com/releases/2012/07/120702152652.htm.

215 completar o primeiro "mapa em grande escala das conexões neurais"
Sample, "Quest for the connectome".

216 "aperfeiçoar artificialmente os próprios instrumentos do pensamento"
Eric Steinhart, "Teilhard de Chardin and Transhumanism", *Journal of Evolution and Technology* 20, nº 1 (dezembro de 2008), pp. 1-22.

216 marca-passos cerebrais para portadores do mal de Parkinson
Wilson, "Bionic brains and beyond".

216 estímulos cerebrais profundos, conseguem aliviar os sintomas da doença
Ibid.

216 ativados de forma gradual, para permitir que o cérebro se ajuste a eles
Johns Hopkins Medicine, Cochlear Implant Information, http://www.hopkinsmedicine.org/otolaryngology/specialty_areas/listencenter/cochlear_info.html#activation.

216 A possibilidade de "projetar bebês" (...) parece sedutora para alguns pais
Kleiner, "Designer babies"; Mark Henderson, "Demand for 'designer babies' to grow dramatically", *Times*, Londres, 7 de janeiro de 2010.

216-217 o que a paternidade competitiva já fez pela indústria do *test preparation*
Jose Ferreira, "A short history of the standardized test prep industry", Knewton Blog, 17 de fevereiro de 2010, http://www.knewton.com/blog/edtech/2010/02/17/a-short-history-of-the-standardized-test-prep-industry/; Julian Brookes, "Chris Hayes on the twilight of the elites and the end of meritocracy", *Rolling Stone*, 11 de julho de 2012.

217 outros pais provavelmente se sentirão inclinados a fazer o mesmo
Armand Marie Leroi, "The future of neo-eugenics", *EMBO Reports* 7 (2006), pp. 1184-7.

217 desencadear efeitos colaterais impossíveis de ser estimados
Mike Steere, "Designer babies: creating the perfect child", CNN, 30 de outubro de 2008.

217 "vamos transformar a evolução ao estilo antigo em uma neoevolução"
Harvey Fineberg, "Are we ready for neo-evolution?", TED Talks, 2011.

217 os Estados Unidos diminuem o investimento em pesquisas biomédicas
Robert D. Atkinson *et al.*, *Leadership in decline: assessing U.S. international competitiveness in biomedical research* (Washington, DC: Information Technology and Innovation Foundation, 2012).

217 "É hora de colocar a cabeça para fora"
"Designer baby row over US clinic", BBC, 2 de março de 2009.

217 "Quem merece nascer?"
Andrew Pollack, "DNA blueprint for fetus built using tests of parents", *New York Times*, 6 de junho de 2012.

217 **"as pessoas comuns (...) se sentem impotentes"**
Steere, "Designer babies".

218 **"a técnica pode prejudicar a condição humana e desencadear uma competição tecnoeugênica"**
Ibid.

218 **mais capacidade de sequenciamento do que em todos os Estados Unidos**
Japan External Trade Organization, "BGI, China's leading genome research institute, has established a Japanese arm in Kobe", 7 de fevereiro de 2012; Fiona Tam, "Scientists seek to unravel the mystery of IQ", tradução de Steve Hsu, *South China Morning Post*, 4 de dezembro de 2010.

218 **ocupações que aproveitam melhor os talentos de cada um**
"The dragon's DNA", *Economist*, 17 de junho de 2010; Emily Chang, "In China, DNA tests on kids ID genetic gifts, careers", CNN, 5 de agosto de 2009, http://edition.cnn.com/2009/WORLD/asiapcf/08/03/china.dna.children.ability/.

218 **nos últimos três anos o governo chinês gastou mais de US$ 100 bilhões em estudos sobre as ciências da vida**
Lone Frank, "High-quality DNA", *Newsweek*, 24 de abril de 2011.

218 **"liderança mundial em descoberta e inovação das ciências da vida na próxima década"**
Ibid.

218 **setor de pesquisa genética constitui um dos pilares**
"China establishes national gene bank in Shenzhe", Xinhua News Agency, 18 de junho de 2011.

218 **fazer o sequenciamento genômico de quase todas as crianças da China**
David Cyranoski, "Chinese bioscience: the sequence factory", *Nature*, 3 de março de 2010.

218 **primeiro registro da patente de um gene**
Harriet A. Washington, *Deadly monopolies: the shocking corporate takeover of life itself – and the consequences for your healthy and our medical future* (Nova York: Doubleday, 2011), p. 181.

218 **mais de 40 mil documentos similares foram feitos, abrangendo 2 mil genes humanos**
Sharon Begley, "In surprise ruling, court declares two gene patents invalid", *Daily Beast*, 29 de março de 2010.

219 **usados para fins comerciais sem permissão expressa**
Washington, *Deadly monopolies*, caps. 1 e 7.

219 **medicamento de terapia gênica (...) com o nome de Glybera**
Ben Hirschler, "Europe approves high-price gene therapy", Reuters, 2 de novembro de 2012.

219 **tratamento de uma rara doença**
Andrew Pollack, "European agency backs approval of a gene therapy", *New York Times*, 20 de julho de 2012.

219 **aprovou um fármaco chamado Crizotinib**
Alice T. Shaw, "The Crizotinib story: from target to FDA approval and beyond", InforMEDical, 2012, http://www.informedicalcme.com/lucatoday/crizotinib-story-from-target-to-fda-approval.

219 **"hoje estimamos que a Monsanto..."**
"Monsanto strong-arms seed industry", Associated Press, 4 de janeiro de 2011.

219 "Você poderia patentear o Sol?"
"'Deadly monopolies'? Patenting the human body", *Fresh Air*, NPR, 24 de outubro de 2011, http://www.npr.org/2011/10/24/141429392/deadly-monopolies-patenting-the-human-body. O trabalho pioneiro de Albert Sabin, cuja vacina se tornou a mais amplamente utilizada, também não pode ser esquecido.

220 o entusiasmo com as pesquisas sobre o genoma apenas começava
Norman Borlaug, biografia, http://www.nobelprize.org/nobel_prizes/peace/laureates/1970/borlaug-bio.html.

220 "Se isso acontecer, que Deus nos ajude"
Vandana Shiva, "The Indian Seed Act and Patent Act: sowing the seeds of dictatorship", ZNet, 14 de fevereiro de 2005, http://www.grain.org/article/entries/2166-india-seed-act-patent-act-sowing-the-seeds-of-dictatorship.

220 "sempre defendemos o livre intercâmbio de germoplasma"
Ibid.

220 casos recentes reivindicando a patente de genes correm nos tribunais
Reuters, "Court reaffirms right of myriad genetics to patent genes", *New York Times*, 16 de agosto de 2012.

220 ganhamos a condição de compreender e instrumentalizar a realidade
Michael S. Gazzaniga, *Human: the science behind what makes us unique* (Nova York: HarperCollins, 2008), p. 199.

220 quatro letras: A, T, C e G
"The four bases – ATCG", Scitable, Nature Education, 2012, http://www.nature.com/scitable/content/the-four-bases-atcg-6491969.

220 "dispositivo do tamanho do polegar tem a mesma capacidade de armazenamento"
Robert Lee Hotz, "Harvard researchers turn book into DNA code", *Wall Street Journal*, 16 de agosto de 2012.

220 pelos cientistas James Watson, Francis Crick e Rosalind Franklin
Lynne Osman Elkin, "Rosalind Franklin and the double helix", *Physics Today* 56, nº 3 (março de 2003), pp. 42-8.

221 exatamente 50 anos depois, o genoma humano foi sequenciado
US Department of Energy, Office of Science, "History of the human genome project", 4 de junho de 2012, http://www.ornl.gov/sci/techresources/Human_Genome/project/hgp.shtml.

221 dada a largada no processo para sequenciar o RNA
Genetics Home Reference, "RNA", http://ghr.nlm.nih.gov/glossary=rna.

221 a mera transmissão das informações das proteínas
"RNAi," Nova scienceNOW, PBS, 26 de julho de 2005, http://www.pbs.org/wgbh/nova/body/rnai.html.

221 células que constituem todas as formas de vida
Genetics Home Reference, "Protein", http://ghr.nlm.nih.gov/glossary=protein.

221 analisadas pelo Projeto Proteoma Humano
Human Proteome Organisation, "Human Proteome Project (HPP)", 2010, http://www.hupo.org/research/hpp/.

221 padrões que alteram sua função e seu papel
ThermoScientific, "Overview of post-translational modifications (PTMs)", http://www.piercenet.com.

221 **ampliam a extensão das funções e controlam seu comportamento**
Ibid.

221 **o Projeto Epigenoma Humano fez grandes avanços**
G. G. Sanghani *et al.*, "Human Epigenome Project: the future of cancer therapy", *Inventi Impact: Pharm Biotech & Microbio* 2012, http://www.inventi.in/Article/pbm/94/12.aspx.

221 **descobertas epigenéticas (...) hoje passam por testes clínicos em humanos**
"Epigenetics emerges powerfully as a clinical tool", Medical Xpress, 12 de setembro de 2012, http://medicalxpress.com/news/2012-09-epigenetics-emerges-powerfully-clinical-tool.html.

221 **transformar as formas de vida e comandá-las**
Denise Caruso, "Synthetic biology: an overview and recommendations for anticipating and addressing emerging risks", *Science Progress*, 1º de novembro de 2008, http://scienceprogress.org/2008/11/synthetic-biology/.

221 **substâncias químicas personalizadas e valorizadas no mercado**
Caruso, "Synthetic biology",

222 **a menos eficaz insulina produzida a partir de porcos e de outros animais**
Lawrence K. Altman, "A new insulin given approval for use in U.S.", *New York Times*, 30 de outubro de 1982.

222 **melhorias significativas no desenvolvimento de versões sintéticas da pele**
Charles Q. Choi, "Spider silk may provide the key to artificial skin", MSNBC, 9 de agosto de 2011; Katharine Sanderson, "Artificial skins detect the gentlest touch", *Nature*, 12 de setembro de 2010.

222 **e do sangue**
Fiona Macrae, "Synthetic blood created by british scientists could be used in transfusions in just two years", *Daily Mail*, 28 de outubro de 2011.

222 **variam de combustível automotivo**
Michael Totty, "A faster path to biofuels", *Wall Street Journal*, 16 de outubro de 2011.

222 **a proteínas para consumo humano**
Jeffrey Bartholet, "When will scientists grow meat in a Petri dish?", *Scientific American*, 17 de maio de 2011; H. L. Tuomisto, "Food security and protein supply –cultured meat a solution?", 2010, http://oxford.academia.edu/HannaTuomisto/Papers/740015/Food_Security_and_Protein_Supply_-Cultured_meat_a_solution.

222 **"um rolo compressor sem controle"**
Caruso, "Synthetic biology".

222 **"não pertence só a ele, mas também a toda a humanidade"**
Jun Wang, Science, "Personal genomes: for one and for all", *Science*, 11 de fevereiro de 2011.

222 **"DNA lixo", na verdade, contêm milhões de "interruptores *on-off*"**
Gina Kolata, "Bits of mystery DNA, far from 'junk', play crucial role", *New York Times*, 6 de setembro de 2012.

223 **"estrutura tridimensional bastante complicada"**
Brandon Keim, "New DNA encyclopedia attempts to map function of entire human genome", *Wired*, 5 de setembro de 2012.

223 primeiro genoma humano, há dez anos, foi de aproximadamente US$ 3 bilhões
John Markoff, "Cost of gene sequencing falls, raising hopes for medical advances", *New York Times*, 8 de março de 2012.

223 genomas digitais detalhados de indivíduos custem cerca de US$ 1 mil
Ibid.

223 De acordo com os especialistas, esse preço
Ibid.

223 "todas importantes para futuras discussões"
Ibid.

223 aparelho descartável de sequenciamento genético (...) Menos de US$ 900
Oxford Nanopore Technologies, "Oxford nanopore introduces DNA 'strand sequencing' on the high-throughput GridION platform and presents MinION, a sequencer the size of a USB memory stick", 17 de fevereiro de 2012, http://www.nanoporetech.com/news/press-releases/view/39/.

224 segundo estimado pela Lei de Moore
K. A. Wetterstrand, "DNA sequencing costs: data from the NHGRI large-scale genome sequencing program", www.genome.gov/sequencingcosts.

224 o custo começou a cair em ritmo significativamente mais rápido
Ibid.

224 ampliar rapidamente a extensão dos filamentos de DNA analisados
Jeffrey Fisher e Mostafa Ronaghi, "The current status and future outlook for genomic technologies", National Academy of Engineering, inverno de 2010; Neil Bowdler, "1000 genomes project maps 95% of all gene variations", BBC, 27 de outubro de 2011.

224 continuar em alta velocidade durante um futuro previsível
Ibid.

224 produzindo genomas sintéticos
John Carroll, "Life technologies budgets $100M for synthetic biology deals", *Fierce Biotech*, 3 de junho de 2010, http://www.fiercebiotech.com/story/life-technologies-budgets-100m-synthetic-biology-deals/2010-06-03.

224 organização das primeiras leis escritas no Código de Hamurábi
Paul Halsall, "Code of Hammurabi, c. 1780 BCE", Internet Ancient History Sourcebook, março de 1998, http://www.fordham.edu/halsall/ancient/hamcode.asp.

224 "uma nova onda de organismos, uma forma de neovida criada artificialmente"
Pierre Teilhard de Chardin, *The phenomenon of man* (Nova York: HarperCollins, 2008), p. 250.

225 se celebrizou ao sequenciar o próprio genoma
Emily Singer, "Craig Venter's genome", *Technology Review*, 4 de setembro de 2007, http://www.technologyreview.com/news/408606/craig-venters-genome/.

225 primeiras bactérias vivas feitas apenas a partir de DNA sintético
Joe Palca, "Scientists reach milestone on way to artificial life", NPR, 20 de maio de 2010.

225 Venter apenas copiou a estrutura de uma bactéria conhecida
Clive Cookson, "Synthetic life", *Financial Times*, 27 de julho de 2012.

225 **usou a concha vazia de outra como recipiente para a nova forma de vida**
Clive Cookson, "Scientists create a living organism", *Financial Times*, 20 de maio de 2010.

225 **para outros estudiosos a realização representa um marco importante**
Stuart Fox, "J. Craig Venter Institute creates first synthetic life form", *Christian Science Monitor*, 21 de maio de 2010.

225 **um micróbio conhecido como *Mycoplasma genitalium***
John Markoff, "In first, software emulates lifespan of entire organism", *New York Times*, 21 de julho de 2012.

225 **quantidade mínima de informação do DNA necessária para a autorreplicação**
Cookson, "Synthetic life".

225 **"caso ele existisse", explicou Venter**
Ibid.

225 **"A culpa, caro Brutus, não está nas estrelas, mas em nós mesmos"**
William Shakespeare, *Júlio César*, 1.2., pp. 140-1.

226 **E. O. Wilson, tem recebido duros ataques**
Jennifer Schuessler, "Lessons from ants to grasp humanity", *New York Times*, 8 de abril de 2012; Richard Dawkins, "The descent of Edward Wilson", *Prospect*, 24 de maio de 2012.

226 **Wilson, um ex-cristão**
Donna Winchester, "E.O. Wilson on ants and God and us", *Tampa Bay Times*, 14 de novembro de 2008.

226 **"década após década, século após século"**
"The 'evidence for belief': an interview with Francis Collins", Pew Forum on Religion and Public Life, 17 de abril de 2008, http://pewresearch.org/pubs/805/the-evidence-for-belief-an-interview-with-francis-collins.

226 **"para poder decidir o metabolismo que queremos ter"**
Cookson, "Synthetic life".

226 **rupturas nos campos da saúde**
Warren C. Ruder, Ting Lu e James J. Collins, "Synthetic biology moving into the clinic", *Science*, 2 de setembro de 2011.

226 **produção de energia**
Cookson, "Synthetic life".

227 **recuperação ambiental**
Caruso, "Synthetic biology".

227 **entre outros**
Stephen C. Aldrich, James Newcomb e Robert Carlson, *Genome synthesis and design futures: implications for the U.S. economy* (Cambridge, MA: Bio Economic Research Associates, 2007).

227 **destruir ou enfraquecer bactérias resistentes aos antibióticos**
Ruder, Lu e Collins, "Synthetic biology moving into the clinic".

227 **continuar atacando outros alvos até conter a infecção**
Ibid.

227 **desenvolvimento de vacinas também gera grande esperança**
Cookson, "Synthetic life".

227 a gripe aviária (H5N1) ocorrida em 2007 e a chamada gripe suína (H1N1), de 2009
Ibid.

227 capacidade de transmissão entre seres humanos por via aérea
"Bird flu pandemic in humans could happen any time", Reuters, 21 de junho de 2012.

227 logo depois que um vírus começa a se espalhar
Huib de Vriend, "Vaccines: the first commercial application of synthetic biology?", Rathenau Institut, julho de 2011.

227 recorrendo às possibilidades da biologia sintética
Ibid.

227 reduzir o custo e o tempo de fabricação das vacinas
Vicki Glaser, "Quest for fully disposable process stream", *Genetic Engineering & Biotechnology News* 29, nº 5, 1º de março de 2009.

227 Alguns especialistas preveem
Aldrich, Newcomb e Carlson, *Genome synthesis and design futures*.

227 a aplicação de uma estratégia "dispersa"
Cookson, "Synthetic life".

228 "não pareça algo inconveniente e antinatural"
J. B. S. Haldane, "Daedalus of science and the future", 4 de fevereiro de 1923, http://www.psy.vanderbilt.edu/courses/hon182/Daedalus_or_SCIENCE_AND_THE_FUTURE_JBS_Haldane.pdf.

228 "Intuimos e sentimos"
Leon Kass, *Life, liberty and the defense of dignity* (São Francisco: Encounter Books, 2004), p. 150.

228 descreve uma sensação que, por si só, não tem muita exatidão
Alexis Madrigal, "I'm being followed: how Google – and 104 other companies – are tracking me on the web", *Atlantic*, 29 de fevereiro de 2012.

229 método para produzir seda de aranha
Rutherford, "Synthetic biology and the rise of the 'spider-goats'".

229 cinco vezes mais resistente do que o aço
Outros cientistas têm imitado o design molecular da seda de aranha na sintetização do material, a partir de uma substância disponível comercialmente (elastômero de poliuretano) tratada com plaquetas de argila de apenas um nanômetro de espessura e 25 nanômetros de diâmetro. Esse trabalho do MIT foi financiado pelo Institute for Soldier Nano-technologies, dadas as potenciais aplicações militares, consideradas de alta relevância. Rutherford, "Synthetic biology and the rise of the 'spider-goats'"; "Nexia and US Army spin the world's first man-made spider silk performance fibers", *Eureka Alert*, 17 de janeiro de 2002, http://www.eurekalert.org/pub_releases/2002-01/nbi-nau011102.php.

229 por conta de sua natureza antissocial e canibalística
Rutherford, "Synthetic biology and the rise of the 'spider-goats'".

229 ameaça para as árvores e plantas nativas
Richard J. Blaustein, "Kudzu's invasion into southern United States life and culture", 2001, www.srs.fs.usda.gov/pubs/ja/ja_blaustein001.pdf.

230 reação em cadeia no oceano e resultar em um Armagedom ecológico inimaginável
Al Gore, "Planning a new biotechnology policy", *Harvard Journal of Law and Technology* 5 (1991), pp. 19-30.

230 acreditavam que essa consequência seria absurdamente improvável
Ibid.

230 desvio de trilhões de dólares para o setor armamentista
Wil S. Hylton, "How ready are we for bioterrorism?", *New York Times Magazine*, 26 de outubro de 2011.

230 ameaçar a sobrevivência da civilização humana
George P. Shultz, William J. Perry, Henry A. Kissinger e Sam Nunn, "A world free of nuclear weapons", *Wall Street Journal*, 4 de janeiro de 2007.

230 hoje são tratados como provável exagero
Wil S. Hylton, "Craig Venter's bugs might save the world", *New York Times Magazine*, 3 de junho de 2012.

230 "Acho que ninguém sabe a resposta"
Ibid.

230 a possibilidade de surgimento de uma nova geração de armas biológicas
Alexander Kelle, "Synthetic biology and biosecurity", *EMBO Reports* 10 (2009), pp. S23-S27.

230 usados pelos soviéticos em programas armamentistas secretos
Ibid.

231 "geneticamente projetados para atacar grupos específicos"
Ibid.

231 não publicar a sequência genética completa, que fazia parte do estudo
Ibid.

231 acompanhamento das pesquisas genéticas que possam resultar em novas armas biológicas
National Institutes of Health, Office of Science Policy, "About NSABB", 2012, http://oba.od.nih.gov/biosecurity/about_nsabb.html.

231 integrantes de equipes de pesquisas que atuam em projetos de interesse militar
Sample, "*Nature* publishes details of bird flu strain that could spread among people".

231 estudos financiados pelo estado com vistas à clonagem de seres humanos
Center for Genetics and Society, "Failure to pass federal cloning legislation, 1997-2003", http://www.geneticsandsociety.org/article.php?id=305.

231 e legais da clonagem humana
Mary Meehan, "Looking more like America?", *Our Sunday Visitor*, 3 de novembro de 1996, http://www.ewtn.com/library/ISSUES/LOOKLIKE.TXT.

231 programa de pesquisas sobre ética financiado pelo governo
Edward J. Larson, "Half a tithe for ethics", *National Forum* 73, nº 2 (primavera de 1993), pp. 15-8.

232 "possibilidade imediata de mecanismos de cópia do material genético"
J. D. Watson e F. H. C. Crick, "Molecular structure of nucleic acids", *Nature*, 25 de abril de 1953.

232 clonagem, engenharia e seleção genética
Ver, por exemplo: Subcommittee on Investigations and Oversight and the Subcommittee on Science, Research, and Technology, Committee on Science

and Technology, U.S. House of Representatives, "Commercialization of academic biomedical research", 8-9 de junho de 1981; Subcommittee on Investigations and Oversight, Committee on Science and Technology, U.S. House of Representatives, "Genetic screening and the handling of high-risk groups in the workplace", 14-15 de outubro de 1981.

232 **15 anos depois, conseguiram a façanha de criar a ovelha Dolly**
U.S. Department of Energy, Office of Science, Human Genome Project, "Cloning fact sheet", 11 de maio de 2009, http://www.ornl.gov/sci/techresources/Human_Genome/elsi/cloning.shtml#animalsQ.

232 **vários outros animais foram clonados**
Ibid.

232 **essa barreira só não era transposta por questões éticas**
Dan W. Brock, "Cloning human beings: an assessment of the ethical issues pro and con", *in Cloning Human Beings*, vol. 2, Commissioned Papers (Rockville, MD: National Bioethics Advisory Commission, 1997), http://bioethics.georgetown.edu/nbac/pubs/cloning2/cc5.pdf.

232 **maioria dos países europeus classificou a clonagem humana como um procedimento ilegal**
Ibid.; "19 european nations OK ban on human cloning", *National Catholic Register*, 18 de abril de 1999.

232 **"proteção da segurança do material genético humano"**
Brock, "Cloning human beings".

232 **sem riscos de danos para o indivíduo clonado ou para a sociedade em geral**
Brian Alexander, "(You)2", *Wired*, fevereiro de 2001; "Dolly's Legacy", *Nature*, 22 de fevereiro de 2007; Steve Connor, "Human cloning is now 'inevitable'", *Independent*, 30 de agosto de 2000; John Tierney, "Are scientists playing God? It depends on your religion", *New York Times*, 20 de novembro de 2007.

232 **células-tronco idênticas, que se reproduziram por conta própria**
David Cyranoski, "Cloned human embryo makes working stem cells", *Nature*, 5 de outubro de 2011.

232 **Vários países**
Tierney, "Are scientists playing God?".

233 **rompeu o tabu da clonagem humana**
Steve Connor, "'I can clone a human being' – fertility doctor", *New Zealand Herald*, 22 de abril de 2009; Tierney, "Are scientists playing God?".

233 **ninguém confirmou o nascimento de um clone humano**
National Human Genome Research Institute, "Cloning Fact Sheet".

233 **outras formas de progresso tecnológico**
Brock, "Cloning human beings".

233 **se trata de algo inevitável**
Roman Altshuler, "Human cloning revisited: ethical debate in the technological worldview", *Biomedical Law & Ethics* 3, nº 2 (2009), pp. 177-95.

233 **a maioria dos experimentos, tendo em vista os possíveis ganhos para a medicina**
Brock, "Cloning human beings".

233 **risco de transformar seres humanos em *commodities***
Ibid.; Altshuler, "Human cloning revisited".

233 **os direitos e proteções intrínsecos de cada pessoa**
Leon Kass e James Q. Wilson, *Ethics of human cloning* (Washington, DC: American Enterprise Institute, 1998).

233 **afirmação humanista mais ampla sobre a dignidade individual**
Brock, "Cloning human beings"; Altshuler, "Human cloning revisited".

234 **Em mais um exemplo do perigoso desequilíbrio**
"Meat on drugs", *Consumer Reports*, junho de 2012.

234 **80% de todos os antibióticos**
Gardiner Harris, "U.S. tightens rules on antibiotics use for livestock", *New York Times*, 11 de abril de 2012.

234 **restringe a aplicação do remédio a casos com prescrição de veterinários**
"Meat on drugs", *Consumer Reports*.

234 **Desde que Alexander Fleming descobriu a penicilina, em 1929**
"A brief history of antibiotics", BBC News, 8 de outubro de 1999, http://news.bbc.co.uk/2/hi/health/background_briefings/antibiotics/163997.stm.

234 **Embora Fleming afirmasse que a descoberta foi "acidental"**
Douglas Allchin, SHiPS Resource Center, "Penicillin and chance", http://www1.umn.edu/ships/updates/fleming.htm.

234 **que também descobriu que o CO_2 retém calor**
Spencer Weart, "The discovery of global warming: the carbon dioxide Greenhouse Effect", fevereiro de 2011, http://www.aip.org/history/climate/co2.htm.

234 **adotada de forma significativa a partir do início dos anos 1940**
"A brief history of antibiotics", BBC News.

234 **muitos outros antibióticos potentes foram descobertos nas duas décadas seguintes**
Ibid.

234 **o ritmo caiu bastante**
Ibid.

234 **antibióticos desenvolvidos para salvar vidas vem perdendo eficácia**
"The spread of superbugs", *Economist*, 31 de março de 2011.

234 **reduzindo a eficiência do remédio**
Brandon Keim, "Antibiotics breed superbugs faster than expected", *Wired*, 11 de fevereiro de 2010.

235 **apenas em situações realmente necessárias**
Alexander Fleming, "Penicillin", discurso no prêmio Nobel, 11 de dezembro de 1945, http://www.nobelprize.org/nobel_prizes/medicine/laureates/1945/fleming-lecture.pdf; E. J. Mundell, "Antibiotic combinations could fight resistant germs", ABC News, 23 de março de 2007, http://abcnews.go.com/Health/Healthday/story?id=4506442&page=1#.UDVmwo40jdk.

235 **adquiram características novas, contra as quais os antibióticos não surtem efeito**
Keim, "Antibiotics breed superbugs faster than expected".

235 **casos de remédios que se tornaram inócuos contra determinadas doenças**
Katie Moisse, "Antibiotic resistance: the 5 riskiest superbugs", ABC News, 27 de março de 2012, http://abcnews.go.com/Health/Wellness/antibiotic-resistance-riskiest-superbugs/story?id=15980356#.UC7l0UR9nMo.

235 **diminuindo em ritmo assustador, segundo muitos especialistas em saúde**
Moisse, "Antibiotic resistance: the 5 riskiest superbugs".

235 um tipo de tuberculose multirresistente
Ibid.

235 a FDA formou uma força-tarefa
Stephanie Yao, "New FDA task force will support innovation in antibacterial drug development", release de imprensa da Food and Drug Administration, 24 de setembro de 2012.

235 apesar desses fatos médicos básicos, muitos governos
Worldwatch Institute, "Global meat production and consumption continue to rise", 2011, http://www.worldwatch.org/global-meat-production-and-consumption-continue-rise-1; Philip K. Thornton, "Livestock production: recent trends, future prospects", *Philosophical Transactions of the Royal Society B*, 27 de setembro de 2010.

235 entre eles, acreditem, o dos Estados Unidos
"Meat on drugs", *Consumer Reports*.

235 mas o impacto nos lucros é bastante claro e considerável
Matthew Perrone, "Does giving antibiotics to animals hurt humans?", Associated Press, 20 de abril de 2012.

235 superorganismos, imunes ao impacto de antibióticos
Ibid.

235 substâncias são administradas em doses subterapêuticas
"Our big pig problem", *Scientific American*, 8 de fevereiro de 2012.

235 não estão relacionadas com as condições de saúde do rebanho
Harris, "U.S. tightens rules on antibiotics use for livestock".

235 distribuem recursos para financiar as campanhas políticas
Ibid.; 2012 PAC Summary Data, Open Secrets, http://www.opensecrets.org/pacs/lookup2.php?strID=C00028787&cycle=2012, acessado em 22 de agosto de 2012; National Cattlemen's Beef Association lobbying expenses, Open Secrets, http://www.sourcewatch.org/index.php?title=National_Cattlemen's_Beef_Association#cite_note-1, 22 de agosto de 2012.

236 No ano passado, estudiosos confirmaram
Richard Knox, "How using antibiotics in animal feed creates superbugs", NPR, 21 de fevereiro de 2012, http://www.npr.org/blogs/thesalt/2012/02/21/147190101/how-using-antibiotics-in-animal-feed-creates-superbugs.

236 até agora, conseguiram evitar a proibição
Harris, "U.S. tightens rules on antibiotics use for livestock".

236 até mesmo a regulamentação dessa prática perigosa
Ibid.

236 A União Europeia já proibiu o uso de antibióticos na pecuária
Knox, "How using antibiotics in animal feed creates superbugs".

236 mas em vários outros lugares
Ibid.; "Meat on drugs", *Consumer Reports*; Worldwatch Institute, "Global meat production and consumption continue to rise"; Thornton, "Livestock production".

236 apenas uma da muitas bactérias tornadas super-resistentes
Knox, "How using antibiotics in animal feed creates superbugs".

236 doença da vaca louca
"Bill seeks permanent ban on downer slaughter at meat plants", *Food Safety News*, 13 de janeiro de 2012.

236 **portador do agente patogênico (uma forma especial de proteína chamada príon)**
Organização Mundial de Saúde, "Bovine spongiform encephalopathy", novembro de 2002, http://www.who.int/mediacentre/factsheets/fs113/en/.

236-
237 **animais com a doença em estágios mais avançados**
I. Ramasamy, M. Law, S. Collins e F. Brook, "Organ distribution of prion proteins in variant Creutzfeldt-Jakob disease", *Lancet Infectious Diseases* 3, nº 4, abril de 2003, pp. 214-22.

237 **exista 50 vezes mais de chance da presença da doença**
"Bill seeks permanent ban on downer slaughter at meat plants", *Food Safety News*.

237 **devem ser abatidos para consumo humano**
Ibid.

237 **animais que haviam manifestado sintomas típicos antes do abate**
Ibid.

237 **proteger uma minúscula parte dos ganhos do setor pecuário**
Emad Mekay, "Beef lobby blocks action on mad cow, activists say", Inter Press Service, 8 de janeiro de 2004, http://www.monitor.net/monitor/0401a/copyright/madcow4.html; Charles Abbott, "Analysis: U.S. mad cow find: lucky break or triumph of science?", Reuters, 25 de abril de 2012.

237 **regulamento que encarna a intenção de leis rejeitadas pelo Congresso**
"Obama bans 'downer' cows from food supply", Associated Press, 14 de março de 2009.

237 **pode ser derrubado pelo sucessor do atual presidente**
"Bill seeks permanent ban on downer slaughter at meat plants", *Food Safety News*.

238 **Em 1922, foi proposta (...) uma "lei de esterilização eugênica"**
Paul A. Lombardo, *Three generations, no imbeciles: eugenics, the Supreme Court, and Buck v. Bell* (Baltimore: Johns Hopkins University Press, 2008), p. 91.

238 **foram esterilizados com base em leis semelhantes à da proposta de Laughlin**
Alex Wellerstein, "Harry Laughlin's 'model eugenical sterilization law'", http://alexwellerstein.com/laughlin/.

238 **o "alto custo para o estado" das despesas**
Paul Lombardo, "Eugenic sterilization laws", arquivo do American Eugenics Movement, http://www.eugenicsarchive.org/html/eugenics/essay8text.html.

238 **"indesejáveis", que passaram a se reproduzir em uma escala antes impossível**
Jonathan D. Moreno, *The body politic: the battle over science in America* (Nova York: Bellevue Literary Press, 2011), p. 67.

238 **ele realmente acreditava que se tratava de traços de transmissão hereditária**
Ibid., p. 67.

238 **Ironicamente, Laughlin tinha epilepsia**
Wellerstein, "Harry Laughlin's 'model eugenical sterilization law'".

239 **Europa foi crucial para a criação de um sistema de cotas altamente restritivo**
Ibid.

239 **influência da confusão em torno do real significado da evolução**
Moreno, *The body politic*, pp. 64-7.

239 **Francis Galton, e foi popularizada por Herbert Spencer**
Ibid., p. 65.

239 baseadas nas ideias de Jean-Baptiste Lamarck
Ibid.

239 após o nascimento podiam ser geneticamente transmitidas aos descendentes
Ibid.

239 ocorreu na União Soviética, defendida por Trofim Lysenko
"Trofim Denisovich Lysenko", *Encyclopaedia Britannica*, http://www.britannica.com/EBchecked/topic/353099/Trofim-Denisovich-Lysenko.

239 durante as três décadas (...) incumbiu-se de impedir o ensino de genética
Ibid.

239 Os cientistas que discordavam de Lysenko eram presos
Ibid.; Moreno, *The body politic*, p. 69.

239 alguns foram encontrados mortos em circunstâncias inexplicáveis
"Trofim Denisovich Lysenko", *Encyclopaedia Britannica*; Moreno, *The body politic*, p. 69.

239 exigia que a teoria biológica se encaixasse nas demandas agrícolas soviéticas
"Trofim Denisovich Lysenko", *Encyclopaedia Britannica*.

239 os indivíduos mais bem adaptados a seu ambiente
Michael Shermer, "Darwin misunderstood", fevereiro de 2009, http://www.michaelshermer.com/2009/02/darwin-misunderstood/.

239 "indesejáveis", permitindo-lhes condições para procriar
Moreno, *The body politic*, pp. 67-8.

239-240 tinha permitido a proliferação de "indesejáveis"
Ibid., pp. 69-70.

240 Não havia muitos reacionários defendendo a eugenia
Ibid.

240 definido pelo Southern Poverty Law Center como um "grupo de ódio"
Ibid., p. 70; Southern Poverty Law Center, Intelligence Files, "Pioneer fund", http://www.splcenter.org/get-informed/intelligence-files/groups/pioneer-fund.

240 fundado justamente por... Harry Laughlin
Wellerstein, "Harry Laughlin's 'model eugenical sterilization law'".

240 Segundo os historiadores, a eugenia também encontrou apoio
Moreno, *The body politic*, pp. 67-70.

240 grau de intervenção do estado nas questões envolvendo hereditariedade
Ibid.

240 tivessem a mais vaga associação com o ideário nazista
Ibid., pp. 67-9.

240 debate sobre as propostas atuais, definidas por alguns como "neoeugenia"
Leroi, "The future of neo-eugenics".

240 cerca de metade dos norte-americanos declarou não acreditar na evolução
Gallup, "In U.S., 46% hold creationist view of human origins", 1° de junho de 2012, http://www.gallup.com/poll/155003/Hold-Creationist-View-Human-Origins.aspx.

241 uma das mais de duas dezenas de leis sobre eugenia
Buck v. Bell, 274 U.S. 200, 2 de maio de 1927.

241 a adolescente de 17 anos Carrie Buck tinha gerado uma filha
Universidade da Virgínia – Claude Moore Health Sciences Library, "Carrie Buck,

Virginia's test case", 2004, http://www.hsl.virginia.edu/historical/eugenics/3-buckvbell.cfm.

241 **"Já bastam três gerações de imbecis"**
Buck v. Bell, 274 U.S. 200, 2 de maio de 1927.

241 **nunca questionada**
Dan Vergano, "Re-examining Supreme Court support for sterilization", *USA Today*, 19 de novembro de 2008.

241 **procurou saber sobre o paradeiro de Carrie Buck, então com cerca de 80 anos de idade**
Stephen Jay Gould, "Carrie Buck's daughter", *Natural History*, julho de 1985.

241 **uma mulher lúcida e de inteligência normal**
Ibid.

241 **Carrie Buck havia sido estuprada pelo sobrinho de seus pais adotivos**
"Carrie Buck, Virginia's test case".

241 **a fim de evitar o que temiam que se tornasse um escândalo**
Vergano, "Re-examining Supreme Court support for sterilization".

241 **fato de ter contraído sífilis e de ser solteira quando deu à luz sua filha**
"Carrie Buck, Virginia's test case".

241 **Declarou, então, que Carrie Buck era portadora de um "defeito congênito incurável"**
Vergano, "Re-examining Supreme Court support for sterilization".

242 **"brancos ignorantes, inúteis e sem possibilidade de correção do sul do país"**
"Carrie Buck, Virginia's test case".

242 **decretou haver "algo de anormal"**
Ibid.

242 **O bebê foi tirado da mãe e entregue à família do estuprador de Carrie**
Vergano, "Re-examining Supreme Court support for sterilization".

242 **Doris, irmã de Carrie, também foi esterilizada na mesma instituição**
Gould, "Carrie Buck's daughter".

242 **base para o estatuto confirmado pela Suprema Corte**
Alex Wellerstein, "Harry Laughlin's 'model eugenical sterilization law'".

242 **presidente Woodrow Wilson**
Vergano, "Re-examining Supreme Court support for sterilization".

242 **Alexander Graham Bell**
Glenn Kessler, "Herman Cain's rewriting of birth-control history", *Washington Post*, Fact Checker blog, 1º de novembro de 2011, http://www.washingtonpost.com/blogs/fact-checker/post/herman-cains-rewriting-of-birth-control-history/2011/10/31/gIQAr53uaM_blog.html.

242 **Margaret Sanger**
Ibid.

243 **permaneçam solteiros, sem filhos, ou com apenas um ou dois descendentes**
Harry Bruinius, *Better for all the world: the secret history of forced sterilization and America's quest for racial purity* (Nova York: Knopf, 2006), pp. 190-1.

243 **"ajudar a raça humana a eliminar os inaptos"**
Lori Robertson, "Cain's false attack on planned parenthood", FactCheck.org, 1º de novembro de 2011, http://factcheck.org/2011/11/cains-false-attack-on-planned-parenthood/.

243 "mais filhos para os aptos, menos para os inaptos"
Daniel J. Kevles, *In the name of eugenics: genetics and the uses of human heredity* (Nova York: Knopf, 1985), p. 90.

243 "indivíduos de raça mista, mães solteiras com vários filhos"
Nicole Pasulka, "Forced sterilization for transgender people in Sweden", *Mother Jones*, 25 de janeiro de 2012.

243 para pessoas transexuais poderem alterar sua definição de gênero
Nicole Pasulka, "Sweden moves to end forced sterilization of transgender people", *Mother Jones*, 24 de fevereiro de 2012.

243 Os parlamentares suecos discutem se devem mudar a lei
Ibid.

243 criada em 1972
Pasulka, "Forced sterilization for transgender people in Sweden".

243 partidos políticos conservadores têm impedido sua derrubada
Pasulka, "Sweden moves to end forced sterilization of transgender people".

243 No Uzbequistão, as esterilizações forçadas aparentemente começaram em 2004
Natalia Antelava, "Uzbekistan carrying out forced sterilisations, say women", *Guardian*, 20 de abril 2012.

243 parte da política social do estado em 2009
Ibid.

243 denúncias do ativista dissidente Chen Guangcheng
Ashley Hayes, "Activists allege forced abortions, sterilizations in China", CNN, 30 de abril de 2012, http://articles.cnn.com/2012-04-30/asia/world_asia_china-forced-abortions_1_reggie-littlejohn-china-s-national-population-abortions?_s =PM:ASIA.

244 ganham bônus a cada paciente esterilizada cirurgicamente
Gethin Chamberlain, "UK aid helps to fund forced sterilisation of India's poor", *Guardian*, 14 de abril de 2012.

244 completou o mapeamento completo de 50 espécies animais e vegetais
"The dragon's DNA", *Economist*.

244 Mas o principal foco parece estar
Tam, "Scientists seek to unravel the mystery of IQ".

244 Banco Genético Nacional
"China establishes National Gene Bank in Shenzhen", Xinhua News Agency.

244 genes envolvidos na determinação da inteligência
Tam, "Scientists seek to unravel the mystery of IQ".

245 associar a informação genética de uma criança à inteligência
"Bob Abernathy's interview with Francis Collins", *PBS Religion and Ethics Weekly*, 7 de novembro de 2008.

245 possibilidades de identificar os genes associados ao desempenho mental
Moheb Costandia, "Genetic variants build a smarter brain", *Science*, 19 de junho de 2012.

245 aferido pela Lei de Moore
Ian H. Stevenson e Konrad P. Kording, "How advances in neural recording affect data analysis", *Nature Neuroscience* 14, nº 2 (fevereiro de 2011), pp. 139-42.

245 que tem apenas 302 neurônios, já foi concluído
Jonah Lehrer, "Neuroscience: making connections", *Nature*, 28 de janeiro de 2009.

245 um total estimado de 100 bilhões de neurônios
Ibid.

245 e pelo menos 100 trilhões de sinapses
"Scientists have new help finding their way around brain's nooks and crannies", *ScienceDaily*, 9 de agosto de 2011, http://www.sciencedaily.com/releases/2011/08/110809184153.htm.

245 mapear todas as proteínas expressas pelos genes
Human Genome Project, "The science behind the human genome project: from genome to proteome", 26 de março de 2008, http://www.ornl.gov/sci/techresources/Human_Genome/project/info.shtml.

245 assumem formas geométricas múltiplas
Jie Lang *et al.*, "Geometric structures of proteins for understanding folding, discriminating natives and predicting biochemical functions", 2009, http://gila-fw.bioengr.uic.edu/lab/papers/2009/protein-liang.pdf.

245 modificações bioquímicas importantes depois de traduzidas pelos genes
Christopher Walsh *et al.*, "Protein posttranslational modifications: the chemistry of proteome diversifications", *Angewandte Chemie*, International Edition 44 (2005), pp. 7342-72.

245 "cascatas bioquímicas extraordinariamente complexas"
Evan R. Goldstein, "The strange neuroscience of immortality", *Chronicle of Higher Education*, 16 de julho de 2012.

245 explorar os avanços nos campos da optogenética
Karl Deisseroth, "Optogenetics: controlling the brain with light", *Scientific American*, 20 de outubro de 2010.

245 genes correspondentes em suas células, de modo a transformá-los em interruptores ópticos
Matthew Hougan e Bruce Altevogt, *From molecules to minds: challenges for the 21st century* (Washington, DC: National Academies Press, 2008).

245-246 observar seus efeitos sobre outros neurônios com luz verde
Ibid.; Carl E. Schoonover e Abby Rabinowitz, "Control desk for the neural switchboard", *New York Times*, 16 de maio de 2011.

246 controle dos sintomas associados ao mal de Parkinson
Amy Barth, "Controlling brains with a flick of a light switch", *Discover Magazine*, setembro de 2012.

246 diferentes categorias neuronais, fazendo cada grupo brilhar em uma cor
Hougan e Altevogt, *From molecules to minds*; Schoonover e Rabinowitz, "Control desk for the neural switchboard".

246 mapeamento bem mais detalhado das conexões neurais
Hougan e Altevogt, *From molecules to minds*.

246 decodificação de outras partes do *connectome*.
Joshua T. Vogelstein, "Q&A: what is the Open Connectome Project?", *Neural Systems & Circuits*, 18 de novembro de 2011.

246 controla o fluxo de sangue no cérebro rumo aos neurônios acionados
"Shiny new neuroscience technique (optogenetics) verifies a familiar method (fMRI)", *Discover Magazine*, 17 de maio de 2010.

246 sangue contendo o oxigênio e a glicose necessários para a produção de energia
Ibid.; Leonie Welberg, "Brain metabolism: astrocytes bridge the gap", *Nature Reviews Neuroscience* 10, nº 86 (fevereiro de 2009), p. 86.

246 diferença de magnetização entre o sangue oxigenado e o sangue sem oxigênio
"Major advance in MRI allows much faster brain scans", *ScienceDaily*, 5 de janeiro de 2011.

246 identificar as áreas do cérebro ativadas a cada momento
"Shiny new neuroscience technique (optogenetics) verifies a familiar method (fMRI)", *Discover Magazine*.

246 descobertas valiosas sobre a localização de funções específicas
Pagan Kennedy, "The cyborg in us all", *New York Times Magazine*, 18 de setembro de 2011.

247 na Universidade de Cambridge, na Inglaterra
David Cyranoski, "Neuroscience: the mind reader", *Nature*, 13 de junho 2012.

247 conectá-los a um iPhone, permitindo que o usuário selecione as imagens exibidas na tela do aparelho
Kennedy, "The cyborg in us all".

247 usuários controlem objetos em uma tela de computador
Katia Moskovitch, "Real-life Jedi: pushing the limits of mind control", BBC, 9 de outubro de 2011.

248 "ritmos musculares em vez da atividade neural real"
Clive Cookson, "Healthcare: into the cortex", *Financial Times*, 31 de julho de 2012.

248 permitir o comando pelo pensamento de outros dispositivos eletrônicos
Moskovitch, "Real-life Jedi".

248 montar cadeiras de rodas e robôs controlados pela mente
Cookson, "Healthcare: into the cortex".

248 Outras empresas
Moskovitch, "Real-life Jedi".

248 comunicação telepática entre soldados
Kennedy, "The cyborg in us all".

248 direcionar mais de US$ 6 milhões para o projeto
Ibid.

248 A previsão para a conclusão do protótipo é 2017
"Pentagon plans for telepathic troops who can read each others' minds... and they could be in the field within five years", *Daily Mail*, 8 de abril de 2012.

248 De acordo com Nick Bostrom
Nick Bostrom, "A history of transhumanist thought", 2005, http://www.nickbostrom.com/papers/history.pdf.

249 se prolongou por todo o século 20
Ibid.

249 Utilizado pela primeira vez por Teilhard de Chardin
Ibid.

249 "Em seguida, a era humana será encerrada"
Vernor Vinge, "The coming technological singularity: how to survive in the post-human era", 1993, http://ww -rohan.sdsu.edu/faculty/vinge/misc/singularity.html.

249 padrão compreensível e *armazenável* por computadores avançados
Lara Farrar, "Scientists: humans and machines will merge in future", CNN, 15 de julho de 2008, http://articles.cnn.com/2008-07-15/tech/bio.tech_1_emergent-technologies-bostrom-human-life/2?_s =PM:TECH.

249 "na pós-singularidade não haverá distinção entre o ser humano e máquina, ou entre a realidade física e virtual"
Ibid.

249 apostou US$ 20 mil
"By 2029 no computer – or 'machine intelligence' – will have passed the Turing test", A long bet, http://longbets.org/1/.

250 antes que a "singularidade tecnológica" dos computadores se torne realidade
John Chelen, "Could the organic singularity occur prior to Kurzweil's technological singularity?", *Science Progress*, 20 de junho de 2012.

250 substituir não apenas quadris
Ben Coxworth, "New discovery could lead to better artificial hips", *Gizmag*, 27 de novembro de 2011, http://www.gizmag.com/artificial-hip-joint-lubrication-layer/20949/.

250 joelhos
James Dao, "High-tech knee holds promise for veterans", *New York Times*, 18 de agosto de 2010.

250 pernas
Alexis Okeowo, "A once-unthinkable choice for amputees", *New York Times*, 14 de maio de 2012.

250 braços
Thomas H. Maugh II, "Two paralyzed people successfully use robot arm", *Los Angeles Times*, 16 de maio de 2012.

250 mas também olhos
Carl Zimmer, "'I see,' said the blind man with an artificial retina", *Discovery News*, 15 de setembro de 2011.

250 órgãos (...) emulados artificialmente
Richard Yonck, "The path to future intelligence", *Psychology Today*, 13 de maio de 2011; Rob Beschizza, "Mechanical fingers give strength, speed to amputees", *Wired*, 2 de julho de 2007.

250 implantes de cóclea permitem recuperar a audição
"Cochlear implants restore hearing in rare disorder", *ScienceDaily*, 20 de abril de 2012.

250 exoesqueletos mecânicos para viabilizar a locomoção de paraplégicos
Melissa Healy, "Body suit may soon enable the paralyzed to walk", *Los Angeles Times*, 6 de outubro de 2011.

250 proporcionar uma dose extra de força para soldados
Susan Karlin, "Raytheon Sarcos's exoskeleton nears production", *IEEE Spectrum*, agosto de 2011.

250 aparelhos auditivos intra-auriculares já são feitos sob encomenda por impressoras 3D
Quest Means Business, CNN, 8 de novembro de 2012, http://transcripts.cnn.com/TRANSCRIPTS/1211/08/qmb.01.html; Nick Glass, "Pitch perfect: the quest to create the world's smallest hearing aid", CNN, 9 de novembro de 2012, http://www.cnn.com/2012/11/09/tech/hearing-aid-widex-3d-printing/index.html.

250 mulher idosa, a quem dificilmente se recomendaria fazer uma cirurgia reconstrutiva
"Transplant jaw made by 3D printer claimed as first", BBC News, 6 de fevereiro de 2012, http://www.bbc.co.uk/news/technology-16907104.

251 no mundo dos transplantes, dada a atual escassez de órgãos
Ibid.

251 cientistas da Wake Forest University
Wake Forest Baptist Medical Center, release de imprensa, "Lab-engineered kidney project reaches early milestone", 21 de junho de 2012; Wake Forest Baptist Medical Center, release de imprensa, "Researchers engineer miniature human livers in the lab", 30 de outubro de 2010.

251 no tamanho e no formato exato da "peça original"
Henry Fountain, "A first: organs tailor-made with body's own cells", *New York Times*, 16 de setembro de 2012.

251 reconstruir o tecido muscular assim que o sistema imunológico
Henry Fountain, "Human muscle, regrown on animal scaffolding", *New York Times*, 17 de setembro de 2012.

251 nanofios de silício mil vezes menores
Elizabeth Landieu, "When organs become cyborgs", CNN, 29 de agosto de 2012.

251 quase todos os demais países, com exceção do Irã
Stephen J. Dubner, "Human organs for sale, legally, in... which country?", Freakonomics blog, 29 de abril de 2008, http:// www.freakonomics.com/2008/04/29/human-organs-for-sale-legally-in-which-country/.

252 transplante em pacientes de países ricos
"Organ Black Market Booming", UPI, 28 de maio de 2012.

252 "maior cadeia de transplantes renais"
Kevin Sack, "60 lives, 30 kidneys, all linked", *New York Times*, 19 de fevereiro de 2012.

252 "doador de órgãos" como um dos itens do perfil de usuário
Matt Richtel e Kevin Sack, "Facebook is urging members to add organ donor status", *New York Times*, 1° de maio de 2012.

252 criação dos mais avançados membros artificiais
Ashlee Vance, "3-D printing spurs a manufacturing revolution", *New York Times*, 14 de setembro de 2010.

252 realização de implantes médicos
"The printed world", *Economist*, 10 de fevereiro de 2011.

252 "impressão" de vacinas e produtos farmacêuticos de origem química
Tim Adams, "The 'chemputer' that could print out any drug", *Guardian*, 21 de julho de 2012.

252 um mesmo medicamento
Eric Topol, *The creative destruction of medicine: how the digital revolution will create better health care* (Nova York: Basic Books, 2012), cap. 10.

253 ativadas por um foco de luz laser acionado fora do corpo
Avi Schroeder *et al.*, "Remotely activated protein-producing nanoparticles", *Nano Letters* 2, nº 6 (2012), pp. 2685-9; George Dvorsky, "Microscopic machines could produce medicine directly inside your body", io9, 29 de julho de 2012, http://io9.com/5922447/microscopic-machines-could-produce-medicine-directly-inside-your-body.

253 próteses especializadas para inserção no cérebro
Cookson, "Healthcare: into the cortex".

253 dispositivos digitais na superfície (e, em alguns casos, em regiões mais profundas) do cérebro
Wilson, "Bionic brains and beyond"; Allison Abbott, "Brain implants have long-lasting effect on depression", *Nature*, 7 de fevereiro de 2011.

253 comandassem os movimentos de robôs com o pensamento
Cookson, "Healthcare: into the cortex".

253 eliminar os fios de comunicação entre chip e máquina
Ibid.

253 Cientistas e engenheiros das universidades de Illinois
Ibid.

253 "a nanotecnologia e a microgeração de energia – de forma a obter ganhos terapêuticos"
Ibid.

253 cerebelos artificiais em ratos e ligaram o implante ao cérebro, a fim de interpretar informações
Linda Geddes, "Rat cyborg gets digital cerebellum", *New Scientist*, 27 de setembro de 2011.

254 "um correspondente artificial até o final deste século"
Ibid.

254 em seres humanos – entre elas, as que permitem o controle da bexiga
Monica Friedlander, Lawrence Livermore National Laboratory, "Neural implants come of age", *Science and Technology Review*, junho de 2012.

254 alívio de dores na coluna
Ibid.

254 correção de algumas formas de cegueira
Wilson, "Bionic brains and beyond".

254 e de surdez
Ibid.

254 a aumentar a concentração
Ibid.

254 melhorar a concentração a seu bel-prazer
Ibid.

254 (como Adderall, Ritalina e Provigil), a fim de obter boas notas nas provas
Margaret Talbot, "Brain gain: the underground world of 'neuroenhancing' drugs", *New Yorker*, 27 de abril de 2009.

255 "varia de 15% a 40%"
Alan Schwarz, "Risky rise of the good-grade pill", *New York Times*, 10 de junho de 2012.

255 médicos que trabalham com a população de baixa renda começaram a receitar Adderall
Alan Schwarz, "Attention disorder or not, pills to help in school", *New York Times*, 9 de outubro de 2012.

255 reconhecia uma melhora na memória e na capacidade de concentração
Drew Halley, "Brain-doping at the lab bench", Project Syndicate, 20 de abril de 2009.

255 compostos que prometem estimular a inteligência
Jamais Cascio, "Get smarter", *Atlantic*, julho/agosto de 2009; Ross Anderson, "Why cognitive enhancement is in your future (and your past)", *Atlantic*, 6 de fevereiro de 2012.

255 tão banal quanto hoje são as cirurgias plásticas
V. Cakic, "Smart drugs for cognitive enhancement: ethical and pragmatic considerations in the era of cosmetic neurology", *Journal of Medical Ethics* 35 (2009), pp. 611-5; Anderson, "Why cognitive enhancement is in your future (and your past)".

255 aperfeiçoar a capacidade de identificação de alvo dos atiradores de elite
Sally Adee, "Zap your brain into the zone: fast track to pure focus", *New Scientist*, 6 de fevereiro de 2012.

255 primeiro atleta a competir usando duas pernas mecânicas
Jere Longman, "After long road, nothing left to do but win", *New York Times*, 5 de agosto de 2012.

256 Participou das disputas de 400 metros rasos (indo às semifinais)
David Trifunov, "Oscar Pistorius eliminated in 400m semifinal at London 2012 Olympics", *Global Post*, 5 de agosto de 2012.

256 "é injusto para os outros competidores"
Longman, "After long road, nothing left to do but win".

256 o próprio Pistorius
"Oscar Pistorius apologizes for timing of Paralympics criticism", BBC Sport, 3 de setembro de 2012.

256 (EPO), que regula a reprodução de glóbulos vermelhos no sangue
"Genetically modified olympians?", *Economist*, 31 de julho de 2008.

256 por fornecer mais oxigênio para os músculos durante um longo período de tempo
Lana Bandoim, "Erythropoietin abuse among athletes can lead to vascular problems", Yahoo, 25 de dezembro de 2011, http://sports.yahoo.com/top/news?slug=ycn-10747311.

256 admitiu o uso de eritropoietina, ao lado de outros estimulantes ilícitos
"Landis admits EPO use", ESPN, 20 de maio de 2010, http://www.espn.co.uk/more/sport/story/23635.html.

256 Armstrong (...) também perdeu seus títulos e acabou banido dos campeonatos da modalidade
Juliet Macur, "Lance Armstrong is stripped of his 7 Tour de France titles", *New York Times*, 22 de outubro de 2012.

256 uso de EPO, esteroides e transfusões de sangue
"Lance Armstrong won't fight charges", ESPN, 24 de agosto de 2012.

256 detecção de novidades contrárias às regras
Matthew Knight, "Hi-tech tests to catch Olympics drug cheats at London 2012",

CNN, 31 de julho de 2012, http://edition.cnn.com/2012/04/12/sport/drugs-london-2012-olympics-laboratory/index.html; Andy Bull, "Ye Shiwen's world record Olympic swim 'disturbing', says top US coach", *Guardian*, 30 de julho de 2012.

256 **produção de glóbulos vermelhos**
"Fairly safe", *Economist*, 31 de julho de 2008.

257 **submeter familiares do atleta a exames genéticos**
"Genetically modified olympians?", *Economist*.

257 **miostatina, que limita o crescimento do tecido muscular**
Aaron Saenz, "Super strength substance (myostatin) closer to human trials", Singularity Hub, 8 de dezembro de 2009.

257 **"máquina biológica de produção de esperma"**
"Artificial testicle, world's first to make sperm, under development by California scientists", *Huffington Post*, 19 de janeiro de 2012, http://www.huffingtonpost.com/2012/01/19/artificial-testicle_n_1215964.html.

257 **primeiro bebê de proveta, Louise Brown**
Donna Bowater, "Lesley Brown, mother of first test tube baby Louise Brown, dies aged 64", *Telegraph*, 21 de junho de 2012.

257 **discussão mundial sobre a ética e o decoro do procedimento**
Robert Bailey, "The case for enhancing people", *New Atlantis*, 20 de junho de 2012.

258 **reduzir de alguma forma o amor dos pais e enfraquecer os laços geracionais**
Ibid.

258 **"as pessoas desejam ter filhos..."**
Fiona Macrae, "Death of the father: British scientists discover how to turn women's bone marrow into sperm", *Daily Mail*, 31 de janeiro de 2008.

258 **nasceram de casais estéreis**
Jeanna Bryner, "5 million babies born from IVF, other reproductive technologies", *Live Science*, 3 de julho de 2012.

258 **vi esse padrão se repetir várias vezes**
Ver, por exemplo: Subcommittee on Investigations and Oversight and the Subcommittee on Science, Research, and Technology, Committee on Science and Technology, U.S. House of Representatives, "Commercialization of academic biomedical research", 8-9 de junho de 1981; Subcommittee on Investigations and Oversight, Committee on Science and Technology, U.S. House of Representatives, "Genetic screening and the handling of high-risk groups in the workplace", 14-15 de outubro de 1981.

258 **Christiaan Barnard**
Lawrence K. Altman, "Christiaan Barnard, 78, surgeon for first heart transplant, dies", *New York Times*, 3 de setembro de 2001.

258 **"Meu Deus, funcionou!"**
Conversa pessoal com o autor.

258 **diagnóstico de pré-implantação genética**
"Saviour siblings – the controversy and the technique", *Telegraph*, 6 de maio de 2011.

258 **"irmão salvador"**
Ibid.

258 apto a fornecer órgãos
Stephen Wilkinson, "'Saviour siblings' as organ donors", Sveriges Yngre Läkares Förening, 2 de novembro de 2012, http://www.slf.se/SYLF/Moderna-lakare/Artiklar/Nummer-2-2012/Saviour-Siblings-as-Organ-Donors/.

258 tecidos
Robert Sparrow e David Cram, "Saviour embryos? Preimplantation genetic diagnosis as a therapeutic technology", Reproductive BioMedicine Online, 15 de maio de 2010, http://www.ivf.net/ivf/saviour-embryos-preimplantation-genetic-diagnosis-as-a-therapeutic-technology-o5043.html.

258 medula óssea
Josephine Marcotty, "'Savior sibling' raises a decade of life-and-death questions", *Star Tribune*, 22 de setembro de 2010.

258 ou células-tronco
"Saviour siblings – the controversy and the technique", *Telegraph*.

258 o propósito instrumental de tais concepções pode resultar na desvalorização das crianças
Stephen Wilkinson, *Choosing tomorrow's children: the ethics of selective reproduction* (Nova York: Oxford University Press, 2010).

258 quando o segundo tenha sido "planejado" para proporcionar a cura do primeiro
K. Devolder, "Preimplantation HLA typing: having children to save our loved ones", *Journal of Medical Ethics* 31 (janeiro de 2005), pp. 582-6.

259 "bebês com três pais"
David Derbyshire, "Babies with THREE parents and free of genetic disease could soon be born using controversial IVF technique", *Daily Mail*, 12 de março de 2011.

259 modificação genética não afetaria apenas
James Gallagher, "Three-person IVF 'is ethical' to treat mitochondrial disease", BBC, 11 de junho de 2012, http://www.bbc.co.uk/news/health-18393682.

259 à mulher grávida, pelo menos nos estágios iniciais da gestação
World Public Opinion, "World publics reject criminal penalties for abortion", 18 de junho de 2008, http://www.worldpublicopinion.org/pipa/articles/btjusticehuman_rightsra/492.php.

259 identificar o sexo dos embriões
Rachel Rickard Straus, "To ensure prized baby boy, Indians flock to Bangkok", *Times of India*, 27 de dezembro de 2010.

259 aborto de 500 mil fetos do sexo feminino
Madeleine Bunting, "India's missing women", *Guardian*, 22 de julho de 2011.

259 uma campanha para enfatizar a proibição da "escolha" do sexo das crianças
"Delhi govt to crack down on sex-selection tests", *Times of India*, 5 de janeiro de 2012.

259 métodos para identificar o sexo dos bebês se vale de técnicas de ultrassom
Bunting, "India's missing women".

259 Alguns casais da Índia
Straus, "To ensure prized baby boy, Indians flock to Bangkok".

260 com amostras de sangue da mãe
"Baby sex ID test won't be sold in China or India due to fears of 'gender selection'", Associated Press, 10 de agosto de 2011.

260 amostra de sangue da mulher grávida com uma amostra de saliva do pai
Andrew Pollack, "DNA blueprint for fetus built using tests of parents", *New York Times*, 6 de junho de 2012.

260 entre US$ 20 mil e US$ 50 mil para todo o genoma fetal
Ibid.

260 um ano antes o procedimento não saía por menos de US$ 200 mil
Mara Hvistendahl, "Will Gattaca come true?", *Slate*, 27 de abril de 2012.

260 espera-se que os valores caiam rapidamente
Ibid.

260 em dois anos estará amplamente disponível por cerca de US$ 3 mil
Stephanie M. Lee, "New Stanford fetal DNA test adds to ethical issues", *San Francisco Chronicle*, 26 de julho de 2012.

260 distúrbios graves passíveis de tratamento por meio da detecção precoce
Drew Halley, "Revolution in newborn screening saves newborn lives", Singularity Hub, 10 de março de 2009.

261 optam por abortar
Ross Douthat, "Eugenics, past and future", *New York Times*, 9 de junho de 2012.

261 "métodos mais sofisticados de seleção por meio da eugenia"
Leroi, "The future of neo-eugenics".

261 embriões de acordo com estas características, como cor dos olhos
Kleiner, "Designer babies".

261 cabelos
Hvistendahl, "Will Gattaca come true?"; Kleiner, "Designer babies".

261 pele
Kleiner, "Designer babies".

261 "98,1% dos que estão no corredor da morte"
David Eagleman, "The brain on trial", *Atlantic*, julho/agosto de 2011.

261 uma nova rodada de decisões éticas complicadas
Leroi, "The future of neo-eugenics".

261 marcadores associados a centenas de doenças
Drew Halley, "Prenatal screening could eradicate genetic disease, replace natural conception", Singularity Hub, 21 de julho de 2009.

261 preservados, permitindo uma implantação posterior
Denise Grady, "Parents torn over the fate of frozen embryos", *New York Times*, 4 de dezembro de 2008.

261 mulheres que se submetem a procedimentos de fertilização *in vitro*
Ibid.; Laura Bell, "What happens to extra embryos after IVF?", CNN, 1º de setembro de 2009, http://articles.cnn.com/2009-09-01/health/extra.ivf.embryos_1_embryos-fertility-patients-fertility-clinics?_s=PM:HEALTH.

261-262 aumentar as probabilidades de pelo menos um sobreviver
Tiffany Sharples, "IVF study: two embryos no better than one", *Time*, 30 de março de 2009.

262 ocorrência de nascimentos de gêmeos entre o universo da fertilização assistida
U.S. Centers for Disease Control and Prevention, "Contribution of assisted reproductive technology and ovulation-inducing drugs to triplet and higher-

order multiple births – United States, 1980-1997", *MMWR*, 23 de junho de 2000.

262 **O Reino Unido determinou um limite legal para o número de embriões**
Sarah Boseley, "IVF clinics told to limit embryo implants to curb multiple births", *Guardian*, 6 de janeiro de 2004.

262 **a empresa Auxogyn está usando imagens digitais**
Reproductive Science Center, "Auxogyn", http://rscbayarea.com/for-physicians/auxogyn.

262 **o embrião mais propenso a se desenvolver de forma saudável**
Yahoo Finance News, "Auxogyn and Hewitt Fertility Center announce first availability of new non-invasive early embryo viability assessment (Eeva) test in the European Union", 17 de setembro de 2012, http://finance.yahoo.com/news/auxogyn-hewitt-fertility-center-announce-060000428.html.

262 **facultar a uma grávida a decisão pelo aborto**
Leroi, "The future of neo-eugenics".

262 **o direito de exigir que as mulheres interrompam suas gestações**
Ibid.

262 **benefícios médicos e científicos justificam tais experiências**
Pew Forum on Religion and Public Life, "Stem cell research around the world", 17 de julho de 2012, http://www.pewforum.org/Science-and-Bioethics/Stem-Cell-Research-Around-the-World.aspx.

262 **Shinya Yamanaka**
Alok Jha, "Look, no embryos! The future of ethical stem cells", *Guardian*, 12 de março de 2011.

262 **Nobel de Medicina em 2012**
Nicholas Wade, "Cloning and stem cell work earns Nobel", *New York Times*, 8 de outubro de 2012.

263 **podem ter qualidades potenciais únicas, que justificam a continuidade de seu uso**
Andrew Pollack, "Setback for new stem cell treatment", *New York Times*, 13 de maio de 2011.

263 **recuperar a visão de ratos com uma doença hereditária que atinge a retina**
Sarah Boseley, "Medical marvels: drugs treat symptoms. Stem cells can cure you. One day soon, they may even stop us ageing", *Guardian*, 29 de janeiro de 2009.

263 **algumas formas de cegueira em seres humanos em breve poderão ser tratadas**
Fergus Walsh, "'Blind' mice eyesight treated with transplanted cells", BBC, 18 de abril de 2012, http://www.bbc.co.uk/news/health-17748165.

263 **reconstruir os nervos auditivos de roedores e lhes restituir a audição**
James Gallagher, "Deaf gerbils 'hear again' after stem cell cure", BBC, 12 de setembro de 2010.

263 **para produzir esperma ao transplantá-las para testículos de ratos estéreis**
Nick Collins, "Stem cells used to make artificial sperm", *Telegraph*, 4 de agosto de 2011.

263 **ainda que a prole apresentasse defeitos genéticos**
Roxanne Khamsi, "Bone stem cells turned into primitive sperm cells", *New Scientist*, 13 de abril de 2007.

263 permitir que homens estéreis tenham filhos biológicos
Collins, "Stem cells used to make artificial sperm".

263 também permitiria que mulheres produzam seus próprios espermatozoides
Macrae, "Death of the father".

264 aumentar a expectativa de vida humana em vários séculos
Aubrey de Grey, "'We will be able to live to 1,000'", BBC, 3 de dezembro de 2004, http://news.bbc.co.uk/2/hi/uk_news/4003063.stm.

264 de até 25% do tempo
Gary Taubes, "The timeless and trendy effort to find – or create – the fountain of youth", *Discover Magazine*, 7 de fevereiro de 2011.

264 Segundo a maioria, a teoria da evolução
Nir Barzilai *et al.*, "The place of genetics in ageing research", *Nature Reviews Genetics* 13 (agosto de 2012), pp. 589-94.

264 estudos da genética de vários humanos
James W. Curtsinger, "Genes, aging, and prospects for extended life span", *Minnesota Medicine*, outubro de 2007.

264 e animais
Ibid.

264 cerca de três quartos do processo de envelhecimento
Barzilai *et al.*, "The place of genetics in ageing research".

264 algo em torno de 20% e 30%
Ibid.

264 a restrição calórica amplia a vida dos roedores de forma drástica
Taubes, "The timeless and trendy effort to find – or create – the fountain of youth".

264 não existe consenso de que a mesma proporção seria válida para seres humanos
Gina Kolata, "Severe diet doesn't prolong life, at least in monkeys", *New York Times*, 30 de agosto de 2012.

264 macacos rhesus *não* vivem mais quando submetidos a restrições calóricas radicais
Ibid.

264 diferença sutil, porém importante, entre longevidade e envelhecimento
Roger B. McDonald e Rodney C. Ruhe, "Aging and longevity: why knowing the difference is important to nutrition research", *Nutrients* 3 (2011), pp. 274-82.

264 retardar ou reverter manifestações indesejadas do processo de envelhecimento
Gretchen Voss, "The risks of anti-aging medicine", CNN, 30 de março de 2012, http://www.cnn.com/2011/12/28/health/age-youth-treatment-medication/index.html; Dan Childs, "Growth hormone ineffective for anti-aging, studies say", ABC News, 16 de janeiro de 2007, http://abcnews.go.com/Health/ActiveAging/story?id=2797099&page=1#.UGDZ3Y40jdk.

264 em geral, testosterona
"Anti-aging hormones: little or no benefit and the risks are high, according to experts", *ScienceDaily*, 13 de abril de 2010, http://www.sciencedaily.com/releases/2010/04/100413121326.htm.

265 identificar fatores genéticos capazes de prolongar a longevidade em outros
Barzilai *et al.*, "The place of genetics in ageing research".

265 no século passado, a maioria das ampliações dramáticas na expectativa média do ser humano se devia a melhorias em saneamento
Robert Kunzig, "7 billion: how your world will change", *National Geographic*, 1º de novembro de 2011.

265 cerca de um ano a mais a cada década
Curtsinger, "Genes, aging, and prospects for extended life span".

265 Muito desse trabalho hoje está concentrado em enfermidades como malária, tuberculose
Organização das Nações Unidas, Millennium Development Goals Report 2011.

265 Aids, gripe
George Verikios *et al.*, "The global economic effects of pandemic influenza", *paper* elaborado por ocasião da 14th Annual Conference on Global Economic Analysis, Veneza, 16-18 de junho de 2011, https://www.gtap.agecon.purdue.edu/resources/download/5291.pdf.

265 pneumonia viral
Olli Ruuskanen, Elina Lahti, Lance C Jennings e David R Murdoch, "Viral pneumonia", *Lancet* 377 (2011), pp. 1264-75.

265 várias das chamadas "doenças tropicais negligenciadas"
Dr. Lorenzo Savioli, Organização Mundial de Saúde, "Neglected tropical diseases: letter from the director", 2011, http://www.who.int/neglected_diseases/director/en/index.html.

265 o total de vítimas fatais foi de 1,7 milhão
Deena Beasley e Tom Miles, "Aids deaths worldwide dropping as access to drugs improves", 18 de julho de 2012, Reuters.

265 Os esforços para reduzir a disseminação continuam focados na educação preventiva
Avert, "Introduction to HIV prevention", http://www.avert.org/prevent-hiv.htm.

265 distribuição de preservativos em áreas de alto risco
Fundo de População das Nações Unidas, Preventing HIV/Aids, "Comprehensive condom programming: a strategic response to HIV and Aids", http://www.unfpa.org/hiv/programming.htm.

265 e nos esforços para desenvolver uma vacina
Beasley e Miles, "Aids deaths worldwide dropping as access to drugs improves".

265 a malária também foi reduzida significativamente
Organização das Nações Unidas, Millennium Development Goals Report 2011.

265 Embora um ambicioso esforço feito na década de 1950 para erradicar a malária
"Malaria eradication no vague aspiration, says Gates", Reuters, 18 de outubro de 2011.

265 Em 1980, o mundo conseguiu eliminar a varíola
Katie Hafner, "Philanthropy Google's way: not the usual", *New York Times*, 14 de setembro de 2006.

266 o fim de outra doença, a peste bovina
Donald G. McNeil Jr., "Rinderpest, scourge of cattle, is vanquished", *New York Times*, 27 de junho de 2011.

266 os males crônicos não transmissíveis
Ala Alwan, Organização Mundial de Saúde, "Monitoring and surveillance of chronic non-communicable diseases: progress and capacity in high-burden countries", *Lancet* 376 (novembro de 2010), pp. 1861-8.

266 tentativa de decifrar o "atlas do genoma do câncer"
Gina Kolata, "Genetic aberrations seen as path to stop colon cancer", *New York Times*, 18 de julho de 2012.

266 possibilidades de "desligar" o fornecimento de sangue para as células cancerígenas
Erika Check Hayden, "Cutting off cancer's supply lines", *Nature*, 20 de abril de 2009.

266 o desmantelamento dos mecanismos de defesa
Nicholas Wade, "New cancer treatment shows promise in testing", *New York Times*, 28 de junho de 2009.

266 para identificar e combater células neoplásicas
Denise Grady, "An immune system trained to kill cancer", *New York Times*, 9 de setembro de 2011.

266 envolvem a proteômica – a decodificação
Henry Rodriguez, "Fast-tracking personalized medicine: the new proteomics pipeline", *R&D Directions*, 2012, http://www.pharmalive.com/magazines/randd/view.cfm?articleID=9178#.

266 de todas as proteínas traduzidas pelos genes nas diversas formas de câncer
Danny Hillis, "Understanding cancer through proteomics", TEDMED 2010, outubro de 2010, http://www.ted.com/talks/danny_hillis_two_frontiers_of_cancer_treatment.html.

266 se assemelha mais a uma lista de peças ou ingredientes
Ibid.

267 reprogramar células para restaurar os músculos do coração
Leila Haghighat, "Regenerative medicine repairs mice from top to toe", *Nature*, 18 de abril de 2012.

267 modo mais eficaz de combater esses males está na mudança no estilo de vida
Organização Mundial de Saúde, World Health Statistics, 2011, p. 19.

267 da América do Norte e da Europa Ocidental e está presente no resto do mundo
Pedro C. Hallal *et al.*, "Global physical activity levels: surveillance progress, pitfalls, and prospects", *Lancet* 380, nº 9838 (2012), pp. 247-57; Gretchen Reynolds, "The couch potato goes global", *New York Times*, Well blog, 18 de julho de 2012, http://well.blogs.nytimes.com/2012/07/18/the-couch-potato-goes-global/.

267 inatividade física mata mais do que os danos causados pelo cigarro
Pamela Das e Richard Horton, "Rethinking our approach to physical activity", *Lancet* 380, nº 9838 (2012), pp. 189-90; Reynolds, "The couch potato goes global".

267 uma em cada dez mortes no mundo decorre de doenças causadas pelo sedentarismo
Para vários artigos sobre atividade física e sedentarismo, ver *Lancet* 380, nº 9838 (2012), pp. i, 187-306; Matt Sloane, "Physical inactivity causes 1 in 10 deaths worldwide, study says", CNN, 18 de julho de 2012, http://www.cnn.com/2012/07/18/health/physical-inactivity-deaths/index.html.

267 aplicativos para celular que ajudam o usuário a controlar a ingestão de calorias
David H. Freeman, "The perfected self", *Atlantic*, junho de 2012.

267 alguns *headbands*
Mark Bowden, "The measured man", *Atlantic*, julho/agosto de 2012.

267 Os transtornos de humor
"Counting every moment", *Economist*, 3 de março de 2012.

268 análises genéticas específicas para melhorar suas necessidades nutricionais individuais
April Dembosky, "Olympians trade data for tracking devices", *Financial Times*, 22 de julho de 2012.

268 monitores digitais que medem a frequência cardíaca
Gary Wolf, "The data-driven life", *New York Times Magazine*, 28 de abril de 2010; "Counting every moment", *Economist*, 3 de março de 2012; Freeman, "The perfected self".

268 capazes de emitir informações o tempo todo
Sharon Gaudin, "Nanotech could make humans immortal by 2040, futurist says", *Computerworld*, 1º de outubro de 2009; Bowden, "The measured man".

268 "o monitoramento constante é uma receita..."
Bowden, "The measured man".

268 havia indícios de que fazia mais mal do que bem
Gardiner Harris, "U.S. panel says no to prostate screening for healthy men", *New York Times*, 7 de outubro de 2011.

268 altamente desejáveis para as seguradoras
"Do not ask or do not answer?", *Economist*, 23 de agosto de 2007.

268 e empregadores
Adam Cohen, "Can you be fired for your genes?", *Time*, 2 de fevereiro de 2012.

269 por medo de perder o emprego ou ter sua apólice de seguro-saúde cancelada
Amy Harmon, "Insurance fears lead many to shun DNA tests", *New York Times*, 4 de fevereiro de 2008.

269 proíbe a divulgação ou a utilização indevida de informações genéticas
Cohen, "Can you be fired for your genes?".

269 Mas sua aplicação é difícil
Amy Harmon, "Congress passes bill to bar bias based on genes", *New York Times*, 2 de maio de 2008; Cohen, "Can you be fired for your genes?".

269 não oferece muitas garantias de proteção
Eric A. Feldman, "The Genetic Information Nondiscrimination Act (Gina): public policy and medical practice in the age of personalized medicine", *Journal of General Internal Medicine* 27, nº 6 (junho de 2012), pp. 743-6.

269 empregadores em geral arcarem com a maioria das despesas com saúde
Harmon, "Insurance fears lead many to shun DNA tests".

269 não garante ao paciente o acesso aos registros
Amy Dockser Marcus e Christopher Weaver, "Heart gadgets test privacy-law limits", *Wall Street Journal*, 28 de novembro de 2012.

269 fora de um contexto institucional
Freeman, "The perfected self".

269 conquistas da medicina personalizada avançam a passos largos
Chad Terhune, "Spending on genetic tests is forecast to rise sharply by 2021", *Los Angeles Times*, 12 de março de 2012.

269 Vários programas de saúde, por exemplo
Como as pessoas às vezes trocam de seguradora, a cobertura de cuidados preventivos de saúde bancada por uma companhia teoricamente acabaria por beneficiar sua concorrente.

269 os planos de saúde ofereçam cuidados preventivos
"Preventive services covered under the affordable care act", Healthcare.gov, 2012.

269 Como todos sabem, os gastos *per capita* dos Estados Unidos
Simon Rogers, "Healthcare spending around the world, country by country", *Guardian*, 30 de junho de 2012; Harvey Morris, "U.S. healthcare costs more than 'socialized' European medicine", *International Herald Tribune*, 28 de junho de 2012.

269 aos de nações que investem menos
Morris, "U.S. healthcare costs more than 'socialized' European medicine".

269 dezenas de milhões de pessoas ainda não têm acesso a um atendimento razoável
Emily Smith e Caitlin Stark, "By the numbers: health insurance", CNN, 28 de junho de 2012, http://edition.cnn.com/2012/06/27/politics/btn-health-care/index.html.

270 nos quais os custos das intervenções são mais altos
Sarah Kliff, "Romney was against emergency room care before he was for it", *Washington Post*, Ezra Klein's Wonkblog, 24 de setembro de 2012, http://www.washingtonpost.com/blogs/ezra-klein/wp/2012/09/24/romney-was-against-emergency-room-care-before-he-was-for-it/.

270 e as chances de sucesso, menores
Sarah Kliff, "The emergency department is not health insurance", *Washington Post*, Ezra Klein's Wonkblog, 24 de setembro de 2012, http://www.washingtonpost.com/blogs/ezra-klein/wp/2012/09/24/the-emergency-department-is-not-health-insurance/.

270 As reformas recém-implantadas vão melhorar significativamente alguns desses problemas
Emily Oshima Lee, Center for American Progress, "How ObamaCare is benefiting Americans", 12 de julho de 2012, http://www.americanprogress.org/issues/healthcare/news/2012/07/12/11843/update-how-obamacare-is-benefiting-americans/.

270 mas as questões subjacentes tendem a piorar
U.S. Government Accountability Office, "Federal government long-term fiscal outlook: spring 2012", 2 de abril de 2012, http://www.gao.gov/products/GAO-12-521SP.

270 A atividade securitária nasceu na Antiguidade
LifeHealthPro, "Timeline: the history of life insurance", 2012, http://www.lifehealthpro.com/interactive/timeline/history/.

270 na Grécia
American Bank, "A brief history of insurance", junho de 2011, http://www.american-bank.com/insurance/a-brief -history-of-insurance-part-3-roman-life-insurance/.

270 eram similares ao que hoje conhecemos como seguro funerário
Ibid.

270 surgiram na Inglaterra, no século 17
Habersham Capital, "The history of life insurance and life settlements", 2012, http://www.habershamcapital.com/brief-no2-history.

270 desenvolvimento das redes ferroviárias
"Health Insurance", Encarta, 2009, http://www.webcitation.org/5kwqZV6V7.

270 superar os valores que a maioria dos pacientes podia pagar
Timothy Noah, "A short history of health care", *Slate*, 13 de março de 2007, http://www.slatecom/articles/news_and_politics/chatterbox/2007/03/a_short_history_of_health_care.single.htm.

270 Blue Cross para despesas hospitalares
"Health Insurance", *Encarta*.

270 condições preexistentes
Noah, "A short history of health care".

270 deu passos preliminares
Kyle Noonan, New America Foundation, "Health reform through history: part I: the New Deal", 26 de maio de 2009, http://www.newamerica.net/blog/new-health-dialogue/2009/health-reform-through-history-part-i-new-deal-11961.

270 reação política da American Medical Association
Ibid.

270 considerava prioritário
Paul Starr, "In sickness and in health", *On the Media*, 21 de agosto de 2009, http://www.onthemedia.org/2009/aug/21/in-sickness-and-in-health/transcript/.

271 ofereceu uma quixotesca terceira oportunidade para retomar o caso, mas Roosevelt
Noonan, "Health reform through history: part I: the New Deal".

271 Durante a Segunda Guerra Mundial, com os salários (e preços) controlados
Noah, "A short history of health care".

271 passaram a oferecer coberturas de seguro-saúde
"Health Insurance", *Encarta*.

271 tentou reanimar a proposta de um seguro-saúde nacional, mas a oposição no Congresso
Starr, "In sickness and in health"; Noonan, "Health reform through history: part I: the New Deal".

271 o sistema híbrido de seguro-saúde pago pelo empregador tornou-se o principal modelo
Noah, "A short history of health care".

271 o governo implementou programas para ajudar esses dois grupos específicos
"Health Insurance", *Encarta*.

271 aqueles que mais precisavam do seguro-saúde eram os que enfrentavam mais dificuldade
Noah, "A short history of health care"; "Health insurance", *Encarta*.

272 alimentos geneticamente modificados devem apresentar essa informação nos rótulos
Gary Langer, "Poll: skepticism of genetically modified foods", ABC News, 19 de junho de 2011, http://abcnews.go.com/Technology/story?id=97567&page=1#.UGIUS7S1Ndx.

272 adotou o ponto de vista das grandes empresas do agronegócio
Tom Philpott, "Congress' big gift to Monsanto", *Mother Jones*, 2 de julho de 2012.

272 Na Europa, porém, esse procedimento é obrigatório na maioria dos países
Amy Harmon e Andrew Pollack, "Battle brewing over labeling of genetically modified food", *New York Times*, 25 de maio de 2012.

272 alfafa geneticamente modificada
Ibid.

272 cultiva o dobro de alimentos geneticamente alterados de qualquer outra nação
International Service for the Acquisition of Agri-biotech Applications, ISAAA Brief 43-2011, Global Status of Commercialized Biotech/GM Crops: 2011, http://www.isaaa.org/resources/publications/briefs/43/executivesummary/default.asp.

272 foi realizado um referendo pela rotulagem na Califórnia
Andrew Pollack, "After loss, the fight to label modified food continues", *New York Times*, 7 de novembro de 2012.

272 cerca de 70% dos alimentos processados
Harmon e Pollack, "Battle brewing over labeling of genetically modified food"; Richard Shiffman, "How California's GM food referendum may change what American eats", *Guardian*, 13 de junho de 2012; Center for Food Safety, "Genetically engineered crops", http://www.centerforfoodsafety.org/campaign/genetically-engineered-food/crops/.

272 como seus defensores gostam de enfatizar
Michael Antoniou, Claire Robinson e John Fagan, "GMO myths and truths, version 1.3", junho de 2012, http://earthopensource.org/files/pdfs/GMO_Myths_and_Truths/ GMO_Myths_and_Truths_1.3a.pdf, p.21; Council for Biotechnology Information, "Myths & facts: plant biotechnology", http://www.whybiotech.com/resources/myths_plantbiotech.asp#16.

272 passou por modificações genéticas durante a Idade da Pedra
Council for Biotechnology Information, "Myths & facts: plant biotechnology".

272 "plantas no processo de domesticação de cultivos alimentares"
Anne Cook, "Borlaug: will farmers be permitted to use biotechnology?", *Knight Ridder/Tribune*, 14 de junho de 2001.

272 apenas acelerando e conferindo mais eficiência a uma prática antiga
Council for Biotechnology Information, "Myths & facts: plant biotechnology".

272-273 nunca produziu qualquer aumento substancial no rendimento das colheitas
Doug Gurian-Sherman, *Failure to yield* (Cambridge: Union of Concerned Scientists, 2009).

273 preocupações ambientais que não podem ser facilmente descartadas
Michael Faure e Andri Wibisana, "Liability for damage caused by GMOs: an economic perspective", *Georgetown International Environmental Law Review* 23, nº 1 (2010), pp. 1-69.

273 padrão normal do código genético daquele organismo e pode causar
Antoniou, Robinson e Fagan, "GMO myths and truths, version 1.3".

273 FLAVR SAVR
G. Bruening e J. M. Lyons, "The case of the FLAVR SAVR tomato", *California Agriculture*, julho-agosto de 2000.

273 durar mais tempo depois de atingir o amadurecimento
Ibid.

273 resistência dos consumidores
Ibid.

273 contornos menos arredondados
"Square tomato", Davis Wiki, 2012, http://daviswiki.org/square_tomato.

273 **catastrófica perda de sabor do fruto**
Dan Charles, "How the taste of tomatoes went bad (and kept on going)", NPR, 28 de junho, 2012, http://www.npr.org/blogs/thesalt/2012/06/28/155917345/how-the-taste-of-tomatoes-went-bad-and-kept-on-going; Kai Kupferschmidt, "How tomatoes lost their taste", *ScienceNOW*, 28 de junho de 2012, http://news.sciencemag.org/ sciencenow/2012/ 6/how-tomatoes-lost-their-taste.html.

274 **Quase 11% de toda a terra cultivada**
Matthew Weaver, "Report: world embraces biotech crops", *Capital Press*, 1 de março de 2012.

274 **o número de hectares ocupados por lavouras geneticamente modificadas**
International Service for the Acquisition of Agri-biotech Applications, "Pocket K nº 16: Global status of commercialized biotech/GM crops in 2011", http://www.isaaa.org/resources/publications/pocketk/16/default.asp.

274 **Embora os Estados Unidos sejam, de longe, o maior produtor de transgênicos**
International Service for the Acquisition of Agri-biotech Applications, ISAAA Brief 43-2011, Global status of commercialized biotech/GM Crops: 2011, http://www.isaaa.org/resources/publications/briefs/43/executivesummary/default.asp.

274 **herbicidas produzidos pela Monsanto, constitui a maior safra alterada do planeta**
Ibid.; "Monsanto strong-arms seed industry", Associated Press, 4 de janeiro de 2011.

274 **Em seguida vem o milho**
International Service for the Acquisition of Agri-biotech Applications, ISAAA Brief 43- 2011, Global status of commercialized biotech/GM crops: 2011.

274 **nos Estados Unidos, onde 95% da soja**
"Monsanto strong-arms seed industry", Associated Press, 4 de janeiro de 2011.

274 **compram da Monsanto ou de um de seus revendedores**
International Service for the Acquisition of Agri-biotech Applications, ISAAA Brief 43- 2011, Global status of commercialized biotech/GM Crops: 2011.

274 **três gerações (ou ondas) da tecnologia**
J. Fernandez- Cornejo e M. Caswell, "The first decade of genetically engineered crops in the United States", U.S. Department of Agriculture, Economic Research Service, 2006; Gurian-Sherman, *Failure to yield*.

274 **introdução de genes que conferem ao milho**
Gurian-Sherman, *Failure to yield*.

274 **Com introdução de genes no milho**
Ibid. "Monsanto strong-arms seed industry", Associated Press; Beverly Bell, "Haitian farmers commit to burning Monsanto hybrid seeds", *Huffington Post*, 17 de maio de 2010, http://www.huffingtonpost.com/beverly-bell/haitian-farmers-commit-to_b_578807.html.

274 **melhorar a capacidade de sobrevivência das culturas durante as secas**
Fernandez-Cornejo e Caswell, "The first decade of genetically engineered crops in the United States". Vale notar que os geneticistas também desenvolveram uma nova variedade de arroz projetada para sobreviver à submersão completa por mais de duas semanas, em teste nos campos de arroz das Filipinas, atingidos por inundações.

274 **obter inicialmente uma redução nos custos de produção**
National Research Council, "Impact of genetically engineered crops on farm sustainability in the United States", 2010.

275 **espécie projetada para produzir seu próprio inseticida**
Ibid.; Calestous Juma, "Agricultural biotechnology: benefits, opportunities and leadership", relato à Câmara dos Deputados norte-americana, Committee on Agriculture, Subcommittee on Rural Development, Research, Biotechnology and Foreign Agriculture, 23 de junho de 2011, http://belfercenter.ksg.harvard.edu/files/ juma-hous-testimony-june-23-2011-rev.pdf.

275 **Na Índia, o novo algodão transformou o país em exportador**
Juma, "Agricultural Biotechnology".

275 **começaram a protestar contra o alto custo das sementes modificadas**
Gargi Parsai, "Protests mark 10th anniversary of Bt cotton", *Hindu*, 27 de março de 2012; Zia Haq, "Ministry blames Bt cotton for farmer suicides", *Hindustan Times*, 26 de março de 2012.

275 **tentativas de abandonar as culturas geneticamente modificadas**
Pallava Bagla, "India should be more wary of GM crops, parliamentary panel says", *Science Insider*, agosto de 2012.

275 **os rendimentos intrínsecos das culturas não compensam**
National Research Council, "Impact of genetically engineered crops on farm sustainability in the United States", 2010.

275 **alterações colaterais inesperadas no código genético das plantas**
Gurian-Sherman, *Failure to yield*.

275 **apresentou um rendimento maior e mais resistência aos efeitos da seca**
Conversa pessoal com o autor.

275 **a promessa de mais rendimento durante a seca**
Union of Concerned Scientists, "High and dry", maio de 2012, http://www.ucsusa.org/assets/documents/food_and_agriculture/high-and-dry-summary.pdf.

276 **interesse por variedades mais resistentes à falta d'água, sobretudo no caso do milho**
Gurian-Sherman, *Failure to yield*; Andrew Pollack, "Drought resistance is the goal, but methods differ", *New York Times*, 23 de outubro de 2008.

276 **genes operando juntos de maneiras**
"Why king corn wasn't ready for the drought", *Wired*, 9 de agosto de 2012.

276 **"na melhor das hipóteses, limitadas"**
Union of Concerned Scientists, "High and dry".

276 **introdução de genes que ampliam o valor nutricional**
Fernandez- Cornejo e Caswell, "The first decade of genetically engineered crops in the United States".

276 **milho com alto teor proteico, usado sobretudo na alimentação do gado**
Calestous Juma, *The new harvest: agricultural innovation in Africa* (Nova York: Oxford University Press, 2011).

276 **nova espécie de arroz com teores adicionais de vitamina A**
Juma, "Agricultural biotechnology: benefits, opportunities and leadership".

276 **aumentar a resistência a determinados fungos e vírus**
Pamela C. Ronald e James E. McWilliams, "Genetically engineered distortions", *New York Times*, 14 de maio de 2010.

276 terceira onda de culturas modificadas
Fernandez-Cornejo e Caswell, "The first decade of genetically engineered crops in the United States".

276 os teores de celulose e de lignina
National Research Council, "Impact of genetically engineered crops on farm sustainability in the United States"; Fernandez-Cornejo e Caswell, "The first decade of genetically engineered crops in the United States"; Fuad Hajji, "Engineering renewable cellulosic thermoplastics", Reviews in Environmental Science and Biotechnology 10, nº 1 (2011), pp. 25-30.

276 produção de alimentos em um mundo com população crescente e maior demanda por comida
Hajji, "Engineering renewable cellulosic thermoplastics".

277 dada a complexidade sem precedentes do desafio
Matt Ridley, "Getting crops ready for a warmer tomorrow", *Wall Street Journal*, 6 de julho de 2012.

277 a uma redução temporária nas perdas com pragas
Gurian-Sherman, *Failure to yield*; Antoniou, Robinson e Fagan, "GMO myths and truths, version 1.3".

277 National Bioeconomy Blueprint
Andrew Pollack, "White House promotes a bioeconomy", *New York Times*, 26 de abril de 2012.

277 adquirir rápida resistência aos herbicidas e inseticidas
National Research Council, "Impact of genetically engineered crops on farm sustainability in the United States"; Faure e Wibisana, "Liability for damage caused by GMOs"; Antoniou, Robinson e Fagan, "GMO myths and truths, version 1.3".

277 forçaram a mutação de novas variedades de pragas altamente resistentes
Faure e Wibisana, "Liability for damage caused by GMOs"; Antoniou, Robinson e Fagan, "GMO myths and truths, version 1.3".

277 criadas para sobreviver à aplicação de pesticidas
National Research Council, "Impact of genetically engineered crops on farm sustainability in the United States".

277 com o aumento da resistência, o uso global de herbicidas e pesticidas
Antoniou, Robinson e Fagan, "GMO myths and truths, version 1.3".

277 os defensores das culturas geneticamente modificadas contestam
Council for Biotechnology Information, "Myths & facts: plant biotechnology", http://www.whybiotech.com/resources/myths_plantbiotech.asp.

278 herbicidas mais potentes – e mais perigosos
Antoniou, Robinson e Fagan, "GMO myths and truths, version 1.3".

278 US$ 17,5 bilhões correspondem a herbicidas
Clive Cookson, "Agrochemicals: innovation has slowed since golden age of the 1990s", *Financial Times*, 13 de outubro de 2011.

278 usado pela força aérea norte-americana para devastar a vegetação durante a Guerra do Vietnã
"Agent Orange corn' debate rages as Dow seeks approval of new genetically modified seed", *Huffington Post*, 26 de abril de 2012, http://www.huffingtonpost.com/ 2012/04/26/enlist-dow-agent-orange-corn_n_1456129.html.

278 **"distúrbios glandulares, problemas reprodutivos, neurotoxicidade e imunossupressão"**
Ibid.

278 **em quase 60% no cinturão agrícola norte-americano**
Tom Philpott, "Researchers: GM crops are killing monarch butterflies, after all", *Mother Jones*, 21 de março de 2012.

278 **expansão da área com cultivos modificados para suportar o Roundup**
Ned Potter, "Are monarch butterflies threatened by genetically modified crops?", ABC News, 13 de julho de 2011, http://abcnews.go.com/Technology/monarch-butterflies-genetically-modified-gm-crops/story?id=14057436#.UA2kPUQ-KF4; Philpott, "Researchers: GM crops are killing monarch butterflies, after all".

278 **impacto negativo direto em pelo menos uma subespécie de borboletas-monarcas**
Faure e Wibisana, "Liability for damage caused by GMOs".

278 **os defensores dos transgênicos minimizem a importância desses efeitos**
Potter, "Are monarch butterflies threatened by genetically modified crops?"; Monsanto, "Frequently asked questions", http://www.monsanto.com/ hawaii/ Pages/faqs-hawaii.aspx.

278 **um novo grupo de inseticidas conhecido como neonicotinoides**
Elizabeth Kolbert, "Silent Hives", *New Yorker*, 20 de abril de 2012.

278 **desde que começaram a ocorrer, em 2006**
Ibid.

279 **uma em cada três porções**
U.S. Department of Agriculture, Agricultural Research Service, "Questions and answers: colony collapse disorder", 17 de dezembro de 2010, http://www.ars.usda.gov/News/docs.htm?docid=15572.

279 **as sementes devem ser compradas todos os anos**
Science Museum (UK), "Who benefits from GM?", http://www.sciencemuseum.org.uk/antenna/futurefoods/debate/debateGM_CIPbusiness.asp.

279 **introduzir genes que não cabem no projeto da empresa de transgênicos**
Miriam Jordan, "The big war over a small fruit", *Wall Street Journal*, 13 de julho de 2012.

279 **com pólen de espécies cítricas com sementes**
Ibid.

279 **as principais culturas comercializadas**
Union of Concerned Scientists, "Industrial agriculture: features and policy", 17 de maio de 2007, http://www.ucsusa.org/food_and_agriculture/science_and_impacts/impacts_industrial_agriculture/industrial-agriculture-features.html.

279 **dependência de monoculturas torne a agricultura altamente vulnerável a pragas**
Ibid.

279 **ferrugem do caule começou a atacar plantações de trigo em Uganda**
"Scientists in Kenya try to fend off disease threatening world's wheat crop", PBS NewsHour, 28 de dezembro de 2011, http://www.pbs.org/newshour/bb/globalhealth/july-dec11/ heat_12-28.html.

280 **O mesmo aconteceu com a mandioca**
Donald G. McNeil Jr., *New York Times*, "Virus ravages cassava plants in Africa", 1 de junho de 2010.

280 "A velocidade não tem precedentes"
Ibid.

280 dependência irlandesa de uma cepa cultivada em regime de monocultura na cordilheira dos Andes
Nicholas Wade, "Testing links potato famine to an origin in the Andes", *New York Times*, 7 de junho de 2011.

280 Em 1970, 60% da safra norte-americana de milho foi destruída
Union of Concerned Scientists, "Industrial agriculture: features and policy".

280 esforço voltado à modificação genética de árvores
Clive Cookson, "Barking up the right GM tree?", *Financial Times*, 20 de julho de 2012.

281 genes de uma espécie para o genoma de outra
National Research Council, "Emerging technologies to benefit farmers in sub-saharian Africa and South Asia", 2009.

281 hormônio sintético de crescimento que aumenta a produção de leite
Carina Storrs, "Hormones in food: should you worry?", Health.com/*Huffington Post*, 19 de janeiro de 2011.

281 níveis elevados de IGF e o maior risco de câncer de próstata
Ibid.

281 obrigatoriedade de informar a presença da substância no rótulo dos produtos
Andrew Martin, "Consumers won't know what they're missing", *New York Times*, 11 de novembro de 2007.

281 diminuiu significativamente o uso
Dan Shapley, "Eli Lilly buys Monsanto's dairy hormone business", *Daily Green*, 20 de agosto de 2008, http://www.thedailygreen.com/healthy-eating/eat-safe/rbst-hormones-milk-470820; "Safeway milk free of bovine hormone", Associated Press, 21 de janeiro de 2007.

281 embriões de vacas leiteiras
Haze Fan e Maxim Duncan, "Cows churn out 'human breast milk'", Reuters, 16 de junho de 2011.

282 Instituto Nacional de Tecnologia Agropecuária
Robin Yapp, "Scientists create cow that produces 'human' milk", *Telegraph*, 11 de junho de 2011.

282 destinado ao consumo direto por seres humanos
Harmon e Pollack, "Battle brewing over labeling of genetically modified food".

282 salmão com um gene extra de hormônio do crescimento
Andrew Pollack, "Panel leans in favor of engineered salmon", *New York Times*, 20 de setembro de 2010.

282 cresce duas vezes mais rápido do que o peixe normal
Randy Rieland, "Food, modified food", *Smithsonian*, 29 de junho de 2012.

282 possibilidade de aumento dos níveis de hormônios do crescimento similares à insulina
Storrs, "Hormones in food: should you worry?".

282 transformando as espécies de uma forma não intencional
Pollack, "Panel leans in favor of engineered salmon"; Bill Chameides, "Genetically modified salmon: the meta-question", *New Scientist*, 23 de novembro de 2010.

282 reduzir a quantidade de fósforo presente nas fezes
Andrew Pollack, "Move to market gene-altered pigs in Canada is halted", *New York Times*, 4 de abril de 2012.

282 o nome de "Enviropigs"
University of Guelph, "Enviropig™", http://www.uoguelph.ca/enviropig/index.shtml.

282 fósforo funciona como uma fonte de proliferação de algas
University of Guelph, "Environmental benefits", http://www.uoguelph.ca/enviropig/environmental_benefits.shtml.

282 abandonaram o projeto e sacrificaram os porcos
Pollack, "Move to market gene-altered pigs in Canada is halted".

282 mas também porque outros pesquisadores criaram uma enzima
Clive Cookson, "Agrochemicals: innovation has slowed since golden age of the 1990s", *Financial Times*, 13 de outubro de 2011.

283 adicionada à ração suína
Pollack, "Move to market gene-altered pigs in Canada is halted".

282 ocorreram tentativas envolvendo insetos
Henry Nicholls, "Swarm troopers: mutant armies waging war in the wild", *New Scientist*, 12 de setembro de 2011.

282 e mosquitos
Michael Specter, "The mosquito solution", *New Yorker*, 9 e 16 de julho de 2012, pp. 38-46.

espécie de mosquito transmissor da dengue
Nicholls, "Swarm troopers".

283 Sem acesso ao antibiótico
Andy Coghlan, "Genetically altered mosquitoes thwart dengue spreaders", *New Scientist*, 11 de novembro de 2010; Nicholls, "Swarm troopers".

283 quis introduzir seus mosquitos
Specter, "The mosquito solution".

283 efeitos imprevisíveis e potencialmente negativos sobre o ecossistema
Nicholls, "Swarm troopers"; Specter, "The mosquito solution".

283 pequeno número da prole consegue resistir
Nicholls, "Swarm troopers"; Specter, "The mosquito solution"; Andrew Pollack, "Concerns are raised about genetically engineered mosquitoes", *New York Times*, 31 de outubro de 2011.

283 espalharem a característica ao resto da população
Nicholls, "Swarm troopers"; Specter, "The mosquito solution".

283 "podem ter impactos sérios sobre a ecologia de algumas doenças infecciosas"
Tim Sandle, "Link between dengue fever and climate change in the US", *Digital Journal*, 7 de julho de 2012, http://digitaljournal.com/print/article/328094.

283 dengue, que hoje atinge cerca de 100 milhões de pessoas por ano
Organização Mundial da Saúde, Dengue and severe dengue fact sheet, janeiro de 2012, http://www.who.int/mediacentre/factsheets/fs117/en/.

283 provoca milhares de mortes
Yenni Kwok, "Across Asia, dengue fever cases reach record highs", *Time*, 24 de setembro de 2010.

283 um dos principais sintomas a intensa dor nas articulações
Margie Mason, "Dengue fever outbreak hits parts of Asia", Associated Press, 26 de outubro de 2007.

283 registros de surtos na Ásia, nas Américas e na África
Suzanne Moore Shepherd, "Dengue", Medscape Reference, http://emedicine.medscape.com/article/215840-overview.

283 a Segunda Guerra Mundial a incidência manteve-se sob controle
Ibid.

283 o problema tenha se disseminado para outros continentes
Ibid.; Thomas Fuller, "The war on dengue fever", *New York Times*, 3 de novembro de 2008.

283 Em 2012, ocorreram 37 milhões de casos só na Índia
Harris, "As dengue fever sweeps India, a slow response stirs experts' fears".

284 a dengue permaneceu limitada às regiões tropicais e subtropicais
Jennifer Kyle e Eva Harris, "Global spread and persistence of dengue", *Annual Review of Microbiology* 62 (2008), pp. 71-92.

284 ocorrência de surtos no sul dos Estados Unidos
Sandle, "Link between dengue fever and climate change in the US".

284 entre elas, a Aids
Jim Robbins, "The ecology of disease", *New York Times*, 15 de julho de 2012. A expansão da pecuária em áreas onde os animais selvagens vivem em estreita proximidade tem sido apontada como um fator de propagação de doenças de animais selvagens para animais domésticos e para as pessoas. A gripe aviária, por exemplo, atingiu animais domésticos depois de surgir em animais selvagens. O vírus HIV chegou até os seres humanos há nove décadas, quando caçadores matavam chimpanzés e vendiam a carne para consumo humano. O ebola, vírus extremamente mortal identificado pela primeira vez em 1976 nas regiões de fronteira do oeste do Sudão e no nordeste da República Democrática do Congo, surgiu primeiro em chimpanzés, gorilas, macacos, antílopes e morcegos frugívoros.

284 estreita proximidade com animais
Ibid.

284 Estima-se que 60% de nossas novas doenças infecciosas
Sonia Shah, "The spread of new diseases: the climate Connection", *Yale Environment* 360, 15 de outubro de 2009.

284 superam as células do nosso corpo
Robert Stein, "Finally, a map of all the microbes on your body", NPR, 13 de junho de 2012, http://www.npr.org/blogs/health/2012/06/13/154913334/finally-a-map-of-all-the-microbes-on-your-body.

284 com cerca de 100 trilhões de micróbios
Carl Zimmer, "Tending the body's microbial garden", *New York Times*, 19 de junho de 2012.

284 3 milhões de genes não humanos
"Microbes maketh man", *Economist*, 21 de abril de 2012, http://www.economist.com/node/21560559.

284 publicaram o sequenciamento genético dessa comunidade de bactérias
Human Microbiome Project Consortium, "A framework for human microbiome research", *Nature*, 14 de junho de 2012.

284 como ocorre com os tipos sanguíneos
Robert T. Gonzalez, "Ten ways the Human Microbiome Project could change the future of science and medicine", 25 de junho, 2012, http://io9.com/5920874/10-ways-the-human-microbiome-project-could-change-the-future-of-science-and-medicine.

285 a equipe identificou 8 milhões de genes
Rosie Mestel, "Microbe census maps out human body's bacteria, viruses, other bugs", *Los Angeles Times*, 13 de agosto de 2012.

285 imunidade adquirida, em especial durante a primeira infância
James Randerson, "Antibiotics linked to huge rise in allergies", *New Scientist*, 27 de maio de 2004, http://www.newscientist.com/article/dn504-antibiotics-linked-to-huge-rise-in-allergies.html.

285 "os micróbios presentes na flora intestinal constituem um braço do sistema imunológico"
Ibid.

285 tem de aprender a distinguir invasores a partir de células do próprio corpo
National Institute of Arthritis and Musculoskeletal and Skin Diseases, Understanding autoimmune diseases, setembro de 2010, http://www.niams.nih.gov/health_info/autoimmune/default.asp.

285 contribuindo para a rápida ascensão de males
Martin Blaser, "Antibiotic overuse: stop the killing of beneficial bacteria", *Nature*, 25 de agosto de 2011; Mette Nørgaard *et al.*, Aarhus University Hospital, "Use of penicillin and other antibiotics and risk of multiple sclerosis: a population-based case-control study", *American Journal of Epidemiology* 174, nº 8 (2011), pp. 945-8.

285 diabetes do tipo 1
Blaser, "Antibiotic overuse".

285 esclerose múltipla
Nørgaard *et al.*, "Use of penicillin and other antibiotics and risk of multiple sclerosis".

285 doença de Crohn e colite
"Antibiotic use tied to Crohn's, ulcerative colitis", Reuters, 27 de setembro de 2011.

285 O sistema imunológico humano não está totalmente formado quando nascemos
Zimmer, "Tending the body's microbial garden".

285 desenvolve-se e amadurece após o nascimento
Ibid.

285 os seres humanos têm o maior período de infância e desamparo entre todos os animais
Alison Gopnik, *The philosophical baby: what children's minds tell us about truth, love and the meaning of life* (Nova York: Farrar, Straus & Giroux, 2009).

285 desenvolvimento do cérebro após o parto
David F. Bjorklund, *Why youth is not wasted on the young: immaturity in human development* (Malden: Blackwell, 2007).

285 aprendizagem ocorre por meio da interação com o meio ambiente
Gopnik, *The philosophical baby*.

285 destruir vírus ou bactérias invasores
National Institute of Arthritis and Musculoskeletal and Skin Diseases, setembro de 2010, Understanding autoimmune diseases.

285 não fazem distinção entre bactérias nocivas e bactérias sociais
Zimmer, "Tending the body's microbial garden".

286 Julie Segre, pesquisadora sênior
Ibid.

286 envolvidos no equilíbrio da energia e do apetite
Blaser, "Antibiotic Overuse".

286 o *H. pylori* vive dentro de nós em grande número há mais 58 mil anos
Kate Murphy, "In some cases, even bad bacteria may be good", *New York Times*, 31 de outubro de 2011.

286 o micróbio mais comum encontrado no estômago da maioria dos seres humanos
Martin Blaser, "Antibiotic Overuse".

286 "também pode erradicar o *H. pylori* em 20% a 50% dos casos"
Ibid.

286 essencial para o controle de gastrites
Murphy, "In some cases, even bad bacteria may be good".

286 "são mais propensas a desenvolver asma, febre do feno ou alergias de pele durante a infância"
Blaser, "Antibiotic overuse".

286 ausência também está associada ao aumento do refluxo
Ibid.

286 nas entranhas de ratos funciona como proteção contra a asma
Murphy, "In some cases, even bad bacteria may be good".

286 cerca de 160% em todo o mundo nas últimas duas décadas
Randerson, "Antibiotics linked to huge rise in allergies".

286 grelina, uma das chaves para o apetite
Murphy, "In some cases, even bad bacteria may be good".

287 causadas por micróbios nocivos, em geral combatidos pelos micróbios "do bem"
Zimmer, "Tending the body's bicrobial garden".

287 com a restauração do microbioma interno
Ibid.

CAPÍTULO 6: LIMITES

291 incrivelmente fina camada de atmosfera
Glen Peters *et al.*, "Rapid growth in CO_2 emissions after the 2008-2009 global financial crisis", *Nature Climate Change 2* (2012), pp. 2-4.

291 acúmulos decorrentes da Revolução Industrial
Estimativas originais extraídas de Scott Mandia, "Global warming: man or myth: and you think the oil spill is bad?", 17 de junho de 2010, http://profmandia.wordpress.com/2010/06/17/and-you-think-the-oil-spill-is-bad/. Os cálculos originais de Mandia foram revistos de forma a considerar as estimativas mais recentes de barris/dia. Fonte: Marcia McKnutt *et al.*, "Review of flow rate estimates of the Deepwater Horizon oil spill", *Proceedings of the National Academy of Sciences*, 20 de dezembro de 2011.

291 a extinção estimada de 20% a 50% das espécies do planeta
Nicholas Stern, *The economics of climate change: the stern review* (Nova York: Cambridge University Press, 2007).

291 **400 mil bombas atômicas como que foi lançada em Hiroshima**
James Hansen, "Why I must speak out about climate change", TED Talks, fevereiro de 2012.

292 **já se tornaram competitivas em termos de preço médio**
"Commercial solar now cost-competitive in US", *CleanTechnica*, 20 de junho de 2012, http://cleantechnica.com/2012/06/20/commercial-solar-now-cost-competitive-us/; "Wind innovations drive down costs, stock prices", Bloomberg, 14 de março de 2012, http://go.bloomberg.com/multimedia/wind-innovations-drive-down-costs-stock-prices/; "Grid parity and beyond: Brazilian wind energy supported by turbines manufactured at 'chinese prices'", CleanTechInvestor, 29 de agosto de 2011, http://www.cleantechinvestor.com/events/es/bwec-blog/301-grid-parity-and-beyond-brazilian-wind-energy-supported-by-turbines-manufactured-at-chinese-prices-.html.

292 **até 2015 as alternativas renováveis serão a segunda maior fonte de geração de energia no planeta**
Agência Internacional de Energia, World Energy Outlook 2012.

292 **a cada hora uma quantidade de energia solar potencialmente utilizável maior do que a necessária para abastecer**
Nathan Lewis e Daniel Nocera, "Powering the planet: chemical challenges in solar energy utilization", Proceedings of the National Academy of Sciences 103 (outubro de 2006), pp. 15.729-35.

292 **potencial para a energia eólica também excede**
Xi Lu *et al.*, "Global potential for wind-generated electricity", Proceedings of the National Academy of Sciences 106 (junho de 2009), pp. 10.933- 8.

292 **períodos em que mais da metade da eletricidade consumida na Alemanha**
Reuters, "Solar power generation world record set in Germany", *Guardian*, 28 de maio de 2012.

292 **geração elétrica adicional do mundo inteiro**
Fiona Harvey, "Renewable energy can power the world, says landmark IPCC study", *Guardian*, 9 de maio de 2011.

292 **superaram os valores alocados na produção de combustíveis fósseis (US$ 187 bilhões contra US$ 157 bilhões)**
Alex Morales, "Renewable power trumps fossils for first time as UN talks stall", Bloomberg News, 25 de novembro de 2011.

292

293 **102% em relação a 2009**
Climate Guest Blogger, "Solar is the 'fastest growing industry in America' and made record cost reductions in 2010", Think Progress Climate, 16 de setembro de 2011, http://thinkprogress.org/climate/2011/09/16/ 321131/solar-fastest-growing-industry-in-america-and-made-record-cost-reductions/.

293 **cerca de 30% de todas as emissões de carbono se originam da construção civil**
Harvard Center for Health and the Global Environment, "The built environment", http://chge.med.harvard.edu/topic/built-environment.

293 **dois terços de todas as edificações necessárias em 2050 ainda estão para ser erguidos**
Alexis Biller e Chris Phillips, "The role of engineering in the built environment", conferência na Institution of Engineering and Technology, Londres, 26 de novembro de 2009.

293 "em média, 30% da energia consumida em edifícios comerciais é desperdiçada..."
A better building, a better bottom line, a better world, Environmental Protection Agency (2010), htttp://www.energystar.gov/ia/partners/publications/pubdocs/C+I_brochure.pdf.

295 se preocupam mais com o aquecimento global do que a maioria dos políticos eleitos
"Climate change may challenge national security, classified report warns", *ScienceDaily*, 26 de junho de 2008, http://www.sciencedaily.com/releases/2008/06/080625090302.htm.

295 "...nosso governo, nossas instituições e nossas fronteiras"
Don Belt, "The coming storm: Bangladesh", *National Geographic*, maio de 2005.

295 "...causa direta de crises humanas em grande escala"
David Zhang e Harry Lee, "The causality analysis of climate change and large-scale human crisis", *Proceedings of the National Academy of Sciences* 108 (março de 2011), pp. 17.296-301.

295 América Central, e com a colonização temporária do sul da Groenlândia
Scott Mandia, Suffolk University, "Vikings during the Medieval warm period", http://www2.sunysuffolk.edu/mandias/lia/vikings_during_mwp.html; Brian Fagan, *The long summer: how climate changed civilization* (Nova York: Basic Books, 2004), p. 236.

295-296 seus caiaques rumo à Escócia. Um pouco mais ao sul, milhões de pessoas morreram
Scott Mandia, Suffolk University, "The little Ice Age in Europe", http://www2.sunysuffolk.edu/mandias/lia/little_ice_age.html.

296 uma cadeia de eventos que, por fim, resultou na Peste Negra
Lei Xu *et al.*, "Nonlinear effect of climate on plague during the third pandemic in China", *Proceedings of the National Academy of Sciences*, 4 de maio de 2011.

296 a extraordinária erupção do vulcão Tambora
"Volcanic eruption, Tambora", *Encyclopedia of Global Environmental Change* (Chichester, Inglaterra: Wiley, 2002), pp. 737-8.

296 Estima-se que 25% de todo o carbono
David Archer e Victor Brovkin, "The millennial atmospheric lifetime of anthropogenic CO_2", *Climatic Change* 90 (2008), pp. 283-97; correspondência pessoal com Daniel Schrag, 19 de janeiro de 2011.

296 a última década registrou
Nasa, "Nasa finds 2011 ninth-warmest year on record", 19 de janeiro de 2012, http://www.nasa.gov/topics/earth/features/2011-temps.html.

296 inundações que atingiram o Paquistão e desabrigaram 20 milhões de pessoas
"Pakistan floods leave 20 million homeless", CBC News, 14 de agosto de 2010, http://www.cbc.ca/news/world/story/2010/08/14/pakistan-floods-homeless.html.

296 Ondas de calor sem precedentes na Europa, em 2003
J. Robine *et al.*, "Death toll exceeded 70,000 in Europe during summer of 2003", *Comptes Rendus Biologies*, fevereiro de 2008.

296 na Rússia, em 2010, causaram 55 mil mortes
"World disasters report: 2010 death toll highest in decade", Cruz Vermelha, 22 de setembro de 2011, http://www.redcross.org.au/world-disasters-report-2010-deathtoll-highest-in-decade.aspx.

296 **incêndios e prejuízos para a agricultura, o que elevou os preços dos alimentos a níveis recordes**
"World food prices at fresh high, says UN", BBC, 5 de janeiro de 2011, http://www.bbc.co.uk/news/business-12119539.

296 **Enchentes no nordeste da Austrália, em 2011**
J. David Goodman, "Australia flooding displaces thousands", *New York Times*, 31 de dezembro de 2010.

297 **grandes secas no sul da China**
Edward Wong, "Drought leaves 14 million chinese and farmland parched", *New York Times*, 9 de setembro de 2010.

297 **sudoeste da América do Norte, em 2011**
Kim Severson e Kirk Johnson, "14 states suffering under drought", *New York Times*, 12 de julho de 2011.

297 **furacão Sandy**
James Barron, "After the devastation, a daunting recovery", *New York Times*, 30 de outubro de 2012.

297 **o ar mais quente *retém* mais vapor**
Kevin Trenberth, "Changes in precipitation with climate change", *Climate Research* 47 (2010), pp. 123-38.

297 **grande efeito sobre o ciclo da água**
Ibid.

297 **interiorizam para regiões onde as condições favorecem a formação de uma chuva torrencial**
Kevin Trenberth, "Conceptual framework for changes of extremes of the hydrological cycle with climate change", *Climatic Change* 42 (1999), pp. 327-39.

297 **escoa através do solo para reabastecer os lençóis subterrâneos**
IPCC, Grupo de Trabalho 2, "3.4.2 Groundwater", 2007, http://www.ipcc.ch/publications_and_data/ar4/wg2/en/ch3s3-4-2.html.

298 **aumentam ainda mais a temperatura**
Ben Brabson *et al.*, "Soil moisture and predicted spells of extreme temperatures in Britain", *Journal of Geophysical Research* 110 (2004).

298 **a vulnerabilidade do solo à erosão provocada pelo vento**
Governo de Nova Gales do Sul, "Wind erosion", 2 de março de 2011, http://www.environment.nsw.gov.au/soildegradation/winder.htm.

298 **"não entender o real perigo da situação em que estamos"**
Justin Gillis, "A warming planet struggles to feed itself", *New York Times*, 6 de junho de 2011.

298 **um mês de alta recorde no preço de alimentos**
Yaneer Bar-Yam e Greg Lindsay, "The real reason for spikes in food prices", Reuters, 25 de outubro de 2012.

298 **novos picos previstos para 2013**
Emma Rowley e Garry White, "World on track for record food prices 'within a year' due to US drought", *Telegraph*, 23 de setembro de 2012.

298 **Mais de 65% do território norte-americano enfrentou condições de estiagem**
Michael Pearson e Melissa Abbey, "U.S. drought biggest since 1956, climate

agency says", CNN, 17 de julho de 2012, http://www.cnn.com/2012/07/6/s/s-drought/index.html.

298 **"a chuva não cai na época das chuvas..."**
Gillis, "A warming planet struggles to feed itself".

298 **"...subvalorização da sensibilidade das culturas ao calor"**
Justin Gillis, "Food supply under strain on a warming planet", *New York Times*, 4 de junho de 2011.

299 **o efeito de fertilização do CO_2 é bem menor do que o previsto**
Ibid.

299 **as ervas daninhas parecem se beneficiar mais do gás carbônico adicional**
Tim Christopher, "Can weeds help solve the climate crisis?", *New York Times*, 9 de junho de 2008.

299 **as temperaturas superam os 29 °C**
Schlenker e Roberts, "Nonlinear temperature effects indicate severe damages to U.S. crop yields under climate change".

299 **o rendimento despenca ainda mais a cada grau adicional**
Ibid.

299 **o descontrole dos padrões de chuva**
Ibid.

299 **quedas de produtividade similares ocorrem quando as temperaturas começam a ultrapassar**
Ibid.

299 **a primavera chegando cerca de uma semana antes e o outono, uma semana depois**
Alexander Stine *et al.*, "Changes in the phase of the annual cycle of surface temperature", *Nature*, 22 de janeiro 2009.

299 **privando as regiões de água**
Thomas Karl *et al.*, *Global climate change impacts in the United States* (Washington, DC: U.S. Climate Change Science Program, 2009), p. 41.

299 **os registros noturnos têm, no mínimo, a mesma importância**
Christopher Mims, "Why 107-degree overnight temperatures should freak you out", Grist, 21 de julho de 2011, http://grist.org/list/2011-07-21-nyc-mayor-bloomberg-gives-50-million-to-fight-coal-michael-bloom/.

299 **o aquecimento global eleva mais as temperaturas noturnas**
IPCC, "WG1: FAQ 3.3", 2007, http://www.ipcc.ch/publications_and_data/ar4/wg1/en/faq-3-3.html.

299 **corresponde uma redução linear na produção de trigo**
PV Prasad *et al.*, "Impact of nighttime temperature on physiology and growth of spring wheat", *Crop Science* 48 (2008), pp. 2372-80.

300 **caiu cerca de 5,5% devido a fatores relacionados ao clima**
David Lobell *et al.*, "Climate trends and global crop production since 1980", *Science*, julho de 2011.

300 **caiu 10% para cada grau Celsius acrescido**
Shaobing Peng *et al.*, "Rice yields decline with higher night temperature from global warming", *Proceedings of the National Academy of Sciences*, julho de 2004.

300 **"...consequências negativas das mudanças na variabilidade das culturas"**
Noah Diffenbaugh *et al.*, "Global warming presents new challenges for maize pest management", *Environmental Research Letters*, 2008.

300 pulgões e alguns besouros
Orla Demody *et al.*, "Effects of Elevated CO_2 and O_3 on leaf damage and insect abundance in a soybean agroecosystem", *Anthropod-Plant Interactions*, julho de 2008.

300 "Isso significa que as perdas das colheitas podem aumentar no futuro"
Union of Concerned Scientists, "Crops, beetles and carbon dioxide", 11 de maio de 2010, http://www.ucsusa.org/global_warming/science_and_impacts/impacts/Global-warming-insects.html.

300 neutralização de genes essenciais para a soja
Jorge Zavala *et al.*, "Anthropogenic increase in carbon dioxide compromises plant defense against invasive insects", *Proceedings of the National Academy of Sciences*, janeiro de 2008.

300 "...indefesa contra a atuação dos herbívoros"
Union of Concerned Scientists, "Crops, beetles and carbon dioxide".

301 "...consideráveis inimigos da produção de alimentos"
CGIAR, "Climate change puts Southeast Asia's billion dollar cassava industry on high alert for pest and disease outbreaks", 13 de abril de 2012, http://ccafs.cgiar.org/news/press-releases/climate-change-puts-southeast-asia%E2%80%99s-billion-dollar-cassava-industry-high-alert.

301 "...um a cinco ciclos de vida adicionais a cada estação"
Shyam S. Yadav *et al.*, *Crop adaptation to climate change* (Ames, IA: Wiley-Blackwell, 2011), p. 419.

301 pragas e doenças que se disseminam sob climas mais quentes
CGIAR, "Climate change puts Southeast Asia's billion dollar cassava industry on high alert for pest and disease outbreaks".

301 "...Sudeste Asiático, no sul da China e nas regiões produtoras de mandioca do sul da Índia"
Ibid.

301 "...aumento na propagação da doença e no agravamento do aquecimento global"
"Global warming may spread diseases", CBS News, 11 de fevereiro de 2009, http://www.cbsnews.com/2100-205_162-512920.html.

302 males como a dengue e a febre do Nilo Ocidental, entre outros
Sonia Shah, "The spread of new diseases: the climate connection", *Yale Environment* 360, 15 de outubro de 2009; Nicole Heller, "The climate connection to dengue fever", Climate Central, 12 de maio de 2010, http://www.climatecentral.org/blogs/the-climate-connection-to-dengue-fever/.

302 "...hospedeiros e de agentes patogênicos, a duração da época de transmissão e o tempo e a intensidade dos surtos"
Union of Concerned Scientists, "Early warning signs of global warming: spreading disease", http://www.ucsusa.org/global_warming/science_and_impacts/impacts/early-warning-signs-of-global-9.html.

302 "...epidemias caracterizam-se por altos níveis de morbidade e mortalidade"
Ibid.

302 pior surto da febre do Nilo Ocidental
Thomas Maugh, "West Nile outbreak worst ever, CDC says", *Los Angeles Times*, 5 de setembro de 2012.

302 pela primeira vez desde 1966, recorreu à pulverização
"Dallas West Nile virus outbreak leads Texas city's mayor to approve aerial spraying", *Huffington Post*, 15 de agosto de 2012.

302 os agentes de saúde começaram a pedir
"Health officials: no need to call 911 for mosquito bites", CBS DFW, 24 de agosto de 2012, http://dfw.cbslocal.com/2012/08/24/health-officials-no-need-to-call-911-for-mosquito-bites/.

302 A doença se propagou
Centers for Disease Control and Prevention, "West Nile virus", 20 de novembro de 2012, http://www.cdc.gov/ncidod/dvbid/westnile/index.htm.

303 "...fenômenos climáticos extremos e de longo prazo associados às mudanças climáticas"
Paul Epstein, "West Nile virus and the climate", *Journal of Urban Health* 78 (2001), pp. 367-71.

303 "Existem previsões dos efeitos da mudança climática sobre a febre do Nilo Ocidental..."
Christie Wilcox, "Is climate to blame for this year's West Nile outbreak?", *Scientific American*, 22 de agosto de 2012.

303 a década mais quente já aferida
Nasa GISS, "2009: second warmest year on record; end of warmest decade", 21 de janeiro de 2010, http://www.giss.nasa.gov/research/news/20100121/.

303 outubro foi o 332º mês seguido
National Climatic Data Center, National Oceanic and Atmospheric Administration, "State of the climate : global analysis, October 2012", http://www.ncdc.noaa.gov/sotc/global/2012/10.

303 toxinas no milho e em outras culturas que não conseguiram processar os fertilizantes à base de nitrogênio
"After drought blights crops, US farmers face toxin threats", Reuters, 16 de agosto de 2012.

304 inovadora análise estatística
James Hansen *et al.*, "Perception of climate change", *Proceedings of the National Academy of Sciences*, agosto de 2012.

304 apenas de 0,1% a 0,2% da superfície do planeta
Ibid.

304 períodos de calor muito fora do limite da variação observada até então
Ibid.

305 frequência de registros extremamente quentes subiu de maneira dramática
Ibid.

305 temperaturas devem subir 4 ºC
Potsdam Institute for Climate Impact Research and Climate Analytics, *Turn Down the Heat: Why a 4 Degree C Warmer World Must Be Avoided*, relatório para o Banco Mundial, novembro de 2012, http://climatechange.worldbank.org/sites/default/files/Turn_Down_the_heat_Why_a_4_degree_centrigrade_warmer_world_must_ be_avoided.pdf.

305 "não existe certeza de que conseguiremos nos adaptar a um mundo 4 ºC mais quente"
Brad Plumer, "We're on pace for 4 °C of global warming. Here's why that terrifies the World Bank", *Washington Post*, 19 de novembro de 2012.

306 as projeções para "o pior dos casos" são as que têm mais probabilidade de ocorrer
Brian Vastag, "Warmer still: extreme climate predictions appear most accurate, report says", *Washington Post*, 8 de novembro de 2012.

306 uma perda de 49%
Joanna Zelman and James Gerken, "Arctic sea ice levels hit record low, scientists say we're 'running out of time'", *Huffington Post*, 19 de setembro de 2012.

306 redução de 100% em menos de dez anos
Muyin Wang e James Overland, "A sea ice free summer Arctic within 30 years?", *Geophysical Research Letters* 36 (2009).

306 navio chinês chamado *Snow Dragon* atravessou o polo Norte até a Islândia e voltou
Jon Viglundson e Alister Doyle, "First Chinese ship crosses Arctic Ocean amid record melt", Reuters, 17 de agosto de 2012.

306 mais velocidade nas transações feitas por computador
Christopher Mims, "How climate change is making the internet faster", Grist, 29 de março de 2012, http://grist.org/list/how-climate-change-is-making-the-internet-faster/.

306 oceano Ártico, até agora protegidos pelo gelo
Ivan Semeniuk, "Scientists call for no-fishing zone in Arctic waters", Nature News Blog, 23 de abril de 2012, http://blogs.nature.com/news/2012/04/scientists-call-for-no-fishin-zone-in-arctic-waters.html.

306 presença militar na região
"Arctic climate change opening region to new military activity", Associated Press, 16 de abril de 2012.

306 novas oportunidades de perfuração
"Shell starts preparatory drilling for offshore oil well off Alaska", CNN, 9 de setembro de 2012, http://articles.cnn.com/2012-09-09/us/us_arctic-oil_1_sea-ice-beaufort-sea-ice-data-center.

306 consequências seriam bem mais catastróficas
Jim Kollewe e Terry Macalister, "Arctic oil rush will ruin ecosystem, warns Lloyd's of London", *Guardian*, 12 de abril de 2012.

307 no oceano Ártico não deve acontecer porque representa riscos ecológicos inaceitáveis
Guy Chazan, "Total warns against oil drilling in Arctic", *Financial Times*, 25 de setembro de 2012.

307 a passagem da luz solar forneça energia para o crescimento das algas
Kevin Arrigo *et al.*, "Massive phytoplankton blooms under Arctic Sea ice", *Science*, 15 de junho de 2012.

307 As consequências do derretimento
Jennifer Francis e Stephen Vavrus, "Evidence linking Arctic amplification to extreme weather in mid-latitudes", *Geophysical Research Letters* 39 (2012).

307 e talvez além
Petr Chylek *et al.*, "Arctic air temperature change amplification and the atlantic multidecadal oscillation", *Geophysical Research Letters* 36 (2009).

307 micróbios transformam o carbono em CO_2 ou gás metano
Natalia Shakhova *et al.*, "Extensive methane venting to the atmosphere from sediments of the East Siberian Arctic Shelf", *Science*, 5 de março de 2010.

307 lagos em torno do Ártico
Archer, "Methane hydrate stability and anthropogenic climate change", *Biogeosciences* 4 (2007).

307 aumenta a absorção de calor no local
Katey Walter Anthony *et al.*, "Geologic methane seeps along boundaries of arctic permafrost thaw and melting glaciers", *Nature Geoscience* 5 (junho de 2012).

307 pontos de erupção de gás que superaram as expectativas
Shakhova *et al.*, "Extensive methane venting to the atmosphere from sediments of the East Siberian Arctic Shelf".

307 gás metano também sob o manto de gelo da Antártida
J. L. Wadham *et al.*, "Potential methane reservoirs beneath Antarctica", *Nature*, agosto de 2012.

308 perdendo estabilidade e massa de forma crescente
Eric Rignot *et al.*, "Acceleration of the contribution of the Greenland and Antarctic ice sheets to sea level rise", *Geophysical Research Letters* 38 (2011).

308 no oeste da Antártica e na Groenlândia, no entanto, confirmam
Ibid.

308 "Ficamos absolutamente chocados"
Conversa pessoal com Bob Corell.

308 duplicação da velocidade de degelo
James Hansen e Miki Sato, "Paleoclimate implications for human-made climate change", *in Climate change: inferences from paleoclimate and regional aspects*, editado por A. Berger, F. Mesinger e D. Šijăcki (Nova York: Springer, 2012).

308 elevação do nível do mar em vários metros
Ibid.

308 mar se elevou de 6 a 9 metros, embora o processo
Aradhna Tripati *et al.*, "Coupling of CO_2 and ice sheet stability over major climate transitions of the last 20 million years", *Science*, dezembro de 2009.

309 50% da população mundial
"CO_2 emissions to cause catastrophic rise in sea levels, warns top Nasa climatologist", *Natural News*, 15 de janeiro de 2007.

309 "Em grande parte do mundo em desenvolvimento, as populações costeiras estão explodindo"
National Academies, "Coastal hazards: highlights of the National Academies reports", 2009, http://www.oceanleadership.org/wp-content/uploads/2009/08/OHH.pdf.

309 estudo recente feito por Deborah Balk
Gordon McGranahan *et al.*, "The rising tide: assessing the risks of climate change and human settlements in low coastal elevation zones", *Environment and Urbanization* 19 (2007).

309 já começam a se mudar
Brian Reed, "Preparing for sea level rise, islanders leave home", NPR, 17 de fevereiro de 2011.

309 Nas Filipinas e na Indonésia, grandes massas de ilhéus também estão em risco
McGranahan *et al.*, "The rising tide".

309 O número de refugiados do clima
Stern, *The economics of climate change.*

309 mais de 200 milhões de pessoas
Neil MacFarquhar, "Refugees join list of climate-change issues", *New York Times*, 28 de maio de 2009.

309 megadeltas do sul e sudeste da Ásia, China e Egito
Robert Nicholls, IPCC 2007, "Chapter 6: coastal and low-lying ecosystems", 2007, http://www.ipcc.ch/publications_and_data/ar4/wg2/en/ch6.html.

309 muitos se dirigiram mais para o norte, atravessando a fronteira
Erik German e Solana Pyne, "Disasters drive mass migration to Dhaka", *Global Post*, 8 de setembro de 2010.

309 mensagens de texto e e-mails que circularam por toda a Índia
Vikas Bajaj, "Internet analysts question India's efforts to stem panic", *New York Times*, 21 de agosto de 2012.

309 ciclones intensos (ou furacões, como preferem os norte-americanos), os quais ganham energia a partir de mares mais quentes
Kerry Emanuel *et al.*, "Hurricanes and global warming: results from downscaling IPCC AR4 simulations", *American Meteorological Society* 89 (março de 2008), pp. 347-67.

309-310 ampliadas por tempestades que vêm do oceano
Claudia Tebaldi *et al.*, "Modeling sea level rise impacts on storms surges along US coasts", *Environmental Research Letters* 7 (2012).

310 Nova York entrou em estado de alerta
James Barron, "With hurricane Irene near, 370,000 in New York City get evacuation order", *New York Times*, 26 de agosto de 2011.

310 é possível fechá-las para proteger a cidade contra as elevações do nível da água
Steve Connor, "Sea levels rising too fast for Thames barrier", *Independent*, 22 de março de 2008.

310 cidades com maior população em risco diante da elevação dos mares
Susan Hanson *et al.*, "A global ranking of port cities with high exposure to climate extremes", *Climatic Change* 104 (dezembro de 2010).

310 cidades com os ativos vulneráveis mais expostos ao aumento do nível do mar
Ibid.

310 se transferiram para locais que talvez tenham de abandonar daqui a um tempo
Dizery Salim, Escritório das Nações Unidas para Redução do Risco de Desastres, "Climate migrants risk more harm in new surroundings", 2012, http://www.unisdr.org/archive/28113.

310 se movendo para baixo devagar, em uma espécie de efeito gangorra
Michael Lemonick, "The secret of sea level rise: it will vary greatly by region", 22 de março de 2010, *Yale Environment 360.*

310 decorrência de vários motivos complexos
OurAmazingPlanet Staff, "City of Venice still sinking, study says", 21 de março de 2010, http://www.cbsnews.com/8301-205_162-57401506/city-of-venice-still-sinking-study-says/; Forrest Wilder, "That sinking feeling", *Texas Observer*, 1º de novembro de 2007.

311 entre a Carolina do Sul e Rhode Island é um exemplo
Asbury Sallenger, "Hotspot of accelerated sea-level rise on the Atlantic coast of North America", *Nature Climate Change* 2 (maio de 2012).

311 invasão de água salgada nos aquíferos de água doce
Cameron McWhirter e Mike Esterl, "Saltwater in Mississippi taints drinking supply", *Wall Street Journal*, 17 de agosto de 2012.

311 Cerca de 30% das emissões de CO_2 provocadas pela ação humana
C. L. Sabine *et al.*, "The oceanic sink for anthropogenic CO_2", *Science*, 16 de julho de 2004.

311 teores de acidez dos oceanos mais do que o registrado em qualquer momento dos últimos 55 milhões de anos
Andy Ridgwell e Daniela Schmidt, "Past constraints on the vulnerability of marine calcifiers to massive carbon dioxide release", *Nature Geoscience* 3 (fevereiro de 2010).

311 o mais veloz dos últimos 300 milhões de anos
Bärbel Hönisch *et al.*, "The geologic record of ocean acidification", *Science*, março de 2012.

311 acidificação dos oceanos de um processo "irmão gêmeo do mal"
"Ocean acidification is climate change's 'equally evil twin,' NOAA chief says", Associated Press, 12 de julho de 2012.

311 vários episódios do gênero no espaço de poucos anos acabam sendo fatais
K. Frieler *et al.*, "Limiting global warming to 2 °C is unlikely to save most coral reefs", *Nature Climate Change*, setembro de 2012.

312 um quarto de todas as espécies oceânicas passa
Elizabeth Kolbert, "The acid sea", *National Geographic*, abril de 2011.

312 risco de matar quase todos os recifes de corais
David Jolly, "Oceans at dire risk, team of scientists warns", *New York Times*, Green blog, 21 de junho de 2011, http://green.blogs.nytimes.com/2011/06/21/oceans-are-at-dire-risk-team-of-scientists-warns/.

312 80% das formações do Caribe desapareceram
T. Gardner *et al.*, "Long-term region-wide declines in Caribbean corals", *Science*, julho de 2003.

312 O mesmo destino pode acometer formações existentes em todos os oceanos
Frieler *et al.*, "Limiting global warming to 2 °C is unlikely to save most coral reefs".

312 inclusive a maior de todas, a Grande Barreira de Corais
Glenn De'ath *et al.*, "The 27-year decline of coral cover on the Great Barrier Reef and its causes", *Proceedings of the National Academy of Sciences*, 1° de outubro de 2012.

312 um refrigerante mantido na geladeira permanece mais carbonatado
Brian Palmer, "Does soda taste different in a bottle than a can?", *Slate*, 23 de julho de 2009, http://www.slate.com/articles/news_and_politics/explainer/2009/07/does_soda_taste_different_in_a_bottle_than_a_can.html.

312 muitos dos recifes de águas frias podem correr perigo ainda maior
"Oceans and shallow seas", *IPCC 2007*, http://www.ipcc.ch/publications_and_data/ar4/wg2/en/ch4s4-4-9.html.

312 zooplânctons, de conchas bem finas, que desempenham papel importante
Anthony Richardson, "In hot water: zooplankton and climate change", *ICES Journal of Marine Science* 65 (março de 2008).

312 sul da Califórnia, revelaram características *corrosivas*
Richard Feely *et al.*, "Evidence for upwelling of corrosive 'acidified' water onto the Continental Shelf", *Science*, 13 de junho de 2008.

312 matando mariscos de alto valor comercial
Alan Barton *et al.*, "The Pacific oyster, Crassostrea gigas, shows negative correlation to naturally elevated carbon dioxide levels: implications for near-term acidification effects", *Limnology and Oceanography* 57, nº 3 (2012), pp. 698-710.

312 a química dos oceanos voltasse a um estado
Kolbert, "The acid sea".

313 quase um terço de todas as espécies de peixes é superexplorado
FAO, "The state of world fisheries and aquaculture 2010", 2010, http://www.fao.org/docrep/013/i1820e/i1820e.pdf.

313 diminuição de até 90% dos peixes de maior porte, como o atum, o marlim e o bacalhau
Ransom Myers e Boris Worm, "Rapid worldwide depletion of predatory fish communities", *Nature*, maio de 2003.

313 hábitats essenciais para o mar, como os manguezais
Beth Polidoro *et al.*, "The loss of species: mangrove extinction risk and geographic areas of global concern", *PLoS ONE* 5 (2010).

313 diversas zonas costeiras, também estão em risco
Frederick Short *et al.*, "Extinction risk assessment of the world's seagrass species", *Biological Conservation* 144 (julho de 2011).

313 perto da foz dos principais sistemas fluviais, vem dobrando a cada década
National Science Foundation, "SOS: is climate change suffocating our seas?", 2009, http://www.nsf.gov/news/special_reports/deadzones/climatechange.jsp.

313 grande zona morta concentrada nas proximidades da foz daquele rio
"Good news from the bad drought: gulf 'Dead Zone' smallest in years", *ScienceDaily*, 23 de agosto de 2012, http://www.sciencedaily.com/releases/2012/08/120824093519.htm.

313 "...combinados com as atuais taxas de crescimento populacional"
A. Rogers *et al.*, "International Earth system expert workshop on ocean stresses and impacts. Summary report", IPSO Oxford, 2011, http://www.stateoftheocean.org/pdfs/1906_IPSO-LONG.pdf.

314 "Nós passamos toda a nossa existência nos adaptando..."
Council on Foreign Relations, "The new North American energy paradigm: re-shaping the future", 27 de junho de 2012.

314 sérios danos por causa de chuvas fortes, inundações e deslizamentos de terra
Patrick Rucker e Mica Rosenberg, "Analysis: storms damage budgets in Central America, Mexico", Reuters, 12 de novembro de 2010.

314 despesas imensas com importação de alimentos
FAO, "One trillion food import bill as prices rise", 17 de novembro de 2010, http://www.fao.org/news/story/en/item/47733/icode/; FAO, "Agricultural impacts surge in developing countries", 2011, http://www.fao.org/docrep/014/i1952e/i1952e00.htm.

315 outras lutam para integrar esses grupos a populações
Joanna Kakissis, "Environmental refugees unable to return home", *New York Times*, 3 de janeiro 2010.

315 elevação de alguns graus na temperatura do planeta já é incontornável
James Hansen *et al.*, "Earth's energy imbalance: confirmation and implications", *Science*, junho de 2005.

315 mudanças em grande escala nos padrões de circulação atmosférica
Jian Lu *et al.*, "Expansion of the Hadley cell under global warming", *Geophysical Research Letters* 34 (2007).

316 alimenta a corrente de Humboldt
Erich Hoyt, *Marine protected areas for whales, dolphins and porpoises: a world handbook for cetacean habitat conservation* (Oxford: Earthscan Publications Ltd., 2004), p. 397.

316 dutos gigantes através dos quais os ventos alísios
Henry Diaz e Raymond Bradley, *The Hadley circulation: present, past and future* (Londres: Kluwer Academic Publishers, 2005), p. 9.

316 umidade levada para cima volta
Ibid.

317 novamente carregado de calor e de vapor de água
Ibid.

317 encontra-se sob essas correntes
Ibid.

317 as "sombras de chuva" das cadeias montanhosas
Brian Brinch, "How mountains influence rainfall patterns", *USA Today*, 1º de novembro de 2007.

317 os geógrafos chamam de continentalidade
"Continental climate and continentality", *Encyclopedia of World Climatology*, p. 303.

317 a corrente das células de Hadley
Correspondência pessoal com Dargan Frierson, 24 de setembro de 2012.

317 leva-as para longe do Equador em direção aos polos
Celeste Johanson e Qiang Fu, "Hadley cell widening: model simulations versus observations", *American Meteorological Society* 22 (maio de 2009), pp. 2713-25.

317 teorias para explicar por que o aquecimento global modifica as células de Hadley
Lu *et al.*, "Expansion of the Hadley cell under global warming".

317 a diferença das temperaturas médias
Jennifer Francis e Stephen Vavrus, "Evidence linking Arctic amplification to extreme weather in mid-latitudes", *Geophysical Research Letters* 39 (2012).

318 o alargamento das células de Hadley
Lu *et al.*, "Expansion of the Hadley cell under global warming".

318 a iminência de uma escassez persistente de água
Comunicação pessoal com Dargan Frierson, 25 de maio de 2012.

318 transformadas em desertos pela ação humana, assim como a natureza climática
Rudolph Kuper e Stefan Kröpelin, "Climate-controlled Holocene occupation in the Sahara: motor of Africa's evolution", *Science*, 11 de agosto de 2006.

318 **laços de correntes atmosféricas, conhecido como células de Ferrel**
National Oceanic and Atmospheric Administration, "JetStream-Online school for weather", outubro de 2011, http://www.srh.noaa.gov/jetstream/global/circ.htm.

319 **o ar frio do Ártico, puxado rumo ao sul no inverno, está modificando**
Frances e Vavrus, "Evidence linking Arctic amplification to extreme weather in mid-latitudes".

319 **começado a desencadear um processo de afinamento do ozônio**
U.S. Environmental Protection Agency, "Environmental indicators: ozone depletion", agosto de 2010, http://www.epa.gov/ozone/science/indicat/index.html.

320 **de formar um buraco ainda mais nocivo sobre o Ártico**
Tim Flannery, *Here on Earth: a national history of the planet* (Nova York: Atlantic Monthly Press, 2010), cap. 14, "The eleventh hour?".

320 **afetavam as condições atmosféricas**
Mario Molina e Sherwood Rowland, "Stratospheric sink for chlorofluoromethanes: chlorine atomic catalyzed destruction of ozone", *Nature*, 28 de junho de 1974.

320 **alta intensidade na irradiação do reflexo da luz solar**
Governo da Austrália, Antarctic Division, "Environment – land, sea and air", http://www.antarctica.gov.au/about-antarctica/fact-files.

321 **a Austrália e a Patagônia, a altos níveis de radiação ultravioleta**
J. Ajtíc *et al.*, "Dilution of the Antarctic ozone hole into southern midlatitudes, 1998-2000", *Journal of Geophysical Research* 109 (2004).

321 **o ar com baixas concentrações de ozônio não funciona mais**
Ibid.

321 **injetam vapor de água na estratosfera**
James Anderson *et al.*, "UV dosage levels in summer: increased risk of ozone loss from convectively injected water vapor", *Science*, agosto de 2012.

321 **tentativa da Terra em manter o seu "equilíbrio"**
V. Ramaswamy *et al.*, "Anthropogenic and natural influences in the evolution of lower stratospheric cooling", *Science* 311, nº 5764 (24 de fevereiro de 2006), pp. 1138-41.

321 **"Alguns dizem que o mundo acabará em fogo. Outros dizem em gelo"**
Robert Frost, "Fire and ice", *Harper's Magazine*, dezembro de 1920.

322 **"...nas próximas décadas caso a combustão industrial continue a crescer exponencialmente"**
Roger Revelle e Hans Suess, "Carbon dioxide exchange between atmosphere and ocean and the question of an increase of atmospheric CO_2 during the past decades", *Tellus* 9 (fevereiro de 1957).

322 **nasceu há mais de 150 anos**
Nasa, "John Tyndall (1820-1893)", http://earthobservatory.nasa.gov/Features/Tyndall/.

322 **o coronel Edwin Drake perfurou o primeiro poço de petróleo, na Pensilvânia**
Judah Ginsberg, "The development of the Pennsylvania oil industry", American Chemistry Society, http://portal.acs.org.

322 **a duplicação das concentrações de CO_2**
Svante Arrhenius, "On the influence of carbonic acid in the air upon the temperature of the ground", *Philosophical Magazine and Journal of Science* 41 (abril de 1896).

322 concentração de poluentes crescia em quantidade significativa
Spencer Weart, "The discovery of global warming: money for Keeling: monitoring CO_2", 2003, http://www.aip.org/history/climate/Kfunds.htm.

323 concentração de CO_2 em todo o ciclo sazonal anual estava em crescimento
Ibid.

323 há 60 outros conjuntos de medições "cooperativamente distribuídos"
"Tracking long-term measurements of gases and aerosols that contribute to climate change", *NOAA Magazine*,15 de julho de 2004, http://www.magazine.noaa.gov/stories/mag140.htm.

323 há tempos fez essa previsão, e como efetiva verificação cruzada
"Atmospheric oxygen research: research overview", Scripps Institute of Oceanography, http://scrippso2.ucsd.edu/research-overview.

324 as academias nacionais de países do G8
Coral Davenport, "Heads in the sand", *National Journal*, 2 de dezembro de 2011, http://www.nationaljournal.com/magazine/heads-in-the-sand-20111201.

324 "a necessidade de uma ação urgente para solucionar as mudanças climáticas tornou--se indiscutível"
National Academies of Science, "G8+5 Academies' joint statement: climate change and the transformation of energy technologies for a low carbon future", maio de 2009, www.nasonline.org/about-nas/leadership/president/statement-climate-change.pdf.

324 "de 97 a 98% dos pesquisadores sobre o clima..."
William Anderegg *et al.*, "Expert credibility in climate change", *Proceedings of the National Academy of Sciences*, 2010.

325 "a negação pode ser a recusa consciente ou inconsciente..."
Elisabeth Kübler-Ross Foundation, "Five stages of grief", 2012.

325 "...a aceitar fatos, informações, ou a realidade de uma situação"
"Denial", *Stedman's Medical Dictionary*, http://dictionary.reference.com/browse/denial.

326 com maior virulência contra aqueles que insistem na urgência de um plano de ação
Chris Mooney, "The science of why we don't believe science", *Mother Jones*, junho de 2011.

326 Dois cientistas sociais
Jane Risen e Clayton Critcher, "Visceral fit: while in a visceral state, associated states of the world seem more likely", *Journal of Personality and Social Psychology* 100, nº 5 (2012).

327 rejeitando qualquer alternativa ao que já conhecemos
"System Justification Theory", *Encyclopedia of Peace Psychology*, 2011.

327 "Em nossa obsessão pelos antagonismos do momento..."
Ronald Reagan, discurso na Assembleia Geral das Nações Unidas, 21 de setembro de 1987.

328 Como E. O. Wilson escreveu
E. O. Wilson, "Why humans, like ants, need a tribe", *Daily Beast*, 1º de abril de 2012.

330 "reposicionar o aquecimento global como uma teoria, e não um fato"
Matthew Wald, "Pro-coal ad campaign disputes warming idea", *New York Times*, 8 de julho de 1991.

331 As grandes multinacionais de combustíveis fósseis
John Fullerton, Capital Institute, "The big choice", 19 de julho de 2011, http://capitalinstitute.org/blog/big-choice-0.

331 caso o consenso da comunidade científica sobre o aquecimento global seja aceito
Ibid.

331 pode chegar a US$ 27 trilhões
Ibid.

331 propôs que 100% do consumo interno de energia fosse suprido por fontes renováveis
Fiona Harvey, "Saudi Arabia reveals plans to be powered entirely by renewable energy, *Guardian*, 19 de outubro de 2012.

332 mar de hipotecas (7,5 milhões só nos Estados Unidos)
Ben Bernanke, conferência anual do Federal Reserve Annual sobre estrutura bancária e competição, "The subprime mortgage market", 17 de maio de 2007, http://www.federalreserve.gov/newsevents/speech/bernanke20070517a.htm.

333 "...atacar falsos inimigos e negar problemas reais a propor soluções"
Jay Rockefeller, parecer sobre a Inhofe Resolution Vote, 20 de junho de 2012.

334 quatro lobistas para cada membro do Senado e da Câmara dos Deputados
Marianne Lavelle, Center for Public Integrity, "The climate change lobby explosion", 24 de fevereiro de 2009, http://www.publicintegrity.org/node/4593.

334 se tornaram uma das maiores fontes de contribuições de campanha
Center for Responsive Politics, "Oil and gas", http://www.opensecrets.org/industries/indus.php?ind=E01.

335 um procurador-geral alinhado com a direita
John Rudolf, "A climate skeptic with a bully pulpit in Virginia finds an ear in Congress", *New York Times*, 22 de fevereiro de 2011.

335 Instituições conservadoras
Tom Clynes, "The battle over climate science", *Popular Science*, 21 de junho de 2012.

335 congressistas reacionários insistem
Kate Sheppard, "Taking climate denial to new extremes", *Mother Jones*, 11 de fevereiro de 2011.

335 do cancelamento e do atraso no lançamento de satélites de monitoramento
Ledyard King, "Report warns of weather satellites 'rapid decline'", *Gannett News*, 2 de maio de 2012.

335-336 quatro investigações independentes e isoladas
John Cook, Skeptical Science, "What do the climategate emails tell us?", http://www.skepticalscience.com/Climategate-CRU-emails-hacked.htm.

336 *The frozen planet* teve de ser reeditado (...) antes de sua exibição nos Estados Unidos pela Discovery Network
Brian Stelter, "No place for heated opinions", *New York Times*, 20 de abril de 2012.

336 "foi como exibir um documentário sobre câncer de pulmão sem citar o cigarro"
Ibid.

337 "a última esperança da Terra"
Abraham Lincoln, "Annual remarks to Congress", 1º de dezembro de 1862.

337 "...que os homens de bem não façam nada"
Quote Investigator, 4 de dezembro de 2010.

337 o apoio às ações para reduzir as emissões de gases
Connie Roser-Renouf *et al.*, Yale Project on Climate Communication, "The political benefits of taking a pro-climate stand in 2012", 2012, http://environment.yale.edu/climate/files/Political-Benefits-Pro-Climate-Stand.pdf.

337 projeto inicial enfatizava as medidas verdes
Michael Grunwald, "The 'Silent Green Revolution' underway at the Department of Energy", *Atlantic*, 9 de setembro de 2012.

338 "o maior passo que um país já deu..."
Christopher Mims, "Efficiency standards are the single biggest climate deal ever", Grist, 5 de dezembro de 2011, http://grist.org/list/2011-12-05-efficiency-standards-are-the-single-biggest-climate-deal-ever/.

338 custos bem inferiores aos dos modelos produzidos nos Estados Unidos
"Solar prices expected to keep falling in 2012", Associated Press, 26 de junho de 2010.

339 o constante aumento no preço do gás de xisto
U.S. Energy Information Agency, "Annual energy outlook 2012: market trends – natural gas", 25 de junho de 2012, http://www.eia.gov/forecasts/aeo/MT_naturalgas.cfm.

340 cerca de 72 vezes mais potente do que o CO_2 na retenção de calor
IPCC, "IPCC fourth assessment report: climate change 2007", http://www.ipcc.ch/publications_and_data/ar4/wg1/en/tssts-2-5.html.

340 ganhar tempo para a implementação
Drew Shindell *et al.*, "Simultaneously mitigating near-term climate change and improving human health and food security", *Science*, janeiro de 2012.

340 acomodam sobre a superfície do gelo e da neve
V. Ramanathan e G. Carmichael, "Global and regional climate changes due to black carbon", *Nature Geoscience* 1 (abril de 2008).

340 mas a maioria deles ignora esses cuidados
Robert Howarth *et al.*, "Venting and leaking of methane from shale gas development: response to Cathles *et al.*", *Climatic Change* 113 (julho de 2012).

340 anular praticamente todas as vantagens que o gás natural teria sobre o carvão
Nathan Myhrvold e Ken Caldeira, "Greenhouse gases, climate change and the transition from coal to low-carbon electricity", *Environmental Research Letters*, março de 2012.

341 média de 18 milhões de litros de água para cada poço
Chesapeake Energy, "Water use in deep shale gas exploration", 2012, http://www.chk.com/Media/Educational-Library/Fact-Sheets/Corporate/Water_Use_Fact_Sheet.pdf; Jack Healy, "Struggle for water in Colorado with rise in fracking", *New York Times*, 5 de setembro de 2012.

341 muito antes da disseminação da sedenta prática de extração de gás
Healy, "Struggle for water in Colorado with rise in fracking".

341 estão sendo abertos poços de *fracking* em localidades
Russell Gold e Ana Campoy, "Oil's growing thirst for water", *Wall Street Journal*, 6 de dezembro de 2011.

341 chaminés para o escape tanto de metano quanto das substâncias químicas
Ian Urbina, "Tainted water well, and concern there may be more", *New York Times*, 3 de agosto de 2011.

341 poluição de um aquífero localizado sobre uma área explorada por *fracking*
Tenille Tracy, "EPA says Wyoming fracking results are consistent", *Wall Street Journal*, 26 de setembro de 2012.

341 a mando do então vice-presidente Dick Cheney
Abraham Lustgarten, "Hydrofracked: one man's quest for answers about natural gas drilling", *ProPublica*, 27 de junho de 2011.

341 "as consequências de um passo em falso envolvendo um poço..."
Council on Foreign Relations, "The new North American energy paradigm".

341 resistência política dos proprietários de terra
Inae Oh, "New York fracking protest urges Cuomo to ban controversial drilling", *Huffington Post*, 22 de agosto de 2012, http://www.huffingtonpost.com/2012/08/22/new-york-fracking-protest-cuomo-photos_n_1822575.html.

342 pode causar pequenos tremores de terra (em geral inofensivos)
Charles Choi, "Fracking earthquakes: injection practice linked to scores of tremors", *Livescience*, 7 de agosto de 2012.

342 em alguns casos, contaminação de lençóis freáticos
Abraham Lustgarten e ProPublica, "Are fracking wastewater wells poisoning the ground beneath our feet?", *Scientific American*, 21 de junho de 2012.

342 fonte de queixas mais frequente do que as injeções feitas no início do processo
Rachel Ehrenberg, "The facts behind the frack", *ScienceNews*, 8 de setembro de 2012, http:// www.sciencenews.org/view/feature/id/ 343202/title/The_Facts_Behind_the_Frack.

342 despejados sobre estradas, a princípio para "assentar a poeira"
National Resources Defense Council, "Report: five primary disposal methods for fracking wastewater all fail to protect public health and environment", 9 de maio de 2012, http://www.nrdc.org/media/2012/120509.asp.

342 "Se fizerem algo errado e perigoso, devem ser punidos"
Christopher Helman, "Billionaire father of fracking says government must step up regulation", *Forbes*, 19 de julho de 2012.

342 possível ponto de inflexão
Joe Romm, ThinkProgress, "Gas emissions reduction target for 2020", 13 de janeiro de 2009, http://www.americanprogress.org/issues/green/report/2009/01/13/5472/the-united-states-needs-a-tougher-greenhouse-gas-emissions-reduction-target-for-2020/.

343 gás de xisto causou um frenesi exploratório na China, Europa
Bryan Walsh, "In hunt for energy, China and Europe explore fracking", *Time*, 21 de maio de 2012.

343 África e outros lugares
Ruona Agbroko, "S. Africa lifts fracking ban", *Financial Times*, 7 de setembro de 2012.

343 Na China (...) a geologia subterrânea exige tecnologias diferentes das empregadas nos Estados Unidos
Jerry Mandel, "Will U.S shale technology make the leap across the Pacific?", *E&E News*, 17 de julho de 2012, http://www.eenews.net/public/energywire/2012/07/17/1.

343 em especial no norte e no noroeste da China
"Water, water everywhere", *China Economic Review*, 26 de julho de 2012.

344 troca do carvão pelo gás natural em algumas unidades de produção
Kevin Begos, "CO_2 emissions in US drop to 20-year low", Associated Press, 17 de agosto de 2012.

344 O carvão tem mais teor de carbono
U.S. Energy Information Agency, "How much carbon dioxide is produced when different fuels are burned?", 2012, http://www.eia.gov/tools/faqs/faq.cfm?id=73&t=11; U.S. Environmental Protection Agency, "Air emissions", 2007, http://www.epa.gov/cleanenergy/energy-and-you/affect/air-emissions.html.

344 áreas de Harriman, no Tennessee, há quatro anos
Bobby Allyn, "TVA held responsible for massive coal ash spill", *Tennessean*, 23 de agosto de 2012.

344 principal fonte de mercúrio despejado pelo ser humano no meio ambiente
U.S. Environmental Protection Agency, "Mercury: basic information", 7 de fevereiro de 2012, http://www.epa.gov/hg/about.htm.

345 contêm metilmercúrio
U.S. Environmental Protection Agency, "What you need to know about mercury in fish and shellfish", 20 de junho de 2012, http://water.epa.gov/scitech/swguidance/fishshellfish/outreach/advice_index.cfm#isthere.

345 cancelamento de 166 novas usinas
Mark Hertsgaard, "How a grassroots rebellion won the nation's biggest climate victory", *Mother Jones*, 2 de abril de 2012.

345 1.200 usinas devem ser construídas em 59 países
Ailun Yang e Yiyun Cui, *Global coal risk assessment: data analysis and market research* (Washington, DC: World Resources Institute, 2012).

345 65% nas próximas duas décadas
International Energy Agency, "World energy outlook: executive summary", 2011, http://www.worldenergyoutlook.org/publications/weo-2011/.

345 as emissões de CO_2 continuariam destruindo o ecossistema da Terra
Kurt Kleiner, "Coal to gas: part of a low-emissions future?", *Nature*, 28 de fevereiro de 2008.

345 de 70% a 75% do carbono do carvão, por unidade de energia produzida
U.S. Environmental Protection Agency, "Air emissions", dezembro de 2007.

345 tem custo de exploração mais alto e potencialmente causa mais impactos ao meio ambiente
Bryan Walsh, "There will be oil and that's the problem", *Time*, 29 de março de 2012.

346 três quartos do total presente na atmosfera
Rattan Lal, "Carbon sequestration", *Philosophical Transactions of the Royal Society B*, fevereiro de 2008.

346 sua sucessora promoveu mudanças políticas que reverteram alguns dos avanços
Jeffrey T. Lewis, "Pace of deforestation in Brazil's Amazon falls", *Wall Street Journal*, 28 de novembro de 2012.

346 dramático "perecimento" da Amazônia até meados do século
Justin Gillis, "The Amazon dieback scenario", *New York Times*, Green blog, 7 de outubro de 2011.

346 Indonésia e na Malásia, a fim de abrir espaço para plantações de palmeiras
Brad Plumer, "EPA faces crucial climate decision on diesel made from palm oil", *Washington Post*, 27 de abril de 2012.

346 áreas de turfa abrigam mais de um terço de todo o solo que armazena gás carbônico
Reynaldo Victoria *et al.*, United Nations Environment Programme, "UNEP yearbook: the benefits of soil carbon", 2012.

346 80% das florestas ficam em áreas de propriedade pública
FAO, "Global forest resources assessment 2010", 2010, p. xxiv, http://www.fao.org/forestry/fra/fra2010/en/.

346 Papua-Nova Guiné, Indonésia, Bornéu e Filipinas
FAO, "State of the world's forests 2011", 2011, http://www.fao.org/docrep/013/i2000e/i2000e00.htm.

346 sobretudo de bovinos
Doug Boucher *et al.*, Union of Concerned Scientists, "Solutions for deforestation-free meat", 2012, http://www.ucsusa.org/global_warming/solutions/forest_solutions/solutions-for-deforestation-free-meat.html.

347 cerca de 22% de todo o gás carbônico armazenado
Sharon Oosthoek, "Boreal forests ignored in climate change fight", CBC News, 12 de novembro de 2009, http://www.cbc.ca/news/technology/story/2009/11/11/boreal-carbon-climate-change.html.

347 complexa simbiose entre o lariço e a tundra, assim, ameaça a sobrevivência
Douglas Fischer e Daily Climate, "Shift in northern forests could increase global warming", *Scientific American*, 28 de março de 2011.

347 se reproduzem ao ritmo de três gerações por verão, em vez de uma
Noah S. Diffenbaugh *et al.*, "Global warming presents new challenges for maize pest management", *Environmental Research Letters* 3 (2008).

347 "epidemia sem precedentes do besouro-do-pinho"
David A. Gabel, "Expanding forests in the northern latitudes", Environmental News Network, 23 de março de 2011, http://www.enn.com/ecosystems/article/42501.

347 "...O verdadeiro culpado é o desgaste hídrico causado pelas mudanças climáticas"
Justin Gillis, "With deaths of forests, a loss of key climate protectors", *New York Times*, 1º de outubro de 2011.

348 proporção direta do aumento das temperaturas
"More large forest fires linked to climate change", *ScienceDaily*, 10 de julho de 2006, http://www.sciencedaily.com/releases/2006/07/060710084004.htm; Gillis, "With deaths of forests, a loss of key climate protectors".

348 nas árvores, na vegetação baixa
Gillis, "With deaths of forests, a loss of key climate protectors".

348 em vez de "área de filtragem" conforme as árvores cresceram
Ben Bond-Lamberty *et al.*, "Fire as the dominant driver of Central Canadian boreal forest carbon balance", *Nature*, 1º de novembro de 2007; "Wildfires turning northern forests into carbon-dioxide sources", CBC News, 31 de outubro de 2007, http://www.cbc.ca/news/technology/story/2007/10/31/boreal-forests.html.

348 leste da América do Norte, Europa, Cáucaso e Ásia Central
Gabel, "Expanding forests in the northern latitudes".

348 **US$ 3,7 trilhões em gastos ambientais**
Pavan Sukhdev *et al.*, *The economics of ecosystems and biodiversity – mainstreaming the economics of nature: a synthesis of the approach* (Bonn: TEEB, 2010).

348 **40% de todos os plantios**
FAO, "State of the world's forests 2009", 2009, http://www.fao.org/docrep/011/i0350e/i0350e00.htm.

348 **a obrigação de plantar pelo menos três árvores por ano**
"China's Hu takes part in tree planting", UPI, 5 de abril de 2009.

348 **40 milhões de hectares de novas árvores**
Gillis, "With deaths of forests, a loss of key climate protectors."

348 **os Estados Unidos, a Índia, o Vietnã e a Espanha**
United Nations Food and Agriculture Organization, "State of the world's forests 2011."

348 **na comparação com a rica variedade encontrada em uma floresta primária saudável**
Jianchu Xu, "China's new forests aren't as green as they seem", *Nature*, 21 de setembro de 2011.

348 **a quantidade de carbono mantida na camada superficial do solo**
Damian Carrington, "Desertification is greatest threat to planet, expert warns", *Guardian*, 15 de dezembro de 2010.

348 **10,57% da superfície do planeta coberta por terras aráveis**
CIA World Factbook, https://www.cia.gov/library/publications/the-world-factbook/geos/xx.html

349 **prejudica o solo e interfere em sua retenção normal do carbono orgânico**
Tom Philpott, "New research: synthetic nitrogen destroys soil carbon, undermines soil health", *Grist*, 24 de fevereiro de 2010, http://grist.org/article/2010-02-23-new-research-synthetic-nitrogen-destroys-soil-carbon-undermines/.

349 **ao forçar os agricultores de subsistência a abrir novas roças**
David Lapola *et al.*, "Indirect land-use changes can overcome carbon savings from biofuels in Brazil", Proceedings of the National Academy of Sciences, janeiro de 2010.

349 **demonstraram que a tese estava errada**
Claude Mandil e Adnan Shihab-Eldin, International Energy Forum, "Assessment of biofuels: potential and limitations", fevereiro de 2010, http://www.ief.org/news/news-details.aspx?nid=311.

349 **20% a 50% de todas as espécies vivas do planeta ainda neste século**
Nicholas Stern, *The Economics of Climate Change.*

349-350 **cerca de um terço das espécies de anfíbios**
Camila Ruz, "Amphibians facing 'terrifying' rate of extinction", *Guardian*, novembro de 2011.

350 **podem ter sido atingidos por uma doença fúngica**
Michelle Nijhuis, "A rise in fungal diseases is taking growing toll on wildlife", *Yale Environment* 360, 24 de outubro de 2011.

350 **a poluição tóxica causada pelo homem**
Owen Clyke, "The militarization of Africa's animal poachers", *Atlantic*, 31 de julho de 2012; David Braun, "Human encroachment threatens thousands of gorillas in

african swamp", *National Geographic*, 24 de novembro de 2009; Yaa Ntiamoa-Baidu, United Nations Food and Agriculture Organization, "West African wildlife: a resource in jeopardy", 1998, http://www.fao.org/docrep/s2850e/s2850e05.htm.

350 **colisão de um grande asteroide com a Terra**
Anthony Barnosky *et al.*, "Has the Earth's sixth mass extinction already arrived?", *Nature*, março de 2011.

350 **"é totalmente causado pelo homem"**
Richard Leakey e Roger Lewin, *The sixth extinction: patterns of life and the future of humankind* (Nova York: Anchor Books, 1995), p. 235.

350 **em média 6 quilômetros rumo aos polos**
Camille Parmesan e Gary Yohe, "A globally coherent fingerprint of climate change impacts across natural systems", *Nature*, janeiro de 2003.

350 **a metade das espécies montanhosas se moveu**
Craig Moritz *et al.*, "Impact of a century of climate change on small- mammal communities in Yosemite National Park, USA", *Science*, outubro de 2008.

350 **chegam aos polos ou ao cume das montanhas e não podem avançar mais**
Elisabeth Rosenthal, "Climate threatens birds from tropics to mountaintops", *New York Times*, 21 de janeiro de 2011.

350 **incapazes de migrar para novos hábitats com a velocidade necessária**
Kai Zhu *et al.*, "Failure to migrate: lack of tree range expansion in response to climate change", *Global Change Biology* 18 (novembro de 2011).

350 **segundo os cientistas, enfrentam um risco crescente de extinção**
Lucas Joppa *et al.*, "How many species of flowering plants are there?", Proceedings of the Royal Society B, julho de 2010.

351 **Convenção da ONU sobre a Diversidade Biológica**
Convenção da ONU sobre a Diversidade Biológica, "Global biodiversity outlook 3", janeiro de 2010, http://www.unep-wcmc.org/gbo-3_90.html, p. 51.

351 **Como medida de precaução para o futuro da humanidade**
John Roach, "'Doomsday' vault will end crop extinction, expert says", *National Geographic*, 27 de dezembro de 2007.

353 **depois de aplicar um terço à redução do déficit**
Matt Kasper, "Rep. Jim McDermott introduces carbon tax law", 6 de agosto de 2012, Climate Progress, http://thinkprogress.org/climate/2012/08/06/641831/rep-jim-mcdermott-introduces-carbon-tax-law/.

353 **empresas que utilizam o carbono como combustível**
John Broder, "Obama's bid to end oil subsidies revives debate", *New York Times*, 31 de janeiro de 2011.

353 **querosene, o combustível líquido mais sujo, também recebe incentivos**
Narasimha Rao, "Kerosene subsidies in India: when energy policy fails as social policy", Energy for Sustainable Development, março de 2012.

353 **devem chegar a essa condição dentro de poucos anos**
Alex Morales e Jacqueline Simmons, "Renewables from Vestas to Suntech plan profit without subsidy", Bloomberg, 26 de janeiro de 2012.

354 **apesar da oposição de muita gente do setor elétrico**
Joe Romm, "Who killed the senate RPS?", *Climate Progress*, 27 de junho de 2007, http://thinkprogress.org/climate/2007/06/27/201573/who-killed-the -senate-rps/.

354 entre eles a Califórnia
State of California, "California renewables portfolio standard", 2012, http://www.cpuc.ca.gov/PUC/energy/Renewables/index.htm.

354 500 megawatts de energia solar até 2020
Dave Roberts, "Why do 'experts' always lowball clean-energy projections?", *Grist*, 19 de julho de 2012, http://grist.org/renewable-energy/ experts-in-2000-lowballed-the-crap-out-of-renewable-energy-growth/.

354 em 2010 o país já instalara o dobro dessa cifra
Ibid.

354 o resultado real foi 22 vezes superior
Ibid.

354 "não estavam apenas erradas, mas muito erradas"
Ibid.

355 uma alternativa a imposições governamentais
John Fialka, "How a republican anti-pollution measure, expanded by democrats, got roots in Europe and China", *E&E News*, 17 de novembro de 2011.

356 os países ricos fizeram uso irrestrito da energia fóssil no passado
International Energy Agency, "Energy Poverty", 2012, http://www.iea.org/ topics/energypoverty/.

356-357 ainda que para isso tenham de arcar com parte das responsabilidades
Arthur Max, "Developing nations pledge actions to curb climate change", Associated Press, 22 de março de 2011.

357 dos custos do desequilíbrio climático serão bancados por países em desenvolvimento
World Development Report 2010: Development and Climate Change (Washington, DC: Banco Mundial, 2010)

357 do que as nações ricas
Alex Morales, "Renewable power trumps fossils for first time as UN talks stall", Bloomberg News, 25 de novembro de 2011.

357 mais da metade da capacidade instalada
Charles Kenny, "Greening it alone", *Foreign Policy*, 1º de agosto de 2011.

357 dificulta a reconstrução das comunidades
Rick Jervis e Gregory Korte, "FEMA could run out of money over stalemate", *USA Today*, 25 de setembro de 2011.

357 mais de US$ 15 bilhões em danos
"Hurricane Irene 2011: one year anniversary of East Coast storm", *Huffington Post*, 24 de agosto de 2012, http://www.huffingtonpost.com/2012/08/24/hurricane-irene-2011-2012_n_1826060.html.

357 com incêndios em 240 de seus 242 municípios
Patrik Jonsson, "Texas wildfire chief: wildfires still raging, but 'we are making successes'", *Christian Science Monitor*, 21 de abril de 2011.

357 recordes de calor foram quebrados ou igualados
Andrew Freedman, "Hot summer of 2011 rewrites record books", Climate Central, 8 de setembro de 2011, http://www.climatecentral.org/blogs/a-record-hot-summer-interactive-map/.

357 **sete deles deixaram um prejuízo de mais de US$ 1 bilhão**
National Oceanic and Atmospheric Administration, "Extreme weather 2012", 19 de janeiro de 2012.

357 **mais da metade dos distritos norte-americanos**
David Ariosto e Melissa Abbey, "Historical drought puts over half of US counties in disaster zones, USDA says", CNN, 1º de agosto de 2012.

357 **o furacão Sandy deixou uma conta de pelo menos US$ 71 bilhões**
Matthew Craft, "Hurricane Sandy's economic damage could reach $50 billion, Eqecat estimates", Associated Press, 1º de novembro de 2012.

358 **relatório de apoio a tais medidas**
Organização Mundial do Comércio e o Programa das Nações Unidas para o Ambiente e Mudanças Climáticas, 2009, http://www.wto.org/english/res_e/booksp_e/trade_climate_change_e.pdf.

358 **tem sido um sucesso na maioria das nações, províncias e regiões**
Janet Raloff, "Kyoto climate treaty's greenhouse 'success'", *ScienceNews*, 3 de novembro de 2009, http://www.sciencenews.org/view/generic/id/ 49058/title/Science%2B_the_Public_Kyoto_climate_treatys_greenhouse_success.

358 **"...O mercado de carvão pode ser complexo, mas vivemos em um mundo complexo"**
Marton Kruppa e Andrew Allan, "Carbon trading may be ready for its next act", Reuters, 13 de novembro de 2011.

359 **em breve devem adotar o *cap and trade***
Ibid.

359 **a Califórnia deu os primeiros passos já em 2012**
Jason Dearen, "California's cap-and-trade system to launch with first pollution permits auction", Associated Press, 12 de novembro de 2012.

359 **"...pode se tornar o maior do mundo, e os movimentos nesse sistema afetariam os preços mundiais"**
Kruppa e Allan, "Carbon trading may be ready for its next act".

359 **aprendizagem a ser disseminada para o resto do país por volta de 2015**
Lan Lan, "Beijing preparing for carbon trading system", *China Daily*, 20 de abril de 2012.

359 **quase 20% da população chinesa**
Alexandre Kossoy e Pierre Gioan, Banco Mundial, "State and trends of the carbon market 2012", maio de 2012, p. 99, http://siteresources.worldbank.org/INTCARBONFINANCE/Resources/State_and_Trends_2012_Web_Optimized_19035_Cvr&Txt_LR.pdf.

360 **inflou sua indústria nacional de painéis solares com generosos subsídios**
Keith Bradsher, "200 Chinese subsidies violate rules, US says", *New York Times*, 6 de outubro de 2011.

360 **a União Europeia ameaçou relatar queixa similar**
"US imposes import tariffs on chinese solar panels", BBC News, 17 de maio de 2012, http://www.bbc.co.uk/news/business-18112983.

360 **posto de maior poluidor do mundo, superando os Estados Unidos**
Chris Buckley, "China says is world's top greenhouse gas emitter", Reuters, 23 de novembro de 2010.

360 contra as iniciativas geradoras de energia suja ganham intensidade em várias regiões
Keith Bradsher, "Budding environmental movement finds resonance across China", *New York Times*, 4 de julho de 2012.

360 subiu mais de 150%, superando
Goldman Sachs, "Sustainable growth in China: spotlight on energy", 13 de agosto de 2012, http://www.goldmansachs.com/our-thinking/topics/environment-and-energy/sustainable-growth-china.html.

360 cerca de 70% de sua energia do carvão
"Coal industry in China – coal accounts for about 70% of China's total energy", *Business Wire*, 14 de dezembro de 2011.

360 chegando a um nível três vezes superior ao norte-americano
Goldman Sachs, "Sustainable growth in China: spotlight on energy", 13 de agosto de 2012, http://www.goldmansachs.com/our-thinking/topics/ environment-and-energy/sustainable-growth-china.html.

360 duas vezes e meia mais do que os Estados Unidos
Osamu Tsukimori, "China overtakes Japan as world's top coal importer", Reuters, 26 de janeiro de 2012.

360 equivale a toda a demanda anual norte-americana
Mikkal Herberg, New America Foundation, "China's energy rise and the Future of U.S.-China energy relations", 21 de junho de 2011, http:// newamerica.net/publications/policy/china_s_energy_rise_and_the future_of _us_china_energy_relations.

360 mas os especialistas duvidam que ele seja cumprido
Susan Kraemer, "China to simply cap coal use within 3 years", *Clean Technica*, 8 de março de 2012, http://cleantechnica.com/2012/03/08/china-to-simply-cap-coal-use-within-3 years/.

360 na primeira década deste século (só perde para os Estados Unidos)
Herberg, "China's energy rise and the future of U.S.-China energy relations".

360 as exportações da Arábia Saudita para a China
Ibid.

360 nas próximas duas décadas, a China deve importar três quartos do petróleo de que precisa
U.S. Energy Information Agency, "Country analysis: China", 4 de setembro de 2012, http://www.eia.gov/countries/cab.cfm?fips=CH.

361 alinhamento com os países ricos em petróleo no Oriente Médio e na África
Ibid.

361 a China tenha se tornado o maior investidor em campos produtores iraquianos
Ibid.

361 o consumo de energia na China corresponde a apenas uma fração
Heather Billings e Sisi Wei, "China's energy grab", *Washington Post*, 30 de outubro de 2011.

361 suas emissões de CO_2 *per capita* estão se aproximando dos índices europeus
Duncan Clark, "Average Chinese person's carbon footprint now equals European's", *Guardian*, 18 de julho de 2012.

361 permitir que as cotações da energia flutuem de acordo com os níveis dos mercados globais
Keith Bradsher, "China sharply raises energy prices", *New York Times*, 20 de junho de 2008.

361 fica atrás de outras economias mundiais
Danielle Kurtzlaben, "China, European countries best U.S. on energy efficiency", *U.S. News & World Report*, 12 de julho de 2012.

361 pretende investir quase US$ 500 bilhões em energia limpa
Esther Tanquintic-Misa, "China leads global investments in renewable energy", *IB Times*, 5 de dezembro de 2011, http://au.ibtimes.com/articles/261083/20111205/china-leads-global-investments-renewable-energy.htm#.UFJWkhg-KP0.

361 Os chineses usam "tarifas *feed-in*"
Coco Liu, "China uses feed-in tariff to build domestic solar market", *ClimateWire*, 14 de setembro de 2011.

361 plano de subsídios que funciona bem na Alemanha
Cristoph Stefes, "Room for debate – the German solution: feed in tariffs", *New York Times*, 21 de setembro de 2011.

361 imposição de metas de uso de energia renovável
Pew Charitable Trusts, "Global clean power: a $2.3 trillion opportunity – Appendix: China", 8 de dezembro de 2010, p. 48.

361 metas para a redução das emissões de carbono por unidade do crescimento econômico
Bill McKibben, "Can China go green?", *National Geographic*, junho de 2011.

361 "o milagre econômico da China vai acabar em breve..."
"The Chinese miracle will end soon", *Der Spiegel*, 7 de março de 2005.

362 fechamento de fábricas e até mesmo decretar apagões
Jonathan Watts, "China resorts to blackouts in pursuit of energy efficiency", *Guardian*, 19 de setembro de 2010.

362 associou os planos de carreira
Alexandre Kossoy e Pierre Gioan, Banco Mundial, "State and trends of the carbon market 2012", maio de 2012, pp. 96-9, http://siteresources.worldbank.org/INTCARBONFINANCE/Resources/State_and_Trends_2012_Web_Optimized_19035_Cvr&Txt_LR.pdf.

362 exporta 95% de seus equipamentos solares
David Pierson, "China offers measured response to U.S. tariffs on solar panels", *Los Angeles Times*, 21 de março de 2012.

362 50% das turbinas eólicas instaladas no mundo estavam na China
Global Wind Energy Council, "China wind energy development update 2010", 2010, http://www.gwec.net/china-wind-energy-development-update-2012/.

362 se ligar a linhas de transmissão inadequadas
Mat McDermott, "One quarter of China's wind power still not connected to electricity grid", TreeHugger, 7 de março de 2011, http://www .treehugger.com/corporate-responsibility/one-quarter-of-chinas-wind-power -still-not-connected-to-electricity-grid.html.

362 "quase o equivalente a reconstruir..."
Jeff St. John, "HVDC grows on the grid from China to Oklaunion", 28 de agosto de 2012, Greentech Media, http://www.greentechmedia.com/articles/ read/hvdc-grows-in-smart-grid-from-china-to-oklaunion/.

362 Oriente Médio a grandes centros de consumo na Europa
Beth Gardiner, "An energy supergrid for Europe faces big obstacles", *New York Times*, 16 de janeiro de 2012.

362 fornecer toda a eletricidade necessária
Thomas L. Friedman, "This is a big deal", *New York Times*, 4 de dezembro de 2011.

362 Índia
Brad Gammons, "India set to leap-frog ahead with 'smart grid' energy strategy", *International Business Times*, 8 de setembro de 2011.

362 Austrália
Fran Foo, "'Energy Australia' bags $93m smart grid contract", *Australian*, 8 de outubro de 2010.

363 em cerca de US$ 200 bilhões por ano
National Energy Technology Laboratory, "Modern grid benefits", 2007, p. 14, www.netl.doe.gov/smartgrid/referenceshelf/whitepapers/ Modern%20Grid%20 Benefits_Final_v1_0.pdf.

363 problemas na gestão dos fluxos de energia elétrica em um sistema ultrapassado
Simon Denyer e Rama Lakshmi, "India blackout, on second day, leaves 600 million without power", *Washington Post*, 1º de agosto de 2012.

363 passam a maior parte do tempo em garagens ou estacionamentos
Matthew L. Wald, "Better batteries: not just for cars anymore", *New York Times*, Green blog, 31 de outubro de 2011, http://green.blogs.nytimes.com/ 2011/10/31/better-batteries-not-just-for-cars-any-more/?scp=14&sq=energy%20 storage&st=cse.

363 movimento feito por várias empresas para aproveitar essas oportunidades
Amory B. Lovins e the Rocky Mountain Institute, *Reinventing fire: bold business solutions for the new energy era* (White River Junction, VT: Chelsea Green Publishing, 2011).

363 a energia das ondas e das marés está em estudo
U.S. Department of Energy, "DOE reports show major potential for wave and tidal energy production near U.S. coasts", 18 de janeiro de 2012, http://apps1.eere.energy.gov/news/progress_alerts.cfm/pa_id=664.

363 muitos acreditam que tenham grande potencial
Elisabeth Rosenthal, "Tidal power: the next wave?", *New York Times*, 20 de outubro de 2010.

363 "...possam contribuir de forma significativa para o abastecimento mundial de energia antes de 2020"
O. Edenhofer *et al.*, Intergovernmental Panel on Climate Change, "Special report on renewable energy sources and climate change mitigation – press release", 2011, http://srren.ipcc-wg3.de/press/content/potential-of-renewable-energy-outlined-report-by-the-intergovernmental-panel-on-climate-change.

363 contribuição significativa para nações como Islândia
Christopher Mims, "One hot island: Iceland's renewable geothermal power", *Scientific American*, 20 de outubro de 2008.

363 Nova Zelândia
New Zealand Geothermal Association, "Geothermal energy & electricity generation", http://www.nzgeothermal.org.nz/elec_geo.html.

363 Filipinas, onde existe abundância
Dan Jennejohn *et al.*, Geothermal Energy Association, "Geothermal: international market overview report", maio de 2012, http://www.geo-energy.org/pdf/reports/2012-GEA_International_Overview.pdf.

363 riscos ecológicos graves em alguns locais
Arun Kumar, Intergovernmental Panel on Climate Change, "Special report on renewable energy sources and climate change mitigation-hydropower", 2011, pp. 437-96.

364 O uso da biomassa cresce
Toby Price, "Power generation from biomass booms worldwide", *Renewable Energy*, 13 de setembro de 2012.

364 essa determinação, contudo, vem sendo afrouxada
"An overview of China's renewable energy market", *China Briefing*, 16 de junho de 2011, http://www.china-briefing.com/news/2011/06/16/an-overview-of-chinas-renewable-energy-market.html.

365 o armazenamento do carbono que seria liberado na atmosfera
Barbara Freese, Steve Clemmer e Alan Nogee, Union of Concerned Scientists, "Coal power in a warming world: a sensible rransition to cleaner energy options", outubro de 2008, p. 18, http://www.ucsusa.org/assets/documents/clean_energy/Coal-power-in-a-warming-world.pdf.

365 começa a ser absorvido pela própria formação geológica
James Katzer, ed. Massachusetts Institute of Technology, "The future of coal: options for a carbon-constrained world", 2007, p. 44, http://web.mit.edu/coal/The_Future_of_Coal.pdf.

365 paralisia política endêmica que caracteriza o atual estado da democracia no país
Jeff Tollefson e Richard Van Noorden, "Slow progress to cleaner coal", *Nature*, abril de 2012.

365 Noruega, Reino Unido, Canadá e Austrália
Damien Carrington, "Q&A: carbon capture and storage", *Guardian*, 10 de maio de 2012.

365 colocar um preço sobre o carbono
David Talbot, "Needed: a price on carbon", *Technology Review*, 14 de agosto de 2006.

365 dificuldades com a nova geração de reatores
Liam Moriarty, "French sour on nuclear power", PRI The World, 24 de abril de 2012, http://www.theworld.org/2012/04/france-nuclear-power/.

365 um projeto que muitos especialistas julgam promissor
Korea Herald, "S. Korea to proceed with two new reactors", *Jakarta Post*, 6 de maio de 2012.

366 reatores, menores e mais seguros
Clay Dillow, "Can next-generation reactors power a safe nuclear future?", *Popular Science*, 17 de março de 2011.

366 tendência enraizada de apresentar soluções simples
Jon Gertner, "Why isn't the brain green?", *New York Times*, 16 de abril de 2009.

366 pequenas tiras de papel alumínio ao redor da Terra
U.S. National Academy of Science, "Policy implications of greenhouse warming: mitigation, adaptation and the science base", 1992, http://books.nap.edu/openbook.php?isbn=0309043867.

366 acomodação de uma "sombrinha" gigante no espaço, também com a intenção de bloquear a luz solar
Robert Kunzig, "A sunshade for planet Earth", *Scientific American*, novembro de 2008.

366 injeção maciça de dióxido de enxofre na atmosfera
Ibid.

367 deixaria de ser azul, ou pelo menos *tão* azul
Ben Kravitz *et al.*, "Geoengineering: whiter skies?", *Geophysical Research Letters 39* (2012).

367 a cor do céu noturno de preto para preto avermelhado
C. C. M. Kyba *et al.*, "Red is the new black: how the colour of urban skyglow varies with cloud cover", *Monthly Notices of the Royal Astronomical Society* 425 (agosto de 2012).

367 derretimento das geleiras e calotas
Tim Wall, "Peru's peaks go white to guard glaciers", *Discovery News*, 5 de dezembro de 2011.

368 "Devemos nos libertar e, em seguida, salvar o nosso país".
Abraham Lincoln, "Annual Remarks to Congress", 1º de dezembro de 1862.

368 nossa população chegou a menos de 10 mil pessoas
"Humans: from near extinction to phenomenal success", BBC, 2012, http://www.bbc.co.uk/nature/life/Human.

CONCLUSÃO

372 nas grutas de Chauvet, na França, e as peças confeccionadas
Clottes, "Chauvet cave (ca. 30,000 B.C.)", Heilbrunn Timeline of Art History; Judith Thurman, "First impressions", *New Yorker*, 23 de junho de 2008.

373 ainda que 99% do código genético sejam idênticos em todos os seres humanos
"Cracking the code of life", PBS NOVA, 17 de abril de 2001, http://www.pbs.org/wgbh/nova/body/cracking-the-code-of-life.html; Roger Highfield, "DNA survey finds all humans are 99.9pc the same", *Telegraph*, 20 de dezembro de 2002; University of Utah Genetic Science Learning Center, "Can DNA demand a verdict?", http://learn.genetics.utah.edu/content/labs/gel/forensics/.

373 nossos 23 mil genes
"Microbes maketh man", *Economist*, 18 de agosto de 2012.

373 e os milhões de proteínas
"Proteomics", American Medical Association, http://www.amaassn.org/ama/pub/physician-resources/medical-science/genetics-molecular-medicine/current-topics/proteomics.page.

375 sistema que as favorece
Mancur Olson, *The rise and decline of nations: economic growth, stagflation, and social rigidities* (New Haven, CT: Yale University Press, 1984).

379 "armas da razão que hoje o equipam para enfrentar o presente"
Marco Aurélio, *Meditations* (Nova York: Penguin, 1964), p. 106. Marco Aurélio foi elogiado por vários estudiosos da história do Império Romano, como Nicolau Maquiavel e Edward Gibbon.

ÍNDICE

SOBRE O AUTOR

Al Gore foi vice-presidente dos Estados Unidos. Fundou e preside a Generation Investment Management e a Current TV, e é sócio da Kleiner Perkins Caufield & Byers, além de integrar o conselho de administração da Apple. Dedica a maior parte de seu tempo ao comando do Climate Reality Project, organização não governamental voltada para a busca de soluções para a crise climática. Nos Estados Unidos, foi eleito deputado quatro vezes e cumpriu dois mandatos como senador. É autor dos livros *Terra em balanço: ecologia e o espírito humano*; *Uma verdade inconveniente – o que devemos saber (e fazer) sobre o aquecimento global; O ataque à razão* e *Nossa escolha – um plano para solucionar a crise climática*. Em 2007, foi um dos ganhadores do prêmio Nobel da paz.

www.algore.com

Conheça também outros títulos da HSM Editora

Vencedoras por opção

de Jim Collins & Morten T. Hansen – 352 páginas

Dez anos depois de escrever o best-seller *Empresas feitas para vencer*, Jim Collins retorna com outro trabalho inovador, dessa vez para perguntar: por que algumas empresas prosperam em períodos de incerteza, ou até de caos, e outras não? Baseado em nove anos de pesquisa, apoiado em análises rigorosas e cheio de histórias interessantes, Collins e seu colega Morten Hansen enumeram os princípios para a construção de uma empresa verdadeiramente grande em tempos imprevisíveis, tumultuados e dinâmicos.

Brandwashed

de Martin Lindstrom – 344 páginas

O novo livro do autor do best-seller internacional *A lógica do consumo* apresenta uma nova visão sobre como os gigantes globais trabalham para controlar e escolher o que consumidores compram.
Martin Lindstrom, o visionário do marketing, esteve na linha de frente da guerra das marcas por mais de vinte anos. Nessa obra, ele desvenda os segredos dessa guerra, revelando tudo o que testemunhou a portas fechadas, expondo pela primeira vez todos os truques psicológicos e todas as armadilhas que as empresas criam para aumentar as vendas.

Entendendo Michael Porter

de Joan Magretta – 256 páginas

A competição baseia-se em sempre "ser o melhor"? Se você respondeu "sim", cometeu um engano e precisa ler este livro, que reúne pela primeira vez todas as inovadoras ideias sobre competição e estratégia que Porter criou e desenvolveu ao longo de três décadas.
Vantagem competitiva, cadeia de valor, cinco forças – estes e outros conceitos são conhecidos por executivos no mundo todo. Mas será que são bem utilizados? Joan Magretta afirma que não e aponta para o leitor as concepções mais errôneas, entre elas a de que competir para ser o melhor deve ser a prioridade de todos os gestores. Com uma entrevista inédita com Michael Porter e um glossário de conceitos-chave, esta obra será a bíblia dos gestores para o entendimento e a prática da estratégia.

Feitas para servir

de Frances Frei & Anne Morriss – 266 páginas

Você consegue prestar ótimos serviços a seus clientes e ao mesmo tempo economizar dinheiro?
Se não consegue está em desvantagem, perdendo a chance de construir um negócio sustentável que seja lucrativo e capaz de entregar excelência todos os dias. Em *Feitas para servir*, Frances Frei e Anne Morriss afirmam que uma pretação de serviços de qualidade superior é criada por meio de escolhas feitas a partir do próprio DNA de um modelo de negócios. Não se trata de fazer o consumidor feliz, mas sim de criar uma organização onde todos os funcionários prestam rotineiramente ótimos serviços.Prestadoras de serviços conhecidas por sua excelência criam ofertas e financiam estratégias, sistemas e culturas que incentivam seus funcionários a se superarem. Introduzindo uma nova visão sobre a prestação de serviços, as autoras apresentam um modelo de design organizacional baseado em escolhas difíceis que você deve fazer.

Abundância

de Peter H. Diamandis & Steven Kotler – 400 páginas

Em *Abundância*, Peter Diamandis, fundador e reitor da Singularity University e inovador pioneiro, e Steven Kotler, premiado escritor de ciências, documentam como o progresso em inteligência artificial, robótica, computação infinita, nanomateriais, biologia sintética e muitas outras tecnologias em crescimento exponencial permitirão que tenhamos mais ganhos nas próximas duas décadas do que nos últimos duzentos anos. Logo poderemos suprir todas as necessidades de cada homem, mulher e criança do planeta. A abundância universal está ao nosso alcance. O livro é um antídoto contra o pessimismo atual.

Na lista dos mais vendidos do *New York Times*
"Um dos melhores livros do ano." – *Fortune*

Propósito

de Joey Reiman – 254 páginas

Algumas ideias são maiores do que outras, e a Master Idea – o propósito de sua empresa – é maior do que todas. Quando a Nike disse "Just do it", deu voz à crença de que os seres humanos não têm limites. Quando a Disney sugeriu às pessoas para fazerem um desejo a uma estrela, elas instantaneamente foram remetidas à ideia poderosa de que a vida é mágica.
O livro de Joey Reiman detalha uma abordagem comprovada para engajar e alinhar liderança e equipe, fornecedores e fabricantes, vendedores e clientes e marcas e consumidores, por meio de um propósito mais elevado.
Aprenda como revelar o que torna sua empresa diferenciada e descubra a força fundamental que sua organização possui e nenhum concorrente pode reproduzir ou substituir. Por meio de histórias de propósitos e das melhores práticas de empresas direcionadas por um propósito, como Procter & Gamble, McDonald's, Newell Rubbermaid, Itaú e muitas outras, este livro o ajudará a guiar, inspirar e transformar sua organização.

Ruptura global

de Ram Charan – 256 páginas

Você sabe o que fazer para ter sucesso em um mundo reconfigurado? Vivemos um momento de ruptura global. O centro do poder econômico está se deslocando dos países do Norte para os do Sul, como o Brasil. Esse deslocamento, junto com a ascensão de uma nova classe média que gera bilhões de novos consumidores, um sistema financeiro instável e complexo e o impacto que a crescente digitalização está exercendo em todos os negócios, cria imensas oportunidades, mas também altera o cenário do mundo em que vivemos em uma velocidade inédita.

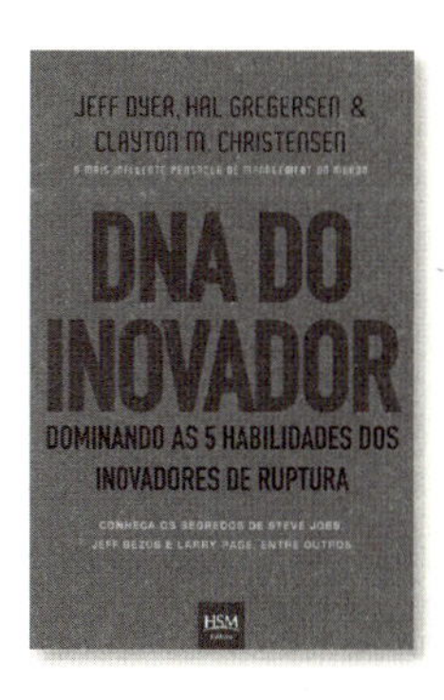

DNA do inovador

de Clayton M. Christensen, Jeff Dyer & Hal Gregersen – 336 páginas

Escrita pelo guru da inovação, Clayton M. Christensen, com colaboração de Hal Gregersen e Jeff Dyer, a obra explica como desenvolver as cinco competências fundamentais para ser um profissional inovador. Por meio de um estudo colaborativo de oito anos foram entrevistados inventores de produtos e serviços revolucionários, bem como fundadores e CEOs de empresas como Apple, Amazon, Google e Skype.

O objetivo foi captar o comportamento de cada um e descobrir quais são as aptidões de quem realmente inova. O livro conta ainda com o ranking das empresas mais inovadoras do mundo, desenvolvido em parceria com a Credit Suisse First Boston, que mede a capacidade que uma companhia tem de transformar inovação em resultados financeiros.

Negocie para vencer

de William Ury – 216 páginas

Todos queremos chegar ao sim, mas e se a outra pessoa insiste em dizer não? Como negociar e ter sucesso com um chefe teimoso, com um cliente furioso ou com um colega de trabalho desleal? Em *Negocie para vencer*, William Ury, do Program on Negotiation da Faculdade de Direito de Harvard, apresenta uma estratégia comprovada para transformar oponentes em parceiros de negociação. Você vai aprender a:

- Manter o controle, mesmo sob pressão
- Neutralizar a agressividade
- Descobrir o que o outro lado realmente quer
- Escapar de armadilhas
- Usar sua energia para manter seu oponente focado na negociação
- Conseguir acordos que satisfaçam as necessidades dos dois lados

Libertando o poder criativo

de Ken Robinson – 297 páginas

Libertando o poder criativo tem um objetivo claro: mostrar como e por que a maioria das pessoas perde a criatividade e o que pode ser feito para resolver o problema. Em um mundo onde empresas e instituições educacionais exigem cada vez mais indivíduos que produzam rapidamente ideias diferenciadas e inovadoras, essas são questões fundamentais. Neste livro, Ken Robinson nos faz refletir sobre o tipo de inteligência necessária nos dias de hoje, tanto na vida acadêmica quanto na profissional. O livro é um alerta apaixonado sobre a necessidade de encontrarmos novas formas de focar a área da liderança e da educação para enfrentarmos melhor os desafios de vida e trabalho do século 21.

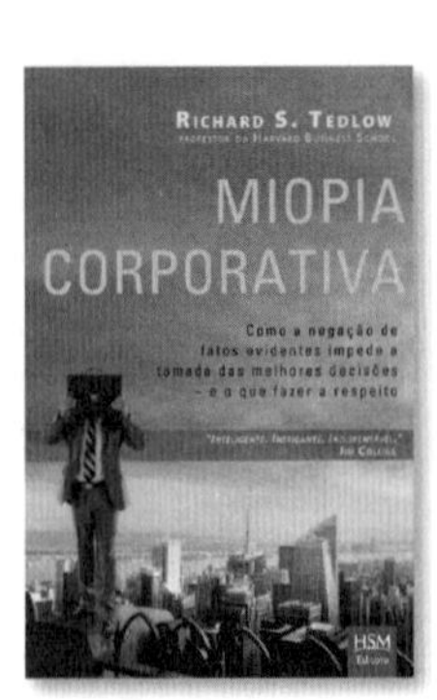

Miopia corporativa

de Richard S. Tedlow – 286 páginas

Miopia corporativa trata de negação – a crença inconsciente de que um determinado fato é terrível demais para ser aceito e, portanto, não pode ser verdadeiro. Isso é bastante comum, desde o alcoólatra que jura que bebe apenas socialmente até o presidente que declara "missão cumprida" quando isso não é verdade. No mundo dos negócios, muitas empresas entram em estado de negação enquanto seus desafios se transformam em crises. Tedlow analisa numerosos exemplos de organizações prejudicadas pela negação, incluindo a Ford dos tempos do Ford T e a Coca-Cola, com sua fracassada tentativa de mudar sua fórmula. O autor explora também casos de outras empresas, como Intel, Johnson & Johnson e Dupont, que evitaram a catástrofe ao lidar de modo franco e direto com as dificuldades que surgiram.

Este livro foi impresso pela Edelbra Gráfica
para HSM Editora.